国家科学技术学术著作出版基金项目
国家自然科学基金重点资助项目　批准号：51238011

长江三角洲地区
低碳乡村人居环境营建体系

王　竹　等　著

中国建筑工业出版社

图书在版编目（CIP）数据

长江三角洲地区低碳乡村人居环境营建体系 / 王竹等著 . —北京：中国建筑工业出版社，2022.5

ISBN 978-7-112-27036-1

Ⅰ . ①长… Ⅱ . ①王… Ⅲ . ①长江三角洲—乡村—居住环境—低碳经济—研究 Ⅳ . ①X21 ② F127.5

中国版本图书馆 CIP 数据核字（2021）第 269910 号

责任编辑：李 东 陈夕涛
责任校对：党 蕾

长江三角洲地区低碳乡村人居环境营建体系
王 竹 等著
*
中国建筑工业出版社出版、发行（北京海淀三里河路 9 号）
各地新华书店、建筑书店经销
华之逸品书装设计制版
北京建筑工业印刷厂印刷
*
开本：787 毫米 ×1092 毫米 1/16 印张：32 字数：588 千字
2022 年 5 月第一版 2022 年 5 月第一次印刷
定价：**98.00** 元
ISBN 978-7-112-27036-1
（38821）

项目负责人：王　竹
分项负责人：李王鸣　葛　坚　张　彤　贺　勇　朱晓青

本书撰写人：
第一章　王　竹　李王鸣　范理扬　周从越　项　越　柴舟岳　吴盈颖
第二章　王　竹　李王鸣　李咏华　周从越　冯　真　倪　彬　祁巍锋
　　　　傅　晓　马淇蔚
第三章　葛　坚　罗晓予
第四章　范理扬　王　竹
第五章　李王鸣　冯　真　倪　彬　吴　宁　祁巍锋　唐彩飞　武　悦
　　　　阮一晨
第六章　朱晓青　吴盈颖　邬轶群　张玛璐　戴　伟　李　爽
第七章　张　彤　王　竹　贺　勇　闵天怡　王　静　范理扬　仲文洲
　　　　肖　葳　马　驰　孙　柏
第八章　王　竹　贺　勇　李王鸣　葛　坚　王　静　严嘉伟　沈　昊
　　　　项　越　范理扬　陈　晨　秦　玲　冯　真　吴　宁

全书由王竹、周从越、钱振澜、徐丹华、傅嘉言、苗丽婷等统稿
感谢姚翔宇、朱程远、邹宇航、张迪、竹丽凡等参与了书稿的校对与整理工作

目 录

CONTENTS

1 绪论

1.1 研究背景

1.1.1 气候变化与社会文明转型

1.全球性气候变化及能源危机

联合国政府间气候变化专门委员会（IPCC）第五次评估报告（AR5）① 是近期重要的分析全球气候变化文件，在肯定了第四次评估报告（AR4）研究判断的基础上，全面评估了气候系统变化的进展，进一步确认人类活动和全球气候变暖之间的因果关系，即1951—2020年间全球平均地表温度升高，一半以上是人为温室气体浓度增加造成的（图1.1-1）。

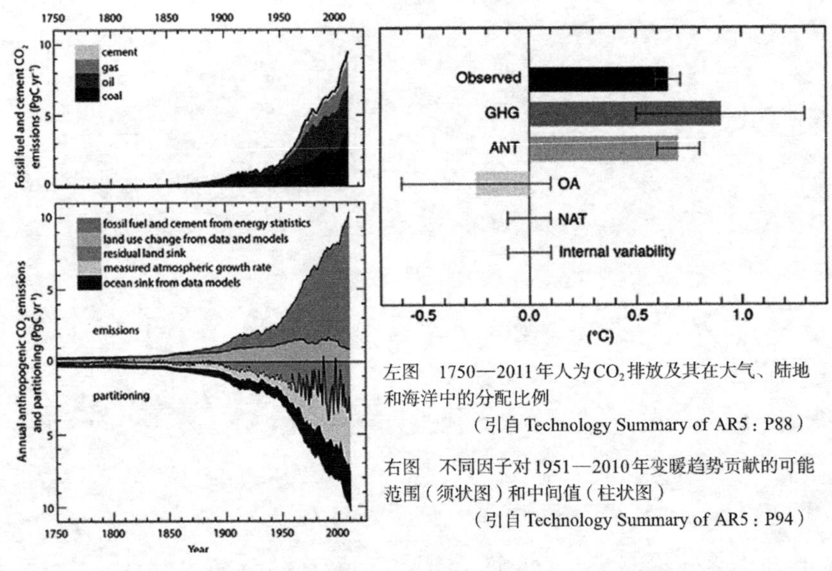

左图 1750—2011年人为CO_2排放及其在大气、陆地和海洋中的分配比例

（引自Technology Summary of AR5：P88）

右图 不同因子对1951—2010年变暖趋势贡献的可能范围（须状图）和中间值（柱状图）

（引自Technology Summary of AR5：P94）

图1.1-1 人为CO_2排放比例和不同因子对气候变暖的贡献估值

资料来源：自绘

① United Nations Intergovernmental Panel on Climate Change（IPCC）. Climate Change 2013：The Physical Science Basis[M/OL]. Cambridge：Cambridge University Press.2013-09-30. http：//www.climatechange2013.org/images/uploads/WGIAR5_WGI12Doc2b_FinalDraft_All.pdfBasis[M/OL]. Cambridge：Cambridge University Press.2013-09-30. http：//www.climatechange2013.org/images/uploads/WGIAR5_WGI12Doc2b_FinalDraft_All.pdf.

其中，化石燃料的燃烧排放和非持续性土地利用变化是主要的温室气体浓度增加因素。在过去150年间，土地利用累计释放136（±50）～156 Pg C，占人类活动总排放量的30%以上，土地利用变化对温室效应的贡献值达24%①。而化石燃料燃烧对大气环境的危害性亦不言而喻，尤以石油、煤炭等不可再生能源的消耗最大。有学者预测，2040年全球石油消费将达到峰值，而从2050年开始逐渐枯竭②。

2.国家间行动与政策应对

《京都议定书》之后各国持续讨论如何应对全球气候变化影响。2009年哥本哈根会议在《联合国气候变化框架公约》下，通过磋商确定至2050年实质性地减少碳排放量40%～45%③；温哥华市于2008年编制《温哥华生态密度宪章》（*Voncouver Eco-Density Charter*）文件，用分区土地利用改变推动绿色建筑发展；英国莫顿市2003年提出突破性的“莫顿定律”规划政策，强制可再生能源资源利用，以减少市内CO_2排放④；美国2007年提出了至少7项涉及气候变化的立法草案，其中包括《美国气候安全法案》，更以低碳经济为导向，明确促进零碳和低碳能源技术的开发与应用⑤；日本2007年发布了《日本低碳社会情景》报告，提出12项结合技术、社会体系改革与刺激性政策的减排行动。2015年195个国家代表团签署《巴黎协定》，提出把全球平均气温升幅控制在工业化前的水平以上2℃之内，并努力将气温升幅限制在工业化前水平以上1.5℃之内，以降低气候变化所引起的风险与影响⑥；政府间气候变化专门委员会（IPCC）于2018年发布了《全球升温1.5℃ 特别报告》，主要评估了将升温控制在1.5℃的重要性、与升温2℃相比带来的不同影响，以及实现温控目标的路径。⑦毋庸置疑，气候变化的议题已上升到政治、经济、社会的各个层面。

党中央和国务院一直重视我国在应对气候变化方面的工作，成立了相关领导小组和工作机构，编制并实施了《中国应对气候变化国家方案——2014年度报告》

① 数据来自Houghton R A. The annual net flux of carbon to the atmosphere from changes in land-use 1850—1990[J]. Telus，1999（51）：298-313 / Goldewijk K，Ramankutty N. Land cover change over the last three centries due to human activities：The availability of new global data sets[J]. Geo J，2004（61）：335-344.

② 黎斌林.全球石油峰值预测及中国应对策略研究[D].中国地质大学（北京），2014.

③ 叶祖达.城市规划：从“碳足迹”开始[J].建设科技，2009：46.

④ 叶祖达.城市规划管理体制如何应对全球气候变化[J].城市规划.2009（9）：31-37.

⑤ 张泉.低碳生态与城乡规划[M].中国建筑工业出版社，2011（3）：15.

⑥ 刘今.应对气候变化的国际制度[D].南京大学，2018.

⑦ 气候变化、生物多样性和荒漠化问题动态参考.2018.12.

《“十二五”控制温室气体排放工作方案》和《国家适应气候变化战略》[①]。2014年9月22日，中国在《中美气候变化联合宣言》首次提出了2030年“碳达峰”计划。2014年11月，国家发展和改革委员会公布了我国首个应对气候变化领域的国家层面专项规划——《国家应对气候变化规划（2014—2020年）》，表明国家对改善气候变化影响的决心。2020年9月22日，习近平主席在第七十五届联合国大会一般性辩论上宣布，中国将提高国家自主贡献力度，采取更加有力的政策和措施，力争2030年前二氧化碳排放达到峰值，努力争取2060年前实现碳中和。[②]中国提出碳达峰、碳中和目标之后，日本、英国、加拿大、韩国等发达国家相继提出到2050年前实现碳中和目标的政治承诺。双碳目标的国际意义十分重大。

3.社会文明转型需要

根据二氧化碳信息分析中心（Carbon Dioxide Information Analysis Center，CDIAC）数据显示，我国已成为全球CO_2排放第一大国[③]，在经历气候变化、产业模式盲目扩张以及凸显出的一系列生态、能源危机和全球温室效应加剧现状之后，我国正逐渐步入社会结构转型期，大力推进生态文明建设，资源节约、环境友好的两型社会得到提倡。“十四五”规划将环境治理体系与治理能力现代化作为生态文明建设的新使命，社会、经济、环境的整体转型升级是乡村地区乃至整个国家区域的重要决定，新形势背景下改变的需求和愿望较为迫切。

1.1.2 长江三角洲地区人居环境特点及现状问题

长江三角洲地区自古以来就是中国经济、社会、文化的重要区域，正是蓬勃发展的乡村经济和发达的乡村社会支撑了全国最有活力的“长三角”地区，所以该地区乡村发展建设模式必将对中国城乡人居环境建设的可持续发展带来重要影响及示范效应。目前，该地区呈现出产业模式工商化、人居社会网络化、营建技术现代化等特征，与此同时，乡村聚落建设盲目套用城市的发展模式，发展的需求多、速度快，能源消耗与废弃物排放也迅速增长。这些变化使得长三角地区乡村“高碳”特

① 国家应对气候变化规划（2014—2020年）[R].国家发展和改革委员会，2014：1-2.

② 胡鞍钢. 中国实现2030年前碳达峰目标及主要途径[J]. 北京工业大学学报（社会科学版），2021，21（3）：1-5.

③ Boden，T.A.，G. Marland，and R.J. Andres. 2017. Global，Regional，and National Fossil-Fuel CO_2 Emissions. Carbon Dioxide Information Analysis Center，Oak Ridge National Laboratory，U.S. Department of Energy，Oak Ridge，Tenn.，U.S.A. doi 10.3334/CDIAC/00001_V2017.

征趋势日趋明显，急需相关理论和研究的引导，实现环境型的乡村发展[①]。据相关调查和研究表明，目前我国农村住宅用商品能源（主要是燃煤、电力、燃气）总量已达到城镇建筑用商品能源的1/3，而且正在以每年10%以上的速度增长。同时，过去长期使用的生物质能正在逐年减少，如果乡村住宅的室内环境和用能模式达到城市住宅的标准，则乡村住宅的用能将会超过城市建筑的用能总量。乡村住宅用能的增加，能源结构的高碳化不仅加剧了我国的能源紧缺问题，也加重了乡村居民的能源消费负担[②]。

1.“长三角”地区人居环境特点

1）地形地貌特点：类型丰富，以丘陵平原为主

长江三角洲地区主要包括上海市，江苏省的南京市、苏州市、无锡市、常州市、镇江市、扬州市，浙江省的杭州市、宁波市、嘉兴市、湖州市、绍兴市、舟山市。总体来说，长三角地区的地形地貌种类比较丰富，涵盖了山地丘陵型、丘陵型、低丘平原型、平原型和海岛型五种类型，其中西部、南部以丘陵型为主要地形地貌特征，东北部以平原型为主要地形地貌特征（图1.1-2）。

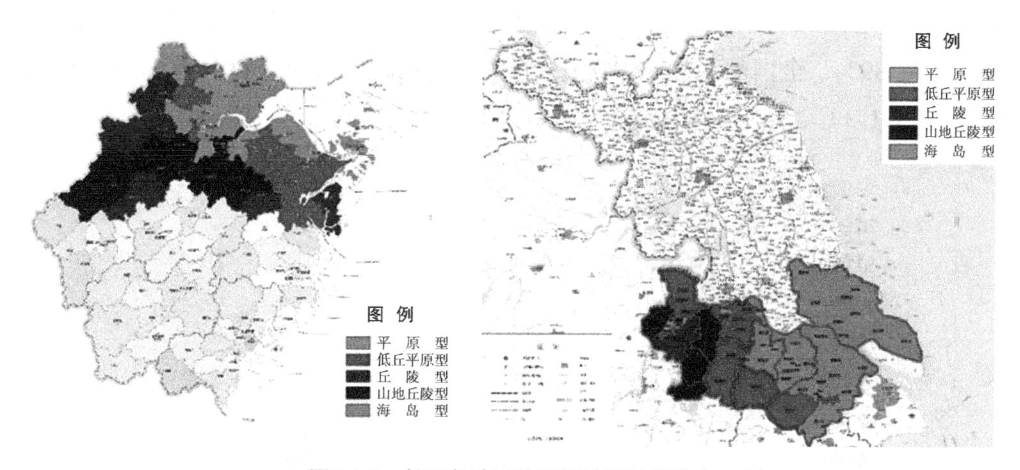

图1.1-2 长三角地区分县区地形特征分布

资料来源：作者自绘，底图为浙江省政区图岛式（浙S（2020）17号）和江苏省政区图（苏S（2020）022号），分别来源于浙江省标准地图：https：//zhejiang.tianditu.gov.cn/standard，江苏省标准地图服务：http：//zrzy.jiangsu.gov.cn/jsbzdt/index.html

① 王竹. 乡村规划、建筑与大地景观[J]. 西部人居环境学刊，2015，(2)：4.

② http：//www.yicai.com/news/2012/03/1568354.html.

2）村庄分布特点：类型丰富，以平原空间为主

从分布总量来说，长三角地区江苏、浙江两省十二设区市共有乡村14594个，占江苏、浙江两省总乡村数的37.16%。从村庄分布所在的地貌类型来看，分布在山地地区的村庄约有1565个，占总数的10.72%；分布在丘陵地区的村庄有3962个，占总数的27.15%；分布在平原地区的村庄有8723个，占总数的59.76%，其中城市村、城郊村较多；分布在海岛地区的村庄有344个，占总数的2.36%。

3）地区城市化特点：发展水平位居全国前列，增速较快

长三角地区是浙江省和江苏省的发达地区，其城市化发展水平在浙江省、江苏省乃至在全国均位于前列。根据浙江、江苏两省第五次、第六次全国人口普查（以下简称五普、六普）资料分析显示：2000年（五普）长三角地区12市的城市化平均水平为52.36%，浙江、江苏两省整体的城市化水平为44.76%，全国的平均水平为36.09%，分别高出7.60个百分点和16.27个百分点；2010年（六普）长三角地区12市的城市化平均水平为66.18%，浙江、江苏两省整体的城市化水平为61.03%，全国的平均水平为49.68%，分别高出5.15个百分点和16.50个百分点；2020年（七普）长三角地区12市的城市化平均水平为78.59%，浙江、江苏两省整体的城市化水平为72.89%，全国的平均水平为63.89%，分别高出5.70个百分点和14.70个百分点（图1.1-3）。

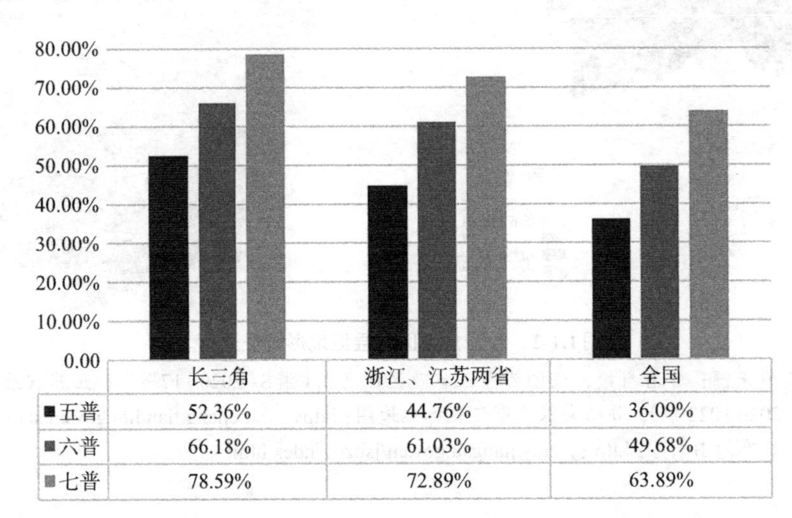

	长三角	浙江、江苏两省	全国
五普	52.36%	44.76%	36.09%
六普	66.18%	61.03%	49.68%
七普	78.59%	72.89%	63.89%

图1.1-3 长三角地区、浙江江苏两省、全国的五普、六普、七普城市化水平比较

资料来源：自绘

4）社会经济特点：非农化趋势明显

根据2019年各地级市的统计年鉴，2019年长三角地区12个设区市的非农产业

比例（均值为97.53%）远高于农业产业比例；非农从业人员比例（均值为92.3%）也远高于农业从业人员比例（图1.1-4）。

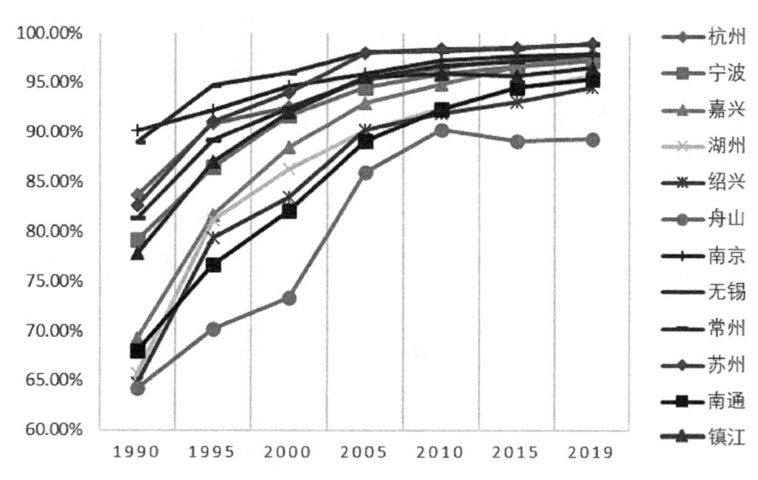

图1.1-4 历年长三角地区12个设区市非农产业发展比例

资料来源：自绘

2．“长三角”地区乡村人居环境建设现存问题

过去“超稳态”[①]的传统人居环境正面临城镇化的冲击，由此引发诸多不适应性：城市的扩张和蔓延迫使乡村失去更多有效土地资源，空间破碎化程度加剧，自然生态环境遭受破坏；消费主义影响下的社会产业结构分化和调整集聚，使乡村风貌特征趋向简单城市化、同质化；不断转迁的流动人口以及乡村自治共同体的瓦解，淡化了人们对乡村的认同和归属感。“乡愁”,“愁”的不仅是对过去乡土社会、人文风情的怀旧，更是对资源约束条件下乡村未来发展的担忧。

长三角地区乡村人居环境在受到各种外力制约和内力驱动的持续作用下，空间形态与土地利用、生态环境与资源使用、社会经济与生活方式、营建技术与管理方法都处于未知的变化状态中。

1）产业非农化趋势与高碳消费行为蔓延

尽管过去十年，国内外大量文献研究指出节能减碳、应对气候变化的主要载体及关键领域在城市[②]，但随着长三角地区大面积乡村“就地城镇化”，社会开放程度的日益提高，“村民留在村里工作而不流动”[③]的观点被现实否定，“过去握紧的

① 金观涛，刘青峰.兴盛与危机：论中国封建社会的超稳定结构[M].北京：法律出版社，2011.

② UN-Habitat. “Cities and Climate：Policy Direction” in Global Report on Human Settlements.2001.

③ 冯川.费孝通城乡关系理论再审视[J].China Book Review，2010（7）：108-113.

拳头正逐步打开”，乡村不可回避地在还不太完善的城乡关系间发生蜕变：区域经济产业结构与社会结构发生快速变动，根据各地级市的统计年鉴，1990—2012年长三角地区12个设区市的乡村非农产业发展迅速，非农产值均在85%以上（图1.1-5）。一方面，产业转型和集聚使得城市高碳功能向乡村渗透、转移和嫁接，由此引起乡村人居环境结构性变化，非农产业用地比例大幅增加，高消耗、高投入、低利用率的土地开发模式在乡村地区不断被复制；另一方面，乡村外部的城市化引起人口结构性调整，大量年轻人涌入城市，形成“两栖”人群，乡村内部人口数量变动差异化较大，在一定程度上影响并制约了部分乡村人居环境的良性化发展。

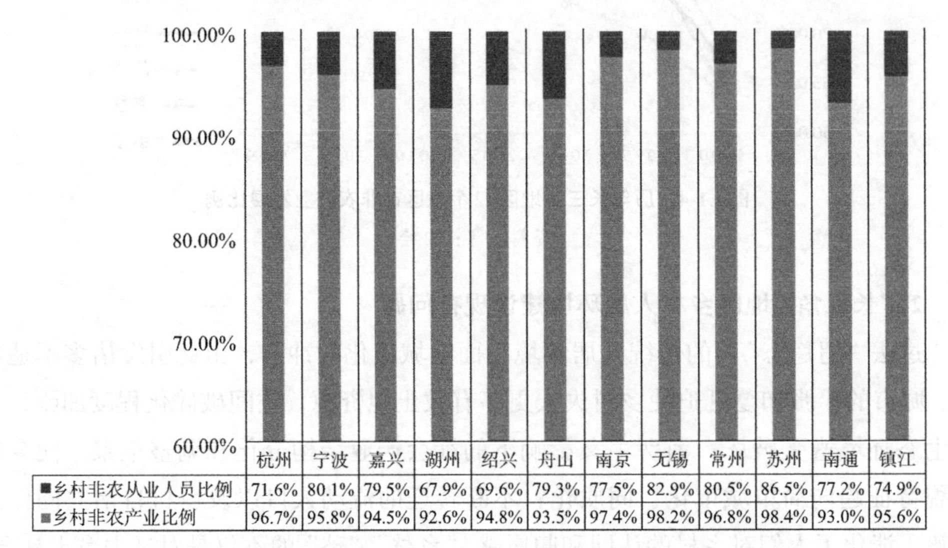

	杭州	宁波	嘉兴	湖州	绍兴	舟山	南京	无锡	常州	苏州	南通	镇江
■乡村非农从业人员比例	71.6%	80.1%	79.5%	67.9%	69.6%	79.3%	77.5%	82.9%	80.5%	86.5%	77.2%	74.9%
■乡村非农产业比例	96.7%	95.8%	94.5%	92.6%	94.8%	93.5%	97.4%	98.2%	96.8%	98.4%	93.0%	95.6%

图1.1-5 2012年长三角地区12个设区市非农产业和非农从业人员比例

资料来源：自绘

社会分化、人口转迁，变动的社会环境和人群数量弱化了村民对乡村的认同和归属感，旧有的自治共同体逐渐瓦解，而适宜的新结构、新认知共同体并未适时建立，在这样的尴尬与彷徨期，村民自然“无助”地向城市看齐、向城市“学习”，非生态性消费型社会民风滋生。

2）乡村空间形态破碎化与用地结构非农化、高碳化趋向明显

在经济和政策扶助下，长三角地区乡村的“就地城镇化”发展势头迅猛，大拆大建、拆破改旧、城市化技术的移植和嫁接屡见不鲜，一方面耗费大量能源，另一方面未考虑乡村的实际承受能力、经济条件和社会基础的差异性[①]，最终呈现出照

① 张群，成辉，梁锐，刘加平. 乡村建筑更新的理论研究与实践[J]. 新建筑，2015(1).

搬套用城市发展模式或单一复制传统乡村形态的现象，将无根的空间形式移植于乡村空间中，致使乡村失去了原本特质鲜明的地域风貌，更遗失了与乡村生存空间相对应的地域营建智慧①，乡村空间形态破碎化程度加剧，“脸盲症”“失语症”“营养不良”等病症充斥着部分乡村人居环境空间②。传统本身的延续缺乏了内在及外在机制的合理引导③，各种外部集结的力量试图替代乡村空间内部的各种自然逻辑联系，却忽视了乡村的自主积极性及价值。

乡村产业结构因非农化趋势发生用地结构变化，地区农居点用地普遍偏高，以浙江省为例，根据2009年省农办调研数据，浙江省农居点人均用地面积达到116.51m^2，远远高于国土部门规定的60～80m^{2}的合理范围。如果从城市化角度，考虑农村人口转移情况，农村人均用地面积已经达到171.51m^2，并呈现出逐年上升趋势。此外，根据《2018年中国城乡建设统计年鉴》数据，2018年浙江省全省有20282个行政村，村庄现状用地面积317635.30hm^2；江苏省全省有14035个行政村，村庄现状用地面积672246.21hm^2，乡村用地结构呈现明显的高碳化趋势。

3）生态环境趋恶与能源结构异动

土地资源不断被商品化思潮侵占的直观结果就是越来越多的自然生态空间受到挤压，农耕地面积被迫不断缩小，产业集聚导向下生态水体资源承载力和适应力受到较大考验，乡村生产、生活污染加剧，城市污染借由产业调整提升加速了向乡村转移的趋势，“青山绿水蓝天”的乡村图景不再重现。

长三角地区农民人均纯收入水平的提升与改善让村民借助经济基础的变化逐步向高碳设施和高碳消费行为靠近。过去固有的能源消耗远低于城市，而“准城镇化”“类西方化”“趋自由化”的乡村发展模式下，生活习惯方式发生巨大变化，随之带来能源结构性异动调整，由“自给自足”的非商品性能源为主向依赖“外部输入”的商品性能源过渡演进，村民越来越多地以化石能源来替代直接燃烧生物质，这必然会增加能耗总量，使碳排放量持续上升，给区域经济和可持续化发展带来压力和难度。此外，农业生产方式由人力向机械化耕作转变虽大幅提高了生产效率，也加大了化石能源使用量，提升了农业生产的碳排放量。

4）营建方式表面化与管理导控的缺位

目前，大量的乡村人居环境整治仅停留在解决安全、卫生、空间等基本生活要

① 魏秦.地区人居环境营建体系的理论与实践研究[D].杭州：浙江大学，2008.

② 李博.城市健康生长与共生设计[J].中外建筑，2015(11).

③ 贺雪峰.乡村治理的社会基础——转型期乡村社会性质研究[J].中国社会科学出版社，2003：35.

求层面，或偏重改善村容村貌的“涂脂抹粉”，并未过多关注农民住房热舒适性环境的实际需求，忽略生活价值的维系和文化认同，大部分农居热环境、光环境、声环境质量差强人意，房屋构造既无保温围护结构又缺少通风性能的考量。与城市建筑节能技术的实施案例相比，适宜性的乡村技术实施并获成功的示范案例少之又少，这从某一侧面看出我国能源节约发展的不平衡性，乡村地区需要更多的社会资源关注以及适宜技术力量的支撑。例如在浙江省“千村示范、万村整治”、江苏省新农村建设“十大工程”等背后，部分地区存在“城市化”“运动式”的新农村建设误区，缺乏地区性的“碳容量”判断，从而打破了乡村社区营建的自我“碳平衡”系统。乡村工业社区、乡村市场社区、乡村旅游社区等类型作为标志性发展模式，在“长三角”地区量大面广。但针对非农化乡村社区，却长期缺乏针对性的交通、设施与服务体系。建设标准“套用化”，造成配套模式的低效与耗散，加剧了“高碳化”发展倾向。

同时，现行的管控着重在解决物质环境和与其相关联的生态绿化方面，而对资源环境承载力调控与管理、人文社会的组织与重建，在中观层面缺乏有针对性的长效管控机制，形成了布局重物质轻生活，建设重规模轻效率，生态重绿量轻循环的情况。

5）农村人居环境质量不高，建筑热环境舒适度低下

目前很多农居建设和整治大多把重心放在解决基本生活需求，例如解决安全、卫生、空间等，很少关注居住的舒适度。因此，大部分乡村住宅的热环境、光环境、声环境等质量非常低下。长江三角洲地区地处夏热冬冷地区，全年气候变化复杂，夏季持续高温，冬季阴冷，春夏之交潮湿期长，住宅供暖、降温、除湿与通风需求在一年内交替出现。在建筑技术上既要注意夏季隔热又要兼顾冬季保温，这样就形成了夏热冬冷地区有别于全国其他地区的特征和工程技术需求，导致技术手段上的复杂化程度大大提高。该地区农村住宅一般以独立式单体建筑为主，体形系数大，围护结构单薄，保温隔热性能差，农村住宅室内普遍存在夏闷热冬阴冷的状况，热舒适度低下问题尤为突出。

6）乡村住宅绝大多数为高耗能建筑

随着农村经济的发展，对居住环境要求的逐日提高，农村住宅的供暖、空调、通风、照明等建筑能耗也将大幅上升。农村新建住宅中，很少考虑建筑节能减排的要素，不仅能源消耗量大，而且商品能源所占的比例也不低。根据城镇和乡村单位面积空调能耗强度的估算值，夏热冬冷地区农村住宅单位建筑面积空调年平均能耗为0.5kWh/m^2，城镇住宅单位建筑面积空调平均能耗为3.2kWh/m^2。如浙江省农村

住宅的舒适度提高到和城市相当的水平时，农村地区的商品能源消耗总量将比目前增加2倍，全省农村住宅年空调能耗将达到43.2亿kWh，排放$CO_2$410万t，这将为未来的经济和可持续发展带来巨大的压力。从与世界家庭年平均能耗的比较中可以看出，中国农村家庭的年平均能耗要远远高出城市家庭。其能耗已经接近发达国家的水平，舒适程度却相去甚远。从全国的数据来看，农村的主要能耗在冬季供暖、热水和烹饪。这个数据虽然会因为农村的家庭人口相对较多而不能绝对地说明农村能耗和世界发达国家相当，但是却能从一定程度上反映出农村的能源利用效率和城市之间的差距。和其他发展中国家，如泰国、印度、越南等相比较，城乡差距尤为明显（图1.1-6）。

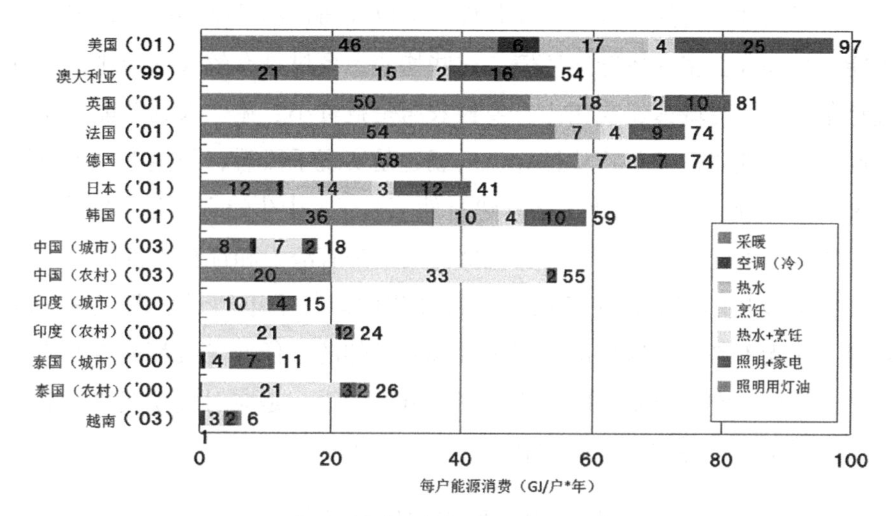

图1.1-6 家庭年耗能量的国际比较

资料来源：日本住环境研究所统计资料（2010年9月）

1.1.3 快速城镇化背景下乡村发展的理性选择

1.城镇化发展趋势决定乡村低碳化的必要性

乡村量大面广的农居建设用地面积是事实，其实际建设面积是城镇的3～4倍，占全国总建筑面积的60%以上。过去相当长一段时间城乡经济差距大，并未突显出乡村能耗消费比重的重要性，改革开放尤其是乡村城镇化快速发展后，随着城乡收入差距逐步缩减，农居建设经由"草房变瓦房""瓦房变砖房"至"砖房变别墅"，进入第三次更新换代的高峰时期，短短5年间，我国新建农村住宅面积已近30亿m^2，其中大部分集中在长三角等沿海经济较发达地区，乡村人居的能耗水平亦随之发生巨大变化。此外，人居环境的能源结构异动调整、非生态性消费型城市社会风气的传播和土地利用的持续粗放发展，均对乡村地区整体碳排放降低构成较大阻力。乡村人居环境现状需要科学、合理的引导，一味输血或是任其流血对解决问题无丝毫帮助，最重要的是如何让乡村自身造血，适应内外部驱动作用下的转型。显然，低碳化发展是资源约束条件下，营建乡村人居环境是可持续发展的必然选择，可化解城镇化引发的高碳风险以及防止乡村异质化的发展倾向。

2. 乡村低碳化营建的自身优势性

当前乡村碳排放量相较于城市，无论是总体还是人均都无疑相对小得多（表1.1-1）。长江三角洲地区乡村有丰富可取的生物质能、太阳能等可再生资源，可组织的自然通风条件，夏热冬冷的气候条件，可以仅通过围护结构的被动式技术改造就有可能满足并改善室内热舒适环境，这些均使得乡村具有较大的减排空间且具有先天优势条件。而与城镇建筑相比，乡村农居是投资小、见效大的节能减排的最佳场所。此外，低碳化营建不管从目标、内涵还是实现手段看，与生态、可持续既有相似性又有差异化。乡村的低碳化营建显然不是“无中生有”而是“顺其自然”的结果[①]。从这个角度来看，乡村要实现低碳发展是有潜力和优势条件的。

发展低碳乡村的优势还在于我国传统文化中运行千年的哲学理念——敬天惜物，乡村文化无不都是在这样的思想中提炼和延伸的。任何发展都需要顺应乡村内部各自然、社会、空间要素之间的逻辑，从低碳入手，是应对气候变化、能源约束和价值回归需求的一种相对低成本和行之有效的诉求方案。

我国建筑能源消耗的分类和现状 **表1.1-1**

	总面积	电力	煤炭	液化气	煤气	生物质	总商品能耗
	亿m^2	亿kWh	万t标煤	万t标煤	万t标煤	万t标煤	万t标煤
农村	240	830	15330	960	—	26600	19200
城镇住宅（不包括供暖）	96	1500	460	1210	290	—	7820
长江流域住宅供暖	40	210	—	—	—	—	740
北方城镇供暖	64	—	12340	—	—	—	12740
一般公共建筑	49	2020	1740	—	—	—	9470
大型公共建筑	4	500	—	—	—	—	1760
建筑总能耗	389	5060	29870	2170	290	26600	51730

资料来源：清华大学建筑节能研究中心.中国建筑节能年度发展研究报告2012[M].P4

① 清华大学建筑节能研究中心.中国建筑节能年度发展研究报告2012[M].北京：中国建筑工业出版社，2012：121-123.

3.选取长三角地区具有代表性与典型性

以长三角地区为代表的快速城镇化乡村人居环境建设，在城市扩张蔓延和农村自身发展的双重压力下，面临着重大变革契机。长三角地区自古以来就是我国经济、社会、文化的重要区域，正是蓬勃发展的乡村经济和发达的社会组织支撑了全国最有活力的地块。地区乡村类型多样，新农村建设、美丽乡村计划"觉悟"早，有典型性、代表性，作为实践和推广低碳乡村营建模式与建筑技术的前沿阵地，具备良好的物质条件和经济基础，更容易起到样板示范作用，特别是探索中国"城市化发展"与"新农村建设"的创新道路，其发展建设模式必将对我国城乡人居环境建设的可持续发展具有重要影响及借鉴意义。

1.2 国内外低碳乡村建设发展的研究动态

1.2.1 乡村人居环境研究

工业革命之后，国外对于乡村人居环境的研究主要集中两个方面：一是从人文地理视角对乡村区位、功能、土地利用方式和聚落形态进行研究[①]；二是从规划学、建筑学的视角，以霍华德、格迪斯为代表，主张乡村与城市协同作用，共同纳入区域规划的综合体系[②]，促进区域人居环境的完善。1942年希腊学者道萨迪亚斯（Doxiadis）首次提出"人类聚居学"（Ekistics）的概念，将"传统的建筑学扩展为小到村镇、大到城市带的整个人类居住环境"[③]。

第二次世界大战结束至20世纪90年代，随着人们对于城市化引起的粮食安全、生态破坏、人居环境恶化等问题的反思，西方乡村人居环境研究开始被正式纳入人居环境研究的框架体系之中，人居环境的演变呈现出城乡统筹、区域一体化的趋势。西方发达国家的乡村主要经历了"农业振兴—乡村综合发展—乡村环境保护"等不同发展阶段，乡村发展研究和乡村转型研究成为国外乡村人居环境的主要方向。这一时期的乡村人居环境研究主要是从建筑学、经济学、地理学、生态学、

① Von Thuenen，（1826） In Hall Peter，Ed Von Thuenen's isolated state（English translation by Carla M. Wartenberg，with an introduction by the editor）[M]. Pergamon Press，1966.

② Peter Hall. Cities of tomorrow：an intellectual history of urban planning and design in the twentieth century[M]. London Wiley-Blackwell，2002.

③ 吴良镛. 人居环境科学导论[M]. 北京：中国建筑工业出版社，2001.

环境学、政治学等各类学科视角出发，不断扩展人居环境研究的内涵。在乡村发展研究方面，城乡关系的协调成为关注的重点，主要的研究视角包括乡村贫困援助战略，城乡交通设施体系建设，城乡劳动力迁移，城市化、工业化对乡村聚落发展的影响。同时，乡村振兴发展研究从西方发达国家向第三世界国家拓展，对于亚洲、非洲、南美洲、东欧等地的乡村发展模式探讨逐渐增加①。

20世纪90年代至今，西方国家的乡村纷纷进入后城市化时代的乡村转型期。人们对乡村景观、乡村文化保护及乡村休闲娱乐的诉求不断增强②。欧盟的公共农业政策（CAP）及《欧洲空间展望》（ESDP）的调整，要求乡村发展逐渐脱离农业依赖性的束缚，可持续发展和低碳生态化的建设模式不断受到重视，乡村人居环境的建设更加注重文化功能、生态功能、消费功能空间的培育。不同的国家或地区也针对这一变化趋势而开展了一系列的实践研究③。

我国对于人居环境的系统研究始于20世纪90年代，对于乡村人居环境的理解也是见仁见智。当前国内较为流行的定义是在吴良镛先生对人居环境定义基础上加以延伸，认为乡村人居环境是由乡村社会人文环境、自然生态环境和人工环境共同组成的，是对乡村的生态、环境、社会等各方面的综合反映，是城乡人居环境中的重要内容，其规划对于指导农村经济、环境、社会协调发展以及区域整体协调发展具有重要的意义④。

1.2.2 “低碳”与“乡村”

1.“低碳乡村”的提出

低碳，其本意就是降低大气中碳的含量，也就是指降低以“二氧化碳”为主的温室气体排放（CO_2、CH_4、N_2O、HFC_S、PFC_S、SF_6 等6种气体被定义为温室气

① Wang In Joung. The Saemaul Undong in Korea：An Approach to Integrated Rural Development.Presented at the Society for International Development. The Twenty Fifth Anniversary World Conference on “The Emerging Global Village”，Baltimore，USA，1982（6）.

② Guy M. Robinson. Conflict and Change in the Countryside[M]. London：Belhavan Press，1990.

③ Beetz，S.，S. Huning and T. Plieninger，Landscapes of Peripherization in North-Eastern Germany's Countryside：New Challenges for Planning Theory and Practice[J]. International Planning Studies，2008. 13（4）：295-310.

④ 余斌. 城市化进程中的乡村住区系统演变与人居环境优化研究[D]. 武汉：华中师范大学，2007：12-20.

体[①])。"低碳"的术语在20世纪90年代后期的文献中就曾经出现，但是首先出现在政府文献中是在2003年，英国能源白皮书《我们未来的能源：创建低碳经济》中指出，低碳经济是通过更少的自然资源能耗和更少的环境污染，获得更多的经济产出[②]。在不同的国家"低碳"被赋予了丰富的内涵，包括低碳社会、低碳经济、低碳城市、低碳社区等多种不同层面和不同规模下的定义。这些概念不是绝对独立的，而是相互渗透的，其中低碳经济和低碳生活是最为核心的内容，是低碳的最终目标。低碳经济更侧重于物质基础，主要指提高能源的利用效率和促进形成清洁的能源结构，在可持续发展的理念下，通过技术革新、制度创新、产业转型、新能源开发等多种手段，尽可能减少高碳的能源消耗，减少温室气体的排放。低碳城市、低碳社区就是这些技术、制度和产业转型在不同尺度上的载体和整体表现，是低碳经济实现的必然过程。低碳生活更侧重于人的思想行为模式和生活态度。

丹麦在1991年第一次提出了低碳乡村。这是"低碳"第一次与"乡村"相结合。在其概念中指出：低碳乡村是在农村及农村环境中可持续的居住地，它重视及恢复在自然与人类社会中的循环系统。这个概念也指出了低碳乡村的三大特征——低碳的生产、低碳种植以及清洁能源结构。中国学者吴永常2010年对低碳村镇概念的界定是"以村镇为核心，以人居、环境为切入点，以农民种植和养殖高效产业化为重点，实现资源高效、农民增收、环境友好、食品安全和低碳排放的可持续发展目标"[③]。

本书将"低碳"的视点聚焦到乡村，它是一种中国特有的具有"低碳"特性的城市化的过程。在中国的乡村，由于发展相对落后于城市，因而人们仍然保留着相对"低碳"的生活模式。汽车的人均拥有量并不高，在村内人们也大多数选择步行或者骑自行车，外出也大多数选择公共交通体系。乡村和城市相比，建筑功能较为简单，以居住建筑为主，配有适量的公共建筑和极少量的工业或者是和居住密不可分的手工业。尽管乡村的生活方式是低碳化的，但是其用能模式却是高碳的，其功能体系相对落后，家用电器、设备等效率低下。针对村落"生活方式低碳，用能模式高碳"的现状，本研究中的"低碳"主要指乡村居住建筑——以村落为"控制单元"的低碳，并且将"低碳"的着眼点聚焦在"空间体系"的营建策略上。这里不仅代表以往建筑学意义上的形态设计，也指在乡村特有的经济基础与技术条件，结

① 蔡博峰，刘春兰，陈操操，等，城市温室气体清单研究[M].北京：化学工业出版社，2009：21.

② 田莹莹.基于低碳经济的制造业绿色创新系统演化研究[D].哈尔滨：哈尔滨理工大学，2012.

③ 转引自：杨彬如，韦惠兰.关于低碳乡村内涵与外延的研究[J].甘肃金融，2013，(9)：12-15.

合乡村的社会文化特点，挖掘空间形态和建筑之间的关系，运用村落空间和建筑空间的设计手法，调节乡村的微气候环境，并最终减少居住建筑的能耗。同时，从乡村的生活方式、建筑空间和用能模式的特点出发，提出适宜技术，推动新能源的利用，包括可再生能源、未利用能源和热电联产系统的导入模式，改变能源的结构，最终实现“低碳乡村”的营建。

本书认为，“低碳乡村”是在经济、社会、文化进步，人民生活水平和生活环境不断提高的前提下，通过调整乡村的经济发展模式，乡村的消费理念和生活方式的低碳转变，降低CO_2的排放量，实现乡村社会和城乡一体的可持续发展目标。

2.“低碳乡村”的空间体系

空间在哲学、物理学、数学中的定义都不尽相同。在哲学中，空间是具体事物的组成部分，是运动的表现形式，是人们从具体事物中分解和抽象出来的认识对象，是绝对抽象事物和相对抽象事物、元本体和元实体组成的对立统一体，是存在于世界大集体之中的，不可被人感到但可被人知道的普通个体成员[①]。“建筑的本身不是实体而是空间本身”——在建筑和城市中，空间是人们为了满足自身的需要，运用各种建筑的要素或者是形式的空间的总称。墙、地面、屋顶等围合成建筑的内部空间。建筑和周围的建筑之间，或者建筑和周围的自然环境之间围合而成的是建筑的外部空间，也是城市空间[②]。“空间”在建筑和城市中的意义，是人们从空间中间接感受到的，或者是人们通过设计在空间中主观设定的，具有功能、形态和氛围，前两者是实体空间而后者则是心理空间。

构成空间的要素包括了对象和界面。从对象和界面之间的关系，以及界面不同的透过性，可以将空间抽象为九种类型（图1.2-1）。这些由对象和界面组成的最基本的最小空间构成模式，这些最小的空间在更大的空间里成为对象，被界面所包围。要素的位置、性质变化和要素的存在与否会直接影响到空间。建筑的室外空间和室内空间只是对象和界面的不同。本书将村落作为一个整体，对象包括了建筑的室内空间和室外空间，将建筑的室内空间和室外空间作为一个连续的序列（图1.2-2），即为乡村的“空间”体系。

在这个空间序列里，不同层级的对象在各自的空间都是不同的碳源体，不同空间的界面有着不同的汇碳能力，在它包围下的空间又成为更高层级空间的对象和碳源。这些不同层级对象的性质以及各个界面之间的关系将影响总体碳排放的量和系

---

① 空间_百度百科，http：//baike.baidu.c.

② http：//baike.baidu.com/view/1575975.htm.

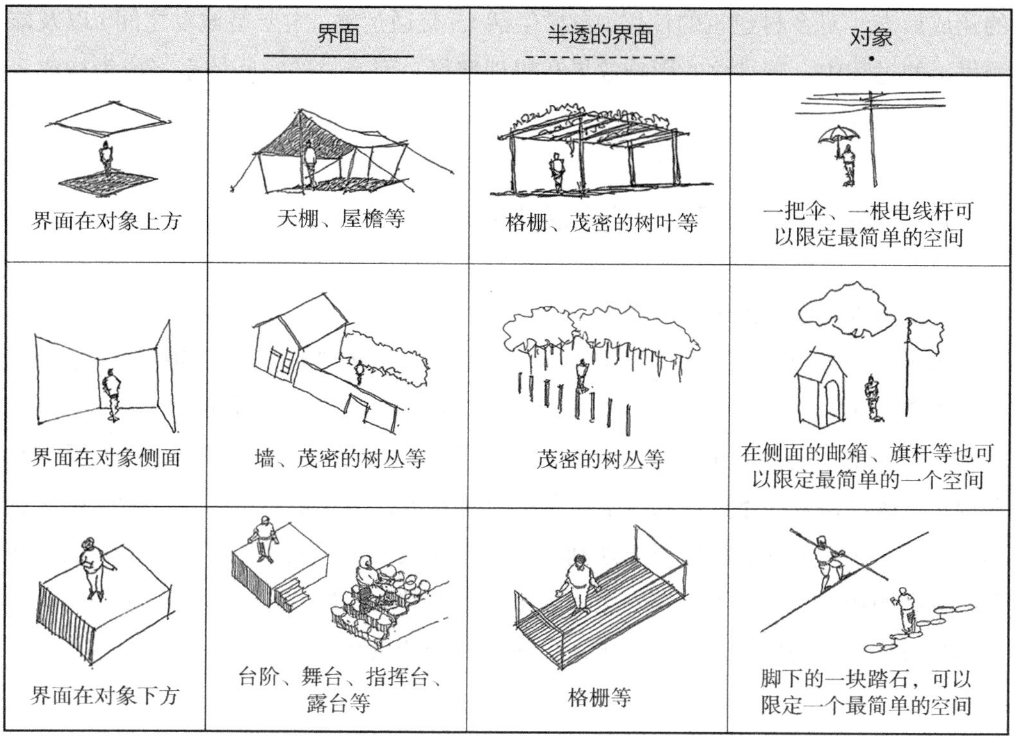

界面
半透的界面
对象
界面在对象上方
天棚、屋檐等
格栅、茂密的树叶等
一把伞、一根电线杆可以限定最简单的空间
界面在对象侧面
墙、茂密的树丛等
茂密的树丛等
在侧面的邮箱、旗杆等也可以限定最简单的一个空间
界面在对象下方
台阶、舞台、指挥台、露台等
格栅等
脚下的一块踏石，可以限定一个最简单的空间

图 1.2-1 空间的构成要素

资料来源:《建筑和城市规划空间学事典》自绘

低碳控制单元
LUD：(整体)
QUD：(整体)
Q
植被
建筑
L
水面
丘陵
农田
建筑单体假象界面
LUD：(整体)

Q_{UD}：低碳控制单元整体的环境质量　　Q：建筑单体的环境质量

L_{UD}：低碳控制单元整体碳排放　　L：建筑单体的碳排放

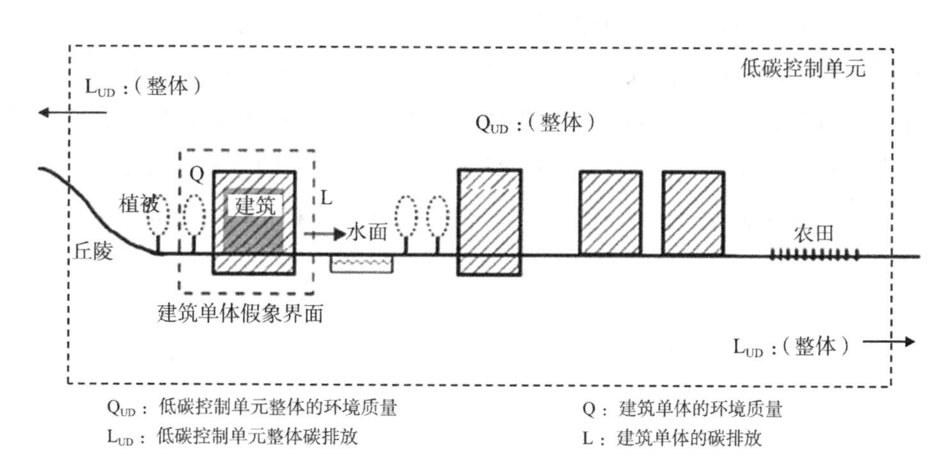

图 1.2-2 乡村空间体系

资料来源：自绘

统的碳平衡，成了乡村聚落中的碳平衡。本书将通过被动式和主动式设计这些空间，将对象和界面的性质进行调节以最终达到降低碳排放的目标。

建构“低碳乡村”的根本，对于城市规划师和城市建筑师来说，主要是指乡村的建成形态，对乡村建筑的使用（乡村生活）、交通运输（主要是城乡之间）以及能源供给的过程中，碳排放的影响效果和机理解释。而乡村的空间体系将成为构成乡村建成形态最主要的要素。

1.2.3 乡村人居环境低碳化发展研究

1.低碳视角研究土地利用布局

张慧[①]以惠州上沙田村为研究对象，通过对比该村2000年和2009年土地利用方式的变化对有机碳储量的影响，探讨乡村土地利用方式变化的固碳减排潜力；李强、刘毅华[②]分别研究了农业用地、住宅用地、乡镇企业用地对碳排放的影响，并提出低碳经济发展条件下农村土地利用的新方案；李永乐、吴群[③]等学者提出从两条路径、三个方面实现农村土地利用的低碳发展要求，两条路径即增加碳汇用地和减少碳源用地，三个方面即农用地内部结构调整、控制农用地转化为建设用地规模和建设用地布局优化。现有低碳视角研究并未涉及乡村人居环境系统的各个主要方面。

2.乡村能源消耗特征与碳排放影响因素

在对乡村碳源特征及影响要素研究中，王丹寅等[④]通过丽江市家庭能耗碳排放分析得到影响农村家庭碳排放的主要影响在家庭规模、家庭收入和教育水平三方面。张咪咪[⑤]在区分直接能源消耗、间接能源消耗的基础上提出农村居住、家庭设备用品、食品是诱使能源消耗碳源的三个主导因素，此外交通的影响要素逐渐增大。王效华[⑥]通过分析农村家庭能源消费状况，得到家庭人口和人均电力消费是影响农村

① 张慧.农业土地利用方式变化的固碳减排潜力分析——以惠州市上沙田村为例[D].重庆：西南大学，2011：21-40.

② 李强，刘毅华.低碳经济与农村土地利用方式转变的思考[C].中国山区土地资源开发利用与人地协调发展研究，2010：534-539.

③ 李永乐，吴群，何守春.土地利用变化与低碳经济实现：一个分析框架[J].国土资源科技管理，2010，27(5)：1-5.

④ 王丹寅，唐明方，任引，邓红兵.丽江市家庭能耗碳排放特征及影响因素[J].生态学报，2012，32(24)：7716-7721.

⑤ 张咪咪.中国农村居民生活间接能源消耗与碳排放分析[J].统计教育，2010(7)：35-40.

⑥ 王效华，胡晓燕.农村家庭能源消费的影响因素[J].农业工程学报，2010(3)：294-297.

家庭能耗的核心因素。王长波[①]梳理了中国农村能源与国家总体能源之间构成关系，并系统核算了中国农村能源消费所引起的碳排放量，分析其总量及结构变化趋势。

3.乡村低碳规划技术

低碳发展规划的重点在城市，对乡村低碳化营建的实际研究较少，而城市和乡村从背景、构成、组织、机制上都存在差异性，相关内容和技术手法不可盲目移植或胡乱堆砌。徐怡丽[②]等强调了低碳乡村规划在产业、土地利用、交通、生态方面的指导策略；董魏魏[③]以磐安县安文镇石头村村庄规划为例，从石头村的产业、空间布局、道路交通、能源与环境系统、住宅设计等规划方面探索低碳乡村规划建设的经验；刘鹏发[④]基于低碳视角，结合规划理论与方法，从产业发展、用地布局、道路交通、绿地系统、环境卫生设施、能源设施、住宅建设7个方面对低碳乡村规划编制内容进行探索。叶齐茂[⑤]在对欧盟十国乡村考察后提出一种约束性的乡村规划，即形成乡村发展的四条边界：绿色边界，把乡村社区发展约束在有限的拓展空间，从而给社会可持续发展留下广阔空间；灰色边界，公共基础设施的规模限制了乡村社区的过度扩张；历史边界，对乡村人文环境和物质空间的保护；利益边界，乡村社区居民对社区事务具有民主参与的权利与义务。

4.低碳视角下乡村建设指标评价

石浦南、罗明灿以低碳乡村可持续发展能力评价为研究点，参考联合国可持续发展委员会（UNCSD）提出的驱动力—状态—响应（DSR）模型，涉及社会、环境、经济的协调发展模式，建立三层次的低碳乡村评价指标体系，旨在为定量评估低碳乡村发展能力提供参考；董魏魏等[⑥]运用复合法从产业结构低碳化、农业生产低碳化、能源结构低碳化、基础设施低碳化、科技发展低碳化、生活方式低碳化、废物处理低碳化、乡村环境低碳化8个方面选取指标进行分析，构建低碳乡村的评价指标体系。

---

① 王长波，张力小，栗广省.中国农村能源消费的碳排放核算[J].农业工程学报，2007.27（增刊1）：6-11.

② 徐怡丽，董卫.低碳视角下的新农村规划探索[J].小城镇建设，2011（5）：35-38.

③ 董魏魏，刘鹏发，马永俊.基于低碳视角的乡村规划探索——以磐安县安文镇石头村村庄规划为例[J].浙江师范大学学报（自然科学版），2012，35（4）：459-465.

④ 刘鹏发，马永俊，董魏魏.低碳乡村规划建设初探——基于多个村庄规划的思考[J].广西城镇建设，2012（4）：67-70.

⑤ 叶齐茂.那里的农村社区发展有四条边界——欧盟十国农村建设见闻录之一[J].小城镇建设，2006（9）：81-90.

⑥ 董魏魏，马永俊，毕蕾.低碳乡村指标评价体系探析[J].湖南农业科学，2012（1）：154-156.

5.夏热冬冷地区农居节能技术研究

周鑫发等分析了浙江农村住宅的能耗现状，提出了若干建筑节能技术和可再生能源利用措施。周鑫发等利用数学建模，研究了定量分析既有农居和新建农居建筑能耗模拟方法[①]。施骏围绕上海郊区新农村小康住宅区规划建设，针对住宅平面布局，立面造型及围护结构节能技术等几个方面进行了调研，针对上海气候的特点，探讨适合上海郊区小康住宅的适宜节能技术[②]。王婧利用全生命周期的方法对村镇低成本可再生能源进行了评价。李涛对浙江安吉农居的室内热环境进行了实地测试，通过计算机模拟等方法，研究了结合传统与现代建造手法，建造节能省地型住宅的方法[③]。

1.2.4 国内外低碳社区实践

1.国外低碳乡村建设发展实践与政策行动

关于气候变化与低碳规划的研究与实践，英国显然走在了世界前列，尤其是从规划的编制、实施、公众参与和信息反馈入手，全面而系统。2005年，“过渡城镇”运动起源于英国托特尼斯（Totness），这是一种从高碳到低碳的生活过渡。罗布·霍普金斯（Rob Hopkins）联合英国舒马赫大学开发了“能源下降行动方案”，试图从能源、食物供应、交通运输、住房等方面找到一个地区性的有效抵抗外来危机的方法，倡导可持续的生活方式、建立本地化的生态弹性，以“再本土化”为核心，逐步减少对化石能源的依赖。英国“过渡城镇”运动可以从侧面看到西方社会城市化的危机，尤其是在食物、能源和经济领域，中国的小农经济、完整的本地食物系统和农业结合的生活节能以及地区贸易，这些被我们曾经破除的模式却成了解决西方危机的转型目标和手段[④]。由于两国的经济体制背景和现代化发展的不同步，英国的“过渡城镇”运动不能完全照搬，退回到传统乡土社会模式显然也是不合时宜的，只能部分借鉴和吸收。

20世纪70年代韩国乡村的建设背景与我国当前所处的形势有相似之处：城乡收入差距大、乡村人口老龄化严重、乡村无序迁移带来的诸多社会和城市问题。韩国建设绿色低碳乡村遵循了一系列原则：一是全民参与原则，从低碳绿色乡村规

---

① 周鑫发，施建苗. 浙江农居节能潜力与措施的分析[J]. 能源工程，2006，(3)：61-64.

② 施骏. 上海郊区新农村小康住宅建设及节能技术探讨[D]. 同济大学，2008：1-137

③ 李涛. 浙江安吉农村集中居住区住宅的节能设计研究[D]. 东南大学，2006.

④ 严晓辉. 城市未来——英国转型城镇的思考与启发[J]. 中国投资，2014(23)：76-78.

划、建设到管理需要全民参与和推进；二是能源的节约原则，全民实行低碳生活方式、提高能源利用效率等；三是能源自主原则，在乡村地域范围内利用太阳能、风能等自然资源和生物质资源生产可利用的能量，从而提高地区的能源自给率；四是考虑示范村的规模和可行性原则，不同类型的乡村或小区有不同的模式和标准。政策方向方面：韩国政府主要以乡村可再生能源的利用为核心，通过对乡村低碳文化、环保教育等构建生活良好、居住舒适的绿色乡村；提倡节约能源运动，建立乡村环境治理系统。与日本依赖大量国家专项资金投入而开展的乡村建设相比较，韩国新村运动是建立在政府低财政投入和村民自建的基础之上的，可以说，这是一种低成本乡村跨越式综合发展的典范。

当然，国际各组织以及国家在低碳行动中也纷纷出台一系列政策与行动，保障低碳可持续化发展的进行。欧盟《共同农业政策》是针对各成员国农业与农村发展的一项共同政策，对共同农业进行调整。2006年欧盟颁布的《农村发展社区战略指导方针（2007—2013年规划）》是《共同农业政策》通过后的具体行动方案。它涵盖了提高农业和林业部门竞争力、改善农村环境、提高农村地区生活质量和鼓励农村经济多样化等内容。在公共政策实践方面，英国作为最早提出低碳经济概念的国家，在低碳城市和低碳社区发展模式的研究方面进行了很多探索。2007年，英国社区部（Great Britain Department for Communities）撰写了规划政策声明：规划和气候变化：规划政策声明1（*Planning Policy Statement*：*Planning and Climate Change-Supplement to Planning Policy Statement 1*），将气候变化因素纳入区域空间战略，从区域规划层面考虑减少CO_2排放[①]。2008年，英国城乡规划协会（TCPA）出版了《社区能源：城市规划为了低碳的未来》[②]，提出应根据社区规模及社区在城市内部的空间差异等特征，采用不同技术和政策实现节能减排[③]。

2.我国低碳乡村建设实践

相较于国外的低碳建设现状，国内低碳乡村规划建设相对较晚，基本处于初级阶段，且主要基于城乡二元经济结构的大环境，着眼点主要在保证乡村经济发展前提下的乡村建设，低碳导向的乡村规划营建研究还在孕育之中。

---

① Planning Policy Statement：Planning and Climate Change-Supplement to Planning Policy Statement 1. http：//www.communities.gov.uk/pubications/planningandbuilding/ppscliamtechange.

② Community Energy：Urban Planning for a Low Carbon Future.http：//www.tcpa.org.uk/press_files/pressreleases_2008/20080331_Energy_Guide.

③ 郑思齐，霍燚，曹静. 中国城市居住碳排放的弹性估计与城市间差异性研究[J]. 经济问题探索，2011（9）：124-130.

现有低碳建设研究多体现于绿色与生态可持续的人居环境科学范畴，包括清华大学吴良镛院士进行的张家港生态乡村人居研究，西安建筑科技大学刘加平院士对云南、西藏等地乡村绿色生土人居的研究。目前，在我国社区层面的低碳建设试点，仍主要集中在大城市地区，例如北京市长辛店低碳社区、上海崇明岛低碳示范区、长沙太阳星城绿色低碳社区等。其低碳策略与国外理念基本相似，着重于布局、设施、出行、制度四大方面。另外，北京市选取了通州、昌平、平谷、大兴等区作为试点村，最大限度使用住宅建设中诸如太阳能供热系统与建筑一体化设计、新型结构体系和墙体材料的应用等成熟技术，不断改善北京农村生态环境、促进郊区循环经济发展。

浙江省从2003年起，开展"千村示范、万村整治"工程建设，对全省1151个示范村、8516个整治村进行规划编制，以农村新社区建设为方向，全面推进村庄整理、环境整治和中心村建设，整体推进"改路、改水、改厕、改房"和农村垃圾集中处理以及污水处理，并且把乡村康庄道路、河道清理、农民饮用水、绿化等系列工程建设与村庄整治建设有机结合，加快乡村人居环境的改善。同时与农村医疗、养老、教育、卫生等一系列农村社会事业发展紧密结合起来，全面推进社会主义新农村建设。但是，对于农居建设和整治还只是停留在解决安全、卫生、空间等基本生活要求的层面，或是更多地偏重村容村貌等"面子"工程，而对农居建筑的物理环境舒适性以及节能减排考虑甚少。

1.2.5 低碳乡村研究现状小结与反思

纵观国内大量现有文献研究，主要以定性分析为主，多寻找共通性而避开差异化探寻；另外，对低碳建设发展研究往往重于静态现状分析，而在未来动态发展趋势的预测方面常常失语；低碳建设研究应涉及多个学科的综合穿叉和交融，单一专业领域无法解答系统而全面性的问题，现阶段缺少了多学科的支撑和认知，亦即难以获得较客观的整体发展策略及意见；碳排放量化信息数据的获取存在约束性，乡村样本间地形地貌、气候环境和行为习惯差异导致个体样本的碳信息构成不同，继而使较均质化的碳信息分析结构与方法以及相应的低碳营建策略难以适应多样化的乡村现实。此外，文献研究中不乏针对低碳乡村建设的宏观概念、目标和框架进行搭建与整理，也有不少从微观视角对低碳适宜性技术的在地化应用进行推广和示范，但是应对承前启后的中观层级研究相对薄弱，即低碳营建的管理、方法、导则和路径，这样的低碳发展目标缺乏系统的论证，流于形式而无利于目标真正地落实。

国外乡村人居环境在研究背景、发展阶段和政策制度上与我国存在较大差异，但其中针对微观层级和相关技术内容的研究有借鉴作用，但仍然需甄别对待，有研究发现单纯的技术进步虽能提高能效却也会引起反弹效应[①, ②]。而针对当前长三角发达地区乡村结构转型与人居环境低碳化营造诉求的理论和实证研究几乎是空白，具体表现在以下几个方面：

（1）现有理论、方法和技术规范研究滞后于乡村人居环境快速转型的现状，使乡村人居环境在面临新时期、新问题和新挑战时，缺乏有效的应对策略；对低碳概念、内涵认知存在片面性，容易以偏概全。

（2）对低碳人居环境的研究主要聚焦于城市，而对乡村地区的适宜性探索较少，且研究内容单一并不全面，尤其是针对近年来乡村地区高碳现象日趋凸显，现象的系统性研究薄弱。

（3）已有模式、策略和技术研究内容缺乏验证与示范，而优化的模式、策略和技术在人居环境整体系统中如何对接未能获得检验与评估，缺少人作为主体活动的主要参与度评价，从而削弱了其科学合理性和实效性。低碳营建发展是流于形式的口号需要，还是真切的转型思变？如果政府是现阶段管理和调控的主推力，那么乡村人居环境自身对自上而下和自下而上的两种建设管控路径又该如何取舍或选择？

（4）针对长三角地区农居建筑节能技术的研究较少，且大多侧重概念和方向性的原则把控，缺乏应用型技术措施，特别是缺乏针对夏热冬冷地区农居系统性、综合性的解决方案。在实际操作层面欠缺人体热舒适标准、能耗指标、节能技术与建筑模式等指标，使得在微观建筑营造层面上，沦为一种无目的的技术堆砌和滥用，缺乏针对性与适用性。

---

① Jenkins D P. The Value of Retro-fitting Carbon-saving Measures into FuelPoor Social Housing[J]. Energy Policy，2010，38：832-839.

② Greening L A，Greene D L，Difiglio C. Energy Efficiency and Consumption – The Rebound Effect – A Survey[J]. Energy Policy，2000，28：389-401.

1.3 低碳乡村的研究内容与技术路线

1.3.1 低碳乡村人居环境营建体系构建与指标评价

基于现有国内外文献的梳理及国内低碳乡村人居环境营建的实地调研，开展乡村规划和政府管理、乡村产业发展与生态环境、绿色生态产业与乡村住居等一系列低碳乡村人居环境建设相关的基础研究，从规划管理、生态环境、基础设施、经济产业和建筑单体等方面入手，并筛选乡村生态化、低碳化的一系列影响因素与指标，分析其重要性与权重，研究其量化评价方法，从而形成系统化、数量化、条理化的营建体系，基于此形成长三角地区低碳乡村人居环境营建的指标体系与评价标准，编制《低碳乡村规划建设技术导则》，同时参考国外低碳乡村人居环境营建相关的政策、法规、制度等，开展低碳乡村人居环境营建的策略研究，为长三角地区低碳乡村人居环境的营建提供导向与指引，供相关管理部门参考。

1.3.2 低碳乡村的构成要素与调控机制

在新陈代谢和碳循环理论的基础上，从乡村低碳要素与乡村空间设计的相关性出发，探讨邻里空间、村落空间、乡村空间以及在各个空间尺度上，空间设计手法对整体碳排放的影响。从碳循环理论出发，分析在各个空间尺度上与碳循环体系相互影响的空间设计的相关要素，梳理“固定碳源”“移动碳源”“过程碳源”和“碳汇”，建构“低碳乡村”空间设计要素的框架体系。讨论在各个尺度上，低碳空间设计与碳循环要素的影响机制，提出减少“固定碳源”“移动碳源”“过程碳源”的碳排放，增加“负碳源”以及“碳汇”能力。在各个尺度上的内容虽然不同，空间设计主要通过影响空间形态、能源供给基础设施、土地利用、道路空间、交通网络和环境基础设施，实现对碳循环体系的各要素的调控。

1.3.3 低碳先导的乡村用地规划理论与方法

将宏观的社会经济环境、自然生态环境与建筑工程环境相结合，对当前国内外乡村人居环境的理论基础和实践项目进行梳理，从建设用地的规模尺度、产业功能、空间形态、自然环境关系出发研究在村域层面如何建立低碳用地规划设计的理论与方法。从理论上提出了乡村用地“碳系统”概念，以其中的碳源、碳汇等角度出发，阐释了碳系统构成要素、碳系统分类村庄及“开汇节源”的指导思想。从方法上解决了乡村用地碳系统系数的获取，碳系统总量测算，并探索三维测算方法；在碳系统的测算基础上，将情景模拟运用至现存乡村规划实践，构建乡村低碳情景规划模拟模型，提出选择低碳先导的用地规划方案路径，构建基于“开汇节源”目标，探究长三角地区乡村低碳营造的实施手段体系。进一步梳理乡村碳系统变化的影响因素和作用机理，揭示乡村碳系统的发展趋势和规律，为村域层面的乡村人居环境规划提供支持。

1.3.4 基于碳图谱模型的乡村社区营建调控方法

通过“碳排形态相关—碳计量图谱—低碳评价—低碳营建优化”的方法论，基于乡村社区空间形态“量”“率”“度”等方面与碳排放的相关性研究；以碳计量模型的建构、自组织秩序结构，对碳能量流动形式、特点进行提取和分类，再结合地学信息图谱研究，构建乡村社区空间形态、时间轨迹与碳系统各要素之间数据、图形的可视化表达关联，即碳排放的空间图谱与时间图谱，并解析其时间和空间特征；制定适应社区属性的评价指标体系，在技术方法层面上既是客观检验低碳建设成效的重要内容，又能平衡对乡村社区碳锁定价值的适应性评价，打破从理论体系转为实践应用的操作壁垒；提出低碳乡村社区营建导控，从概念、理论探讨转向实践应用，以“控制碳源、调配碳流、构建碳汇”为出发点，形成以探究、优化、条理、制约的机制协调和基于社区、邻里、宅院、管控的单元建构两方面策略，并以具体的优化设计作为实证。

1.3.5 低碳乡村聚落与建筑空间营建策略与方法

聚焦于乡村聚落与建筑风貌，探讨基于低碳理念适宜的乡村聚落空间以及建筑风貌的营建策略与方法，着重以浙江和江苏的乡村为研究对象，从应变空间组织特征、环境调控技术气候以及适应性营造方法等方面解析江南建筑原型风貌与气候适宜性特征，尤其探析了长三角地区光环境、风环境、热环境、湿环境方面与乡村聚落与建筑空间的因应关系和应对技术，同时以地貌适应、腔体空间、复合表皮的角度对低碳乡村建筑空间形态进行诠释，形成低碳建筑空间形态设计菜单，辅助乡村建筑的低碳设计。并针对低碳乡村建设实践中的主要问题，继而提出乡村聚落与建筑空间的营建策略与方法：以乡村公共空间与服务设施为导向、基于自组织特征及其演变机制进行新农居设计与营造、乡土材料现代化与现代材料乡土化表达的“在地设计”、普通传统风貌建筑的功能转换与地方技艺传承。

1.3.6 实证研究：低碳乡村人居环境建设示范基地

以浙江省安吉县鄣吴镇景坞村为“低碳乡村人居环境建设示范基地”，就本研究提出的长三角地区低碳乡村人居环境营建体系理论与方法中的指标评价、低碳用地规划理论、低碳社区调控方法以及聚落与建筑的低碳空间营建策略与方法进行系统化运用和践行，体现在村庄碳系统情况调研、低碳情景规划、规划研究与实践、建筑设计与营造以及低碳村庄指标评价等整体过程中。首先，对村庄碳系统现状开始解读，确定碳源碳汇系数、进行里庚片区能耗的详细调研以及对于乡村建筑的物理环境调研，为规划设计进行基础准备工作；通过对低碳极值情景、低碳优化情景、低碳基准情景三种情景进行碳系统测评，通过不同情景方案的比较与研选，选择低碳优化情景，从而为规划实践确立方向。其次，在规划设计实践中，制定“自然与人文同步”“民生与经济同步”“效益与品质同步”的发展策略，最终形成规划结构为“一轴、一带、三区、多点”的总体布局，对水景观、乡村风貌进行了极大的提升实践；通过对废弃小学的低碳节能改造，将策略中的十几项被动式技术整合在若干单体建筑中，对当地有着作为乡村低碳建筑的示范意义；最后，依据长三角地区低碳乡村人居环境营建指标体系，判定景坞村为建设优秀的浙江省生态低碳乡村。

此外，本研究还进行了6项规划设计研究、4项村容村貌整治、2项单项指标示范基地的建设。

1.3.7 研究技术路线

本课题研究技术路线如图1.3-1所示：

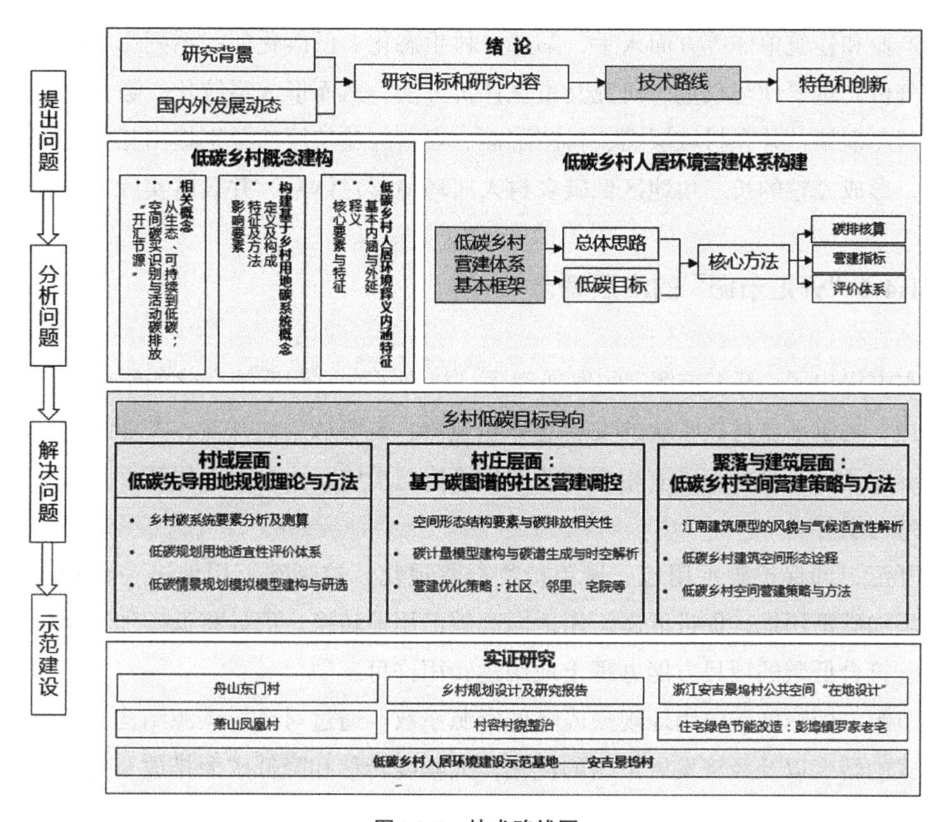

图1.3-1 技术路线图

资料来源：自绘

1.4 研究特色与创新

1.4.1 前瞻性的乡村建设视角、理论与方法

现行的乡村规划与营建方式虽然逐步加入了资源、环境等内容，但未形成完整的体系。而在当今资源环境受到约束限制、经济社会格局发生迅猛变化的长三角地区，其整体乡村人居环境营建的内涵、机制、模式迫切需要不断完善，以适应其生态、生产、生活的需求，除却传统的空间规划布局要素之外，研究和补充节能减排、生态环境建设、资源管理调控的内容成为必须的任务，并需加强生态资源方面要素与空间形态要素之间的融合关系，获得营建方法和技术能力的全面提升。

本书提出了乡村用地规划“碳系统”概念，以低碳的视角将宏观的社会经济环境、自然生态环境与建筑工程环境相结合，并从规划管理、生态环境、基础设施、经济产业和建筑单体等方面入手，筛选乡村生态化、低碳化的一系列影响因素与指标，分析其重要性与权重，研究其量化评价方法，从而形成系统化、数量化、条理化的营建框架，并在村域层面、村庄层面、聚落与建筑层面分别提出相应的理论与方法，形成完整的长三角地区低碳乡村人居环境营建体系，并具有实际操作性。

1.4.2 “开汇节源”的发展理念

本书提出了“开汇节源”的发展理念，梳理了乡村碳系统变化的影响因素和作用机理，揭示了乡村碳系统的发展趋势和规律，需要从用地开发、产业结构、生活方式、交通行为等方面采取相应的低碳化策略与措施，为乡村人居环境长远发展提供支持与引导。

开汇，即保护碳汇用地、避免植物群落退化，控制碳汇用地进一步衰退；同时，增加碳汇用地，促进低碳汇用地向高碳汇用地转换。倡导将低碳加入土地管理体系，符合低碳的项目方能办理土地用途转用许可。

节源，即降低碳源用地规模或降低碳源系数。通过对乡村碳源结构的调整、生活方式的转变以及经济发展策略的优化，大幅度转移和降低碳源排放，更能实现低碳目标。

1.4.3 三维空间的用地碳测算方法与参数化测评处理平台

国内以往关于碳排和碳汇相关的测算研究主要集中在农业、环境等领域，碳汇测算是各种植被对碳汇作用贡献程度的计算。不管是基于传统的测量方法，还是基于3S（RS/GPS/GIS）等高新技术的方法，多数都未考虑乡村地形因素，普遍忽视了三维地形的影响，研究结果存在较大不确定性，尤其是在山地、丘陵较多的乡村区域，其结果存在更大误差。因此，发展基于三维地形的、科学高效的乡村人居环境系统的碳汇评估模型是本书解决的重要技术贡献。目前本书根据面积射影定理已经设计了基于三维地形的乡村碳汇自动化计算编程，并通过了案例村庄安吉县景坞村的实证验算。

1.4.4 乡村空间形态和碳排放相关性系统化与时空维度的碳图谱生成

在分析方法上，深入研究并量化分析乡村社区空间形态“量”“度”“率”结构关系对碳排放强度影响的因素分级。由此搭建空间形态低碳控制要素的关联框架，总结两者之间的作用规律，从而将低碳排放调控与乡村营建方法在“空间形态”这个直观层级结合起来，继而完善空间形态低碳适应性过程机制的生成，完成空间形态“二次适应性”的建构，为制定合理、适宜的空间形态低碳营建，提供实现的原型基础和策略。并以产住功能的产权和使用单位为考察因子，进行碳排放、碳消耗的测算分析，形成时空维度的碳图谱，通过空间形态、时间轨迹与碳系统各要素之间数据、图形的可视化表达，展现乡村社区生活、生产碳关系及碳空间分布状态，实现从建筑学、地理信息学角度研究碳能量流动的特点和规律，为低碳乡村社区的营建、规划与评价提供决策依据。

1.4.5 建筑原型的气候适宜性技术解析与低碳建筑空间形态诠释

基于江南建筑原型对光环境、风环境、热环境等方面的气候适应性解析，从传统的智慧中获取并提炼出适宜当下的空间体型组织、表皮低碳技术、性能构造做法，分析各项调控方法，提出空间适应的体型策略、气候梯度的表皮策略、环境调节的构造策略等方面的建筑营造智慧；并运用拓扑学作为形态的演化媒介，通过分附加的腔体空间、复合表皮、地貌特征等因素，设计出多重选择的低碳建筑形态模式“菜单”，以符合“整体统一，自主营造”“主体统一，附加差异”的设计原则，避免造成千篇一律的乡村风貌。

2 长三角地区低碳语境下的乡村人居环境解析

首先，在辨析低碳、乡村社区、碳源、碳汇及系数等相关概念的基础上，对低碳乡村人居环境进行释义，研究其基本内涵与外延、核心要素与特征。其次，提出乡村用地“碳系统”定义及构成，依据碳系统特征进行乡村分类，并提出“开汇节源”的发展理念。最后，研究山区型、海岛型和平原型三类乡村碳系统的影响因素。

2.1 相关概念辨析

2.1.1 从生态、可持续到低碳

从乡村建设与发展角度来理解低碳概念，有必要先认识低碳与可持续、生态概念的区别与联系。

可持续、生态概念解读　　表 2.1-1

概念	解读
可持续	来源于生态学，突出代内和代际之间的公平性，具有整体性的内涵，与能源和温室气体排放相关，也结合社会、经济与环境维度
生态	不仅关注资源消耗和污染减少，还涉及与生态环境的关系，涵盖范围较广

资料来源：自绘

“生态”“可持续”和“低碳”概念是当前各界关注的热点，三者的建设理念和核心内涵是密切相关的，在核心思想上是一致的。“生态”关注自然环境和人居环境本体的健康发展，“低碳”更关注全球气候变化以及与自然、人居环境之间的关系。相对来说，“生态”的概念更为宽泛、抽象与模糊，采用综合方法实现人与自然的和谐共生，“低碳”从碳排的降低和碳汇的提高角度考虑和处理人与自然的关系，更明确且具备操作性。从某种程度上说，低碳并没有忽略生态、可持续的特征，而是加以整合，也就是说降碳排量并不是低碳内涵的全部，它是生态概念的延伸，是可持续理念的深化，且是可度量、可检测、可报告的。即重点针对碳排放量

的控制，继而延伸到土地利用、建筑布局、能源消费等领域对碳排放问题的处理。但在注重量化的过程中，应认识到低碳不一定等同于可持续，量化的数据（最终积累成果往往会出现限死的基本用地边界和千篇一律的建筑形态）不能全权取代某种形态或是动态模糊关系，但却可称为一种警戒范围的存在，引导可持续、生态健康发展。

2.1.2 乡村社区

一般来说，在中国，“社区”是一个偏于城市社区的概念，但在长三角地区的乡村，由于城镇化率较高，有部分乡村开始采取社区的治理模式，甚至有一些乡村已改制为“社区”的行政单位。因此，本研究运用了“乡村社区”这一概念来表达乡村的管理单元。

而从意义上，乡村社区的概念界定可以理解为“一定乡村地域空间范围内村民间依靠紧密的社会关系属性与共同生活利益需求，而形成的具有较强文化价值认同的社会生活共同体”。包括了四层含义：一是具有亲密的邻里关系，二是地域性属性关联，三是完备的公共配套设施，四是相似的文化价值观。

同时，在本研究中，为了区分与村域、村庄等概念的差别，“乡村社区”在空间上的范围限定为乡村的建设用地范围。

2.1.3 碳源、碳汇及系数

根据方精云等（北京大学环境生态学系，2007）总结，碳汇是生态系统固定的碳量大于排放的碳量，该系统就称为大气CO_2的汇，简称碳汇（Carbon sink）；碳源是生态系统固定的碳量小于排放的碳量，该系统就称为大气CO_2的源，简称碳源（Carbon Source）[①]。

碳源碳汇系数即碳排放或固定强度，指单位用地面积上的碳排放量或固定量。

---

① 方精云，郭兆迪，朴世龙，等. 1981—2000年中国陆地植被碳汇的估算[J].中国科学（D辑：地球科学），2007(6)：804-812.

2.2 低碳乡村人居环境释义、内涵及其特征

2.2.1 低碳乡村释义

1991 年丹麦的低碳组织——GAIA 投资信托基金最早提出低碳乡村概念："低碳乡村是在农村环境中可持续的居住地，他重视及恢复在自然与人类社会中的四种物质的循环系统：土壤、水、火和空气的保护，他们组成了人类生活的各个方面。"文佳筠立足于现实乡村资源和文化等本土优势，认为低碳乡村是寻求因地制宜、以我为主的一种现代化路径，遵循可持续发展原则①。学者吴永常以人居、自然环境为切入点，以农民种植和养殖高效产业化为重点，认为低碳乡村是实现资源高效、农民增收、环境友好、食品安全和低碳排的可持续发展目标②。陈晓春认为低碳农村是在农业生产、农村建设、农民生活的过程中以及在农村工业化进程中实行低能耗、低排放、低污染的发展模式，在发展理念、技术创新、管理和制度创新等方面进行低碳化的变革，从而构建资源节约型、环境友好型的新型农村③；陈振库则认为，低碳乡村是在可持续发展理念指导下，以保证农村经济、社会、生态不断进步和农民生活品质不断提高为前提，尽量减少碳源，努力增加碳汇，使农业生产、农村建设、农民生活排放最少的温室气体，同时获得最大综合效益的新型农村④；刘鹏发等认为低碳乡村试图以不损害自然环境的方式实现人类价值，坚持以人与自然、人与社会的和谐共生为价值取向，实现乡村地区资源环境与经济社会的可持续发展⑤。

针对文献研究的梳理，可以归纳得出学术界对低碳乡村的认识是建立在三个方面的共识基础上的。首先，低碳乡村概念必须以乡村经济发展作为首要基础，经济的发展才会增加农民收入，并保障低碳乡村发展的物质基础。其次，广泛采取各种

① 文佳筠.因地制宜、以我为主发展中国乡村[J].绿叶，2009(11)：67-73.
② 吴永常，胡志全.低碳村镇：低碳经济的一个新概念[J].中国人口·资源与环境，2010，20(12)：52-55.
③ 陈晓春，唐姨军，胡婷.中国低碳农村建设探析[J].云南社会科学，2010(2)：107-112.
④ 陈振库，覃舟.杭州市建设低碳农村的思考与构想[J].农业环境与发展，2010，27(6)：48-50，67.
⑤ 刘鹏发，马永俊，董魏魏.低碳乡村规划建设初探——基于多个村庄规划的思考[J].广西城镇建设，2012(4)：66-70.

低碳技术和新清洁能源，降低经济产业方面的碳排放，以实现乡村经济与社会的可持续发展。最后，强调现代农业发展在低碳乡村概念中的重要意义和作用。以强调减少碳排、增加碳汇和提高碳排放效率为主要研究内容，表现在低碳乡村的定义上有所差异。可以概括认为低碳乡村不仅意味碳排放量降低，还包括乡村社会进步、环境修复、经济增长以及在地传统文化传承保留等诸多方面。

2.2.2 低碳乡村基本内涵与外延

从低碳乡村的概念辨析出发，其重点应围绕“乡村”展开。乡村走低碳化路线，是应对全球性气候变化与能源危机，响应国家行动与政策、社会文明转型的理性选择，也符合乡村本身的核心价值和长远价值。结合中国乡村实际，本书认为低碳乡村是自然、经济、社会复合的低碳系统，包括意识形态、生态环境、基础设施、经济产业、能源结构、村落风貌等多方面，是一种可持续的村落生态发展模式。

从我国乡村现实的发展要求和经验来看，在讨论低碳乡村概念这一范畴时，还要考虑乡村与城镇化之间的发展关系以及乡村低碳化速度，低碳乡村的定义及外延都应所拓展。首先，村民应是乡村所有社会经济和日常生活的主体；其次，低碳乡村不应局限在一个或几个静态的碳排放指标上，而应该是一个动态、多元化的概念构成，由初级向高级，由具象专业领域扩展到抽象关系领域，分阶段层级化发展与调控；最后，低碳乡村建设的最终目标或理想状态是形成低碳反哺环境，环境反哺经济，达到自然资源与经济社会的互惠共生。在具体内容上，强调从能源高能耗向资源低能耗发展过渡；从无序蔓延扩张向构筑紧凑精明乡村社区空间形态转变；从偏重单体低碳生态技术集成向整体多元和重点突破相结合的全局观指导思想转变。

2.2.3 低碳乡村核心要素与特征

1.低碳乡村人居：空间布局与土地利用

区域可持续的空间自然形态格局，注意土地分布的合理性和紧凑性，新建聚落在不破坏原有村落肌理的基础上，尽可能融合、连接。

本土化的村落风貌。包括保护传统建筑和文化，保持乡村的本土化特色，采用本土化的建筑材料等。

2.低碳乡村环境：自然空间与基础设施

良好的生态环境。保护自然环境，维系其良好的生态性，既能在碳循环过程中增加村落碳汇强度，也营造了健康舒适的村落居住环境。

低碳的基础设施。低碳乡村应该建立在提高或不降低村民的生活水平的基础之上，完善且低碳的基础设施在提供便利生活的同时降低了村落的碳排放。

3.低碳乡村经济：适宜技术与能源循环

多元化的能源结构。农村生活和生产过程中离不开能源。传统的能源以高碳能源为主，而低碳的能源结构呈现多元性和低碳性特点，多元化主要体现在风力发电、沼气发电、太阳能的利用等，这些能源在使用过程中对环境造成较少的污染。

4.低碳乡村社会：低碳意识与社会文脉

良好的低碳意识与行为。包括政府部门的低碳管理意识和乡村居民的低碳生活意识及低碳绿色行为。只有低碳意识提高与低碳绿色行为成为习惯才能带动碳排放降低，才是良性的、和谐的、可持续的低碳化之路。

2.3 乡村用地“碳系统”概念、构成与分类

2.3.1 乡村用地“碳系统”定义及构成

1.乡村用地“碳系统”定义

依托乡村用地空间载体之上的各项活动的碳汇、碳源共同构成乡村用地的“碳系统”。

课题组从现有乡村规划的法规、规范中建立了适于乡村碳系统分析的用地分类。即根据 2014 年 7 月住房和城乡建设部印发的《村庄规划用地指南》，乡村用地可以分为村庄建设用地、非村庄建设用地、非建设用地 3 大类 10 中类。在碳系统吸收、排放功能重新定义下，对应碳汇和碳源，乡村用地也可分为碳汇用地和碳源用地两类（图2.3-1）。

2.构成

在乡村用地碳系统构成中，碳汇在乡村地区中主要表现在乡村林地、草地等非建设用地，通过绿色植被吸收大气中的CO_2，减少碳在人居生活环境中的存在量。碳源在乡村地区主要表现在农居用地为代表的建设用地中，通过消耗能源以及生产、生活、建设等形式产生的碳排放，增加人居生活环境中碳的释放量。

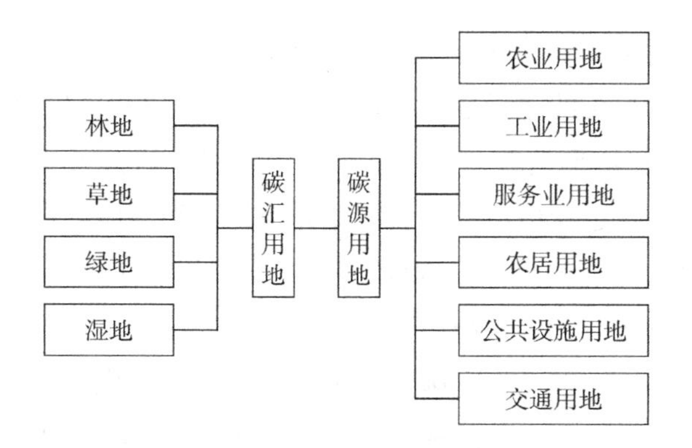

图 2.3-1 乡村用地碳系统构成图

资料来源：自绘

乡村碳汇用地主要包括三类用地：林地、草地、绿地。综合体现原生自然特征，在乡村人居环境空间中起到清除、吸收碳的作用。

乡村碳源用地主要承载具体人居活动空间行为，参照乡村土地利用规范，确定碳源用地包括生产、生活的共六类用地：农业用地、工业用地、服务业用地、农居用地、交通用地、公共设施用地。其中，农业用地同时表现吸收碳、排放碳两种作用，根据农作物的种类和耕种方式不同呈现差异性的碳汇、碳源特征，但碳排放作用多强于碳吸收作用，归为碳源用地。

但是，水体较为特殊，不能简单归类为碳源或碳汇用地，包括江、河、湖、海、水库、池塘、湿地等。一般而言，植物量越多，碳吸收能力越强；木本植物越多，碳吸收能力越强。因此，植物繁茂的湿地多属于碳汇用地，如红树林湿地；河、湖、水库、池塘、滩涂沼泽、污水处理湿地一般为碳源用地。海洋最为特殊：海洋整体为碳汇，然而局部海域的碳源、碳汇方向不确定，本书研究对象限于与海岛联系密切的100m边缘区的海域碳系统①，通过简化处理，根据岸线性质进行定性判断，海岸陆源输入影响小的海域（对应岸线为自然岸线）视为碳汇，人为活动剧烈、海岸陆源输入影响大的海域（对应岸线为人工岸线）视为碳源。

2.3.2 基于用地碳系统测评的乡村分类

乡村用地碳系统特征分类需要提出适于乡村个体特征、把握乡村未来发展趋

① 桂劲松，温志超，毕恩凯，等.渔港建设标准中码头岸线长度的确定[J]. 大连海洋大学学报，2015，30(5)：558-562.

势、便于碳系统计算的方法，合理区分城乡、乡村间规划方法、个体特征差异性。总体来看，乡村用地碳系统的差异性主要体现在乡村的地形地貌、产业经济、碳系统构成（碳汇碳源）中：地形地貌差异性是乡村用地格局的背景，产业经济差异性体现在乡村用地建设开发过程中，碳源碳汇差异性是各类用地上自然植被、生产生活对碳元素的吸收排放功能的呈现。因此，从“用地”出发构建乡村碳系统测评体系，能够反映出乡村人居环境碳系统的总体特征。

碳的吸收排放数据统计以及乡村碳源、碳汇的类型与变化也可以从乡村各类用地的具体活动中获得。因此，从“用地”出发构建乡村碳系统测评体系能够实现对乡村现状、未来规划的综合评价，进而选择低碳规划方案与发展路径。

在以一年为统计期的用地综合测评中（具体测评方法详见5.1节内容），如果碳汇大于碳源，证明乡村人居环境为“高汇低源型”，碳的吸收量大于碳的排放量，乡村发展建设呈现出低碳化特征；当碳源大于碳汇，证明乡村人居环境为“低汇高源型”，碳的吸收量小于碳的排放量，乡村发展建设呈现高碳化特征；当碳源和碳汇相近，证明乡村人居环境为“汇源平衡型”，即碳的吸收量和排放量持平（图2.3-2）。

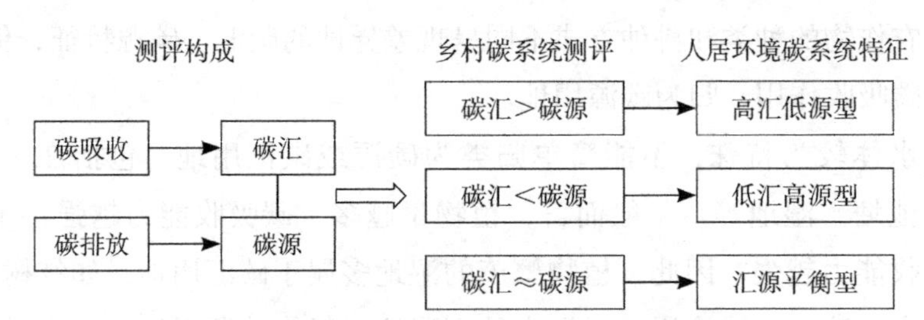

图2.3-2 基于用地碳系统测评的乡村类型构成

资料来源：自绘

2.4“开汇节源”的发展理念

为了顺应乡村未来发展需求，优化乡村发展路径，提出“开汇节源”的发展理念，在进行乡村用地规划的过程中需要从用地开发、产业塑造、生活方式、交通行为等方面采取相应的低碳化策略、措施，使乡村朝着更加低碳、生态的乡村人居环境目标发展。

1.开汇

开汇包括保汇、增汇，即保护碳汇，有条件地增加碳汇。保护碳汇指保护碳汇用地、避免植物群落退化。增加碳汇指增加碳汇用地，促进低碳汇用地向高碳汇用地转换。

首先，保护现有的碳汇用地，避免碳汇用地进一步衰退。乡村规划需要空间管制以确定乡村村域禁建区、限建区，保护原生自然用地不被建设用地侵蚀，禁止在山林内进行开垦、采石、挖沙、取土、筑坟等损坏生态行为，对水体进行流域整治、绿化等措施以提升水体环境。

乡村建设项目选址时，优先利用存量用地、零散空地进行建设，避免占用碳汇用地，滨水项目避开自然岸线。将项目建设低碳要求加入土地管理体系，符合低碳的项目方能办理土地用途转用许可。

为增加碳汇用地，对农田进行退耕还林、农地还汇的模式增加碳汇用地比重，实现碳汇增加。随着城镇化的推动，部分乡村不断萎缩，人口迁移至城镇，对于此类乡村，除了特殊价值外，规划对建设用地进行整理和复垦，促进用地优先向林地转换，增加碳汇用地规模。而丰富植物群落，种植树木，在海洋中种植海带等经济藻类，有助于提高碳汇系数。

2. 节源

节源即降低碳源，包括降低碳源用地规模或降低碳源系数。由于碳汇用地增长空间局促，碳汇增量空间小，只能作为辅助手段实现低碳目标。相比之下，通过对乡村碳源结构的调整、生活方式的转变以及经济发展策略的变化，大幅度转移和降低碳源排放，更能实现低碳目标。

1）优化产业模式

产业作为乡村人居环境中的发展动力，在以低碳目标和经济发展目标共同指导下，通过结构调整对碳源进行转移，实现低碳化产业转型。通过政策和资金支持，控制工业，剔除高能耗、高排放、高污染企业，实现生产工艺的低碳化；通过引进先进技术促进农业、渔业的现代化、生态化转型；基于乡村环境对游客的吸引力，利用传统村落自然、历史资源优势及民俗、节庆活动等特色资源，实现农（渔）旅结合，提升乡村生态品质。

2）改善生活方式

首先，降低以柴薪、秸秆为主导的低转化率能源利用，推广电能、液化气等高转化率商品性能源使用。其次，推广太阳能的使用并实现生物质能源传统利用（秸秆、柴薪）向生物质能源清洁使用（沼气）的转化。在乡村更新建设过程中，因地制宜选材，加强房屋对自然光能、热能利用，实现建设过程低碳化。此外，改变行为主体的能源观念，通过普及低碳知识，倡导低碳生活，从根源改变村民以经济效益、生活需求为核心的思想意识和行为习惯。

3）倡导低碳交通

根据浙江省统计年鉴（2020年），全省农村每百户拥有家用汽车33.00辆，摩托车20.3辆，私家车拥有率逐年升高。（2006～2013年数据参看表2.4-1）。

浙江省农村居民家庭每百户耐用消费品拥有量 表2.4-1

名称		2006	2007	2008	2009	2010	2011	2012	2013
自行车	（辆）	124.6	125.4	123.0	125.2	125.1	101.0	105.3	67.9
摩托车	（辆）	62.7	57.8	56.9	55.6	54.0	41.3	40.2	35.3
家用汽车	（台）	3.1	4.0	4.7	6.2	7.8	13.4	15.2	22.6

资料来源：依据浙江统计年鉴（2007—2014）整理，统计年鉴-五、人民生活-5-34

乡村规划建设中可通过用地布局控制交通需求，比如发展轴线与交通廊道有机契合，沿线土地混合利用，增强各功能空间的有机联系，减少出行次数，缩短出行距离，限制私家车行驶的范围。

通过加强乡村与集镇、县城的公共交通联系，增加大巴班次和缩短间隔时间等方式引导居民外出交通选择，制定相关政策鼓励低能耗、零能耗交通工具。

通过对私家车个体旅行、大巴车团体旅行的差异化价格及较为紧凑的停车空间引导游客交通选择，同时采取乡村边缘设置停车场，以观光车、电瓶车、畜力车等风格多样的低碳化特色交通方式隔绝外部过境交通，建立低碳交通体系。

4）集约用地开发

根据碳系统中乡村用地的分类，对不同类型用地采取相应的开发措施（图2.4-1）。

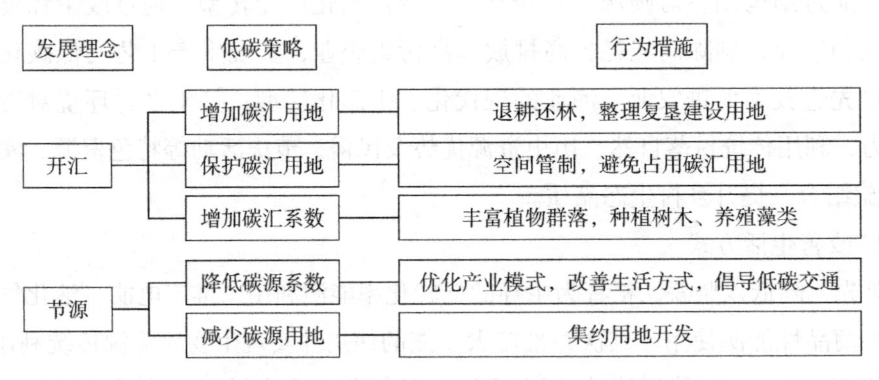

图2.4-1 低碳乡村“开汇节源”发展思路框架

资料来源：自绘

首先考虑乡村地形地貌，采取紧凑布局方式，将原本分散的乡村农居用地有效集中，便于基础设施的集中建设。优先调整建设用地结构，生产功能较为集中的区域，则选择有意愿的企业，生产用地改为展示生产工艺和生产文化的空间；乡村农居用地转型，形成集农户居住、餐饮服务为一体的混合功能用地，节约、高效推进乡村服务业主导的乡村低碳发展。

2.5 不同空间类型乡村碳系统的影响因素

为把握各类型乡村用地总体特征与影响因素，课题组从区域自然环境背景类型出发对乡村进行梳理，将乡村划分为平原型、山区型、海岛型等类型，便于展开乡村碳系统研究过程的探究。

课题组通过对地域类型为山区型、海岛型、平原型案例村庄的调查研究，深入探讨三种地域类型的乡村人居环境的特点，重点研究碳汇、碳源与碳系统特征，提出影响主要地域类型乡村碳系统的因素和作用机理。

2.5.1 山区型乡村

1.山区型乡村地貌与居住环境特征

长三角地区山区型乡村多位于海拔较高的山地、丘陵或山间盆地地域，四周被山峦包围，自然环境较好，林地为主要自然资源。山区型乡村分布较为分散，聚落规模小，多依山而建，呈现条带状与簇团状结合的空间形态，集中在山谷盆地中，山林农田围绕村落。但随着各类产业建设，逐渐侵占山林用地；村内道路大多以一条主轴联通，对接区域过境道路。乡村建筑趋向城镇化建造模式：以户为单位修建层数为2～4层普通民居，建筑结构以混凝土结构为主。

2.山区型乡村能源特征

乡村能源特征主要体现在产业、生活、交通三部分。

产业能源方面，农业能源主要来自农业机械；工业能耗根据工业行业特征，主要集中于煤炭、石油两类；山区乡村主要服务业为餐饮、住宿，能源消耗主要来自柴薪、煤炭、天然气等。

生活能耗方面，商品性能源（电能、液化气、天然气等）相对较少，生物质能源（煤炭、柴薪、秸秆等）使用较多。

交通能耗方面，随着乡村经济水平提高，交通出行方式改变较大：私家车、摩托车、电动车比例逐渐提升，交通能源体现在汽油、柴油、电能三部分。

3. 山区型乡村用地碳系统特征

1）碳汇用地以林地为主

山区型乡村碳汇用地以林地、草地、绿地为主。其中林地比例突出，占到总碳汇用地的80%～90%；草地占到总比例的10%～15%；绿地主要体现在建设用地中的景观节点，由于现状大多数景观建设用地较为滞后且多被转换为菜地，因此比例占到5%左右。林地为乡村人居环境的主要碳吸收载体。

2）碳源用地以农业用地为主、农居用地为辅

碳源用地方面，山区型乡村主要包括工业用地、服务业用地、农居用地、农业用地、湿地、公共服务设施用地以及交通用地。山区农田以旱田为主，耕种方式以传统耕作为主，较少采用诸如少耕、免耕、覆盖耕作、深松及等高耕作、使用有机肥料等为代表的保护性耕作措施[①]，为此农业用地按照碳源用地计。湿地也主要表现为碳源作用。

碳源用地中，农业用地占主导，占到总碳源用地的60%以上，体现出乡村基础产业特征。农居用地比重较大，一般达到总碳源用地的25%；根据乡村自身特征，乡村工业用地、服务业用地、湿地差异度较大，占到10%左右；乡村公共服务设施总体较少，且多与服务业混合，比例较小；交通用地主要来自村域内的主要通车道路，比例较小。

3）山区型乡村碳系统总体特征——“汇多源少”

山区型乡村碳系统总体呈现“汇多源少”特征，即乡村碳吸收效果大大强于碳的排放效果。这与非建设用地和建设用地的构成以及各类用地的碳汇、碳源系数有密切关系。

碳汇方面，由于较大的用地比例和较高的碳汇系数综合影响，林地为吸收乡村人居环境碳元素的主要载体，草地、绿地碳汇作用不明显，绿地碳汇尤其较少，这与乡村过密的居住空间，缺少休闲绿地空间有关。

碳源方面，生活碳源是主导，村民生活碳排放量最大。农业用地虽然比例高，但碳源系数低，碳源量不高；生活碳源由于较高的碳源系数及相对较大的用地面积，碳源量比例最高；工业、服务业由于高能耗强度，潜在增速明显；交通碳源中相对外来客流的碳排放量，村民交通产生的碳源量比重较大。

---

① 魏霖霖. 城市典型绿色覆被温室气体排放清单构建与空间映射[D]. 天津：天津大学，2012.

4.碳系统变化的影响因素结构

针对山区型乡村碳源特征，构建由影响类型、表征因素、对应碳源所组成的影响因素体系，提炼出四大碳源影响类型：人口变动、产业发展、生活方式、交通行为。根据每种影响类型对应乡村碳源相关内容，分析得到包括乡村常住人口变动等六项碳源影响表征因素（图2.5-1）。

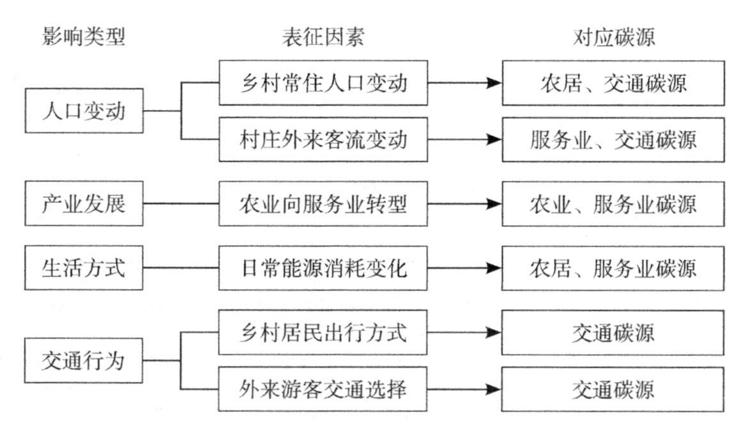

图2.5-1　山区型乡村碳源影响因素结构分析

资料来源：自绘

乡村人口变动影响乡村生活、生产等各项活动，进而改变乡村碳排放量。山区型乡村常住人口变动影响居民日常能耗和交通出行总量，其生活能源以及交通能源变化随之引发碳源变化；外来客流变动带动乡村服务业综合开发，间接引发接待客流的日常能源消耗和游客交通量能耗变化，从而影响服务业、交通行为的碳源变化。

产业发展决定乡村经济增长模式，同时也是乡村能耗变化的重要影响因素。山区型乡村以农林业为主的发展核心地位逐渐转向兼顾服务业的多元产业并举的结构（如农家乐、农庄等形式），其开发模式的差异性也导致碳排放的区别。

乡村居民生活方式直接反映在以柴薪、秸秆为代表的生物质能源与电能、液化气为代表的商品性能源的区别上，二者在能源转化率上区别明显。随着山区型乡村农家乐为代表的居、旅混合模式开发，村民的生活能源强度也将增加。

交通行为表现在内部出行方式和外来交通选择。乡村内部居民和外来游客交通行为主要表现为从乡村到集镇、县城的通行，对于机动车、非机动车的出行选择直接关系到交通碳排放比例，根据马静等（2011）研究，私家车、大巴车、电动车的碳排放系数比例为178.6∶78.3∶69.6[①]，可见交通行为差异选择对交通碳排放的影响。

5.影响因素的作用机理

乡村高碳源影响因素的变化趋势根本在于乡村居民、经营者、政府管理者和外来游客四类行为主体对乡村的差异化诉求，决定四类影响因素变化（图2.5-2）。通过从影响因素到本质诉求再到行为主体的反推过程，探索乡村高碳源的趋势影响机制。

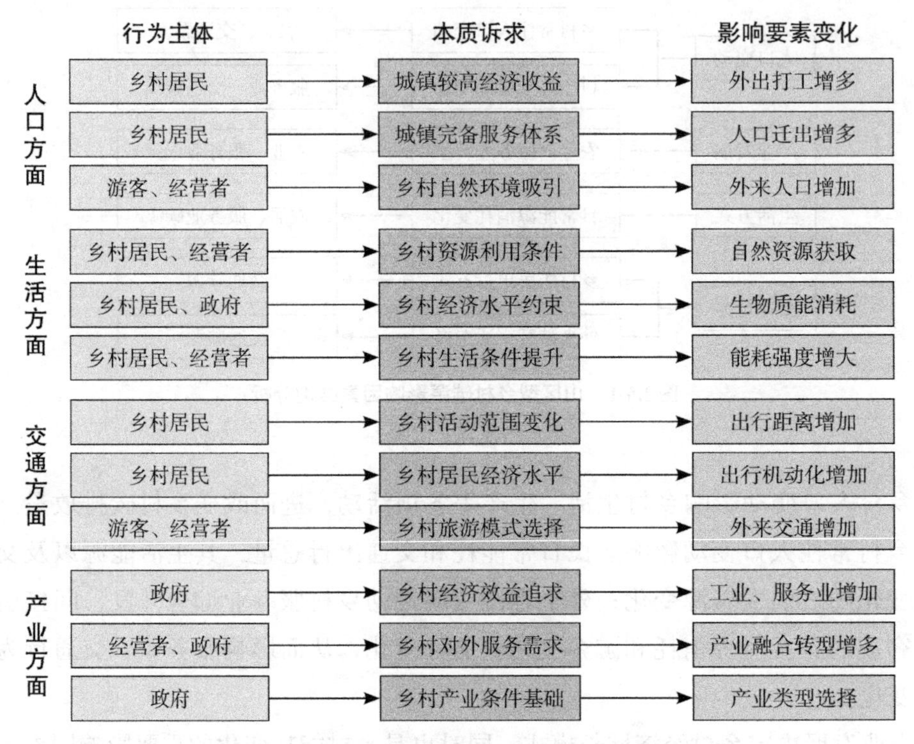

图2.5-2 山区型乡村碳源影响因素作用机制分析

资料来源：自绘

乡村常住人口变动趋势是在我国城镇化大环境背景下衍生出来的。为了在城镇获得较高的经济收益以及更完备的医疗、文化等方面的综合配套服务，山区型乡村常住人口逐渐外流，生活碳源排放有所减少。而外来游客对乡村自然、村落交融的空间以及良好的自然环境的向往，带动了乡村服务业经营者依托乡村空间环境的建设开发。两类行为主体共同促进了乡村外来游客的大量增加，服务业碳源和交通碳源逐渐上升。

---

① 马静，柴彦威，刘志林.基于居民出行行为的北京市交通碳排放影响机理[J].地理学报，2011，66（8）：1023-1032.

乡村政府为了提升乡村整体经济效益，基于现有农业、工业、服务业基础，以及未来乡村发展的经济效益诉求，确定乡村未来主要发展以乡村农业休闲旅游为代表的多元综合产业。同时，为了满足不断增长的外来客流需求，又激发了乡村服务业的开发经营，形成了多方行为主体对产业发展的投入，在实现乡村产业转型的同时，服务业碳源增加，农业、工业碳源降低。

对于乡村生活能源消耗，随着乡村居民整体生活条件的提高，农居能源消耗有所增加，而服务业经营者为了配合农居向农家乐的转变，能耗需求也随之增长。同时，村民受到经济水平限制，为节省能源支出，乡村丰富而免费的柴薪成为主要燃料来源，据课题组案例村庄调查每户每年节省能源支出750元左右。总体来看，乡村居民和经营者共同促进了生活碳源的提升。

随着区域经济联动的构建，乡村与外部联系逐渐增多，村民活动范围逐渐扩大到镇、县范围，引发乡村交通量变化。伴随着经济水平的提升，为追求效率和可达性，乡村机动车比例逐渐上升，交通碳源上涨。同时，外来游客出行选择以及乡村经营者的服务模式带动乡村休闲旅游模式的多样化（自驾行、团体游等），进而影响乡村交通的高碳源趋势。

综合来看，在影响作用过程中，居民、经营者、政府、游客四类主体在经济效益、生活水平、资源利用等诉求下共同影响山区型乡村人口、产业、生活、交通四类影响因素，促进乡村高碳源的发展趋势。其中，因山区人居环境特征，生活碳源增加成为高碳源趋势的主成分。

2.5.2 海岛型乡村

1.海岛型乡村居住环境与产业发展特征

海岛风光优美，景色秀丽，海岸线漫长曲折，集“山—村—海—港—礁—滩”于一体，自然环境形态和功能富于变化。一方面，海洋性气候气温年较差小，光照较多，雨量丰沛。海岛通过蒸腾作用沉降了有害物质，促进了空气的洁净。另一方面，海岛生态环境脆弱，易受洪涝、台风和盐水入侵、海岸侵蚀等危害。

长三角地区沿海岛屿主要由火山爆发后的火山灰堆积形成，也有的由板块运动挤压形成的，不论何种原因，都使得海岛易形成丘陵地形，高低起伏，村庄建设用地空间依地形分散。村庄选址因山就势，环山面海，就近生产，规避灾害，多沿等高线带状布局。渔民信仰海神妈祖或如意娘娘，海岛上许多相关祭祀庙宇仍具有祭祀、交往、休闲的向心作用。

渔业一般是海岛的支柱产业，丰富的渔业资源造就了发达的海产品加工、修造船、冷藏、运输业等高度特色化的产业链。修造船厂占地面积较小，冷库、油库等仓储用地占产业用地的绝大部分。沿港口、海岸会形成挑拣、熬制鱼虾和晾晒、修补渔网等主要公共区域。渔业发展逐渐形成了渔文化，开洋、谢洋、放水灯、拜船龙、祭小海、燂红、船菩萨、庙戏等活动传统至今沿袭，成为乡村的特色资源。

海岛与陆地的隔离使其与外界联系难度较大，不同区位的海岛其对外交通形式差别明显，通过桥梁与陆地相连的岛屿可全天候通勤；依靠水上交通实现通勤的岛屿，其对外交通受气候及渡轮运行时间的限制。海岛的用水、用电等服务供给系统依靠陆地供应与自身供应相结合。近海海岛的支撑系统，供水、供电一般依靠海底管道输送，对于离陆地较远的海岛，支撑系统只能依靠自身供应。燃气一般都采用固定的瓶装气供应点供给。

2.海岛型乡村能源特征

海岛型乡村能源主要由产业、生活、交通三部分内容组成。

1）产业能源消耗以柴油、电力为主，渔业加工和船舶修造是能耗“大户”

产业能源分为三方面：一是渔业，能耗主要来源于船舶航行以及捕捞机械运作，消耗大量的柴油。二是渔业相关的工业，即对海产品的冷冻、加工、贮藏和船舶修造业，主要消耗电能。三是服务业，主要为餐饮、住宿服务，能源消耗主要来自煤气、天然气、煤炭等。

2）商品性能源消耗占生活能耗的主导

生活能源消耗方面，商品性能源（电能、液化气等）占主导。因为海岛上生物质能源（柴薪、秸秆等）少，靠近大陆岛屿一般通过海底管道从陆地获取能源，或者建设供气站供应瓶装液化气，定期船舶运输补给。也有距离陆地较远的海岛通过太阳能、煤炭等就地发电。

3）对外交通能源消耗以柴油为主，岛内交通能耗以汽油为主，汽油能耗逐渐增加

交通能源体现在柴油、汽油、电能三部分。海岛对外交通运输最常用的是轮渡，主要消耗以柴油为主。陆路可达的岛屿，有部分能耗来自汽车、摩托车消耗的汽油。岛内交通能耗方面，私家车比例的逐渐提升，交通能耗主要以汽车消耗的汽油为主，且逐渐增加了CO_2的排放。

3.海岛型乡村用地碳系统特征

1）碳汇用地以林地为主

海岛型乡村的碳汇用地包括林地、园地、草地、绿地。其中林地（包含园地）

比例突出，总体占到总碳汇用地的80%～90%；草地占到总比例的10%～15%；绿地比例最小，不到5%。林地为乡村人居空间的主要碳吸收载体[①]。

2）碳源用地以工业、仓储用地为主、农居用地为辅

碳源用地方面，海岛型乡村主要包括工业仓储用地、服务业用地（含公共服务设施用地）、农业用地、农居用地以及道路交通用地。

其中，工业的能源消耗和碳排放以水产品储藏加工用地为主，海产品的冷库需要消耗大量的电能，成为碳源系数最高、碳排放最多的用地类型。服务业规模有限，用地集约性强，碳源系数高而用地比例不高。由于海岛型乡村农田以旱田为主，且田地较为贫瘠，耕种方式以传统为主，故按照碳源用地统计。

综合来看，工业仓储用地不大但碳源系数很高，工业碳源占到总碳源的60%以上。农居用地比重较大，系数较高，因此碳源达到总碳源的20%～30%。根据乡村特征，服务业用地差异度较大，其碳排放占总碳源的比例变化幅度最大，为5%～20%，其中公共服务设施用地因为总量少，且多与服务业用地混合，因此计入服务业用地。交通用地碳源用地比例较小，仅占到总碳源用地的1%左右。农田面积不大，碳源系数低，因此只占到总碳源的1%左右。

3）水体碳系统特征

岛内水体方面，河流、湖泊、滩涂为微碳源用地；灌草、芦苇、泥炭湿地等基本为微碳汇用地；红树林湿地为高碳汇用地；沼泽、污水处理湿地为碳源用地。海岛型乡村因岛内水体规模、构成不同而差异显著。

自然岸线对应边缘区海域为碳汇，红树林湿地岸线海域为高碳汇区，盐沼、珊瑚礁岸线海域为中碳汇区，礁石、悬崖、沙滩、滩涂海域为低碳汇区。人工岸线对应边缘区海域为高碳源，其中生产生活岸线海域为中碳源区，游览岸线海域为微碳源区。

4）海岛型乡村碳系统总体特征——“低汇高源”

海岛型乡村碳系统总体呈现“低汇高源”的特征（图2.5-3），即乡村碳吸收的效果大大弱于碳的排放效果。

碳汇方面，由于较大的用地比例和较高的碳汇系数，林地（含园地）是主要碳汇，草地碳汇作用不强，绿地碳汇几乎可忽略。

碳源方面，首先产业碳源是主导，海岛乡村工业由于高碳源系数，占据总碳源的绝大部分。其次是村民生活碳排放量，生活碳源由于相对较高的碳源系数和较大

① 数据来源于案例村庄调查，详见5.5内容。

的用地面积，碳源量达到较高的比例。服务业碳源差异明显，取决于乡村的发展方向，由于海岛自然环境的优势促进了服务业的快速发展，其碳源量增速明显。交通碳源乡村差异较大，不同乡村外来客流的碳排放量和乡村村民交通产生的碳源量完全不同，但总体碳源量比重较小。农业碳源量极少。

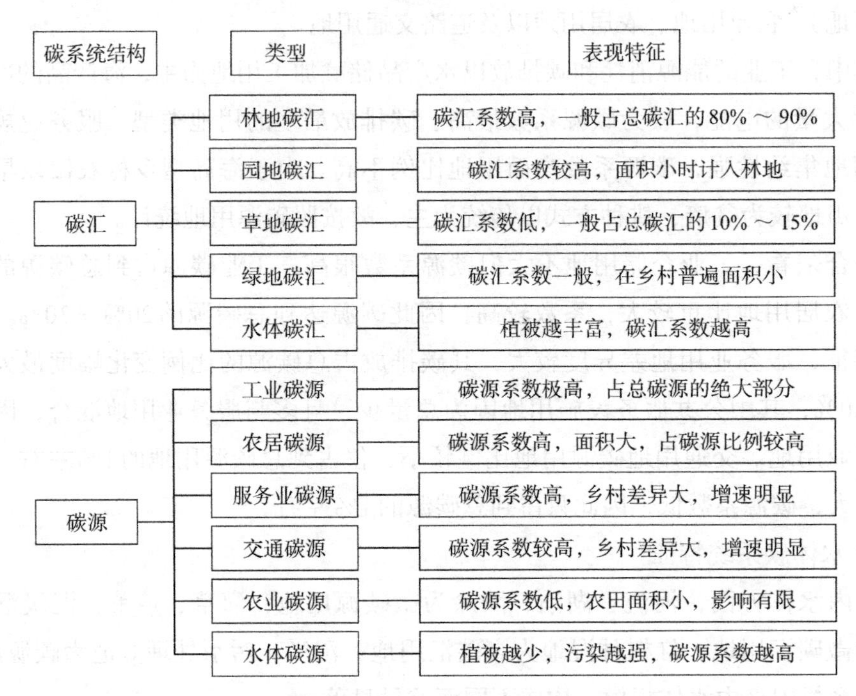

图2.5-3 海岛型碳系统特征图

资料来源：自绘

4.碳系统变化的影响因素与作用机理

海岛型乡村用地碳系统变化主要表现在产业功能转型、乡村居民人口迁移和游客增加的规模变化、乡村新增建设项目用地选址三大类要素上（图2.5-4）。

产业功能转型方面，海岛乡村依赖的渔业加工及相关修造船业属于高碳产业，需要寻找单位GDP能耗低的产业作为发展方向。海岛产业目前仍以渔业为主，但

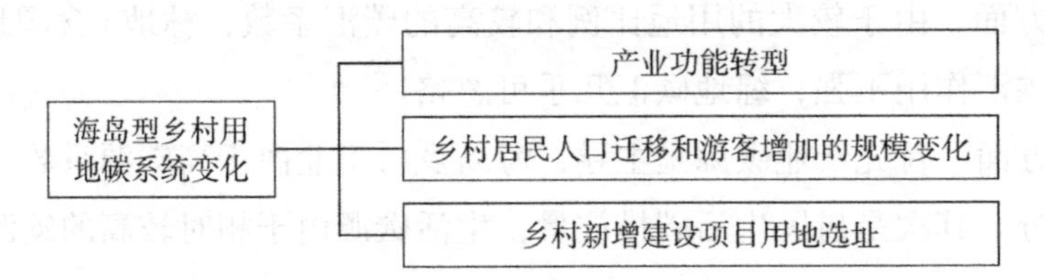

图2.5-4 海岛型乡村用地碳系统变化组成要素图

资料来源：自绘

已有不少转为多种产业融合发展的形式。近年来由于海岛独特的景观资源和宜人的气候环境吸引愈来愈多的城市居民住渔家、品海鲜、吹海风、赏海景、体验海岛渔业生产文化和民俗活动。因此，部分海岛开展以渔业和渔俗文化为基础的旅游业，产业功能的改变导致碳排放的变化。

生活服务功能提升方面，村民生活水平提高带来的生活需求和消费观念转向城市化，随之生活能源强度也将增加。海岛上村民的传统文化生活需要空间传承和发扬，加之区域联动加强激发服务业发展和内外交通联系加强。交通出行的选择影响交通碳排放。

人口规模变化方面，海岛乡村常住人口逐渐外流，而游客规模增加。人口规模改变，对应的用地规模及交通规模也相应调整。由于一定时期内商品能源结构限制，海岛乡村的能耗与规模呈正相关。规模调整直接影响乡村碳排放总量、居民的日常能耗和交通出行总量和服务业能源变化。

新增项目用地选址方面，海岛生态较脆弱，用地紧张，需避开各类灾害危险区，因此新建项目规划选址需要在空间上做统筹安排，整体控制碳源、碳汇。通过选址因素对建设环境和应达到的建设条件进行筛选决策。利用存量的碳源用地，避免占用碳汇用地，保护生态敏感区，保留灾害屏障区。

海岛型乡村碳源影响因素如图2.5-5所示：

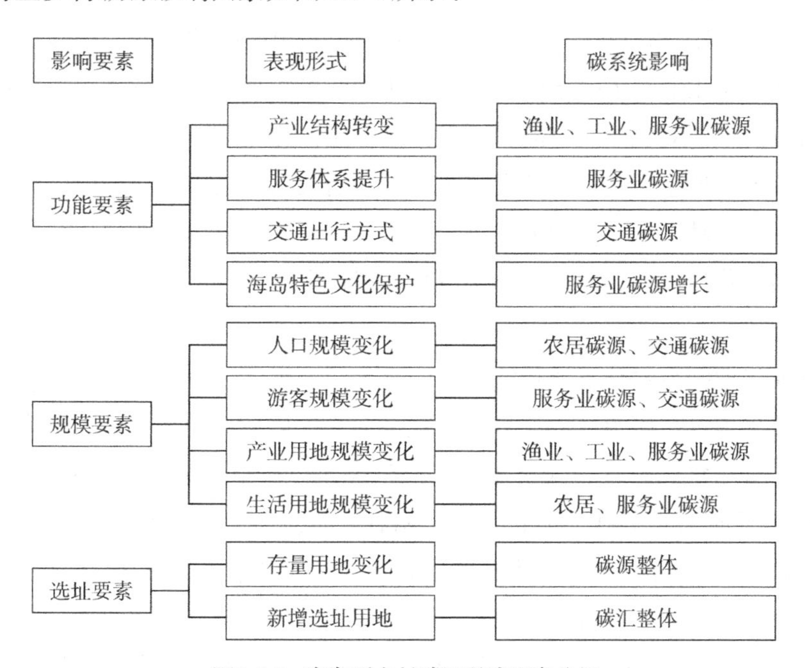

图2.5-5　海岛型乡村碳源影响因素分析

资料来源：自绘

2.5.3 平原型乡村用地碳系统特征

长江三角洲平原地区乡村大多是传统的“鱼米之乡”，村域范围内平均海拔低，地势平坦，水网纵横，土地面积中平原洼地占比高。村民住宅与水网、路网有机结合，形成特色的水乡景观。

长江三角洲平原地区乡村临近都市区，受城市工业经济的外溢和自身的乡镇企业或民营企业发展，乡村产业多为工业主导型。本研究以工业型村庄为案例展开平原地域乡村碳系统影响因素研究。

1.平原工业型乡村居住环境与产业发展特征

平原工业型村庄的共同特点是：工业基础较好，第二产业对经济的贡献率远高于其他产业。工业化产生的大量劳动力需求使得该类型村庄外来人口规模远超本地人口。根据村庄工业化的发展程度和阶段，工业型村庄又可分为三个不同类型：

（1）工业化初级阶段村庄。由于工业刚刚起步，第一产业即农业依然还在经济结构中占较大比重，且工业也往往是资源密集型和劳动力密集型的低端产业，如采掘、原材料工业或简单加工的装配工业等，工业结构单一。已有的工业企业提供就业岗位较少，对农业劳动人口转移带动不大。

（2）工业相对集中发展阶段村庄。工业经过一定时间的发展，初步形成了一定的规模，同类型工业有了一定的积聚，初步形成了规模效益。此类村庄能提供一定数量的就业岗位，对农业人口的转移发挥了一定的作用。

（3）集群发展阶段村庄。工业发展阶段日趋成熟，主导产业形成，同时主导产业能够很好地带动上下游产业的发展，形成一个较为完备的产业链。该类村庄对农业人口的转移作用巨大，不仅能解决本村村民的务工问题，还能吸引一定的外来人口来此务工。

2.平原工业型乡村碳系统特征

以各类用地进行碳源区分，平原工业型乡村中居住用地碳排放主要来源于日常生活能耗，如电能、燃气、煤炭等，能源消耗主体包括本地居民和外来务工人员，长三角地区平原工业型村庄少有薪柴、秸秆、煤炭等生活能耗；工业企业生产基本使用电能，工业用地上的企业电能消耗为主要的碳排放量；道路交通用地碳排放主要来自两部分，一部分是村民及外来务工人员的日常交通碳排放，另一部分是工业运输所产生的碳排放，主要耗能类型是汽油和柴油；公共管理与服务用地的碳排放主要来自行政办公类设施、教育设施及公用设施的日常能源消耗；商业用地的碳排放主要来自各商业业态生产经营活动所消耗的天然气、煤气、电能；公用设施的碳排放主要来自供应设施的日常能源消耗。

从各类碳源的排放量上看，工业用地碳排放最高，远超其他各类用地；其次为居住用地与道路交通用地；再次为商业服务用地，公共服务、公用设施、农业用地碳排放量最小，其数量级几乎可以忽略。

平原工业型乡村碳系统特征主要表现在以下四个方面：

1）总体特征：高碳源低碳汇

从用地面积上看，碳源用地量远大于碳汇用地量，居住、工业、商业服务、道路交通等碳汇用地面积总量远大于绿地、林地等碳汇用地面积。

2）用地类型间碳排放强度差异大

碳排放强度指单位用地面积上的碳排放量，即碳源碳汇系数。其中，工业、居住、道路交通等建设用地碳源系数远大于林地、湿地等非建设用地碳源碳汇系数，此外工业用地碳源系数远大于居住、道路等类型用地。

3）工业为主要的碳排放来源

平原工业型村庄工业用地面积总量大且碳源系数高，工业成为村庄主要的碳排放来源，以浙江萧山凤凰村为例：凤凰村工业以轻纺、五金等第二产业为主，工业用地比重达33.82%，主要能耗类型为电能，工业碳排放比重达84.7%，远高于居住、道路交通设施等的碳排放量，是典型的以工业碳排放为主的村庄。

4）居民生活耗能高于一般乡村

平原工业型村庄村民人均收入较高，又因接近大都市或城镇化密集地区，村民消费需求已开始转型趋向城市消费，消费模式由物质消费转向物质与服务消费并重，生存消费转向发展消费，能源使用频率越来越高。因此，随着人们对生活品质要求的提高，电能、液化气等商品能源的使用比重逐年上升，非商品能源使用比重逐年下降。

3.平原工业型乡村碳影响因素分析

平原工业型村庄人口结构、产业结构、交通行为、生活方式四方面的特征与发展趋势对其碳系统产生重要影响（图2.5-6）。

人口结构方面，人口总量往往较大，随之而来的生活用能总量大。首先，外来人口多是其重要特征，外来人口刺激了本地服务行业的发展，如餐饮等服务业碳排大；其次，外来人口代表了人口流动性高于一般村庄，交通碳源随之上升。

产业结构是工业型乡村碳源的核心因素，以工业为主的产业结构在整体仍较粗放的生产方式背景下，工业成为村庄碳源占比最高的因素，规模远超其他各类碳源总和。产业结构调整和产品生产性低碳化将是工业型乡村减少碳排放的发展方向。

交通行为表现在内部以机动车为主的交通方式及企业生产所产生大量的运输需求。由于人口流动性大，主体间的因素流交换频繁，工业型村庄的交通量一般远大于其他乡村，由此，交通碳源总量较大。

生活方式上，由于该类型村庄村民生活条件较为优越，消费能力强，日常生活需求多样，需求层次高，所产生的生活碳源总量高。

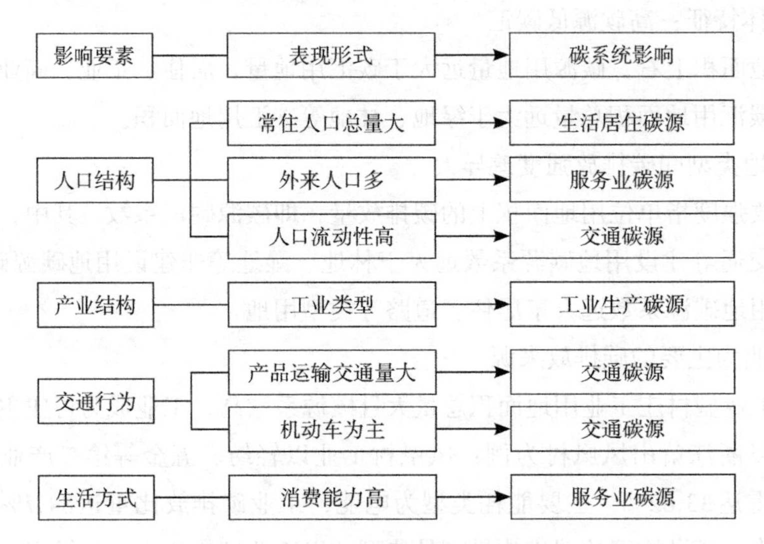

图2.5-6 平原型乡村碳源影响因素结构分析

资料来源：自绘

3 低碳乡村人居环境营建体系评价与构建

从规划管理、生态环境、基础设施、经济产业、居住建筑五个方面，筛选乡村生态化、低碳化的一系列影响因素与指标，分析其重要性与权重，研究其量化评价方法，形成系统化、数量化、条理化的系统，构建长三角地区低碳乡村人居环境营建的指标体系与评价标准，开展低碳乡村人居环境营建的策略研究，构建低碳乡村营建技术导则，为长三角地区低碳乡村人居环境的营建提供导向与指引。

3.1 目标思路：低碳导向下的乡村人居环境营建体系

3.1.1 国内外研究现状

1.国内相关评价体系研究

西方国家传统模式下的乡村就是一个小型住区，而且与城市住区在本质上并没有不同，因此国外并没有专门针对乡村的评价指标体系，相关指标评价体系主要参考城市住区。中国的“村”作为最小的行政单元，与西方国家住区式的村落概念有较大的差别，是集居民生活、土地利用、农牧业和工业活动为一体的空间。

通过“农村”“乡村”“评价体系”“指标体系”等关键词对国内文献检索系统进行检索后发现，截至2020年，匹配度高的相关文献有246篇（表3.1-1）。从检索结果来看，我国关于乡村评价体系的研究始于2000年，评价的主题集中于乡村绿化景观、乡村旅游、乡村人居环境、乡村基础设施等方面，针对乡村系统性全方位的评价始于2005年，共有79篇（表3.1-2），其中，27篇是从新农村建设角度出发，考虑“生产发展、生活宽裕、乡风文明、村容整洁、管理民主”的要求；35篇是从乡村振兴角度出发，考虑“产业兴旺、生活富裕、乡风文明、治理有效”，较少涉及生态环境和低碳发展；而“低碳”“生态”理念与乡村评价体系的结合始于2011年，检索结果有8篇（表3.1-2），尚处于起步阶段。

乡村评价体系中文文献涉及的主题分布 表 3.1-1

研究主题	绿化景观	旅游	人居环境	基础设施	乡村整体性	其他
文献数目	11	21	22	26	79	87

乡村整体性评价体系中文文献涉及的主题分布 表 3.1-2

研究主题	全面建设小康社会	新农村建设	乡村振兴	低碳生态	其他
文献数目	3	27	35	8	6

现有的低碳生态乡村评价体系多采用多层次的指标构建方式，但是尚未有统一的指标构建依据和构建因子。郑莉（2013年）在湖区乡村环境生态性评价中，借鉴CASBEE的评价方法，从环境负荷和环境质量两方面考量湖区乡村住区的环境。将目标居住环境质量分为4个因子：防灾减灾系统、自然环境系统、人工建设系统、社会人文环境；目标居住环境负荷评价设6个因子：土地资源的消耗、水资源的消耗、能源的消耗，材料的消耗，室外环境以及运营和管理[①]；董魏魏等（2012年，2013年）运用复合法从产业结构低碳化、农业生产低碳化、能源结构低碳化、基础设施低碳化、科技发展低碳化、生活方式低碳化、废物处理低碳化、乡村环境低碳化8个方面选取指标[②,③]；陈玉娟等（2013年）从低碳生产、低碳建筑、低碳交通、低碳基础设施、能源利用、生态环境、低碳生活、低碳政策法规8个方面构建低碳新农村建设评价体系[④]；宋凤等（2015年）针对北方泉水村落，从泉水的角度出发，按照自然环境、人工环境和社会环境三方面构建了19个价值评价因子及47个表征指标[⑤]；陈锦泉等（2016）主要从经济、社会、资源环境、制度保障四方面构建评价体系的28个二级指标[⑥]；贺彤（2019年）从经济发展、社会文化和环境保护三方面构建指标体系，包括9个二级指标和47个三级评价因子[⑦]。上述的指标体系中，

① 郑莉. 湖区村镇住区环境影响评价体系的建构与优化策略研究[D]. 长沙：湖南大学，2013.

② 董魏魏，马永俊，毕蕾. 低碳乡村指标评价体系探析[J]. 湖南农业科学，2012（1）：154-156.

③ 孙义飞，董魏魏. 采用灰色综合评价法构建低碳乡村评价体系的研究[J]. 湖南农业科学，2013（11）：121-123.

④ 陈玉娟，祝铁浩，殷惠兰. 低碳新农村建设评价指标体系的构建研究——以浙江省为例[J]. 浙江工业大学学报，2013，41（6）：682-685.

⑤ 宋凤，肖华斌，张建华. 活态保护目标下北方泉水村落环境价值评价研究[J]. 山东建筑大学学报，2015，30（6）：564-571.

⑥ 陈锦泉，郑金贵. 投影寻踪聚类模型在美丽乡村建设评价中的应用——以福建省晋江市为例[J]. 江苏农业科学，2016，44（6）：579-582.

⑦ 贺彤. 基于生态视角的美丽乡村评价体系研究[J]. 农业与技术，2019，39（16）：172-175.

一级评价因子2～8个不等，二级评价因子10～33个，部分指标体系有三级评价因子。虽然表述方式不同，但是同时考虑生态环境、建筑单体、经济产业、基础设施和规划管理等方面低碳因子内容的只有陈玉娟等的低碳新农村建设评价体系，但是该评价体系的8个一级因子分项不够清晰，内容互有交叉，例如能源利用和低碳生活是不可分割的，低碳交通离不开低碳的基础设施；并且一级因子与政府部门的职能划分不对应，导致评价结果很难直接反馈到政府管理行为上。

在指标细则的评定方面，现有的指标体系虽然大多按照客观数据收集和专家打分结合的方式来评定，但是客观数据的评定指标也是通过专家认定的方式来获得的，因此指标细则的评定方式主观性太强。

评价方法上，现有的评价体系分别采用了AHP法、德尔菲法、灰色综合评价和投影寻踪聚类法。灰色综合评价是基于模糊数学的评价方法，是以经过加工的评价值作为综合的对象，将指标假设为等权重，评价过程相对复杂，评价结果是一个关联系数，不利于后期推广时的操作和理解。投影寻踪聚类法的每一类内具有相对大的密集度，而各类之间具有相对大的散开度，以此为目标来寻踪最优一维投影方向，并根据相应的综合投影特征值对样本进行综合分析评价。与灰色综合评价法类似，评价数理过程相对复杂，评价结果是相对数值，没有实际意义，不利于评价体系的后期推广和理解。AHP法和德尔菲法是相对权威的统计方法，都是基于专家群体的知识、经验和价值判断在前期确定因子权重，结果清晰明确，可操作性强，有利于评价指标体系的后期推广。

在评价结果呈现方面，郑莉的指标体系参考CASBEE，通过环境负荷和环境质量比值的方式呈现；部分指标采用统计学计算值作为最终结果，另一部分指标采用百分制作为最终评价结果。相比之下，百分制的评价结果更清晰明确，有利于对指标体系的理解和操作。

低碳生态村落评价体系相关文献见表3.1-3。

低碳生态村落评价体系相关文献 **表3.1-3**

文献来源	评价对象	权重设定	评价方法	一级评价因子	二级评价因子	三级评价因子	结果呈现
郑莉，2011年	湖区乡村	AHP法	专家主观评定	2	10	—	比值
董魏魏等，2013年	乡村	灰色综合评价	专家主观评定	8	33	—	统计学数值
宋凤等，2015年	北方泉水村	德尔菲法	专家主观评定	3	19	47	百分制

续表

文献来源	评价对象	权重设定	评价方法	一级评价因子	二级评价因子	三级评价因子	结果呈现
陈玉娟等，2015年	浙江乡村	AHP法	专家主观评定	8	26	—	百分制
陈锦泉等，2016年	乡村	投影寻踪法	专家主观评定	4	27	—	统计学数值
贺彤，2019年	美丽乡村	AHP法	专家主观评定	3	9	47	百分制

2.国内外政府颁布的相关评价体系/标准

1）国外政府颁布的相关评价体系

国外并没有特别针对村落的评价指标体系，所以低碳生态村落的指标评价体系可以参考生态绿色住区的评价指标体系。

（1）LEED

1998年，美国绿色建筑委员会（USGBC）研发的《能源与环境设计先导》（Leadership in Energy and Environmental Design，简称LEED），是以市场为导向的建筑物环境影响评估系统。LEED邻里开发评估标准（LEED for Neighborhood Development），简称LEED—ND，用于社区规划和发展评估。其核心理念整合了“精明增长”、新城市主义以及绿色建筑三大绿色住区的发展原则[①]。

LEED的评估内容包括选择可持续发展的建筑场地、节水、能源和大气环境、材料和资源、室内环境质量、符合能源和环境设计先导的创新得分等6大项，其中每一个方面又包括了1～3个必须满足的先决条件，以及2～8个（共计32个）评价子项目，每一个子项目又包括了若干细则。每个子项最多可获1分或2分，所有分项的分数相加得到总分。其中“能源”和“可持续发展的建筑场地”两项权重最高，其占比分别为27%和17%。

参评建筑首先要满足每个项目规定的前提条件，否则无法进入下一阶段的评估，在满足了每个项目规定的前提条件后，就可根据每个得分点的规定对参评建筑进行打分，每个得分点都列出了目的、要求和技术/对策，将各个得分点的分数相加就得到参评住区的最终分数。通过LEED评估的建筑可以获得绿色建筑证书，共分四个级别，白金认证书、黄金认证书、银质认证书和通过认证书。

LEED体系有一个突出的特点，它在对目标进行评估时，仅用简单的打分求和

① LEED 2009 for Neighborhood Development Rating System [M]. America：USGBC，2009.

来计算最终结果，易于操作，正因为这一点，LEED自推出以来发展非常迅速，在北美地区的影响力很大。

(2) CASBEE

日本的建筑物综合环境性能评价体系，英文缩写为CASBEE（Comprehensive Assessment System for Building Environmental Efficiency），是由日本国土交通省、日本可持续建筑协会（建筑物综合环境评价研究委员会）于2002年开发出的一套绿色建筑评价体系[①]。

CASBEE是一种较为简明的评价体系。在具体评分时我们把评估条例分为Q和L两大类：Q（Quality）指建筑环境质量和为使用者提供服务的水平；L（Load）指能源、资源和环境负荷的付出。所谓绿色建筑，即是我们追求消耗最小的L而获取最大的Q的建筑。

CASBEE体系是世界同类评价体系中首次尝试将生态效率概念应用于实践的评价工具。（此生态效率概念由全球可持续发展商业委员会、经济合作发展组织等提议，在日本国土交通省建设部的支持下，开发并协同企业、政府部门及学术机构的共同参与制定。）如图3.1-1所示，纵坐标Q为建筑环境品质性能，是可持续发展的方面。横坐标L为建筑环境负荷，是不可持续发展的方面。CASBEE等级分为五级：S为极佳，A为优，B^+为良，B^-为较差，C为差。当评估结果处于图中S区和A区时，表示该项目通过很少的资源能源和环境付出，就获得了优良的建筑品质，是最佳的绿色建筑。B^+区尚属于绿色建筑，但或资源与环境消耗大，或建筑品质

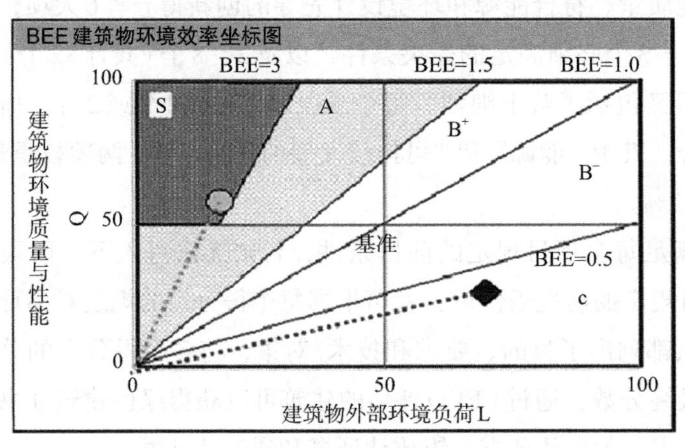

图3.1-1　CASBEE结果评价

资料来源：日本可持续建筑协会，CASBEE，2005

① CASBEE网站，[EB/OL].https：//www.ibec.or.jp/CASBEE/english/.

略低。B⁻区属于高资源、能源消耗大但建筑品质并不太高。C区则是很多的资源能源和环境付出却获得低劣的建筑品质，这是我们一定要设法避免的。

2）国内政府出台的相关评价指标

国家环境保护部于2007年开始陆续出台了《全国环境优美乡村考核标准》（2007），《国家级生态村创建标准（试行）》（2013），《国家生态文明建设示范乡村指标（试行）》（2014）等标准；农业部出台了《美丽乡村创建目标体系》（2013）；山东省委农村工作领导小组出台了《山东省生态文明乡村（美丽乡村）建设规范》（2015）；2018年，由国家市场监督管理总局、国家标准化管理委员会共同出台了评价标准—《美丽乡村建设评价国家标准》（表3.1-4）。

国内政府出台的乡村评价指标 表3.1-4

指标体系	颁布部门	时间	指标大类	评价方式
《全国环境优美乡村考核标准》	环境保护部	2007	社会经济发展、建成区环境、辖区生态环境	未有具体的评价方式
《美丽乡村创建目标体系》	农业部	2013	产业发展、生活舒适、民生和谐、文化传承、支撑保障	未有具体的评价方式
《国家级生态村创建标准（试行）》	环境保护部	2013	经济水平、环境卫生、污染控制、资源保护与利用、可持续发展、公众参与	未有具体的评价方式
《国家生态文明建设示范乡村指标（试行）》	环境保护部	2014	生产发展、生态良好、生活富裕、村风文明	未有具体的评价方式
《山东省生态文明乡村（美丽乡村）建设规范》	山东省委农村工作领导小组	2015	村庄建设、村容环境、产业发展、公共服务、乡风文明、村务管理	专家打分
《美丽乡村建设评价国家标准》	国家市场监督管理总局、国家标准化管理委员会	2018	村庄规划、村庄建设、生态环境、经济发展、公告服务、乡风文明、基层组织、	专家打分

目前出台的评价指标体系在指标构成方面重点关注生态环境、村庄建设等方面，缺乏对低碳、能源的考虑；指标体系中没有考虑指标权重，所有指标都是等权重的；除了《山东省生态文明乡村（美丽乡村）建设规范》和《美丽乡村建设评价国家标准》以外，其他的评价指标只有指标评价细则和考核标准，而没有具体的评价方式，《山东省生态文明乡村（美丽乡村）建设规范》和《美丽乡村建设评价国家标准》主要通过专家打分的方式得到最终的评价结果。

3.小结

现有的低碳乡村评价体系研究主要存在以下问题：

（1）低碳生态村落评价体系的研究处于起步阶段。

低碳生态村落理论研究和规划建设多集中在生态环境、基础设施、村容整治等方面，忽视了目前村落日益增长的产业、交通和建筑碳排放，针对乡村低碳方向关注较少。

（2）理论评价研究缺少差异性体现。

现有的低碳生态乡村研究多采用统一的评价指标，缺乏差异性体现，由于不同村落在地形地貌、生态环境和产业类型等方面差别较大，这种唯一的指标体系很难对不同类型的村落有相对公平的评价，不利于低碳评价体系在不同类型村落中的推广。

（3）规划建设实践缺少共性提炼。

现有的低碳生态乡村实践前期并未有系统的评价体系支撑，实践多针对特定的某个村落展开，措施和政策适应某个村落的特点，因此难以有效地评价和指导不同类型村落的发展建设。

3.1.2 低碳目标

本研究从规划管理、经济产业、低碳节能等角度，开展乡村规划和政府管理、乡村产业发展与生态环境、绿色生态产业与乡村住居等一系列低碳乡村人居环境建设相关的基础研究，从而筛选乡村生态化、低碳化的一系列影响因素与指标，分析其重要性与权重，研究其量化评价方法，形成系统化、数量化、条理化的系统，从而形成长江三角洲地区低碳乡村人居环境营建的指标体系与评价标准，同时参考国外低碳乡村人居环境营建相关的政策、法规、制度等，根据以上形成的长三角地区低碳乡村人居环境营建的指标体系与评价标准，开展低碳乡村人居环境营建的策略研究，为长三角地区低碳乡村人居环境的营建提供导向与指引，供相关管理部门参考。

3.1.3 研究意义

在国内有关低碳乡村建设的实践与研究都十分欠缺的现状下，本研究的实施将极大地推动我国低碳乡村建设，为长三角地区乃至全国的低碳乡村人居环境营建与发展提供系统的行动指南与政策框架，将低碳的理念真正落实到具体的指标体系与评价标准中，使得低碳扎根于田间地头。

（1）有利于促进农村经济、社会、环境、文化的可持续发展。我国以往在城市规划与建设方面的可持续发展问题研究较多，但忽略了乡村规划建设的可持续发展问题，导致大量的乡村人居环境建设由于缺乏有效的理论指导而出现生态环境危机及社会问题。因此，本文的研究有利于改变乡村人居环境“脏、乱、差”的状况，改善村容村貌和农民的生活，协调农村居住与社会、经济、资源环境等之间的关系，有利于促进农村经济、社会、环境、文化的可持续发展。

（2）有利于聚落环境的高品质营建和低成本运行。本文对乡村住区规划建设的研究，与环境整治和生态建设紧密结合，注重人地、人水关系的协调，在乡村居住条件改善的同时，也避免开发建设造成的生态环境退化、调蓄等功能下降等问题，同时有利于节约大量的土地等要素资源，减轻了生态环境压力，建立复合高效居住环境，同时节约了投资，提高了公共设施的利用效率和共享率。

（3）有利于人口的安全和城乡统筹发展。长期以来，乡村住区由于经济条件的限制，住区基础设施严重短缺，住区存在着很多不安全因素，特别是在一些自然灾害比较严重的地区，人们的生命健康往往会受到威胁。本文在研究中，将住区环境优化与住区外部生态安全建设结合起来，可以减少自然灾害对住区的影响。同时，住区环境的改善有利于提高居民的幸福感和愉悦感，有利于人口的和谐和发展，乡村居住条件的改善也有利于加快城乡一体化，有利于城乡和谐发展。

3.2 低碳乡村营建策略与技术导则

3.2.1 营建原则

1.以人为本

生态低碳乡村规划建设的根本目的是为了满足人的需要，所以在建设的过程中，要坚持以人为本的原则，从人与自然、人与人的关系出发，科学规划，充分考虑乡村居民生产生活的需求，发挥规划的宏观调控作用，建立适合乡村居民生产生活的规划模式，改善人居环境，促进人与自然的和谐共生。

2.可持续发展

人类社会追求的总目标是实现可持续发展，在可持续发展思想的引导下，生态低碳乡村规划建设不仅应该关注乡村环境质量的提升，更应该关注乡村对环境负荷的影响。其中的核心问题是减少资源与能源的消耗，因为资源与能源问题直接影响着人类的生存，因此，生态低碳乡村规划建设既要注重环境因子的优化，也要注意资源与能源的节约和循环利用，特别是新能源的利用；还要树立长期和可持续的观念，在改善乡村环境质量的同时又不破坏自然环境的承载能力。

3.方便生活、有利生产

生态低碳乡村规划建设是为了更好地满足乡村居民生活和生产的需要，当前乡村大多处于一种无序建设的状态，其建设选址属于自发形式，但是乡村并不是一个孤立的封闭空间，而是与外界有沟通联系的开放空间，因此，在生态低碳乡村规划建设时，尤其是选址时，应充分考虑其耕作半径以及交通方便程度，方便生产和出行。同时，合理布置道路、基础设施、绿化等，做到方便生活、有利生产。

4.因地制宜

由于地理环境及文化的差异，每个乡村都有自己的特点，在生态低碳乡村规划建设时，应该在尊重乡村原有布局方式的基础上加以调整，形成自己的特色，避免“千篇一律”的现象出现。同时要充分利用当地的自然资源，如树种、建筑材料以及池塘、晒谷场、林地等的利用，凸显出地域特色风貌和田园气息。

5.公众参与

乡村是一个比较复杂的系统，涉及的领域也比较广泛，生态低碳乡村规划建设需要与来自不同方面的人员合作，主要包括设计人员、政府部门人员和居民。作为乡村的居住者，乡村的建设关系到每一户居民的切身利益，所以居民的意见应该受到重视，并且应筛选采纳其合理的意见，通过三方不断地沟通协调，达成一致意见，以确保生态低碳乡村规划建设能够达到预期的效果。

3.2.2 建设策略

1.规划管理

县级政府应明确对创建生态低碳乡村的责任，发挥领导和指导作用，进行工作部署，并落实资金补助。制定规划建设管理办法，健全城建档案、物业管理、环境卫生、绿化、村容秩序、道路管理、防灾等管理制度。

编制总体规划和控制性强制规划并经上级政府审批，落实总体规划，规划编制与实施中应有良好的公众参与机制。同时，应编制生态低碳乡村规划建设整体实施方案，该方案应具有较强的可操作性。

2.生态环境

保护辖区内的自然生态环境，辖区内的空气质量、地表水质等均应满足国家标准要求。乡村区域噪声按规划的功能区要求达到相应的国家声环境质量标准。提高山地丘陵类乡村和平原类乡村辖区内森林面积占土地面积的百分比，提高水乡类乡村辖区内保存的自然湿地面积占辖区内自然湿地总面积的百分比。

建立建成区良好的生态环境。增加各类公共绿地的总面积和乡村建成区的绿化覆盖面积。增加主要道路的绿化普及率，增加农田的林网化率。认真贯彻执行环境保护政策和法律法规，辖区内无滥垦、滥伐、滥采、滥挖现象。避免由于违反环境保护法规的经济、社会活动与行为而导致的重大环境污染或生态破坏事故的发生。

3.基础设施

道路交通设施完善，路面及照明设施完好，雨箅、井盖、盲道等设施建设维护完好，主要道路应有铺装。建成区交通安全管理有序，车辆停靠管理规范，停车场设置合理。

重视垃圾污水的处理，普及乡村生活垃圾收集和无害化处理。提高乡村污水管网覆盖率，加强乡村污水的集中处理。污水应经处理厂处理并且能够达到《城镇污水综合排放标准》GB 18918—2002相应等级。

有良好的公建配套设施。乡村应有政府举办的纳入财政预算管理的提供义务教育的中小学校，其建设规模和标准达到《农村普通中小学校建设标准》(建标109—2008)要求。公立乡村医院至少1所，建设规模和标准达到《乡村卫生院建设标准》要求，且能够发挥基层卫生网点作用，能够满足居民预防保健及基本医疗服务需求。建成区至少拥有市场管理规范的集中型便民集贸市场1座，建有公共文化设施至少1处，包括文化活动中心、图书馆、体育场(所)、影剧院等。提高无害化公共厕所的覆盖率，满足公共厕所干净卫生的要求。

4.经济产业

合理发展低碳生态的经济产业，使人均可支配财政收入水平高于当地平均水平的同时，单位GDP能耗即一次能源供应总量与国内生产总值(GDP)的比率低于当地平均水平。普及养老、医疗、失业、工伤等社会保险。

建立有特色有竞争力的经济产业，发展适合本地的各项特色创意主题活动和产业，成为较为固定的旅游或发展项目，培养较强竞争力的企业集群，符合循环经济发展理念。

发展生态农业，增加农产品中无公害农产品、绿色食品或有机食品认证产品的比率。

5.建筑单体

集约用地，控制单位人口所拥有的建成区建设用地面积。集中建设的党政综合行政办公设施应符合城镇规划的要求，特别是要符合国家有关节约用地、节能节水的相关规定；建设水平应与当地的经济发展水平相适应，做到实事求是、因地制宜、功能适用、简朴庄重，坚决避免“超标豪华办公楼”。除工艺流程或安全生产有特殊要求的工业园区外，应以工业（开发）区或集中连片工业用地为单位统一核算工业园区的建筑密度、道路面积比例及绿地率，避免土地闲置和“花园式工厂”。

制定当地主要工业行业和公共用水定额标准，非居民用水全面实行定额计划用水管理。居民小区、公厕和公共建筑推广使用节水型器具。在重要地区设置有效的雨水收集系统，进行雨水收集。

重视可再生能源的利用，提倡可再生能源（包括风能、太阳能、水能、生物质能、地热能、海洋能等非化石能源）、低污染的化石能源（如天然气），以及采用清洁能源技术处理后的化石能源（如清洁煤、清洁油）。

重视农作物秸秆的综合利用，主要包括粉碎还田、过腹还田、用作燃料、秸秆汽化、建材加工、食用菌生产、编织等。乡村辖区全部范围划定为秸秆禁烧区，避免农作物秸秆焚烧现象。重视规模化养殖场的粪便综合利用，主要包括肥料、培养料、生产回收能源（包括沼气）等。

市政设施、公共服务设施、公共建筑均采用节能降耗技术。新建建筑执行国家节能或绿色建筑标准，既有建筑有相应的节能改造计划并应实施。

重视乡村建设风貌与自然环境的协调，并应体现地域文化特色。乡村主要建筑规模尺度适宜，色彩、形式协调。开发并提炼具有当地特色、因地制宜的低碳节能技术，广泛应用在住宅和公共建筑中。

重视文化遗产的保护。辖区内历史文化资源，依据相关法律法规得到妥善保护与管理。

3.2.3 技术导则

1. 总则

1）导则适用范围

《低碳乡村规划建设技术导则》中的乡村是指具有一定人口规模和用地规模的聚居空间，其中人口主要由农业人口构成，用地主要由农业用地和建设用地构成的具有乡土田园气息的地域综合体。主要包括行政村及其所辖的周围空间。

2）基本任务

在乡村总体规划的指导下，综合部署生产、生活服务设施、公益事业等各项建设，确定对耕地、森林、水域等自然资源和历史文化遗产保护等的具体安排，以及低碳节能的建设措施，为村庄居民提供切合当地特点，并与当地经济社会发展水平相适应的生态低碳的人居环境。

3）规划依据

乡村总体规划、镇村布局规划；乡村土地利用总体规划；乡村经济社会发展规划；有关法律、法规、政策、技术规范与标准等。

2.规划管理

1）规划编制

（1）村庄规划以行政村（中心村）为单元进行。对具有一定规模或近期建设量较大的自然村，宜单独编制村庄整治和建设规划。

（2）村庄建设规划的期限为15年。对规划期限已过或已明显不适应建设的村庄建设规划应进行调整和续编。

（3）规划方案完成后，须向民众公示，并由县级建设主管部门组织技术审查。村庄规划须经村民代表大会讨论通过，由乡（镇）人民政府报县级人民政府批准。

（4）乡村应结合本地现状，因地制宜地编制绿色低碳重点乡村建设整体实施方案，且方案应具有可操作性。方案具体内容可参考前文的指标体系。

2）政府管理

（1）政府应对创建绿色低碳乡村责任明确，发挥领导和指导作用，进行工作部署，分工合理，并落实相关资金补助。

（2）制定规划建设管理办法，健全城建档案、物业管理、环境卫生、绿化、村容秩序、道路管理、防灾等管理制度。

3.生态环境

1）自然生态

（1）环境噪声

①乡村居住区的环境噪声，白天等效噪声值应小于55dB，夜间应小于45dB。

②对公路噪声，可采取公路两侧设置声屏障，或布置绿化带的方式。也可采用临路建筑对公路噪声进行遮挡，临路的第一排房屋可布置成商业用房或村支部办公等对声环境要求不高的场所。

③村内的主干道应尽量不通过村庄的中心，以环绕村庄布置为宜。避免公路噪声延主干道向居民区辐射，以及内部车辆行驶的噪声影响居民生活。

④对于建筑单体内部产生的噪声，一般是因为进行家庭小作坊式的生产而产生的。为防止这类噪声，应在村庄中集中安排工业点，并将工业点设置在居住区的下风向交通便利处，与居住点有一定的距离，并由绿化分隔。

（2）空气环境质量

辖区空气环境质量达到《环境空气质量标准》GB 3095—2012和《环境空气质量功能区划分原则与技术方法》HJ 14—1996的标准要求。

（3）水环境质量

①保护村中的河、溪、塘等水面，发挥其防洪、排涝、生态景观等多种功能作用。

②水乡类乡村辖区内受保护和有效管理的自然湿地占辖区总湿地面积的百分比≥15%。

③辖区内的地表水环境质量满足《地表水环境质量标准》GB 3838—2002的要求。

（4）绿化与植被

保护和利用现有村庄良好的自然环境，特别要注意利用村庄外围和河道、山坡植被，提高村庄生态环境质量。

2）建成生态

①宜将村口、道路两侧、宅院、建筑山墙、不布置建筑物的滨水地区以及不宜建设地段作为绿化布置的重点。

②村庄绿化应以乔木为主，灌木为辅，植物品种宜选用具有地方特色、多样性、经济性、易生长、抗病害、生态效应好的品种，提倡自由式布置。

③绿化景观材料应自然、简朴、经济，以本地品种、乡土材料为主，与乡村环境氛围相协调，形成层次丰厚的多样性生物景观。既可降低环境温度，改善室内小气候，降低能耗，又能净化空气，减少噪声。

④住区附近所种植的树木，应选择长得较高，枝叶伸展较宽，夏日茂盛，冬天落叶的乔木。

⑤滨水驳岸以生态驳岸形式为主，因功能需要采用硬质驳岸时，硬质驳岸不宜过长。在断面形式上宜避免直立式驳岸，可采用台阶式驳岸，并通过绿化等措施加强生态效果。

⑥乡村建成区主要街道两旁应栽种行道树。绿化种类以乔木种植为主，灌木为辅，避免城市化的绿化种植模式和模纹色块形式。

⑦营造农田防护林，提高农田林网化率。农田林网的树种宜选择材质好、树

冠小、侧根不发达，适宜营造乔、灌、针、阔混交林的树种，按乔灌结合、错落有致的原则布置，路渠配以防护性速生乔木，田埂配以经济高效的小乔木灌木[①]。

3）污染治理

①认真贯彻执行环境保护政策和法律法规，辖区内无滥垦、滥伐、滥采、滥挖现象。

②乡村工业污染源排放100%达标，特别是乡村重点工业污染源应重点控制。

4.基础设施

1）道路交通

（1）布局原则

村庄道路系统应结合村庄规模、地形地貌、村庄形态、河流走向、对外交通布局及原有道路，因地制宜地确定。一般应尽可能不设外环路。

（2）道路等级与宽度

①村庄主要道路：路面宽度4～6m；村庄次要道路：路面宽度2.5～3.5m；宅间道路：路面宽度2～2.5m；建筑退让应满足管道铺设、绿化及日照间距等要求。

②根据村庄的不同规模和集聚程度，选择相应的道路等级与宽度。规模较大（1500人以上）村庄可按照主要、次要、宅间道路进行布置，中小规模村庄可酌情选择道路等级与宽度。道路组织形式与断面宽度要结合机动车的不同停车方式（集中布置、分散布置、占道停车）合理确定。

（3）道路铺装

①村庄主要道路宜采用硬质材料为主的路面，次要道路及宅间道路路面可根据实际情况采用乡土化、生态型的铺设材料如石板、鹅卵石、红石等。

②保留和修复现状中富有特色的石板路和青砖路等传统街巷道。具有历史文化传统的村庄道路路面宜采用传统建筑材料。

（4）停车场设置

①村民停车场地的布置主要考虑停车的安全和经济、方便。农用车停车场地、多层公寓住宅停车场地宜集中布置，低层住宅停车可结合宅、院分散布置，村内道路宽度超过5m的可适当考虑部分占道停车，公共建筑停车场地应结合车流集中的场所统一安排。

②有特殊功能（如旅游）村庄的停车场地布置主要考虑停车安全和减少对村民的干扰，宜在村庄周边集中布置。

---

① 聂炳成，张小珉.平原农田林网建设的理论与实践[J].江西林业科技，2001（5）：33-35.

2）垃圾污水处理

（1）生活垃圾处理

①村庄生活垃圾收集应实行垃圾袋装化，按照“组保洁、村收集、镇转运、县（市）处理”的垃圾收集处置模式，结合村庄规模、集聚形态确定生活垃圾收集点和收集站位置、容量。

②垃圾收集点的服务半径一般不超过70m。积极鼓励农户利用有机垃圾作为肥料，实现生活垃圾分类收集和有机垃圾资源化。

（2）生活污水处理

①村庄应因地制宜结合当地特点选择排水体制。新建村庄宜采用有污水排水系统的不完全分流制，经济条件较好的、有工业基础的村庄可采用有雨污水排水系统的完全分流制；现状雨污合流制的村庄，应逐步适时改造为不完全分流制或完全分流制。

②村庄污水收集与处理遵循就近集中的原则，靠近城区、镇区的村庄污水宜优先纳入城区、镇区污水收集处理系统；其他村庄可根据村庄分布与地理条件，集中或相对集中收集处理污水；不便集中的应就地处理。

③根据当地经济发展和生产生活特点，科学预测污水量；根据排水系统出水受纳水域的功能要求，确定污水排放标准，因地制宜地选择污水处理工艺（化粪池简单处理、常规生物处理、生态处理等），并结合村庄地形地势、生态资源等，合理安排污水处理设施。

④优化排水管渠。布置排水管渠时，雨水应充分利用地表径流和沟渠就近排放；污水应通过管道或暗渠排放，雨污水管渠宜尽量采用重力流。

3）公建配套

①公共服务设施的配套应根据村庄人口规模和产业特点确定，与经济社会发展水平相适应。配套规模应适用、节约。

②公共服务设施宜相对集中布置在村民方便使用的地方（如村口或村庄主要道路旁）。根据公共设施的配置规模，其布局可以分为点状和带状两种主要形式。点状布局应结合公共活动场地，形成村庄公共活动中心；带状布局应结合村庄主要道路形成街市。

③公共服务设施配套指标按每千人1000～2000m^2建筑面积计算。

④公益性公共建筑项目参照表3.2-1配置。

⑤结合村庄公共设施布局，合理配建公共厕所。1500人以下规模的村庄，宜设置1～2座公厕，1500人以上规模的村庄，宜设置2～3座公厕。公厕建设标准应

公益性公共建筑项目配置表 表3.2-1

公建配套	设置条件	建设规模
村（居）委会	村委会所在地设置，可附设于其他建筑	100～300m^2
幼儿园、托儿所	单独设置，或附设于其他建筑	—
文化活动室（图书室）	可结合公共服务中心设置	不少于50m^2
老年活动室	可结合公共服务中心设置	—
卫生所、计生站	可结合公共服务中心设置	不少于50m^2
健身场地	可与绿地广场结合设置	—
文化宣传栏	可与村委会、文化站、村口结合设置	—
公厕	与公共建筑、活动场地结合	—

达到或超过三类水冲式标准。

⑥经营性公共服务设施根据市场需要可单独设置，也可以结合经营者住房合理设置。

5.经济产业

1）社会保障

普及农村社保政策，村民应全部参加农村合作医疗和农村养老保险，使农民生活无后顾之忧。

2）产业建设

（1）布局原则

①结合当地产业特点和村民生产需求，合理安排村域各类产业用地（含村庄规划建设用地范围外的相关生产设施用地）。

②村庄手工业、加工业、畜禽养殖业等产业宜集中布置，以利于提高生产效率、保障生产安全，便于治理污染和卫生防疫。

（2）种植业布局

①明确村域耕地、林地以及设施农业用地的面积、范围。

②按照方便使用、环保卫生和安全生产的要求，配置晒场、打谷场、堆场等作业场地。

（3）养殖业布局

①结合航运和水系保护要求，合理选择用于养殖的水体，合理确定养殖的水面规模。

②鼓励集中饲养家禽家畜，做到人畜分离；集中型饲养场地的选址应满足卫生和防疫要求，宜布置在村庄（居民点）常年盛行风向的下风向以及通风、排水条

件良好的地段，并应与村庄（居民点）保持防护距离。

③分散家庭饲养场所应结合生产辅房布置，并与住宅生活居住部分适当隔离，满足卫生防疫要求。

④发展生态农业模式，增加主要农产品中有机、绿色及无公害产品种植（养殖）面积的比重。

6.建筑单体

1）集约用地

①重视新建区的节约用地。新建村庄人均规划建设用地指标不超过130m²。整治和整治扩建乡村应努力合理降低人均建设用地水平。

②除工艺流程或安全生产有特殊要求的工业园区外，控制普通工业园区的建筑密度应≥0.5，道路面积比例应≤20%，绿地率应≤20%，坚决避免花园式工厂。

③集中建设的党政综合行政办公设施应符合城镇规划的要求，特别要符合国家有关节约用地、节能节水的相关规定；建设水平应与当地的经济发展水平相适应，乡村党政机关办公用房标准上限为18m²。院落式行政办公区平均建筑密度不小于0.3。

2）水资源利用

①制定当地主要工业行业和公共用水定额标准，非居民用水全面实行定额计划用水管理。

②居住区、公厕和公共建筑推广使用节水型器具。

③乡村应建立雨水回收利用系统，雨水收集排放系统能够有效运行。

3）能源利用

村庄应以发展清洁燃料、提高能源利用效率为目标，提高燃气使用普及率，燃气主要包括液化气、管道天然气、秸秆制气、沼气等。

①根据不同地区的村庄特点，结合地区经济条件，确定农村燃气利用方式。一般村庄以提高燃气普及率为主，城镇边缘村庄可以接入城镇燃气管网。农村燃气的利用按相关的规程执行。

②大力推进太阳能的综合利用。可结合住宅建设，分户或集中设置太阳能热水装置。

③乡村辖区全部范围划定为秸秆禁烧区，无农作物秸秆焚烧现象。综合利用农作物秸秆，主要包括粉碎还田、过腹还田、用作燃料、秸秆汽化、建材加工、食用菌生产、编织等。

④综合利用乡村辖区内规模化畜禽养殖场的畜禽粪便。主要包括用作肥料、

培养料、生产回收能源（包括沼气）等。

4）风貌建设

①村庄整治应严格贯彻《文物保护法》等有关规定，执行规划紫线管理规定，应继承和发扬当地建筑文化传统，体现地方的个性和特色。

②对具有一定历史文化价值的传统民居和祠堂、庙宇、亭榭、牌坊、碑塔和堡桥等公共建筑物和构筑物，均要悉心保护，破损的应按原貌加以整修。

③村庄内具有历史文化价值的传统街巷，亦应加强保护。其道路走向、空间尺度、建筑形式乃至建筑小品和细部装饰，均应原貌保存和维修。

④要加强保护历史标志性环境要素。历史标志性环境要素包括街巷枢纽空间、古树、古井、匾额、招牌等物质要素和街名、传说、典故、音乐、民俗、技艺等非物质要素两大类。后者可通过碑刻、音像或模拟展示等方法就地或依托古迹遗存，在公共场所集中保留。

⑤尊重地方文脉，结合民风民俗，展示地方文化，体现乡土气息，营造有利于形成村庄特色的景观环境。

⑥凡邻近传统民居、历史文化公共建筑和传统街巷的新建建筑，其尺度、形式、材质、色彩均应与传统建筑协调统一。

⑦新建建筑应多选用当地的、本土的建材。

⑧在规划建设方面，开发和提炼具有当地特色、因地制宜的低碳节能技术，并进行普及应用。

3.3 指标体系与评价方法

3.3.1 设置原则

1.科学性与操作性相结合

指标概念必须明确并且具有一定的内涵，能够度量和反映村落环境主体现状以及发展趋势。要考虑理论上的完备性、科学性和正确性；同时指标的设置要尽可能利用现有统计指标。要具有可测性，易于量化，即在实际调查中，指标数据易于通过统计资料整理，抽样调查、典型调查和直接从有关部门获得。

2.系统性与特色性相结合

指标体系作为一个有机整体，应该能够比较全面反映和测度村落生态环境系统和人居环境系统的主要问题和特征；同时在系统性的基础上，应力求简洁，尽量选择有代表性的综合指标和主要指标，并针对不同的地区辅之以一些特色化的辅助性指标，要避免指标的重叠和简单罗列。例如，针对不同的地貌（平原、丘陵、山地、海岛）设置不同的参评细则。

3.前瞻性与可达性相结合

指标体系的建立应该针对目前村落环境突出的问题和今后村落生态环境建设的发展趋势。既要考虑设定的指标在规划期限内能够实现，又要考虑社会经济的发展进步，使指标具有一定的预见性和超前性，发挥一定的引导作用。

3.3.2 评价体系指标框架

本研究的评价体系按层次划分概念总共分为四层：总目标层（A）、因子层（B）、指标层（C）和细则层（D）。如图3.3-1所示，总目标（A）即低碳的乡村人居环境[①]。

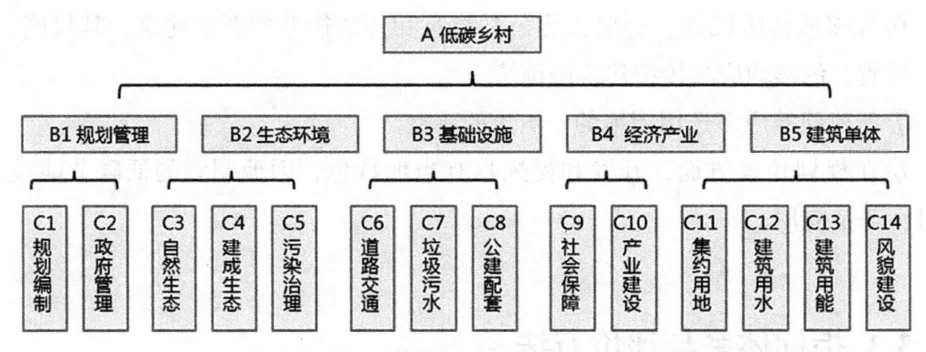

图3.3-1 长三角地区低碳乡村人居环境营建指标体系层级框架图

资料来源：自绘

低碳村落如果要具有完善齐备的功能、健康可持续的生活方式和较好的生态宜居度，离不开完备的基础配套设施、良好的经济发展水平和健全的管理制度。根据丹麦学者罗伯特·吉尔曼的观点，生态低碳村主要包括生态系统、建造系统（基础设施和建筑单体）、经济系统（经济产业）、治理系统和凝聚力系统（规划管理）五个方面，因此本研究将因子层（B）分为五项，分别是B1规划管理、B2生态环境、B3基础设施、B4经济产业、B5建筑单体。

根据因子层的五个方面，参考现有规范、标准和评价体系，结合浙江省乡村的

① 罗晓予.低碳生态乡村评价——以长三角地区乡村为例[M].浙江：浙江大学出版社，2020.

实际情况，将低碳指标进行筛选，使指标项分布和政府职能部门、规划设计方法对接，采用层级划分的方法得到14项C级评价指标，每个C级评价指标又有若干项D级评价细则（表3.3-1），共计39项细则，每项细则的指标解释见第8章（8.7节）。根据每项细则的得分，计算得到14项C级评价指标得分，根据C级评价指标得分情况，结合不同指标的权重，得到村落低碳发展评价的综合得分。

乡村生态度评价指标框架　表3.3-1

评价因子	评价指标	评价细则	
B1规划管理	C1规划编制	1）总体规划 *	
		2）生态低碳规划	
	C2政府管理	3）政府资金补助	
		4）村委管理制度	
B2生态环境	C3自然生态	5）环境噪声	
		6）环境空气	
		7）地表水环境	
		8）林地面积（林地率）	
		9）湿地面积（自然湿地保有率）	
	C4建成生态	10）公共绿地面积（公共绿地面积）	
		11）绿化物种	
		12）道路绿化	
	C5污染治理	13）农田林网化	
		14）近三年无重大环境污染或生态破坏事故 *	
		15）无滥垦、伐、采、挖等现象	
B3基础设施	C6道路交通	16）道路设施完善	
		17）道路用地适宜	
		18）交通与停车管理	
	C7垃圾污水	19）生活垃圾处理	a.村落生活垃圾收集率
			b.村落生活垃圾无害化处理率
			c.村落实施生活垃圾分类收集比例
		20）生活污水处理	a.雨污分流
			b.污水处理率
	C8公建配套	21）教育设施配置	
		22）医疗设施配置	
		23）商业（便利商店）设施配置	

续表

评价因子	评价指标	评价细则	
B3基础设施	C8公建配套	24）公共文体娱乐设施配置	
		25）公共厕所配置	
B4经济产业	C9社会保障	26）社会保障覆盖率	
	C10产业建设	27）本地主导产业符合循环经济发展理念	
		28）生态农业模式建设	
B5建筑单体	C11集约用地	29）建成区人均建设用地面积	
		30）行政办公设施节约度	a.集中政府机关办公楼人均建筑面积
			b.院落式行政办公区平均建筑密度
	C12水资源利用	31）非居民用水全面实行定额计划用水管理	
		32）节水器具普及使用比例	
		33）雨水回收利用	
	C13建筑用能	使用清洁能源的居民户数比例	
		农作物秸秆综合利用率（无则不参评）	
		规模化畜禽养殖场粪便综合利用率（无则不参评）	
		新建建筑执行国家节能或绿色建筑标准	
		既有建筑实施节能改造计划	
	C14风貌建设	辖区内历史文化资源得到妥善保护与管理	
		村落建设风貌与地域自然环境特色协调，体现地域文化特色	

注：评价细则中，*项为控制项，如果任意一项不满足则取消参评生态低碳村落的资格。

不同的地形地貌在生态低碳建设上有不同的特点，本研究将长三角地区乡村按地形地貌划分出 4 大区域，即平原区、山地区、丘陵区、海岛区，按照不同地貌的特点在指标设置时做了以下处理：

（1）不同的指标评价不同的对象。例如：农田林网化率一项只针对平原，丘陵、山地和海岛不参评。

（2）同一指标针对不同的对象有不同的评价标准。例如：指标C3自然生态中，森林覆盖率一项，山地的标准是75%，丘陵和海岛的标准是45%，平原的标准是10%。

3.3.3 指标值确定

对生态低碳村落规划建设的评价离不开对各项评价指标标准值的确定，为了适应当前评价的要求，指标的标准值确定采用几个途径：

（1）凡已有国家标准的或国际标准的指标尽量采用规定的标准值。

（2）凡已有浙江省、江苏省、上海市相关的文件和政策的尽量向相关政策文件引导。

（3）参考国内或国外具有良好村落生态环境的现状值作为指标值。

（4）依据现有的环境与社会、经济协调发展的理论量化确定标准值。

（5）参考现有的文献资料确定。

（6）对那些目前统计数据不十分完整，但在指标体系中又十分重要的指标，在缺乏有关指标统计前，暂用类似指标代替。

3.3.4 权重设置

权重是指某项指标在所有评价指标中所占的比重。在环境评价体系中，由于各评价指标对环境的影响不同，故应对不同的评价指标赋予不同的权重，它反映评价指标间相对重要的程度。

在低碳村落评价体系中，对评价权值的分配会直接影响评价结果。合理地给予评价指标赋权，对提高评价精度和灵敏度有十分重要的意义。权值的度量包括主、客观两方面的内容：主观是指人们对评价的关心程度；客观是指评价指标对环境的影响程度[①]。

本研究讨论了不同的权重确定方法，选择了较为精确可信并有较强可操作性的方法来计算和确定指标权重值。

1.常用的权重设定方法比较

回归分析法、德尔菲法、排序法和AHP法都是常用的定权方法，从原理角度可分为两类：

一类是回归分析法，是根据样本数据自身的信息特征作出的权重判断，具有较高的可信度，适合于有大量完整样本的情况。在本研究中比较适合第一部分居住区环境质量评价，即使用者评价部分，因为该阶段评价有大量的问卷调查。

另一类是德尔菲法、排序法和AHP法，都是基于专家群体的知识、经验和价值判断，对样本的数量要求并不很高。比较适合本研究中第二部分居住区环境负荷评价，即专家评价部分。

---

① 高光贵.多指标综合评价中指标权重确定及分值转换方法研究[J].经济师，2003(3)：265-266.

在第二类的三种方法中德尔菲法的测评难度最大，对专家的经验和知识等各方面要求较高。专家在打分时，很难客观地把握指标之间的关系，所以在实践中各指标之间的离差值是最小的。《绿色建筑评价细则》的权重也应该是采用了这种方法。

排序法在指标项过多时，专家打分时容易受干扰，难以做出正确的决断。所以只有统计指标数量和样本数量较小，统计结果易于控制，打分的客观性和可信性容易控制的时候才适用。

层次分析法得到的权重值离差是三种方法中最大的，它是对指标重要性进行两两比较的方法，有利于专家把握指标之间的关系，同时它对专家的主观判断进一步作了数学处理，通过判断矩阵计算得出指标权重，所以相对前两者而言更为精确和可信①。

2.定权方法的选择

根据上文中对不同方法的比较，在本书的低碳村落评价体系中，我们选用最为精确和可行的AHP法确定因子的权重。

层次分析法（the Analytic Hierarchy Process，AHP）是一种多目标评价决策方法，由美国学者萨蒂（T. L. Saaty）于20世纪70年代提出。AHP将复杂问题分解为若干层次，每一层次由若干要素组成，然后以上一层次的要素为准则，对下一层次各要素进行两两比较，通过判断和计算，从而得出各要素的权重。衡量尺度一般可划分为9个等级，分别为：极端不重要1/9、十分不重要1/7、比较不重要1/5、稍微不重要1/3、同等重要1/1、稍微重要3/1、比较重要5/1、十分重要7/1、极端重要9/1。

在2014年6—7月，本研究邀请了25名相关专家，对他们进行了低碳村落评价体系14个子项目的权重AHP调研，调研过程和结果如下：

（1）调查表样：本次调查表格如附录1所示。

（2）调查对象：被调查人员25名，回收调查表20份，回收率为80%。被调查人员具有地域代表性和职业代表性。他们都是被调查区域浙江省内的专家，其中被调查人1/3来自于规划设计院，1/3来自政府相关部门包括规划局、规划编制中心和基层规划管理部门，1/3来自规划学科的教授和学者。所以，被调查人所从事的工作与本研究的内容密切相关，是工作和研究在第一线的专家。因此，既能理解调

---

① 王靖，张金锁. 综合评价中确定权重向量的几种方法比较[J]. 河北工业大学学报，2001，30（2）：52-57.

查的目的意义，又熟悉调查内容，了解低碳村落建设的基本要求。

（3）调研结果：采用AHP软件，输入专家调研数据，根据几何平均判断矩阵的集结方法，剔除了4份无效问卷后，得到的权重计算结果如下（表3.3-2）所示：

指标权重计算结果 表3.3-2

目标项	因子项（B）	权重（CR）	指标项（C）	权重（W）
村落低碳生态度	规划管理	0.2544（0.0000）	C1规划编制	0.1347
			C2政府管理	0.1197
	生态环境	0.2955（0.0015）	C3自然生态	0.1382
			C4建成生态	0.0576
			C5污染治理	0.0997
	基础设施	0.1631（0.0033）	C6道路交通	0.064
			C7垃圾污水处理	0.0697
			C8公建配置	0.0294
	经济产业	0.0799（0.0082）	C9社会保障	0.0482
			C10产业建设	0.0317
	建筑单体	0.2071（0.0041）	C11集约用地	0.0502
			C12水资源利用	0.0523
			C13建筑用能	0.0564
			C14风貌建设	0.0482

在专家调查结果中，一致性检验CR值均远小于0.1，即说明对评价指标的判断是合理的，计算得出的相应权重值也是正确的。观察权重值的分配可以看出，就因子项的6个方面来说，按其重要程度排序依次为：生态环境、规划管理、建筑单体、基础设施、经济产业。就14个指标项来说，专家认为规划编制、政府管理、自然生态是建设低碳村落最为重要的几个指标，而公建配置、产业建设、风貌建设相较之下最不重要。

3.3.5 结果判断

长三角地区低碳乡村人居环境指标体系为100分制。评判依据是统计年报、文件档案、公开信息和现场调查结果，由专家进行计算并对每个指标进行独立打分。

每一个C级指标的满分为5分，若某个C级指标有若干个评价细则，则将每个评价细则得分取平均值，则为该C级指标的得分。将所有C级指标的得分带入下列公式得到的分数即为该名专家的打分结果。所有专家打分的平均值即为最终的得分。

$$A = 20 \times \sum W_i C_i$$

式中，W_i: C层级指标权重；

C_i: C层级指标得分。

最终得分的结果等级评价见表3.3-3：

结果等级评价 表3.3-3

等级	低	中	良	优
分数	60分以下	60～70	70～80	80以上

总分在60分以下，或者一票否决项不符合要求，可被认为是低碳发展度较低的村落；总分在60分以上70分以下（包括60），且一票否决项符合要求，可被认为是低碳发展度中的村落；总分在70分以上80分以下（包括70），且一票否决项符合要求，可被认为是低碳发展度良的村落；总分在80分以上（包括80），且一票否决项符合要求，可被认为是低碳发展度为优的村落。

3.4 典型案例研究

3.4.1 案例选择

1.案例区位

本研究在“长三角地区”平原、山地、丘陵、岛屿4种不同地貌地形中各选取了具有区域产业代表性的2个村落，共8个典型村落作为低碳生态评价的研究案例。在2013年9月—2016年3月，对平原区、丘陵区、山地区、岛屿区4大分区的案例乡村进行了实地调研和信息采集，村落的地理位置、调研时间和基本信息如表3.4-1所示。

案例村落区域位置 表3.4-1

地貌	村落	行政区划	地理位置	调研时间
平原区	元通桥村	湖州市吴兴区高新区	浙东北	2015年6月
	新里港村	上虞市道墟镇	浙东北	2015年6月

续表

地貌	村落	行政区划	地理位置	调研时间
山地区	玉华村	湖州市安吉县鄣吴镇	浙西北	2014年12月
	寺下村	衢州市龙游县溪口镇	浙西南	2015年7月
丘陵区	长塘村	诸暨市街亭镇	浙中	2015年7月
	新联合村	诸暨市街亭镇	浙中	2015年7月
海岛区	干斜村	舟山市枸杞岛	浙东岛屿	2015年7月
	高场湾村	舟山市嵊泗岛	浙东岛屿	2015年7月

2.案例概况

案例村落的基本情况见表3.4-2。村落的产业类型不一，农业、渔业、养殖业、手工业、工业、旅游业皆有。人口规模最小的玉华村只有608人，最大的新里港村有2205人。

研究样本基本信息　　表3.4-2

村落		产业类型	户数	人口	区域面积（km^2）	经济总产值（万元）	人均收入（元）
平原区	元通桥村	农业、工业	324	1323	2.1	4075	25000
	新里港村	工业	792	2205	2.5	39500	21180
山地区	玉华村	农业、手工业	179	608	4.4	1270	20823
	寺下村	农业、手工业	526	1648	5.9	1215	12100
丘陵区	长塘村	农业	389	1043	3.02	280	12974
	新联合村	农业、手工业	457	1154	2.4	400	12956
海岛区	干斜村	渔业、养殖业	348	925	0.573	11770	19396
	高场湾村	旅游业	290	805	1.8	1300	20000

1）平原区

元通桥村属湖州市吴兴区高新区管辖，位于湖州市织里镇北部，北距太湖1km。2014年全村区域面积2.1km^2，总耕地面积1239亩。共有自然村5个，总户数324户，常住人口1323人。全村私营经济快速发展，现有投资50万元以上的企业30家，其他家庭式作坊50多户，主要从事纺织、童装、砂洗等产业。2014年村经济总产值4075万元，村民人均收入25000元。

新里港村系道墟集镇村，由道墟镇里港村、杨家塘村合并而成，位于上虞西侧、集镇东侧。共有自然村7个，总户数792户，常住人口2205人。村内上三高速公路、人民西路和泾肖公路贯穿全村，交通便捷，区位优势明显。全村地域面积2.5km^2，耕地面积1108亩，2014年村经济总产值39500万元，村民人均收入21180元。

2）山地区

玉华村是位于安吉县鄣吴镇西南的一个行政村，西北与安徽广德县交接，东南连良朋镇西亩村，玉华村地处乡道沿线，交通十分便捷，以境内耸立的玉华山得名。全村共有农户179户，人口608人，辖5各个自然村，地域面积6817亩。其中山林面积有5000余亩，而耕地仅480多亩，毛竹和茶叶是其主要的产业，2014年村民人均收入20823元。

寺下村位于溪口镇北3km，全村526户，常住人口1648人，村域面积5.9km^2，其中森林面积5600亩，耕地面积1700亩，主产粮食、竹篓、苗木、铁皮枫斗等，2014年村民人均收入12100元。

3）丘陵区

长塘村位于街亭镇南部，面积区域3.02km^2。地理位置优越，离诸暨市区11km，距镇政府所在地3km。由原长塘、下石岭两个行政村合并组成。全村共有村民小组5个，农户389户，居民1043人；有耕地面积785亩，2014年村民人均收入12974元。新联合村也位于街亭镇，面积区域2.4km^2，农户457户，居民1154人，耕地面积71119亩，2014年村民人均收入12956元。

4）海岛区

干斜村位于嵊泗列岛东部枸杞岛上，全村348户，常住人口925人，村域面积0.573km^2，主要产业为渔业和养殖业，贻贝养殖是该村的支柱产业，2014年村民人均收入19396元。

高场湾村位于嵊泗列岛主岛南部沿海，隶属菜园镇，全村290户，常住人口805人，村域面积1.8km^2，其中森林面积1609亩，主要产业为旅游业，全村共有渔家乐70家，2014年村民人均收入20000元。

3.4.2 指标分析

1.指标得分

根据实地调研和村委数据收集结果，对8个案例村落的14个指标进行分项打分，结果见表3.4-3。

村落分项指标得分　　表3.4-3

因子项	长塘村	新联合村	玉华村	寺下村	新里港村	元通桥村	干斜村	高场湾村
C1规划编制	4	4	5	4	3	4	2.5	3
C2政府管理	3	5	4	3	4	4	4	4
C3自然生态	3.75	3.755	4	3.755	3.75	2.5	3.755	5
C4建成生态	4	5	5	4	0	3.33	1.5	0
C5污染治理	5	5	5	5	3.33	5	5	5
C6道路交通	3.67	3.67	5	5	2.67	5	3.67	4.33
C7废弃物处理	2.915	2.915	5	2.915	2.67	2.915	1.67	3.75
C8公建配置	5	4.6	5	5	4.2	4.6	4.6	4.6
C9社会保障	5	5	5	3	3	3	4	5
C10产业建设	3	3	4	5	0	0	5	4
C11集约用地	2.5	5	5	5	4.17	4.17	5	4.17
C12建筑用水	1.5	0	0	2.5	2.5	2.5	2.5	2.5
C13建筑用能	0	0.5	3.3	3.125	1.67	0.83	0	2.5
C14风貌建设	3	3	4.5	4	0	3	2	0

根据评价体系的指标权重和分项指标得分，计算得村落的因子层得分结果，见表3.4-4、图3.4-1。

低碳生态村落因子层得分情况　　表3.4-4

村落	长塘村	新联合村	玉华村	寺下村	新里港村	元通桥村	干斜村	高场湾村
B1规划管理	3.53	4.47	4.53	3.53	3.47	4.00	3.21	3.47
B2生态环境	4.22	4.42	4.53	4.22	2.88	3.51	3.74	4.03
B3基础设施	3.59	3.51	5.00	4.11	2.95	4.04	2.98	4.13
B4经济产业	4.21	4.21	4.60	3.79	1.81	1.81	4.40	4.60
B5建筑单体	1.82	2.18	3.36	3.81	2.10	2.70	2.40	2.32

整体来看，各个村落在B1规划管理、B2生态环境和B3基础设施方便表现较好，均高于3分，说明浙江省的村落建设整体环境质量较高；B4经济产业的得分差异最大，新里港村和元通桥村得分仅为1.81，而玉华村和高场湾村得分高至4.6分。这与各个村落的产业类型有关，新里港村和元通桥村的产业类型为工业，玉华村和高场湾村的产业类型为农业和旅游业。B5建筑单体的得分表现最低，得分在1.82～3.81，没有超过4分的村落，有比较大的改善空间。

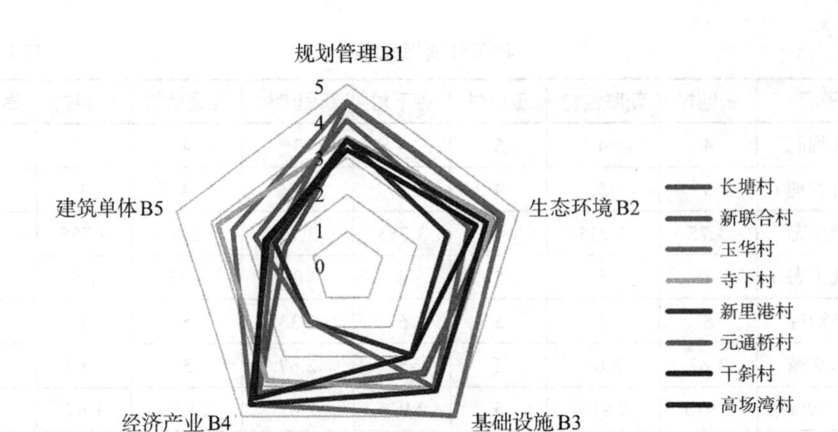

图3.4-1　因子层得分情况

资料来源：自绘

2.主要影响指标

利用SPSS软件对数据进行了四分位数处理，得到分项指标的得分四分位数图（图3.4-2）。

14项因子中有7项得分的中位数高于或等于4分，分别是C1规划编制、C2政府管理、C5污染治理、C6道路交通、C8公建配置、C9社会保障、C11集约用地。

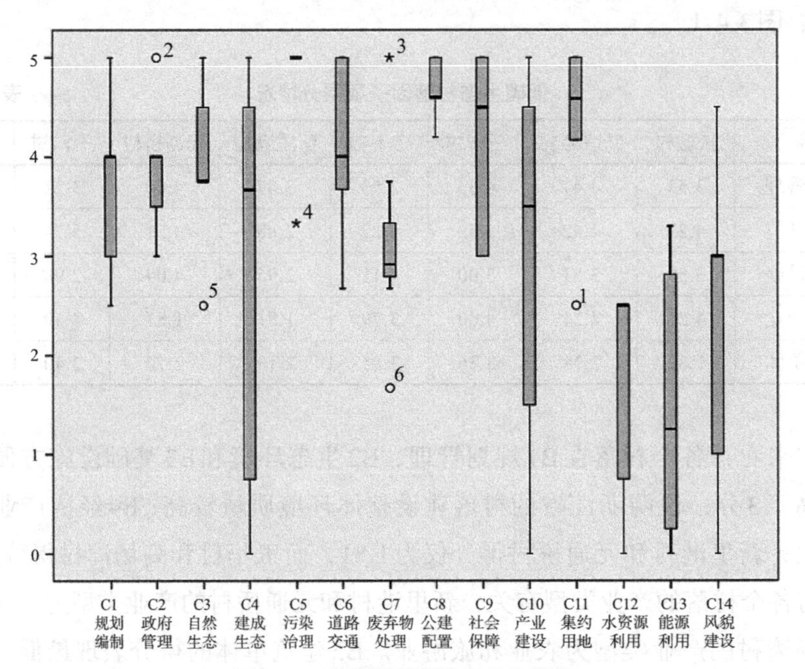

图3.4-2　分项指标得分四分位数图

1—长塘村，2—新联合村，3—玉华村，4—新里港村，5—元通桥村，6—干斜村

资料来源：自绘

C1和C2是B级因子规划管理的下属指标，调研村落基本都具备总体规划的编制，编制过程中考虑了公众参与，部分村落的总体规划中有生态低碳规划篇章；村委的各项管理制度包括城建档案、环境卫生、绿化、村容秩序、防灾等较为健全，说明浙江省的村落在规划管理方面具有较高的低碳生态度。C6和C8是B级因子基础设施的下属指标，调研村落的主干道均采用水泥或沥青铺装，部分村落在村口和中心广场位置布置了停车位；所有村落都设置了医务所、小型零售商店等基本配套设施，以及和邻村共享的较为便利的教育资源，具备3项以上的文娱场所包括图书室、老年活动中心、篮球场等，说明浙江省的村落在基础设施建设方面具有相对较高的低碳生态度。

14项因子中有4项因子的中位数水平低于或等于3分，分别是C7废弃物处理、C12水资源利用、C13能源利用、C14风貌建设，其中C12、C13、C14三项指标都隶属于B级因子建筑单体，部分调研村落的建筑节水器具的使用率只有60%，其中6个村落清洁能源的使用率都低于60%，雨水收集技术尚未普及，既有建筑实施节能改造计划的比例非常少，部分村落新建建筑的色彩、形式、材质与传统风貌不符，反映了浙江省村落建筑单体的低碳生态度相对较低。

14项因子中有3项因子的得分跨度大于4分，分别是C4建成生态、C10产业建设、C14风貌建设，说明在这三个方面村落之间的差异性很大。例如，玉华村的道路绿化覆盖率在98%以上，建成区绿地率大于40%，建成生态的文明度很高；而新里港村道路绿化覆盖率低于50%，建成区绿地率低于10%，与玉华村的建成低碳生态度相比差距较大。寺下村发展苗木种植、毛竹加工等适合本地的经济产业，符合循环经济理念，而新里港村有较多的化工厂和五金厂，高碳排的产业类型对环境影响较大。玉华村重视历史标志性环境要素的保护和建设，采用本土化的建材，如竹子、石材等，保持了村内主要建筑的材质、色彩、形式的协调性，而干斜村建筑风格色彩相差很大，建筑风格杂乱无序，建筑风貌的低碳生态度较差。

综合以上分析，可以发现案例村落在政府管理和基础设施方面具有相对较高的低碳生态度，而在建筑单体、产业经济和生态环境方面差异性较大，因此这三者是影响村落低碳生态度的主要因素。

3.4.3 综合评价

1.案例评价结果

将分项指标得分结果带入公式（1）进行计算，得到村落的低碳生态度得分结果，见表3.4-5。8个村落中低碳生态度评价为优的有1个，低碳生态度为良的有3个，低碳生态度为中的有3个，低碳生态度为低的有1个。

低碳生态村落评价结果　　表3.4-5

村落	长塘村	新联合村	玉华村	寺下村	新里港村	元通桥村	千斜村	高场湾村
总分	68.3	75.5	86.6	77.4	55.8	67.8	68.15	71.9
等级	中	良	优	良	低	中	中	良

2.村落人居环境低碳发展类型

1）低碳发展度优

玉华村的得分最高为86.6，位于山地区域，是调研村落中唯一一个低碳生态度为优的村落，该村在全省整体得分较高的7项中得分均高于中位数，同时在全省整体得分较低的2项——C7废弃物处理、C14风貌建设明显优于其他村落（表3.4-6）。特别值得借鉴的是，该村的废弃物处理工作，玉华村的生活垃圾收集率和无害化处理率都达到了100%。其中辖区内的龙庭坞自然村已经开始推广垃圾分类收集，道路边和房屋门口都可以看到不同颜色的垃圾桶（图3.4-3），分类收集不同种类的垃圾。龙庭坞村还在主干道设置了垃圾分类的宣传栏，做好村民垃圾分类的宣传教育工作。现在龙庭坞的垃圾分类收集率已经达到了100%，根据龙庭坞的人口进行折算，玉华村的垃圾分类收集比例达到了40%；同时，玉华村采用雨污完全

优秀村落分项因子评价结果　　表3.4-6

村落	C1	C2	C3	C4	C5	C6	C7	C8	C9	C10	C11	C12	C13	C14
玉华村	5	4	4	5	5	5	5	5	5	4	5	0	3.3	4.5

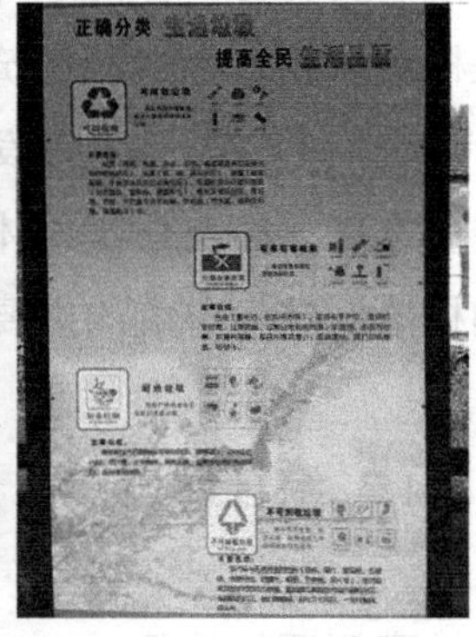

图3.4-3　玉华村垃圾分类收集箱和宣传栏
资料来源：自摄

分流的排水方式，雨水主要利用地表径流的方式就近排放到溪河中，污水主要通过管道排放，分布较集中的居民点的污水由污水处理站集中处理后排放，分布较分散的居民点的污水由化粪池处理达到排放标准后排放，污水处理率达到了100%。

同时，该村十分重视规划编制工作，在2013年委托知名规划设计院重新编制了总体规划，并制定生态低碳村落规划建设实施方案；该村非常重视历史标志性环境要素的保护和建设，对吴昌硕之父吴辛甲之墓进行了开发和修缮（图3.4-4），同时在细节设计时注意展示地方文化，包括村口的牌坊、遗址附近的铺地设计等，采用了一些当地的建材，如竹子、石材等，同时村内主要建筑的规模尺度适宜，色彩、形式较为协调。

图3.4-4　玉华村吴辛甲之墓

资料来源：自摄

2）低碳生态度良

低碳生态度为良的有3个村落——新联合村、寺下村和高场湾村，得分分别为75.5、77.4、71.9（表3.4-7）。在全省整体得分较高的C1规划编制、C2政府管理、C5污染治理、C6道路交通、C8公建配置、C9社会保障、C11集约用地7项中，该类村落有5或6项都表现良好。新联合村仅C6道路交通一项得分低于中位数（4分），主要由于机动车和非机动车路面材料均以水泥为主，不同层级道路材质区分不明显，没有利用地方石材资源（图3.4-5）。寺下村的C2政府管理和C9社会保障两项低于中位数，政府对创建绿色生态村落责任明确，发挥领导和指导作用，进行了工作部署，但是没有落实资金补助；村落的农村合作医疗覆盖率较低，为75%。高场湾村C1规划编制得分低于中位数，虽然编制了村庄建设总体规划，且在实施有效期间内，但是没有得到较好落实。

良好村落分项因子评价结果 表3.4-7

村落	C1	C2	C3	C4	C5	C6	C7	C8	C9	C10	C11	C12	C13	C14
新联合村	4	5	3.755	5	5	3.67	2.915	4.6	5	3	5	0	0.5	3
寺下村	4	3	3.775	4	5	5	2.915	5	3	5	5	2.5	3.125	4
高场湾村	3	4	5	0	5	4.33	3.75	4.6	5	4	4.17	2.5	2.5	0

在全省整体得分居中的C3自然生态、C4建成生态、C10产业建设3项中，该类村落至少有1项得分高于或等于4分。新联合村在C4建成生态一项得分较高，建成区绿化覆盖率35%，主要道路绿化普及率达到95%以上（图3.4-6）。寺下村在C10产业建设中得分较高，寺下村大力发展绿色高新农业，依托自然资源建有铁皮石斛基地50亩，即将引进资金扩大至300亩，村中建有苗木基地500亩，同时利用自身特点发展木、毛竹等加工手工业，年产值约400万元。高场湾村在C3自然生态一项中表现较佳，该村位于舟山市，森林面积1609亩，环境空气质量达到国家二级标准，日空气质量（AQI）优良天数比例为90.7%。

图3.4-5 新联合村非机动车道路
资料来源：自摄

图3.4-6 新联合村建成区绿化
资料来源：自摄

在全省整体得分较低的C7废弃物处理、C12水资源利用、C13能源利用、C14风貌建设4项中，新联合村、寺下村和高场湾村表现一般。寺下村在风貌建设一项中，对历史文化资源的传承和保护较好，该村是南宋状元刘章的家乡，依托历史文化资源在村口设置了牌楼，每年都举行状元节，在刘家祠堂举行祭奠仪式，发扬状元文化（图3.4-7）。

3）低碳生态度中

长塘村、元通桥村和干斜村得分分别为68.3、67.8、68.15，低碳生态度评价

图3.4-7 寺下村状元故里

资料来源：自摄

为中级（表3.4-8）。在全省整体得分较高的C1规划编制、C2政府管理、C5污染治理、C6道路交通、C8公建配置、C9社会保障、C11集约用地7项中，该类村落表现与“良”组类似，有4～6项都表现良好。长塘村在C1规划编制、C5污染治理、C8公建配置、C9社会保障4个方面表现优异，特别是在公建配置方面，村民活动场所配套较好，设置了门球场、村民文化礼堂、图书室、篮球场等，并安排专人管理，村民文化礼堂经常举办戏曲类等演出（图3.4-8）。村里还组建了门球队、腰鼓队、排舞队、广场舞队，举办门球类比赛，多次在村篮球场组织篮球比赛，极大地丰富了村民的业余文化生活。元通桥村在C1规划编制、C2政府管理、C5污染治理、C6道路交通、C8公建配置、C11集约用地6个方面均有良好表现，特别是在道路交通方面，该村是为数不多的设置了植草砖停车位的村落，并在沿河局部次级道路上铺设了石材、青砖等传统材料（图3.4-8、图3.4-9）。干斜村在C2政府管理、C5污染治理、C8公建配置、C9社会保障、C11集约用地5个方面表现良好，特别是在集约用地方面，干斜村是位于坡地的海岛村，村域面积仅0.573km^2，用地较为紧张，单位人口所拥有的建成区建设用地面积和村委办公用房面积控制严格，符合指标。

在全省整体得分居中的C3自然生态、C4建成生态、C10产业建设3项中，该

中等村落分项因子评价结果 **表3.4-8**

村落	C1	C2	C3	C4	C5	C6	C7	C8	C9	C10	C11	C12	C13	C14
长塘村	4	3	3.75	4	5	3.67	2.915	5	5	3	2.5	1.5	0	3
元通桥村	4	4	2.5	3.33	5	5	2.915	4.6	3	0	4.17	2.5	0.83	3
干斜村	2.5	4	3.755	1.5	5	3.67	1.67	4.6	4	5	5	2.5	0	2

图3.4-8　长塘村门球场

资料来源：自摄

图3.4-9　元通桥村沿河道路和停车位

资料来源：自摄

类村落表现一般，元通桥村在C3自然生态和C10产业建设一项中得分较低，该村的自然森林资源比较匮乏，森林面积为200亩，林地率仅为6.2%；村落主要产业为砂洗厂和童装加工厂，缺乏循环经济理念，没有发展绿色生态农业。干斜村在C4建成生态一项中得分较低，村落的建成区绿地率约为15%，远低于标准要求。

在全省整体得分较低的C7废弃物处理、C12水资源利用、C13能源利用、C14风貌建设4项中，该类村落得分普遍较低。

4）低碳生态度低

新里港村得分55.8（表3.4-9），是所有调研村落中唯一一个没有达标的村落，所有14项分项因子中，该村有8项因子评价为低，仅C2政府管理、C8公建配置、C11集约用地3项评价为优。特别是C4建成生态、C10产业建设、C14风貌建设3项均没有得分，建成区绿地率仅为15%，主要道路行道树普及率不到30%，产业以五金企业和化工企业为主，缺乏循环经济理念，村落风貌建设落后，建筑色彩、形式、材质不统一不协调（图3.4-10）。

不达标村落分项因子评价结果　　表3.4-9

村落	C1	C2	C3	C4	C5	C6	C7	C8	C9	C10	C11	C12	C13	C14
新里港村	3	4	3.75	0	3.33	2.67	2.67	4.2	3	0	4.17	2.5	1.67	0

图3.4-10 新里港村建筑风貌和道路绿化

资料来源：自摄

4 长三角地区低碳乡村的构成要素与调控机制

在新陈代谢和碳循环理论的基础上，从乡村低碳要素与乡村空间设计的相关性出发，对作用于“低碳乡村”的空间设计要素以及影响因素进行梳理，建构“低碳乡村”空间设计要素的框架体系。

4.1 乡村碳循环体系的构成要素

低碳化的理论基础和实践主要涵盖了包括空间结构规划、交通体系规划、低碳建筑设计、能源供给系统设计以及环境基础设施设计等内容。要将这些广义的低碳理论和手法转译到乡村空间中，就应当首先在碳循环的基础理论下分析解构，构成乡村的空间体系的各个要素在碳循环体系中承担的角色和作用，从而建构乡村空间体系设计手法的低碳策略。

4.1.1 “低碳乡村”的空间体系

乡村空间体系的概念，是从建筑单体空间、基本单元（由建筑以及建筑之间的公共空间构成）到包括自然环境、社会环境（如基础设施、公共空间等）在内的村域空间的空间序列。联合国气候专门委员会以及世界银行等国际机构在研究中指出，二氧化碳的排放主要来自能源、交通、建筑、工业、农业、林业和废弃物的处理7大领域。其中，影响低碳住区的碳循环体系的主要是能源、交通、建筑、生产、消费这5大要素[①]。

相比城市而言，乡村的系统相对单一，与自然的关系更为紧密，农业和林业占有很大的比例。乡村的产业（生产）也区别于城市，工业的比重极少，主要是指农业、林业以及依赖在其上的极少数的以家庭作坊形式存在的手工业和加工业。这部分消耗的能量极少与村民的生活密不可分，因而乡村的能耗主要是指包括这种渗透着手工业和加工业的生活方式在内的乡村社会生活所产生的能耗和随之而产生的碳排放。

① 邱红. 以低碳为导向的城市设计策略研究[D]. 哈尔滨：哈尔滨工业大学，2011.

林业和农业属于自然空间，而支撑乡村社会生活的体系，包括建筑、交通和基础设施建设等属于社会空间范畴。在低碳视角下，与空间设计相关的低碳要素可归纳如图4.1-1所示。本书的研究范围主要围绕乡村的居住和生活，讨论住区的低碳，因此将侧重点放在与住区紧密相关的社会空间，即建筑、交通以及基础设施建设等要素构成的体系。

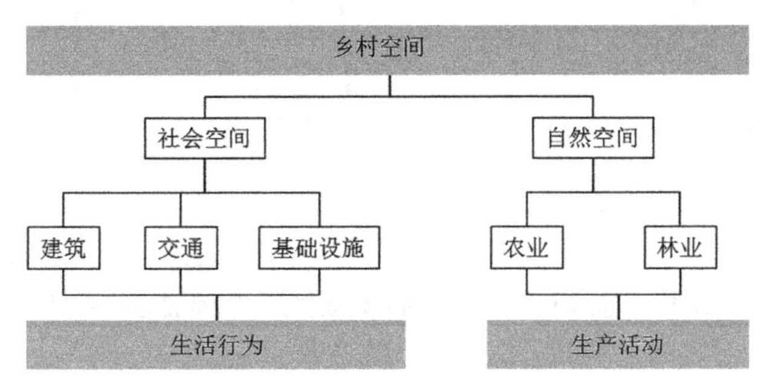

图4.1-1　乡村低碳空间构成要素

资料来源：自绘

在从建筑单体，到村落、村域以及更广泛的空间所构成的空间序列中，不同尺度的空间其“碳”体系的构成要素及低碳空间设计的侧重点也有所不同。

建筑单体是这个空间序列中的最小空间单元，其碳的排放主要来自生活中的能耗，即建筑能耗，与建筑空间设计手法、建筑材料、建筑功能方式以及人们的生活模式紧密相关。广义的村域是本研究定义的空间序列中最大的空间单元，其碳排放主要决定于农业用地、林业用地的增减，乡村与乡村之间的交通以及乡村与城市之间的交通，与城乡结构密不可分。

“近邻近亲”是乡村建筑区别于城市的特征。相邻的建筑之间常常具有一定的血缘关系，从形态上也自然形成组团形式。这些组团因其邻里亲近的关系，建筑形态、营建方式以及改造更新都彼此影响。这些组团就是邻里单元，是乡村中的基本营建单元。

一方面，乡村的“村”是一个中介体，介于建筑单体和乡村聚落之间，它由若干个建筑组团组成，因而建筑单体的空间设计，人们的生活习惯将很大程度上影响其碳排放。另一方面，若干个这样的“村”通过一定的空间组合构成村落，并最终决定整体的碳排放。中间尺度既反映建筑空间的低碳效应，又能体现村落空间以及空间结构的低碳性。图4.1-2表明了在各个空间尺度下层次性的基础设施系统，亦是低碳研究的主要对象。

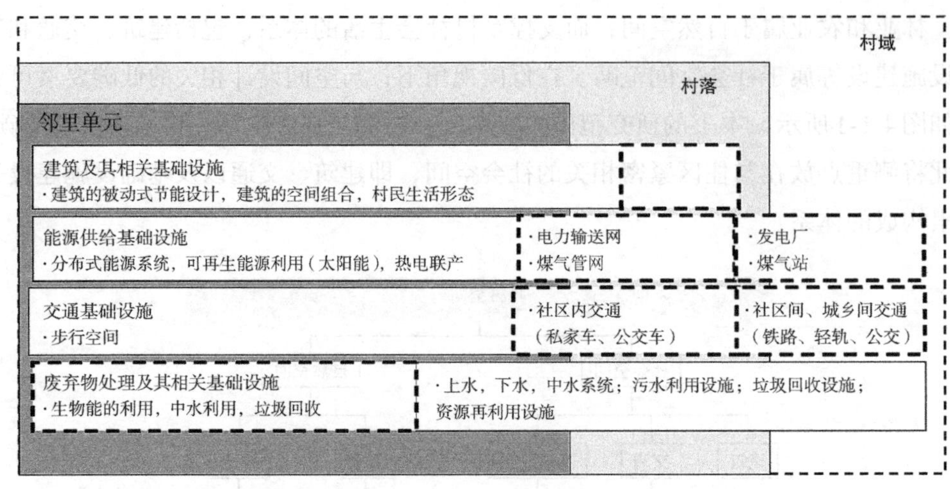

图4.1-2 不同空间尺度下空间的构成要素和主要低碳研究对象

资料来源：自绘

4.1.2 碳循环视角下的低碳空间体系

在碳循环的基本概念中指出，在具有一定边界界定的空间体系中，碳的循环过程主要由碳源的碳排放、碳汇的碳吸收（中和）以及在碳源碳汇之间或者是空间边界内外的碳的流动这三个过程构成。其中碳源包括“固定碳源”“移动碳源”和“过程碳源”。在不同的空间尺度下这些要素的内容、构成及相互关系都有所不同。这一部分将以空间序列为视角，从邻里单元、村落单元和地区单元三个尺度分析其低碳要素的构成。

1.邻里单元（建筑组团）尺度下的低碳要素构成

在乡村中，邻里单元，即由若干个单体建筑以及连接这些单体的公共空间而构成的系统是具备完整碳循环要素的最小空间单元，也是本研究中的最小尺度单元。钱振澜（2010）在《“基本生活单元”概念下的浙北农村社区空间设计研究》中详细阐述了“邻里单元”的边界、类型和尺度。这个尺度上的碳循环与村民的日常生活、用能方式、生产模式以及建筑的营建策略等紧密相关[①]。

邻里单元中的碳源的碳排放主要是指固定碳源（移动碳源如交通运输等在尺度的限制之下几乎没有碳排放），即单体建筑的碳排放，在乡村中，主要由居住建筑的碳排放构成。过程碳源是与村民日常生产和生活相关的食物、材料、水资源利

① 钱振澜.“基本生活单元”概念下的浙北农村社区空间设计研究[D].杭州：浙江大学，2010.

用、废弃物处理等过程中发生的碳排放。乡村空间体系的构成较为单一，基本由居住建筑组成，大多数“村”没有居住区、商业区和工业区之分。资源利用、日常生活、废弃物处理基本与村民生活紧密相连。因此，在乡村邻里单元的空间尺度下，过程碳源可以归纳到固定碳源中。

在邻里单元中，利用包括太阳能、生物能在内的可再生资源，使建筑从使用能源的碳源转变成为产生能源的“负碳源”。增加对太阳能、生物能等可再生资源的利用可以实现低碳。但是，这些能源的利用方式技术要求较高，投资较大，不易推广。另外，导入这些设备也会占用自然土地资源（如太阳能光电板）和空间，因此需要根据村庄的自然条件、经济条件和社会条件进行综合优化设计。

邻里单元中的“碳汇”的碳清除主要是指由建筑单体围合而成的公共空间的植被的“碳吸收（中和）”效果。最大可能地保留乡村的生态植被等自然环境，减少使用硬质地面等不仅可以增加碳汇，也可以调节微环境的气候，减少建筑的空调能耗，在降低碳排放的同时，提高居住环境的质量。

2.村落单元尺度下的低碳要素构成

“村落单元”，这里指行政意义上的村，它可以是自然村也可以是中心村。在现阶段的新乡村建设中主要是指自然村向中心村的集聚。自然村建筑和人口都将逐渐减少，碳排放也将随之减少。与之相反，人口向中心村集聚，因而中心村的建设程度较深，受都市化的影响较大，碳排放的增加也相对较大。因而在这个尺度下，对于碳源碳排放影响最大的就是建成区的面积、建筑密度、人口数量。这些由空间规划决定的村落的集聚方式将对“固定碳源”的碳排放起到决定性的作用。

村落尺度上的固定碳源的碳排放是各个邻里单元的碳排放的综合效应。因而其整体的碳排放并不是上述要素的简单叠加，而是将邻里单元作为一个整体，其整体能源消耗，是废弃物的处理所产生的碳排放在经过邻里单元内绿化植被等碳汇作用后的综合体现。合理的村落组团选址布局，有效的资源利用，邻里协作的分布式用能方式，以及智慧的空间设计等能有效地控制和调节整体的能耗和碳排放以降低碳排放。相反，一味向城市社区看齐，忽略乡村的自然资源和地理特性，采用城市的用能方式和生活方式都会导致乡村的用能随着乡村的城市化急速增加。

移动碳源的碳排放在村落尺度中，主要是指村落内部的交通所产生的碳排放。在城市社区中，汽车已经成为主要的出行方式，交通的碳排放在整体的碳排放中占有很大的比重，并且呈显著增长趋势。然而，在乡村内部的移动主要还是依靠步行。因而舒适的步行环境、适宜的村落尺度以及公共交通点的合理设置都将有效地减少移动碳源的碳排放。相反，单一乏味的步行空间，趋于城市化的社区尺度和设计会增加碳的排放。

另外，包括电力输送、煤气输送在内的能源输送中产生的损失也是一种特殊的存在于这个尺度下的过程碳源的碳排放。如果村落位置较为偏僻（如离发电站距离较远），采用原有的集中的电力及其他集中能源供给方式，会在电力、热力输送的过程中产生大量的能耗，产生碳排放。另外集中式的供能，无法针对用户端的能源消费特点进行最适化设计，会产生大量的能源浪费。采用分布在用户端周围的，与传统的“集中式能源系统”相对应的“分布式能源系统”能提供综合能源效率，实现低碳。

村落中碳汇的碳清除作用主要是指建成区中保留的自然植被或是人工绿化等对碳的清除作用。村落建设中建成区的扩大、建筑密度的增加、人工铺地的增加会导致的自然植被水体的减少以及碳源碳汇之间的相互转化。合理地利用自然地理条件，选择适宜的乡村尺度，不仅能够抑制碳汇的减少还能控制碳源碳汇的增加。

3.在村域或者更广范围内的空间体系的低碳要素构成

区域乡村空间体系是比村落更大的尺度，例如中心村和几个自然村所共同组成的村域，或者包括城乡过渡区在内的广域范围。

在广域范围内的乡村空间碳循环的要素体系中一样包括固定碳源和移动碳源。

其中，固定碳源按照其排放形式不同又可以分成点状和面状的碳源。由建筑群所构成的面状的碳源是指各个乡村以及周边地区或城乡之间的区域性的总体碳排放。例如以村落为主的住宅区、村落边缘的轻工业及手工业区、城乡交界处的工业区、乡村中心商业区等区域内的生活、生产用能、废弃物的排放和处理中所产生的碳排放。

点碳源是指现有的集中式供能系统中的发电厂等城市能源供给基础设施在城市、乡村能源生产中所产生的碳排放。其在运输中所产生的能耗则属于过程碳源。另外，城市及乡村垃圾等废弃物和污水处理等基础设施在废物处理、垃圾焚烧等过程中所产生的大量的碳排放也属于点碳源。

广域范围中的移动碳源主要是指乡村与乡村以及乡村与城市之间的移动所产生的碳排放。提倡公共交通，发展城市与乡村之间的非公路交通（如列车、轻轨），将有效控制移动碳源的碳增长趋势。

在这个尺度上，自然碳汇的碳清除是指由乡村城市化所导致的土地利用的变化所可能引起的碳源与碳汇之间的转换。土地利用类型的转换、覆盖面类型的转变、建设用地的扩张都将影响自然碳汇的碳清除效果。

4.1.3 空间设计与乡村低碳体系

在很多关于乡村空间形态的研究中都引入了分形理论和自相似的原理。浙江大学蒲欣成在《传统乡村聚落平面形态的量化方法研究》中指出，传统乡村聚落的空间形态符合分形理论，并且用三次Koch的曲线提出了乡村边界的量化手法。

分形理论是由美国科学家曼德布罗特（B.B.Mandelbort）创立的。其英语Fractal的本意是破碎，在几何学上是指不规则形态。在此理论上发展形成的非欧几何学，是指整体可以用局部的形态来构成和诠释的形体。其本质是事物的本身具有自相似性。

图4.1-3～图4.1-6体现出乡村聚落空间的低碳构成要素从邻里单元、村落单元

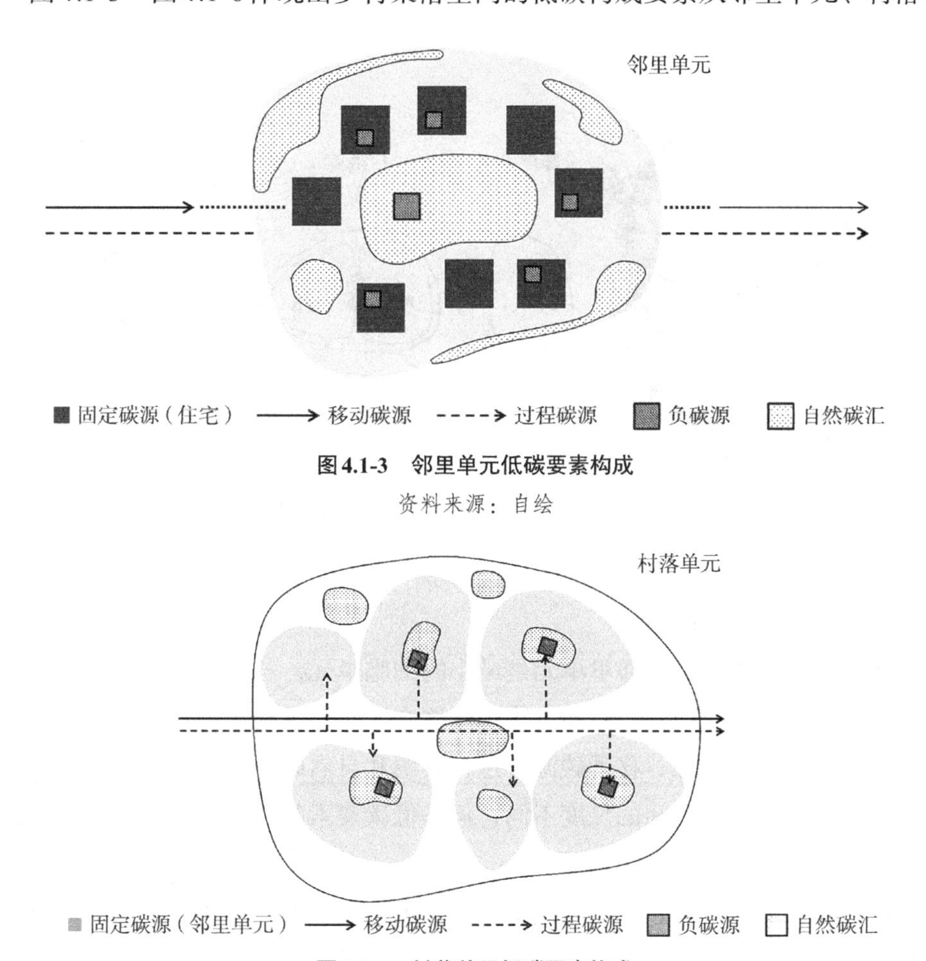

图4.1-3 邻里单元低碳要素构成

资料来源：自绘

图4.1-4 村落单元低碳要素构成

资料来源：自绘

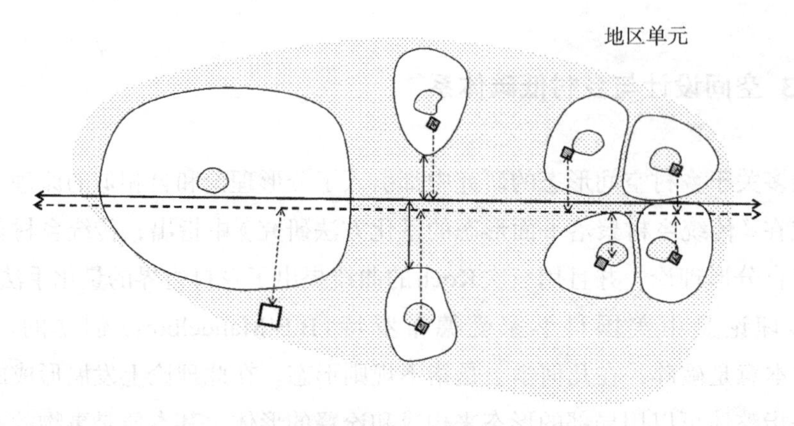

图 4.1-5 地区单元低碳要素构成

资料来源：自绘

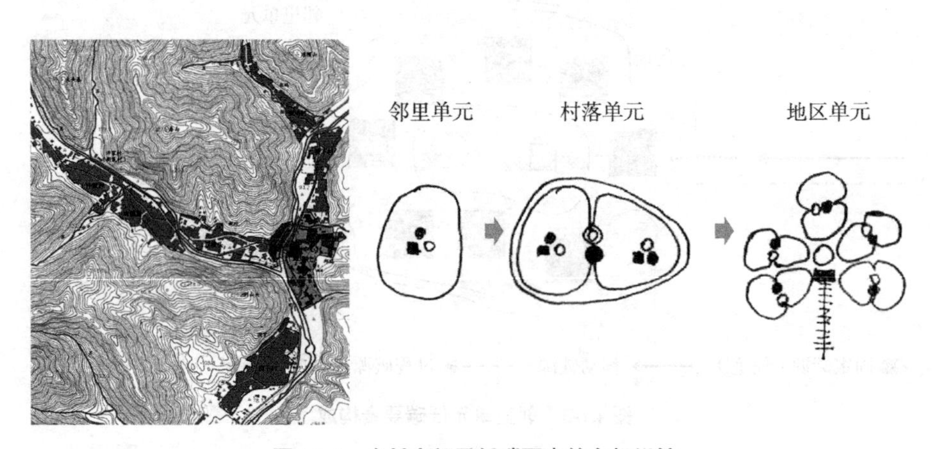

图 4.1-6 乡村空间及低碳要素的自相似性

资料来源：自绘

到地区单元具有自相似的特性

在乡村的空间体系中，邻里单元是最小的细胞单元，若干个邻里单元构成村落单元，并最终构成地区的乡村空间。依附于这个空间体系之上的低碳体系也具有自相似性，主要由固定碳源、移动碳源、过程碳源和自然碳汇构成。属于这些不同空间单元的低碳体系虽然空间的尺度不同，但是低碳要素的构成相近，彼此之间相对独立却又有机地成为一个"碳序列"。

空间体系是低碳体系要素的空间载体。合理的空间设计手法能够控制各个要素的构成、结构及相互之间的联系和制约关系，实现发展和低碳的双赢。

相反，空间设计也会造成固定碳源和移动碳源碳排放的增加而引起高碳。

4.2 空间设计对“固定碳源”的调节

4.2.1 “固定碳源”及其空间设计要素解析

在乡村空间序列的低碳要素构成体系中，“固定碳源”的碳排放主要是指建筑能耗所引起的碳排放。虽然在各个尺度下其侧重点和影响要素有所不同，但是最终都将落地于建筑能耗的碳排放。

建筑的能耗是指建筑在整个生命周期中的碳排放，即建筑建造中所用的能源消耗，建筑在使用过程中的能耗以及建筑在拆除时建材分解所产生的能耗的总和，可以总结为公式：

$$
\begin{aligned}
Q_{CO_2} &= Q_{建设}+Q_{使用}+Q_{分解} \\
&= \sum_a E^a_{建设} \times q^a + \sum_b E^b_{使用} \times q^b + \sum_c E^c_{分解} \times q^c \\
&= \sum_a E^a_{建设} \times q^a + \sum_b (E^b_{电力}+E^b_{采暖}+E^b_{供冷}+E^b_{热水}) \times q^b + \sum_c E^c_{分解} \times q^c
\end{aligned}
$$

式中，Q_{CO_2}代表建筑全生命周期中的二氧化碳排放总量（Ton-c）；

$Q_{建设}$、$Q_{使用}$、$Q_{分解}$分别代表建筑在建设、使用和分解过程中建筑的二氧化碳排放量（Ton-c）；

$E^a_{建设}$、$E^b_{使用}$ 、$E^c_{分解}$分别代表建筑在建设、使用和分解过程中的能耗（MJ）；

$E^b_{电力}$、$E^b_{采暖}$、$E^b_{供冷}$、$E^b_{热水}$分别代表建筑在使用过程中的电力、供暖、供冷和热水能耗（MJ）；

q^a、q^b、q^c是指建筑在建设、使用和分解过程中使用的不同种类能源（二次能源）的二氧化碳排放强度，即单位能耗所排放的二氧化碳总量（Ton-c/MJ）；

a、b、c分别代表建设、使用和分解过程中使用的能源种类数。

以上公式表明了固定碳源的碳排放总量和建筑全生命周期的能耗紧密相关，但是又不仅仅由建筑的能耗决定。不同的能源类型具有不同的碳排放强度，在能耗相同的情况下，碳排放的量不同对环境的影响程度也不同，见表4.2-1。天然气的碳排放强度要小于系统电力的碳排放强度，太阳能等可再生能源的碳排放强度为零。能源的种类也对碳排放总量具有决定性作用。合理的空间设计策略不仅能够有效地减少建筑能耗，还能影响促进建筑从传统能源向新能源或可再生能源的转换。

不同能源的二氧化碳排放系数 表4.2-1

能源类型	值	
电力	效率（%）	36
	CO_2 排放系数（kg/kWh）	0.94
天然气	平均低位发热量（MJ/m^3）	37.68
	CO_2 排放系数（kg/kWh）	0.22
轻油	平均低位发热量（MJ/l）	38.20
	CO_2 排放系数（kg/l）	2.62

资料来源：顾群音《中国上海市分布式能源系统导入可能性研究》。

4.2.2 空间设计在各个尺度上的调节作用

1.“邻里单元”中的空间设计对“固定碳源”的调控机制

在乡村空间序列中，最基本的“固定碳源”是由若干个建筑（主要是指住宅建筑）以及它们围合的公共空间构成的“邻里单元”的碳排放。“邻里单元”是整个乡村空间序列最小最基本的细胞单元，也是离人们生活最近的单元，与村民的生活方式、用能方式等紧密相连。影响这个细胞单元碳排放的主要因素主要是指建筑单体的能耗（固定碳源的碳排放）、可再生能源利用、生物能利用等适宜技术的应用（负碳源的减碳效应）以及保留的自然生态要素对碳元素的吸收和中和效应（碳汇）。

在这个最基本的细胞单元中，建筑用能是影响碳排放最重要的要素。在绿色生态窑居的研究中，魏秦等人的研究中提出地域建筑应当遵循因地制宜和就地取材的基本原则[①]。“就地取材”可以有效地减少建筑取材以及建材运输中产生的碳排放。在既有的新农村建设中，一味地追求向城市看齐，导致乡村建筑的建材从多样的地方材料变成单一的“混凝土”。这导致新农村建设中建筑取材的过程碳排放大大增加，超过了原有乡村建筑的碳排放。“因地制宜”中的“地”首先是指地形，尊重原有的地形，可以大大减少建筑在营建过程中造成的碳排放。削山、填湖、水泥铺地，都将大大增加建设过程中的碳排放。

建筑在使用过程中的能耗，是指在建筑的电力供给和热供给中伴随能源消耗而产生的碳排放，包括建筑的电力消耗、热水消耗、夏季供冷和冬季供暖。建筑在使

① 魏秦，王竹，徐颖.地区建筑营建体系的“地域基因”概念的理论基础再认知[J].华中建筑，2012，30（7）：8-11.

用过程中所产生的能耗和碳排放占整体生命周期中的三分之二。在邻里单元的空间设计，特别是建筑单体中建筑空间的朝向、建筑形体、建筑开口的方向和大小（建筑开口主要是指建筑的门窗）、建筑空间的尺度等都会影响建筑的能耗。乡村建筑由于其建造技术条件的限制，建筑的保温隔热等构造设计都不尽完善。因此，通过空间设计的手法，利用乡村建筑辅助空间的缓冲效能，不同材质及界面的虚实，调节生活主体空间的舒适度，在提高生活质量的同时实现低碳（图4.2-1）。

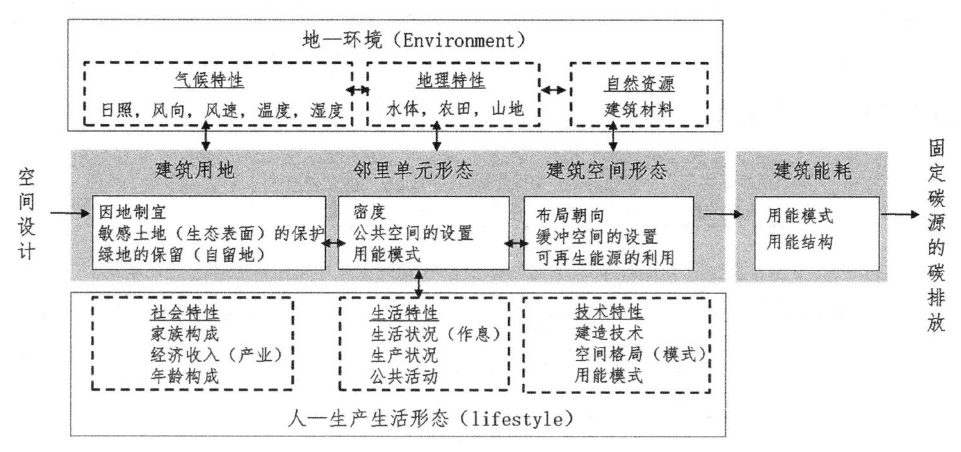

图4.2-1 邻里单元尺度上“固定碳源”的碳排放与空间设计的关系

资料来源：自绘

2.村落空间设计对固定碳源的调控机制

除了建筑单体的空间设计，“邻里单元”的空间组合也会影响建筑在整体生命过程中的能耗。王建华在《基于气候条件的江南传统民居应变研究》的论文中，通过大量的实测，分析并总结了建筑以及聚落空间（室外空间或半室外空间），包括建筑的密度、道路走向等对气候的应变，即对室内热舒适环境的调节作用①。

在村落的尺度下，建筑的密度、道路的分布、面积以及材质及其形态设计都会关系到村落的微气候环境，从而影响建筑的能耗并最终影响固定碳源的排放。

另外，在村落中供能方式也会对碳排放总量产生决定性的作用。采用分布式能源或者区域供暖、供冷会改变现有的能源供给方式，增加天然气的用量，减少传统的电力供给，从而实现在不改变需求端能源需求的前提下，改变一次能源的结构，并最终降低村落范围内碳排放总量。村内的复合功能的设置及功能配比会影响分布式能源的利用效率。村落规划、功能排布以及基础设施会影响区域能源系统在能源

① 王建华.基于气候条件的江南传统民居应变研究[D].杭州：浙江大学，2008.

运输过程中的能耗，降低系统的综合效率，影响其碳排放。

3.村域空间设计及空间设计对固定碳源的调控机制

在村域范围内，影响“固定碳源”碳排放的有土地利用的形态、开发强度和开发形态。因而村域范围内空间形态设计对固定碳源的影响主要反映在对“负碳源”，即可再生能源和新能源的导入。在建筑单体的空间设计中，也可通过合理的形态设计，促进可再生能源和新能源（太阳能电池板的导入或太阳能热水器）的应用。但是其数量有限，很难产生决定性的影响。在村落及其村域的范围中，主要是指结合地形和气候的特点，在村落的景观设计或者村域的土地利用规划中充分考虑中小规模或大规模可再生能源的导入（图4.2-2），例如太阳能农场等。

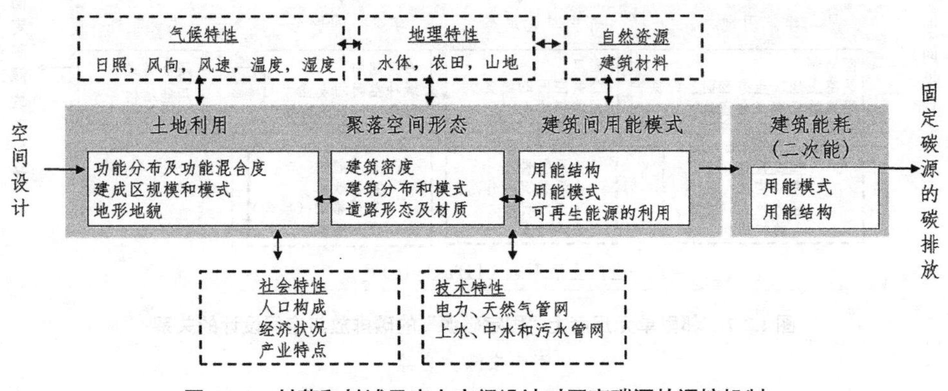

图4.2-2 村落和村域尺度上空间设计对固定碳源的调控机制

资料来源：自绘

4.3 空间设计对“移动碳源”的控制

4.3.1 空间序列中“移动碳源”及其空间设计要素解析

乡村空间序列中的低碳要素构成体系中，移动碳源主要是指交通出行所引起的碳排放，集中在村落尺度和村域尺度上。

乡村村落中的“移动”，从移动的目的上来分，可以分为邻里间的走动、上下班出行、上学放学出行以及购物出行。与城市的居民和居住区不同，村民的生活具有更加亲密的距离、更加频繁地交流和邻里走动。“串门”是乡村生活一道别致的风景线。很多情况下，亲戚会生活在一个村里，至少每周，甚至每天都会在一起吃饭，相互聚会。即使不是亲戚，纳凉、打牌、下棋亦是乡村生活每天必备的调味品。上下班出行主要是指自然村、中心村的村民来回于村和镇之间的上下班交通。一般乡村除了农业和少数的小卖部外，没有其他的就业机会。在农业逐渐衰退的江南乡村，越来越多的农村剩余劳动力开始“进城打工”，在村与镇，或者城市之间来回。上学放学出行指的是村里的孩子去中心村，或者是镇上的小学和中学所发生的出行。由于滞留人口的减少，小学的拆并，一般的自然村都很少有小学，孩子们需要每天来回于村与镇之间。购物也是如此，村里的商业设施几乎就只有小卖部。这些小卖部通常只能满足人们的生活急需品。一般村民在购物时，还是会到离村里相对较远的镇上去采购。因此，购物出行的频率虽然不像城市那样频繁，但是其距离却比城市的购物出行要远得多。这些出行从空间尺度上包括自然村内的移动，自然村之间以及自然村到中心村之间的移动，中心村到镇以及城市的移动。现有的主要出行的方式有步行、自行车、摩托车、公交车和私家车（图4.3-1）。

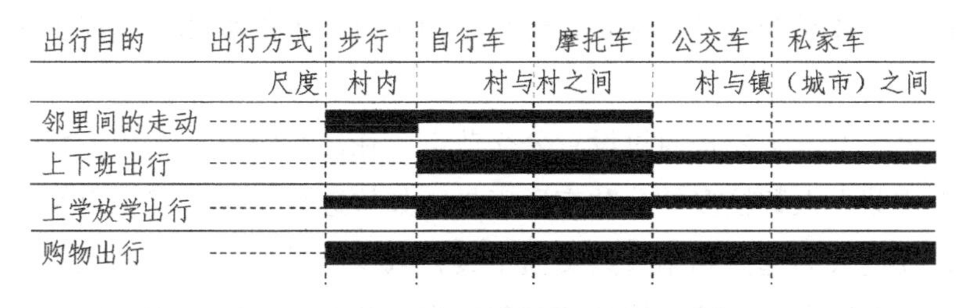

图4.3-1 乡村中的各种出行方式及其尺度范围

资料来源：自绘

移动碳源的碳排放可以概括为以下公式：

$$\sum_i V_{CO_2} = \sum_i t_i \times D_i \times \frac{n_i}{An_i} \times E_i \times q_i$$

式中，V_{CO_2}——移动碳源二氧化碳排放总量（Ton-c）；

i——出行方式；

t_i——各种出行方式的人均出行次数；

D_i——各种出行方式的平均每次出行距离；

n_i——各种出行方式的出行人数；

An_i——各种出行方式的平均载人数；

E_i——各种出行方式的单位距离能耗；

q_i——各种能耗的碳排放系数。

由上式可见，影响移动碳源的要素主要包括通过影响村民的出行改变出行距离和次数，提倡使用平均载人数较高的公共交通和零排放（或者是接近零排放）的低碳交通工具。

4.3.2 空间结构与“移动碳源”的控制作用

通过空间设计对移动碳源的调控主要包括通过道路空间及交通网络体系的设计，村落布局及土地利用模式的设计，低碳交通工具的导入实现低碳出行模式，从而减少移动碳源的碳排放。

1.道路空间及交通网络体系的设计

空间设计可以影响和引导人们选择低碳的交通手段，从而影响移动碳源的碳排放。在村落尺度下，步行系统的设计以及合理的道路绿化可以改善步行系统的温热环境以促进步行和自行车的使用，减少对机动车的依赖性。另外，沿步行系统的环境小品的设置、休息场所等的配置，也将增加步行系统的趣味性，促进村民选择步行的方式。

在村落尺度上，主要是通过设置公交节点，在出行距离、出行人数恒定的情况下，选择平均载人人数较多的公共交通工具，如快速公交线、轻轨以及铁道等公共交通设施，促进人们选择利用公共交通工具，减少碳排放。除了站点和线路设置之外，各级公交系统之间连接转换的便利程度也是公交系统能否有效应用的关键。

2.村落布局及土地利用模式的设计

合理的空间设计手法与村落布局，混合功能的配置与适宜的集中居住可以改变和影响村民的出行方式、次数和距离。例如，在中心村配置小学和一定的商业及公共设施可以减少上学放学出行和购物出行的距离。另外在乡村空间中，积极发展地方产业，从重视农业产量的农业转变为重视产品质量的农业，从高产到高值，提高村民的收入，增加当地的就业机会，减少上班的交通出行。

村落的尺度也是另一个影响村民出行的要素，尤其是影响村内的交通。原始的乡村尺度较小，邻里间的走动主要靠步行。随着村落范围的不断扩大，越来越多的村民开始使用摩托车，甚至是私家车作为村内移动的交通手段，大大增加了移动碳源的碳排放。适宜的村落尺度、合理的公交节点设置可以有效地控制碳排放。

3.低碳型交通工具的导入

很多研究者都认为，对于乡村，低碳型交通工具过于“高端”，不适宜导入。其实低碳交通工具，并不等于高端的电动汽车。以自行车或者电动自行车代替摩托车，小型的电动汽车代替普通的燃油汽车等都是导入低碳交通的手段。

空间设计中，需要根据不同村落的地形，选择导入合适的手段，并设置适合这些车辆通行的路线。合理的线路设计和站点选择，可以建立起村落内交通和村落外公共交通之间的有效衔接，实现良好的过渡，从而进一步推进公共交通，降低传统汽车的使用（图4.3-2）。

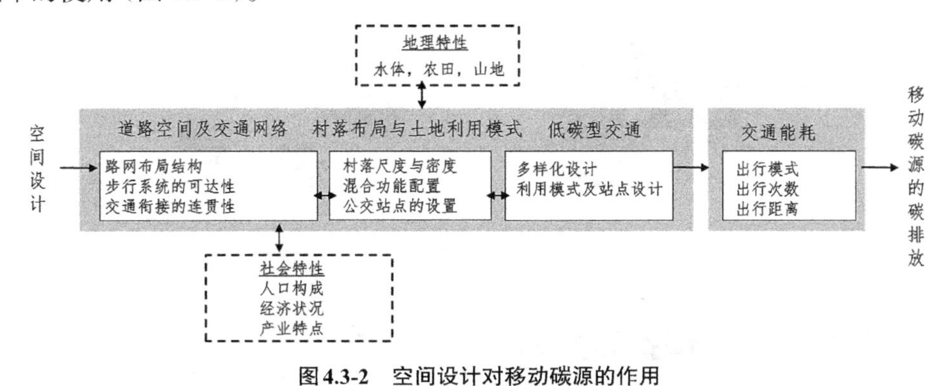

图4.3-2　空间设计对移动碳源的作用

资料来源：自绘

在国外的新型郊外型社区中流行的“Car Sharing”，即汽车分享也是一种通过增加平均载人人数来实现低碳交通的手段。合理的线路和站点设计，可以实现这种低碳交通工具的“租赁”系统。

4.4 空间设计与“过程碳源”的优化

乡村住区中的过程碳源主要可以分为两类：一类是废弃物处理，主要包括乡村生活或者与之相伴的生产生活中的用水（上水、下水、雨水和中水）以及生活垃圾；另一类是乡村的能源供给和输送中所产生的能耗。

在江南地区，冬季供暖以及全年热水的需求不如北方大，因此没有集中供热，尤其是在农村，尚未有集中供热的先例。随着“西气东送”工程的开展，在浙江的个别村子中出现了天然气的管道输送，但是并不普遍。因此，能源的供给和输送中的过程碳源主要是指电能的输送和损失。

传统的电力供给方式是“集中式”供给，即电力在离用户较远的发电厂生产，其发电过程的总效率因一次能源的种类和各国的技术不同而略有差异，大约在35%。其余65%的一次能源是发电过程中的能源损失，主要以热能为主。这部分热经过处理后被排放，或是被直接排放，产生大量的热污染。这也成为引发温室效应和全球变暖现象的根源之一。

除了在发电过程中产生的能耗，集中式的供能模式因其离用户较远，能源的输送距离较长，大约有5%的能源损失产生在输送过程中。其最后的综合效率约为30%，70%以热能形式损失，并排放到环境中（图4.4-1）。

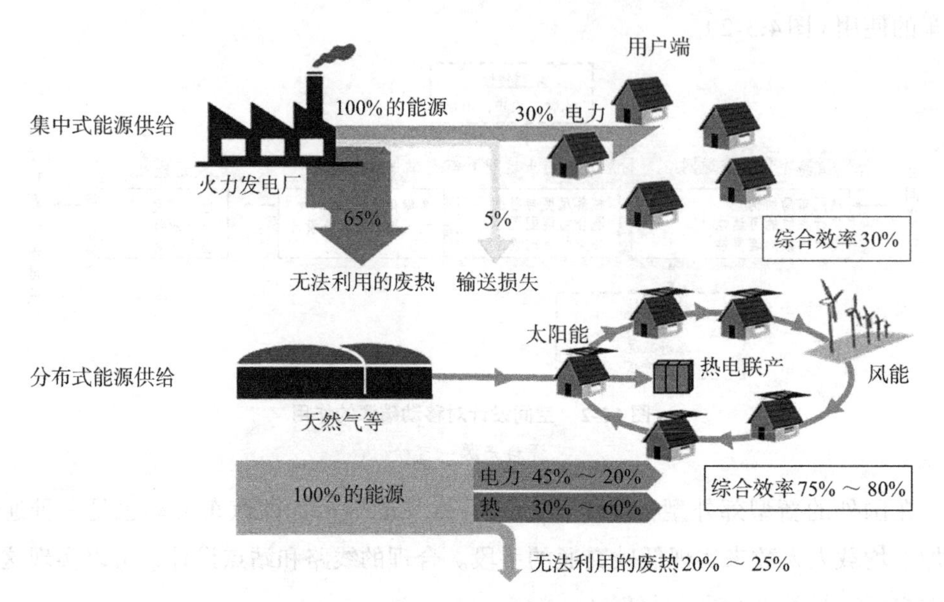

图4.4-1 集中式和分布式能源供给模式比较

资料来源：自绘

这种传统的集中式供能方式，其发电、配电以及电力的输送都由发电厂的容量和特点决定，即由电力的供给端决定，是一种“自上而下”的供能（供电）模式。这种模式很难应对需求端的变化，包括在城市化进程中出现的能源需求的激增以及电力需求在时间和空间上的不均匀分布。例如，在一般城市中，商业区、办工区和工业区集中分布的区域会在白天产生用能的高峰，而与此同时住宅区域的能源消费几乎为零。与此相反，住宅区将在夜间迎来用能高峰，而商业区等其他区域的能耗却很低。在传统的供电方式中，能源的供给量是既定的，因而就会出现部分地区供给过量，而其他区域则能源短缺。集中供能的方式由供给端来决定，因而无法根据这种能源需求的变化做出及时调整和应对（其调整和变化需要通过大规模的基础设施和设备调整来实现）。

与这种“自上而下”的供能方式相对应，分布式能源系统是一种“自下而上”的供能方式。如其名称一样，这是一种分散在用户端的供能系统，是近年来能源系统发展的新焦点。这些分散的能源生产系统包括可再生能源、未利用能源和以清洁能源为主要能源形式的中小型发电机组。

分布式能源的设备容量、运行方式、能源分配方式都由用户端设计，即以用户的能源需求、当地的自然社会和经济条件来选择设备，并实现最佳运行和能源分配。与集中式供能相比，其分布在用户端的附近，所以能源运输中的损失几乎可以忽略不计。同时，发电过程中的废热能够被及时利用，并以热水甚至是空调的方式满足用户的热需要。其中，以天然气作为一次能源的热电联产发电方式就是典型的例子。因其利用清洁能源，有效利用废热和较高的综合效率，这种能源系统在发达国家已经得到了认可和广泛推广。通常与传统的供能方式并用，作为其补充。

乡村空间中减少能源运输中过程碳源的排放主要通过导入分布式能源系统，代替集中式能源来实现。能源供给系统的碳排放包括满足用户能源需要的能源供给以及在运输过程中的能源损失，即过程碳源。因此，能源过程中过程碳源的减排可以用集中式供给方式和分布式供能方式的差值来表示：

$$\begin{aligned} P_{CO_2} &= P^0_{CO_2} - P'_{CO_2} \\ &= Q_{使用} / (\mu^0 \times q^0 - \mu' \times q') \end{aligned}$$

式中，P_{CO_2}代表聚落在能源运输过程中所产生的二氧化碳总排放量（Ton-c）；

$Q_{使用}$代表建筑在使用过程中的能耗；

μ^0、μ'代表集中式能源供给方式和分布式能源供给方式（或两者的综合）的综合效率；

q^0、q'代表集中式能源供给方式和分布式能源供给方式使用的一次能源的碳排放强度。

分布式供能的综合效率，由设备的发电效率、热回收利用的效率、负荷率等共同决定。合理的空间形态设计可以通过促进分布式能源的利用，减少从传统能源系统（电力）中得到的能源总量，以减少过程碳的排放。空间形态设计对其调节作用可以归纳如下（图4.4-2）：

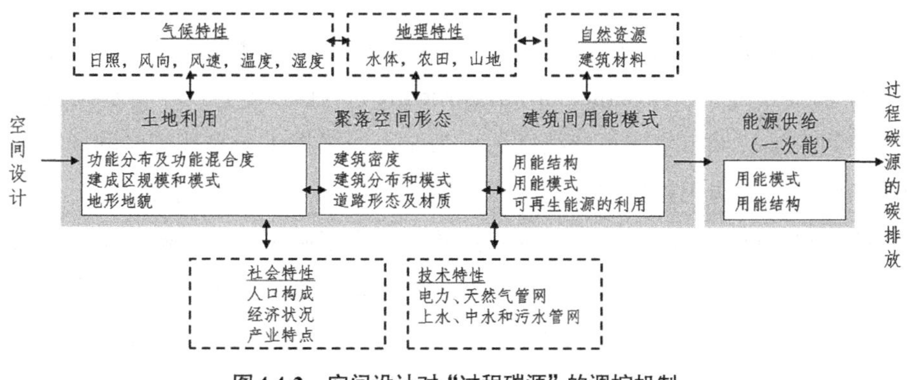

图4.4-2　空间设计对“过程碳源”的调控机制

资料来源：自绘

（1）在空间设计中，充分考虑分布式能源导入的可能性，预留设备空间和扩展空间。

分布式能源系统设置在用户的周围，因此在村落建筑规划的阶段应当预留一定的空间为设备的导入和管道线路的埋设打好基础。比如在村落中，设置一定的公共空间、广场或地下空间，这些空间可以作为设备的预留空间。另外，一定规模的公共建筑、商业办公建筑或教育建筑等也可以作为设置中小型分布式能源的设施。

除此之外，在建筑设计中，应当充分考虑太阳能、风能、生物能等可再生资源的利用。例如，采用能够安放太阳能板和太阳能热水器的坡屋顶和有利于雨水收集的坡屋顶。

（2）紧凑型空间布局，以提高设备的整体效率。

分布式能源，即区域能源供给需要区域内的建筑相对集中。过度分散的建筑分布会导致建筑能源运输过程中的损失，引起过程碳源的增加。

（3）混合的功能配置以实现设备的最佳运行和建筑之间的能源共用。

除了紧凑型空间布局之外，混合功能的配置，也能增加分布式能源系统的综合效率，提高其经济性。不同的建筑功能、消耗能源的种类比例以及使用的模式不同，因而其峰值出现的时刻也不同。混合的建筑功能配置可以使得电、热等能源能有效地在集中区域得到分配，减少能源运输的距离，从而减少过程碳源的碳排放。

4.5 空间形态与“自然碳汇”的共生

乡村碳循环系统中的“碳汇”是指环境对碳的吸收或降低碳排放的作用，也被称为环境基础设施（Environmental infrastructure）。在广义上，环境基础设施是指在城市空间中维持城市生态可持续发展，为城市居民提供与自然接触的场所，改善城市热岛效应，为居民提供更好的生活空间的自然或人工的基础设施。

传统乡村空间中的碳汇可以分为自然碳汇和人工碳汇。自然碳汇主要是指环绕或者是穿插在聚落周围的农田、林地以及自然绿地。人工碳汇是指随着乡村建设中设置的公园等人工绿地或者是农居建设中建筑基地中或者是结合建筑设置的绿化。随着乡村城市化和新农村建设的展开，这种自然的绿地系统，传统农业以及林业构成的碳汇体系与人工绿地的比例和构成也将随之发生变化。

新乡村村落中的碳汇主要包括各级公共空间中的点状绿化，沿道路体系或水系的线状绿化，穿插在建成区中的农田，散落在建筑群中的自留地，以及建筑空间的“绿”（或者建筑的绿化空间）（表4.5-1）。

乡村空间碳汇系统 **表4.5-1**

沿道路体系的“线状”绿化	散落在邻里单元中的自留地

各级公共空间中的“点状”绿化	穿插在建成区中的农田

沿水系的线状绿化	建筑空间的“绿”

资料来源：自摄

乡村碳汇包括直接碳汇和间接碳汇。直接碳汇是指上述自然或人工的绿地植被对碳的吸收作用，即直接碳汇效果。间接碳汇是指包括绿地、水体、地形和建筑布局等环境要素共同作用改善乡村空间以及建筑内部空间的热舒适环境，缓和温室效应，降低建筑的冬季供暖及夏季制冷的空调能耗，从而实现减碳的效果（图4.5-1）。例如，绿色植被的遮阴、蒸腾及自然水体的蒸腾作用等。

直接碳汇和间接碳汇可以分别用下述公式来表示：

直接碳汇：绿地或植被对碳的吸收，固定作用

$$A_{CO_2}=S\times\theta$$

间接碳汇：屋顶绿化，道路绿化等对于温室效应的消减作用

$$A'_{CO_2}=S'\times\theta'$$

其中，A_{CO_2}、A'_{CO_2}代表直接碳汇和间接碳汇对碳排放的消减作用，即碳汇的效果；

S、S'代表直接碳汇和间接碳汇的面积；

θ代表直接碳汇的吸收系数和间接碳汇的消减系数（t−CO_2/ha·年）。

从上述公式可以看出，影响碳汇的主要要素是绿地空间的面积和植被的种类。此外，间接碳汇的效果是多种要素的综合作用。在乡村空间序列中，“绿地”类型以及空间设计的影响见表4.5-2：

空间设计对碳汇的影响 表4.5-2

绿地类型	空间设计对其影响
散落在建筑群中的自留地	在建筑空间和乡村空间的设计中有效地组织和保留原有生态系统，包括自留地、林地在内的碳汇，实现低碳与乡村生活和经济发展的有机协调
沿道路体系和水系的“线状”绿化	在乡村空间体系设计中，结合道路体系，包括机动车道和步行体系以及水系，有效导入线性绿化，创造“风道”，强化点状绿化的间接碳汇效应
各级公共空间中的“点状”绿化	在乡村空间设计中有效导入绿色景观体系，并结合其他的空间设计要素，使其发挥最大的效能，减低建筑的热负荷，提高村落空间和建筑空间的热舒适环境
穿插在建成区中的农田	围绕或者是穿插在村落中的农田可以有效地吸收二氧化碳，并作为农村特有的气候调节器
与建筑空间相结合的绿化	结合建筑的空间设计形态，导入屋顶绿化、垂直绿化等，调节建筑室内的热舒适度，降低能耗，以实现低碳

资料来源：自摄

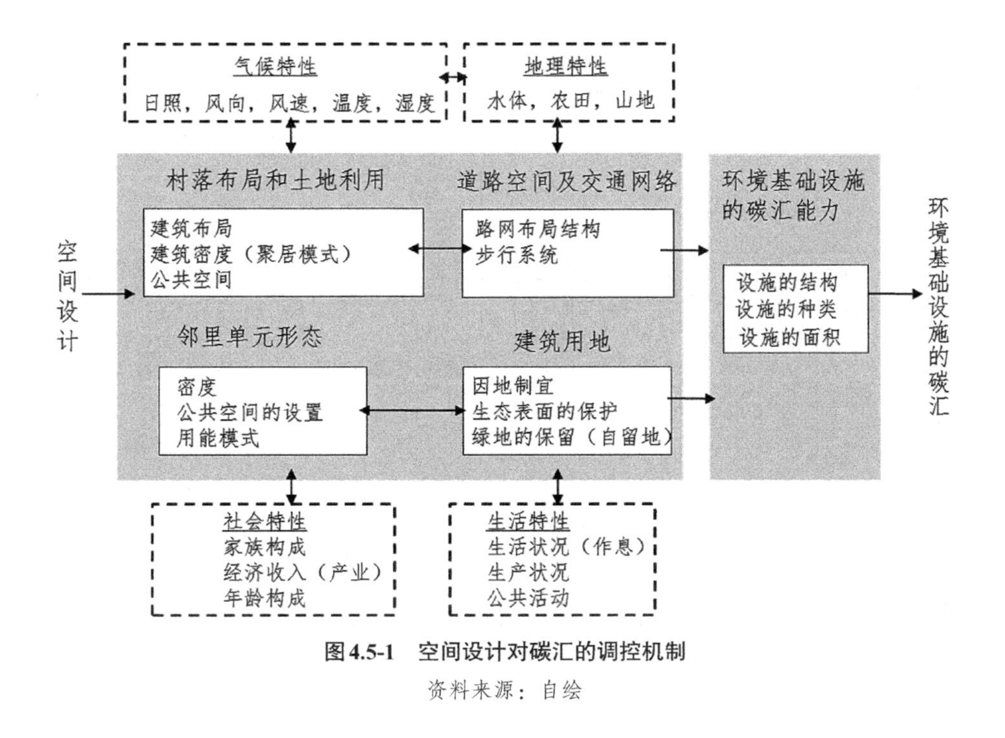

图4.5-1 空间设计对碳汇的调控机制

资料来源：自绘

4.6 低碳乡村营建与各要素之间的总体关系

从以上的分析中可以得出，乡村聚落空间的碳要素主要由建筑能耗、交通系统、能源供给的碳排和环境基础设施的碳汇构成。空间设计通过影响村落布局、土地利用、道路系统、交通网络、邻里单元形态以及建筑空间形态，影响人们的生产生活，并最终影响碳循环体系（图4.6-1）。

空间形态：主要包括建筑空间形态、邻里单元空间形态和村落空间形态。通过对空间形态的控制减少建筑的能耗，加强可再生能源等其他分布式能源的导入，合理保留生态绿地，导入公共空间和绿地系统。实现减少能耗，增加碳汇和利用新能源。

能源供给基础设施：包括建筑间的用能模式、村落和村域整体的用能模式以及相配套的基础设施建设，还包括用能结构、用能模式和能源供给方式。主要是指通过空间形态的设计促进建筑间的能源共用和地区的分布式能源系统的实现。通过建筑间能源共用的方式提高机器运行效率，减少能耗以及运用分布式能源系统实现可再生能源和未利用能源的规模性应用。

土地利用：低碳乡村设计中通过紧凑布局和功能混合、建筑密度等来影响村

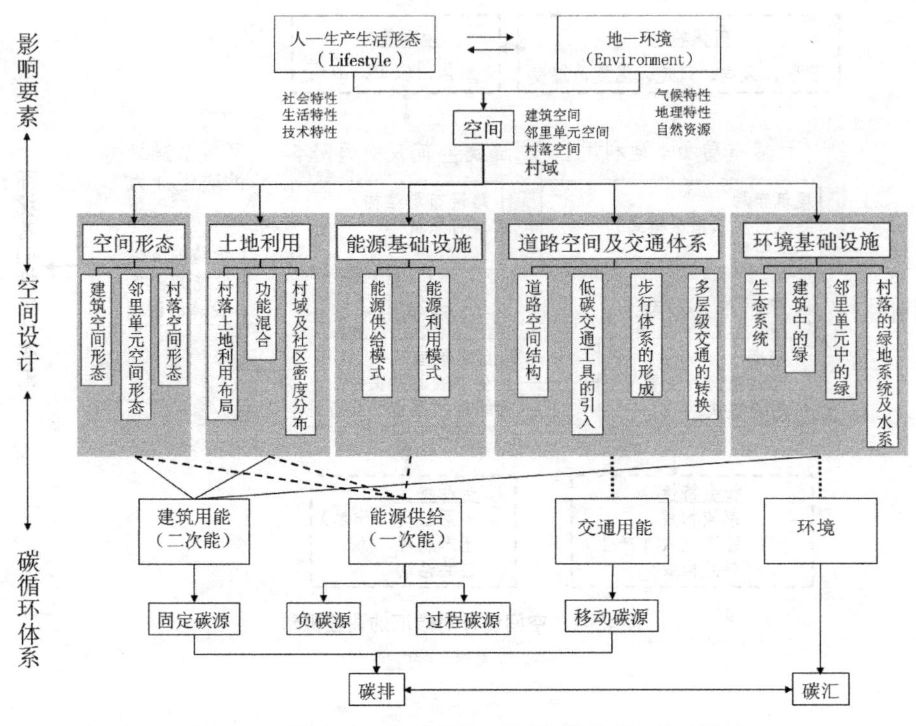

图4.6-1 空间设计与乡村碳循环模型调控的综合关系模型

资料来源：自绘

落整体的碳排放。紧凑布局和功能混合能够影响建筑用能的效率以及能源供给的效率，从而实现减碳。

道路空间及交通网络：包括通过合理的路网结构，增加步行系统的可达性，提高各级交通的连贯性以及促进低碳交通工具的导入，减少交通用能。

环境基础设施：包括农田、林地、人工和自然绿地以及水系等，是乡村空间体系中的碳汇。尊重原有地形，保留当地的生态环境，组织绿地水体等生态斑块，有效导入人工碳汇可以实现对于微气候环境的调节，在增加直接碳汇的同时消减建筑能耗，增加间接碳源。

5 低碳先导的乡村用地规划理论与方法

基于本书第2章研究的低碳先导乡村用地规划理论，包括论述的低碳乡村人居环境“开汇节源”规划理念，提出的从“用地”出发乡村人居环境碳系统概念与构成体系、碳系统测评体系框架，依据碳系统特征的乡村分类方法和三种地域类型乡村碳系统的影响因素探析；本章重点研究碳系统系数获取、三维空间乡村用地碳系统总量测算方法与参数化测评处理平台，建立低碳先导目标下用地规划路径，构建乡村用地规划适宜性评价体系和低碳情景规划模拟模型。并开展海岛型、平原型两个典型村庄的实证研究，山区型典型村庄研究内容详见第八章。

5.1 “碳系统”测算方法

5.1.1 碳源、碳汇系数确定

通过确定每种用地碳汇、碳源系数，形成基于用地的较为完整的碳系统测评体系。

1.碳汇系数——文献整理获取

碳汇系数的确定主要参考借鉴已有研究的成果。由于乡村碳汇在农业、生态等学科研究中具有一定基础，因此碳汇系数通过对已有相关研究进行总结和筛选，建立碳汇系数清单。

由于不同地形、物种和环境条件下的碳汇系数均不同，基于可操作性来说，过于细化的用地分类和植被状况调查，对乡村碳汇测评并不合适。基于此，参考叶祖达（2011）、魏霖霖（2012）等提出的各类生态绿地碳清除因子和碳排放清单[①,②]，并结合碳汇用地的分类，总结整理出适用于城乡规划碳汇评估的三层级碳汇系数清单（表5.1-1），考虑在研究不同尺度乡村背景下调查的可操作性以及对碳系统测评精度的不同要求而进行选择，具有较高参考价值。

① 叶祖达.建立低碳城市规划工具——城乡生态绿地空间碳汇功能评估模型[J].城市规划，2011，35（2）：32-38.

② 魏霖霖.城市典型绿色覆被温室气体排放清单构建与空间映射[D].天津：天津大学，2012.

三层级的碳汇系数清单（$tC/hm^2·a$） 表5.1-1

Ⅰ级 10^4~10^5km^2		Ⅱ级 10^2~10^3km^2		Ⅲ级 $10km^2$	
类别	碳汇系数	类别	碳汇系数	类别	碳汇系数[①,②]
林地	1.50	人工林地	1.50	育林苗圃（5年）	−0.46
				防护林（15年）	1.50
				用材林（10年）	0.63
		天然林地	3.20	森林（40年）	3.20
				北半球温带森林	2.00[③]
				落叶阔叶林	1.40～2.80[④]
农地	−1.94	水田	−2.61	水稻—常规	−2.61
				水稻—保护耕作	1.19
		旱地	−1.27	耕地—常规	−1.27
				耕地—低肥/保护耕作	1.74
				菜地	−0.75
草地	0.65	非建成区草地	0.65	天然牧草地	0.67
				人工牧草地	0.63
				荒地	−0.09
湿地	−0.70	人工湿地	−0.96	人工雨水湿地	2.03
				人工污水湿地	−4.38
				水淹地	−0.53
		天然湿地	−0.44	沼泽湿地	−7.11
				河湖岸带湿地	−0.46
				沿海滩涂湿地	−0.42
城乡绿地	1.66[⑤]	建成区草坪	0.35	草坪	0.35
				高尔夫球场/灌草混合	0.72
				苗圃/花圃	−3.16
				娱乐运动场（可踩踏）	−4.28

① 叶祖达.建立低碳城市规划工具——城乡生态绿地空间碳汇功能评估模型[J].城市规划，2011，35（2）：32-38.

② 魏霖霖.城市典型绿色覆被温室气体排放清单构建与空间映射[D].天津：天津大学，2012.

③ Wofsy S C，Goulden M I，Munger J M，et al. text exchange of CO_2 in a mid-latitude forest[J]. Science. 1993. 260：1314-1317.

④ Goulden M L，Munger J M，Fan S，et al. Exchange of carbon dioxide by a deciduous forest: response to interannual climate variability[J]. Science. 1996，271：1576-1578.

⑤ Zhao M，Kong Z H，Escobedo F J. Impacts of Urban Forests on Offsetting Use in Hangzhou，China[J]. Journal of Environmental Management. 2010，91：807-813.

续表

Ⅰ级 10^4~10^5km^2		Ⅱ级 10^2~10^3km^2		Ⅲ级 $10km^2$	
类别	碳汇系数	类别	碳汇系数	类别	碳汇系数
城乡绿地	1.66	建成区乔木	1.96	公园/居住区绿地/乔灌草混合	1.47
				行道树（20年）	2.20
				城市景观林地（20年）	2.20

注：数据经课题组依据文献整理和单位转换，负值表示碳排放多于碳吸收，具体测算属于碳源用地。

对于大多数水体种类，河流、湖泊、沼泽、滩涂、湿地（红树林湿地、灌草湿地、芦苇湿地、苔草湿地、泥炭湿地等）等，其碳源、碳汇系数已有文献测定。根据魏霖霖的研究，水体的单位年CO_2排放量从−6.60到35.57$tCO_2/hm^2 \cdot a$不等。根据不同水域中的植被覆盖以及生物情况等环境选取系数，对于海洋碳源、碳汇，由于技术手段限制，仍未能进行测定。

2.碳源系数——调研统计获取

乡村因地域环境、经济环境、生活方式等一系列因素影响，很难得到统一的碳源系数，因此基于乡村用地空间行为的碳源系数依靠调研统计方法来实现计算。

由于乡村数据的获取具有约束性，乡村碳源系数根据各类用地所承载的空间行为能源消耗的碳排放量和用地面积的比值获得（见下面公式）。

按照碳源用地分类，碳源系数分为农业系数、工业系数、服务业系数、农居系数、公共服务设施系数、交通系数六类。此外，对于特殊性的海岛地域，渔业碳源也需作为参考数值。

$$\partial_j = \frac{\sum_{a=1}^{n} D_{aj}}{S_j'}$$

式中，j为第j种碳源用地，∂_j为第j种碳源用地的碳排放系数，S_j'为第j种碳源用地的近似碳源面积，a为第a种能源，D_{aj}为第j种碳源用地的第a种能源的碳排放量。

1）农业碳源系数

农业产业在乡村人居环境中同时表现碳的吸收和排放作用，通过碳汇系数可知农业用地主要呈现碳排放特征，因此农业碳源系数参照碳汇系数清单选择。

2）工业碳源系数

乡村工业碳源和城市相比规模相对较小，企业数量较少，以每家企业为单位采用能源消耗法测算碳排放量较为容易且精确，具体数据主要通过调研问卷、实地访谈获得。工业碳源系数测算公式如下：

$$\partial_{in} = \frac{12}{44} \times \sum_a \sum_u d_{au} \times \partial_a \Big/ S_{in}$$

式中，∂_{in}为工业碳排放总量，12/44是二氧化碳中碳的比重，a为第a种能源，u为第u个工业企业，d_{au}为第u家工业企业的第a种碳源消耗量，∂_a为第a种能源的二氧化碳排放系数，S_{in}为工业用地面积。其中，根据能源消耗形式，确定二氧化碳排放系数∂_a选值见表4.2-1。此外，由于部分能源消耗量在村庄无法直接获得，采用费用折算的方法进行换算，各类能源单价依据乡村实际标价，系数见表5.1-2。

部分能源二氧化碳排放系数表 **表5.1-2**

能源名称	标准煤折算系数[①]	二氧化碳排放系数
原煤	0.71（kg/kg）	1.77（kg/kg）
石油	1.45（kg/kg）	3.61（kg/kg）
液化气	1.71（kg/kg）	4.26（kg/kg）
柴薪	0.60（kg/kg）	1.50（kg/kg）
电能	0.35（kg/kwh）	0.87（kg/kwh）

注：文献整理换算，各类能源单价可根据各地乡村实际调查情况确定。

3）服务业碳源系数

乡村服务业碳源和城市相比规模相对较小，类型单一，主要以农家乐、宾馆、餐饮等形式存在，因此以服务业个体为调研对象测算能源消耗法较为直接，具体数据主要通过调研问卷、实地访谈获得。服务业碳源系数公式如下：

$$\partial_{ser} = \frac{12}{44} \times \sum_a \sum_u d_{au} \times \partial_a \Big/ S_{ser}$$

式中，∂_{ser}为服务业碳排放总量，12/44是二氧化碳中碳的比重，a为第a种能源，u为第u个服务业单位，d_{au}为第u家服务业单位的第a种碳源消耗量，∂_a为第a种能源的二氧化碳排放系数，S_{ser}为服务业用地面积。根据能源消耗形式，确定二氧化碳排放系数∂_a选值同表4.2-1。

4）农居碳源系数

乡村农居碳源主要针对乡村农居生活中的能耗行为进行统计，其中剔除家庭交通能耗，仅关注每户农居用地上的生活能源碳排放，因此采用能耗统计方式较为简便。具体数据通过调研问卷、实地访谈获得。农居碳源系数公式如下：

① 中国国家标准化管理委员会.综合能耗计算通则GB/T 2589—2008 [S].北京:中国标准出版社，2008.

$$\partial_{\mathrm{re}}=\frac{12}{44}\times\sum\nolimits_a\sum\nolimits_u d_{au}\times\partial_a\Big/S_{\mathrm{re}}$$

式中：∂_{re}为农居碳排放总量，12/44是二氧化碳中碳的比重，a为第a种能源，u为第u户农居，d_{au}为第u户农居的第a种碳源消耗量，∂_a为第a种能源的二氧化碳排放系数，S_{re}为农居用地面积。其中，根据能源消耗形式，确定二氧化碳排放系数∂_a选值同表4.2-1。

5）公共服务设施碳源系数

乡村公共服务设施碳源主要针对乡村行政、医疗、文化、体育等公共设施的日常能耗进行统计，由于公共设施的能源使用特性，一般统计公共设施以电能为主。具体数据主要通过调研问卷、实地访谈获得。公共服务设施碳源系数公式如下：

$$\partial_{\mathrm{pu}}=\frac{12}{44}\times\sum\nolimits_a\sum\nolimits_u d_{au}\times\partial_a\Big/S_{\mathrm{pu}}$$

式中，∂_{pu}为农居碳排放总量，12/44是二氧化碳中碳的比重，a为第a种能源，u为第u个公共服务设施，d_{au}为第u个公共服务设施的第a种碳源消耗量，∂_a为第a种能源的二氧化碳排放系数，S_{pu}为公共服务设施用地面积。确定二氧化碳排放系数∂_a选值同表4.2-1。

6）交通碳源系数

乡村交通碳源主要针对乡村居民和外来游客两部分交通能耗进行统计。

乡村居民日常交通碳源主要取决于出行方式选择（私家车、摩托车、农用车等），以每户农居为单位调研能耗值，主要根据每类用车的能源费用进行转换，具体数据通过调研问卷、实地访谈获得。乡村居民碳源总量公式如下：

$$D_{\mathrm{ta1}}=\frac{12}{44}\times\varnothing\times\sum\nolimits_a\sum\nolimits_u\left(\frac{C_{au}}{P_{au}}\times\partial_a\right)$$

式中，D_{ta1}为乡村居民交通碳排放总量，12/44是二氧化碳中碳的比重，$\varnothing$为交通行为村域范围内所占比例，a为第a种交通工具，u为第u户农居，C_{au}为第u户农居的第a种交通工具能源消耗费用，P_{au}为第u户农居的第a种交通工具能源单价，∂_a为第a种交通方式能源的二氧化碳排放系数。其中，P_{au}和∂_a的选值参见表5.1-3。

乡村居民交通能源相关系数表 **表5.1-3**

交通方式	基础单价（元/L）	密度（kg/L）	P_{au}（元/kg）	∂_a（kg/kg）
私家车（汽油）	7.45	0.73	10.21	3.66
摩托车（汽油）	7.45	0.73	10.21	3.66

续表

交通方式	基础单价（元/L）	密度（kg/L）	P_{au}（元/kg）	∂_a（kg/kg）
农用车（柴油）	7.1	0.85	8.35	3.64
电动车	—	—	—	—
自行车	—	—	—	—

注：参数通过文献汇总和单位换算得到，电动车消耗电能，已统计在农居能源中，不予计算，自行车为零碳排交通行为，不予计算，基础单价根据实地调查得到。

乡村外来游客交通碳源主要取决于出行方式选择（私家车、大巴车等），根据肖作鹏等总结的交通方式CO_2排放强度①，以外来游客个体为研究对象统计碳排放量。其中游客数量、游客交通行为比例以及通行距离数据通过实地访谈获得。外来游客交通碳源总量公式如下：

$$D_{ta2}=\frac{12}{44}\times m\times L\times\sum_a d_a\times\partial_a$$

式中，D_{ta2}为外来游客交通碳排放总量，12/44是二氧化碳中碳的比重，m为乡村外来游客总量，L为游客村内交通总长度，a为第a种交通方式，d_a为外来游客中第a种交通行为比例，∂_a为第a种交通行为的二氧化碳排放系数。其中，∂_a的参数选择见表5.1-4。

外来游客交通能源相关系数表　　表5.1-4

交通方式	∂_a（kg/人×km）
私家车	0.135
大巴车	0.035

资料来源：肖作鹏，柴彦威，刘志林. 北京市居民家庭日常出行碳排放的量化分布与影响因素[J]. 城市发展研究，2011，11（9）。

综合乡村居民、外来游客交通两部分内容，参照前文碳源系数计算公式确定乡村交通碳源系数统计公式：

$$\partial_{ta}=D_{ta1}+D_{ta2}/S_{ta}$$

式中，∂_{ta}为外来游客交通碳排放总量，D_{ta1}为乡村居民交通碳排放总量，D_{ta2}

① 肖作鹏，柴彦威，刘志林.北京市居民家庭日常出行碳排放的量化分布与影响因素[J].城市发展研究，2011，11（9）：104-112.

为外来游客交通碳排放总量，S_{ta}为乡村交通用地面积，包括道路、停车场等用地。

7）渔业碳源

渔业生产的碳源主要来自海上捕捞，捕捞的单位产值能耗远高于一般第一产业，而捕捞仍是渔业生产的主要方式。就海岛乡村的总碳排放量而言，捕捞产生的碳源占到了总碳源的绝大部分。渔业碳源的计算公式为$A=G\times\alpha\times2.493\times\frac{12}{44}$。式中：$A$为渔业碳排放总量，$G$为渔业产值，$\alpha$为单位产值能耗（表5.1-5），2.493为标准煤二氧化碳排放系数。

渔业产值能耗参数 **表5.1-5**

渔业主要生产领域	单位产值能耗（吨标准煤/万元GDP）
捕捞	1.52
养殖	0.24
加工	0.15
渔业生产综合	0.35

注：基于浙江省渔业生产的产值估算，就海岛乡村的总碳排放量而言，渔业生产碳源占到总碳源的90%以上。

渔业生产和碳排放过程都在海上，且对应的海域范围难以划分。因此，在用地规划的方案设计中不考虑这一部分碳源。但是，作为海岛型村庄的产业碳源主体，在产业发展的规划中，渔业碳源尽管与用地不直接相关，却是影响规划产业发展方向的重要判断依据。

3. 系数变化——情景判定

通过第2章碳系统测评体系分析（2.2.3），可看出乡村碳源、碳汇用地和碳源、碳汇系数共同作用于乡村碳系统的变化。随着乡村未来发展，在不同目标作用下，乡村用地和系数会发生变化。对于未来低碳目标情景判定中不仅要考虑乡村产业、居住等用地变化，同样要考虑碳源、碳汇系数的变化。

在针对非建设用地（主要碳汇用地）的情景判定中，由于乡村地域植被很难发生突变，乡村整体环境基底基本不变，碳汇效果仅存在用地上的变化，因此每类碳汇用地的碳汇系数维持现状，基本不变。因此，在不同地域背景和规划情景下，碳汇系数在选区中，参考已总结的不同用地类型对应的碳汇系数清单，考虑在不同乡村背景下对碳汇系数进行选择和修正。

相比碳汇用地，由于乡村间的地域空间差异，乡村碳源的产出主要来自乡村内各种生产、生活行为，具有独特性。随着乡村能源结构、能源消耗、人居生活习惯、产业转型以及其他因素的综合影响，乡村人居环境演变，各类用地的碳源系数将发生改变。因此，针对乡村建设用地的规划情景分析中，需要同时考虑用地和系数两个因素的变化情况。对于不同乡村的碳源系数，都需通过实地访谈调查，收集各类相关参数进行计算。

5.1.2 “三维空间”用地测算法

在对乡村碳汇、碳源用地统计过程中，课题组研究提出一种更适宜的统计方法——“三维空间统计法”取代“二维投影统计法”来计算用地面积。

由于山区型乡村多山地丘陵地形，地势起伏，碳汇用地和碳源用地并非呈现为平面空间，而是三维起伏的立体空间，其用地承载的山林、农居等在碳系统进行碳吸收、排放的过程也需要从三维视角考虑。以半球体作为代表山区型地域空间，当R作为球体半径时，表面投影面积为πR^2，而半球表面积计算为$2\pi R^2$，两种统计方法得到的面积相差一倍，可见三维地形对于地形起伏的乡村用地统计测评理论上存在显著影响。

为了应用三维空间统计法测算碳汇、碳源用地，三维空间统计法按照微积分中的极限求解思想进行，具体步骤如下：

首先，将研究区域的不规则投影图形分割成许多细小、等边的方格，方格边长可依研究精度要求而定（如2m、5m、10m、20m等）。

其次，利用ArcMap软件将等高线数据转换成坡度栅格影像，确保影像的CELL（栅格单元）尺寸与方格边长相同。

最后，将方格网与坡度栅格影像进行叠加、对齐，使每个方格对应影像中的一个CELL。设方格的边长为1，对应CELL的坡度值为∂（弧度制），则该方格的面积（S=12）即为真实地形在水平面上的投影面积。然后根据面积射影定理“平面图形射影面积等于被射影图形的面积乘以该图形所在平面与射影面所夹角的余弦”（图5.1-1），故其在三维空间中的近似表面积S'的定义公式如下：

$$S' = \frac{s}{\cos\partial} = \frac{\tau^2}{\cos\partial}$$

因此，研究区域内某i类碳汇用地的表面积AD_i或某j类碳源用地表面积AD_j定义分别如下面两个公所示：

$$AD_i = \sum_{i=1}^{n} S'_i$$

$$AD_j = \sum_{j=1}^{n} S'_j$$

式中，i为研究区域内第i类碳汇用地所包含的方格数，j为研究区内第j类碳源用地所包含的方格数。

由该方法统计得到的碳汇、碳源用地面积，其精度主要取决于方格边长，边长越小则精度越高，反之则越低。在实际应用过程中，可根据研究尺度、精度需求、设备性能等情况酌情设定。此外需说明的是，S'与三维空间的四边形的朝向（坡向）无关，只需获得坡度即可。

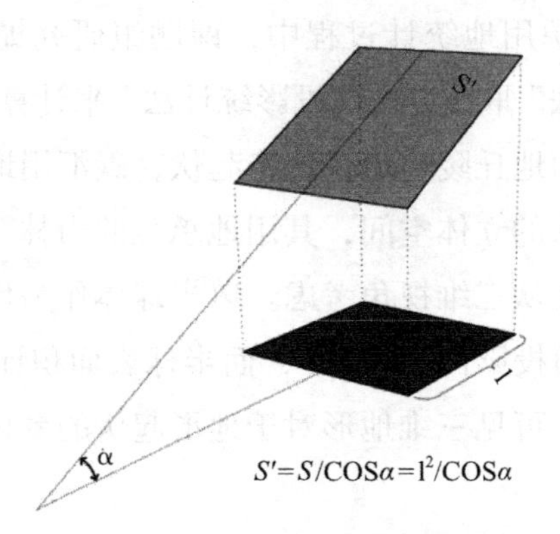

图5.1-1 三维空间用地测算分析图

资料来源：自绘

5.1.3 碳系统测算方法

在针对乡村碳系统的测评过程中，村域层面和村庄层面都需考虑。村域层面的测评过程以乡村行政村域边界为范围，确定乡村碳汇用地和碳源用地的整体结构。村庄层面测评以乡村主要居民集聚区为范围，研究乡村建设用地中各类用地的碳排放特征。

本章从能源、农业的视角，采用样地清查法测算碳系统。样地清查法是针对典型样地，通过连续观测来获知一定时期内碳的储量变化情况而进行测算的方法。针对测评体系中的碳汇和碳源两部分内容分别构建测评公式，实现用地和碳系统量的对应关系。

碳汇测评通过各类用地面积和各类用地碳汇系数两个变量得到碳汇量。碳汇公式如下：

$$E=\Sigma S_i \times C_i$$

式中，E：碳汇总量（tC/a）；

i：第i种碳汇用地；

S_i：第 i 种碳汇用地面积（hm^2）；

C_i：第 i 种碳汇用地碳汇系数（$tC/hm^2 \times a$），根据农业、生态等多学科文献汇总确定。

碳源测评同样通过用地面积和碳源系数两个变量得到碳源量。碳源测评公式如下：

$$F = \Sigma S_j \times C_j$$

式中，F：碳源总量（tC/a）；

S_j：第 j 种碳源用地面积（hm^2）；

C_j：第 j 种碳源用地碳源系数（$tC/hm^2 \times a$），根据乡村调研统计得到碳汇、碳源系数根据乡村用地变化情景确定。

5.1.4 参数化测评处理平台

碳系统测评的目的在于将情景规划方案的碳吸收、碳排放测算出来。按照“三维空间统计法”人工统计工作量极其庞大，当规划方案变更时，统计过程需要重做。基于此，利用CityEngine（以下简称“CE”）软件平台，构建情景规划碳系统参数化测评体系（图5.1-2）。

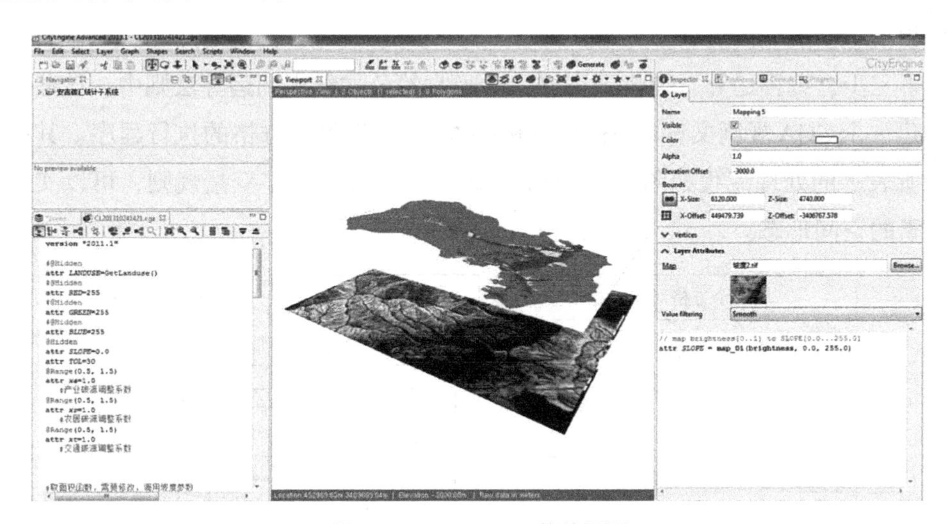

图5.1-2　CityEngine软件界面

资料来源：CityEngine软件截取

CE平台的特点在于空间因素、变量和生成规则三者间建立动态关联，通过编程调整变量规则，实时更新因素的空间形态。软件的操作流程分为输入层、处理层、输出层三部分（图5.1-3）。输入层为用地方案，处理层为运算过程，输出层为碳系统结果。

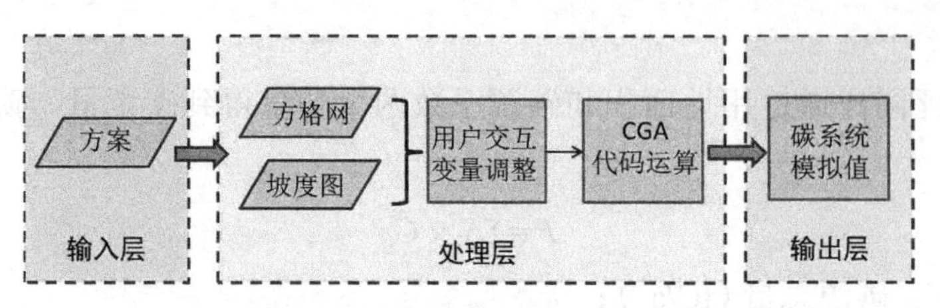

图5.1-3 CE平台乡村情景规划参数化测评流程

资料来源：自绘

基于CE平台对乡村碳系统进行参数化测评的基本工作流程如下：

第一步，控制精度。在AutoCAD中制作一个方格网，每个方格的边长根据精度要求而定，方格网覆盖整个研究区域。将该方格网以dxf格式导入CE。

第二步，图像识别，将图像化用地转化为可以量化计算的指标。将用地规划图以“Attribute map”的形式导入CE，暂取名为“RGB map”。该图的作用是提供R、G、B三通道灰度值，以便程序通过颜色来判断用地类型；在Arc Map中利用等高线地形图制作一张灰度的坡度图，以“Attribute map”的形式导入CE，暂取名为“Slope map”。该图的作用是提供各方格对应的灰度值，并通过公式得到三维空间表面积。

第三步，编程运算，即将碳排放、碳吸收的公式编程到运算法则中。该法则通过创建一个CGA规则文件（一种计算机脚本），作为每个方格的执行程序。其内部代码所表示的处理流程如图5.1-4所示。通过编程方式调整变量规则，可以实时更新因素的空间形态。

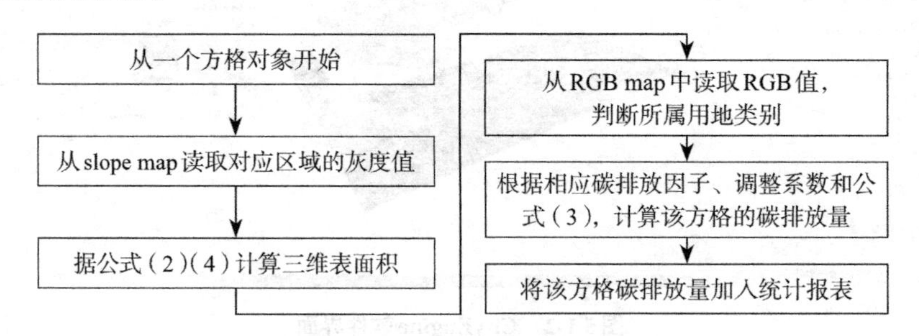

图5.1-4 规则文件处理流程

资料来源：自绘

在编程过程中，对图像识别、运算过程、变量调整和结果输出四部分内容都需要一定的运算法则，综合到一起才能实现乡村碳系统的参数化测评（图5.1-5）。

```
#取用地类型，需要修改
GetLanduse()=
    case AC(RED,82) && AC(GREEN,164) && AC(BLUE,53): "WOODLAND" #林地
    #case AC(RED,238) && AC(GREEN,124) &&AC(BLUE,26): "ORCHARD"   #园地
    case AC(RED,55) && AC(GREEN,96) &&AC(BLUE,47): "MEADOW"   #草地
    case AC(RED,49) && AC(GREEN,176) &&AC(BLUE,108): "GREENLAND"   #绿地
    case AC(RED,176) && AC(GREEN,91) &&AC(BLUE,34): "ARABLELAND" #农业用地
    #case AC(RED,239) && AC(GREEN,234) &&AC(BLUE,58): "CONSTRUCTIONLAND" #工业用地
    case AC(RED,210) && AC(GREEN,20) &&AC(BLUE,116): "COMMERCIALLAND" #服务业用地
    case AC(RED,239) && AC(GREEN,233) &&AC(BLUE,57): "RURALLAND" #农居用地
    case AC(RED,83) && AC(GREEN,84) &&AC(BLUE,86): "ROAD" #道路用地
    case AC(RED,47) && AC(GREEN,115) &&AC(BLUE,186): "WATER" #水系
    else: "OTHER"

Lot-->
    case LANDUSE=="WOODLAND":
       color("#52a435")
       report("总碳汇.林地",GetArea()/10000*4.08)
    case LANDUSE=="MEADOW":
       color("#37602f")
       report("总碳汇.草地",GetArea()/10000*0.65)
    case LANDUSE=="GREENLAND":
       color("#31b06c")
       report("总碳汇.绿地",GetArea()/10000*1.66)
    case LANDUSE=="ARABLELAND":
       color("#b05b22")
       report("总碳源.农业用地",GetArea()/10000*(-1.94))
    case LANDUSE=="COMMERCIALLAND":
       color("#d21373")
       report("总碳源.服务业用地",GetArea()/10000*(-53.18)*xa)
    case LANDUSE=="RURALLAND":
       color("#f0ea3a")
       report("总碳源.农居用地",GetArea()/10000*(-28.14)*xr)
    case LANDUSE=="ROAD":
       color("#545452")
       report("总碳源.道路用地",GetArea()/10000*(-25.53)*xt)
```

图5.1-5 碳系统CGA文件

资料来源：自编

图像识别部分，将研究区的坡度图通过ArcGIS软件输出为灰度图像，从白到黑具有255个灰度级别，以实际坡度最大值作为灰度图最大值255，并通过读取坡度图的灰度值转换为实际坡度，通过“Slope”实现。用地方案通过读取用地颜色的RGB数值，对应到具体用地类型，各类用地的颜色代码写入编程过程“Color”中，用地读取通过“GetLanduse”实现。

运算过程部分，将方案定义用地类型、二维用地面积、坡度值、用地分类、用地碳汇碳源系数对应等内容进行整合。用地的实际面积通过读取的图像用地类型和坡度数据，通过近似表面积计算公式换算为每一类用地的实际面积，而每类用地的碳系统计算则根据碳汇计算公式和碳源测评公式进行统计。具体编程应用“Case”编写。

第四步，设计调整因子。由于每类用地的碳源、碳汇系数可能发生改变，在编程中以现状值系数写进代码，并设计针对碳汇、碳源系数的调整因子，通过调整因子“attr”设定tol、xa、xr、xt等变量，实现对碳源、碳汇系数的变化。由于规划方

案用地以栅格图像呈现，对于不同颜色相接部分的颜色无法准确确定，因此设定容差变量把每一个小方格用地进行归类。

第五步，碳系统结果输出。在编程过程中，设置碳系统的测算输出过程，遍历所有方格，依次执行该流程，将每个方格网的统计结果进行融合，即可在CE的Report面板中输出乡村研究区域各类用地碳汇、碳源量及其所占比例，进而得到乡村碳系统净值结果。

当参数变化、用地变化时，碳系统测评结果将自动完成更新，减少大量统计工作。当规划方案变更时，只需替换用地规划图即可；当系数变化时，只需拖动X滑块变换数值即可。其他数据和参数均无须调整，因此非常适合多方案、多情景下的碳源评估分析和对比研究。

5.2 低碳先导的用地规划路径

用地低碳先导规划路径是根据乡村独特人居环境和资源禀赋，对低碳乡村规划提出控制引导要求，明确采用用地低碳先导规划进行规划编制的思路引导流程，并对于每一步骤的具体内容提出低碳规划策略要求（图5.2-1）。

5.2.1 规划前期准备

1.现场考察与信息搜集

搜集规划需要的场地现状资料。通过现场勘查与访谈，获取乡村经济社会发展与乡村建设情况及人口、自然环境、现状风貌、土地利用、CAD地形图、规划相关的数据。

针对低碳乡村规划，增加搜集与低碳和能源消耗相关的资料，包括高分辨率航空相片、乡村村民能源利用状况（包括电、柴油、太阳能、煤气、天然气、沼气等）和村民、企业、公共服务能源利用现状（能耗费用与能源单价等）。

2.现状场地与碳系统分析

在搜集场地资料后，分析问题与可用资源，为判断乡村未来发展趋势提供依据。

对规划对象的自然环境、历史文化、经济社会、人口、土地利用、企事业单位、交通运输、建筑物现状、基础设施进行分析，总结出土地利用、空间布局、环境风貌、文化特色、设施设置等方面存在的问题，以及有利用价值的优势资源。在

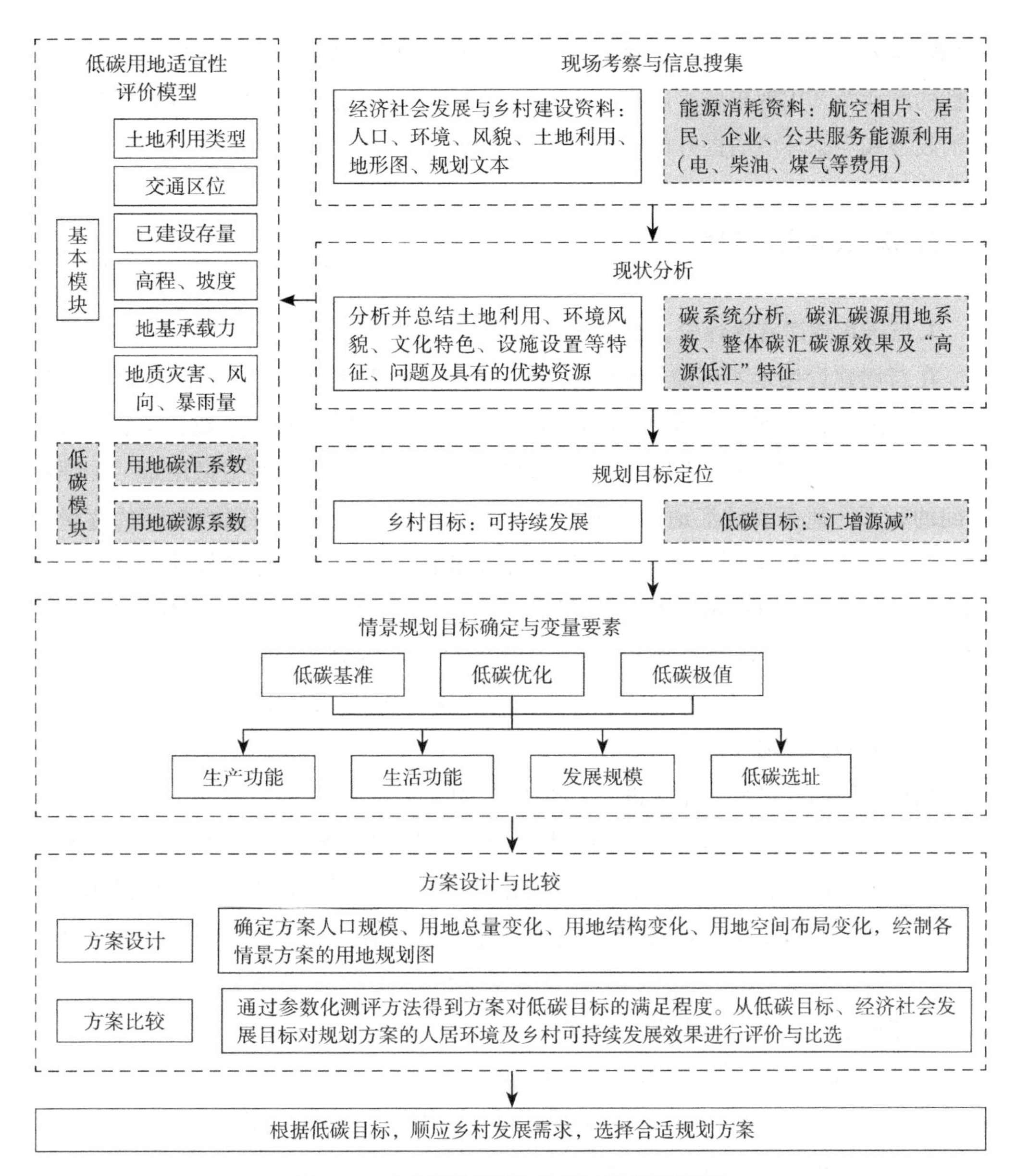

图 5.2-1 乡村用地低碳先导规划思路引导流程

资料来源：自绘

此基础上增加对规划场地现状碳系统的分析，对其低碳水平进行评估。根据土地利用现状（碳汇用地和碳源用地）和能源利用数据，计算各类用地的碳汇系数、碳源系数，评价其整体碳汇、碳源效果以及碳系统净值。

3. 规划目标定位

低碳目标的实现要以乡村经济、社会、生态可持续发展为前提。因此，乡村的目标定位要结合交通、环境、政策、文化以及不同层面优势资源的独特性，确定支撑性的产业及其用地布局，以空间协调，公共服务、基础设施的配套建设，村民生活的改善和生态环境的提升保护为目标。

5.2.2 低碳用地规划内容

1.低碳用地适宜性评价，合理选择用地

在新增建设用地不可避免的情况下，通过用地适宜性评价来控制建设用地扩张。在用地适宜性评价中增加低碳评价。通过碳系统评价（碳汇系数、碳源系数评价）和存量用地评价对用地分级，一方面在选择新增用地时减少分散用地，加强用地间的联系，避开高碳汇地区以减少对碳汇的削弱，盘活规划区内空间的存量用地；另一方面对碳汇用地规划管制以确定禁建区、限建区，保护林地、草地、水体、自然海岸线等自然用地不被建设用地侵蚀，维护乡村特有的人居环境风貌。以GIS数据分析、建立辨识评判等定性、定量方式进行评判，释放、优化需要功能更新的空间和未被充分利用的空间，具体内容详见本章5.3节。

2.情景规划模拟

根据不同的乡村发展路径设定几类不同方向的规划情景。

基于可持续发展的总目标，在乡村趋势性发展和低碳引导性政策综合影响下，差异选择可变因素，设定乡村发展方向的区别情景。低碳导向下，基于碳源用地变动（S）与碳源调整系数（x）变化，设定可能发展的情景，通常为低碳基准、低碳优化、低碳极值等情景，具体内容详见本章5.4节。

3.变量低碳引导与方案设计比较

将情景目标落实到乡村用地中。根据不同条件，绘制各情景方案的用地规划图。在用地规划中，可从生产和生活功能、村庄发展规模以及新增建设项目用地选址上采取低碳策略加以引导。其中：

功能引导，包括产业发展趋势、村民生活和交通方式的变化及对应用地变化。

规模引导，包括人口规模、用地规模及交通规模的变化。

选址引导，基于低碳用地适宜性评价的基础上，通过低碳优先选址策略进一步引导用地的建设适宜程度排序。

在方案初步设计编制完成后，通过参数化测评方法，从对情景目标的满足程度开展方案评价，对低碳目标满足程度进行比选，对方案的人居环境效果进行评价并确定最优方案。

5.3 低碳乡村用地规划适宜性评价体系构建

5.3.1 影响低碳乡村用地规划适宜性评价的因素

低碳乡村用地规划适宜性评价是在现有用地评价方法基础上融合乡村特征因素和低碳目标需求优化得到的，评价因素包括三大要素系统：自然要素、社会要素和低碳要素。

1. 自然因素

自然环境是用地评价过程中首先面临的影响因素，也是先决条件。这些要素在村庄用地评价过程中以不同因子的影响方式表现出来。自然环境要素系统主要包含地质、水文、气候、地形四类因素（图 5.3-1）。

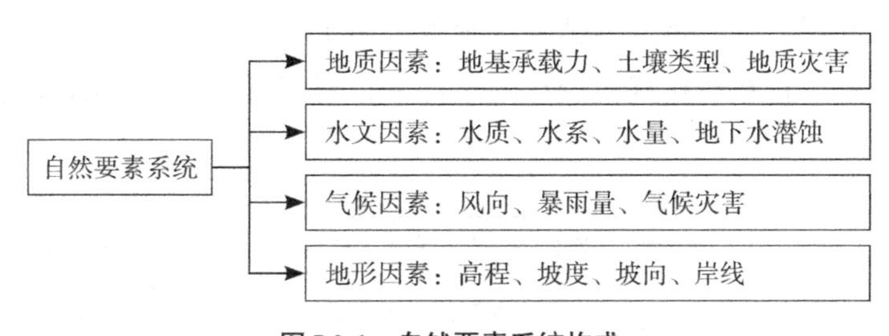

图 5.3-1 自然要素系统构成

资料来源：自绘

1）地质因素

地质因素指工程地质方面的影响因素，主要考虑的是地基承载力、土壤类型、土层厚度、土壤质地、土壤侵蚀程度和地质灾害因素[①]。

由于不同建设用地形成条件、形成时间、物质组成不同，承载能力存在差异，工程地质条件需要具体分析。一般来说，基础稳定，抗风化能力强，没有区域性的切割、破坏，则认为建设条件较好。

2）水文、气候因素

水文因素包含水系、水质、水量、地下水潜蚀等。海岛地域海水可能会造成地下水的盐分增加，对地基土壤以及建构筑物造成较严重的化学潜蚀。

---

① 李鹏，李峰，庞君．文山盆地工程地质分区及城市建设用地适宜性评价[J]．科技情报开发与经济，2007，17（35）：162-164.

气候因素主要包含主导风向、暴雨状况、气候灾害等。长三角沿海地区，台风、暴雨造成的灾害较为严重，因此在用地评价中，需要列入台风、暴雨的影响等因素。

3）地形因素

地形因素主要指高程、坡度、坡向等。沿海及海岛地区要考虑一项特有的地形影响因素——海岸因素。近些年，海岸线无序开发及人为破坏，造成自然岸线被侵蚀，生态环境退化，影响主要的碳汇来源如海藻床、红树林等植被的生长。所以，对于灾害防治的岸线如挡潮泄洪岸线，具有重要碳汇功能的海岸线如红树林、珊瑚礁、陆基植被等环境敏感区岸线，具有保护价值的岸线如珍稀资源、名胜古迹必须严禁随意开发建设。由于岸线性质可以通过用地性质反映，因此，在适宜性评价中，可与用地功能结合判断。

2.社会要素

社会要素是指与社会生产力和生产关系有紧密联系的一些因素，主要包括政策导向下的土地利用、交通条件、基础设施等。由于乡村处于巨大变革时期，应考虑存量用地的影响，且在乡村规模较小的条件下，对存量用地的详细情况划分具有可操作性（图5.3-2）。

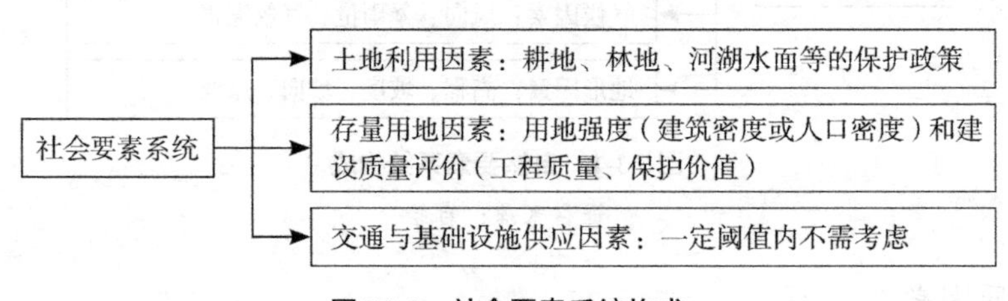

图5.3-2 社会要素系统构成

资料来源：自绘

1）土地利用因素

土地利用因素主要指政策影响下不同适宜性的各类功能用地。首先体现在对基本农田、林地、河湖水面以及一系列特殊保护用地的保护政策，各类保护政策的实施深刻影响乡村规划。其他功能用地根据具体的政策与乡村实际情况进行分析判断。

2）存量用地因素

存量用地因素指已建设的，但是违法违章或低效利用的土地。对于存量用地的评价主要包括用地强度的评价和建设质量的评价。

乡村建设的自发性和盲目性导致了部分民居或企业超建违建。农村劳动力在城乡间往返造成农村住宅闲置。因此，用地强度是需考虑的重要因素，可根据情况采用建筑或人口密度来考察。

建设质量由建筑质量和保护价值来体现。通过调查将建筑按照工程质量、建筑年代及保护价值分成多种类型，建筑质量好或具有保护价值的用地不适宜建设，其他用地可以酌情考虑更新改造。

3）交通与基础设施供应因素

乡村作为相对较小的聚落，村域范围内的主干道路通常是县乡道，道路系统简单。乡村尺度小，在适宜工程建设的地区，道路的建设成本不高。因此，交通因素不需要考虑道路两侧的缓冲区，可将交通区位的选择与坡度因素结合考虑。

乡村发展离不开基础设施供应。而乡村受输送供给量的限制或受自身小规模发电或水源开采的限制，存在一定的阈值。但在阈值范围内，对用地评价的限制小。因此，在一定的发展规模内，基础设施供应因素可不考虑；当发展规模有跨越时，则必须作为重要的影响因素。

3.低碳要素

低碳评价体系的构建包括碳源和碳汇两方面（图5.3-3）。

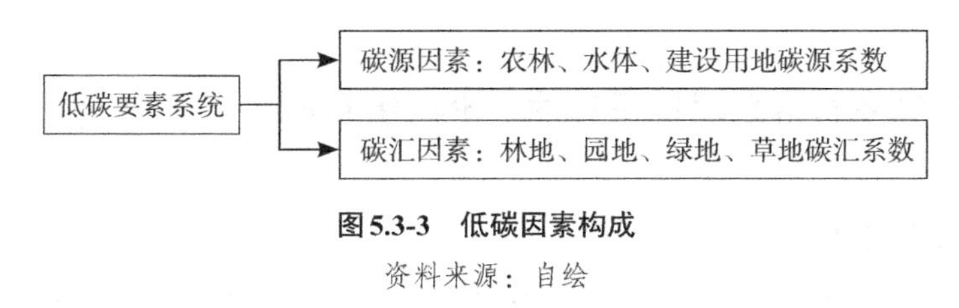

图5.3-3 低碳因素构成

资料来源：自绘

碳源系数体现了每类用地的碳排放强度，依靠现场调研统计方法实现。碳汇主要表现为非建设用地。在评价过程中，碳汇系数越高，越不宜用于发展建设用地，碳汇系数低或碳源较适宜作为建设用地。

5.3.2 低碳乡村规划用地适宜性评价指标确定

提取指标的内容包括三个方面：一是乡村类型特征；二是文件和文献中与低碳用地相关的指标；三是常规用地适宜性评价中适用乡村的指标。

1.指标选取方法

调研与文献查询所有影响预期目标的因素，从中找到对应指标。通过对低碳乡村用地适宜性评价相关的期刊、文献等收集整理，分析提炼出值得借鉴的指标内容，作为后续研究的数据库。

根据低碳的内涵特征以及乡村人居环境规划建设的内容，对从相关研究中选取的指标进行比较和分析，选择针对性和可操作性更强的指标。

2.指标选取与确定

通过列举研究参考指标，在选择过程中重点参考已被广泛认可的评估体系，将相同类型指标合并，剔除不符合需要和统计方式的指标。

选择范围首先参考国家和部委颁布的文件。其次，选取国内外较成熟的相关评价体系作为参考，如leed-nd的选址评价部分。再次，参考各类文献如史同广、郑国强、王智勇等（2007）的中国土地适宜性评价研究进展[①]，刘忠秀、谢爱良（2008）的区域多目标土地适宜性评价研究和孙晓宇（2009）的海岸带土地开发利用强度分析等文中的指标也纳入参考数据库[②,③]。

为了在可操作性、功能性和针对性方面均达到目标，需要对可选择指标进行进一步选取，并判断指标之间的关联性，最后综合确定所需指标。

为简化指标体系，剔除重复或关联度高的指标，比如“地基承载力”和“土壤建设条件”关联度高，地基承载力指标更重要而全面，所以保留前者，剔除后者。剔除或替代不很重要或不具有代表性的指标，新增特征性指标进行替代。

5.3.3 低碳乡村规划用地适宜性评价构建原则

1.系统性与特色性原则

低碳乡村建设是一个系统工程，涉及农村经济、社会、生活、环境等多个方面。各个村庄发展条件不同，特色各异，需建立一套综合性、多层次且切合实际的评价体系。

2.科学性与可操作性原则

评价体系必须符合乡村建设的客观规律和要求，需要数据来源准确、处理方法科学。

构建评价体系的目的在于应用，纳入体系的指标要从现实情况出发，充分考虑

---

① 史同广，郑国强，王智勇，王林林.中国土地适宜性评价研究进展[J].地理科学进展，2007(2)：106-115.

② 刘忠秀，谢爱良.区域多目标土地适宜性评价研究——以临沂市为例[J].水土保持研究，2008(1)：176-178，181.

③ 薛振山，杨晓梅，苏奋振，孙晓宇.CBERS-02与SPOT5融合数据及其在海岸带土地利用调查中应用能力综合评价[J].遥感技术与应用，2009，24(1)：97-102，138.

数据资料的可获得性或可测性，要具有简便实用和可操作的特性，尽量以指标的相对量衡量①。

3.可比性与适当简化原则

空间可比性，即同类型的村庄要可以相互比较，尽可能选取具有共性的综合指标。

指标体系不能过于繁杂。村庄有别于城市这个复杂的巨系统，许多影响因素可以简化，避免各指标之间交叉重复，要抓住主要矛盾及矛盾的主要方面加以体现。

5.3.4 低碳乡村规划用地适宜性评价框架结构

评价体系的框架结构采用多级递阶结构，辅以文献分析方法和对比分析法选取指标。

在充分借鉴前人研究基础上，构建低碳乡村用地规划评价体系。根据AHP方法，评价体系为三个层次，即目标层、准则层、方案层。但用地适宜性评价对范围内所有土地进行评价，根据目标层对准则层的影响，最终得到唯一最优的结果，该结果为下一步规划选址的基础，因此本研究建立的层次模型只有目标层和准则层。目标层为低碳乡村用地规划适宜性水平（A）；准则层为低碳要素影响（A1）、自然要素影响（A2）、社会要素影响（A3）3个方面12个指标。由此构建的低碳乡村用地规划适宜性评价的层次模型如图5.3-4所示。

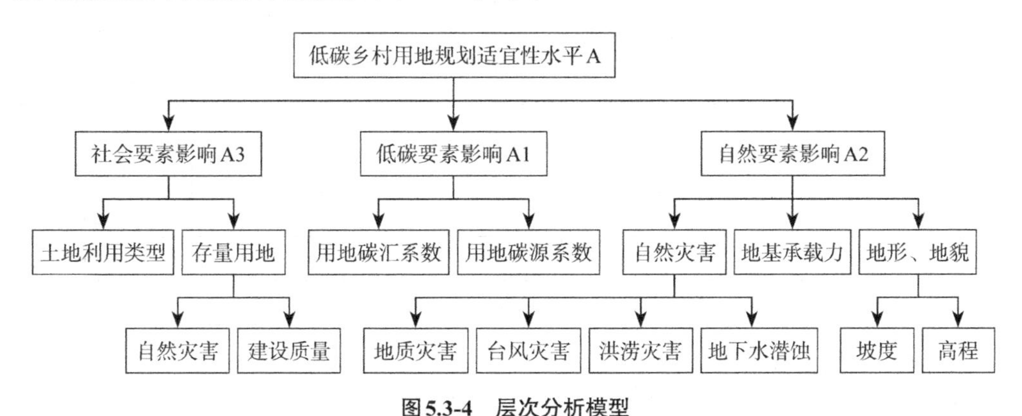

图5.3-4　层次分析模型

资料来源：自绘

① 陈玉娟，祝铁浩，殷惠兰.低碳新农村建设评价指标体系的构建研究——以浙江省为例[J].浙江工业大学学报，2013，41(6)：682-685.

5.3.5 指标值分级确定

确定指标后，需根据各个指标因素对用地适宜性的程度，分别赋予其不同的适宜性等级：高适宜、中适宜、低适宜、不适宜。高适宜表示土地可以长期用于建设而不受限制或所受限制较小；中适宜是指对于持久建设用途来说，土地有限制性；低适宜是指土地建设利用具有严重的限制性；不适宜包括当前不适宜和永久不适宜，后者表示在一般条件下不能作为建设用地利用①。

指标值分级的确定参照三条准则：①国内外公认的标准分级，②国内外优秀的案例分级，③缺少标准指标分级的替代分级。

对指标适宜性进行分级（表5.3-1）：

适宜性评价指标体系与分级　　表5.3-1

准则层	指标层	属性	指标值分级
低碳要素影响	用地碳源测评	工业用地	中适宜
		服务业用地	中适宜
		农业用地	高适宜
		农居点用地	低适宜
		交通用地	低适宜
	用地碳汇测评	旱地、无自然植被区（含棕地）	高适宜
		建成区绿地	低适宜
		草地	中适宜
		园地	低适宜
		林地	不适宜
		水面、滩涂	中适宜
		围海造地	中适宜
社会要素影响	土地利用类型	园地、草地、再利用棕地、一般农田	高适宜
		沙滩、滩涂用地	中适宜
		道路交通用地、市政等基础设施用地（包括安全距离）	低适宜
		特别保护区、历史文化保护利用	不适宜
		林地（包括沿海防护林）、绿地	不适宜

① 刘国霞．基于GIS的有居民海岛土地利用适宜性和开发强度评价研究[D]．呼和浩特：内蒙古师范大学，2012．

续表

准则层	指标层	属性		指标值分级
社会要素影响	土地利用类型	基本农田		不适宜
		河湖水面		不适宜
	已建设用地存量	建筑质量评价	质量好	低适宜
			质量一般	中适宜
			质量差	高适宜
			需要保护	不适宜
		用地强度（人口密度/建筑密度）	＞30%	低适宜
			5%～30%	中适宜
			＜5%	高适宜
自然要素影响	地形（高程、坡度）	高程	高	高适宜
			中	中适宜
			低	低适宜
			不适宜	不适宜
		坡度	⩾25%	高适宜
			10%～25%	中适宜
			5%～10%	低适宜
			0～5%	不适宜
	地基承载力	冲积岛（沙质或淤泥质）或珊瑚岛		不适宜
		基岩岛或火山岛	承载力大	高适宜
			中	中适宜
			小	低适宜
	灾害	地质灾害		不适宜
		洪涝灾害	常年	低适宜
			20年以下	中适宜
			20年以上	高适宜
		台风灾害	台风高频袭击区	低适宜
		地下水潜蚀	微腐蚀性	高适宜
			中腐蚀性	中适宜
			强腐蚀性	不适宜

资料来源：自绘

1.低碳要素指标分级

碳源测评的分级没有明确的标准可借鉴，主要通过计算所得的碳源系数进行分析。碳源系数越高意味着土地单位能耗高，越低意味着单位能耗低。根据不同类型用地的碳源系数，按照相对大小进行分级。由于碳源用地除农田和部分水体外，都属于已建设用地，所以在用地适宜性评价中，对碳源用地的分析主要指需要或可能需要进行更新改造的地区。

碳汇测评的分级也没有明确的标准，根据碳汇系数的相对大小进行分级。由于碳汇用地主要是非建设用地，所以碳汇系数是用地适宜性评价中低碳指标的核心。在低碳目标下，碳汇系数越高，用地适宜性越低；反之，系数越低，用地适宜性越高。而碳汇系数基本是定值，所以在碳汇系数指标下，用地类型和用地适宜性的分级基本是确定的和对应的：林地列入不适宜用地，园地和绿地列入低适宜用地，草地、河湖水面、滩涂等列入中适宜用地，而现状的空地、棕地等无植被覆盖的区域和农田等碳源用地列入高适宜用地。

2.自然要素指标分级

高程分级并没有固定的标准，主要是根据每个研究区的海拔情况、地形起伏情况和研究目的进行具体分析确定分级。以分级结果能很好地体现研究区地貌的客观分布规律为基准。

坡度的分级有多种不同方法，土地利用研究中一般根据研究区的地貌状况进行坡度分级。丘陵地区常用的分级为0～5%、5%～10%、10%～25%和大于25%。

地基承载力是评价地基稳定性的主要依据，可参考城市建设用地适宜性评价中一般的地基承载力分级进行划分。因山区型和海岛型乡村多数处于岩石地基，除了重要的复杂的建筑外，其承载力足够适宜于大部分建（构）筑物。

灾害因素包括地质灾害、台风灾害、洪涝灾害和地下水潜蚀。地质灾害指标主要是避离地质不稳定区域，即易发生地震、滑坡等区域，属于不适宜用地。台风灾害指标指要尽可能避开台风高频的正面袭击区域。洪涝灾害指标根据水文年鉴的最高水位，结合高程因素进行分级，常年洪水的最高水位以下地区列入低适宜建设区，20年一遇洪水最高水位以下地区列入中适宜区，以上地区列入高适宜区。地下水潜蚀依据《岩土工程勘察规范》[①]，腐蚀性越强，适宜性越低，对重要建（构）筑物，该指标较重要；对于普通建（构）筑物，一般可在建设过程中改善。

---

① 中华人民共和国建设部.岩土工程勘察规范GB 50021—2001（2008）[S].北京：中国建筑工业出版社，2008.

3.社会要素指标分级

土地利用类型指标根据规划区的具体情况和规划目的进行分级。自然、历史人文等保护区及单体建筑的控制范围等可作为决定因子，划入不适宜区。各类绿地可保持村庄景观环境，列入不适宜区。水工、市政、道路等是区域支撑设施用地，轻易不调整，列为低适宜用地。滩涂、园地的利用需要处理场地，成本较高，所以列入中适宜用地。草地开发建设成本低，列入高适宜用地。海岛农田较贫瘠，可以进行置换，列入高适宜用地。改造处理后的棕地，建设条件便利且节约用地，列入高适宜用地。

已建设用地是否可以进行更新，依据用地强度和建筑质量评价。

用地强度以建筑密度或人口密度为判断依据，密度越大，表示地块建设开发强度越高，具体形式以数据的采集难易度和村庄的实际情况为选择标准。密度低、开发强度低的区域可进行优先的更新开发利用；对密集建设，尤其是年代久远的古村落，应该严格控制进一步建设。

建设质量中的建筑质量指标，根据调查被列入建筑质量好、较好的，所在用地列入低适宜用地；建筑质量一般的、陈旧的，有细小质量问题的，用地列入中适宜用地；建筑质量差的，建筑结构出现明显破坏的，列入高适宜用地。对于具有保护价值的建筑，一律列入不适宜区。

5.3.6 指标权重确定

本书基于层次分析法结合专家赋分法来确定权重，此法的优点是利用专家的经验严谨分析，缺点是存在一定的主观性。

在层次分析模型中，上一层次的元素作为准则对下一层次有关元素起支配作用①。同一层次的各种因素进行两两比较得到各因素在层次中的相对重要性。按照规定的标度定量化后，写为判断矩阵。通过计算该矩阵的最大特征值以及对应的特征向量，得出代表不同评价指标重要性程度的权重，根据综合权重按最大权重原则确定最优方案。

比较取值采用九分位相对重要性取值法。九分位相对重要性比例标度见表5.3-2：

① 陈玉娟，祝铁浩，殷惠兰.低碳新农村建设评价指标体系的构建研究——以浙江省为例[J].浙江工业大学学报，2013，41(6)：682-685.

九分位相对重要性比例标度 表5.3-2

A与B比	极重要	很重要	重要	略重要	相等	略不重要	不重要	很不重要	极不重要
A的评价值	9	7	5	3	1	1/3	1/5	1/7	1/9

注：可取8、6、4、2、1/2、1/4、1/6、1/8为上述评价值的中间值。

以本书研究的海岛型乡村浙江省象山县东门渔村为例，将《海岛型低碳乡村用地规划适宜性评价指标权重评分专家调查问卷》通过邮件寄给多位规划领域的专家，请他们作出判定，独立填写。在此过程中，不记名地将全部数据及相关背景材料交送每位专家，同时附上补充材料，请每位专家在阅读思考后给出估值。对于收到的20份回复，将专家意见进行综合统计，求得每个指标重要性取值的均值和离差。经过几轮反馈沟通后，最后使得离差值小于给定标准，满足一致性要求。

绘制比例矩阵，因子间两两比较取值，第n行第m列的值表示Pn与Pm相比的重要性比例标度取值(即20位专家取值的均值)。将该矩阵标准化，得到矩阵Sm×n。将标准化后的比例矩阵每横行求平均值得到值An，An就是该因子的权重。

本例中，准则层有三项，分别为低碳要素影响、社会要素影响和自然要素影响(表5.3-3)。

准则层比例矩阵 表5.3-3

准则层	比例矩阵			标准化比例矩阵			权重
	低碳要素影响	社会要素影响	自然要素影响	低碳要素影响	社会要素影响	自然要素影响	
低碳要素影响	1	2.83	3.66	0.61	0.67	0.52	0.60
社会要素影响	0.35	1	2.39	0.22	0.24	0.34	0.26
自然要素影响	0.27	0.42	1	0.17	0.10	0.14	0.14
SUM	1.63	4.25	7.05	0.61	0.67	0.52	1.00

注：资料来源课题组统计自绘。

针对准则层的三个因素，分别进行重要性比例标度取值。

低碳要素影响包括用地碳源测评P1和用地碳汇测评P2。社会要素影响包括土地利用类型P3、居民点用地强度P4、建筑质量评价P5。自然要素影响包括高程P6、坡度P7、地基承载力P8、地下水潜蚀P9、地质灾害P10、水文灾害P11、台风灾害P12。

针对三项准则层的判断矩阵见表5.3-4～表5.3-7：

低碳要素影响指标比例矩阵 表5.3-4

低碳要素影响指标项目	比例矩阵		标准化比例矩阵		权重
	P1	P2	P1	P2	
P1	1	0.24	0.197	0.197	0.197
P2	4.10	1	0.803	0.803	0.803
SUM	5.1	1.24	—	—	—

社会要素影响指标比例矩阵 表5.3-5

社会要素影响指标	比例矩阵			标准化比例矩阵			权重
	P3	P4	P5	P3	P4	P5	
P3	1.00	1.83	0.84	0.365	0.375	0.360	0.367
P4	0.55	1.00	0.49	0.199	0.205	0.210	0.204
P5	1.20	2.05	1.00	0.436	0.420	0.430	0.429
SUM	3.098	5.434	2.646	—	—	—	—

自然要素影响指标比例矩阵 表5.3-6

自然要素影响	比例矩阵							标准化比例矩阵							权重
	P6	P7	P8	P9	P10	P11	P12	P6	P7	P8	P9	P10	P11	P12	
P6	1.00	0.21	0.24	0.23	0.24	0.20	0.30	0.037	0.037	0.043	0.040	0.040	0.034	0.028	0.037
P7	4.78	1.00	0.91	1.07	1.10	0.99	1.81	0.178	0.175	0.165	0.186	0.182	0.170	0.167	0.175
P8	4.21	1.10	1.00	1.06	1.07	1.04	1.93	0.157	0.192	0.181	0.185	0.178	0.179	0.177	0.178
P9	4.32	0.93	0.94	1.00	1.00	1.08	2.14	0.161	0.163	0.171	0.174	0.166	0.187	0.196	0.174
P10	4.20	0.91	0.94	1.00	1.00	0.91	1.98	0.157	0.159	0.170	0.174	0.166	0.156	0.182	0.166
P11	5.00	1.01	0.97	0.92	1.10	1.00	1.71	0.187	0.177	0.175	0.160	0.183	0.172	0.157	0.173
P12	3.28	0.55	0.52	0.47	0.50	0.58	1.00	0.123	0.096	0.094	0.081	0.084	0.101	0.092	0.096
SUM	26.79	5.72	5.51	5.76	6.01	5.80	10.88	—	—	—	—	—	—	—	—

注：将标准化后的比例矩阵每横行求平均值得到值An，An就是该指标关于准则层的权重，将An与准则层的权重相乘，则得到每个因子的最终权重。

指标权重值 表5.3-7

因素	P1	P2	P3	P4	P5	P6	P7	P8	P9	P10	P11	P12
权重	0.118	0.482	0.097	0.054	0.113	0.005	0.024	0.024	0.024	0.022	0.023	0.013

一致性检验：

权重An是在对各个评价指标的重要性比较的基础上得出的。为了防止出现重要性判断的逻辑错误，要对比例矩阵进行一致性检验。各因子的一致性比率CR在容许值范围内时，认为层次分析的结果有满意的一致性（CR ≤ 0.1）。否则，要调整判断矩阵的元素取值。一致性比率CR为一致性指数CI与随机不一致指数RI的比值（CR=CI/RI）。CI=（$\lambda a-n$）/（$n-1$）。λ的矩阵S的最大特征根λmax，对应的特征向量就是各指标的权系数的分配。

CI=（$\lambda a-n$）/（$n-1$）。低碳要素影响指标准则$\lambda a_1=2$；社会影响指标准则$\lambda a_2=3.0005$；自然影响指标准则$\lambda a_3=7.02$。n是指标个数，$n_1=2$；$n_2=3$；$n_3=7$由此计算得到$CI_1=0$；$CI_2=0.00025$；$CI_3=0.0033$。根据随机不一致指数RI值表，$n=2$，RI=0；$n=3$，RI=0.58；$n=7$，RI=1.36。由此计算得到$CR_1=0$；$CR_2=0.00043$；$CR_3=0.0024$。一致性比率的容许值为0.1，当CR ≤ 0.1时，即说明以上比例矩阵的一致性误差在允许的范围内。

5.3.7 综合评价值的计算和标准

在GIS基础上对多个单指标分析结果加权叠加，得出土地利用适宜性综合评价值Mij。

叠加分析采用如下公式：$Mij=\sum Qij \times Pi$

式中，i为不同因子代号，分析中：i=1，2，3…12；j为单因素不同适宜等级代号，分析中：j=1，2，3，4；Q为代入适宜性等级评价转换后对应的数值；P为指标对应的权重。

最终结果由栅格叠加和取最大值法同时使用得到。将各类指标的适宜性属性叠加后，按照综合土地适宜性程度，形成明确的适宜建设区、一类限制开发区、二类限制开发区、禁止建设区和存量不适宜建设区的空间界线和范围五类区域。

确定适宜性等级对应数值分别为：非建设用地中，高适宜性对应为1、中适宜性对应为10、低适宜性对应为100、不适宜性对应为1000；存量用地中，不适宜性为100000，其他等级对应的取值与非建设用地的适宜性等级对应值相同（表5.3-8）。

每类综合指数Mij的数值范围及各类适宜区含义　　表5.3-8

适宜性等级	Mij的数值范围	适宜区含义
适宜开发区	$0 < Mij \leq 1$	各项因子都为高适宜。一般坡度为＜5%的区域，棕地、低产田、景观差、无自然植被区域，地基承载力大，适宜作为发展建设用地
一类限制开发区	$1 < Mij \leq 10$	各项因子最低项评价为中适宜。一般坡度小于15%的坡地，地基承载力较好，低中产田、草地或有少量自然植被区域，已开发利用但强度很低的区域

续表

适宜性等级	Mij的数值范围	适宜区含义
二类限制开发区	$10 < Mij \leq 100$	各项因子最低项评价为低适宜。一般坡度为小于25%的坡地，地基承载力一般的区域，园地或有一定自然植被的区域，已开发但密度不高、资源环境承载能力开始减弱的区域
禁止开发区	$100 < Mij \leq 1000$	各项因子最低项评价为不适宜（非存量用地）。以保护为导向，一旦开发会带来不可修复甚至毁灭性后果，需要严格限制进行城镇建设活动的区域。一般坡度大于25%的坡地，有山峰、溪流水域及植被景观优良的区域，已列入自然保护区、风景名胜区、历史文化保护区等名录的区域，灾害频发、工程地质条件差的区域
存量不适宜建设区	$16700 < Mij$	已建设的用地中属于不适宜建设的用地，主要包括建筑质量好、建设强度大的已建成区，规划对这些区域一般不改变用地性质

5.4 低碳情景规划模拟模型

乡村用地低碳情景规划模拟指按照乡村发展的低碳目标，通过乡村情景判断，制定乡村规划方案，并结合参数化测评方法对规划方案进行低碳测评。

基于乡村碳系统影响因素，并结合乡村发展趋势性和低碳引导性综合确定多个乡村发展情景目标，根据多种乡村发展情景，综合确定每种情境下乡村人口、产业、生活、交通等方面变化结果和各类用地变化情况组合，以此制定乡村用地规划，并测算出各类用地的碳汇、碳源系数及碳系统总体特征，对测评结果进行比选，确定以低碳为目标的发展路径。

5.4.1 乡村规划低碳目标情景判定分析思路

乡村低碳规划首先要对乡村发展进行定位，确定未来发展的目标，进而确定乡村产业发展、用地布局、公共设施配置、基础设施建设等一系列工作。因此，在以低碳为目标的乡村规划过程中，为了更有针对性地指导规划和后续建设，首先要基于乡村发展现状，从碳系统的视角梳理乡村发展的可变性，即每一种碳系统影响要素变化的可能情况和比较。其次，分别基于乡村现状发展趋势和低碳引导目标对乡村碳系统的可变因素进行确定，形成多套具有各自特征的因素变化组合，进而制定乡村规划情景目标，包括因素变化、用地变化（图5.4-1）。

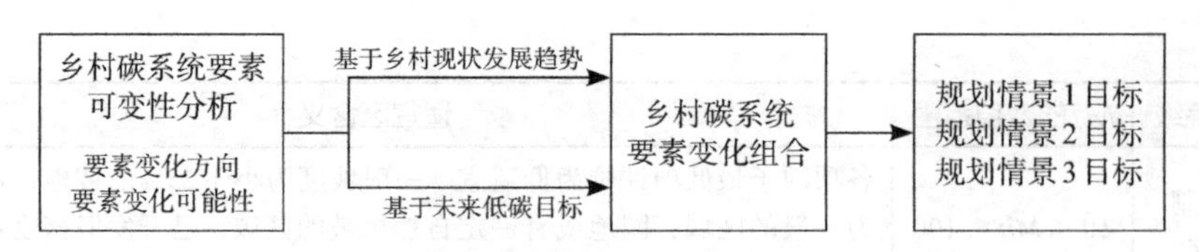

图5.4-1 乡村规划低碳目标情景判定思路分析图

资料来源：自绘

1.乡村用地碳系统因素可变性分析

随着乡村经济、社会的转型与发展，现有发展模式必然发生改变，对于乡村低碳规划的探索需要分析人口、产业、生活、交通可变因素。人口变化体现在乡村内部常住人口以及外来客流两项，产业考虑乡村农业（渔业）、工业、服务业的转型变动和发展趋势，生活主要针对人居生活能耗方式和能耗强度，交通方面可变要素则体现在乡村居民出行工具的转换和外来客流出行工具的选择（图5.4-2）。

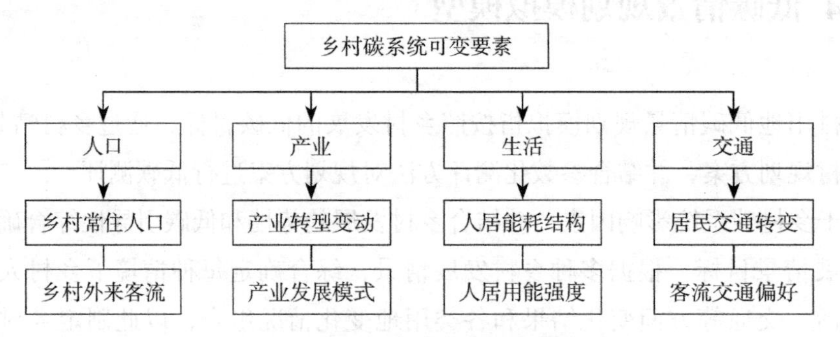

图5.4-2 乡村用地碳系统可变要素分析

资料来源：自绘

确定每种可变因素的变化方向及可能性，制作因素可变性分析表（表5.4-1），为发展趋势分析和低碳引导分析提供选择基础。

乡村用地碳系统因素可变性分析表　　表5.4-1

可变因素	变化情况及可能性		
乡村常住人口	增长50%	稳定30%	减少20%
外来客流	……	……	……
产业比重	农业下降	工业稳定	服务业增长
交通模式	……	……	……
……	……	……	……

资料来源：自绘

2.乡村用地规划情景目标判定

乡村用地碳系统发展趋势分析是基于现状以产业经济为主导目标的发展模式下，不考虑低碳要求，对乡村用地碳系统的可变因素（比如乡村常住人口、外来客流、产业比重、发展模式、能源结构、能耗强度、村民出行、外来客流出行选择等）进行判断，并根据趋势变化构建因素变化组合。

乡村用地碳系统低碳引导分析是基于低碳理念，以降低碳排放、增加碳吸收为目标引导乡村发展模式转变，对乡村碳系统可变因素进行趋势判断，整合该路径下乡村因素变化组合。

基于两个变化方向，确定变化程度，形成多个情景目标，并制定每种情景下乡村碳系统因素的变化组合（表5.4-2）。

乡村用地规划情景目标判定表 **表5.4-2**

情景类型	要素变化情况
情景目标1	例如：乡村常住人口下降20%，外来客流增加50%，以旅游业发展为核心，以农家乐为主，能耗转向清洁能源，能耗强度旅游上升20%，乡村居民出行公交化，外来客流大巴为主
情景目标2	……
情景目标3	……

资料来源：自绘

5.4.2 情景规划模拟

情景规划模拟通过对乡村低碳总体目标的把握，从用地规划视角确定不同情景目标下碳系统中各类用地变化，制定相应的乡村规划方案，以实现各情景目标。

1.情景规划方案

情景规划方案在于将上一步各类情境下的低碳目标落实到乡村用地中。规划重点分析确定各类规划情景下的用地总量变化、用地结构变化以及用地空间布局变化三部分内容，并根据用地变化绘制各情景方案用地规划图。

情景规划方案的确定主要分为村域范围和乡村建设用地范围两部分（图5.4-3）。村域范围主要考虑各类碳汇用地的布局，乡村建设用地则重点考虑各类碳源用地的布局。在此基础上，规划中重点确定各类情景的用地总量变化、用地结构变化以及用地空间布局变化三部分内容，并根据用地的变化绘制各情景方案村域范围用地规划图和乡村建设用地规划图，图像比例按照乡村具体特征自行确定。其中，乡村建设用地只表示较为集中的乡村各类碳源用地。

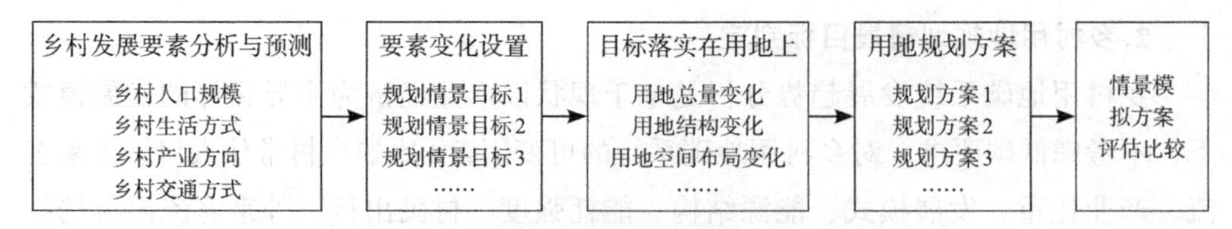

图5.4-3 乡村用地情景规划方案制定过程图

资料来源：自绘

2.系数变化分析

系数变化分析只考虑各类碳源用地系数变化。农业、部分水体碳源系数不变，产业、生活、交通三类碳源系数值根据情景规划方案有所改变，通过情景目标中各类用地碳排放、碳吸收作用的确定，以及根据各方案用地结构的变化，进而通过比值最终确定每个情景规划下各类碳源系数变化值（图5.4-4）。

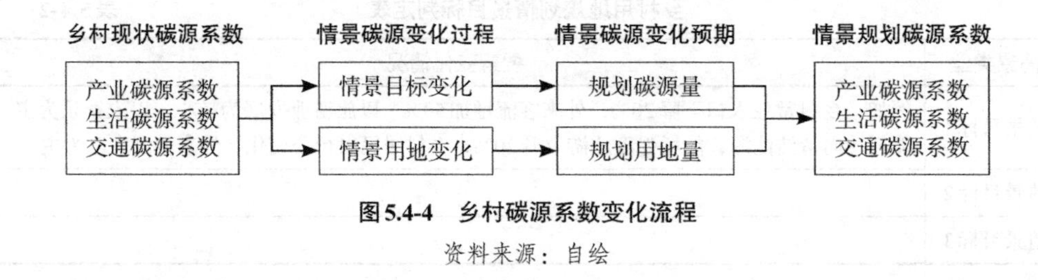

图5.4-4 乡村碳源系数变化流程

资料来源：自绘

3.情景模拟方案评估与比较

一旦情景模拟方案被制定，需要对其进行测试评估。在评价过程中，受规划影响的各变量要素的预期变化是考虑的重点。以现状为基本的参照，与情景模拟方案进行比较，更好地评价现有的各项措施。

根据乡村规划方案中的主要变量要素，从经济、社会、环境与低碳综合目标的满足程度与规划变量要素的落实程度来评价方案（表5.4-3），分析说明各个规划方案之间的优缺点，使得方案比较做到有的放矢。

在方案比较中，碳系统变化的比较最为核心：一是比较碳汇、碳源总量的变化，二是考虑碳源系数的变化。通过比较明确乡村用地碳排放、碳吸收作用的机制和效果。

每个情景模拟方案描述的都是一个乡村在未来可能出现的一种空间形态。期望情景和可实现情景的交集便是理想的规划方案[①]。

① Laura O. Petrov，Carlo Lavelle，Maljo Kasanko．Urban land use scenariOS for a tourist region in Europe：Applying the MOLAND model to Algarve，Portugal[J]. Land scape and Urban Planning，2009（92）：10. 23.

方案评价模式 表5.4-3

最终目标	变量要素	模拟方案			
		P0（现状）	P1	……	Pn
A	B1	矩阵中的元素体现：(1)每个方案P对每个变量要素B的执行情况，(2)给出重要优缺点			
	B2				
	……				
	Bn				

资料来源：自绘

5.5 典型案例1：低碳先导的海岛型乡村用地规划

本书以国家级传统村落、浙江省象山县东门岛乡村为案例，通过东门岛能源调查数据、象山县经济统计年鉴、东门岛地形图、东门岛遥感影像（数据采集时间2014年1月20日）、土地利用规划等资料的汇总和处理，研究编制用地低碳先导规划内容体系，包括海岛乡村的规划用地适宜性评价，情景模拟确定规划方案，最终为低碳先导规划思路和技术方法提供参考。

5.5.1 东门岛乡村现状

1.东门岛乡村区位与地理情况

东门岛坐落于浙江省象山县石浦镇镇区东部，东西宽900～2000m，南北长2100m，面积约2.8km^2，是有着“靠海为生，以渔为业”传统的海岛。

东门岛西与石浦镇城区隔港相望，东临辽阔的东海，南与对面山岛构成水深港宽的东门港和门头水道，北以铜瓦门大桥与陆地相连。总体上处于交通末端，相较于周边岛屿，可全天候通勤。石浦港是国家中心渔港，现有码头12座，航线四通八达，每日有渡轮往返。

东门岛以丘陵山地为主，全岛西部、南部为围垦的沿海塘田，东部、北部均为山体。全岛有林业用地1510亩，植被有针叶林、枫香阔叶林、芒草丛等。

2.东门岛乡村社会经济情况

东门岛现有3个行政村，南面东门渔村（核心村）、西南角东丰村、西北面南汇村，2012年底共有村民1694户、5397人。其中南汇村逐渐向镇区搬迁。东门村与

图5.5-1　东门岛区位图

资料来源：底图为浙江省政区图和象山县政区图（浙S（2020）17号），来源于浙江省标准地图：https：//zhejiang.tianditu.gov.cn/standard

东丰村的空间融为一体，难以明确区分。

东门村被称为“浙江渔业第一村”，80%以上村民从事渔业，渔业产值占2/3。全岛有钢质渔轮322艘，专业渔民1900余人。工业以辅助渔业的工业如修造船和海产冷藏加工、运输为主，服务业主要是以渔业和渔俗文化为基础的观光以及海鲜品尝等休闲旅游业为主，兼有学校培训等服务。2012年总收入6.29亿元。农渔民人均纯收入1.38万元。

3.东门岛乡村建设情况

东门岛建设用地面积为0.6km^2，主要分布在岛的西部和南部（表5.5-1）。

东门岛乡村主要建设用地比例　　**表5.5-1**

用地名称	居住用地	服务业用地	工业仓储用地	道路与交通用地	总计
面积（hm^2）	34.53	5.39	11.09	12.44	63.45
比例（%）	54.42	8.49	17.48	19.61	100

资料来源：自绘

东门岛和石浦镇距离近、交通便捷，其社会服务设施很大程度上依托石浦镇的社会服务设施体系。商业设施主要沿东门公路布置，小商业如超市、餐饮店、杂货店、食品店在村内主要沿直街和横街散落布置。

现状主要用水、用电来自海底管道。排水管网是雨污合流制，但管网设施没有深入到村落内部，多数路段仍为明沟排水，污水处理设施正在建设。

东门岛的历史文化特色突出。村落背山面海，因山就势，较为完整地保存了清代及民国初年的整体布局。

5.5.2 东门岛乡村用地碳系统分析

1. 用地碳系统分析数据来源

1）土地利用数据

通过2014年1月航摄的高分辨率航空相片（地面分辨率为0.5m×0.5m），根据航空影像监督分类并结合人工目视判读和现场实地调研得到土地利用的相关数据，结合比例尺1:10000的CAD地形图，绘制土地利用现状图。通过ArcGIS软件读取地形图中的高程属性（像元大小为0.5m×0.5m），用以分析坡度等地形要素条件。

2）能源利用数据

对乡村生产发展现状的调查，主要通过访谈乡村村民能源利用状况（包括电、煤炭、太阳能、煤气、天然气、沼气等）和收集相关部门的统计资料（主要为乡村企业能源利用现状和乡村公共服务能源消耗情况）。

2. 用地总量与构成

东门岛乡村用地分类中碳汇用地包括林地、园地、草地、绿地，碳源用地包括工业用地、农业用地、服务业用地（含公共服务）、水体、农居用地和交通用地（图5.5-2）。

碳汇用地以林地为主，植被有针叶林、枫香阔叶林、芒草丛等，有少量园地位于林地边缘；林地、农田、建设用地、水体之间镶嵌草地；此外还有一部分建设用地中的绿地（表5.5-2）。

东门岛乡村碳汇用地比例 表5.5-2

碳汇用地	林地	园地	草地	绿地	总计
面积（hm^2）	100.24	0.52	17.53	6.23	124.52
比例（%）	80.50	0.42	5.00	14.08	100

碳源用地以农居和农业用地为主，其次为工业仓储用地与交通用地，服务业用地较少，主要由宾馆、艺术学校及几家渔家乐构成，服务外来游客。岛内有少量池塘，海岛边缘区海域部分为碳源，部分为碳汇。工业仓储生产碳源是东门岛乡村碳源主体，居民日常生活碳排放占比也较高；交通用地贯穿海岛，承载村域内交通

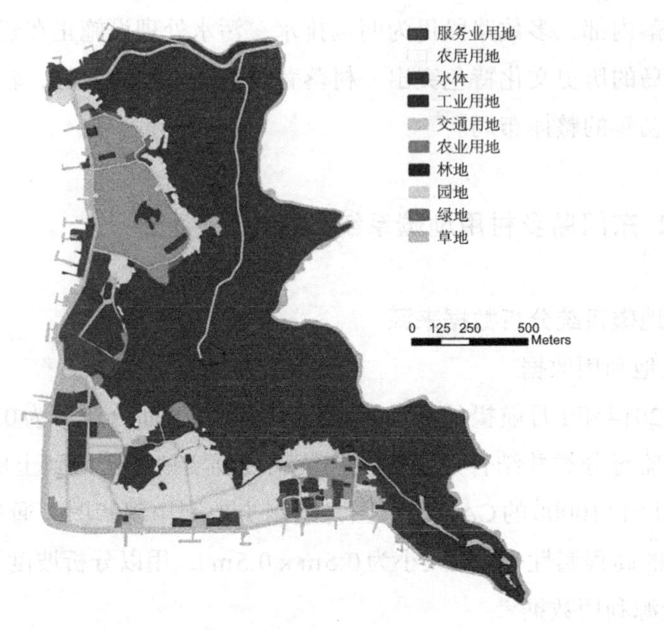

图5.5-2 村域用地现状

资料来源：自绘

行为产生的碳排放（表5.5-3）。

东门岛乡村碳源用地比例 表5.5-3

碳源用地	农业用地	工业用地	服务业用地	农居用地	交通用地	水体	总计
面积（hm^2）	32.80	11.09	5.39	34.53	12.44	6.08	102.33
比例（%）	32.05	10.84	5.27	33.74	12.16	5.94	100

资料来源：自绘

3.东门岛碳汇碳源系数确定

根据东门岛的用地类型对各类碳汇系数、碳源系数进行选择与计算。

碳汇系数和农业用地、水体两种用地的碳源系数参照表5.1-1。东门岛林地为天然针叶林、枫香阔叶林等，选择天然林标准3.20tC/（hm^2·a）；草地选择非建成区标准0.67tC/（hm^2·a），绿地选择乡村建成区公园乔、灌、草混合标准1.47tC/（hm^2·a）；园地为落叶阔叶林，按照其种植密度，取高于范围下限的20%为1.66 tC/（hm^2·a）。农业碳源系数取水田、旱田均值1.94tC/（hm^2·a）；岛内水体按照河湖岸带取值0.46tC/（hm^2·a）；边缘区海域缺乏测量值，东部自然岸线对应海域按碳汇计，西部、南部人工岸线海域按碳源计。

对于东门岛服务业、工业、农居、交通类用地的碳源系数通过乡村能源消耗调研访谈形式计算获得[①]（表5.5-3）。调研问卷内容主要包括人口类数据、不同功能用地的能源消耗数据，由于工业能耗较高，专门调查了几家样本工厂企业的年消耗费用。

通过访谈关于产业、生活、交通等方面的能源消耗情况统计，以及运用公式对碳排放量和用地的计算过程，得到东门岛现状工业、服务业、农居和交通碳源系数，见表5.5-4。

东门岛各类用地碳汇、碳源系数　　表5.5-4

碳汇用地	林地	园地	草地	绿地	水体
碳汇系数（$tC/hm^2 \times a$）	3.20	1.66	0.67	1.47	−0.46
碳源用地	农业用地	工业用地	服务业用地	农居用地	交通用地
碳源系数（$tC/hm^2 \times a$）	−1.94	−158.78	−39.61	−28.35	−19.06

注：表中正值表示碳汇系数，负值表示碳源系数。
资料来源：自绘

4.东门岛乡村碳系统测算结果与特征分析

1）碳系统测算与结果

采用三维空间统计法计算现状东门岛碳系统情况。用CE软件将各类图层叠加，按0.5m×0.5m网格进行赋值（图5.5-3）。定义碳汇值为正、碳源值为负，得到测评结果，见表5.5-5。

东门岛域范围现状碳系统测评结果　　表5.5-5

碳汇用地	林地	园地	草地	绿地	总计		
碳汇量（tC）	320.77	0.86	11.74	9.16	342.53		
碳源用地	农业用地	工业用地	服务业用地	农居用地	交通用地	河流湿地	总计
碳源量（tC）	−63.63	−1760.85	−213.48	−979.04	−237.13	−2.79	−3256.92
碳系统净值（tC）							−2914.39

注：表中正值表示碳汇量，负值表示碳源量。
资料来源：自绘

现状岛域范围2014年碳汇总量342.53tC，碳源总量−3256.92tC，碳系统净值为−2914.39tC。

① 吴宁，李王鸣，冯真，温天蓉．乡村用地规划碳源参数化评估模型[J]．经济地理，2015，35(3)：9-15.

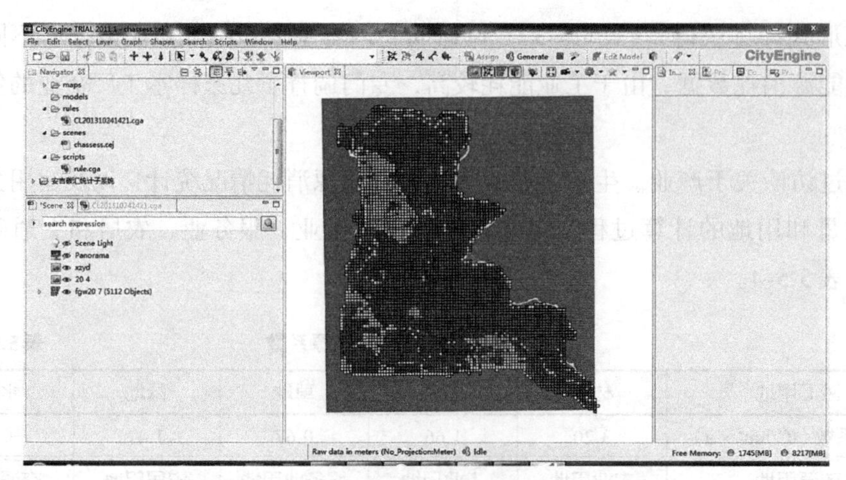

图5.5-3 现状东门岛用地碳系统测评cityengine界面

资料来源：自绘

2）东门岛乡村碳系统“低汇高源”特征

东门岛碳系统特征表现在碳汇、碳源和总体特征三方面。

碳汇方面，林地是碳吸收的主要载体，占到总碳汇量的96.70%，这与林地较高的碳汇系数和东门岛起伏的地貌环境中大面积林地有关，其他用地碳汇用地面积小，碳汇功能弱。

碳源方面，东门岛呈现出以工业碳源为主、生活与服务业碳源为辅的碳排放特征。工业碳源占到总量的54.50%，说明碳排放主要来自渔业及相关冷冻仓储、加工业。生活碳源比重为30.30%，海岛乡村村民日常生活水平较高，能耗强度较大。服务业的比重为6.60%，依然处于起步阶段。交通碳源比重为7.30%，与东门岛逐渐增加的外来客流和人居出行方式的转变有关。农业碳源比重低。

岛内水体，基本为小池塘，有一处为污水处理湿地，均为碳源用地，但碳源量极少。岛屿东部及东南部自然岸线对应边缘区海域为碳汇用地，礁石岸线海域为低碳汇。岛屿西部、西北部及南部为人工岸线，生产生活岸线海域为中碳源，游览岸线海域为微碳源。

综合统计结果，正值体现碳吸收作用，负值体现碳排放作用，东门岛碳系统净值为−2914.39tC，说明东门岛为代表的浙江省海岛型乡村碳系统体现“低汇高源”的特征。

由于东门岛的碳汇用地各类植被特征和海岛气候条件基本无法改变，碳汇量的增长潜力和幅度都较小，未来东门岛乡村低碳规划方向将主要通过降低碳源实现低碳发展。

5.5.3 东门岛乡村低碳用地适宜性评价

利用GIS对影响东门岛用地条件的自然、社会、低碳等因素按照第5章表5.3-7权重叠加并综合评价。根据东门岛评价指标的选取，得到东门岛乡村低碳用地适宜性评价的指标及权重（图5.5-4）。

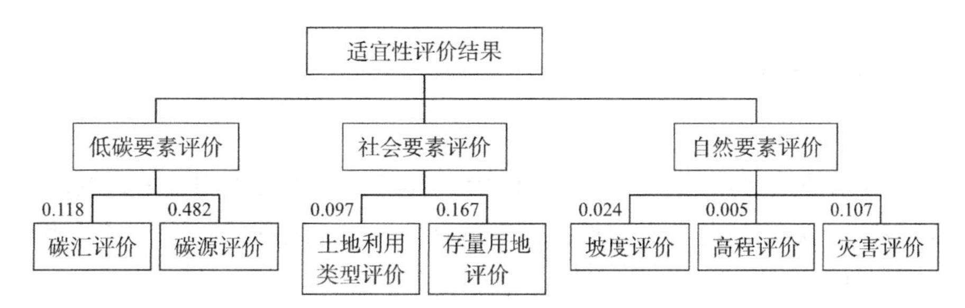

图5.5-4 东门岛乡村低碳用地适宜性评价的指标及权重

资料来源：自绘

1.低碳要素评价

评价数据来自石浦镇土地利用规划、东门岛1:10000地形图、石浦镇遥感数据（DigitalGlobe公司获取的MUL、PAN石浦镇遥感数据），统计各类用地规模。根据计算所得的碳源碳汇系数，得到不同土地利用类型的碳排放强度图（图5.5-5、表5.5-6）。

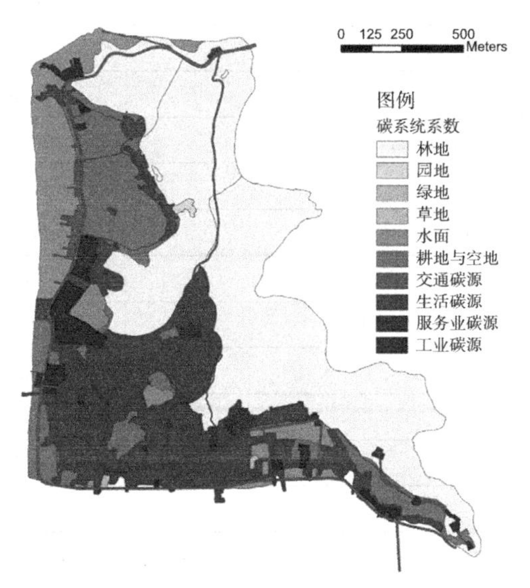

图5.5-5 不同土地利用类型的碳排放强度图

资料来源：自绘

低碳要素用地适宜性评级　　表5.5-6

用地适宜性	高适宜	中适宜	低适宜	不适宜
碳系统用地	棕地、空地、农业用地	工业、服务业用地、草地、水面、滩涂、围海造地	交通用地、农居点用地、绿地、园地	林地
用地面积（hm^2）	32.80	40.09	53.72	100.24
比例（%）	14.46	17.67	23.68	44.19

资料来源：自绘

2.社会要素评价

1）土地利用类型评价

参考《土地利用现状分类》GB/T 21010—2007中的土地利用类型，按照保护程度及实际需要，对东门岛乡村用地的建设适宜性进行分级判定（表5.5-7、表5.5-8、图5.5-6、图5.5-7）。

现状土地利用因子评级面积统计表数据　　表5.5-7

土地利用分级	用地类型	面积（hm^2）	比例（%）
高适宜用地	园地	0.52	0.23
	一般农田（已列入规划扩展用地）	30.33	13.37
	总和	30.85	13.60
中适宜用地	已建设范围外草地及部分绿地	18.71	8.25
	总和	18.71	8.25
低适宜用地	坑塘水面	6.08	2.68
	总和	6.08	2.68
不适宜用地	自然保留地	66.76	29.43
	林地	33.48	14.76
	总和	100.24	44.19
政策性限制	基本农田（旱地、水浇地）	2.47	1.09
已建设用地	普通村庄建设用地	49.94	22.01
	特殊用地	13.51	5.96
	绿地	5.05	2.23
	总和	68.50	31.20
总计		226.85	100

注：土地利用分类图的面积比高程点范围大，所以这部分的总面积比高程和坡度图大，用地面积和为226.85hm^2。

资料来源：自绘

现状土地利用适宜性评级　　表5.5-8

用地类型	高适宜	中适宜	低适宜	不适宜	政策性限制	已建设
用地面积（hm^2）	30.75	18.71	6.08	100.24	2.47	68.50
比例（%）	13.60	8.25	2.68	44.19	1.09	31.28

资料来源：自绘

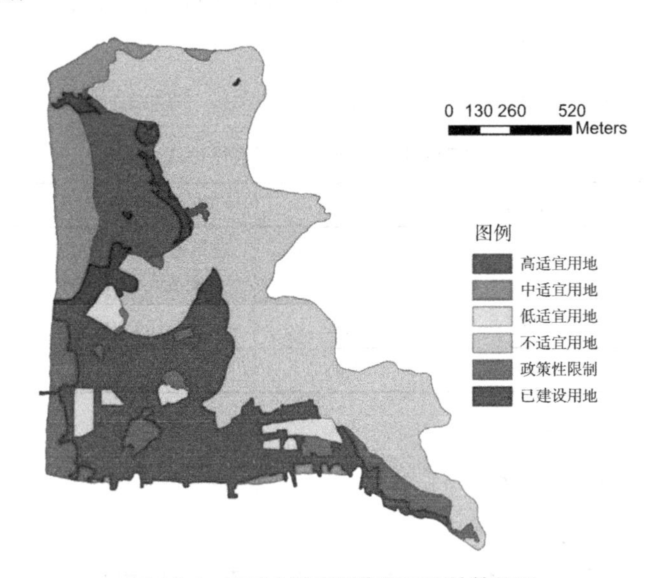

图5.5-6　不同土地利用类型适宜性等级图

资料来源：自绘

图5.5-7　存量用地更新建设适宜性等级图

资料来源：自绘

2）存量用地评价

对乡村已建设用地的改造利用潜力评价内容包括用地强度和建设质量两个方面。

对于无保护价值、建设年代久远、建筑质量差、布局过于分散、建筑密度过小或建设不合理甚至违法的用地仍然可以认为是适宜建设的土地。

建筑质量较好或是具有保护价值的用地不适宜再进行建设，其他用地可以酌情考虑进行更新改造。

按照更新改造甚至重建的适宜性进行分级判定，判定结果见表5.5-9。

现状存量用地更新建设适宜性评级 **表5.5-9**

存量用地适宜度	不适宜	低适宜	中适宜	高适宜
存量用地建设情况	建筑需要保护	建筑密度＞30% 或质量好	建筑密度5%～30% 或建筑质量一般	建筑密度＜5% 或质量差
用地面积（hm^2）	5.49	93.80	104.80	22.76
比例（%）	2.42	41.35	46.20	10.03

资料来源：自绘

3.自然因素评价

1）坡度与高程因子

根据高程数据进行DEM空间分析，获得东门岛乡村的高程图和坡度图。采用不规则三角网法生成TIN数据结构，将TIN模型转化成为表面模型，再进行重采样，转化成DEM文件。

根据东门岛地貌状况以及现状建筑的主要分布情况，确定坡度分级为四级（表5.5-10），分别为0～5%、5%～10%、10%～25%、大于25%。通过空间分析，生成坡度等级、高程等级图（图5.5-8、图5.5-9）。

主要居民点的高程在2～24m，这一高程对道路、建筑物等限制较少。少数独立建筑物的高程能达到70～80m，出于防洪考虑沿海岸的已有建（构）筑物的最低高程在1.9m。将1.9～24m设为高适宜区，24m以上与1.9m以下设为低适宜区（表5.5-11）。（高程数据基于中国黄海高程）

2）灾害因子

东门岛乡村地区灾害因子主要包括地质灾害、台风灾害、洪涝灾害。

东门岛上没有区域性断层、强透水岩层等不稳定区域，但有断崖，列入不适宜建设区。

通过台风路径网站观察的结果，东门岛东部为台风迎风面，列为低适宜区。

由于东门岛缺乏水文年鉴数据，因此结合高程分级，根据沿海岸线的已有建

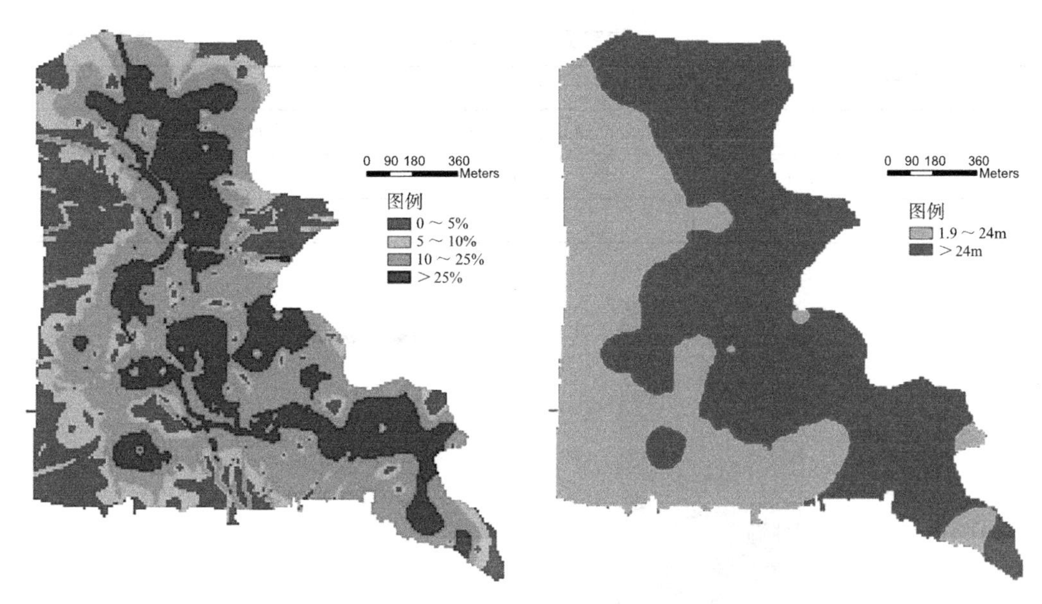

图 5.5-8 坡度等级图

图 5.5-9 高程等级图

注：高程点统计范围共219.7hm²，比规划范围稍小。

资料来源：自绘

坡度适宜性分级评定 表 5.5-10

用地适宜度	高适宜	中适宜	低适宜	不适宜
坡度	0 ~ 5%	5% ~ 10%	10% ~ 25%	> 25%
用地面积（hm^2）	42.47	37.47	83.34	56.17
比例	19.35%	17.07%	37.98%	25.60%

资料来源：自绘

高程适宜性分级评定 表 5.5-11

用地适宜度	高适宜	低适宜
高程	1.9 ~ 24m	> 24m或 < 1.9m
用地面积（hm^2）	93.82	125.63
比例	42.75%	57.25%

资料来源：自绘

（构）筑物最低高程在1.9m，将1.9m以下设为低适宜区（表5.5-12）。

地下水潜蚀由于缺乏相关数据资料，且可在建设过程中改善，所以本案例中未列入评价。

综合各方数据，在地形图中绘制灾害分布情况，最后通过GIS进行分析（图5.5-10）。

灾害适宜性分级评定　　表5.5-12

用地适宜度	高适宜	不适宜
灾害区域	无明显灾害区	台风迎风区域或断崖
用地面积（hm^2）	182.00	44.85
比例	80.23%	19.77%

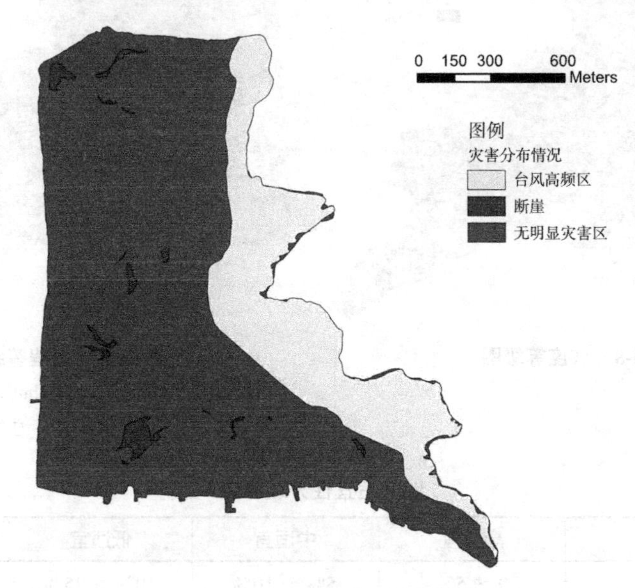

图5.5-10　灾害分布图

资料来源：自绘

3）地基承载力

东门岛属于基岩岛屿，其承载力足够适宜于大部分建构筑物。

4）评价结果

将交通区位图、土地利用碳排放强度图、土地利用类型适宜性等级图、存量用地更新建设适宜性等级图、坡度等级图、高程等级图、灾害分布图生成并叠加。按照综合评价值的计算和标准（见5.3.7内容）对因子进行综合评价。

高适宜为1、中适宜为10、低适宜为100、不适宜为1000，存量用地因素中的不适宜性为100000。通过Raster Calculator将Value属性加权叠加并重新分类，分段为0～1、1～10、10～100、100～1000、16700以上，分别代表适宜建设区、一类限制建设区、二类限制建设区、禁止建设区、存量不适宜建设区（表5.5-13，图5.5-11）。

用地适宜性分区面积统计表　　表 5.5-13

Value 分段	用地适宜性分区	面积（hm^2）	比例 %
0 ～ 1	适宜建设区	10.12	4.46
1 ～ 10	一类限制建设区	17.67	7.79
10 ～ 100	二类限制建设区	27.55	12.14
100 ～ 1000	禁止建设区（不含存量）	113.96	50.24
16700 以上	不适宜建设区（存量）	57.55	25.37
总和		226.85	100

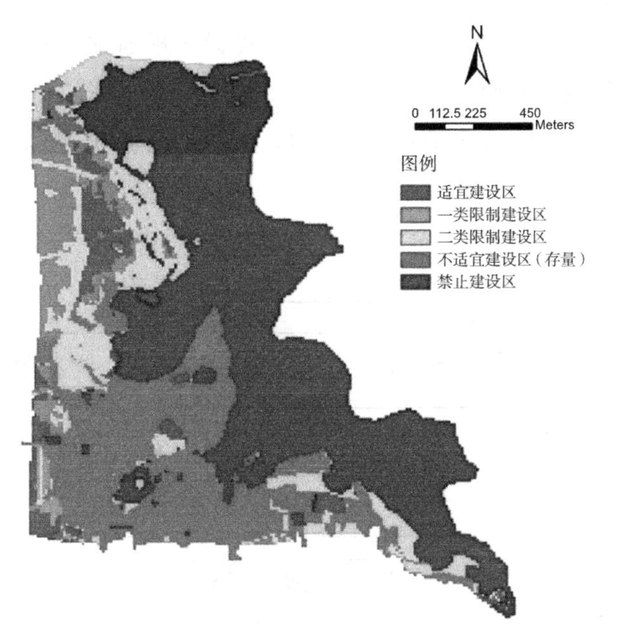

图 5.5-11　用地适宜性综合评价图

资料来源：自绘

从综合评价图中可看出，东门岛建设用地适宜性较高的土地主要分布在主要公路沿线以及西北部原南汇村的农田，而东部大片林地不适宜开发。

5.5.4 东门岛低碳乡村用地规划情景模拟

1. 目标情景约束与设定

目标情景设定的约束前提需考虑两个方面：一是基于低碳用地适宜性分析筛选划定的可用于建设的范围，即设定了碳源用地增长极限和碳汇用地的底线。二是海岛乡村综合发展目标定位。本案例中，依据近年来海岛经济社会发展趋势与省市发展战略要求，结合与当地政府的座谈和东门岛现状分析，确定东门岛的发展定位是浙江渔业第一村，中国海岛型传统村落，渔文化旅游岛。规划以“渔文化”品牌对海岛乡村进行保护利用，提升村庄环境品质与历史文化村落的竞争力。

影响目标的三种变量要素确定。依据第2章（2.5.2）中海岛型乡村人居环境特征和碳系统特征的分析，以及海岛型乡村碳源影响因素结构分析，本案例中影响目标情景的主要变量要素为功能要素（生产功能、生活功能）、规模要素（人口和用地的发展规模）和选址要素。

目标情景的设定。根据目标情景设定的两个前提分析，从经济发展驱动、社会经济协调发展、以低碳为核心目标三个角度设定规划方案的三类情景目标：“低碳基准情景”“低碳优化情景”及“低碳极值情景”。相应的情景构建依据影响目标的功能、规模、选址要素的可变性进行。基准年为2013年，分析年为2030年（图5.5-12）。

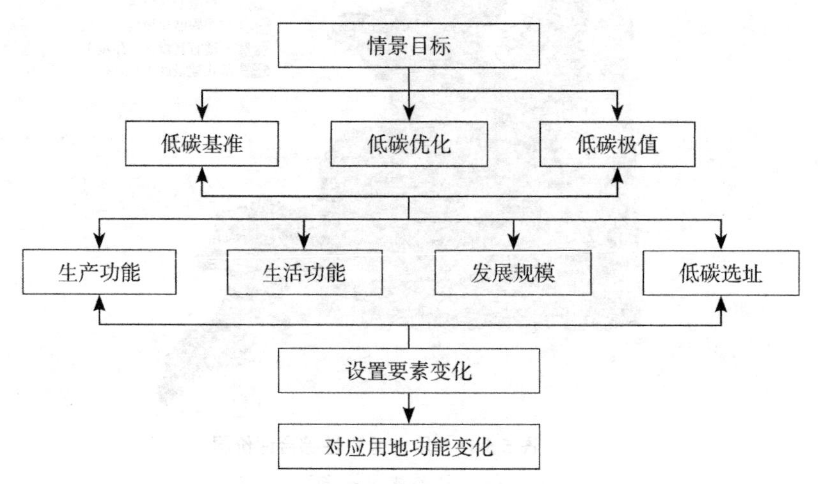

图5.5-12　目标情景设定流程

资料来源：自绘

2.低碳用地规划情景判定

1）低碳基准情景

东门岛乡村用地规划的低碳基准情景是指在低碳用地适宜性评价划定的范围内，延续基准年之前的政策方案和发展模式，不采取任何进一步促进低碳能源使用、产业调整转型的政策和措施。

该情景下，经济增速最快，产业、能源结构延续，生活空间扩展，社会服务完善，不控制发展规模，选址限制最少（表5.5-14）。

低碳基准情景目标下的因素变化 **表5.5-14**

<table>
<tr><td rowspan="3">功能</td><td>产业</td><td>不限制发展渔业、工业、服务业，增加生产规模，生产用地；
渔家乐增加到农户数量的25%，宾馆增加4处，旅游、养老房产开发能源结构保持现状</td></tr>
<tr><td>生活</td><td>村民生活水平提高，生活服务空间增长，能源使用强度有所增加；
居住条件有一定纾解，人均居住用地增长，碳源系数略微下降；
文化展示功能增强</td></tr>
<tr><td>交通</td><td>村民和游客自由交通出行；
乡村私家车大幅增长，小汽车拥有率为50%，摩托车拥有率为40%；
客流规模增长，团体旅游模式占50%，私家车占50%</td></tr>
<tr><td rowspan="2">规模</td><td>人口</td><td>预测常住人口5600人①，外来游客800人/日②，到2030年综合人口③6400人</td></tr>
<tr><td>用地</td><td>碳汇用地增长10%，总建设用地规模增长25%</td></tr>
<tr><td colspan="2">选址</td><td>除了低碳用地适宜性评价划定的禁建区外，其他用地均可作为建设用地</td></tr>
</table>

资料来源：自绘

2）低碳优化情景

东门岛乡村用地规划的低碳优化情景是指综合考虑社会、经济、环境发展，加大对低碳能源使用、产业调整转型政策的投入。

该情景下，经济增长较快，产业结构得到调整，第三产业比重增加，第一、第二产业向现代化转型，能源效率有所提高；生活空间扩展，社会服务完善；适度控制发展规模，选址避免占用碳汇用地（表5.5-15）。

低碳优化情景目标下的因素变化 **表5.5-15**

<table>
<tr><td rowspan="3">功能</td><td>产业</td><td>现代渔业生产与文化展示结合，以渔俗体验旅游发展为核心，渔业、工业配合均衡发展，经济总体持续增长；
渔业、工业现代化转型，提高清洁能源比例，碳源系数降低10%；
渔家乐增加到农户数量的20%，宾馆增加3处</td></tr>
<tr><td>生活</td><td>村民生活水平提高，生活服务空间增长，村民居住条件有一定纾解；
人均居住用地增长，碳源系数下降10%；
文化展示功能增强</td></tr>
<tr><td>交通</td><td>尽可能采用电动或公共交通出行，乡村私家车一定程度增长，小汽车拥有率为40%，摩托车拥有率为30%；
旅游集散点建设使岛域交通转换为电瓶车为主的特色观光方式；
客流规模较大增长，外来客流中团体旅游模式占70%，私家车占30%</td></tr>
</table>

① 石浦镇的人口平均自然增长率2%～3%。

② 2013年，上海金山嘴渔村经过几年的开发运营，年接待的游客数量55万人，日均1500人。该渔村面积3.5km^2。东门岛岛域面积2km^2，村庄实际建设范围大致为1km^2，根据对比折算推测，东门岛发展成熟可接待600～800人/日。三个情景方案根据发展规模分别折中按800、700、600人/日计。

③ 综合人口=常住人口+日均游客。尽管游客并非常住人口，但实际占用了空间和资源，因此按照50%的比例折算为岛内人口。

续表

规模	人口	预测常住人口5400人，游客700人/日，到2030年综合人口6100人
	用地	碳汇用地增长15%，总建设用地规模增长15%
选址		允许选择低碳用地适宜性评价中的一、二类限制性用地以达到更高的综合效益

资料来源：自绘

3）低碳极值情景

东门岛乡村用地规划的低碳极值情景是指以低碳为核心，通过现有的一切规划和政策所能够实现的减少碳排放的情景。

该情景下，经济持续增长，产业向以旅游业为核心的绿色产业转型，能源效率进一步提高；提倡绿色消费，社会服务完整；严格控制发展规模，选址避免占用碳汇用地。严格限制新增建设用地（表5.5-16）。

低碳极值情景目标下的因素变化　　表5.5-16

功能	产业	以旅游业发展为核心，降低渔业、工业发展规模，经济总体持续增长； 采用更节能的生产方式，积极发展风能、太阳能、海洋能等清洁能源，碳源系数下降20%； 渔家乐增加到服务业用地的15%，宾馆增加1处
	生活	文化展示、传承功能增强； 人均居住用地保持不变，尽管村民生活水平提高，利用清洁能源、节能产品保持碳源系数不变
	交通	尽可能采用电动或公共交通出行，私家车小幅增长，小汽车拥有率为30%，摩托车拥有率为40%，鼓励使用新能源汽车； 旅游集散点建设使岛域交通转换为电瓶车为主的观光方式； 客流规模较大增长，外来客流中团体旅游模式占90%，私家车占10%
规模	人口	预测常住人口减至5200人，游客600人/日，到2030年综合人口5800人
	用地	碳汇用地增长20%，总建设用地规模增长5%
选址		严格限制非建设用地转化为建设用地，避免占用碳汇用地

资料来源：自绘

5.5.5 情景生成规划方案

情景规划方案的制定基于东门岛现状用地，通过情景中各类用地的总量调节，指导乡村用地规划编制，对岛域乡村用地和主要建设用地进行定位与规划。

1.情景1规划方案——低碳基准情景

村庄处于高速发展的状态，不做太多控制，追求经济最大增长率（表5.5-17）。

规划形成“一岛五园”的空间结构（图5.5-13）。一岛即将整个岛屿范围作为旅

低碳基准情景下的用地变化 **表5.5-17**

<table>
<tr><td>功能</td><td>产业继续增长；
生活功能完善；
交通按照趋势发展</td><td rowspan="2">碳源用地</td><td rowspan="2">农业用地：减少90%，农业用地转变为建设用地和碳汇用地
工业用地：基本不变
服务业用地：增加2.5倍，文化展示功能增加3倍，渔家乐增加1倍，宾馆用地为现状4倍，其中休闲渔文化度假园、民俗文化园以及展览馆1～3hm²，酒店、宾馆、餐饮4～5hm²
农居用地：增长5%，部分农田转变为农居用地，南汇村的农居用地转变为服务业用地
交通用地：增长15%，新增且拓宽道路</td></tr>
<tr><td>规模</td><td>综合人口大幅增长；
建设用地大幅增长</td></tr>
<tr><td>选址</td><td>执行最低限度的保护；
只避开禁建区</td><td>碳汇用地</td><td>林地：不变
园地：转变为服务业用地
草地：增加10%，碳源用地转变
绿地：增加2倍，农居用地中穿插绿地，农田转变为绿地
海岸：观光旅游功能少量占用自然岸线</td></tr>
</table>

资料来源：自绘

游区，将全岛作为开放的博览园。五园包括东部南汇山山林风貌园（区）、西北侧的休闲渔文化度假园、西部依托现状布局的生产工艺展示园、南部整改原有农居形成的渔村风貌生活园以及东南部集中展示海防与妈祖文化的民俗文化园。

规划在岛的西北原南汇村处规划为休闲鱼文化度假园，布置展览场所和传习场地外，根据与当地政府的座谈，在其东南新增一处2hm²养老房产。度假园入口设置游客接待中心和集散中心。原有生产用地规模不下降。东南角民俗文化园新增部分旅游服务用地，少量占用自然岸线（图5.5-13）。

情景方案1中，碳汇用地基本稳定，略有上升，主要增长在绿地。碳源用地总量有所下降，主要由于农业用地大幅下降（图5.5-14，图5.5-15）。园地转变为服务业用地；草地增加8.78%，绿地增加2倍。农田用地减少90%，转变为建设用地和碳汇用地；工业用地稳定；服务业用地增加2倍，部分由南汇村的农居用地转变；农居用地增长6.52%；交通用地增长13.75%。

2.情景2规划方案——低碳优化情景

低碳优化情景强调规划在严格控制用地扩张和保护环境、资源持续利用的前提下协调经济、社会、文化的发展，充分满足海岛生产生活需求并彰显文化特色（表5.5-18）。

规划形成“一岛两园四区”的空间结构（图5.5-16）。一岛即集自然风貌与民俗风情于一体的东门岛屿。两园包括西北部的渔业文化博览园和东南角的民俗文化园，头尾呼应、将原分散的民俗文化特色集中起来。四区包括岛域西北部村庄入口处的门户区，西部生产集中的渔业生产区，南部依托现状整改农居、保护并展

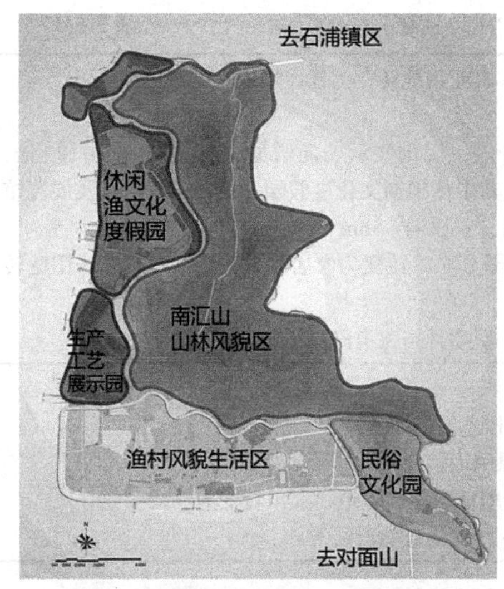

图5.5-13　情景方案1用地规划结构图

资料来源：自绘

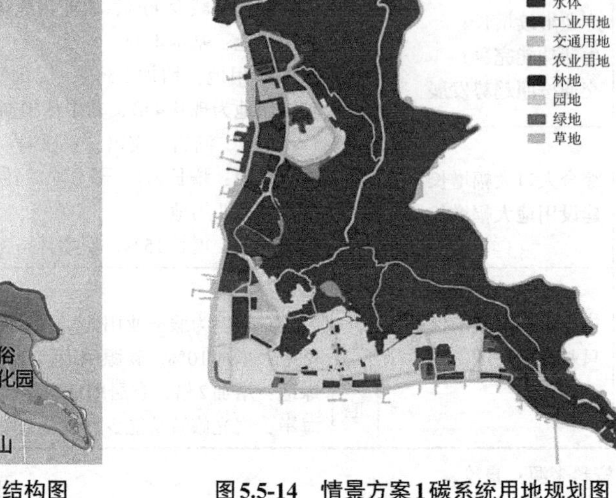

图5.5-14　情景方案1碳系统用地规划图

资料来源：自绘

Report	N	%	Sum	%	Avg/Mod.	Min/Mod.
总碳汇	53951	100.00	361.11	100.00	0.01	0.00
总碳汇.林地	44537	84.70	320.77	95.90	0.01	0.01
总碳汇.绿地	4395	7.50	27.56	1.20	0.00	0.00
总碳汇.草地	5019	7.80	12.78	2.70	0.00	0.00
总碳源	26170	100.00	−3764.00	100.00	−0.14	−0.46
总碳源.农业用地	552	3.50	−5.47	0.00	−0.00	−0.00
总碳源.农居用地	11369	43.04	−999.90	26.50	−0.09	−0.09
总碳源.工业用地	3823	12.50	−1760.40	46.70	−0.46	−0.46
总碳源.服务业用地	4781	19.90	−690.98	18.30	−0.10	−0.10
总碳源.水系	1860	6.90	−2.79	0.10	−0.00	−0.00
总碳源.道路用地	3785	15.06	−304.46	8.00	−0.39	−0.39

图5.5-15　情景方案1碳源碳汇分析

资料来源：作者CE计算结果

低碳优化情景设定下用地变化　　表5.5-18

功能	产业结构优化； 生活功能完善； 倡导低碳交通	碳源用地	农业用地：减少90%，农业用地转变为建设用地和碳汇用地 工业用地：减少10%，转变为服务业用地 服务业用地：增加2倍，文化展示功能增加2倍，渔家乐增加1倍，宾馆用地为现状3倍 农居用地：基本稳定，略有增长，部分农田转变为农居用地，南汇村的农居用地转变为服务业用地和碳汇用地 交通用地：增长5%，新增或拓宽道路 海岸：少量生产生活功能岸线转变为观光旅游功能岸线
规模	综合人口增长幅度中等； 建设用地增长幅度中等		
选址	执行全面保护； 优先利用存量用地，允许占用一、二类限制用地	碳汇用地	林地：增加5%，碳源用地转变 园地：略微减少，转变为服务业用地 草地：增加5%，碳源用地转变 绿地：增加2倍，农居用地中穿插绿地，农田转变为绿地 海岸：保护所有自然岸线

资料来源：自绘

示具有特色的古渔村风貌的渔村生活区，以及东部山地景观规划后形成的南汇山林风貌区。

规划在岛的西北处布置海上活动的展览场所与东门渔业展览，规划休闲渔文化度假园，为渔俗文化、节庆文化、祭祀庆典等展示传习场地，结合布置酒店、宾馆、餐饮店。设置游客接待中心及旅游集散点以转换电瓶车。渔业生产区，选择条件优越、有意愿的企业，开展工业旅游，展示船舶修造、生产文化。保留古村整体格局并新增居住用地，对历史建筑进行保护整治。东南角的民俗文化园，展示如意娘娘文化、海防遗址以及沿海岛礁风光，保护自然岸线（图5.5-16）。

情景方案2中的岛域用地变化主要在于碳源用地内部结构性调整（图5.5-17，图5.5-18）。林地增长6.91%。园地略微减少，转变为服务业用地；农业用地减少90%，部分转换为林地、草地（增加8.38%）和绿地（增加2倍），部分转变为建设用地。工业用地下降9.11%；服务业用地增加2倍；农居用地保持稳定（增长1%）；交通用地增长2.57%。

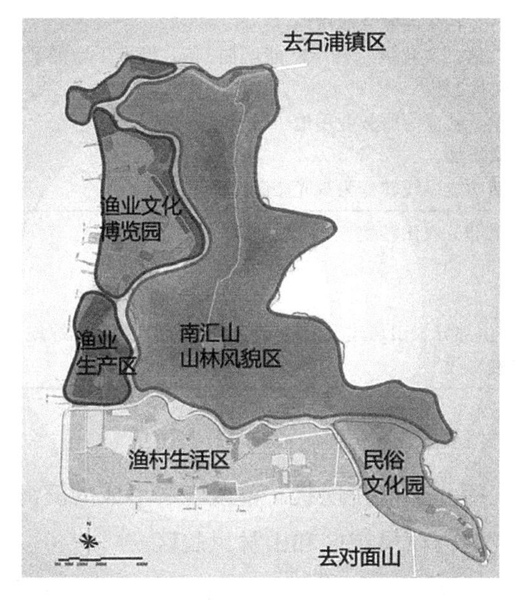

图5.5-16　情景方案2用地规划结构图
资料来源：自绘

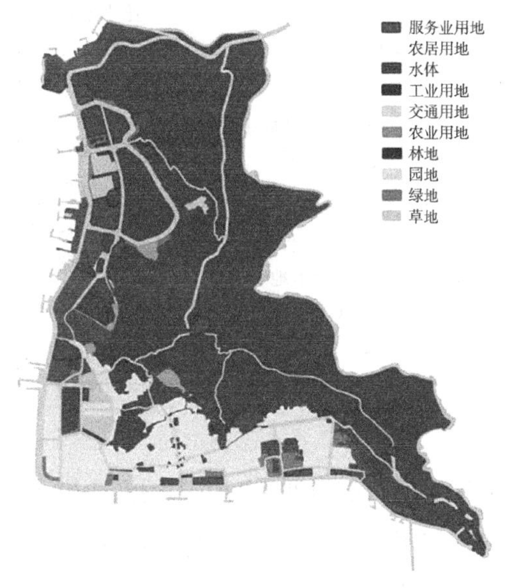

图5.5-17　情景方案2碳系统用地规划图
资料来源：自绘

3.情景3规划方案——低碳极值情景

低碳极值情景指将可变因子都纳入控制保护状态（表5.5-19）。

规划形成“一岛两园五区”的空间结构（图5.5-19）。一岛即集自然风貌与民俗风情于一体的东门岛屿。两园包括渔俗文化园和民俗文化园，形成南部文化中心。

Report	N	%	Sum	%	Avg/Mod.	Min/Mod.
总碳汇	56724	100.00	382.29	100.00	0.01	0.00
总碳汇.园地	235	0.40	0.73	0.20	0.01	0.01
总碳汇.林地	45620	80.40	342.94	94.60	0.01	0.01
总碳汇.绿地	4878	9.00	25.89	2.40	0.00	0.00
总碳汇.草地	5991	10.20	12.73	2.60	0.00	0.00
总碳源	23431	100.00	−3156.01	100.00	−0.15	−0.42
总碳源.农业用地	548	3.60	−5.47	0.00	−0.00	−0.00
总碳源.农居用地	10000	43.30	−888.51	28.30	−0.10	−0.10
总碳源.工业用地	2826	12.30	−1442.89	47.30	−0.42	−0.42
总碳源.服务业用地	5426	19.60	−564.98	16.60	−0.10	−0.10
总碳源.水系	1861	7.00	−2.79	0.10	−0.00	−0.00
总碳源.道路用地	3770	14.20	−251.37	7.30	−0.33	−0.33

图5.5-18 情景方案2碳源碳汇分析

资料来源：作者CE计算结果

低碳极值情景设定下的用地变化 **表5.5-19**

<table>
<tr><td>功能</td><td>限制产业规模；
生活功能完整；
倡导低碳交通</td><td rowspan="2">碳源用地</td><td rowspan="2">农业用地：减少90%，农业用地转变为碳汇用地
工业用地：减少10%，转变为服务业用地
服务业用地：增加2倍，文化展示传承功能增加2倍，渔家乐增加了50%，宾馆用地为现状2倍
农居用地：减少15%，转变为服务业用地
交通用地：总量略微增加
海岸：少量生产生活功能岸线转变为观光旅游功能岸线</td></tr>
<tr><td>规模</td><td>综合人口增长幅度最小；
建设用地略有增长</td></tr>
<tr><td>选址</td><td>执行最大力度的保护；
优先利用存量用地、褐地、闲置地，避免占用碳汇用地</td><td>碳汇用地</td><td>林地：增长20%，由部分农田转变
园地：不变
草地：不变
绿地：增长125%，由部分农田与建设用地转变，农居用地中穿插绿地
海岸：保护所有自然岸线</td></tr>
</table>

资料来源：自绘

五区包括西部两处生产集中的渔业生产区，西北部依托现状、整改农居形成的滨海农业休闲区，以及南部和东部保留改善形成的古村风貌区和山林风貌区。

方案3中建设用地变化主要集中在东门渔村中东部。工业仓储用地转变为服务业用地，剩余工业仓储用地采用更节能高效的生产方式；以旅游业发展为核心，增加文化传承、展示用地，将东门岛打造为特色渔文化休闲旅游岛。农居用地中穿插绿地和服务业用地，沿街布置餐饮和渔家乐。在东门岛入岛处设置旅游集散点，岛域交通转换为以电瓶车为主的观光方式（图5.5-20）。

情景方案3中碳汇用地总量上升，主要体现为林地和绿地增加（图5.5-21）。碳源用地保持稳定，农业用地基本转变为碳汇用地。碳汇用地增长20%，主要为农

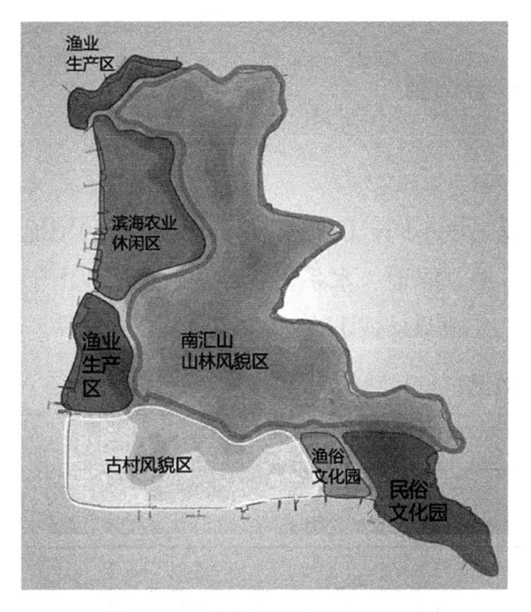

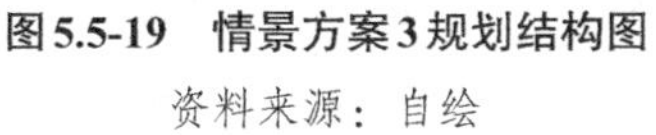

图5.5-19 情景方案3规划结构图

资料来源：自绘

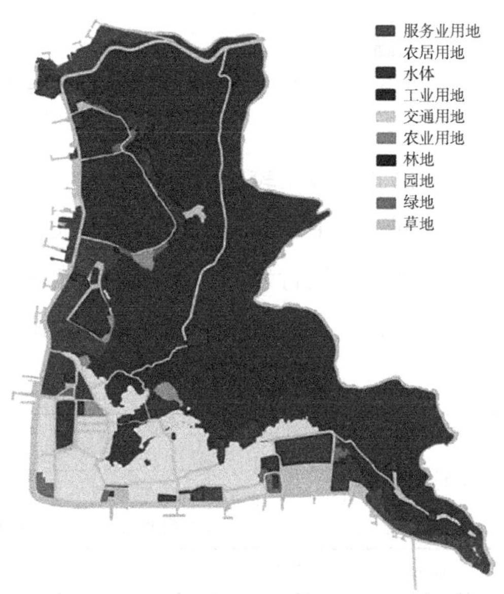

图5.5-20 情景方案3碳系统用地规划图

资料来源：自绘

田用地转变为林地（增长17.85%）、绿地（增长123.59%）。建设用地增长6.90%：工业用地减少11.11%，转变为服务业用地；服务业用地增加196%；农居用地减少14.62%，转变为服务业用地；交通用地略微增加。

Report	N	%	Sum	%	Avg/Mod.	Min/Mod.
总碳汇	57788	100.00	411.13	100.00	0.01	0.00
总碳汇.园地	220	0.30	0.86	0.20	0.01	0.01
总碳汇.林地	45150	78.10	378.05	95.00	0.01	0.01
总碳汇.绿地	5047	9.00	20.48	0.80	0.00	0.00
总碳汇.草地	7371	12.60	11.74	3.80	0.00	0.00
总碳源	22486	100.00	−2870.11	100.00	−0.14	−0.56
总碳源.农业用地	558	3.70	−5.47	0.00	−0.00	−0.00
总碳源.农居用地	9110	38.50	−836.64	28.50	−0.10	−0.10
总碳源.工业用地	2941	12.90	−1251.19	46.50	−0.30	−0.30
总碳源.服务业用地	4799	21.30	−539.89	17.20	−0.11	−0.11
总碳源.水系	1660	7.80	−2.79	0.10	−0.00	−0.00
总碳源.道路用地	3418	15.80	−234.13	7.40	−0.56	−0.56

图5.5-21 情景方案3碳源碳汇分析

资料来源：作者CE计算结果

5.5.6 东门岛乡村情景规划方案比较与选择

1.碳源系数比较

不同情景中能源技术、生活方式、建设强度不同，因此需要对不同情景的用地碳源系数变化进行判定。而林地、园地、草地、绿地、水系、农业这六类用地由于地表环境在一段时间内保持稳定，因此碳汇、碳源系数不变（表5.5-20）。

碳源系数比较　表5.5-20

用地类型	现状值（$tC/hm^2\times a$）	情景1		情景2		情景3	
		情景系数（$tC/hm^2\times a$）	变化因子	情景系数（$tC/hm^2\times a$）	变化因子	情景系数（$tC/hm^2\times a$）	变化因子
林地	3.20	3.20	1	3.20	1	3.20	1
园地	1.66	—	—	1.66	1	1.66	1
草地	0.67	0.67	1	0.67	1	0.67	1
绿地	1.47	1.47	1	1.47	1	1.47	1
水系	−0.46	−0.46	1	−0.46	1	−0.46	1
农业用地	−1.94	−1.94	1	−1.94	1	−1.94	1
工业用地	−158.78	−158.74	1.00	−142.86	0.90	−127.03	0.80
服务业用地	−39.61	−38.67	0.98	−35.22	0.90	−34.73	0.88
农居用地	−28.35	−27.18	0.96	−25.51	0.90	−28.38	1.00
交通用地	−19.06	−21.51	1.13	−19.60	1.03	−18.75	0.98

注：表中正值表示碳汇系数，负值表示碳源系数；变化因子为情景值与现状值的比值，便于后续参数化计算应用。

资料来源：自绘

1）低碳基准情景（情景1）：碳源系数稳中有升

工业仓储发展延续现状，碳源系数不变。服务业能源结构不变，由于用地规模增长，服务业碳源系数微下降。尽管人口增长，生活水平提高，但由于人均居住面积增长，尤其是规划新建的住房户均面积较大，农居碳源系数略有下降。交通碳源方面，随着机动车出行比例与私家车旅行大幅增长，导致交通碳源系数增加。

2）低碳优化情景（情景2）：碳源系数普遍下降

由于能源供应方式向绿色发展，同时技术发展使能耗效率提高，因此设定工业、服务业、农居碳源系数下降10%。私家车拥有率不可避免地上升，外来客流大幅增加，利用新能源汽车且以公共交通为主导，因此交通碳源系数基本稳定。

3）低碳极值情景（情景3）：生产碳源降幅最大

由于技术更新采用更节能的生产方式及工业生产规模的控制，工业用地碳源系数下降20%。服务业碳源由于利用清洁能源相对情景2保持稳定。尽管采用了清洁能源，农居碳源系数伴随着农居用地规模的大幅下降和村民生活水平的提高保持稳定。由于私家车增长幅度较小，增长客流以团体旅游为主且推广节能汽车，乡村交通碳源系数基本稳定，微下降。

2.碳汇、碳源和碳系统净值比较

运用CE软件，将各图层叠加，按0.5m×0.5m网格进行矢栅转换并赋值。输入三种情景的碳源系数变化因子，生成评价图层，得到东门岛乡村在低碳基准、低碳优化、低碳极值情景下的碳系统结果（表5.5-21）。

三种情景用地方案碳源、碳汇比较 **表5.5-21**

	碳汇（tC）					碳源（tC）							净值（tC）
	林地	园地	草地	绿地	总碳汇	水系	农业	工业	服务业	农居	交通	总碳源	
现状	320.77	0.86	11.74	9.16	342.53	−2.79	−63.63	−1760.85	−213.48	−979.04	−237.13	−3225.93	−2914.39
情景1	320.77	0	12.78	27.56	361.11	−2.79	−5.47	−1760.40	−690.98	−999.90	−304.46	−3764.00	−3402.89
情景2	342.94	0.73	12.73	25.89	382.29	−2.79	−5.47	−1442.89	−564.98	−888.51	−251.37	−3156.01	−2773.72
情景3	378.05	0.86	11.74	20.48	411.13	−2.79	−5.47	−1251.19	−539.89	−836.64	−234.13	−2870.11	−2459.10

注：定义碳汇值为正、碳源值为负。
资料来源：自绘

1）碳汇比较

三种方案都保持岛域原有自然生态系统，基本保持自然碳汇水平。通过绿地在村中的穿插布局，改善村庄内的生态环境。

三种情景碳汇量都呈现“汇增”效果，主要为农业碳源变为碳汇。其中情景1的增长幅度最小，上涨5.42%；情景2增长幅度较高，上涨11.61%；情景3的碳汇增长幅度最大，上涨20.02%。乡村固碳能力的增长有限（图5.5-22）。

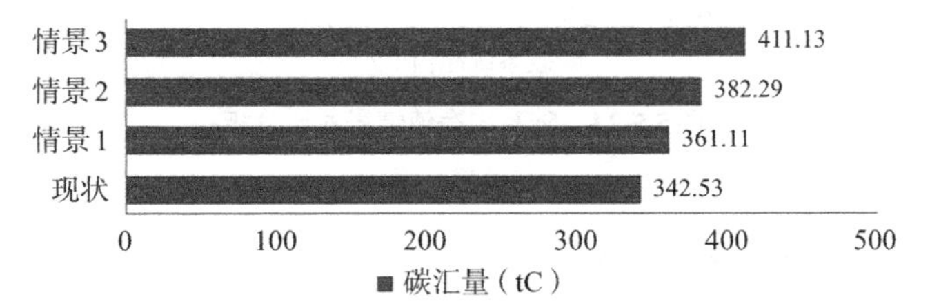

图5.5-22 碳汇总量情景对比分析

资料来源：自绘

2）碳源比较

碳源比较分析中，低碳基准情景（情景1）的碳源总量相比现状有所增长，年排碳量增加538.07tC，增幅16.68%；低碳优化情景（情景2）、低碳极值情景（情景3）的碳源总量有所下降，降幅2.17%、11.03%，分别下降为69.92tC、355.82tC。

将情景2、情景3与情景1比较，碳源下降幅度较大：情景2下降607.99tC，降幅16.15%；情景3下降893.89tC，降幅27.71%。采取低碳策略可改善延续现有模式形成的高碳形势（图5.5-23）。

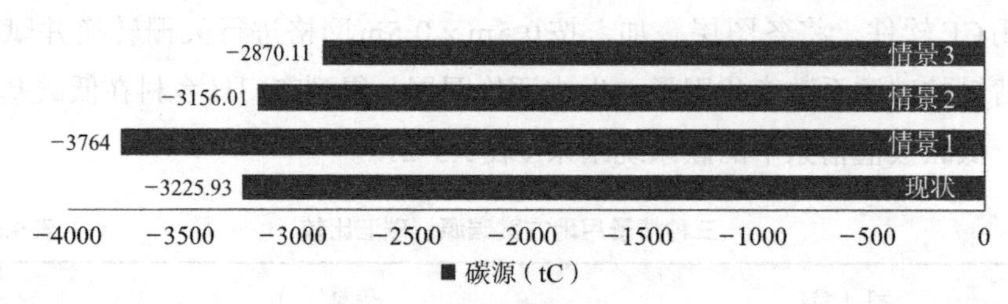

图5.5-23　碳源总量情景对比分析

资料来源：自绘

3）碳系统净值比较

情景1碳系统净值为-3402.89tC，此情景呈现“汇增源增”趋势，碳源量远大于碳汇量，延续海岛型乡村碳系统“低汇高源”特征，乡村继续朝着高碳化趋势演进。

情景2碳系统净值为-2773.72tC，相较现状下降了140.67tC，降幅4.83%；情景3碳系统净值为-2459.10tC，下降了455.29tC，降幅15.62%。这两个情景都呈现“汇增源减”的趋势，体现出一定的乡村低碳化发展引导作用。但海岛型乡村碳系统仍然呈现“低汇高源”的特征（图5.5-24）。

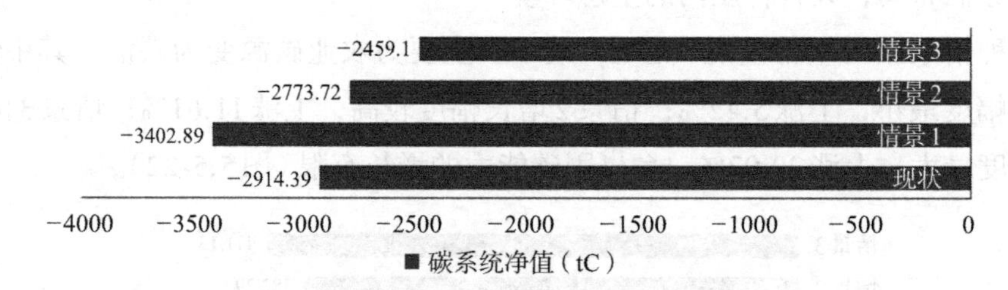

图5.5-24　碳系统净值情景对比分析

资料来源：自绘

3.东门岛最优情景选择与特征

为实现以东门岛为代表的海岛型乡村低碳转型，根据案例乡村的诠释和参数化测评综合结果，对海岛型乡村低碳情景方案进行比较选择：

在功能结构上，三个情景都以居旅混合为发展重点，情景1依据现状趋势发展，情景2、情景3都是通过乡村产业结构与能源结构调整促使碳源结构调整，保护碳汇用地，转移和降低碳排放，实现东门岛碳系统净值的提升（表5.5-22）。

三个情景方案的优缺点 **表5.5-22**

	情景1方案	情景2方案	情景3方案
低碳程度	低碳程度最低： 1.不限制渔业、相关加工业、修造船业、仓储业、服务业的发展规模。 维持现有的生活方式。 2.少量占用碳汇用地	低碳程度中等： 1.控制渔业、相关加工业、修造船业及仓储业规模，向服务业碳源转换。 2.鼓励低碳生活方式，降低农居碳源。 3.适度增加碳汇用地	低碳程度最高： 1.以低碳为核心，尽量降低渔业、相关加工业、修造船业、仓储用地规模，转向发展服务业。 2.鼓励低碳生活方式，降低农居碳源。 3.最大程度增加碳汇用地
方案优点	1.政府只需投入有限公共资源，由市场投入大量资源主导空间开发。 2.大规模休闲、文化展示用地，度假养老房产开发，商业、居住联动开发带来较高的经济效益	1.将全岛作为开放型的博览园，具有良好的历史文化展示和传承功能。 2.博览园建设充分利用南汇村农田用地的建设潜力和升值空间，具有良好的经济效益和生态景观效益	1.基于现状，利用现状，改动量小，拆迁量小，建设量小，工程量小，因此建设投入和开发风险也相对较小。 2.功能集聚性强（文化展示功能集中于岛的东南部、渔业生产区集中于西侧）
方案缺点	1.对现状的改动最大，建设费用高，开发风险最大。 2.高能耗产业不限制发展对环境负面影响大	1.对现状的改动较大，改造费用高，开发风险较大。 2.文化展示功能布局零散，旅游业对生产生活干扰多	1.开发强度低，经济效益一般。 2.开发核心区位于全岛末端，缺少未来可拓展的空间

情景1（低碳基准情景）低碳程度最低：重视经济发展，较少考虑生态效益；在用地上采取较激进的扩张策略，大规模开发建设。

情景2（低碳优化情景）低碳程度中等，可操作性强：经济增长幅度次之，综合考虑低碳目标和经济社会发展；在用地上的策略较积极、均衡，系统保护古村风貌，全岛开展旅游博览。

情景3（低碳极值情景）低碳程度最高，可操作性低：经济增长幅度最小，重点考虑低碳化发展路径，促使乡村“汇增源减”；用地策略较保守，布局紧凑。

因此，从低碳目标出发，情景3——低碳极值情景方案为首选方案。

但在实际项目中，考虑到方案的可操作性，综合低碳目标、经济发展、村庄定位、村民需求以及现有的建设技术、资金等条件后，当地政府选择了情景2——低碳优化方案作为基础方案，并结合方案1、3的一些优点进行深化（表5.5-23～表5.5-25）。

低碳影响指标的一致性向量　　表5.5-23

低碳影响项目指标	比例矩阵		权重	Sum	一致性向量
	P1	P2			
P1	1 × 0.118	0.24 × 0.482	0.118	0.235	2
P2	4.10 × 0.118	1 × 0.482	0.482	0.965	2

社会影响指标的一致性向量　　表5.5-24

社会影响项目指标	比例矩阵			权重	Sum	一致性向量
	P3	P4	P5			
P3	1 × 0.097	1.83 × 0.054	0.84 × 0.113	0.097	0.290	3.0005
P4	0.55 × 0.097	1 × 0.054	0.49 × 0.113	0.054	0.162	3.0003
P5	1.20 × 0.097	2.05 × 0.054	1 × 0.113	0.113	0.340	3.0007

自然影响指标的一致性向量　　表5.5-25

自然影响指标	比例矩阵							权重	Sum	一致性向量
	P6	P7	P8	P9	P10	P11	P12			
P6	1 × 0.005	0.21 × 0.024	0.24 × 0.024	0.23 × 0.024	0.24 × 0.022	0.20 × 0.023	0.30 × 0.013	0.005	0.0353	7.012
P7	4.78 × 0.005	1 × 0.024	0.91 × 0.024	1.07 × 0.024	1.10 × 0.022	0.99 × 0.023	1.81 × 0.013	0.024	0.167	7.024
P8	4.21 × 0.005	1.10 × 0.024	1 × 0.024	1.06 × 0.024	1.07 × 0.022	1.04 × 0.023	1.93 × 0.013	0.024	0.170	7.025
P9	4.32 × 0.005	0.93 × 0.024	0.94 × 0.024	1 × 0.024	1 × 0.022	1.08 × 0.023	2.14 × 0.013	0.024	0.166	7.032
P10	4.20 × 0.005	0.91 × 0.024	0.94 × 0.024	1 × 0.024	1 × 0.022	0.91 × 0.023	1.98 × 0.013	0.022	0.159	7.029
P11	5.00 × 0.005	1.01 × 0.024	0.97 × 0.024	0.92 × 0.024	1.10 × 0.022	1 × 0.023	1.71 × 0.013	0.023	0.165	7.020
P12	3.28 × 0.005	0.55 × 0.024	0.52 × 0.024	0.47 × 0.024	0.50 × 0.022	0.58 × 0.023	1 × 0.013	0.013	0.091	7.021

资料来源：自绘

5.6 典型案例2：平原型乡村用地低碳化规划研究

在长三角地区，平原型乡村具有地形平坦、水网密布、交通便捷的特征，多数位于大都市区或城市密集地区，乡镇企业或民营企业发达，乡村非农化程度较高。为此，本书选择平原地区以工业发展主导的乡村——浙江省杭州市萧山区衙前镇凤凰村为案例，通过凤凰村地形图、2015遥感影像资料、能源统计数据、土地利用规划等资料的汇总与处理，分析凤凰村碳源、碳汇特征及碳排放影响因素，并运用层次分析法得出更适合凤凰村的低碳化用地规划方案。

5.6.1 凤凰村现状

1.凤凰村区位和交通条件

凤凰村位于萧山区中部、衙前镇东部，北临坎山镇，东接山南富村，西靠项漾村，距萧山国际机场9km，距萧山区中心12km，距杭州市中心25km，104国道穿村而过，交通十分便利。凤凰村村域面积为2.44km^2（图5.6-1）。

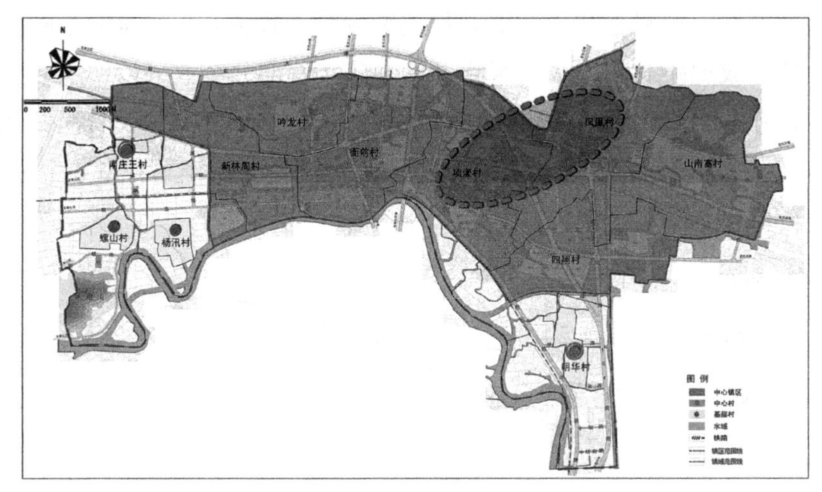

图5.6-1　凤凰村在衙前镇的区位

资料来源：底图为浙江省政区图岛式（浙S（2020）17号），来源于浙江省标准地图：https：//zhejiang.tianditu.gov.cn/standard

2.凤凰村社会经济发展情况

2005年6月，凤凰、卫家和交通三村合并成如今的凤凰村。2014年凤凰村农户583户，户籍人口2146人，凤凰村经济发展快速，工业、建筑业发达，就业机会众多，吸引了大批省内外务工人员。据不完全统计，目前凤凰村外来人口已超过10000人，是其户籍人口的5倍多。

凤凰村集体经济发达，民营经济活跃，改革开放以来已基本完成农村工业化，进入工业化后期阶段，正处于现代化与城乡一体化进程中。目前凤凰村工业企业87家，专业市场3个，联营加油站3个。2014年，实现村级可用资金4068万元，农村经济总收入达50.15亿元，村民人均收入43401元。从行业划分看，工业在凤凰村经济总收入中占97.53%，其次是餐饮业、建筑业，农业仅占总收入的0.14%（表5.6-1）。

2014年凤凰村农村经济总收入构成表　　表5.6-1

行业类别	农业	林业	畜牧业	渔业	工业	建筑业	运输业	餐饮业	服务业	其他
比重(%)	0.14	0	0.14	0	97.53	0.76	0.13	0.78	0.08	0.44

资料来源：自绘

3.凤凰村工业发展情况

2014年凤凰村村域内有87家企业，主要分布在成虎路南侧的凤凰工业园（该工业园是凤凰村行政村调整后根据新村远期规划建设而成）和凤山路南侧，另外衙前路北侧、成虎路北侧塘水线西侧也集中分布着部分企业，以纺织、五金等轻工业为主，基本无工业污染。从近5年数据看，凤凰村工业收入呈较缓速度增长，在村总收入中的比重一直维持在97.5%左右，其中2014年工业收入达48.9亿元（图5.6-2）。

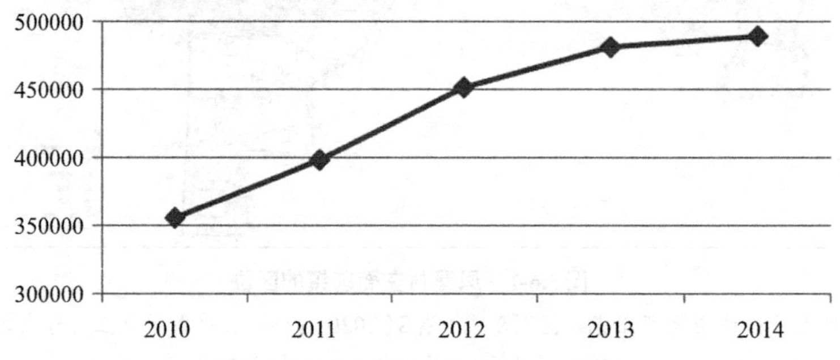

图5.6-2　2010—2014年凤凰村工业收入情况（单位：万元）

资料来源：自绘

按照企业规模划分标准（表5.6-2），凤凰村企业一半以上均为微型企业，小型企业比重为26%，中型企业比重为18%，无大型企业，其中20余家企业员工数不足十人，企业设备落后，无专门生产车间，以租赁居住建筑底层或仓库为主。

工业企业规模划分标准　　表5.6-2

企业规模	大型	中型	小型	微型
从业人员X(人)	≥1000	300≤X＜1000	20≤X＜300	X＜20
营业收入Y(万元)	≥40000	2000≤Y＜40000	300≤Y＜2000	Y＜300
凤凰村企业规模划分比重(%)	0	18%	26%	56%

注：企业规模划分标准来自《关于印发中小企业划型标准规定的通知》，微型企业只需满足一项指标即可。

资料来源：自绘

5.6.2 凤凰村用地碳系统分析

1.碳系统用地总量与构成

凤凰村建设用地2.2km^2，纳入萧山区衙前镇镇区规划范围，因建设用地大、类型多，且在《衙前镇总体规划2013—2020》中采用的是《城市用地分类与规划建设用地标准》GB 50137—2011。故本书结合城市用地分类标准，将凤凰村用地分为碳源用地和碳汇用地两大类，各类用地均有不同的吸收和排放碳的空间环境特征（图5.6-3）。

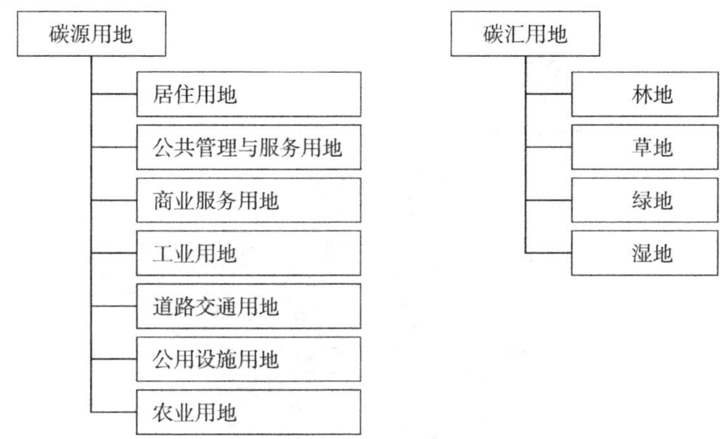

图5.6-3 凤凰村碳源、碳汇用地组成

资料来源：自绘

对凤凰村现状用地面积统计发现，凤凰村碳源用地面积远大于碳汇用地面积。从碳源用地看，工业用地是凤凰村最主要的碳源用地，所占比重达33.82%，其次是居住用地、道路交通用地和农林用地，公共管理与服务用地所占比重最低。从碳汇用地看，林地是凤凰村主要的碳汇来源，占地面积40.70hm^2，占总面积的18.50%，而绿地面积较少，仅有3.94hm^2，占总面积的1.79%，无草地（表5.6-3、图5.6-4）。

凤凰村碳系统用地构成 表5.6-3

类别	用地类型	面积（hm^2）	比重（%）
碳源用地	居住用地	35.58	16.17
	公共管理与服务用地	5.99	2.72
碳源用地	商业服务用地	11.00	5.00
	工业用地	74.41	33.82
	道路交通用地	18.92	8.60

续表

类别	用地类型	面积（hm^2）	比重（%）
碳源用地	公用设施用地	0.94	0.43
	农业用地	17.55	7.98
碳汇用地	林地	40.70	18.50
	绿地	3.94	1.79
	湿地	10.98	4.99
合计		220.01	100

资料来源：自绘

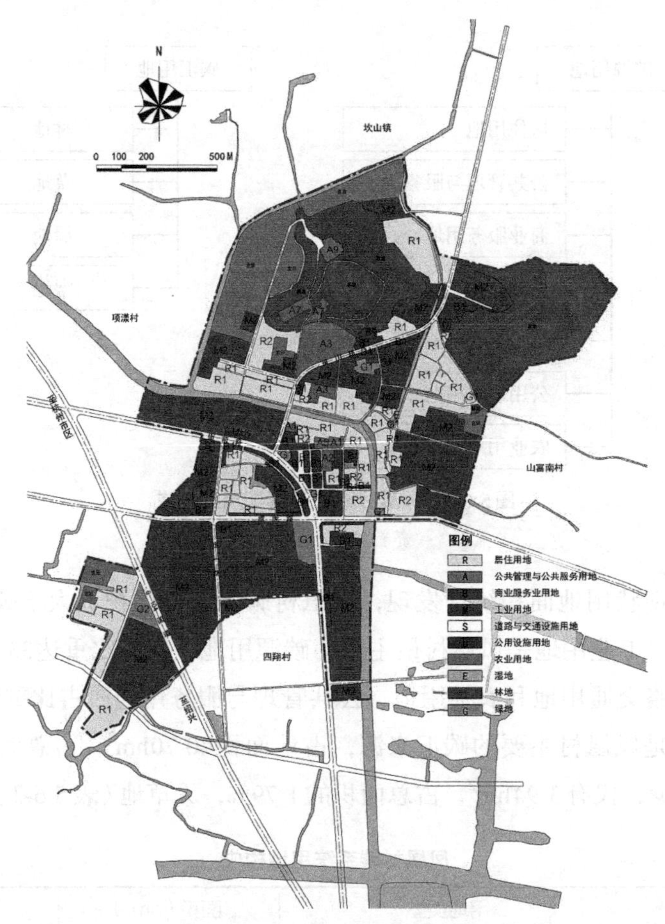

图5.6-4 凤凰村现状用地图

资料来源：自绘

2.碳源碳汇用地测算

本书研究数据来源于问卷调查与凤凰村的历年统计公报，其中问卷部分包括村民问卷部分与企业问卷部分，主要涉及村民日常能源消耗、交通出行、企业类型、耗能类型、耗能量等方面内容。由于碳源碳汇为实物消耗，其数据难以完成实时获取，故本文以“年”为单位，对各项用地的各类能源消耗数据进行了相应换算，以统计碳源碳汇的年排放/吸收量。

1）碳源测算

风凰村能源消耗以电力、天然气为主。其中工业能耗主要为电力，家庭能耗以电力、天然气，部分商业设施能耗以电力为主，煤炭为辅，煤炭总体使用率不高。

通过对国内外碳排放测算方法的研究发现，对于乡村、产业园区等较小区域的碳排放测算适合采取排放因子法与问卷调查法相结合的办法。其中排放因子法是指在正常技术经济和管理条件下，生产单位产品所排放的气体数量的统计平均值，排放因子也称为排放系数[①]。问卷调查的主要内容是家庭能源产品的消耗，包括天然气、煤炭、电力、私人交通等。

基于政府间气候变化专门委员会（IPCC）出版的《2006年IPCC国家温室气体清单指南》建立的框架体系，排放系数选取上尽量采取我国常用数值[②]。通过查阅相关文献，在表5.6-4中列出了本章所需采用的相关碳排放系数，主要有原煤、汽油、液化石油气、柴油和电力。

各类能源碳排放系数 **表5.6-4**

能源种类	折标准煤系数	碳排放系数
原煤	0.7143（kgce/kg）	0.4857（kg/kg）
汽油	1.4714（kgce/kg）	1.006（kg/kg）
液化石油气	1.3300（kgce/kg）	0.9044（kg/kg）
柴油	1.4571（kgce/kg）	0.9908（kg/kg）
电力	0.4040（kgce/kW·h）	0.2747（kg/kg）

注：折标准煤系数来自《综合能耗计算通则》GB/T 2589—2020；电力折标准煤系数为等价值。
资料来源：自绘

通过问卷调研收集居住、工业、交通产生的各类能源使用量，其中发放村民问卷40份，收回有效问卷37份，发放企业问卷51份，收回有效问卷50份。公共服务与管理设施、商业设施、公用设施等采用访谈形式，获得各项设施的能源使用情况，以计算碳排放量（表5.6-5）。

① 车卫红，侯宁，顾凯平，等. 我国碳源排碳量估算研究进展[J]. 现代科技（现代物业下旬刊），2010，9（3）：8-9.

② 张德英. 我国工业部门碳源排碳量估算办法研究[D]. 北京：北京林业大学，2005.

实地问卷及访谈数量汇总 **表5.6-5**

<table>
<tr><th>类型</th><th>类别</th><th colspan="2">数量</th><th>备注</th></tr>
<tr><td rowspan="2">问卷</td><td>村民</td><td colspan="2">40</td><td>有效问卷37</td></tr>
<tr><td>企业</td><td colspan="2">51</td><td>有效问卷50</td></tr>
<tr><td rowspan="11">访谈</td><td>公共服务与管理设施</td><td colspan="2">9</td><td></td></tr>
<tr><td rowspan="9">商业设施</td><td>餐饮</td><td>6</td><td></td></tr>
<tr><td>商铺</td><td>5</td><td></td></tr>
<tr><td>理发店</td><td>3</td><td></td></tr>
<tr><td>足浴店</td><td>2</td><td></td></tr>
<tr><td>小旅馆</td><td>3</td><td></td></tr>
<tr><td>酒店</td><td>2</td><td></td></tr>
<tr><td>大型超市</td><td>2</td><td></td></tr>
<tr><td>市场</td><td>3</td><td></td></tr>
<tr><td>各种小店</td><td>6</td><td></td></tr>
<tr><td>公用设施</td><td colspan="2">3</td><td></td></tr>
</table>

资料来源：自绘

（1）居住碳源

居住用地碳排放主要来源于日常生活能耗，如电能、燃气、煤炭等，能源消耗主体包括本地居民和外来务工人员。调研发现，凤凰村村民主要使用能源为电能及液化气，并无薪柴、秸秆、煤炭等能源，问卷数据统计得出户均电费是2148元/年，液化气费用是588.3元/年，并按照公式[①]计算得出户均电能、液化气的碳排量（表5.6-6）。凤凰村本地常住人口2146人，583户，外来人口按12000人计算，户均3人，共4000户，凤凰村总计约4583户，故凤凰村村民日常能耗碳排量为5544.605t/年。

村民日常生活能源消耗 **表5.6-6**

	电能	液化气	总量
户均（元/年）	2148	588.3	2736.3
户均碳排放（kg/年）	1016.783	141.838	1158.622

资料来源：自绘

① 碳排量计算公式 $H_i=\sum S_i \times \alpha_i$

公式中：H_i为第i种碳源用地的碳排放总量，S_i为第i种碳源用地的总面积，α_i为第i中碳源用地的碳源系数，该碳源系数是由当地村民的日常生活方式所决定的。

（2）工业碳源

考虑到数据可收集性，本文以电能消耗量来计算企业碳排放量，为避免重复计算，没有加入化石燃料的消耗。根据问卷统计得出相关数据，见表5.6-7。凤凰村平均每家企业碳排放量为414.344t/年，村内大小企业共87家，故工业碳排放量为36047.92t/年。

企业生产能源消耗 **表5.6-7**

	平均每家工业用电费用（万/年）	工业用电单价（元/kWh）	平均每家企业的碳排放量（t/年）
数值	136.31	0.838	414.344

资料来源：自绘

（3）交通碳源

凤凰村交通碳排放主要来自两部分，一部分是村民及外来务工人员的日常交通碳排放，另一部分是工业运输所产生的碳排放，主要耗能类型是汽油和柴油。村民交通能耗中还包括电动车产生的电能，但电能已在生活能耗中计算，故交通能源消耗中不作考虑。统计得出，凤凰村村民生活交通每年的户均汽油费用为7119.585元，因此户均碳排放量为913.575kg/户·年，生活交通总碳排量为4186.915t/年。

凤凰村工业产品运输以货车为主。问卷统计得出，凤凰村企业每次运输时长为4.08h，每天次数为2.8次，则得出平均每年每个企业的运输距离为125092.8km。根据公式$H_i=\sum S_i \times \alpha_i$（见本节居住碳源计算公式的备注），得出凤凰村工业运输碳排放量为15.096t/年。

（4）公共服务与管理设施

公共管理与服务用地的碳排放主要来自行政办公类设施、教育设施及公用设施的日常能源消耗。经实地调研发现，凤凰村有镇初级中学、恒逸仁和实验学校、村委、公安局、老年活动中心、文化活动中心等9处公共服务与管理设施用地，经统计得出总碳排放量为75104.07kg/年（表5.6-8）。

凤凰村现状公共服务与管理设施碳排放量 **表5.6-8**

序号	类别	碳排放量（kg/年）	备注
1	镇初级中学	13056.650	
2	恒逸仁和实验学校	9433.789	
3	村委	17278.766	
4	公安局	12336.871	
5	老年活动中心	3455.522	

续表

序号	类别	碳排放量（kg/年）	备注
6	文化活动中心	2261.392	
7	红色展览馆	3836.732	
8	衙前运动纪念馆	2488.724	
9	东岳庙	10955.626	
	总量	75104.07	

资料来源：自绘

（5）商业设施

凤凰村沿街商业发达，尤其是在成虎路、衙前路两侧，餐饮、服饰、维修、理发等商铺随处可见。笔者通过现场访谈、问卷形式，对凤凰村各商业设施进行能源消耗的统计，涉及的能源形式有煤炭、电能、液化气三种。为便于各店铺能源消耗量的计算，本书将凤凰村沿街商业店铺分为大型商铺、大型餐饮、小型餐饮、大型理发店、小型理发店、足浴店、小旅馆、酒店、大型超市、市场、各类小店等11类，进行能耗的分类统计，最后得出凤凰村现状商业设施总碳排放量为628.760t/年（表5.6-9）。

凤凰村现状商业设施碳排放量　　表5.6-9

序号	类别	数量	碳排放量（kg/年）	总量（t/年）	备注
1	大型商铺	50	1401.531	70.077	
2	大型餐饮	16	2531.886	40.510	
3	小型餐饮	50	1971.760	98.588	
4	大型理发店	3	3036.650	9.110	
5	小型理发店	7	1989.275	13.925	
6	足浴店	6	1401.531	8.409	浴室等
7	小旅馆	8	14015.306	112.122	
8	酒店	6	5335.884	32.015	
9	大型超市	2	3737.414	7.475	好乐购、家乐美
10	市场	2	1962.141	3.924	农贸、家居市场
11	各类小店	332	700.765	232.654	维修店、五金店便利店等
	总计	482	—	628.760	

资料来源：自绘

（6）公用设施

公用设施的碳排放主要来自供应设施的日常能源消耗。经实地调研发现，凤凰村有国家电网、市政设施公司、加油站3处公用设施用地，碳排放量见表5.6-10。

凤凰村现状公用设施碳排放量 表5.6-10

序号	类别	碳排放量（kg/年）	备注
1	加油站	1174.64	
2	市政设施公司	2106.45	
3	国家电网	1778.91	

资料来源：自绘

（7）农业用地

凤凰村农业用地主要为水稻田、旱田等耕作类用地，其碳排放量测算不同于上述几类用地，难以实时统计其碳排放量。根据第5章表5.1-1，采用农业Ⅰ级排放因子1.94作为凤凰村农业用地系数，最终得出农业碳排放量为34.05t/年。

（8）碳源构成分析

从表5.6-11中可知，工业用地是凤凰村最主要的碳排放来源，年排放量达36047.92t，占总碳排放的78.61%；其次是居住、道路交通所产生的碳源，分别达到总排放量的11.58%、8.19%；农业用地产生的碳排放最小，仅占总排放量的0.07%。

凤凰村各碳源用地碳排放量构成表 表5.6-11

序号	用地类型	年排放量（t）	比重（%）
1	居住用地	5309.96	11.58
2	公共管理与服务用地	75.10	0.16
3	商业服务用地	628.76	1.37
4	工业用地	36047.92	78.61
5	道路与交通设施用地	3754.11	8.19
6	公用设施用地	5.06	0.01
7	农业用地	34.05	0.07
	总量	45854.95	100.00

资料来源：自绘

2）碳汇测算

本研究采用三层级的碳汇系数（见第5章表5.1-1）清单计算方法，并根据乡村用地类型，重新整理三级类别及对应排放因子。在城市或区域统计数据中，往往难以细分各碳汇类别，可采用Ⅰ级类别及排放因子；在省域及城市统计数据中，可采用Ⅱ级碳汇类别及排放因子。本书考虑到乡村用地面积较小，能细分各碳汇用地类别，为提高估算精度选用Ⅲ级数据，降低不确定性。

根据林地、绿地、湿地、草地碳吸收强度，得出凤凰村碳汇总量，见表5.6-12。林地是凤凰村最主要的碳汇来源，年碳吸收量达130.53t，占到总量的95.75%；凤凰村湿地属于河湖岸带湿地，其碳吸收量小于碳排放量，呈现出碳源用地特征，故其碳吸收量为负值。

凤凰村各碳汇用地碳吸收量构成表 **表5.6-12**

序号	用地类型	总排放量（t）	比重（%）
1	林地	130.53	95.75
2	绿地	5.79	4.25
3	湿地	−5.05	—
4	草地	0	0
	总量	131.27	100.00

资料来源：自绘

3）碳源碳汇系数

为更直观了解各类用地碳排放/吸收强度，得出各用地的碳源系数，即单位面积用地的碳排放量。碳汇系数借鉴相关学者研究成果，其中农业碳源系数取1.94，湿地碳源系数取0.46，林地碳汇系数取−3.2，绿地碳汇系数取−1.47（表5.6-13）。

凤凰村现状碳源、碳汇系数 **表5.6-13**

类别	用地类型	系数（$tC/hm^2 \times a$）
碳源	居住用地	110.49
	公共管理与公共服务用地	7.43
	商业服务用地	57.04
	工业用地	522.42
	道路与交通设施用地	125.57
	农业用地	1.94
	湿地	0.46
碳汇	林地	−3.2
	绿地	−1.47

注：凤凰村湿地属河湖岸带类型，因此本书最终将湿地归为碳源用地。
资料来源：自绘

5.6.3 凤凰村碳系统特征与碳排放影响分析

1.碳系统特征

1）低汇高源

从用地面积上看，碳源用地量远大于碳汇用地量。居住、工业、商业服务、道路交通等碳汇用地面积总量达175.37hm^2，占村域面积的80%，其中工业碳源用地面积最大，其次是居住碳源用地；碳汇用地仅林地和绿地，其中林地面积仅次于工业用地面积，绿地面积最小。

从碳排放/吸收上看，碳排放量远大于碳吸收量。凤凰村的年碳吸收量为136.32t，仅占年碳排放量的0.3%。碳排放主要来源于工业、生活能耗和道路交通，公共管理与服务、农业、湿地等产生的碳排放相对较少（图5.6-5）。林地是碳吸收的主要载体，占碳总吸收量的96%；绿地面积少，碳吸收量低。

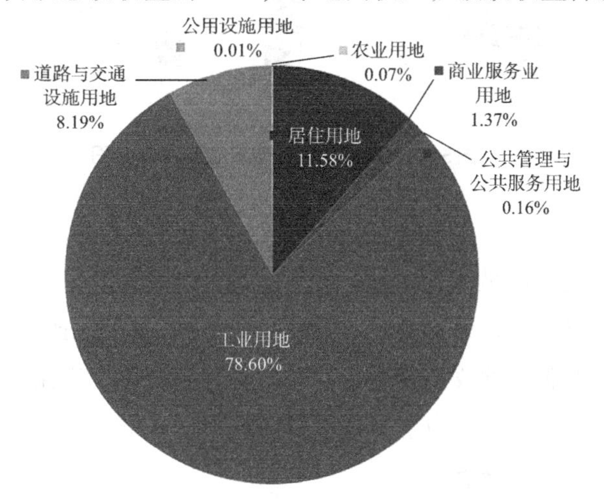

图5.6-5　凤凰村现状各用地碳源比重

资料来源：自绘

2）用地碳排放强度差别大

碳排放强度指单位用地面积上的碳排放量，即碳源碳汇系数。工业、居住、道路交通等建设用地碳源系数远大于林地、湿地等非建设用地碳源碳汇系数，在空间上形成了“南强北弱”的格局（图5.6-6），主要原因在于用地的活动主体不同。林地、绿地等非建设用地则是以自然覆被在生长过程中产生的碳排放/吸收为主，而工业、居住等建设用地以人为能源消耗所产生的碳排放为主，可见人为能耗因素对碳系统影响之大。

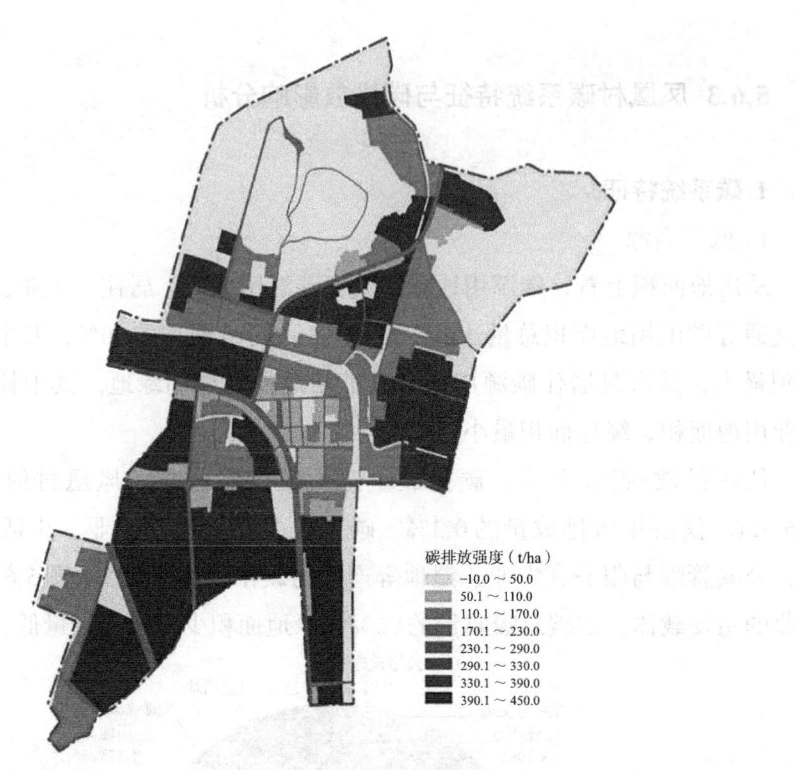

图5.6-6　凤凰村用地碳排放强度分布图

资料来源：自绘

3）工业为主要碳排放来源

凤凰村工业以轻纺、五金等第二产业为主，工业用地比重达33.82%，主要能耗类型为电能，工业碳排放比重达84.7%，远高于居住、道路交通设施等的碳排放量，是典型的以工业碳排放为主的村庄。

2.碳排放影响因素分析

1）外来人口集聚

近5年来，凤凰村户籍人口呈现微弱上升趋势，整体变化情况不大（表5.6-14），对碳系统影响较小。凤凰村企业数量多，为当地提供了大量的就业机会，同时也吸引了众多的外来人口。截至2015年，凤凰村外来人口数量上升至1万多人，是本地户籍人口的5倍之多，达到了总人口的85%左右（图5.6-7）。为缓解外来就业人口居住压力，凤凰村出资建设杭州首个外来职工社区，提高职工居住质量，然而大部分外来职工还是以租赁形式居住在当地村民家中。众多的就业机会，良好的居住环境，是凤凰村吸引外来人口集聚的主要原因。外来人口的集聚导致凤凰村居住碳源、商业服务碳源、交通碳源的逐渐上升。

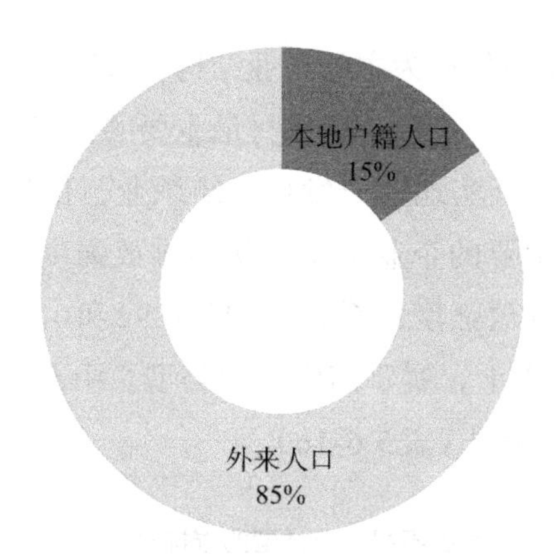

图5.6-7 凤凰村人口构成

资料来源：自绘

凤凰村近5年户籍人口情况 **表5.6-14**

年份（年）	2010	2011	2012	2013	2014
户籍户数（户）	620	601	601	583	582
户籍人口（人）	2118	2044	2118	2146	2155

资料来源：自绘

2）中高碳排放强度为主的产业结构

近年来，第二产业一直是凤凰村最主要的经济收入来源，其中纺织业、化学纤维制造业是凤凰村主要的工业类型，还有少数金属制造业和造纸业（图5.6-8）。

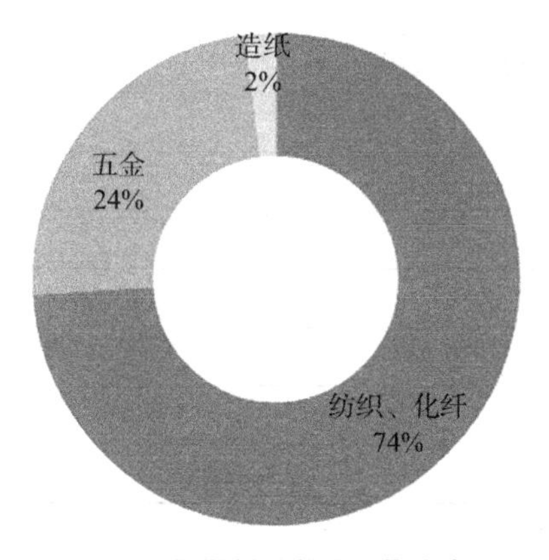

图5.6-8 凤凰村现状企业构成类型

资料来源：自绘

根据相关统计数据，按碳排放强度将我国各行业分成低碳排放、中碳排放、高碳排放三大类型，其中纺织业和金属制造业属于中排放行业，造纸业和化学纤维制造造业属于高排放行业。中高排放为主的产业结构导致凤凰村工业碳排放量的上升。

从经济收入构成看，第二产业是凤凰村最主要的经济收入来源，且所占比重远远超过第一、第三产业。经实地调研发现，纺织业、化学纤维制造业、金属制造业、造纸业是凤凰村内主要的企业类型，从碳排放强度看（表5.6-15），纺织业和金属制造业属于中等碳排放强度，系数分别为0.92和0.73；造纸业和化学纤维制造业碳排放强度均在1.5以上，属于高碳工业类型。中高碳排放强度的产业结构导致凤凰村工业碳排放量的上升（表5.6-16）。

我国不同工业类型的碳排放强度 **表5.6-15**

	行业类别	C排放强度
低排放行业	烟草制造业	0.05
	家具制造业	0.17
	仪器仪表及文化、办公用机械制造业	0.17
	皮革、毛皮、羽毛（绒）及其制品	0.19
	电气机械及器材制造业	0.19
	通信设备、计算机及其他电子设备制造业	0.19
	纺织服装、鞋、帽制造业	0.22
	废弃资源和废旧材料回收	0.24
	交通运输设备制造业	0.25
	文教体育用品制造业	0.29
中排放行业	专用设备制造业	0.33
	印刷业和记录媒介的复制	0.35
	医药制造业	0.36
	农副食品加工业	0.37
	饮料制造业	0.37
	通用设备制造业	0.39
	食品制造业	0.5
	塑料制品业	0.59
	木材加工及木、竹、藤、棕、草制品业	0.61
	金属制品业	0.73
	纺织业	0.92
高排放行业	橡胶制品业	1.02
	黑色金属矿采选业	1.12

续表

	行业类别	C排放强度
高排放行业	工艺品及其他制造业	1.17
	非金属矿采选业	1.47
	化学纤维制造业	1.64
	水的生产和供应业	1.75
	造纸及纸制品业	1.78
	有色金属冶炼及压延加工业	1.94
	化学原料及化学制品制造业	2.55
	燃气生产和供应业	3.14
	非金属矿物制品业	3.18
	黑色金属冶炼及压延加工业	4.89
	石油加工、炼焦及核燃料加工业	5.25
	电力、热力的生产和供应业	9.6

注：数据来源《中国能源统计年鉴》《中国统计年鉴2009》。

凤凰村三大产业收入构成比重　　表5.6-16

年份	第一产业	第二产业	第三产业
2010	0.3	98.7	1.1
2011	0.2	98.7	1.1
2012	0.3	98.3	1.4
2013	0.3	98.4	1.4
2014	0.3	98.3	1.4

资料来源：自绘

3）生活能耗量高于一般水平

随着经济水平与村民人均收入水平的不断提高，村民消费需求增加，消费模式由物质消费转向物质与服务消费并重，生存消费转向发展消费，能源使用频率越来越高。因此，随着人们对生活品质要求的提高，电能、液化气等商品能源的使用比重逐年上升，非商品能源使用比重逐年下降。

凤凰村生活能耗以电能、液化气、石油等商品能源为主，因此生活碳排放主要来源于这三种能源。从碳排放构成看，电能是凤凰村生活碳排放的最主要部分，比重占到一半以上，其次是石油和液化气，构成比重约5:4:1（图5.6-9），无秸秆、柴薪等非商品能源使用。从人均碳排放量看（表5.6-17），凤凰村年均碳排放量为575.9kg，远远高于一般农村人均碳排放量的184.3kg，但与城镇人均碳排放量相比又存在一定差距（表5.6-18）。这主要是由于凤凰村地处沿海经济发达地区，人均收入水平较高，加上村域内自然资源少，村民生活方式更接近于城镇模式，因此在能源消耗结构上不同于一般类型村庄，生活能耗产生的碳排放量会高于一般村庄水平。

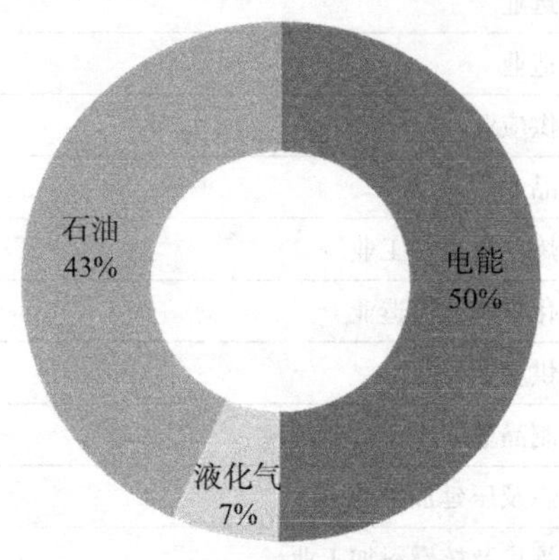

图5.6-9　凤凰村生活能耗总量构成

资料来源：自绘

凤凰村现状生活能耗构成　　**表5.6-17**

能源类型	人均能耗量	人均碳排放量（kg）	来源
电能	1051.8kWh	288.9	照明、电器、炊事、交通等
液化气	67.6m^3	38.4	炊事、生活热水等
石油	340.9L	248.6	交通
总量	—	575.9	—

城乡人均生活能源消耗量　　**表5.6-18**

	城镇	农村
人均碳排放量	922.1 kg	184.3 kg

注：数据经笔者按碳排放量折算。

凤凰村村民人均收入水平呈逐年递增趋势（图5.6-10），对各种服务和商品的消费随之提高，由此带来的能源消耗和碳排放量逐年增加。据计算，家庭生活能耗产生的碳排放占凤凰村总碳排放量的8.56%，是除工业碳排放外的最主要部分。随着人均收入的提高，村内由电能、液化气、石油等商品能源产生的生活碳排放量也会增加，这将是凤凰村未来节能减排工作中的重要内容。

4）村民以机动车为主的出行方式

按碳排放来源，将凤凰村交通碳排放分成两部分：生活交通和工业运输交通。生活交通碳排放主要来自村民日常出行所产生的碳源，包括小汽车、摩托车、公共

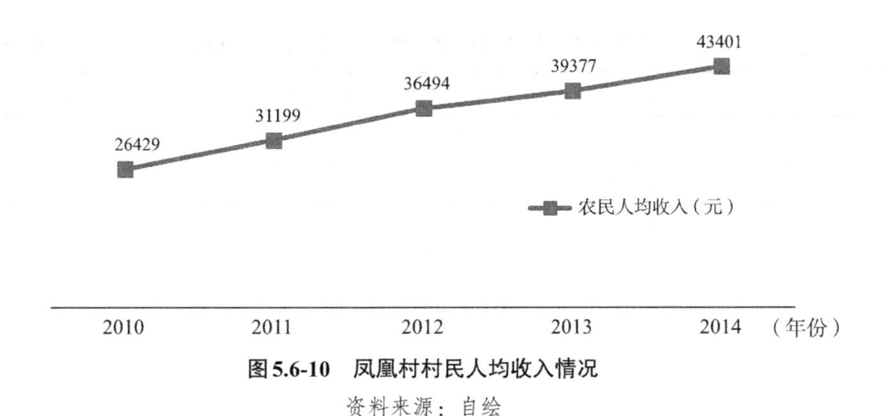

图5.6-10 凤凰村村民人均收入情况

资料来源：自绘

交通消耗的石油、电动车消耗的电能等，其碳排放量大小与村民日常出行方式密不可分。工业运输交通是指企业在生产过程中因货物运输、产品买卖等交通运输而产生的碳排放，凤凰村表现为货车运输消耗的柴油产生的碳排放。从碳排放量看，生活交通碳源是凤凰村交通碳排放的主要来源（表5.6-19）。

凤凰村现状交通碳排放构成 **表5.6-19**

	生活交通	工业运输交通
碳排放量（t）	2003.8	372.0
比重（%）	84.3	15.7

资料来源：自绘

不同交通工具对应的碳排放强度具有较大差别（表5.6-20），其中小汽车碳排放强度最高，其次是摩托车和公共交通，电动车碳排放强度最低，仅为小汽车排放强度的1/14。按照碳排放强度分，小汽车、摩托车为高碳出行方式，公共交通、电动车为低碳出行方式，步行、自行车为零碳出行方式。可见，不同类型出行方式会对村庄的交通碳排放量产生较大影响。

从凤凰村村民出行方式看，小汽车是凤凰村使用频率最高的交通工具，其次是电动车、自行车和步行、公共交通、摩托车。根据凤凰村出行方式比重及各交通工具碳排放强度得出，村内生活交通碳排放最主要来源是私家车，所占比重为85.4%，其次是摩托车和电动车。私家车为主的出行习惯势必会引发村庄高碳排放量。随着城乡一体化的快速发展，村民活动空间开始由村内扩大到萧山区、杭州市范围，去享受更好的公共服务，如娱乐、购物、聚会等。加上随着生活水平的提高，村民为追求更高的效率，更愿意采用私家车方式出行，而舍弃公共交通、自行车等低碳出行方式，由此带动了村内交通碳源的上升（图5.6-11）。

不同交通工具的碳排放强度①（单位：kg/人·km） 表5.6-20

	小汽车	摩托车	公共交通	电动车	步行、自行车
耗标准煤量	0.0544	0.0272	0.0110	0.0043	0
碳排放强度	0.0314	0.0157	0.0063	0.0022	0

资料来源：文献整理换算

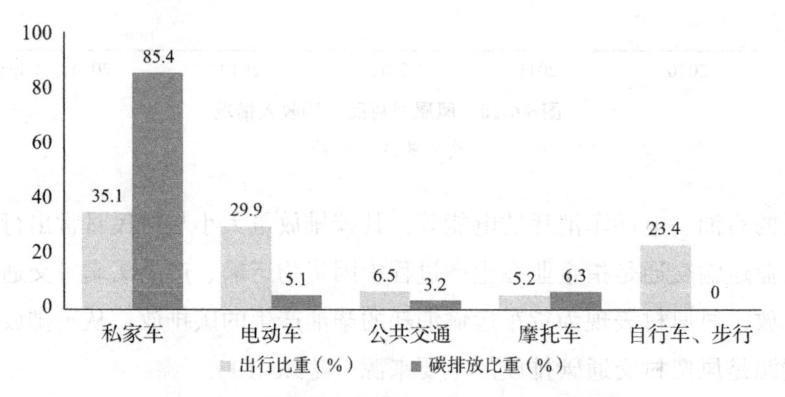

图5.6-11 凤凰村各出行方式及碳排放比重构成

注：碳排放比重是出行比重与各个碳排放强度的乘积后归一化处理。
数据来源：问卷整理。

5）工业运输

工业型村庄经济发达，工业货运量大，加上商业、服务业的发展，进一步促进了地区间货物的流通及运量的增大。凤凰村工业产品需求地多在省内，以杭州、绍兴、金华为主，生产产品多以货车运输为主要形式运往省内外，其中省内以杭州、绍兴、金华为主要目的地。凤凰村工业产品数量多，生产周期短，而货车运量小、柴油碳排放系数较高，导致工业运输次数增多，能耗大，碳排放量大（表5.6-21）。

凤凰村工业产品销售地分布比重 表5.6-21

销售地	省内	省外	国外
比重（%）	60.3	30.9	8.8

资料来源：问卷整理

5.6.4 用地布局评价指标体系

乡村低碳化用地布局是建立在生态学、经济学、社会学、可持续发展等理论基

① 李小明，张兆干，林超利. 基于低碳经济背景下低碳旅游社区的构建研究——以江苏省丹阳市飞达村为例[J]. 河南科学，2010，28（5）：626-630.

础上的，因此评价体系指标的选取需涉及生态、经济、社会、可持续发展等多个维度内容，并能充分体现平原地区工业发展主导的乡村特征。在综合分析和借鉴相关学者在低碳乡村、低碳经济、低碳社会等领域研究的基础上，笔者从平原地区工业发展主导的乡村内部发展逻辑出发，选取低碳化用地布局相关指标，构建了针对该类型乡村低碳化用地布局的评价指标体系。

1.评价指标体系方案

研究采用层次分析法对规划方案进行分析研究，其基本原理是将一系列复杂问题看成一个系统，通过分析将各因素归纳分层，下一层次因素要以上一层次因素为基本准则，构造判断矩阵对每层各因素进行两两比较，从而得出各因素权重，进而计算综合权重，确定最优方案。

村庄低碳化用地布局评价指标体系是综合反映村庄低碳化发展状况的指标集合体。评价体系所涉及的因子数量比较多，有的可以量化，有的难以量化，所选取的指标要能够体现所选村庄的现状和特点。

结合评价体系指标选取原则，综合工业发展主导村庄的碳排放影响因素研究，以该类型村庄碳排放约束为基本出发点，将该评价体系分为三个层次内容，分别是目标层（A）、准则层（B）、指标层（C），其中目标层为低碳化用地布局水平；准则层包括用地生产性低碳化、产业结构低碳化、生活低碳化、乡村环境低碳化四个方面；指标层则是在上述四个准则层目标下细分14个具体指标来构建低碳化用地布局指标体系（图5.6-12、表5.6-22）。

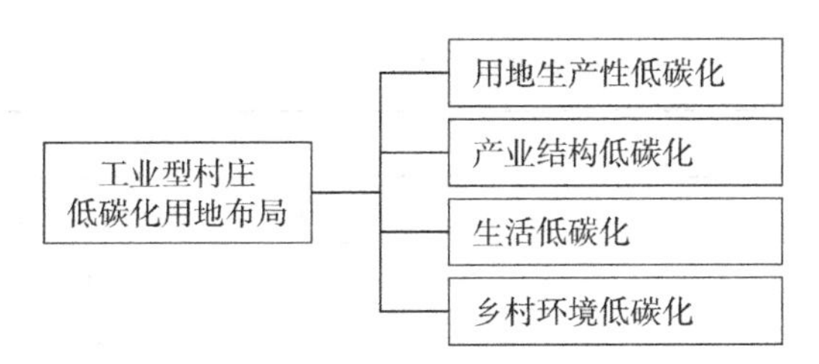

图5.6-12　评级体系结构图

资料来源：自绘

凤凰村村庄低碳化用地发展评价指标体系　　表5.6-22

目标层（A）	准则层（B）	指标层（C）	指标含义	指标类型
低碳化乡村用地布局（A1）	用地生产性低碳化（B11）	用地碳排放强度（C11）	总碳排放量/总用地面积	负相关
		交通用地比重（C12）	交通用地/总用地面积	负相关
		碳汇用地比重（C13）	（林地+绿地）/总用地面积	正相关

续表

目标层(A)	准则层(B)	指标层(C)	指标含义	指标类型
低碳化乡村用地布局(A1)	产业结构低碳化(B12)	产业碳排放强度(C21)	见表5.1-2	负相关
		工业用地比重(C22)	工业用地/总用地面积	负相关
		工业单位面积产值(C23)	工业产值/工业用地面积	正相关
		企业用地密度(C24)	企业数量/工业用地面积	正相关
	生活低碳化(B13)	人均碳排放(C31)	总碳排放量/总人口	负相关
		人均公共服务设施面积(C32)	公共管理与公共服务用地/总用地面积	负相关
		人均商业设施面积(C33)	商业、服务业设施用地/总用地面积	负相关
	乡村环境低碳化(B14)	村庄植被覆盖率(C41)	林地面积/总用地面积	正相关
		人均绿地占有量(C42)	绿地面积/总人口	正相关
		人均耕地量(C43)	耕地面积/总人口	正相关

注：产业碳排放强度选取主要产业的碳排放强度。

资料来源：自绘

2.指标权重的确定

1)构造判断矩阵

运用层次分析法，判断同一层次中不同因素的相对重要程度，共区分成9个标度，具体见表5.6-23。

判断矩阵标度及含义 表5.6-23

标度	含义
1	B_i、B_j具有同样重要性
3	B_i比B_j稍微重要
5	B_i比B_j明显重要
7	B_i比B_j强烈重要
9	B_i比B_j极端重要
2、4、6、8	B_i、B_j上述相邻判断的中值
1、1/2……1/9	B_i、B_j重要程度之比的倒数

2)一致性检验

对于判断矩阵来说，为了能用其的对应于最大特征根的特征向量作为被比较因素权向量，其不一致程度应在容许的范围内[①]，故应对其进行一致性判断，公式如下：

$$CI = \frac{\lambda_{max} - n}{n-1}$$

$$CR = \frac{CI}{RI}$$

式中，λ_{max}为矩阵的最大特征根。

当$\lambda_{max}=n$时，CI、CR均为0，表明矩阵一致性极好；CI、CR值越高，矩阵一致性就越差。一般认为，当CR＜0.1时，表明矩阵的一致性在可接受范围之内，可以采用。否则就需要重新调整矩阵，直至满足条件为止[②]。

对应的随机一致性指标RI的取值，见表5.6-24。

随机一致性指标RI[③] **表5.6-24**

阶数n	1	2	3	4	5	6	7	8	9
RI	0	0	0.58	0.90	1.12	1.24	1.32	1.41	1.46

3）指标权重的确定

（1）根据上述内容得出目标层A的判断矩阵B：

A	B11	B12	B13	B14
B11	1	1/3	2	4
B12	3	1	3	4
B13	1/2	1/3	1	2
B14	1/4	1/4	1/2	1

得出WB=（0.3034，0.4552，0.1586，0.0828），$\lambda max=4.1179$

一致性检验结果CR=0.044＜0.1

① 刘建林，黄向向.基于AHP的丹江流域生态修复模式评价指标优选[J].人民黄河，2012，34（6）：95-97，117.

② 孙志涛.我国客运质量体系评价研究[J].知识经济，2011（12）：83.

③ 李华，陈艳.基于层次分析法的投标项目选择多目标决策模型[J].合作经济与科技，2012（8）：22-24.

（2）准则层B1的判断矩阵C1

B	C11	C12	C13
C11	1	3	2
C12	1/3	1	1/2
C13	1/2	2	1

得出WB=（0.5294，0.1618，0.3088），$\lambda max=3.0092$

一致性检验结果CR=0.008＜0.1

（3）准则层B2的判断矩阵C2

B	C21	C22	C23	C24
C21	1	2	4	5
C22	1/2	1	5	6
C23	1/4	1/5	1	1/2
C24	1/5	1/6	2	1

得出WB=（0.4025，0.4192，0.0654，0.1129），$\lambda max=4.2041$

一致性检验结果CR=0.076＜0.1

（4）准则层B3的判断矩阵C3

B	C31	C32	C33
C31	1	4	2
C32	1/4	1	1/3
C33	1/2	3	1

得出WB=（0.535，0.121，0.3439），$\lambda max=3.0183$

一致性检验结果CR=0.016＜0.1

（5）准则层B4的判断矩阵C4

B	C41	C42	C43
C41	1	3	4
C42	1/3	1	2
C43	1/4	1/2	1

得出WB=（0.6115，0.2548，0.1338），$\lambda max=3.0183$

一致性检验结果CR=0.016＜0.1

（6）综合各指标权重（表5.6-25）

凤凰村低碳化用地发展评价指标权重　　表5.6-25

目标层	准则层	指标权重	指标层	指标权重	综合指标权重
A1	B1	0.3034	C11	0.5294	0.1606
			C12	0.1618	0.0491
			C13	0.3088	0.0937
	B2	0.4552	C21	0.4025	0.1832
			C22	0.4192	0.1908
			C23	0.0654	0.0298
			C24	0.1129	0.0514
	B3	0.1586	C31	0.535	0.0849
			C32	0.121	0.0192
			C33	0.3439	0.0545
	B4	0.0828	C41	0.6115	0.0506
			C42	0.2548	0.0211
			C43	0.1338	0.0111

权重分析得出，准则层中产业结构低碳化、用地生产性低碳化对工业型村庄低碳化用地布局影响大，权重指标分别为0.4552、0.3034，乡村环境低碳化所占权重最低，权重指标仅0.0828。在单个指标中，工业用地比重、产业碳排放强度、用地碳排放强度、碳汇用地比重、人均碳排放在工业型村庄低碳化布局用地中所占权重较高，即对村庄低碳化布局影响较大；而交通用地比重、工业单位面积产值、人均绿地占有量、人均公共服务设施面积、人均耕地量所占权重较低，权重指标均在0.05以下，对村庄低碳化布局影响较小。

3.指标标准化

采用归一化处理方法，对指标层各单项数据进行处理。其中对于数值越大越优指标，计算公式为：

$$\mathrm{ei}=\frac{C_i}{C_{\max}}$$

对于数值越小越优指标，计算公式为：

$$\mathrm{ei}=\frac{C_{\min}}{C_i}$$

其中，ei为指标C_i的标准化值；$C_{\min}$为指标C_i的最小值；$C_{\max}$为指标C_i的最小值；C_i为其实际值。

4.综合评价模型

为综合分析和研究村庄低碳化用地布局状况，通过多目标加权计算，对低碳化约束下的用地布局方案进行量化评价。计算公式如下：

$$X_j=\Sigma_i\gamma_{ij}t_{ij}(j=1，2，3，4；i=1，2，3，\cdots，16)$$

$$Y=\Sigma_j X_j W_j$$

式中，X_j指第j个准则层低碳化水平；

γ_{ij}指第j个准则层的第i个指标的标准化值；

t_{ij}指第j个准则层的第i个指标的权重值；

W_j指第j个准则层的权重值；

Y指用地布局方案的低碳化综合指数。

5.评价结果判定

为更直观评价低碳化布局水平，结合相关学者研究结果，将凤凰村村庄低碳化用地布局方案划分为低碳化、基本低碳化、临界低碳化、不低碳化四个标准（表5.6-26）。

低碳化用地布局评判标准　　表5.6-26

综合指标值	＜0.25	0.25～0.60	0.60～0.95	＞0.95
低碳化阶段	不低碳化	临界低碳化	基本低碳化	低碳化

5.6.5 凤凰村低碳化用地方案与综合评价

1.方案一：基于人居环境视角下的低碳化用地方案

1）方案一的规划着眼点

随着我国城市化和工业化的快速推进，城乡二元结构明显，乡村建设与生态环境保护一度被城市化率、经济增长、GDP等取代。乡村人居环境作为村民日常生产生活所需的物质与非物质有机结合体，却被迫处于一种突变、混沌、无序的境地中[①]。工业型乡村在政策影响、利益驱动下，人居环境建设更是不被重视，生态环境遭到严重破坏、传统文化逐步走向消亡、传统空间聚落无序等现象频频出现。近

① 李伯华，曾菊新，胡娟. 乡村人居环境研究进展与展望[J]. 地理与地理信息科学，2008（5）：70-74.

年来，随着城镇化进程中一系列生态问题的频发，乡村人居环境逐步受到重视。

从乡村人居环境内涵出发，可将其分为生态环境、人文环境和空间环境，三者有机统一，共同构成了乡村人居环境建设内容。生态环境为乡村人居环境活动主体提供发展所需的自然条件与资源，是村民日常生产生活的物质基础；人文环境是构成乡村传统习俗、价值观念、文化制度等特质的社会基础；生态环境与人文环境共同构成了乡村人居环境的外部环境；空间环境是人类创造物质与精神文明的空间载体与核心区域，是组成乡村人居环境的核心部分。

2）方案一：用地布局规划措施

基于人居环境视角，方案一采取四个方面的低碳化用地布局措施。

（1）措施一：优先生态化发展，提高村庄碳汇能力

结合人居环境构成因素，从生态化环境建设角度出发，通过合理增加绿地、林地等碳汇用地，在实现提升村民居住环境的同时，增加村庄碳吸收能力。首先，结合村庄自然环境资源，如河道、林地、绿地、农田等，合理安排居住用地位置，与工业用地之间形成安全防护距离，避免对居住环境造成影响；其次，通过绿带、绿心、河道走廊等形式，串联各社区，提升居住环境质量；最后，将污染严重、技术投入过低的低效企业取缔，置换为林地、绿地等碳汇用地，从而增强村庄碳汇能力与环境品质。

（2）措施二：重塑有序空间，实现公共设施有效覆盖

为避免造成“工业包围居住”的空间格局，将凤山路南侧企业转移至成虎路北侧，实现企业的集中化布置。另外，适当调整或增加商业、教育、医疗、社会福利设施等用地，确保其服务半径能有效覆盖整个村庄，提高设施可达性，从而降低村民日常车行交通，减少交通碳排放量，降低用地碳排放强度。

（3）措施三：重视地域文脉，加强近现代文明建设

凤凰村是近代农民革命运动文明与现代工业文明的结合地，前者是村庄历史文化的寄托与见证，后者是村庄经济收入的主要来源，两者缺一不可。从村庄长远发展角度看，要想实现村庄的低碳可持续发展需使两者和谐共存。

在用地布局规划中，加快融入近代农民革命运动文化因素，传承村庄历史文化内涵，避免被现代工业文化吞噬和淹没。同时结合现有文化资源，加强凤凰村农民革命文化宣传，适当发展乡村旅游业，为凤凰村招商引资提供便利，从而提升凤凰村在地区中的竞争力。

（4）措施四：加快社区建设，倡导低碳生活方式

提升现有社区的居住条件，改善基础设施及公共服务设施建设，保证村民邻里

活动空间的完整性，提高设施使用效率，降低能源碳排放。加快村庄社区建设，将公共服务中心东侧及北侧一类居住用地调整为二类居住用地，融入绿色低碳技术，提高土地利用效率，提升村民居住环境，改善村民及外来务工人员的居住条件。倡导低碳生活方式，节约生活能源，尽量采用公共交通、自行车等低碳交通方式出行，降低生活能耗量。

落实上述四项措施的各项用地具体安排，调整内容见表5.6-27和图5.6-13。

凤凰村方案一各项用地布局调整内容　　表5.6-27

序号	用地	布局调整内容
1	居住用地	将分散居住用地整合，确保在公共设施服务半径以内；将公安局东侧、衙前路西侧一类居住调整为二类居住；在满足交通便利条件下，尽量结合绿地、河道、林地、农田等布置；避免工业包围居住
2	公共管理与公共服务用地	扩大实验小学用地；保留原有文化设施用地
3	商业、服务业用地	保留原有大型商业设施用地；在工业用地附近增加餐饮、住宿等用地；取消分布散乱、不成规模商业设施
4	工业用地	取消技术落后、不成规模企业；将凤山路南侧工业用地迁至村域北侧及河道东侧；将工业用地集中在成虎路南侧、衙前路北侧及河道东侧，避免与居住用地穿插
5	道路与交通设施用地	打通原有断头路，保证路网通畅；拓宽内部支路
6	公用设施用地	在北侧增加一处垃圾转运站；为各公用设施设置防护绿地
7	农业用地	取消原有零散用地；在凤山路西侧增加部分农业用地
8	河流湿地	打通村域东侧、北侧河道，沿河道设置滨河绿地
9	林地	恢复凤山路西侧、村域北侧等部分林地
10	绿地	结合社区、公共设施用地布置小型公园绿地

2.方案二：基于工业化布局优化视角下的低碳化用地方案

1）方案二规划着眼点

工业是村庄碳排放的最主要来源，优化工业布局能有效降低村庄碳排放量。工业布局优化包括工业用地布局和工业结构优化两方面内容，目的在于形成产业集群或者产业链，减少土地使用量，提高单位面积工业产值，降低单位工业产品消耗的能源，从而达到节能减排的效果。

合理的工业用地布局是促进产业升级换代、提高企业规模效益的重要途径之一。由于历史和环境的原因，浙江平原地区工业发展主导村庄多存在着工业布局分散的问题，这对企业的技术进步、经营管理、人才集聚、村民生活和生态环境保护等都造成了很大影响。

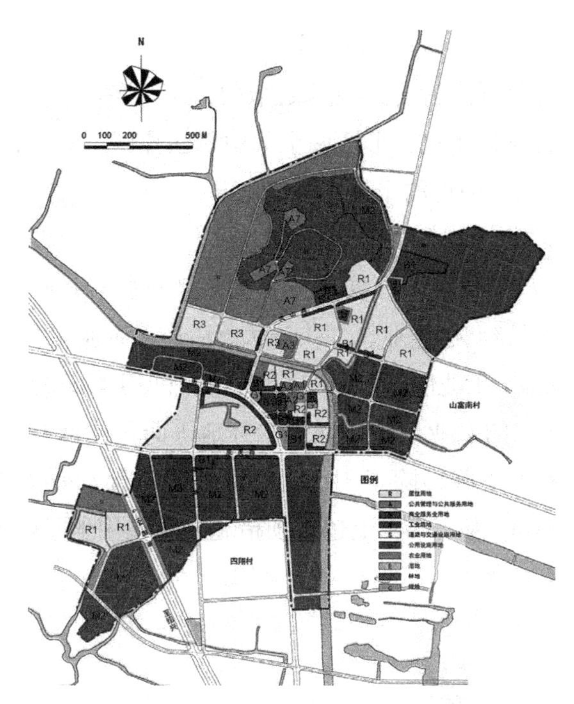

图5.6-13 人居环境视角下的凤凰村低碳化用地方案

资料来源：自绘

同时浙江平原地区许多乡村工业简陋起家，企业规模小，设备落后陈旧，生产效率低下，难以实现规模化生产。工业结构优化关键在于通过产业集聚和技术投入，各工业企业之间形成互相循环利用关系，从而实现资源的最少输出，降低对环境的冲击力，达到低碳化产业生产。

2）方案二的低碳用地布局规划措施

（1）措施一：产业集中化布置，实现资源共享

以集中化为布置原则，将村庄内零散分布的工业用地集中在凤凰工业园区及河道东北侧，形成两大工业园区，以降低工业发展带来的污染面，对周边的负面影响降到最低。企业在空间上的集聚有利于降低交易成本，便于不同企业共享公共基础设施，从而降低能源使用量，减少碳排放量，达到低碳产业发展目标。

（2）措施二：完善交通走廊，倡导低碳出行

根据村庄原有肌理，疏通凤凰村内部交通线路，同时注意区分生活交通与工业运输交通线路，避免工业运输交通穿越村庄内部生活区。同时结合工业园区位置，在凤山路、成虎路沿线适当设置餐饮、商店等商业设施，减少员工日常交通出行量。缩短村民、务工人员与各项服务设施距离，减少出行时间，倡导使用公交、自行车等低碳出行方式。

（3）措施三：优化设施布局，提升居住环境

结合周边环境及设施，制定合理规划结构，调整各项用地布局，结合公共服务设施 、河道等布置居住用地，形成两个集中居住片区，保证村民良好居住环境，最大限度降低工业对其他用地的干扰。

（4）措施四：加快产业升级，完善管理手段

实行产能落后淘汰机制，对村域范围内全部企业进行筛选，尤其是位于成虎路北侧衙前路西侧、衙前路北侧企业，加快淘汰落后产能企业，实现规模化产业经营，同时将保留企业迁往两个工业园区内，实行园区化管理手段，降低企业碳排放强度。

经过调整，方案二的农业用地、绿地、林地等面积比重有所上升，居住用地、工业用地面积比重有所下降，除了工业用地面积比重浮动较大以外，其余用地调整幅度均在4个百分点以内。落实上述四项措施的各项用地具体安排，调整内容见图5.6-14、表5.6-28。

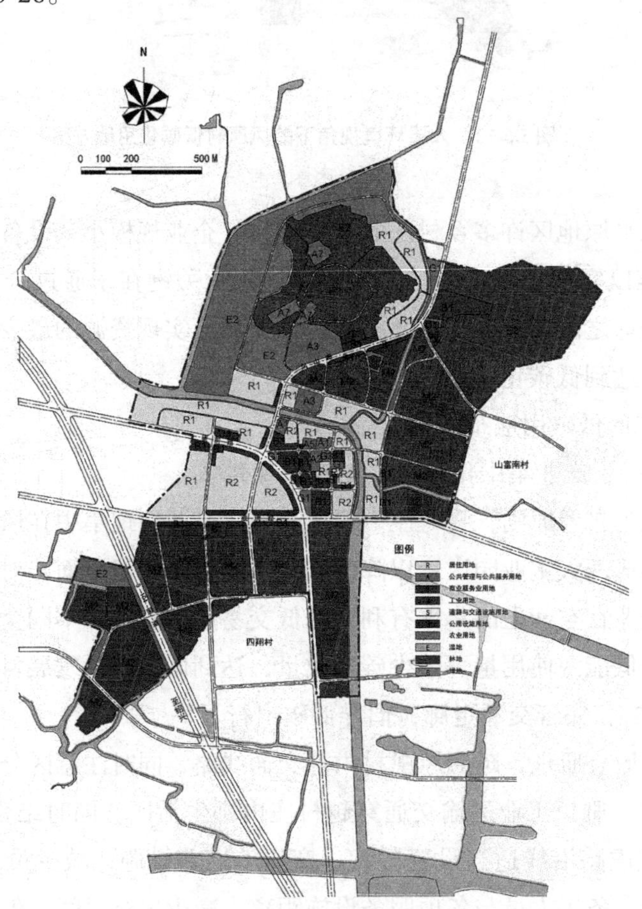

图5.6-14　工业布局优化视角下的凤凰村低碳化用地方案

资料来源：自绘

凤凰村方案二各项用地布局调整内容　　表5.6-28

序号	用地	调整内容
1	居住用地	将居住用地集中布置在公共服务中心周边及村域北侧
2	公共管理与公共服务用地	保留原有设施用地
3	商业、服务业用地	在成虎路两侧及凤山路两侧增加部分商业设施；取消分布散乱、不成规模的商业设施
4	工业用地	将凤山路南侧、北部衙前路两侧工业用地迁至南侧凤凰工业园及成虎路北侧工业园区；取消技术落后、不成规模企业
5	道路与交通设施用地	打通原有断头路，尤其是河道两边道路，保证路网通畅；拓宽内部支路
6	公用设施用地	在北侧增加一处垃圾转运站；为各公用设施设置防护绿地
7	农业用地	在凤山路西侧增加部分农业用地
8	湿地	打通村域东侧、北侧河道，沿河道设置滨河绿地
9	林地	恢复凤山路西侧、村域北侧等部分林地
10	绿地	结合社区、河道、公共设施用地等布置小型公园绿地；沿河道布置滨河绿地

资料来源：自绘

3.方案综合评价分析

1）用地生产性低碳化评价

用地生产性就是保持和提高土地生产能力，其低碳化评价包括用地碳排放强度、交通用地比重及碳汇用地比重3个指标层。基于4.6.4节中的层次分析法对方案一、方案二和现状进行用地生产性低碳化评价，得出最终结果（表5.6-29）。

用地生产性低碳化指标标准化及评价值　　表5.6-29

评价指标	指标类型	方案一	方案二
用地碳排放强度C11（t/ha）	负相关	1.000	0.923
交通用地比重C12（%）	负相关	0.952	0.895
碳汇用地比重C13（%）	正相关	1.000	0.891
评价值	—	0.992	0.909

资料来源：自绘

从评价结果看，基于人居环境视角下的凤凰村低碳用地方案（方案一）在用地生产性低碳化方面较工业优化布局视角下的低碳化方案（方案二）更具竞争力，其用地生产性指标达0.992，根据低碳化用地布局阶段评判标准，属于低碳化方案。从单个指标内容看，方案一更注重生态环境的保护与村庄碳汇功能的增强，因而用地碳排放强度与碳汇用地比重两个指标均优于方案二；在交通用地比重方面，方案二强调生活与工业交通的分离，导致了交通用地比重的上升，使得该指标的评价值低于方案一。

2）产业结构低碳化评价

产业结构的低碳化程度直接影响到村庄生态环境及未来的可持续发展程度，其低碳化评价包括产业碳排放强度、工业用地比重、工业单位面积产值及企业用地密度4个指标层。基于4.6.4节中的层次分析法对方案一、方案二和现状进行产业结构低碳化评价，得出最终结果（表5.6-30）。

产业结构低碳化指标标准化及评价值 表5.6-30

评价指标	指标类型	方案一	方案二
产业碳排放强度C21	负相关	1.000	1.000
工业用地比重C22（%）	负相关	1.000	0.900
工业单位面积产值C23（万元/公顷）	正相关	0.958	1.000
企业用地密度C24（个/公顷）	正相关	0.676	0.648
评价值	—	0.949	0.960

资料来源：自绘

从评价结果看，方案二在产业结构低碳化程度上更优于方案一，其评价值指标达0.960，根据低碳化用地布局阶段评判标准，属于低碳化方案，而方案一属于基本低碳化方案。从单个指标看，由于两个方案及现状的主要产业均是纺织与化纤，因此产业碳排放强度一致；方案一强调生活环境的重要性，对企业的低碳化及产能要求更高，经筛选淘汰的企业数量较方案二多，导致工业用地比重的下降，工业用地比重评价值高于方案二；方案二注重工业技术投入及产业优化升级，加上企业数量相对较多，因此在单位工业面积产值上更优于方案一；方案一淘汰企业数量较多，工业用地面积相对较少，以致企业用地密度高于方案二。

3）生活低碳化评价

生活低碳化是指村民日常生活碳排放程度，其低碳化评价包括人均碳排放量、人均公共服务设施面积及人均商业设施面积3个指标层。基于4.6.4节中的层次分析法对方案一、方案二和现状进行生活低碳化评价，得出最终结果（表5.6-31）。

从评价结果看，方案一在生活低碳化程度上更优于方案二，其评价值指标达0.977，根据低碳化用地布局阶段评判标准，属于低碳化方案，而方案二属于基本低碳化方案。从单个指标看，方案二的人均碳排放量高于方案一，表明方案二的总碳排放量高于方案一；在人均公共服务设施面积与人均商业设施面积指标上，两个方案相差无几，前者方案一优于方案二，后者方案二优于方案一。

生活低碳化指标标准化及评价值　　表5.6-31

评价指标	指标类型	方案一	方案二	现状
人均碳排放C31（t/人）	负相关	1.000	0.923	0.824
人均公共服务设施面积C32（m^2/人）	负相关	0.898	0.877	1.000
人均商业设施面积C33（m^2/人）	负相关	0.968	0.977	1.000
评价值	—	0.977	0.936	0.906

资料来源：自绘

4）乡村环境低碳化评价

乡村环境低碳化评价包括村庄植被覆盖率、人均绿地占有量和人均耕地量3个指标层。基于5.6.4中的层次分析法对方案一、方案二和现状进行乡村环境低碳化评价，得出最终结果（表5.6-32）。

乡村环境低碳化指标标准化及评价值　　表5.6-32

评价指标	指标类型	方案一	方案二	现状
村庄植被覆盖率C41（%）	正相关	21.444	19.281	18.499
人均绿地占有量C42（m^2/人）	正相关	0.667	0.565	0.324
人均耕地量C43（m^2/人）	正相关	110.131	114.586	79.769
评价值	—	0.995	0.899	0.745

资料来源：自绘

从评价结果看，方案一在乡村环境低碳化程度上更优于方案二，其评价值指标达0.995，根据低碳化用地布局阶段评判标准，属于低碳化方案，而方案二属于基本低碳化方案。从单个指标看，方案一注重增加林地、绿地等碳汇用地，因此在村庄植被覆盖率、人均绿地占有量指标上均优于方案二；但方案二人均耕地量高于方案一，表明方案二在农田用地碳排放量上高于方案一。

5）用地布局低碳化综合评价

通过对用地生产性、产业结构、生活低碳、乡村环境、综合指标五个准则层的指标进行加权计算，得到凤凰村人居环境视角下、工业布局优化视角下及现状的低碳用地布局综合评价结果（表5.6-33、图5.6-15）。

从综合评价结果看，人居环境视角下的用地布局方案处于低碳化阶段，工业布局优化视角下的用地布局方案与现状均处于基本低碳化阶段，可见人居环境视

凤凰村用地低碳化综合评价　　表5.6-33

	方案一	方案二	现 状
用地生产性低碳化	0.992	0.909	0.847
产业结构低碳化	0.949	0.960	0.902
生活低碳化	0.977	0.936	0.906
乡村环境低碳化	0.995	0.899	0.745
综合指标	0.957	0.917	0.873

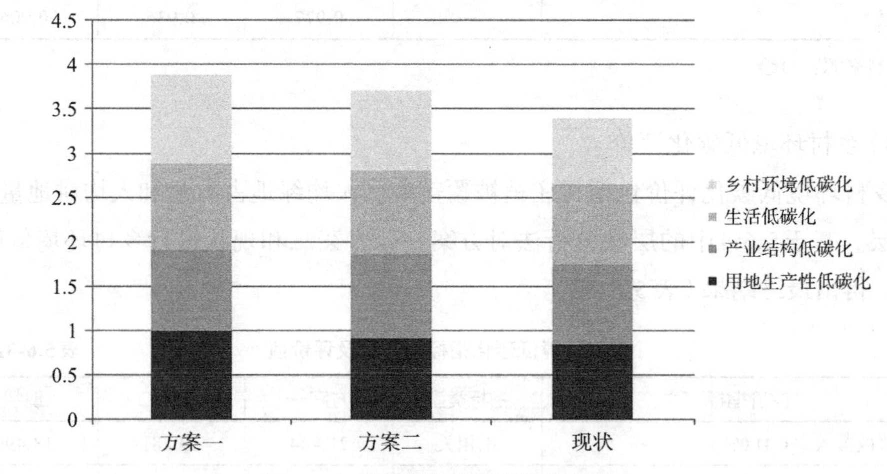

图5.6-15　凤凰村用地低碳化综合评价

资料来源：自绘

角下的低碳布局方案更接近村庄的低碳化目标。然而从各个准则层及各个指标层看，两个方案有着各自的优劣之处，对未来凤凰村的低碳化发展有着不同程度上的借鉴意义。

经过对两个方案的对比，笔者发现人居环境视角下的用地布局模式更能有效实现低碳化发展。可见，从生态角度出发，强调整体生活环境质量，通过增加碳汇用地、整顿工业用地、加强公共设施覆盖面、传承历史文化、加快社区建设等手段，能有效实现村庄的低碳化。平原地区工业发展主导的村庄由于重视产业发展，常忽视村民居住环境的保护和提升，而这恰好是村庄用地的低碳化建设的重要内容。因此，在该类村庄用地低碳化发展过程中，除了挖掘产业上的低碳潜力，也应重视村庄整体环境的改善，从而达到生产生活低碳，实现村庄生态环境和经济发展的共赢。

6 基于碳图谱模型的乡村社区营建调控方法

6.1 空间形态结构要素与碳排放强度关系

空间形态是内外因适应共生的外部呈现，以表征各空间形态结构关系的特征测度参数指标为“自变量”，而具有时间周期性、空间序列性和碳用地异质性特征的碳排放水平量作为“因变量”，由此搭建空间形态低碳控制要素的关联框架，总结空间形态结构要素与碳排放强度之间的作用规律，从而将低碳排放调控与乡村营建方法在“空间形态”这个直观层级结合起来。通过量化分析空间形态“量”“度”“率”结构关系对碳排放强度影响的因素进行分级，继而完善空间形态低碳适应性过程机制的生成，完成空间形态“二次适应性”的建构，为制定合理、适宜的空间形态低碳营建，提供实现的原型基础和策略。

6.1.1 量结构与碳排放

量结构测度参数指标反映了某一地区范围内空间利用的投入量水平（即数量、面积与规模），空间投入量除受政策、市场经济等不可抗强制外力影响外，与地形地势、人口数量需求及耕地面积和质量相关，在户均宅基地用地面积上呈现从自体生发型至外力分化型逐渐增大的趋势。

空间利用规模的扩增，一方面，需要建造更多公共设施与之相配套，随之增加空间用地面积上承载的新增人为活动量水平，或由于更替活动内容（居住用地与产业服务性用地间的更替）而引发的能源需求量上升，从而提高间接碳排放量，这是能源利用低效引发的碳排放扩大效应；另一方面，新增空间用地建立在林耕绿地等土地覆被类型转换更替的质变基础上，使得因物理环境的变化（农林地非农化转换）而削减碳汇吸收作用，这是空间利用变化的渐变碳排放量。有研究显示，非持续性土地覆被向人工状态转变过程释放的碳排放量，与原农林地本身的碳排放强度相比翻了几十倍[①]。从理论上讲，空间总体投入量和个体投入量的增加与扩张会导致碳排放量上升，虽然对量结构的规模调控可以降低碳排放量数值，然而，空间利用的规模大小不同，其相应具有的环境容量不同，进而对碳排放矛盾的化解能力也不尽相同，因此仍需要结合空间利用的度结构和率结构关系来综合把握。

6.1.2 度结构与碳排放

度结构测度参数指标反映了一定区域内空间利用的集中性和复杂性程度（即密度和空间异质性），关注空间结构的集聚和扩散、同质和异化以及与资源环境的影响。空间利用变化直接影响人类活动水平量和能源消费方式，从而引起自然碳循环过程的改变，产生直接或间接的能源消耗碳排放量。在形态识别中，密度测度参数包含了户均建筑覆盖占宅基地面积比值、宅基地覆盖率、人口密度和空间异质性指数，描述了实体与开敞空间之间的疏密关系、单位宅基地建筑覆盖面积状况。

宅基地覆盖率和户均建筑覆盖占宅基地面积比值的下降，共同表征了密度的稀释化。密度与空间形态的碳排放之间存在关联性，但非直接关联，而是通过某些中介要素，如地区气候与热环境舒适性、供暖、照明、通风等，影响整体能源消耗总量和利用效率，涉及建筑形制、朝向与规模、组团布局、巷道高宽比等因素。尤其是长三角地区的乡村社区为夏热冬冷地区，其气候条件冬季阴冷潮湿夏季酷暑湿闷，因此，夏季避晒隔热保通风，冬季防风加强太阳辐射，是使物理热舒适环境质量和人体热平衡保持差异较小状态的主要内容。空间形态所塑造的各种室内外环境通过对日照和通风效果的过滤、功能的变化调节，缩小环境与人体热平衡的差异度，进而改变表征行为选择方式的“人为热”碳排放量（图6.1-1）。

1.密度指数

现有城市领域研究一般认为密度和碳排放之间存在负相关关系。密度的稀释化会对群体形态空间导致以下问题：①空间有限资源的浪费，非优化的空间利用丧失了用于其他功能性质的可能；②用于公共基础设施和相关管网线路铺设的投入会加大，进而提升碳排放量；③实体间布局模式的松散和开敞空间水体、绿地的

① 有研究指出，林地在采伐变更性质后的前20年，其土壤碳含量一直呈现较低状态，并且，根据被更替后土地利用方向的不同，土壤碳库的损失比例也不同，若转化为道路或其他永久建设性用地时，则表层土壤的碳含量将损失殆尽，由此在整个自然系统的碳循环中减弱了土壤作为碳库的吸收消解作用。参见：塞西尔·C.科奈恩德克，希尔·尼尔森，托马斯·B.安卓普，等.城市森林与树木[M].北京：科技出版社，2009：87-92.

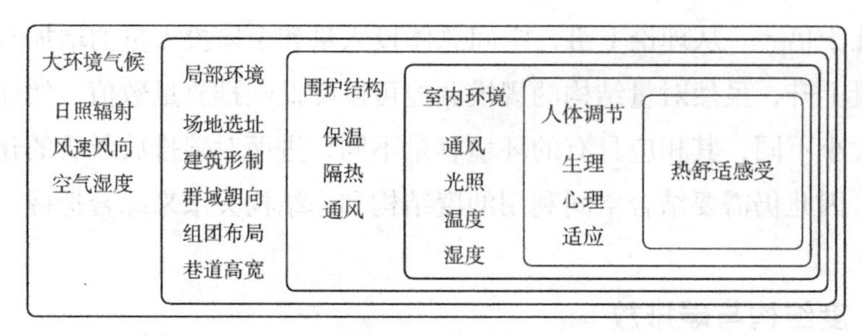

图6.1-1 热舒适性调节过程

资料来源：自绘

补给不足，使得难以调节局部微气候，热环境舒适性下降而依赖能源消耗。

在乡村领域则具体表现在以下几方面：

1）宅院群间距的组织变化

在高度相同的情况下，宅院群组织的前后间距会显著影响室内自然采光、日照和太阳辐射量，从而影响照明、供暖能耗的碳排放量。宅院群紧密的前后间距有利于冬季防风，如德清和桐庐地区的传统自体生发型乡村，其宅院密度相似，空间梯度变化小，南北向布局使冬季风掠过屋顶时易形成“无影区”；夏季由于围护结构处于实体间各自相互的群体遮挡区域形成“日影区”而有利于躲避炎热日晒，部分处于坡地的宅院群则借助自然地势高差，构成前后遮挡。

而左右间距的高宽比则既涉及界面物性材料的辐射和吸收率，也关系到巷道的通风排热效果。在相同高度设定条件下，左右邻近间距较近则高宽比数值较大，而天空可视因子值①（Sky View Factor，SVF）偏小，夏季进入街巷层峡内②的太阳光短波辐射和天空的长波辐射量减少，可接受的直接日照表面积也随之减小，使热量的停滞效果不明显，同时利用层峡内上下部分的受热温度差，带动并加快近地面原普遍较低的风动速度，形成组织宅院内外间风向循环的对流换热，即冷巷的作用（冷巷宽度一般小于2m，高宽比大于2），使宅院群空间内的小气候得到调整和改善。

此外，界面物性材料的辐射、吸收效率影响日间太阳辐射的热容量储存和夜间辐射散热的热损失。实体宅院内部的热量获取则主要来自太阳辐射直接得热、围护结构传热和对流得热。因此，界面材料的热阻越大、蓄热性能越好，则围护结构内

---

① 天空可视因子值，指巷道中某一点的天空可视区域相对于半球天空的面积比值。在实际情况中，地面任意一点的天空可视因子均不同，因而在一些研究中将其定义为水平表面所能接受的天空实际辐射量和从天空半球辐射环境所接受的辐射量之比。

② Street Canyon，指街道两边的建筑及其形成的狭长街道空间。参见：王振.绿色城市街区——基于城市微气候的街区层峡设计研究[M].南京：东南大学出版社，2010：22.

表面的传热量越少。

2）群域的组团布局

组图布局和模式同样会影响通风、日照和太阳辐射摄入，并以供暖、制冷的能耗形式改变碳排放量。在湿热地区，宽敞的组团布局有利于通风降温，如云南傣族村落点式散落布局，建筑四面通风，有利于湿气的扩散，但这种布局运用在夏热冬冷地区虽能减少通风阻挡，却不利于夏季对阳光直射暴晒的遮挡，以及开敞空间下垫面的辐射热影响，在冬季虽满足充分的日照间距却无法阻拦寒风侵袭。除此之外，建筑形制选择的地域差异化也较大，由北往南传统民居的庭院面积逐渐减小。北方传统民居的院落式布局是为了争取冬季更多日照，而南方江浙地区天井式民居布局则更多为了遮阳和通风纳凉。从风系统的流动路径来看，天井式比院落式对进入的风量挤压效果明显（通过烟囱效应增加自然通风），进而形成风压差带走多余热量，显然，在夏季更能降低南方地区的室内热温度。

因此，夏热冬冷地区组团布局的选择和考量要综合考虑气候特征、地势特点以及宅院的朝向组织（表6.1-1），也要考虑对环境变化矛盾的双向适应调节和不断修正作用。

不同气候影响下建筑群布局和街道走向 **表6.1-1**

气候特征	优先因素	次级因素	应对策略
寒冷	防风	日照	1.与主导风向平行的街巷形成不连续的通道； 2.街巷区块最好形成正交方向布局； 3.东西朝向街道宽阔，利于冬季日照
温寒	冬季日照 夏季通风	冬季防风 夏季遮阳	1.建筑群朝向可与正南存在30°夹角区间； 2.与夏季主导风向夹角在30°之内； 3.东西向街道宽敞，争取冬季太阳辐射； 4.加大南向轴开间间距
夏季干热	夏季遮阳	夏季通风 冬季日照	1.南北向街道狭窄，利于遮挡阳光； 2.可与正南形成夹角，增加街道遮阴； 3.东西朝向街道宽阔，利于冬季日照
夏季湿热	夏季通风	夏季遮阳 冬季日照	1.建筑群和主导风向夹角控制在30°之内； 2.调节街道走向利于夏季通风与遮阳； 3.若有需要增加南向开间间距

对街巷的走向布局来说，与主导风来风方向平行能使街巷层峡内部整体的通行风速高于其他走向，依赖纵向的自然通风进行热交换带走热量，若加大街巷宽度能进一步提高通风潜能；反之，若垂直于主导风向则街巷层峡内风速流动的自然风动力不足，冬季能良好躲避寒风，夏季则需借助层峡垂直面层的上下温度热差进行

对流交换热。因此，夏热冬冷地区，街巷走向应尽量平行于夏季主导风向而垂直冬季主导风向（图6.1-2）。

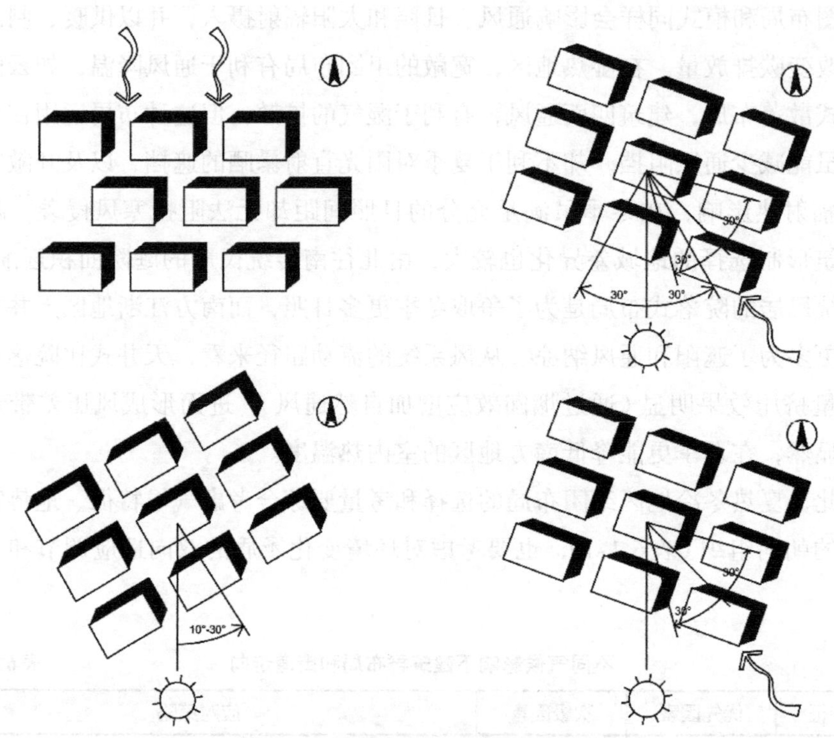

图6.1-2 建筑布局与日照和风向关系

注：寒冷地区（左上图），错位布局排列以防止形成街道的贯通风道不利于冬季避风，东西向保证足够日照间距；温寒地区（右上图），最佳朝向南偏东30°，与主导风向成30°角度区间，争取冬季日照和夏季通风；干热地区（左下图），建筑与正南方向互成一定角度形成阳光遮挡；湿热地区（右下），布局较开敞，考虑与夏季主导风向保持30°范围区间。

资料来源：自绘

在相似高宽比和几何形状条件下，南—北走向的街巷相对于东—西向更能体现提高街巷高宽比改善夏季局部微气候的优势[①]，较高的街巷高宽比有助于夏季在层峡内部形成更多日影区，却不利于冬季日照的获取。因而，宅院群沿东—西向较宽阔的街巷布局，使其能获取较多冬季太阳辐射，而山墙面间的南—北向巷道则狭窄布局，有利于夏季实体的相互遮挡[②]。同时，对宅院群整体建筑高度布局的调整也能应对夏冬季不同的主导风方向，如北侧建筑群较南面相对较高，或顺应坡

① 王振.绿色城市街区——基于城市微气候的街区层峡设计研究[M].南京：东南大学出版社，2010：79-80.

② 杨柳.建筑气候分析与设计策略研究[D].西安：西安建筑科技大学，2003：119.

地地形构建梯度宅院高度，或对巷道走势进行多方向布局选取综合效果，以此满足对冬季西北风的拦截和对夏季东南主导风向的迎合。

传统自体生发型乡村社区在组团布局与风环境关系的调控方面，有值得借鉴的经验。其既考虑到巷道宽窄、宅院朝向，又结合下垫面绿地植被、水体，对局部微气候环境进行多层次调节，营造较舒适热环境，主要包含社区季节性自然主导风系、组团内环境水陆风环境和局部宅院间的风热压流动循环等。

以调研样本桐庐江南镇深澳村和德清洛舍镇张陆湾村为例，风系统通廊以"街道—巷弄—水系—院落"空间为输送层级和次序，形成乡村边界内部的通风循环流动过程（图6.1-3），可分为三个层次：

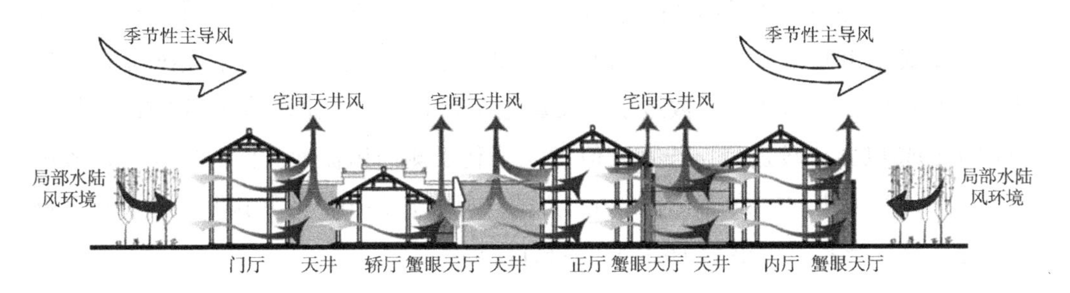

图6.1-3　样本村社区组团风环境示意图

资料来源：自绘

层次一，外部环境的季节性主导风向，形成乡村社区整体风环境基础；

层次二，组团间或组团内部的水系、塘池或澳口，形成水陆风，降低公共空间温度，由冷热温差促进空气流动，并进一步利用组团宅院间分布的疏密不同，形成风压差，增强通风能力；

层次三，宅院间南北向的巷弄多形成日影区，能有效避免夏季日照，温度数值相较开敞院落和东西向街巷更低，从而构成温度热力压差，强化了通风动力，使空气流动加快。日间风由温度较低的巷弄吹向街巷、前院、室内、院落（天井）、后院再至外部风环境，形成宅院内外的局部风流动循环。

在空间布局中，水系、塘池或澳口与巷道形成了风的公共通廊，将社区层次的外部夏季主导风顺着水系和街巷引入组团内部，进而在各宅院间与其内部流通散热。三个层次的风组织和调控，根据风向、风速、太阳辐射、下垫面组织，结合组团群域分布得疏密有度，使空间形态的功能布局与组织效用产生自然分离、连接、融合或渗透，体现空间形态结构的适应性自调节，并建立起相对完整的动态风环境路径与模式，满足风热压动力的形成与持续性流动，达到夏季除湿排热需求。

3）宅院体形系数

密度测度指标除了在水平方向表征空间占用的频度水平外，在垂直方向还考量整体的容量能力。在相同面积、同等高度条件下，宅院占地平面的长宽比越大，体形系数越大，每平方米建筑面积的能耗热量比值也随之增大（表6.1-2）。体形系数的增大，加大了建筑表面积与室外大气的接触面，从而扩大了热损耗值。根据体形系数定义，可将其计量公式表示为：

$$f=\frac{F_0}{V_0}=\frac{nhL+S}{nhS}=\frac{L}{S}+\frac{1}{nh}$$

式中，F_0为体表面面积，V_0为总体积，L为建筑占地平面周长，S为建筑占地面积，n和h分别为层数和层高。在相同层数和层高条件下，体形系数与周长和面积的比值成正相关性[①]。假设等面积、等高度条件下，对不同形态的体形系数增加比值进行比较，圆形体形系数最小，长宽比在1∶1～1∶2之间，体形系数的增加比值均在10%以内比较适宜，长宽比值过大不利于侧向风流通。而同体积下，考虑不同占地面积大小和层数的宅院群组织方式，则分户共山墙的联排联立式相较于点式独立宅院体形系数更小（图6.1-4、表6.1-2）。

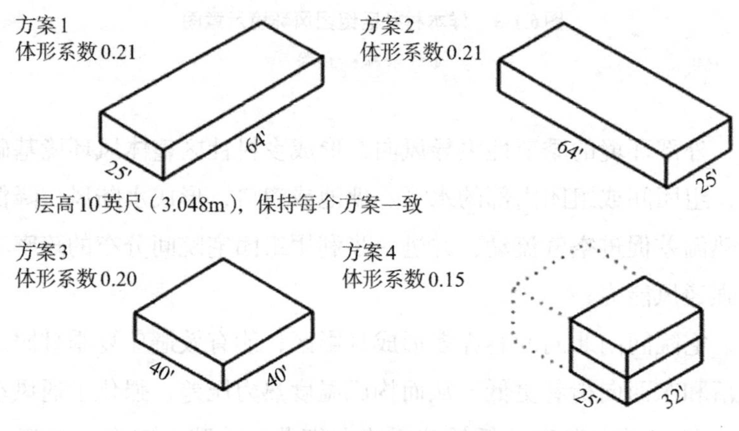

图6.1-4　独立式与联排体形系数对比

资料来源：自绘

综上所述，在度结构关系的密度参数指标下，窄小的南北向巷道、较宽阔的东西向街道、低层适宜较高密度的用地模式布局（主要针对平原、盆地、滨水型乡村社区，山地、丘陵型地区则主要顺应坡地布局）能够提高建筑物自身对太阳直射的遮挡作用，改善外部近地面、围护结构表面接受的热量，从而降低对其他能源的依赖。

① 王建华．基于气候条件的江南传统民居应变研究[D].杭州：浙江大学.2008：70.

等面积、等高度条件下体形系数与能耗比较（建设总面积500m^2） 表6.1-2

平面形式	长宽比	周长	f增加比值
圆形	—	79.27m	−12.83%
正方形	1∶1	89.44m	0
长方形	1.5∶1	91.29m	2.065%
	2∶1	94.87m	6.07%
	2.5∶1	98.99m	10.683%
	3∶1	103.28m	15.47%

2.空间异质性指数

对空间异质性指数的研究显示，在城市范畴，不同土地利用类型的碳足迹由高到低依次为：生产用地、居住用地、交通用地、特殊用地、农用地和水利用地。碳循环的改变很大程度上是因循土地利用方式的变革来实现人为能源消费格局的更新和环境热舒适性的调适，并进一步影响碳循环的速率①。在乡村领域，课题组对山地型乡村社区安吉鄣吴镇里庚村的主要用地碳排放系数进行了计量与统计，除去本次研究边界范围之外的农业用地，作为最大碳源用能的农居用地，其比重达到总碳源用地的62.5%，而乡村服务产业用地、交通用地分别占4.37%、33.13%左右（图6.1-5）。通过能源调查问卷获取的各类能耗数据显示，农居用地碳源系数为28.14tC/（hm^2·a），交通用地碳源系数为25.53 tC/（hm^2·a），服务产业用地碳源系数

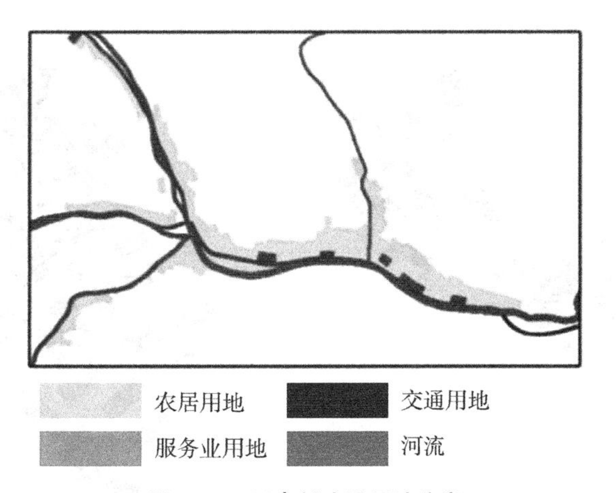

图6.1-5 里庚村建设用地分类

资料来源：自绘

① 赵荣钦，黄贤金.基于能源消费的江苏省土地利用碳排放与碳足迹[J].地理研究.2010（9）：1639-1649.

为53.18 $tC/(hm^2 \cdot a)$，非农居用地的高碳源系数增加了整体碳排放总量趋高的可能。

在城市，空间异质性指数较高能带动功能的混合性发展，大大缩短城市生产、生活的交通运行距离，从而减少能源消耗依赖。然而，在一般以居住为主的乡村社区内部，交通运行能耗显然不集中在边界内部，而主要在建成环境边界范围之外，以及与外部其他乡镇的直接连通过程中产生。那么，这就意味着在异质性指数较高的某些外力分化型乡村社区，控制基本功能用地的能源消耗是可行的优化思路。

不同用地性质由于空间承载的活动水平量需要不同，使得土地利用结构和开发强度形成差异性，空间异质性凸显。一方面使碳排放量构成成分多元化，提高了整体活动量的总体碳排放数值；另一方面作为外力介入下空间动力的源头，产生空间局部功能用地分布的“不均匀化”和梯度差额变化，使传统形制民居与村民自建、更新的“准城镇化”“类西方化”“趋自由化”的第三代享受型民居，以及外力分化下社会资本介入的现代服务产业功能用地，以较大体量规模和尺度上的差异被“拼接”置入原形态结构（图6.1-6）。这种“拼接”是断裂式的突变，往往在交界处发生形态上的冲突与矛盾。此时，水平方向扩增了的建筑占地面积和垂直纵向被拔高的建筑高度，有可能会改变原日照间距和时数，形成阴影区、背风涡旋区，干扰周边邻近较低房屋的建筑通风效果，进而影响或改变热环境舒适性，使碳排放呈现局部增加突出的碳用地异质化特性。

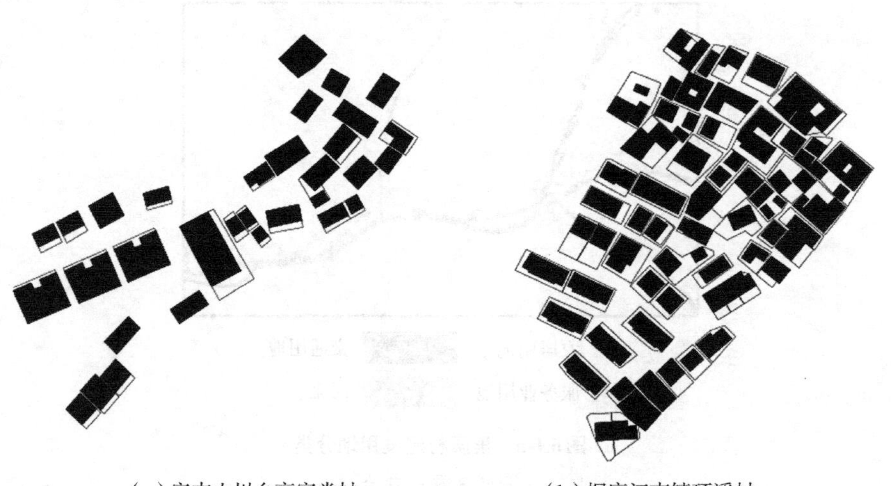

（a）安吉山川乡高家堂村　　（b）桐庐江南镇环溪村

图6.1-6　社会资本介入下的拼接置入原空间形态结构

资料来源：自绘

6.1.3 率结构与碳排放

率结构特征测度参数指标反映了土地利用空间布局及空间形态控制要素间相互作用过程的状况，表征一定土地投入水平量下，物质空间利用的效率、连接性和边界几何形态的复杂程度。

土地紧凑度、形状指数，表现了不同乡村社区外部几何形态特征对环境资源利用的态度，其直接影响了作为社区建成环境的区域边缘，实体与虚体相间界限内外两侧的生态接触面域大小（边界效应），以及对地域资源（地形、水系和风）利用的可能性。

边缘界面几何形状的变化受到内部通廊延伸发展和外部环境资源的综合影响，从而间接影响了能量、物质和信息传输通道的效率和速度，其作为众多信息资源汇聚的介质态，具有异质性特征，相较于乡村社区中心地区，是形态变化的敏感地带。因此，在一般情况下，指状空间形态的布局与自然环境资源构成最大接触面，界面外侧的有利资源具有更易被利用的可能性，从而能降低其他能源消耗的依赖，而团状、圆形空间形态则不一定具备这种优势。如位于湿热地区的广东顺德大墩村，为适应多雨高温的气候，整体乡村形态呈梳式延展布局，宅院、巷道朝向沿水系生发并垂直于水体，使整体排引水路线最短而直接，梳式布局扩大了与自然水系的最大接触可能，显示出外部几何形状与环境资源的自适应性（图6.1-7、图6.1-8）。然而，在一些气候条件恶劣或特殊的地区（如寒冷地区），团簇状紧凑布局能形成自

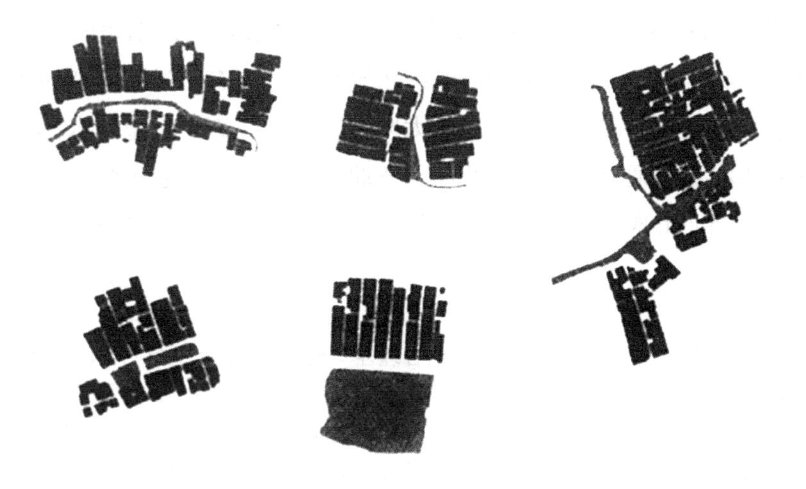

图6.1-7 建筑与水体关系

资料来源：自绘

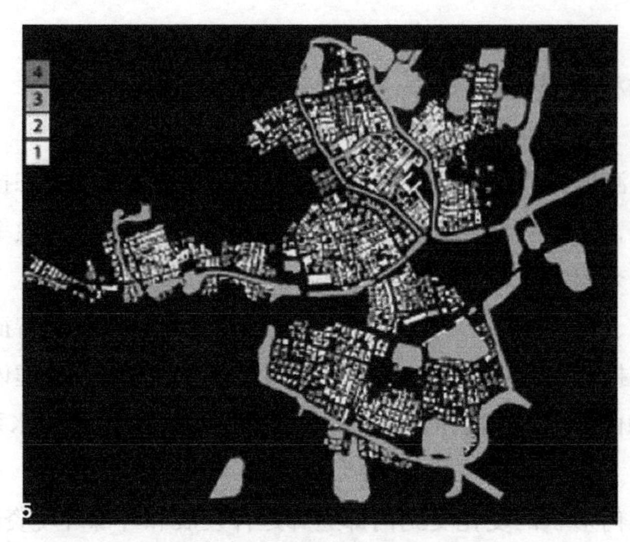

图6.1-8 大墩村整体形态与水系

资料来源：自绘

我庇护，从而抵御外界不良自然条件的影响和破坏①。

如果说紧凑度、形状指数具体表达了界面与自然环境资源接触面域大小的可能性，那么公共空间分维数则倾向于反映在二元界面意义上，边缘界面两侧开启交互后，实体与开敞空间形成的“孔隙”或“围合”对“进入”动作的难易把控，其借助边缘界面和组团内部公共空间虚体的间距大小、复杂程度，表达了对邻近自然资源利用的态度——封闭或抵御、开敞或接纳。其中，主要开敞空间的大小与方位、通廊分布与走势、下垫面规模与物性材质均直接影响了外界资源（主要是通风）“进入”乡村社区的流动速率。如公共空间分维数较大，则表明内部公共空间环境的分形形状越复杂，填充能力和组织水平越好，但有时过于复杂的孔隙形态分形，使栖息地片段化、破碎化，不利于太阳辐射，不能满足下垫面水体、绿植被有效利用而减少降温促通风的合理面积②，弯曲、破碎化的街巷走势，使主导风或水陆风易因受阻挡而形成风阻降低“进入”组团内部的速度（图6.1-9）。

① 柏春. 城市气候设计——城市空间形态气候合理性实现的途径[M].北京：中国建筑工业出版社，2009：86.

② 水体面积增加同时降温效果更明显，但要注意控制水体面积过大导致空气湿度过大而不利于层峡内微气候。绿植大体可分为绿地和植栽，前者以低矮草坪以及墙壁垂直绿化为主，后者以能遮挡日射的树木为主，同时随着绿植面积的增加其降温作用也愈加明显。参见：王振.绿色城市街区——基于城市微气候的街区层峡设计研究[M].南京：东南大学出版社，2010：79-80.

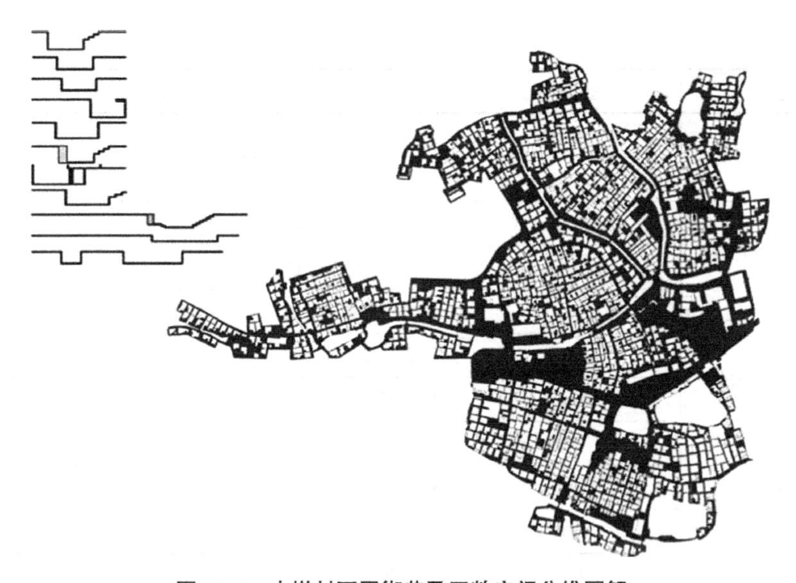

图6.1-9 大墩村不同街巷及开敞空间分维图解

注：垂直水系体的街巷道路，沿水系的开敞空间、水系沿岸布置点式民居。

资料来源：自绘

因此，紧凑度、形状指数、公共空间分维数仅是对乡村社区形态现状的一种几何量化表达方法，不存在数值与优良形状等级的完全映射划分，在一些情况下其逆命题也并不成立，只是代表了一种可能的趋向结果。不同几何形态、空间分形维数的优劣与否需要结合其背后的生成逻辑，置于不同地形地势、不同气候环境条件背景下区别对待和综合考量。一味强调形状指数与自然环境资源的最大生态接触面，也可能会陷入盲目多方向扩展而导致空间内部实际利用率降低的非适应性误区，此时，土地无序利用和扩张反而会增加土地利用更替变化释放的碳排量。

6.1.4 相关性量化分析

前三小节描述了空间形态结构关系的特征测度参数与碳排放强度的关联情况，初步获得各分类结构关系的影响作用。那么，三种结构关系中是否存在某些关键要素对碳排放整体产生显著性影响，即究竟是空间形态的规模性“量”扩张，还是空间形态结构利用“率”的低效，对引起碳排放变化的影响作用较大？此时，便需要对所有测度特征要素进行量化整理，做出变量间相关性的判断（表6.1-3）。

1.社会经济收入水平与碳排放相关性

以不同类型碳排放量为因变量，年人均可支配收入（InPDI）、建成区范围内总

变量明细及内涵　　表 6.1-3

类型	变量名	含义
社会经济水平	InPDI	年人均可支配收入的对数
	PP	建成区范围内总人口数
空间形态特征要素	InBarea	建成区建设用地总面积的对数
	InPHarea	户均宅基地面积的对数
	PAdens	户均建筑覆盖占宅基地面积比
	Hdens	宅基地覆盖率
	Pdens	人口密度
	HI	空间异质性指数
	CR	土地紧凑度
	D	公共空间分维数
各不同类型碳排放	InC	年碳排放总量的对数
	InPC	年人均碳排放量的对数
	PAC	年单位建筑面积碳排放
	InPBC	年单位建成区建设用地碳排放的对数

人口数（PP）为自变量，选取长三角地区桐庐县、安吉县、德清县的15个以行政村或自然村为单位的乡村社区，并对这15个样本村用STATA软件进行pearson相关分析，初步明确经济条件水平对碳排放影响（表6.1-4）。

乡村社区样本案例调查列表　　表 6.1-4

编号	乡村社区名称	所在县区	所在地市
1	江南镇环溪村	桐庐县	杭州市
2	江南镇深奥村	桐庐县	杭州市
3	鄣吴镇景坞村	安吉县	湖州市
4	鄣吴镇鄣吴村	安吉县	湖州市
5	上墅乡大竹园村	安吉县	湖州市
6	山川乡高家堂村	安吉县	湖州市
7	递铺镇东浜社区	安吉县	湖州市
8	递铺镇横山坞村	安吉县	湖州市
9	递铺镇晓山佳苑	安吉县	湖州市
10	递铺镇剑山社区	安吉县	湖州市
11	高禹镇南北湖村	安吉县	湖州市
12	洛舍镇张陆湾村	德清县	湖州市

续表

编号	乡村社区名称	所在县区	所在地市
13	武康镇五四村	德清县	湖州市
14	莫干山镇何村	德清县	湖州市
15	莫干山镇劳岭村	德清县	湖州市

从相关分析结果看（图6.1-10），对碳排放量的描述分为总量和均量两类。碳排放总量（InC）与人口数量（PP）相关性系数在0.1%水平上呈现极显著，这符合常识理论上人口越多则碳排放总量越多的规律，同时其与单位建设用地的碳排放量（InPBC）也体现出较高相关性程度。而年人均可支配收入（InPDI）对碳排放总量和均值量的影响均不显著，说明15个样本乡村社区现阶段碳排放量的变化受村民可支配经济收入的影响还比较小，可能更大程度上还是与村民长期以来的生活习惯和观念有关。

```
. pwcorr_a InC InPC PAC InPBC InPDI PP,sig
```

	InC	InPC	PAC	InPBC	InPDI	PP
InC	1.000					
InPC	0.704*** 0.0034	1.000				
PAC	0.637** 0.0107	0.683*** 0.0050	1.000			
InPBC	0.890*** 0.0000	0.729*** 0.0020	0.761*** 0.0010	1.000		
InPDI	-0.091 0.7482	0.361 0.1868	0.163 0.5612	-0.172 0.5408	1.000	
PP	0.844*** 0.0001	0.238 0.3928	0.392 0.1487	0.659*** 0.0075	-0.375 0.1687	1.000

图6.1-10 经济条件水平与各类样本乡村社区碳排放的相关性矩阵（STATA软件绘制）

注：*** 表示相关系数在0.001水平上显著，** 表示相关系数在0.01水平上显著（双头检验）。

资料来源：自绘

2.空间形态测度特征要素与碳排放相关性

以15个样本乡村社区不同类型碳排放量为因变量，表征三种结构关系的8个空间形态特征测度参数为自变量，进行pearson相关系数分析，分别结算相关系数r，初步判断影响碳排放量的关键要素（图6.1-11）。

从相关分析结果看，首先，总体上宅基地覆盖率（Hdens）、户均建筑覆盖占宅基地面积比（PAdens）、户均宅基地面积（InPHarea）等多个空间形态特征测度参数

```
. pwcorr_a InBarea InPHarea PAdens Hdens Pdens HI CR D InC PC PAC InPBC
```

	InBarea	InPHarea	PAdens	Hdens	Pdens	HI	CR
InBarea	1.000						
InPHarea	0.048	1.000					
PAdens	-0.087	-0.785***	1.000				
Hdens	0.060	0.721***	-0.303	1.000			
Pdens	-0.009	-0.842***	0.857***	-0.267	1.000		
HI	0.200	-0.439	0.096	-0.695***	0.136	1.000	
CR	0.227	-0.495*	0.358	-0.292	0.457*	-0.033	1.000
D	0.053	-0.318	0.488*	0.067	0.537**	-0.070	-0.133
InC	0.499*	-0.470*	0.599**	-0.249	0.492*	0.254	0.397
PC	0.114	0.081	0.161	-0.062	-0.102	0.069	-0.011
PAC	0.106	-0.484*	0.285	-0.737***	0.180	0.634**	0.083
InPBC	0.109	-0.634**	0.734***	-0.450*	0.551**	0.318	0.315

	D	InC	PC	PAC	InPBC
D	1.000				
InC	-0.033	1.000			
PC	-0.452*	0.676***	1.000		
PAC	-0.269	0.637**	0.637**	1.000	
InPBC	-0.072	0.890***	0.678***	0.761***	1.000

图6.1-11　空间形态变量与各类样本乡村社区碳排放的相关性矩阵

注：***表示相关系数在0.001水平上显著；**表示相关系数在0.01水平上显著（双头检验）；*表示相关系数在0.05水平上显著（双头检验）。

资料来源：自绘（STATA软件绘制）

要素自变量与各类型碳排放存在显著相关性联系。从碳排放量均值数与各变量关系看，除建成区建设用地总面积（InBarea）、土地紧凑度（CR）两个变量之外，其余描述空间形态特征测度参数的变量都与碳排放均值变量发生显著性关联。由于碳排放总量（InC）本身受人口数量规模的较大影响，易造成建成区建设用地总面积（InBarea）随人口承载数量变大而抬高碳排量，也就意味着碳排放总量与其他自变量的任一相关性都可能包含了与人口数量的关系。因此，在做相关性判断时，宜采用碳排放量的均值变量为佳。

其次，单位建设用地碳排放（InPBC）、单位建筑面积碳排放（PAC）、人均年碳排放（PC）三个碳排放量的均值变量与多个空间形态测度特征要素有显著性关联，且不同类型受不同空间形态特征测度参数的影响，如单位建设用地碳排放（InPBC）与户均建筑覆盖占宅基地面积比（PAdens）、人口密度（Pdens）呈正相关显著性关联，与户均宅基地面积（InPHarea）呈显著负相关；单位建筑面积碳排放（PAC）与宅基地覆盖率（Hdens）呈负相关，而与空间异质性指数（HI）呈显著负相关；人均年碳排放（PC）只与公共空间分维数（D）呈显著负相关。

而在两两自变量间的自相关性检验时发现，户均宅基地面积（InPHarea）与户均建筑覆盖占宅基地面积比（PAdens）、宅基地覆盖率（Hdens）、人口密度（Pdens）呈极显著性相关；同理，人口密度（Pdens）与户均建筑覆盖占宅基地面积比

（PAdens）、宅基地覆盖率（Hdens）与空间异质性指数（HI）也存在极高的显著性关联。因此，在表征或判断自变量与各因变量相关性时，可以选择其中的几种空间形态特征测度参数作为代表变量。如在描述空间形态度结构的特征测度参数中，主要选取户均建筑覆盖占宅基地面积比（PAdens）和宅基地覆盖率（Hdens）两项变量。

经过理论分析、变量筛选和相互比较，对主要自变量与碳排放显著相关性分析后获得的初步结论有：建成区建设用地总面积（InBarea）与碳排放总量（InC）正相关，单位建设用地碳排放（InPBC）与户均建筑覆盖占宅基地面积比（PAdens）正相关，单位建筑面积用地碳排放（PAC）与宅基地覆盖率（Hdens）负相关，人均年碳排放量（PC）与公共空间分维数（D）负相关。数理统计相关性分析的结果，与前三节的经验理论和实证数据变化趋势对比相一致（图6.1-12）。

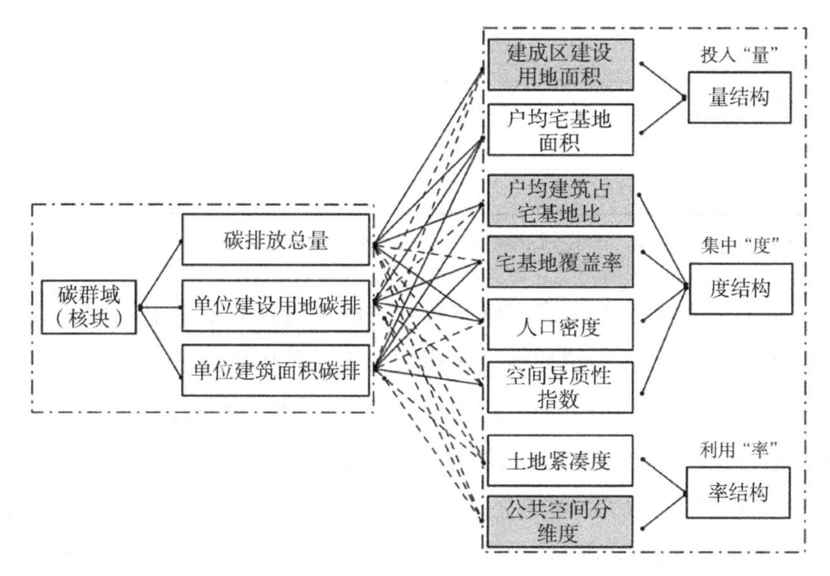

图6.1-12　空间形态特征测度参数与碳排放强度的相关性

资料来源：自绘

3.影响要素分级

由此可见，总体上相较于乡村社区规模量的扩张引发的碳排放上升，以度结构和率结构关系表征的乡村社区内部群域组团尺度和单元层级的空间形态利用率的变化（以宅基地覆盖率、公共空间分维数、户均建筑覆盖占地宅基地面积比测度特征要素为主），对碳排放影响的贡献作用更大（表6.1-5）。量化的测度特征要素指标只是作为一种显性“代表”被挑选出来，其与碳排放不存在直接关联，而是通过这些“代表”作用于中介要素与碳排放发生关联，使其表现出适应或抗拒，继而改变整体碳排放环境，因此，仅依赖部分“代表”的描述与量化分析不能完全解释某些现象背后的复杂生成逻辑和机理，更不存在最优碳排绩效的空间形态模型。并且，空间形态相关的碳排放量规模大小、转移速度快慢，不可能由单一“代表”独立决定，需具有综合性、协调性且适应性的机制过程与之进行配合，由此避免空间形态产生底线阈值状态而形成不可逆之低效结构。

样本空间形态特征测度参数与中介要素、碳排放关系 表 6.1-5

关系	特征测度参数	中介要素				碳排放
		采暖	通风	照明	下垫面	
a. 量结构	* 建成区规模 InBarea		□	□		□
	户均宅基地面积 InPHarea	□		□		
b. 度结构	* 户均建筑覆盖占宅基地面积比 PAdens		□	□		
	* 宅基地覆盖 Hdens					
	人口密度 Pdens	□	—	□		
	空间异质性指数 HI	□	□	—		
c. 率结构	土地紧凑度 CR	□	□	—		—
	* 公共空间分维数 D	□		□		□

注：* 为代表特征测度参数，强相关性影响；□为次强相关性影响；—为相关性不确定。

同时，不同类型的空间形态其碳排放相关的关键性要素选取不同。自体生发型与官制规划型乡村社区在城镇化转变过程中处于两种极值阶段，分别代表了相对的初始状态和最终标准化状态。前者的建成区建设用地面积，各单元分布密度，建筑占地面积大小，是历史积淀中与自然环境、社会经济、宗族文化不断碰撞、冲突、适应后的受约束结果；后者则建立在形式化的数字指标基础上，透露着简单、机械和冷漠，其适应性能力和连接生长机能降至最低。而更多的乡村社区处于外力分化介入影响下的间变和突变阶段，既有部分初始状态的残存，又充斥着现代理念的机械化置入，其度结构和率结构的调控较自体生发型和官制规划型都更复杂。鉴于其总体数量多且分布广，应成为空间形态低碳适应性营建研究和优化的主要对象。

6.2 乡村社区的碳计量模型建构与碳图谱模拟生成

6.2.1 碳计量组织架构

在乡村社区范畴，能量输入、转移和输出的过程结果，最终体现在碳排放的终端消费构成中，能源活动用能和土地覆被变化的碳通量变更是碳排放结构的重要组成部分。其中，能源活动用能既包含建筑建造材料用能的间接碳排放，又涵盖功能空间下产业生产用能的直接排放和居住生活用能（炊事、照明、电器、供暖）的直接或间接碳排放，也包含了村域内与村域间的交通用能。这些活动水平引发的碳排放空间差异性特征受到了特殊“下垫面”变化的影响（图6.2-1）。

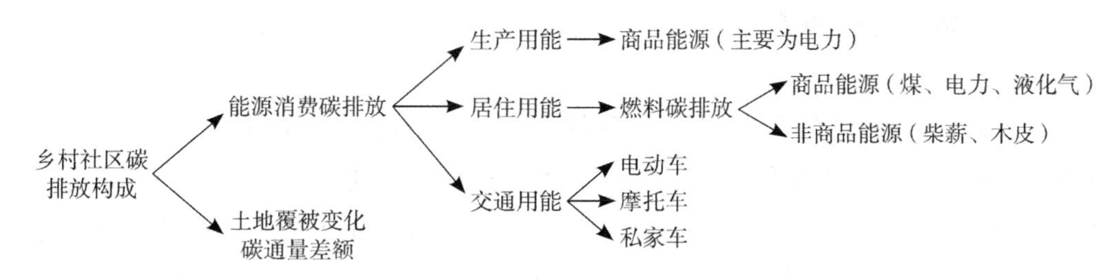

图6.2-1 乡村社区碳计量组织架构

资料来源：自绘

国内外主流的研究方法是参考使用Kaya碳排放公式模型①，该公式是由日本卡亚教授（Yoichi Kaya）在IPCC研讨会上提出的。在定量分析CO_2排放上，Kaya公式是应用最广泛的模型之一。Kaya恒等式通过一种简单的数学公式在经济、政策和人口等因子与人类活动产生的CO_2之间建立起联系，具体表述为：

$$C=\sum_i C_i=\sum_i (E_i/E)\times(C_i/E_i)\times(E/Y)\times(Y/P)\times P$$

式中，C为碳排放量，C_i为i种能源的碳排放量，E为一次能源消耗量，E_i为i种能源的消耗量，Y为乡村社会经济生产总值，P为乡村社会总人口。

根据该恒等式，可以分析四个影响碳排放量的变数为：能源结构碳强度因素$S_i=E_i/E$，即i种能源在一次能源消耗量中的份额；各类能源排放强度$F_i=C_i/E_i$，即消费单位i种能源的碳排放量；能源强度因素$I=E/Y$，即单位社会经济生产总值的能源消耗；经济发展强度及模式因素$R=Y/P$。也就是说，碳排放控制的相关因素可以概括为四个方面：能源结构的碳强度、能源的排放强度、能源利用的效率和经济发展的规模。

Kaya碳排放公式模型是针对宏观驱动因子提出的，如人口、生活经济水平、

① Kaya，Y.Impact of carbon dioxide emission control on GNP growth：interpretation of proposed scenarios[R]. Paper presented at the IPCC Energy and Industry Subgroup. Response Strategies Working Group，Paris，France，1989.

能源强度和效率。把Kaya模型运用到乡村社区建构层面，分解到具体策略和分析中，可将等式右侧的驱动力细化为：①经济发展规模（人口规模、产业用地、建筑总量、交通流通量、经济结构）；②能源利用效率（生活用能量、建筑节能使用率、交通出行率）；③能源结构（清洁能源、可再生能源）；④能源排放强度。

6.2.2 碳计量核算方法

（1）碳核块排放测算：政府间气候变化专门委员会（IPCC）出版的《2006年IPCC国家温室气体清单指南》（以下简称《指南》），建立了碳排放核算的基本框架体系。《指南》将有关人类活动水平量（Activity Data）与能耗排放因子系数（Emission Factors）的乘积，作为温室气体排放量的基本计算程式，公式如下：

$$E_h=\sum_{i=0}^{n}\varepsilon_i \cdot E_i$$

式中，E_h为CO_2的总排放量，i为第i种能源，ε_i为第i种能源的CO_2排放系数，E_i为第i种能源消费或使用量，n则为能源种类数目。

能源消耗量数据主要来自国家公布的统计年鉴（如《农村能源年鉴》）及环境质量报告书或网络统计数据库等。排放因子数据可参考《IPCC国家温室气体清单指南》《省级温室气体清单编制指南》和《中国能源统计年鉴2010》等，电力部分依据《中国区域电网基准线排放因子》（表6.2-1、表6.2-2）。

乡村社区能源碳排放对应系数　　表6.2-1

编码	系数名称	碳排放系数	编码	系数名称	碳排放系数
ε_1	用电量	0.8244kg/（kW·h）	ε_5	煤炭	2.689t/tce
ε_2	用水量	0.3kg/t	ε_6	秸秆	1.247t/t
ε_3	固废	0.32kg/kg	ε_7	柴薪	1.436t/t
ε_4	绿地碳汇	150kg/（m^2·年）	ε_8	沼气	11.720t/10^4m

乡村社区建筑材料碳排放对应系数　　表6.2-2

编码	材料名称	CO_2排放量（t/t）	编码	材料名称	CO_2排放量（t/t）
κ_1	水泥	0.9	κ_5	建筑玻璃	1.4
κ_2	钢筋	0.92	κ_6	木材	0.2
κ_3	型钢	1.4	κ_7	建筑陶瓷	1.4
κ_4	铝材	1.02	κ_8	黏土砖	0.2

（2）碳网格排放测算：主要包括乡村社区内部交通和对外交通。不同交通方式碳排量计算公式为：

$$E_w = \sum_{i,j}(C_{i,j} \cdot D_{i,j} \cdot P_{i,j})$$

式中，估算的E_w是根据车辆行驶距离计算的碳排总量，i为车辆类型（如汽车、摩托车、公车），j为燃料类型（如汽油、柴油等），$C_{i,j}$为车辆数量，$D_{i,j}$为每种车辆每年行驶的公里数（km），$P_{i,j}$为车辆的平均碳排放量（kg/km）。

（3）碳基质吸收测算：根据草地、林地不同的碳密度，均分给元胞面积，计算碳汇变化量。公式为：

$$E_g = S_g \cdot M_g \cdot C_g$$

式中，S_g表示基质斑块面积（m^2），M_g表示干物质量，通常取4.0t/（$hm^2 \cdot a$），C_g表示干物质含碳量，通常取IPCC推荐值0.47。

综上，以宅基地为小微元胞的碳排总和测算公式为：$E_t = E_h + E_w - E_g$。

6.2.3 碳图谱类型与特征

基于乡村社区的自组织秩序结构，对碳能量流动形式、特点进行提取和分类，再结合地学信息图谱研究，构建乡村社区空间形态、时间轨迹与碳系统各要素之间数据、图形的可视化表达关联。碳图谱模型通过展现乡村社区生活、生产碳关系及碳空间分布状态，实现从建筑学、地理信息学角度研究碳能量流动的特点和规律，为低碳乡村社区的营建、规划与评价提供决策依据。

碳图谱类型与特征

碳图谱是基于影响乡村社区空间结构形态的中介要素与碳能量流动之间的关系搭建所进行的研究应用。图是反映研究区域的空间范围和布局特征的空间概念表达，是可感知的外部有序空间格局单元的静态描述。而谱是描述碳能量流动发展方向与演化的过程，是经过一定推演获得的展示内生变化规律的动态描述。图谱合一，是空间与时间动态变化的统一。它不仅用来解释现状，通过时空模型的构建还可见证过去和虚拟未来。研究碳能量的流动与转换以及人居环境与自然环境的耦合关系与演变规律，识碳源，引碳流，建碳汇，构社区。

碳信息图谱是对碳系统时空规律的描述与分析，按表达内容可分为时序动态图谱与区域专题要素图谱。区域专题要素着重揭示区域因子之间的相互关系，通过因子叠加分析反映空间布局，例如碳源图谱、碳汇图谱、碳流图谱。时序动态图谱着重于描述区域某一现象过程的发展规律，观察发现其动态变化。

根据图谱表达方式、加工处理程度，又进一步按功能划分为病症图谱、诊断图谱和治疗图谱三种类型。病症图谱用一系列图谱描述各种现象，为进一步分析和推理提供可视化图形表达和数据支撑。诊断图谱是针对病症图谱所隐含的规律，借助各种量化分析模型和统计工具，进行分析找出问题根结与关联性，并进行分类处理，即将对某一区域的认识，通过图形分析实现判断诊疗。治疗图谱是以诊断图谱为依据，通过改变各状态变量，分析推理不同调控条件下的决策方案[①]（图6.2-2）。

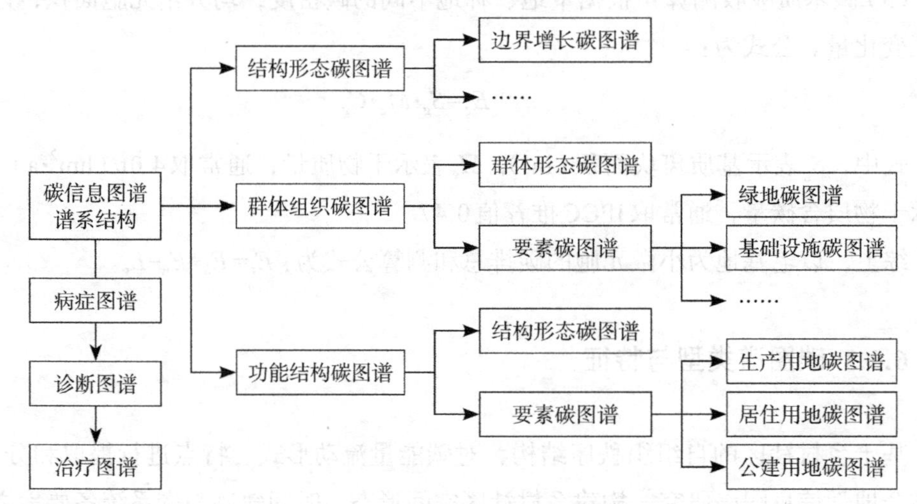

图6.2-2 碳信息图谱谱系构成

资料来源：自绘

6.2.4 典型样本案例选取

根据前文统计的长三角地区不同产业主导类型的划分，分别选取了传统渔农、工业生产、休闲旅游以及专业市场型四类乡村社区作为典型的案例比较（表6.2-3）。

6.2.5 碳信息图谱生成机制

（1）确定碳系统边界。以宅基地、工厂、市场元胞等外边界作为基本碳系统的边界范围。

（2）识别碳系统格局物理属性P_1。由GIS地形分析软件，识别碳系统格局要

① 陈述彭，地学信息图谱探索研究[M]，北京：商务印书馆，2001：18-19.

长三角地区不同产业主导的典型乡村社区案例　　表6.2-3

乡村类型	传统渔农村	工业生产型	休闲旅游型	专业市场型
典型案例				
	安吉县景坞村（农业）	如皋市顾庄村（盆景制作）	德清莫干山庾村（洋家乐）	安吉南北湖村（农贸集市）
	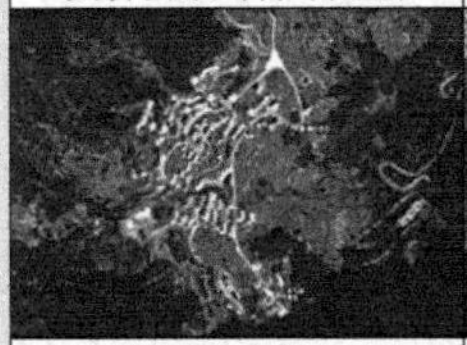			
	青田县门前山村（林业）	吴江市史北村（纺织加工）	普陀区庙根村（渔家乐）	里山镇红光村（海鲜市场）
	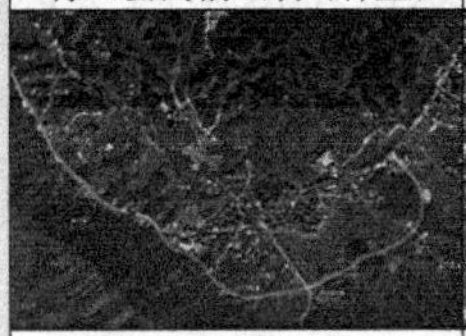			
	鄞州区芦浦村（林业）	宜兴市紫砂村（紫砂壶）	德清县张陆湾村（农家乐）	遂昌县下坪村（农贸市场）

	龙湾区西垟头村（渔业）	安吉县大竹园村（竹加工）	舟山南洞艺谷村（艺术村）	义乌青岩刘村（淘宝村）

乡村类型	传统渔农村	工业生产型	休闲旅游型	专业市场型
人口数量	2878人	3681人	1532人	2409人
家庭户数	771户	812户	386户	568户
村域面积	14平方公里	2.32平方公里	1.5平方公里	6.8平方公里
主导产业	农家乐、农业、旅游业	盆景加工、旅游业	洋家乐	农业、农产品批发
人均产值	13416元	14322元	21562元	8582元
	安吉县景坞村（农业）	如皋市顾庄村（盆景制作）	德清莫干山庾村（洋家乐）	安吉南北湖村（农贸集市）
人口数量	1385人	1526人	768人	2186人
家庭户数	376户	421户	231户	482户
村域面积	12平方公里	4.3平方公里	1.5平方公里	1.5平方公里
主导产业	林业、农业	纺织加工、农业	渔家乐	海产加工、海产品批发
人均产值	8356元	9121元	18652元	9717元
	青田县门前山村（林业）	吴江市史北村（纺织加工）	普陀区庙根村（渔家乐）	里山镇红光村（海鲜市场）
人口数量	1686人	3063人	1585人	1327人
家庭户数	640户	723户	438户	387户
村域面积	4平方公里	15平方公里	3.88平方公里	1.8平方公里
主导产业	林业、农业	紫砂壶制作	农家乐、农业	农业、农产品批发
人均产值	6982元	15800元	10107元	12132元
	鄞州区芦浦村（林业）	宜兴市紫砂村（紫砂壶）	德清县张陆湾村（农家乐）	遂昌县下坪村（农贸市场）
人口数量	3586人	1879人	1563人	1723人
家庭户数	836户	419户	578户	623户
村域面积	17平方公里	8.7平方公里	4.5平方公里	1.5平方公里
主导产业	渔业、渔家乐	旅游业、农业、竹制品加工业	旅游业、艺术村	物品贸易
人均产值	11879元	21820元	24000元	52381元
	龙湾区西垟头村（渔业）	安吉县大竹园村（竹加工）	舟山南洞艺谷村（艺术村）	义乌青岩刘村（淘宝村）

素：宅院元胞用地、产业元胞用地、公建元胞用地及交通用地，并统计各元胞面积构成。

（3）明确碳系统格局社会属性P_2。样本社区内碳系统格局的社会属性包括了家庭人口结构、经济收入等要素资料汇总。

（4）获取碳排数据并进行核算。基于碳计量的用地碳排放核算主要包括三个方面的碳清单编制：碳核块排放测算E_h，碳网格排放测算E_w，碳基质吸收测算E_g。最终得到单位元胞的碳排综合值：E_t=E_h+E_w−E_g。

（5）碳排数据分级原则。依据获取的微观碳核块能耗数据，计算各样本内的数据均值及标准差，并由此进行分级图谱分布。低碳[0，均值]，中碳[均值，均值+标准差]，高碳[标准差，max]。所有均值与标准差均取整数，并根据高中低的分级分别用深色、中间色和浅色的标准化色块加以表示，易于进行比较。

乡村社区碳图谱生成过程如图6.2-3所示。

（6）建立基于时间和空间序列的关系分图谱并叠加分析。

以三种状态变量（P_1、P_2、r）来描述碳要素变化特性，P_1为碳要素物理属性，P_2为社会属性，r则代表属性P_1、P_2的空间位置分布。P_1、P_2不仅是时间t的函数，也是空间位置r的函数，当t一定时，建立P_1、P_2随r变化的函数关系，即空间序列的静态属性描述；当r一定时，建立P_1、P_2随t变化的函数关系，反映了对碳属性的时间序列描述。①

空间序列图谱，根据碳能量数据内容表达规律性、相关性及自身规则，由相同数据源形成再现不同尺度规律的数据。时间序列图谱，显示数据标示的时间周期，一般意义上，时间尺度与空间尺度一致，即较大的空间尺度往往对应较长的时间周期。这些信息图谱的叠加会显示出碳排放集中问题的区域，从整体叠加图中判断趋势，找出病症图谱特征，再进行分层图谱的抽丝剥茧理出解决头绪。

6.2.6 碳信息的时空图谱生成

具体内容见图6.2-4～图6.2-7、表6.2-4。

① 陈述彭，地学信息图谱探索研究[M]，北京：商务印书馆，2001：28.

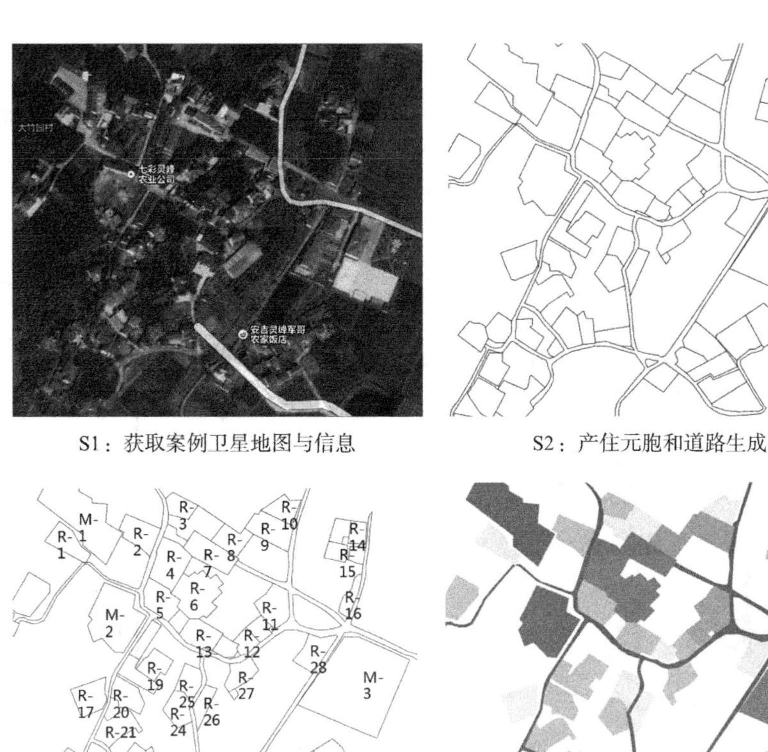

S1：获取案例卫星地图与信息

S2：产住元胞和道路生成

S3：赋予不同元胞功能属性

S4：碳排数据分级与空间赋值

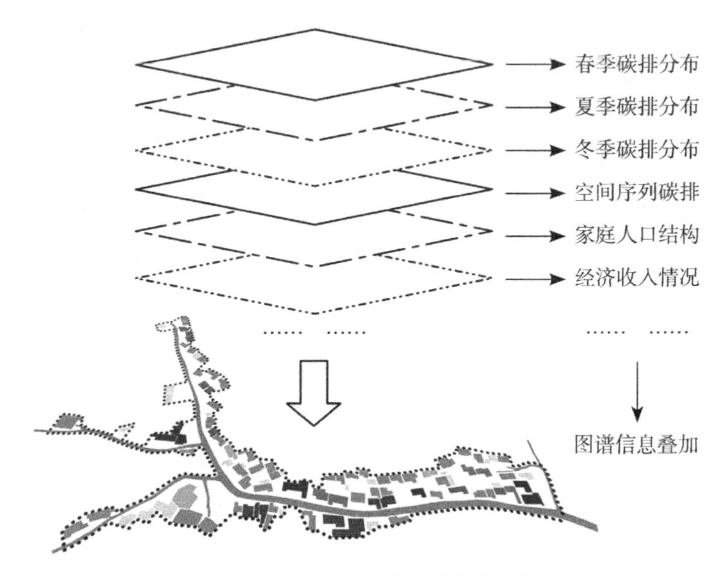

图 6.2-3 乡村社区碳图谱生成过程

资料来源：自绘

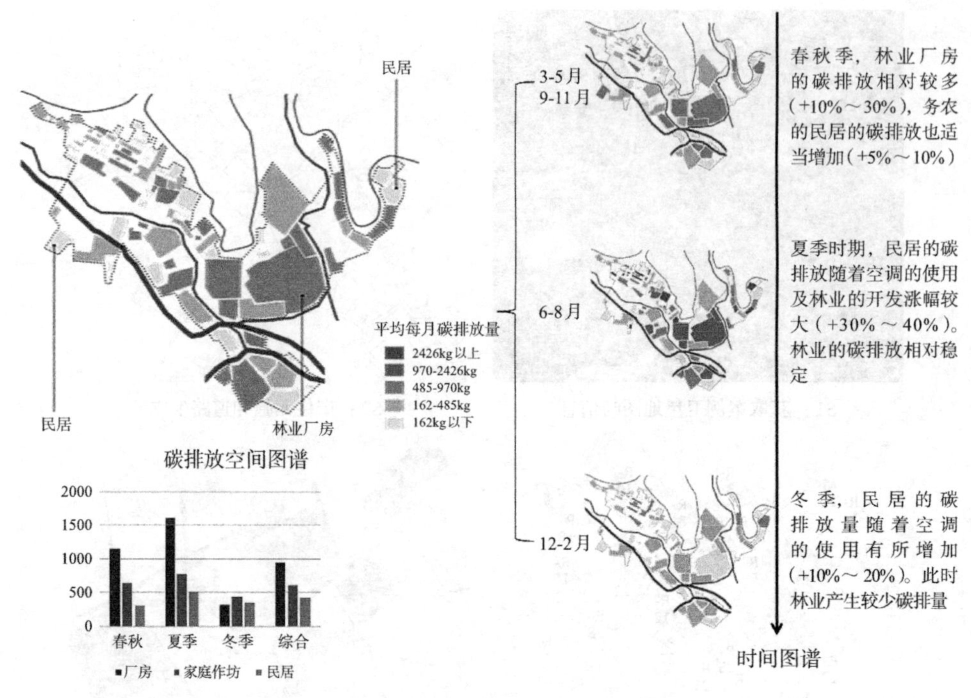

图6.2-4 传统渔农型乡村社区碳图谱模拟

资料来源：自绘

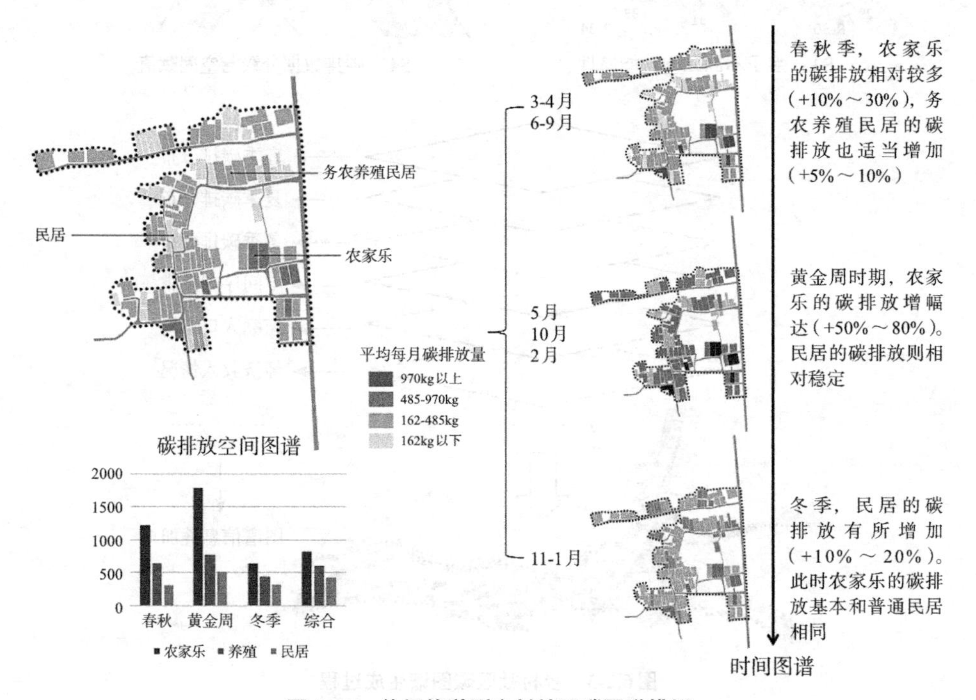

图6.2-5 休闲旅游型乡村社区碳图谱模拟

资料来源：自绘

厂房
家庭作坊
农家乐
民居
公建
平均每月碳排放量
2426kg以上
970-2426kg
485-970kg
162-485kg
162kg以下
碳排放空间图谱
5000
4000
3000
2000
1000
0
春秋季 夏季 冬季 综合
■厂房 ■家庭作坊 ■农家乐 ■民居
3-5月
10-11月
6-9月
12-2月
春秋季，竹制加工厂和家庭作坊的碳排放适度增加（+5%～10%），民居适度减少，农家乐迎来旺季，碳排放增加明显（+20%～50%）
夏季，竹木加工厂和家庭作坊的产量最高，碳排放也相应达到顶峰（+30%～40%）。民居的碳排放也会随着空调的使用显著增加（+15%～20%）
冬季，工厂和家庭作坊减产或者部分停工，碳排放相应减少（-20%～40%）。民居由于供暖等碳排放增加（+25%～35%）
时间图谱

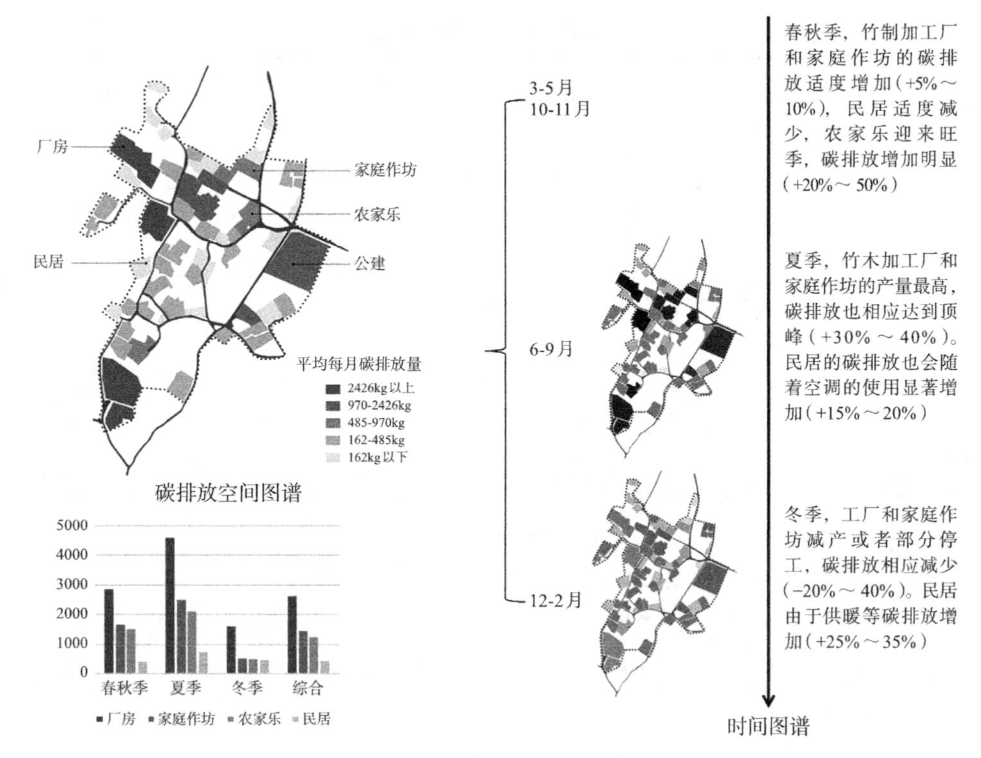

图 6.2-6　工业生产型乡村社区碳图谱模拟

资料来源：自绘

沿街商住体
民居
菜市场
公建
超市
平均每月碳排放量
2426kg以上
970-2426kg
485-970kg
162-485kg
162kg以下
5000
4000
3000
2000
1000
0
集市 平常白天 平常夜间 综合
■厂房 ■公建 ■沿街商住 ■民居
碳排放空间图谱
集市期间
非集市白天
非集市夜晚
时间图谱
赶集时期，商住一体街和周边的超市、公建的碳排放量增加明显（+10%～20%），民居的碳排放则相对减少（-5%～15%）
非赶集时期，整体的能耗相对减少。白天，公建、菜市场的碳排放减少较少（-5%～10%），民居的碳排放适度增加（+10%～15%）
非赶集时期的晚上，公建、菜市场的碳排放减少明显（-30%～60%），民居的碳排放适度增加（+30%～40%）

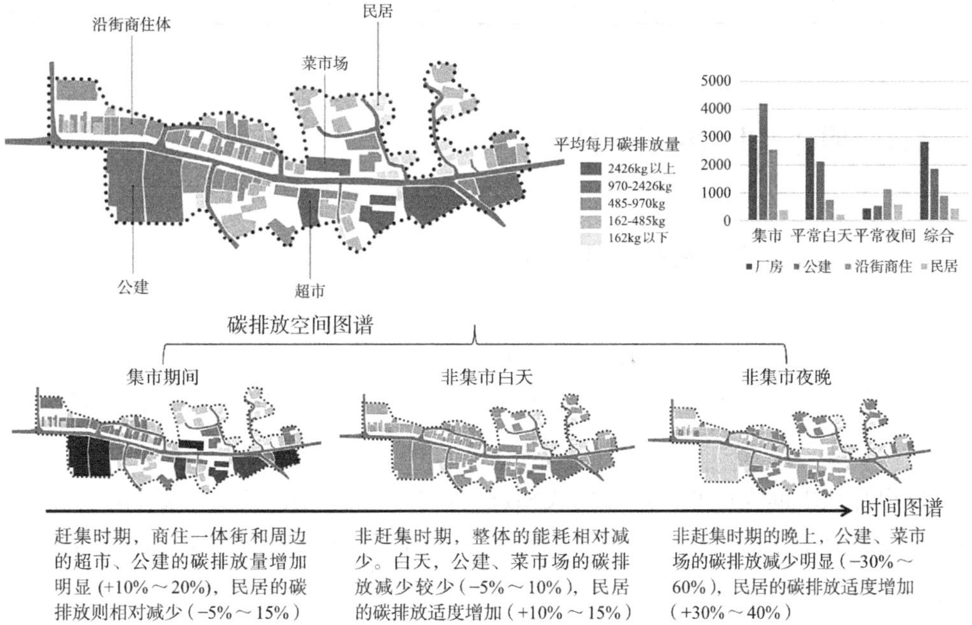

图 6.2-7　专业市场型乡村社区碳图谱模拟

资料来源：自绘

长三角乡村社区碳谱系模拟 表6.2-4

乡村类型	传统产业村	工业加工型	休闲旅游型	市场贸易型
碳排空间谱系	安吉县景坞村（农业）	如皋市顾庄村（盆景制作）	德清莫干山庾村（洋家乐）	安吉南北湖村（农贸集市）
	青田县门前山村（林业）	吴江市史北村（纺织加工）	普陀区庙根村（渔家乐）	里山镇红光村（海鲜市场）
	鄞州区芦浦村（林业）	宜兴市紫砂村（紫砂壶）	德清县张陆湾村（农家乐）	遂昌上下坪村（农贸市场）
	龙湾区西垟头村（渔业）	安吉县大竹园村（竹加工）	舟山南洞艺谷村（艺术村）	义乌青岩刘村（淘宝村）

6.3 碳图谱时空特征解析

6.3.1 碳排空间分布倾向性特征

由于产业具有自下而上的空间“倾向性”，因此乡村社区的产住结构差异性，反映到碳排的空间分布差异明显，分析四类乡村的碳排空间谱系特征，可以发现：

（1）传统渔农型空间差异较小，没有明显的高碳区域：该类型的乡村社区几乎家家户户都从事渔农产业，产业模式相近，且受宅基地的区位要素影响小，因此碳排的空间差异不明显。此外，社区产业多以小渔、农家庭模式为主，各家各户相关联性弱，没有大型的生产、加工厂，也因此没有明显的高碳排区域。

（2）工业生产型空间差异较大，高碳区域形态多表现为组团式块状：该类型乡村社区小微产住单元存在着“产业链”依托的关系，形成制造、加工、运输等功能于一体的地域性“生产联盟”，因此产业形态往往会在组团内“效仿式”发展，也因此会有明显的区域差异性。实证来看，高碳排区域往往出现在大型工厂或者是宅基地面积较大的家庭工坊附近。同时，因为“产业链”中每个环节的产业碳排不同，例如紫砂壶生产过程中前期的加工碳排值很低，而高碳排的烧窑可能会集中在某些特定的工坊中，因此户与户之间的碳排差异明显。

（3）休闲旅游型空间差异明显，高碳区域集中在交通便利的道路边缘或景观中心附近：由于对客源的需求明显，农、渔、洋家乐集聚效应明显，多分布于交通便利的沿街一带，或是风景较好的区域，能够吸引更多的游客前来，这些区域的碳排值则显然更高。而可达性弱、自然资源差的小微产住单元则因为客流较少，只能间断性地在旅游旺季临时接待游客，碳排值较低。因此，从空间分布来看，碳排的差异性从沿街向社区内部递减，内外的差异非常明显。

（4）专业市场型空间差异较大，高碳区域集中在主街道或者市场附近：商住户主要沿着聚落的主街和河道两侧分布，元胞群化组织表现为线性集聚的特征。而大型市场则是商贸社区的“增长极”，对区域经济和人居空间产生明显的“极化作用”。因此，高碳排区域也多出现于主街道或市场附近，表现为店宅一体的元胞形式，而距离较远的宅地则可能只承担居住功能，因此碳排量较低。

6.3.2 碳排空间面积异质性规律

不同的乡村社区元胞碳排的分异性差异明显，有些社区的元胞碳排产生值几乎相近，差异较小，而有些社区大量的碳排会集聚在少部分的元胞中，从图6.3-1分析得出：

（1）传统产业型元胞碳排异质性最小，从曲线图来看，其用地面积增加与碳排增加基本呈现稳定的斜率增长，没有明显的差异性变化。此外，由于大量的农田、林地等的存在，绿地碳汇大于元胞外的交通碳源等，故其碳排起点最低，并在原点以下。

（2）工业加工型元胞碳排异质性最大，碳排贡献率差距明显，大约30%的元胞产生了社区内80%的碳排，基本为大型的工厂等。而剩余的小型工坊一体元胞仅产生了约1/5的碳排，因此曲线图上会有明显的斜率变化（前段缓慢，后段陡增）。

（3）休闲旅游型元胞碳排异质性较小，数据表明，近40%的宅基地碳排量占到了社区碳排总量的60%。究其原因是，虽然元胞之间存在碳排量差异，但是由于以小、散的个体经营户为主，因此差异绝对值较小，故不存在明显的异质性。

（4）专业市场型元胞碳排异质性较大，1/3的元胞约有2/3的碳排量产生，主要是大型市场、商贸综合体等。同时，由于专业市场型社区与外界存在紧密的联系，有较多的外来碳源引入，因此起点最高。

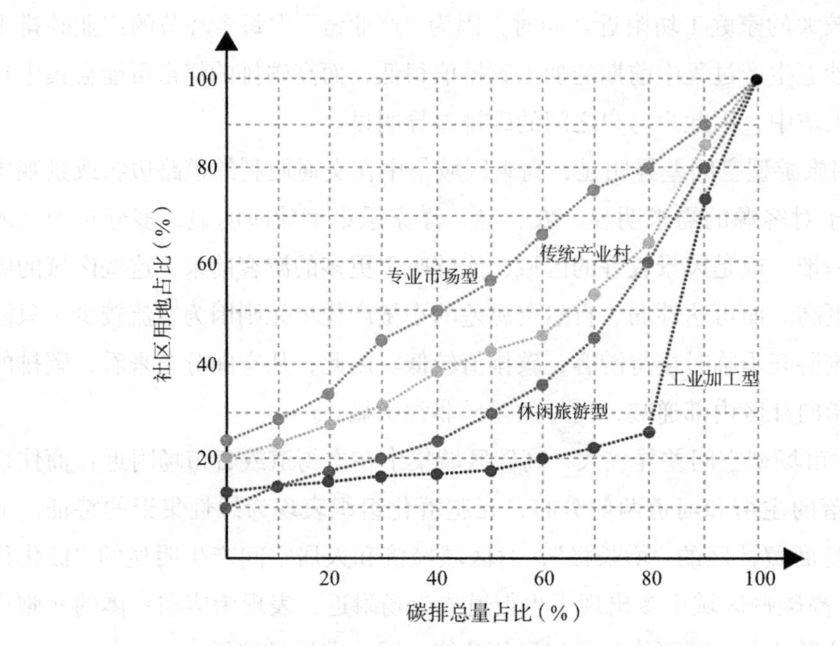

图6.3-1 典型乡村社区元胞碳排差异程度比较

资料来源：自绘

6.3.3 碳排空间格局类型化实态

碳系统格局是构成碳图谱单元的核心属性，使用GIS软件对碳图谱进行空间数据的整合分析，可以更直观地发现其碳排的空间类型化和谱系实态特征（表6.3-1）：

（1）耗散式的破碎格局：休闲旅游乡村社区的碳排空间构形，由于农、渔、洋家乐土地利用依然存在高度的“交通依赖性”，导致组团层面的碳排结构相对分散。结合表6.3-1，碳排的峰值元胞多集中于“路网”和“河网”的交汇地，并有向外延伸和扩张的趋势。但是由于自上而下的产住模式组织，在缺乏边界限定下呈现耗散的肌理，也直接导致了碳排在社区的分布较为破碎。经营户大多为居民自建改建，主要以独立式、分散化的状态存在。高碳排的经营集聚区也因此呈现“小、散、碎”的形态特征。

（2）组团式的渗透格局：乡村家庭工业宅通过生产经营的适度集中、渗透和规模化，减少通勤消耗，从而提高公共配套和服务的效率。实证分析来看，大量工业型“小生产”簇群依托交通、河道经济线，形成了集中、绵密的组团式空间形态。

碳排空间格局谱系特征　　表6.3-1

乡村类型	传统渔农村	工业生产型	休闲旅游型	专业市场型
碳排空间格局	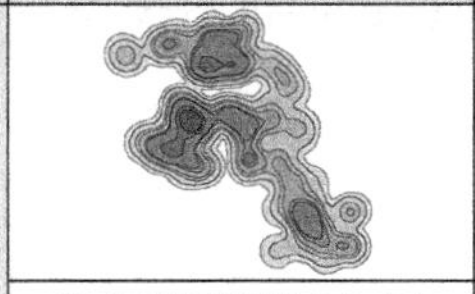 安吉县景坞村（农业）	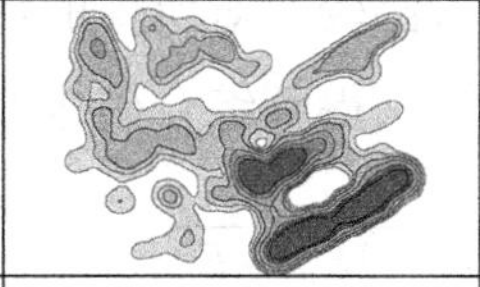 如皋市顾庄村（盆景制作）	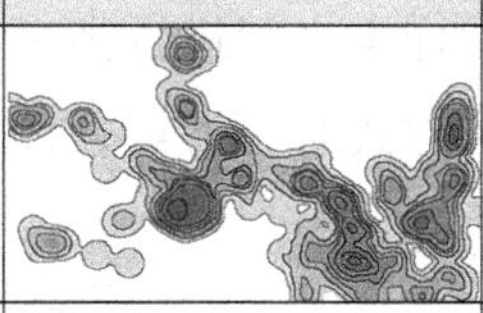 德清莫干山庾村（洋家乐）	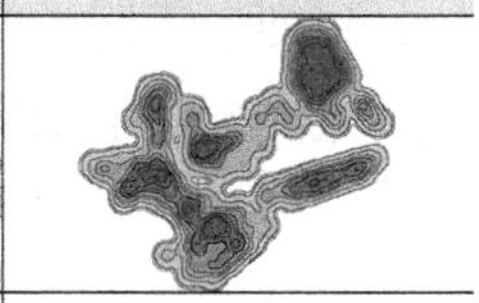 安吉南北湖村（农贸集市）
	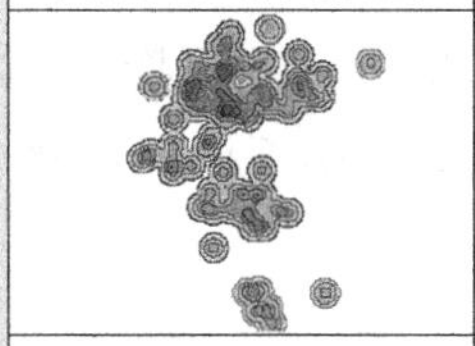 青田县门前山村（林业）	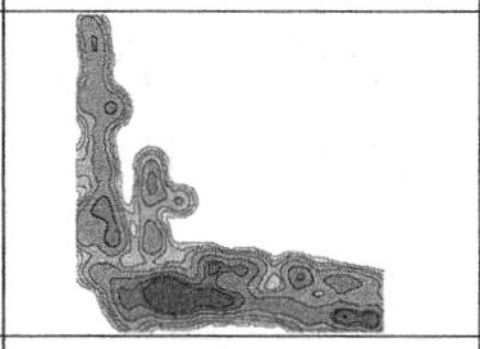 吴江市史北村（纺织加工）	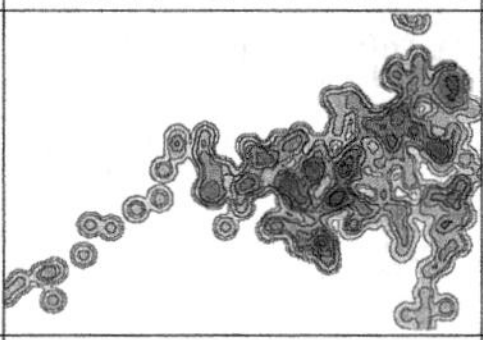 普陀区庙根村（渔家乐）	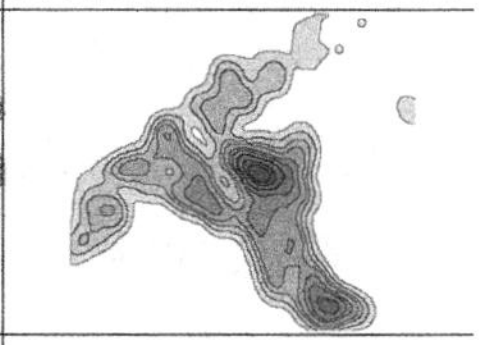 里山镇红光村（海鲜市场）
	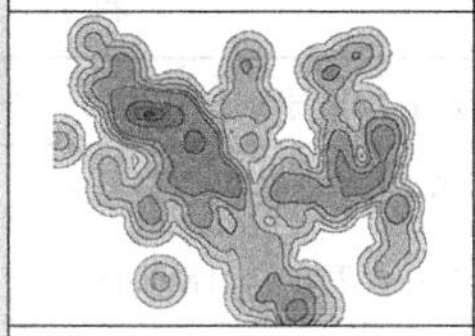 鄞州区芦浦村（林业）	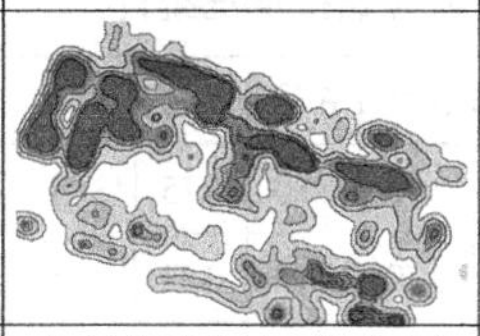 宜兴市紫砂村（紫砂壶）	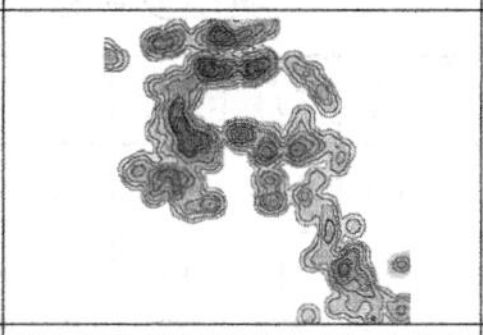 德清县张陆湾村（农家乐）	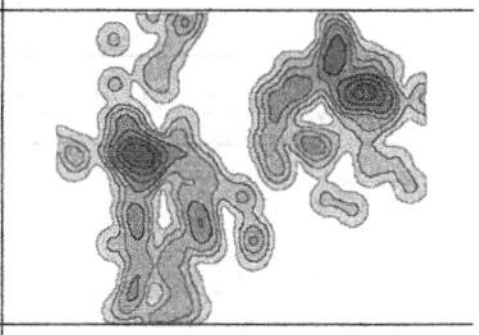 遂昌县下坪村（农贸市场）
	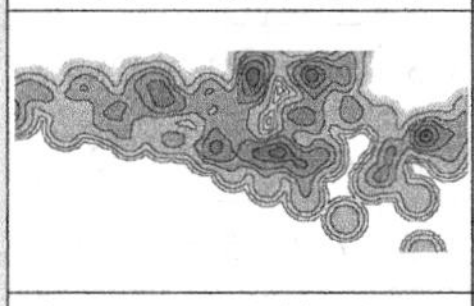 龙湾区西垟头村（渔业）	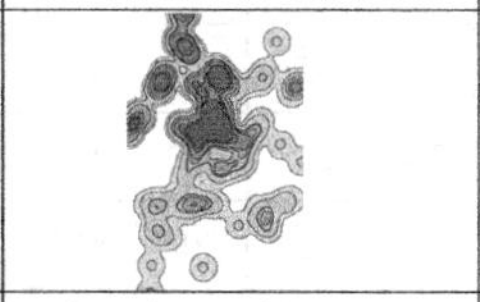 安吉县大竹园村（竹加工）	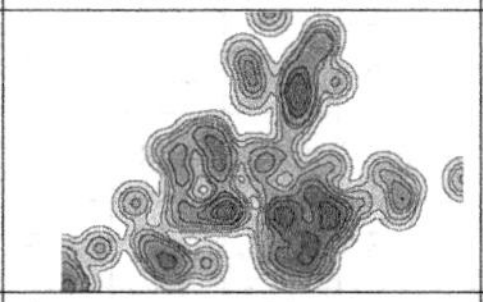 舟山南洞艺谷村（艺术村）	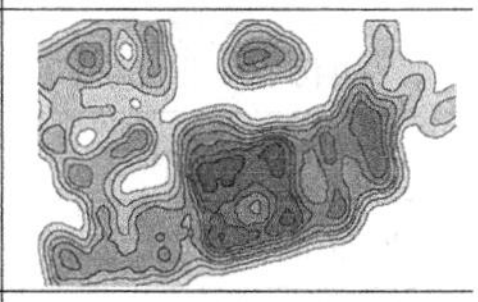 义乌青岩刘村（淘宝村）

反映到碳空间图谱上，即乡村社区中存在明显的碳排核域，集聚了大量的高碳排元胞，并呈现出沿次要交通线渗透的趋势。但由于先前宅基地缺乏统一规划，“先占先建”现象尤为严重，造成支撑产住运行的道路、管网、设施等基础配套存在既有化改造困难，因此碳排格局也具有相对明晰的边界。

（3）核域式的递推格局：在专业市场型社区中，产住元胞往往以大型商贸市场为核域，统筹周边的商住聚居群落。产业联盟和交易集聚所形成的核新区，由单个或若干经济体中心为基点，向外发散式增长和递推式传播。分析来看，高碳排元胞集中在综合市场和交通主干道附近，并且在2～5km范围内产生了社区总量3/4以上的碳排量。而越远离核域方向，区域内的碳排量就越低，社区整体呈现出“内紧外松”的碳排空间结构形态。

6.3.4 碳排时间要素量化耦合计算

为了对不同乡村社区的碳排量做进一步的量化比较，选取：①空间维度E_s：

月单位用地面积建筑碳排放量（kg/hm^2）；②社群维度E_p：月人均生活用能碳排放量（kg/人）；③经济维度E_o：月单位生产产值碳排量（kg/10元）三个数据进行类比，以便于不同类型样本之间进行衡量与比较。对所得的计算数据进行无量纲化处理，采用几何平均的方式对三者耦合计算，得到综合碳排E_Z。

$$E_Z = \sqrt[3]{\alpha E_S \cdot \beta E_P \cdot \chi E_O}$$

式中，α、β、χ分别为空间、社群、经济维度碳排的权重值，为了均衡三者对碳排的影响，故取$\alpha=\beta=\chi=1$。计算16个典型乡村社区在2016年不同月份的综合碳排情况，得到表6.3-2。

典型乡村社区综合碳排情况统计 **表6.3-2**

乡村社区类型/月份	1月	2月	3月	4月	5月	6月	7月	8月	9月	10月	11月	12月	平均值
传统渔农型	305	325	360	373	350	350	375	383	297	301	325	285	336
景坞村（农业）	239	312	432	509	479	393	423	375	330	280	218	163	346
前山村（林业）	202	195	332	358	351	406	475	489	253	193	230	163	304
芦浦村（林业）	185	221	252	265	320	350	402	448	395	275	312	289	310
西垟头村（渔业）	595	572	423	361	251	251	201	221	208	458	539	523	384
工业加工型	513	532	553	625	599	721	808	862	825	712	558	475	649
顾庄村（盆景制作）	280	385	474	586	618	595	562	662	717	621	474	325	525
史北村（纺织加工）	430	351	318	514	608	651	838	805	776	622	655	508	590
紫砂村（紫砂壶制造）	848	728	907	717	618	922	972	1072	952	919	585	715	830
大竹园村（竹木加工）	495	662	513	684	551	714	860	910	855	685	520	350	650
休闲旅游型	303	318	265	448	717	595	596	613	677	903	391	232	505
庾村（洋家乐）	360	313	294	496	972	689	673	702	688	1020	467	371	587
庙根村（渔家乐）	296	273	232	318	666	539	672	750	783	920	380	154	499
张陆湾村（农家乐）	183	266	320	489	560	691	599	665	666	890	390	160	490
南洞村（艺术）	371	419	213	490	670	461	441	333	569	780	327	244	443
专业市场型	456	443	450	499	441	530	596	613	515	492	425	420	490
南北湖村（农贸集市）	473	588	561	680	312	350	482	324	521	629	604	596	510
红光村（农贸集市）	387	397	339	486	604	598	651	671	632	517	398	385	505
上下坪村（农产品市场）	403	360	326	238	296	608	584	717	378	288	212	195	384
青岩刘村（淘宝村）	560	427	572	591	552	562	668	741	529	532	486	502	560

注：数值均为综合碳排值E_Z，不代表真实的碳排量，而是一个考虑了人口数量、宅地面积、生产总值的相对值。

为了更直观地表达样本社区在不同碳排维度上的比重关系，绘制元胞的碳排值三维分布表（表6.3-3）。以点距六边形底边距离代表E_s，距左边距离代表E_p，距右边距离代表E_o，位于区域Ⅰ中的点表示$E_s > E_p > E_o$，Ⅱ中的点表示$E_s > E_o > E_p$，Ⅲ、Ⅳ、Ⅴ、Ⅵ区域可同理类推，得到16个比重关系图，并发现以下规律：

典型乡村社区碳排要素比重统计 **表6.3-3**

乡村类型	传统渔农村	工业生产型	休闲旅游型	专业市场型
乡村社区碳排要素比重	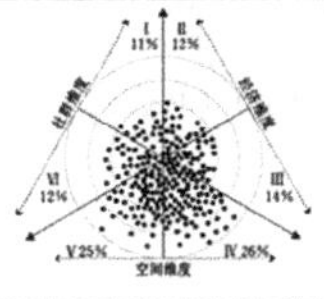	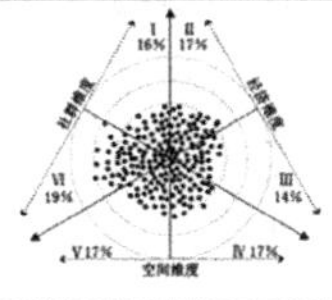	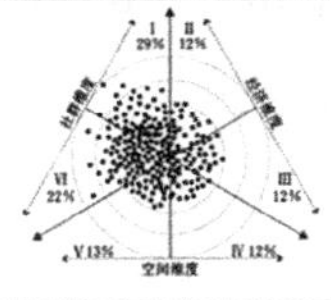	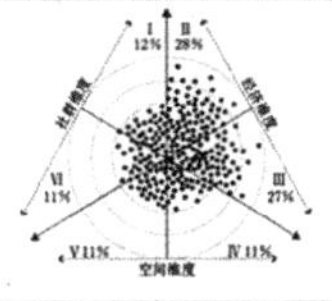
	安吉县景坞村（农业）	如皋市顾庄村（盆景制作）	德清莫干山庾村（洋家乐）	安吉南北湖村（农贸集市）
	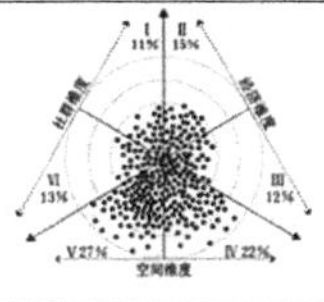	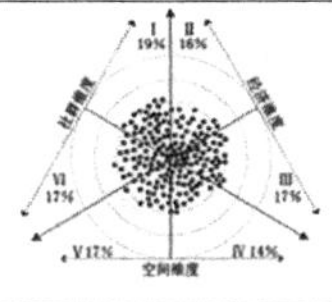	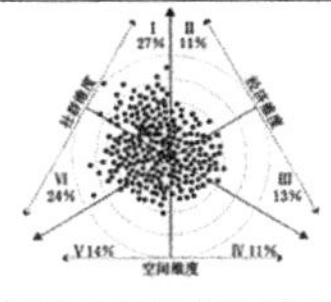	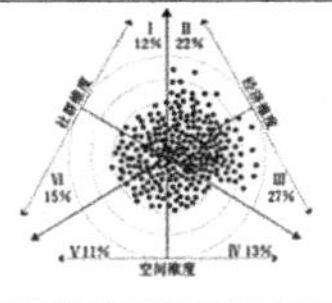
	青田县门前山村（林业）	吴江市史北村（纺织加工）	普陀区庙根村（渔家乐）	里山镇红光村（海鲜市场）
	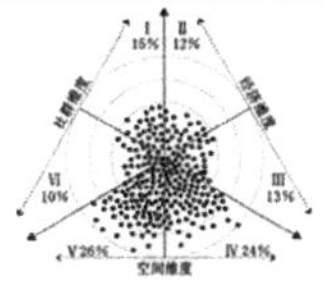	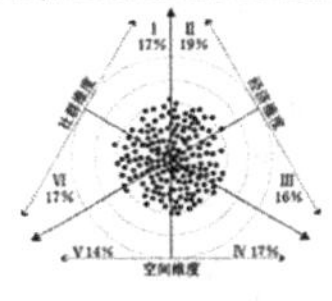	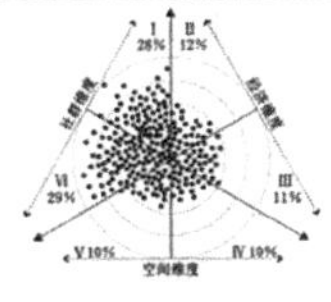	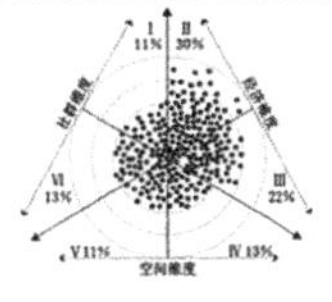
	鄞州区芦浦村（林业）	宜兴市紫砂村（紫砂壶）	德清县张陆湾村（农家乐）	遂昌县下坪村（农贸市场）
	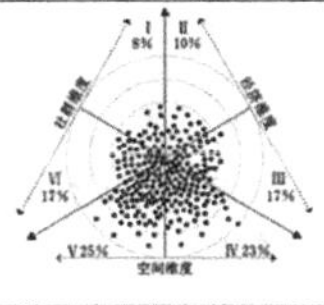	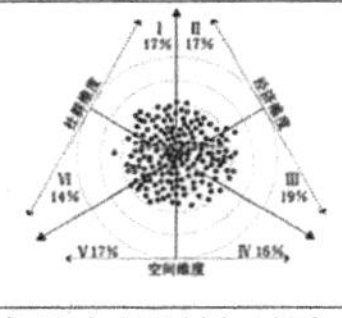	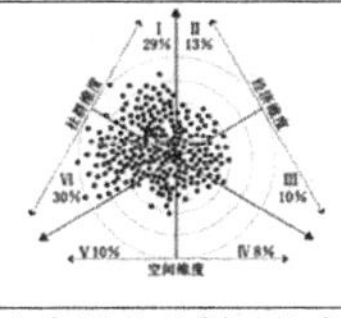	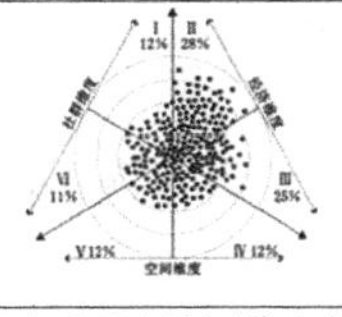
	龙湾区西垟头村（渔业）	安吉县大竹园村（竹加工）	舟山南洞艺谷村（艺术村）	义乌青岩刘村（淘宝村）

（1）传统渔农社区—空间维度主导：碳排点多数分布在Ⅴ和Ⅳ区域，分别占据了约26%和23%。表明渔农社区在同等碳排的情况下，元胞的面积更大，这与传统渔农业需要较大的生产空间有着密切关系。

（2）休闲旅游社区—社群维度主导：在Ⅰ和Ⅵ区域分布了较多的碳排点，共占据了总量的50%～60%。表明游客人数的多少是影响休闲旅游型社区的碳排多少的关键因素。

（3）专业市场社区—经济维度主导：碳排点有明显向Ⅱ和Ⅲ区集聚的态势，分别占到了总量的29%和24%左右。这也说明专业市场社区的碳排量，更多地取决于经济总量的因素，而与人口、土地面积两者的关系较小。

（4）工业加工社区—维度趋向均衡：碳排点没有明显的象限侧重，相对均质地散布在各个象限，这说明工业生产既需要劳动力，也需要生产空间，并且产生了对应的生产产值。

6.3.5 碳排时间均值与周期性分析

特定的乡村社区业态内容和性质，决定了能源消耗和碳排放量的周期性变化差异以及这种变化周期时间的长短（图6.3-2、图6.3-3、图6.3-4、图6.3-5）。

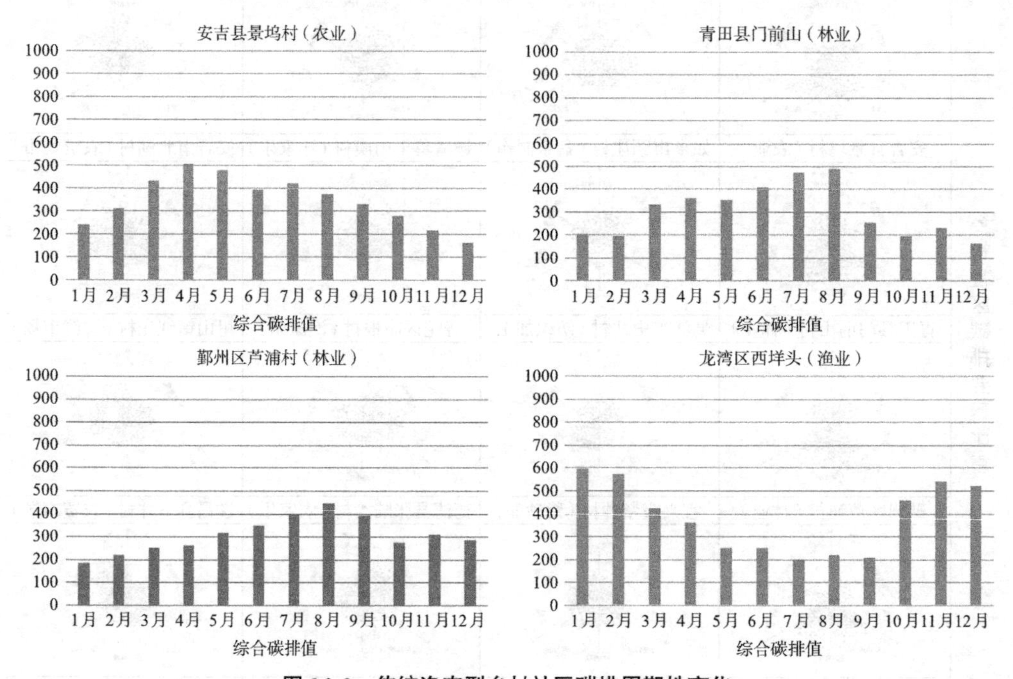

图6.3-2 传统渔农型乡村社区碳排周期性变化

资料来源：自绘

（1）传统渔农型的碳排总量最小，比较稳定（图6.3-2）。该类乡村社区的碳源构成以农居用能和渔农业为主，农林业碳排高峰期主要集中在春、秋两季（播种、收割季节），而农居用能碳排高峰则集中在夏、冬季节，因此碳排波动最为平稳，波动区间在总量的50%以内。同时，由于绿色植物的碳汇明显，故导致其碳排总量也最低，仅约为工业型社区的1/2。相对而言，渔业的碳排高峰为10月至次年的4月（捕鱼期），而低峰期则集中在5—9月（休渔期），由于产业特性，其碳排总量也相对较低。

（2）工业生产型的碳排总量最大，基本稳定（图6.3-3）。该类乡村社区的碳源构成主要为工业生产、运输用能和农居用能。由于产业链分工的配置安排，社区的

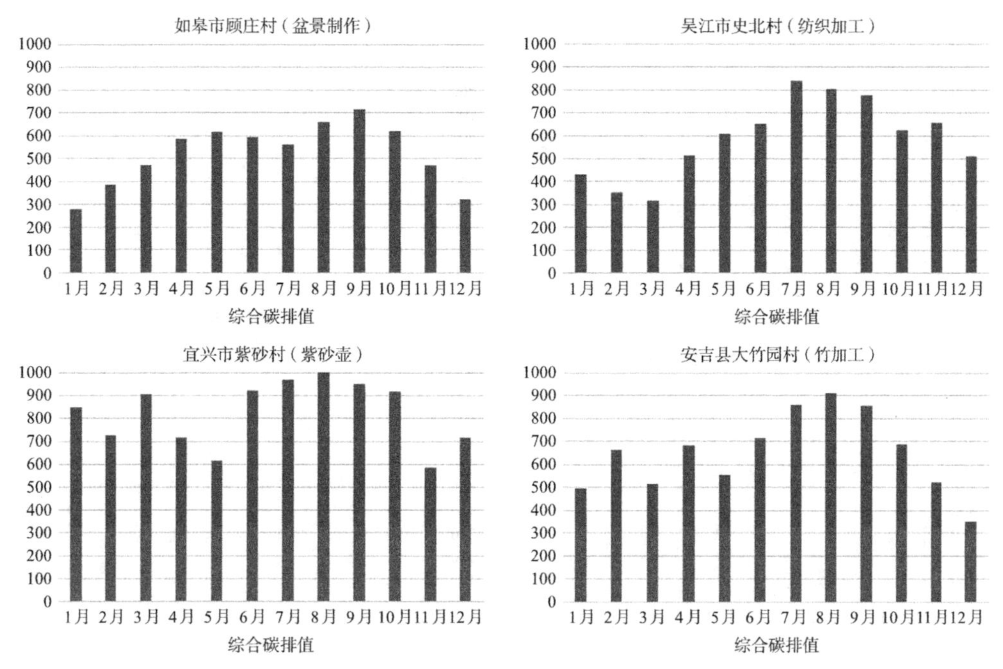

图 6.3-3 工业生产型乡村社区碳排周期性变化

资料来源：自绘

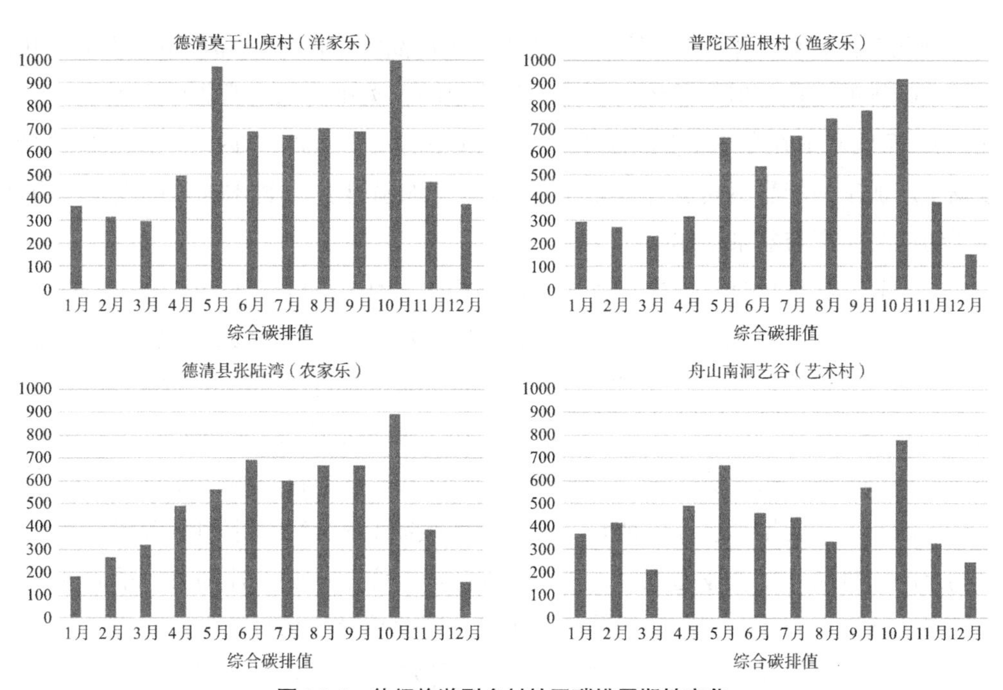

图 6.3-4 休闲旅游型乡村社区碳排周期性变化

资料来源：自绘

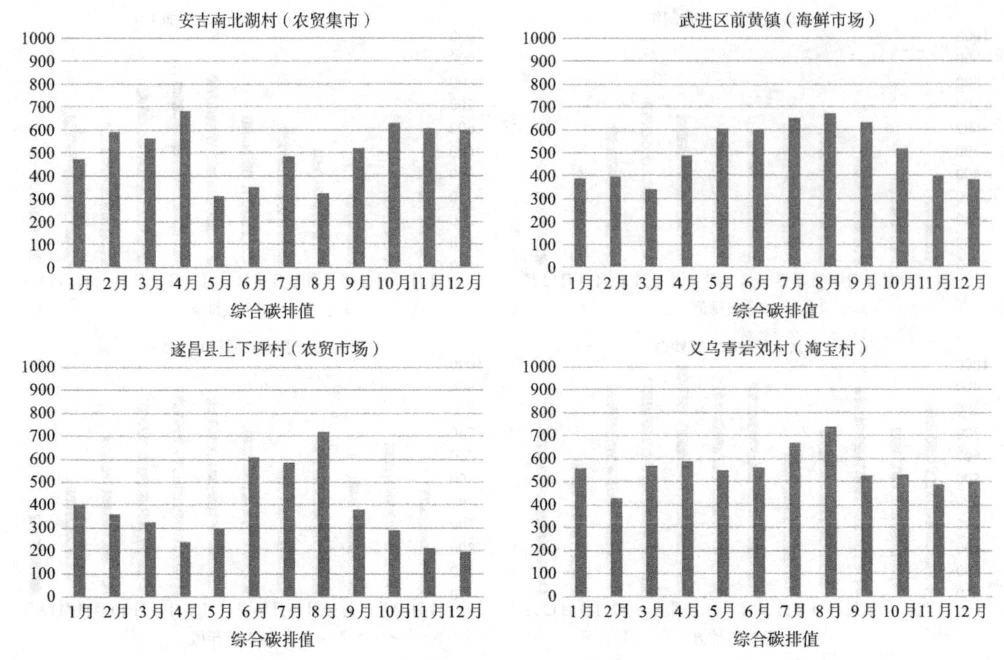

图6.3-5 专业市场型乡村社区碳排周期性变化

资料来源：自绘

生产分配上具有相对半固定规律，虽然为应对产品需求的增减和订单节奏的变化，会导致碳排的变化，但是总体而言是非常稳定的，碳排高峰通常集中在夏季（生产旺季），而低峰则在冬季（生产淡季），波动值在总量的80%以内。至于碳排总量，根据生产加工的产品不同也有差异性。例如，紫砂壶生产与竹木加工的碳排会明显大于纺织品生产与盆景制作。

（3）休闲旅游型的碳排总量较大，最不稳定（图6.3-4）。该类乡村社区的碳源构成以服务业和交通为主。由于休闲旅游产业受节庆与季节的影响较大，因此碳排的波动性也最为明显，甚至达到了300%的浮动，超过了环境承受的“警戒值”。高峰多集中在2月（过年）、5月（劳动节）、10月（国庆节）以及寒暑假。尤其是在民宿价格攀升的“旅游黄金周”，原先纯居住的家庭也会暂时性地经营农、渔、洋家乐，因此碳排的增加会非常明显，可以从曲线图（图6.3-6）中明显看到，这两个时间点的碳排超越了工业型社区。传统的农、渔、洋家乐必然伴随着大量的机动车行驶以及炊事、烧烤、制冷制暖等高碳排放，因此总量也相对较大。

（4）专业市场型的碳排总量较低，最为稳定（图6.3-5）。该类乡村社区的碳源构成主要为农居用能和服务业。传统市场型的碳排具有很明显的规律性，通常高碳排集中在集市期，而非集市期的碳排基本只是居民用能。但是，也存在

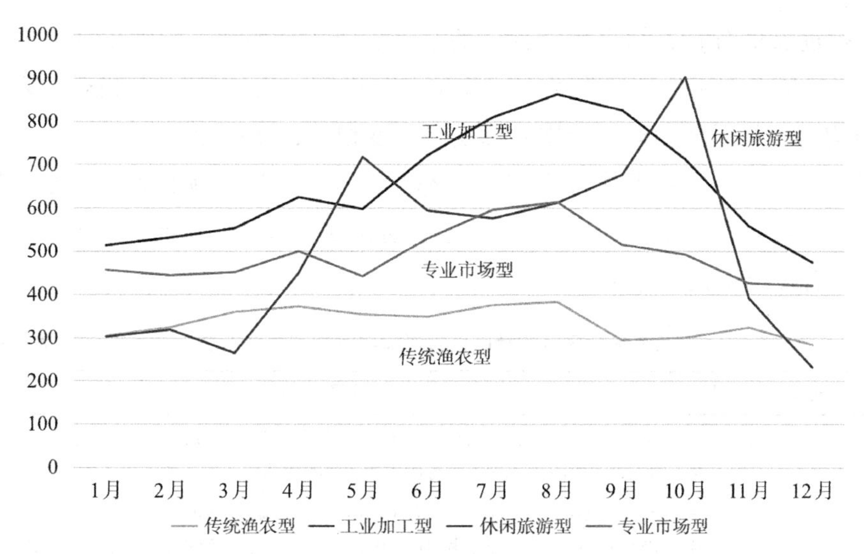

图6.3-6 典型乡村社区综合碳排值周期性变化规律

资料来源：自绘

着大型的“贸易展销会”等活动，会短期内急剧提高社区的碳排，波动幅度达到70%～100%。而对于电子商务社区（淘宝村），碳排的稳定性非常高，基本不受季节影响，波动区间仅在平均值的30%左右。而且由于用能也只是电能与交通用能，因此总量也不高，总量仅为传统社区的1.3～1.5倍（图6.3-7）。

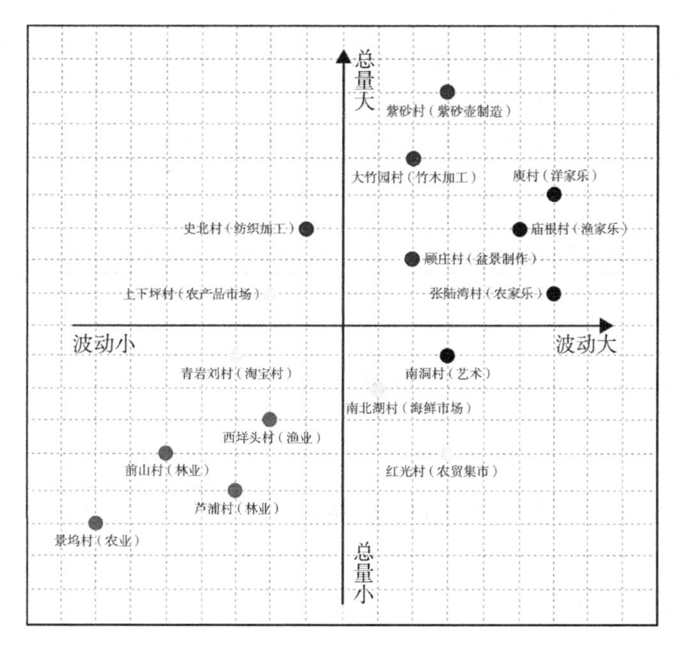

图6.3-7 典型乡村社区碳排总量与波动性大小示意图

资料来源：自绘

根据前文的分析，结合乡村社区的空间、产业等要素，归纳出低碳要素（表6.3-4）。包括：①用地管理维度下，单位元胞面积、用地规模、社区密度、强度和性质均与建筑居住和运行碳排放总量和强度相关；②产业导控维度下，产业的能耗效率、产业周期以及产业发展模式都会对乡村社区的碳排产生明显的影响；③社群引导维度下，村民自下而上的社会活动和政府单位自上而下的监管力度，将会在一定程度上干扰碳排的规律性特征。

长三角地区乡村社区低碳影响要素框架内容汇总　　表6.3-4

影响要素		主要特征
用地管理	元胞面积	单位元胞面积的大小与碳排值存在一定的关系性。尤其是对于工业型和市场型社区，更大的元胞面积往往容易产生更高的碳排量
	空间分布	分析发现，空间分布对于碳排结构也有明显影响，例如休闲乡村的高碳排主要集中于沿街沿河处，工业乡村则集中于大型生产工厂附近，市场则在商贸集市街、综合体等附近
	社区密度	社区密度直接影响了交通碳排，因此社区密度越紧凑，往往碳排的效率就越高
产业导控	产业模式	不同产业主导的乡村社区碳排总量差异明显，因此产业模式是乡村社区碳排的最核心因素，分析发现，工业碳排明显大于其他三类，而传统渔农型的碳排值最小
	产业周期	不同产业主导的乡村社区碳排周期不同，波动最大的为休闲旅游乡村，最小的为市场型乡村。周期性的碳排变化对于可持续发展具有明显影响
	产业效率	即使是同样的产业生产，生产效率越高，能源的使用率也就越高，碳排也就能相应减少
社群引导	行为活动	对样本乡村社区居民的抽样调查发现，长期以来居民的生活习惯，较之社会产业发展对能源的影响和干扰作用更小
	监管力度	个别乡村社区，尤其是休闲旅游型乡村社区碳排值非常不稳定，甚至会在黄金周超过设定的警戒值，对于生态造成不可逆的破坏
	人口数量	人口数量在一定程度上会对乡村整体的能耗效率产生影响，太多或太少都会急剧增加碳排比例

6.4 乡村社区低碳评价体系

6.4.1 评价体系设定原则与框架构成

1.评价体系的设定原则

1）整体与层次

乡村社区空间形态是综合性、复杂性的动态系统，是系统内部显性结构要素配置和隐性结构组织关系的物象化表现，反映出某种共通的“形式结构”和一般性组织适应法则。同时，系统内各子项层次构成或组分要素均能独立表征乡村社区某一方面或不同层面的水平，成为整体乡村社区表象的一种缩影，其避免了各子项层次间或组分间的穿插叠合，又形成相互连接的关系，由微观到宏观，从抽象到具体，共同形成有机整体及其结构组织的协调并行，进而实现系统综合高效化运转。

因此，系统的整体运作会因为某一层次构成或组分要素的突变而促进或制约整体效率的正常发挥。著名的水桶效应较好地诠释了这一现象：一个水桶最终能承载多少水量不是由构成木桶最长的那块木板决定的，而是由最短的那块木板决定的，也称为短板效应。因此，尤其需要重视空间形态系统在低碳适应性多种需求作用下的整体协调性的高效发展和各层次、组分间的关联性影响，通过整体运作使自然环境中各要素与相应的人类建设与改造活动相协同。即以不同功能分化为基础形成的相关单元群块组的整合程度、协调模式与客观演进的状况，作为影响空间结构系统内在运作效率的关键。若只关注“看得见”的单向经济发展模式或局部低碳适宜技术的开发和移植，此种“技术的‘胜利’，似乎是以道德败坏为代价而换来”（马克思），亦即无法形成真正的低碳化。

2）动态与生长

动态发展是低碳概念内涵的外延扩展，也是保持适应性常态的前提。持续的“变”且“以变应变”的积极动态应对，是延续系统持续生长生命力的关键。当然，这种“变”的动态性遵循一定逻辑法则，依循规模层次结构秩序和单元之间“间隙”的点连接，以创造不断生长、延展的基点。同时，在“变”的动态中提倡“趋同”和“存异”共存的状态。本文提出的基于“空间形态—环境碳行为—活动碳排放”的动态适应性机制，将乡村社区低碳化研究从传统建筑学思维解放出来，以一种复杂性思维视角看待空间形态系统向低碳发展进化而保持自身持续性生长的问题。乡村空间形态系统自身是历经长时间持续演进的结果。低碳适应性的需求改变同样需要时间跨度下的渐进发展模式，其自身的演进和建设规划，必须首先契合并尊重原有的动态演进规律，这并不是拆除几间民居、植入组团群域，或迁址另建新型乡村社区能完成的，其需要在现有空间形态结构基础上，尊重气候、环境、地形、景观资源和结构，同时维护地域性的社会人文，以此顺应动态的生长情态。

3）适应与自主

“以变应变”的动态环境调控需立足“三适原则”，即“适合环境、适用技术、适宜人居”。适应原则的主旨在于尊重和学习原型空间形态系统的发展规律和机制，以“道法自然”为基础，促进系统低碳适应性的“二次适应”的发展飞跃。首先，确立以自然资源保护和良性合理利用为重点的乡村环境发展目标，明晰"顺乎天地则昌，逆乎天道则亡"的基本人居观；其次，"尊重原有地域自然生态系统空间形态结构体系建构的机制"，在此基础上将整体性适应向"惟和"的境界进一步提升。低碳化空间形态的形成是各子项受低碳功能需求，在不断整合的物质空间形态结构基础上促成的适应性过程体现。空间形态低碳适应性发展，需要以物质空间发展的客观规律为基准，突破常规单向线性思维惯性，选取适时、适地、适人的限定条件，表现内在组织协调性和运作高效化的营建模式。

此外，对客观规律阶段性的认知和片面性的理解，使适应性行为主体（营造、使用和感受者）的自主性能力显现不足，对低碳适应性的发展同样产生影响：一方面其受现有空间形态模式影响而变更行为路径，另一方面又通过自身行为的能动性，对改变或促进空间形态的进化和发展提升进行主观指导。因而，在适应性过程中需对村民个体的低碳生态价值观予以转型，促进村民公众参与的自主性，从对个体环境碳行为的约束，到认知意识的自省，再至村民群体仿效（剔除了盲目攀比）机制下互助共建的自觉，强调从个体到群体行为积极性和参与意愿的主观随机介入，加强和体现适应性过程的可操作性。

4）在地与原创

空间形态低碳适应性营建针对乡村社会经济发展过程中的主要能源、环境现状，立足本地、充分挖掘在地环境资源优势，并与整体发展及环境保护要求相适应，这种在地性的体现即是适应性过程最直观的体现。在不同乡村社区类型背景和发展现状条件下，在地性特征不断发生变化，从而可归纳总结出在地性基础上具有适应性能力的原创性，将过去与未来连接。原创并非凭空想象的标新立异，而是扎根于所处的地域环境，对各要素有充分认知基础上做出的切实合理的界定应答，是一种带有"土"性的方法过程。其包含了对在地衍生发展整合性结果的创造性和适宜性程度，顺应聚落共同体在更广阔环境中有机生长的需求，体现栖息地环境发展的逻辑和方向。

5）发展与约束

本原则的主旨在于使各类资源在约束发展过程中呈现综合能耗效益的最大化，并充分展现"物尽其用"。发展与约束是两种截然不同的生发状态，然而两者间却相辅相成。乡村社区空间形态低碳适应性需要发展，更需要理性而有限度的发展，而不是在低碳数值指标的限制下裹足不前、踟蹰前行，此时起约束作用的便是各种主客观因素的合理约束与限定，涉及物质、环境、伦理等方面。

在发展与约束原则下，在土地资源利用方面，既包括对土地资源的开发、改造，也涵盖对土地合理利用的节地节能态度。合理利用土地不仅关系到物质空间形态的营建，还关乎物质空间形态投射下各结构要素组织的物化联系，其通过外部形态、内部结构、通廊连接，在极大程度上直接影响并决定了物质循环、能量传递的信息交换的效率，在有限度的发展平衡中获得谨慎前行的样态模式生成。对其他物质材料资源而言，适当保留、循环再利用、增加构筑材料的重复使用率，既是一种形式上的再发展，也是对过度开采使用资源的制约。

同时，约束条件的限定随时代、随社会的发展而变化。早期乡村聚居社会的约束明确而单一，集中在对基本生存环境条件的应对（主要是满足避风躲雨），但是随着社会的发展，主观欲望需求不断攀升，对非物质要素内容的渴望变得更加倚重，约束条件的增多限定了发展的方向性和目标性，使对某一方面的接受度和感受体验更加突出。

2.评价体系的构成特征

1）体系特征

环境评价体系具有层次性的特点，因此树桩分支的多层次结构形式也是大部分评价体系所采用的结构，从上而下可以分为主题、控制要素和准则。层次分析法（Analytic Hierachy Process）是美国运筹学家于20世纪70年代初提出的一种层次权重决策分析的方法，它将与最终决策相关联的因素分成目标、准则和方案等层次，是对定性问题进行定量分析的一种简单且灵活的方式，被广泛地应用于评价体系的建立以及权重系数的决定。

乡村低碳评价体系的层次结构采用的是多层次结构体系。其最终的目标是低碳乡村空间的规划与设计，体系从上到下依次是总体目标、因子层和准则层。其中因子层又分为因子以及亚因子（亦可称之为一级因子和二级因子），通过各个准则和行动导则对其实现控制。

“低碳乡村”评价体系应该具有以下特点：

（1）可持续性：从可持续发展的基本概念出发，乡村空间的低碳评价体系的核心应该有环境性、经济性、社会性和政策性。在关注乡村环境的同时，实现经济、产业、社会生活的和谐发展，并将低碳政策化，贯穿到乡村建设及机制的运营中。

（2）地域性：村庄的地理多样，人口和建筑规模的大小不一，因此评价体系在评价的过程中应充分考虑村庄的行政位置（中心村和自然村）、地理特性（平原水乡和山地丘陵）、建设方式（有机更新或择址新建）和形态特点（带状、团状、带有带状倾向的团状），并在评价体系中区别对应。

（3）模糊性：乡村并没有像城市那样面临环境污染和资源短缺等问题，因此低碳建设的目的在于适应性引导而不是治理控制。相比城市定量化指标，乡村低碳体系更需要定性控制，以避免在发展中出现高碳倾向。另外，长江三角洲地区的乡村，乃至中国的乡村尚未有低碳实践的先例，因此在评价体系提出的初期不宜给出量化指标，应当以乡村的普遍状态作为平均值，给以模糊的定性的量化和引导。

（4）易操作性：本研究中建构乡村低碳评价体系的目的是辅助和引导乡村的建设，并不是第三方评价体系。评价体系的使用对象主要是村政府、设计单位以及村民，而不是专业的评价人员。因此，应该遵循简单、易懂、易操作的原则。

（5）层次性：采用树桩分支的多层次结构形式是一种被广泛运用、结构清晰、简单易懂的评价指标模式。低碳的评价体系应当建构以碳循环系统的构成要素为核心出发点，以低碳空间控制手法作为调控要素，最终落实到控制指标上。

（6）时效性：评价体系要能够反映乡村低碳建设前、建设中以及有机更新各个阶段的状态，在策划、规划、建设以及完成后都能够判断其低碳性能。

（7）动态性：评价体系是一个动态发展的系统，以评价、反馈、调整的机制对现有的评价体系进行完善。在实践积累的过程中，逐渐完善、调整，从定性的评价量化逐渐过渡到量化的评价。

2）体系构成

基于前文对碳系统识别、碳边界识别、图谱模拟等的分析与研究，低碳乡村的评价指标设定包括两个模块：一是，基础模块：包含经济、空间、社群三个基本维度的指标评价；二是，弹性模块：包含合理的生活需求与特殊的价值需求两类（图6.4-1）。

前者是对乡村社区基本概况的分析，侧重于以低碳生产力要素、低碳空间形

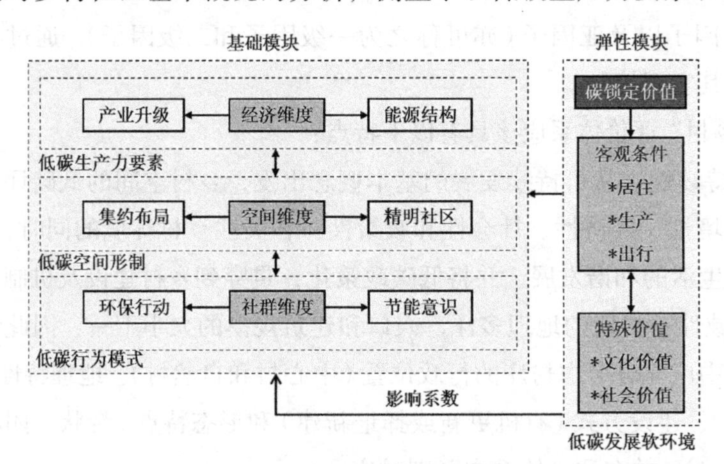

图6.4-1　乡村社区碳评价指标体系构建

资料来源：自绘

制、低碳行为模式作为前提与基础；后者则侧重于以低碳发展软环境作为影响系数并作用于基础模块上。

其主要目标便是寻找相关积木块，将一致性积木块组织起来，形成一定秩序结构，从宏观到中观、微观再到宏观的关联路径，包含空间和时间两维度下由“分析—评价—目标—设计（构建）—评价—分析”这一逻辑顺序构成的全部动态调整和循环过程，相关具体实施步骤如下：

（1）基础研究资料收集

首先是对碳排基础数据及乡村基础信息的收集和整理，尤其是关于能源、产业、空间等关键信息资料的积累。其次是对与乡村社区空间形态特征相关的基本资料汇总，包含用地性质及分布、宅基地密度与分布、水系和绿地构成、民居宅院建筑形制以及宅院群组的组合类型等。

（2）碳排放现状与实态模拟

将收集到的碳排放现状基本信息进行定性与定量的综合评判，进行计量测算，绘制碳排空间图谱。同时，根据测算得到的碳排数据进行实态模拟，找出关键性的低碳控制要素，以确定与之相关的乡村低碳化转型的应对措施。

（3）目标任务及原则确定

通过对碳排放现状的初步识别，明确主要解决的问题方向后，确定碳排放基本普及的具体目标。

（4）碳排放基本评价的实施与综合应用

在明确了目标任务和原则后，即产生有针对性的相应策略。对能源、产业、空间等中介要素对碳排放的影响进行调整与改动，从低碳生产力要素评价和可持续人居环境评价两个方面，分别对涉及的用地规模、宅基地覆盖率、土地紧凑度等量化指标进行用地调控，将“碳排放基本评价”的原理理论与实践相结合，实现乡村低碳化的具体化。此外，在村民主观随机偶然的环境碳行为和专业设计人员的应答介入下，对生成过程涉及的各种机制进行优化，最终建立并完善对碳排放基本评价体系的构建（图6.4-2）。

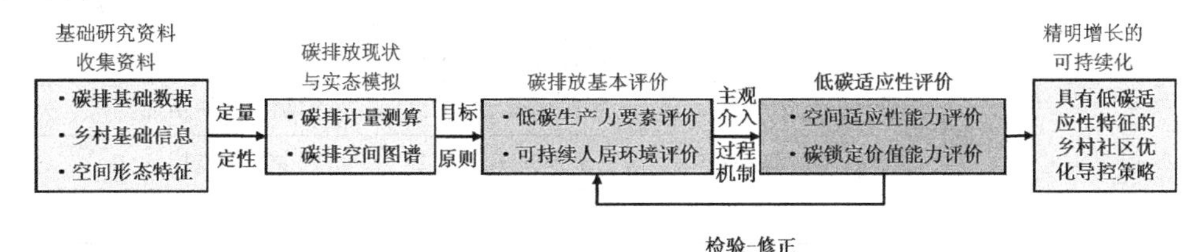

图6.4-2　乡村社区碳评价指标体系营建过程

资料来源：自绘

（5）低碳适应性评价

确定实践的方案后还需要对所有过程和行为进行整体低碳适应性评价，以判断实践措施施用的准确性，继而对下一轮调整建立好分析的基础。

6.4.2 低碳评价体系导则与适应性调整

1.低碳因子筛选

因子层，即评价体系的第一层次因子，是实现低碳的主要途径。从碳循环体系的构成要素出发，直接影响乡村中的低碳有三种途径，即"经济""空间"和"社群"。

在因子层之下的是亚因子，即第二级因子，它是实现"经济""空间"和"社群"的具体控制要素。每一个亚因子都有其实现的途径，即空间策略。在每一项空间策略下，有具体的行动导则，使评价体系最终落地到乡村的低碳营建中。总目标层至行动导则层见表6.4-1。

乡村社区评价体系的总目标　　表6.4-1

总目标层	因子	亚因子	准则层	评价内容
乡村社区低碳评价体系	经济因子	经济效率C1	产业经济效率C11	单位经济生产值增加，本地就业人数增多
			在地就业率C12	
		产业健康C2	农业生态化普及率C21	提高生态经济产值，减少农产业污染排放
			清洁生产实现率C22	
		能源结构C3	能源利用效率C31	提升能源的使用效率，增加新能源的使用占比
			清洁能源占比C32	
			可再生资源循环率C33	增加可回收的效率，减少建筑能耗碳源，降低排污排废的数量
			节能达标率C34	
			废污排放达标率C35	
	空间因子	精明社区C4	社区规模大小C41	社区可持续增长
			宅院主要朝向C42	充分利用日照和下垫面
			产住混合程度C43	控制土地使用效率
		空间形态C5	宅基地覆盖率C51	控制土地使用强度
			土地紧凑度C52	减少通勤能耗
			绿地碳汇覆盖率C53	增加绿地碳汇面积
		交通捷径C6	低碳交通的普及率C61	减少交通碳排
			道路通达及连通性C62	降低通勤能耗

续表

总目标层	因子	亚因子	准则层	评价内容
乡村社区低碳评价体系	社群因子	公众参与C7	环保意识普及率C71	提倡低碳生活方式，改变高碳生活习惯
			绿色出行比例C72	
			低碳活动参与度C73	
		组织调控C8	降碳鼓励措施力度C81	执行监督、核查、统计与奖罚，设立警戒值
			碳检测统计管理C82	

2.评价方法建构

1）类型判别

与城市相比，乡村的类型要复杂得多，应根据其产业类型、形状特点、地形特点、规模大小及功能用途分类。在使用评价体系之前，可通过调研等方式确定乡村的类型。针对不同特点的乡村，评价体系的评价因子是相同的，但是针对相同的评价因子给出了部分不同的行动导则。因此，在应用评价体系之前应当首先判断村落的类型。“低碳乡村”评价体系中，首先按照产业类型将村分成了“传统产业村”“工业产业村”及“第三产业村”，又在下拉菜单中按照第三产业的特征分成了“休闲旅游”和“专业市场”两大类型。在评价准则的设计时，主要以行政级别为分类标准，分别设计了不同的评价准则和空间设计策略。

2）评价方法

除了减碳效果，乡村低碳评价体系还要能体现项目的整体可持续性，因此其评价包括定量的评价和定性的评价。

“减碳”效果的定量评价用年二氧化碳减排量来表示，计量的对象包括建筑、交通的碳排放减少量以及绿地系统的“碳汇”增加量。定性的评价是衡量行动导则和图则中的各项空间设计策略在设计中的落实度。评价体系将评价分为五个等级，用星级来表示（☆，☆☆，...，☆☆☆☆☆）。其中第三等级是低碳策略的基本要求，其他等级通过与其对比来评定等级。在乡村低碳评价体系提出和应用的初期，虽然有一些评价因子根据其他评价体系的经验设立了量化的评价标准，但是这些评定的标准仍然以定性的描述和图则为主。另外，并不是所有的因子都适用于每一个村落，但遇到不适宜于该评价对象时，评价者可以根据需要选择来排除该因子对最后结果的影响。

3.指标权重的确立

1）量化过程

为了避免过度拘泥于量化，量化的评价标准仍然以定性的描述和图则为主。在其评价体系应用和实践的过程中，可以通过实践经验的积累，逐渐过渡到量化指标。

2）比重确定

由于乡村社区低碳评价体系中的每一单项指标，都是从侧面来反映构建低碳乡村的状况，故需要判断每一项因子的比重，确立方法仍然采用了AHP层次分析法。AHP层次分析法是目前应用十分广泛的用于确定权重系数的方法之一，其主要步骤为：

（1）确立递阶层次结构

“低碳乡村”评价体系的评价因子是以AHP层次分析法的递阶层次结构建构的，22个行动导则为最低一级的评价因子，归纳为三类：经济（B1）、空间（B2）、社群因子（B3）。

（2）构造两两比较矩阵并计算权衡向量

首先对一级评价因素C1，C2，C3，C4进行权重分析，再对第二级评价因素C11，C12，C21，…，C82分别进行权重分析，评价时建构两两比较矩阵。

（3）各评价因子权重系数的确立

权重向量：$\omega_i = \dfrac{\left(\prod_{j=1}^{n} a_{ij}\right)^{\frac{1}{n}}}{\sum_{k=1}^{n}\left(\prod_{j=1}^{n} a_{kj}\right)^{1/n}}$

（4）判断矩阵的一致性

乡村低碳评价体系将根据AHP层析法确定因子及亚因子的权重系数。三级评价因子，即行动导则的重要度默认为相同，将按照平均分配的原则确定权重系数，来获取量化结果。

合理的权重系数需要由来自不同专业、职业背景的众多专家组成的群体共同确立。因此，很难在研究的现阶段给出泛用的标准。本研究首先建立框架体系，并为今后权重系数的确立和调整建立基础（表6.4-2）。

评价体系权重系数 **表6.4-2**

总目标层	因子	权重	亚因子	权重	准则层	权重
乡村社区低碳评价体系	经济因子	0.452	经济效率	0.097	产业经济效率	0.058
					在地就业率	0.039
			产业健康	0.079	农业生态化普及率	0.041
					清洁生产实现率	0.038

续表

总目标层	因子	权重	亚因子	权重	准则层	权重
乡村社区低碳评价体系	经济因子	0.452	能源结构	0.276	能源利用效率	0.062
					清洁能源占比	0.053
					可再生资源循环率	0.046
					节能达标率	0.068
					废污排放达标率	0.047
	空间因子	0.427	精明社区	0.186	社区规模大小	0.069
					宅院主要朝向	0.032
					产住混合程度	0.085
			空间形态	0.153	宅基地覆盖率	0.051
					土地紧凑度	0.043
					绿地碳汇覆盖率	0.059
			交通捷径	0.138	低碳交通的普及率	0.042
					道路通达及连通性	0.096
	社群因子	0.121	公众参与	0.052	环保意识普及率	0.012
					绿色出行比例	0.019
					低碳活动参与度	0.011
			组织调控	0.069	降碳鼓励措施力度	0.023
					碳检测统计管理	0.046

4.导控细则设定

乡村低碳评价体系是AHP层次分析法的多层次体系。对各个行动导则的实践度的评价是整个评价体系最底层的因子，也是上一级评价要素的基本单元。以此类推，由下至上，形成了递推型的评价体系结构。对每一个行动导则都给出了相应的评价手法，即评价准则。本节将在空间策略分析的基础上，参照现有国际评价体系的标准，结合乡村的实际情况，给出定量或定性的标准。以行动导则作为基准，根据其超越行动导则的要求或低于行动导则的要求给出评价准则，并将其量化。判定条件以定性的比较为主，也有部分行动导则，根据实践经验定出了量化的判定指标。

1）经济因子

（1）经济效率

有效地开发和利用产业资源，提高在地就业率增加参与劳动人员数量，从而推动经济快速发展。在开发资源的同时，也应少投入多产出，讲求经济效率。

☆☆☆☆☆	产业经济效率C11评价指标
☆	单位经济产值年增长不超过的10%
☆☆	单位经济产值年增长达到10%～20%
☆☆☆	单位经济产值年增长达到20%～40%
☆☆☆☆	单位经济产值年增长达到40%～60%，且产业为当地特色产业
☆☆☆☆☆	单位经济产值年增长超过60%，并且产业应为可持续发展的绿色产业，可以保护当地特色

☆☆☆☆☆	在地就业率C12评价指标
☆	当地居民就业率不超过20%
☆☆	当地居民就业率达到20%～30%
☆☆☆	当地居民就业率达到30%～50%
☆☆☆☆	当地居民就业率达到50%～70%，就业人员可以享有医疗保险等
☆☆☆☆☆	当地居民就业率超过70%，就业人员享有“五险一金”

（2）产业健康

乡村应该在有机更新的技术上，以邻里单元为基本单位，以合理的规模，适宜的技术实现农产业污染排放的优化，从而达到提高生态经济产值，减少农业污染排放的目的。

☆☆☆☆☆	农业生态化普及率C21评价指标
☆	没有导入农业生态化建设计划
☆☆	没有导入农业生态化建设计划，但政府在有计划进行并有相关政策支持
☆☆☆	规划在农业生产中进行生态化建设的计划（主要包括太阳能、生物质能和雨水利用），并有相关政策支持
☆☆☆☆	规划在农业生产中进行生态化建设的计划，并在村落中具有一定普及率
☆☆☆☆☆	规划在农业生产中进行生态化建设的计划，并已实际投入运行或有市场化计划

☆☆☆☆☆	清洁生产实现率C22评价指标
☆	没有导入可再生和未利用能源的计划
☆☆	没有导入可再生和未利用能源的计划，但政府在有计划进行并有相关政策支持
☆☆☆	规划在农业生产中导入清洁的可再生及未利用能源，并有相关政策支持
☆☆☆☆	规划在农业生产中导入清洁的可再生及未利用能源，在整个乡村中具有一定的普及率
☆☆☆☆☆	规划在农业生产中导入清洁的可再生及未利用能源，并已实际投入运行或有市场计划

（3）能源结构

乡村的主要碳排来源为能源使用，故需提升能源使用效果，增加新能源的使用占比。并提倡使用清洁能源，增加可回收效率，减少能耗碳源，降低排污排废数量。

清洁能源占比：可再生能源与未利用能源是最为主要的分布式能源形式，并且广泛存在于乡村中。虽然有些可再生能源已经在乡村得到比较广泛的应用，但是总体上存在初投资大，经济回收效率低下，可再生与未利用能源供给比例较低的现状。

☆☆☆☆☆	清洁能源占比C32评价指标
☆	清洁能源占比小于15%
☆☆	清洁能源占比达到15%～30%
☆☆☆	清洁能源占比达到30%～50%
☆☆☆☆	清洁能源在50%以上，并在使用中考虑其能源使用效率
☆☆☆☆☆	清洁能源在50%以上，并在使用中提升能源的使用效率，减少污染排放

☆☆☆☆☆	可再生资源循环率C33评价指标
☆	可再生资源循环率在10%以下
☆☆	可再生资源循环率达到10%～20%
☆☆☆	可再生资源循环率达到20%～30%
☆☆☆☆	可再生资源循环率达到30%～40%，且具有初步的层次设计
☆☆☆☆☆	可再生资源循环率超过40%，且具有较好的层次设计

☆☆☆☆☆	节能达标率C34评价指标
☆	村落20%以下达到节能要求
☆☆	村落20%以下达到节能要求，但政府有一定的宣传
☆☆☆	村落40%以下达到节能要求，政府有一定的政策支持
☆☆☆☆	村落40%以下达到节能要求，且在设计中考虑到减少建筑能耗
☆☆☆☆☆	村落60%以下达到节能要求，且后续在建筑设计中考虑使用清洁能源的情况

2）空间因子

（1）精明社区

社区的发展和营建因循功能、空间和环境的动态组织与演进，进行组织和外组织相辅相成的适应性调节，在规模、设施、资源和社会组织层面形成具有一定规律和目标性的发展格局。

☆☆☆☆☆	社区规模大小C41评价指标
☆	社区人口1000～5000，用地规模20000～90000m^2，纯居住
☆☆	社区人口5000～7000，用地规模90000～150000m^2，小部分产住混合
☆☆☆	社区人口7000～13000，用地规模150000～300000m^2，公共设施比较完整
☆☆☆☆	社区人口1万～3万，用地规模30～60km^2，具有小型商业场所
☆☆☆☆☆	社区人口规模一般在3万～5万，用地规模60～120km^2，配备公园、学校、菜市场、体育设施、高档娱乐场地

产住混合程度：乡村以住宅建筑为平台，形成小微空间的“混合”功能因子，尤其是依托道路经济、工坊生产、市场经营的临近区域，产住混合程度最为显著。

☆☆☆☆☆	产住混合程度C43评价指标
☆	纯住宅的比例高于80%
☆☆	纯住宅的比例在60%～80%
☆☆☆	纯住宅的比例在40%～60%
☆☆☆☆	纯住宅的比例在20%～40%，有较多产住融合的元胞单元，并有适当的商业、产业
☆☆☆☆☆	纯住宅的比例低于20%，有大量产住融合的元胞单元，有乡村社区生活必要的商业以及产业，以满足社区内和近邻自然村村民的生活、上学和就地就业

绿地结构的合理性也是重要的评价要素，评价其是否有利于调节小气候环境。通过控制空间形态从而减少通勤能耗，增加绿地碳汇面积，减少交通碳排。

土地紧凑度：是指在乡村长期滞留人口减少，高龄化趋势明显的现状下，在规划和政策中采取向公共交通站点集中，增加建筑密度，提高土地利用效率，实现“紧缩”发展。

☆☆☆☆☆	土地紧凑度C52评价指标
☆	在中长期的计划中没有“紧凑”发展的考虑
☆☆	在中长期的计划中有“紧凑”发展的考虑
☆☆☆	在中长期的计划中，向中心村置换，紧凑发展
☆☆☆☆	在中长期的计划中，遵循地理单元的特性，采用有机更新的模式，沿公共交通站点有效“聚居”
☆☆☆☆☆	在中长期的计划中，遵循地理单元的特性，采用有机更新的模式，并且已经逐步实现沿公共交通站点有效“聚居”

绿地碳汇覆盖率：对乡村中绿地的评价包括“量”和“质”两个方面，在“量”上保证绿地系统“固碳”和“吸碳”的效果。

☆☆☆☆☆	绿地碳汇覆盖率C53评价指标
☆	社区绿地碳汇覆盖面积不超过土地面积的10%
☆☆	社区绿地碳汇覆盖面积达到土地面积的10%～20%
☆☆☆	社区绿地碳汇覆盖面积超过土地的20%～30%
☆☆☆☆	社区绿地碳汇覆盖面积超过土地的30%～40%，且具有初步的层次设计
☆☆☆☆☆	社区绿地碳汇覆盖面积超过土地的40%，且具有较好的层次设计

（2）交通捷径

提高步行系统的可达性和便捷性，首先建立多种交通工具运行的复合网络系统，提供社区居民出行的多样化选择以及行停集散的场所配置，尤其是采用低碳动力驱动的交通形式。低碳交通工具的初投资高，在村落中的普及需要政府政策的引导和经济上的支持。

低碳交通普及率：低碳交通工具的初投资高，在村落中的普及需要政府政策的引导和经济上的支持。对于其评价包括三个方面，低碳交通工具投入计划的完善度、政府政策的支持度以及实际运营计划。

☆☆☆☆☆	低碳交通的普及率C61评价指标
☆	规划中没有推行低碳交通工具的计划
☆☆	规划中没有推行低碳交通工具的计划，但政府有一定的宣传
☆☆☆	在规划中有低碳交通工具的规划
☆☆☆☆	在规划中有推广低碳交通工具的规划，并得到政府在政策和经济上的支持
☆☆☆☆☆	在规划中有推广低碳交通工具的规划，并得到政府在政策和经济上的支持，同时有完善的市场化计划

道路的连通性，除了在村落合理的尺度设计外，首先要保证步行体系与建筑的主入口之间的联系。其次是要具有良好的连通效率，做到人车分离，并形成网络体系。

☆☆☆☆☆	道路通达及连通性C62评价指标
☆	在规划设计中没有形成体系化的步行系统设计
☆☆	20%以上的住宅与步行系统相联系，与公交站点之间连通性较好
☆☆☆	60%以上的住宅都能与步行系统直接相连，并且与公共交通站点之间有良好的连通性，在设计中充分考虑人车分离
☆☆☆☆	80%以上的住宅都能与步行系统直接相连，并与公共交通站点之间有良好的连通性。在设计中充分考虑人车分离，且在设计中结合了乡村特色景观
☆☆☆☆☆	几乎所有的住宅都能通过步行体系直接到达，充分考虑人车分离，并在设计中结合乡村景观、地方特色产业

3）社群因子

（1）公众参与

☆☆☆☆☆	绿色出行比例C72评价指标
☆	绿色出行比例在10%以下
☆☆	绿色出行比例达到10%～30%
☆☆☆	绿色出行比例达到30%～50%
☆☆☆☆	绿色出行比例达到50%以上，人们有意识使用公共交通工具取代私人交通工具
☆☆☆☆☆	绿色出行比例达到50%以上，在设计中考虑到绿色出行，以及有限制私家车出行的空间设计

低碳活动参与度：在低碳乡村的营建过程中，县、镇、村一级政府应当以各种形式普及低碳知识，并公布低碳目标，让村民能够认识到低碳、节能的重要性，将低碳贯彻到日常生活中，从低碳的生活方式开始实现低碳。

☆☆☆☆☆	低碳活动参与度C73评价指标
☆	低碳活动参与人在10%以下，政府没有宣传
☆☆	低碳活动参与人达到10%～30%，但政府有一定的宣传
☆☆☆	低碳活动参与人达到30%～50%
☆☆☆☆	低碳活动参与人达到50%～70%，且得到政府在政策上的支持
☆☆☆☆☆	低碳活动参与人超过70%，得到政府的支持的同时，有完善的低碳活动系统

（2）组织调控

在村落中建立群众参与的降碳活动宣传乡村组织；这个组织中包含了村民、政府人员以及相关的专家，通过常规的活动指导并参与低碳乡村的营建；碳监测部门的设立，统计碳排量及设置碳排警戒值，因为如果超过了警戒值，会对环境造成不可逆的影响。

☆☆☆☆☆	降碳鼓励措施力度C81评价指标
☆	没有采用降碳鼓励措施计划
☆☆	没有采用降碳鼓励措施计划，但政府有计划进行并有相关政策支持
☆☆☆	计划在乡村中采用降碳鼓励措施计划，并有相关政策支持
☆☆☆☆	计划在乡村中采用降碳鼓励措施计划，并在乡村中具有一定的普及度
☆☆☆☆☆	在乡村中实施降碳鼓励措施计划，人们接受度普遍较高

☆☆☆☆☆	碳检测统计管理C82评价指标
☆	无碳监测统计部门
☆☆	无碳监测统计部门，但政府有计划进行并有相关政策支持
☆☆☆	在乡村中设置碳监测统计部门，每三个月统计碳排值
☆☆☆☆	在乡村中设计碳监测统计部门，每月统计碳排值，并设置碳排警戒值
☆☆☆☆☆	在乡村中设计碳监测统计部门，实时监控碳排值，设1600kg为碳排警戒值

5.弹性模块调整

由于碳锁定的价值的不等同，因此对于不同的生活生产用能碳排，必须对制度的刚性和弹性进行调教。设置适应性评价指数，用以平衡碳锁定价值对于碳排值的影响，以期达到灵活弹性的评价机制：

$$P_z=\delta \cdot \varepsilon \cdot P_j$$

式中，P_j为基础模块得到的评价分值，P_z为结合弹性模块系数得到最终的总值。

（1）具有特殊产业价值的乡村社区，例如景德镇瓷器、龙泉宝剑、宜兴生产紫茶壶，这些产业传承了历来的工艺制作，因此生产方式相对更加粗放，并往往伴随着高能耗的产生。然而它们都具有非常重要的传统手工艺价值，根据其价值的大小设置适宜性价值系数δ。

（2）受乡村社区的空间规模、下垫面性质、气温气候等影响，每个村碳排的客观条件不同，因此引入适宜性条件系数ε。

根据产业特定的文化价值和社会影响的高低，设定δ的数值大小，用来增加对于产业文化和社会价值较高的乡村社区低碳评价分值。具体指标设定如下：

δ	产业特定文化价值评价指标
120%	产业具有一定的文化传承价值，例如绍兴油纸伞、杭州蓝印花布印染等
140%	产业具有较高的文化传承和艺术影响价值，一般可能为省级非物质文化遗产，例如台州竹纸制作、东阳木雕等
160%	产业具有很高的文化传承和社会影响价值，且被列为国家非物质文化遗产，例如宜兴紫砂壶、景德镇瓷器等

δ	产业特定社会价值评价指标
110%	产业发展对于乡村社区旧有资源的整合利用，再升级的价值高，例如农家乐、渔家乐
120%	新兴产业的置入与发展，优化乡村社区的产业链，例如互联网相关产业
130%	产业发展在保留乡村肌理、文脉的同时，能够深入挖掘价值，并吸引政府、资本、专家进行良性的社区开发，例如安吉竹木行业，成为竹制品市场的标杆

根据产业的生活需要价值，来设定ε的数值大小，规则如下：

ε	客观的生活条件评价指标
102%	冬天（1月）平均气温低于4℃，或夏天气温（7月）平均气温高于33℃
104%	冬天（1月）平均气温低于3℃，或夏天气温（7月）平均气温高于34℃
106%	冬天（1月）平均气温低于2℃，或夏天气温（7月）平均气温高于35℃
108%	冬天（1月）平均气温低于1℃，或夏天气温（7月）平均气温高于36℃
110%	冬天（1月）平均气温低于0℃，或夏天气温（7月）平均气温高于37℃

ε	客观的产业条件评价指标
105%	产业给居民带来便利，并起到增加居民舒适度的作用，如小型商贩等
110%	产业给居民带来一定的便利性，并且可以增加生活效率，如生产集市等
115%	产业给居民带来极大的便利性和经济性，有效提升居民的生活品质，如大型商贸城等

ε	客观的出行条件评价指标
102%	乡村社区下面垫5%以上为坡地，或村域规模超过10km^2
104%	乡村社区下面垫10%以上为坡地，或村域规模超过12km^2
106%	乡村社区下面垫15%以上为坡地，或村域规模超过15km^2
108%	乡村社区下垫面20%以上为坡地，或村域规模超过17km^2
110%	乡村社区下垫面25%以上为坡地，或村域规模超过20km^2

6.4.3 乡村社区综合碳评价模拟比对

本研究选取了工业生产型社区的四个典型村落作为比对分析，先计算其基础的乡村低碳基础模块得分，其中“☆”“☆☆”“☆☆☆”“☆☆☆☆”“☆☆☆☆☆”分别代表1、2、3、4、5分，并根据权重值的汇总计算基础得分，并根据弹性模块的适应性调整，来比较与判断乡村社区的设计与规划的低碳可持续性。

对基础模块得到的碳评价分值，考虑弹性模块的影响系数，最终得到（表6.4-3）：

①顾庄村：P_j=3.460；P_z=3.460 × 1.06=3.668

（ε=1.06，冬季平均温度为1.7℃）

②史北村：P_j=3.249；P_z=3.249 × 1.02=3.314

（ε=1.06，冬季平均温度为3.8℃）

③紫砂村：P_j=2.891；P_z=2.891 × 1.6 × 1.06=4.903

（δ=1.6，紫砂壶产业为国家非遗，文化价值高；ε=1.06，社区面积超过15km^2）

低碳乡村社区模拟评价分值统计 表 6.4-3

准则层	权重	顾庄村			史北村			紫砂村			大竹园村		
		评价内容	评价值	得分	评价内容	评价值	得分	评价内容	评价值	得分	评价内容	评价值	得分
产业经济效率（%）	0.058	56	4	0.232	35	3	0.174	49	4	0.232	42	4	0.232
在地就业率（%）	0.039	52	4	0.156	37	3	0.117	78	5	0.195	67	4	0.156
农业生态化普及率	0.041	已有规划	3	0.123	村落有一定普及	4	0.164	已有规划	3	0.123	村落有一定普及	4	0.164
清洁生产实现率	0.038	已实际投入运行	5	0.19	已有规划	3	0.114	没有规划	1	0.038	已有规划	3	0.114
能源利用效率（%）	0.062	57	4	0.248	53	4	0.248	18	2	0.124	26	2	0.124
清洁能源占比（%）	0.053	42	4	0.212	21	3	0.159	25	3	0.159	18	2	0.106
可再生资源循环率（%）	0.046	38	4	0.184	39	4	0.184	17	2	0.092	25	3	0.138
节能达标率（%）	0.068	35	3	0.204	26	2	0.136	14	1	0.068	35	3	0.204
废污排放达标率（%）	0.047	56	4	0.188	42	3	0.141	65	4	0.188	38	3	0.141
社区规模大小	0.069	人口1000～5000	1	0.069	人口1000～5000	1	0.069	人口1000～5000	1	0.069	人口1000～5000	1	0.069
宅院主要朝向	0.032	59%朝南	3	0.096	基本均朝南	5	0.16	56%朝南	3	0.096	44%朝南	2	0.064
产住混合程度（%）	0.085	23	4	0.34	22	4	0.34	21	4	0.34	15	5	0.425
宅基地覆盖率（%）	0.051	42	3	0.153	48	3	0.153	44	3	0.153	35	3	0.153
土地紧凑度	0.043	“紧凑”发展的考虑	2	0.086	紧凑发展	3	0.129	“紧凑”发展的考虑	2	0.086	有效“聚居”	4	0.172
绿地碳汇覆盖率（%）	0.059	36	4	0.236	48	5	0.295	28	3	0.177	25	3	0.177

续表

准则层	权重	顾庄村			史北村			紫砂村			大竹园村		
		评价内容	评价值	得分	评价内容	评价值	得分	评价内容	评价值	得分	评价内容	评价值	得分
低碳交通的普及率	0.042	规划低碳交通工具	3	0.126	规划低碳交通工具	3	0.126	规划低碳交通工具	3	0.126	计划规划低碳交通工具	2	0.084
道路通达及连通性（%）	0.096	65	3	0.288	68	3	0.288	81	4	0.384	85	4	0.384
环保意识普及率（%）	0.012	52	4	0.048	38	2	0.024	59	4	0.048	28	2	0.024
绿色出行比例（%）	0.019	52	4	0.076	43	3	0.057	46	3	0.057	41	3	0.057
低碳活动参与度（%）	0.011	66	4	0.044	48	3	0.033	58	4	0.044	23	2	0.022
降碳鼓励措施力度	0.023	政府支持实施	3	0.069	有计划，未实施	2	0.046	有计划，未实施	2	0.046	无计划	1	0.023
碳检测统计管理	0.046	计划设置检测部门	2	0.092	计划设置检测部门	2	0.092	无检测部门	1	0.046	计划设置检测部门	2	0.092
总计	1			3.460			3.249			2.891			3.125

④大竹园村：$P_j=3.125$；$P_z=3.125\times1.3=4.063$

（$\delta=1.3$，竹制品加工形成社会品牌效益，产业社会价值高）

通过模拟比对发现，虽然紫砂村的碳排基础评价最低，仅为2.891，但是因为其较高的产业文化价值，因此最后得到的综合评价值反而最高，也表明其产业的碳锁定效应最强烈，不能一味地追求低碳发展，而改变其产业模式。相较而言，顾庄村的基础碳排评价值最高达到3.460，表示其社区的在低碳建设营建相对其他乡村有更好的基础，有更多的可借鉴和参考的价值与意义。因此，适宜性的低碳人居环境评价与考量，才是低碳社区营建的最终目标与关键所在。

7 低碳乡村聚落与建筑空间营建策略与方法

7.1 江南建筑原型风貌与气候适宜性解析

7.1.1 江南建筑风貌的应变空间组织特征

1.低技、被动的空间平衡

环太湖流域自然环境得天独厚，因以太湖为中心，又称太湖平原。太湖平原由于长江泥沙长期的淤积和分割，加上充沛的雨水汇聚，在低洼地区形成了沼泽和湖泊。这些自然变迁与农业上的开渠浚河使得太湖平原呈现出水体密集、湖泊星罗、交织如网的特征；同时，京杭大运河的贯穿，又使得这些丰富的水资源为其经济文化、村落发展提供了优越的先决条件。农业经济的发展，以及木作和手工业的高度发达又为环太湖流域乡土文化的繁衍提供了肥沃土壤，从而演变为一种典型的农业经济支撑型文化。

环太湖流域的气候条件与自然、经济文化环境一样，影响和决定了当地人们的生活方式、生产方式以及民居建筑形式，形成了独特的地域文化。环太湖流域地处北亚热带湿润季风气候区，全年的平均气温介于15～17℃，最冷月平均气温为2～3℃（1月），最热月平均气温为26～28℃（7月）。多年平均降雨量为1181mm，其中60%的降雨集中于5～9月（夏季）。冬季降水量相对夏季小，年平均雪日5天。全年平均湿度75%～80%，相对湿度年变化波幅较小。

“低碳乡村建筑设计策略与风貌研究”子课题组分别于2014年8月、2016年7月、2017年1月，针对乡土民居中独特的气候应对策略和价值，就环太湖流域苏州地区的陆巷村、三山村、杨湾村、明月湾村、东村，湖州地区的南浔镇、荻港村等地的乡土民居展开了充分而全面的田野调查（图7.1-1、图7.1-2），进行第一手资料（照片、文字等形式）的收集整理，并甄选典型案例进行测绘和绘图。

在调研过程中，从环太湖流域高温、潮湿、多雨、静风天气较多的气候特点出发，重点研究此地区乡土民居在长期适应气候与自然的过程中所形成的调节微气候环境的被动式建筑控制策略，以定性与定量相结合的方法多维度地分析乡土民居中防太阳辐射、防潮、采光、通风等气候适应性技术措施。对乡土民居自觉利用地方气候条件、采用适宜可行的技术策略、营造气候舒适性较高的人居环境之间良性的

图 7.1-1　环太湖流域乡土建筑的调研范围

资料来源：自绘

图 7.1-2　环太湖流域乡土建筑风貌

资料来源：自摄

平衡关系，进行了深入探讨。

并计划通过对环太湖流域乡土民居在气候应变时低技的、被动的节能措施的总结，以及相关计算模拟，成为子课题长三角地区低碳乡村建筑设计策略风貌研究的工作基础。

在针对环太湖流域内乡土民居所进行的全面深入的调研基础上，重点探讨建筑布局与朝向、外围护结构、楼地面、天井空间及门窗细部等方面所体现的具体的适应气候的技术措施，并加以客观分析。

1）建筑布局与朝向

水系是环太湖流域村落环境中典型的空间形态特征，流动的水面不仅使其周围的环境温度降低，还可以由冷热温差造成空气流动。此次调研的村庄，其主要街道与巷道弄堂皆与湖面相垂直，利于迎风引风，且巷中温度低、空气流速快，水系与街巷共同形成了风的通道，使得从太湖吹来的夏季主导东南风顺着河道和街巷将冷空气带入村落空间深处，带来水面的清凉，带走滞留的湿热，达到直接通风散热的作用（图 7.1-3、图 7.1-4）。

图7.1-3　陆巷村

资料来源：自绘

图7.1-4　村口水系

资料来源：自摄

而建筑朝向直接影响采光、通风以及太阳辐射量，当地民居中朝向的选择，是在节约用地的前提下，冬季争取较多的日照、夏季避免过多的日照，并有利于自然通风。坐北面南是中国传统住宅建筑普遍接受的方位原则，而在实际应用中，环太湖流域乡土民居则是结合了夏季主导风向选择东南向为基本朝向需求，即在与夏季东南风的入射角小于45°时，南向的厅堂避免了冬季北风的侵袭，同时保证了夏季东南风带来的凉风习习，既避免了正南向过多的太阳辐射，又迎合了风向，利于形成穿堂风。

2）外围护结构

环太湖流域乡土民居中常见的屋面构成由下至上为：屋架、檩条、椽子、望砖、苫背、小青瓦，综合起来主要涉及三种主要材料：木材、望砖、小青瓦，材料构成简单，方便取材、就地加工。民居中建筑材料的选用和建造手法大同小异，但因习惯和经济状况不同，选取材料的质量与厚度也不尽相同。大户人家选择直径较大的椽子以承受更多的荷载，其上的其他材料厚度可适当增加，不仅提高屋面热阻，也增加了防水效果；普通人家量力而为，或是直接选用不铺灰的屋面做法，仅利用叠合的小青瓦满足基本的居住需求。

屋面是受阳光正面辐射最为集中的部位，但相较于平屋面，人字屋面对太阳的辐射起到了一定的遮挡作用，同时内部形成一个较高的空间积聚上升的热空气，并通过高位的侧墙通风孔排出。环太湖流域乡土民居通常屋内屋架露明，即“彻上露明造”，但在考究些的民居中，还常常在室内屋顶梁架下附设一个吊顶层，用来遮蔽主要梁架，吊顶内同时形成了一个封闭的空气间层，这对减少大面积屋顶的辐射热，起到了很好的隔热作用。

进行调研的乡土民居建筑大多体形规整，外墙通常与邻居毗连或共用，因而建筑的体形系数相对较小，外围护的窗墙比也较小，利于节能（图7.1-5）。民居外墙多为砖块砌筑而外侧粉饰白灰，根据砌筑方式不同主要分为两类：一种是实心墙体，即将砖块全部平放砌筑；另一种则是具有地方特色的空斗墙，是通过不同间隔的竖立及平放砖块砌筑而成，空斗墙的砌法虽然具体至每一栋民居中时并不统一，但其共性是以空气为绝热材料，在封闭的砖墙中形成了静态空气间层，可使外墙具有更好的保温隔热性能。

图7.1-5 高墙小窗

资料来源：自摄

3）楼地面

环太湖流域乡土建筑在营造上考虑夏季潮湿闷热，采用天井院的形式和楼居第宅，利用具体调控策略缓解夏季的炎热，调节室内外温差，提高室内舒适度。为了避雨、防潮，乡土民居的屋面有飞椽、提栈，并且在地面铺陈构造上采用防潮处理。

厅堂与一些辅助功能房间的地面因用于待人接客，使用频繁，因而通常铺设地砖。材料多为本地产砖石制造而成，铺设方式种类多样。这样的地面不仅透气性好，可以有效调节室内湿度，且表面光滑耐磨。卧室、书房多设于二层，地面以营造舒适性为主，多铺设木地板。

由于环太湖流域湿度大，地面防潮一直是建筑沿革之中需重点解决的问题，一层建筑与外部天井相连通，为了尽量减少空气潮湿的影响，厅堂两侧的厢房地面用木板架空，架空的底部用砖封上，并间隔一段距离留出通风口，增加空气流动减少湿气。

4）天井空间

环太湖流域乡土民居四面围合，建筑体态中部的天井隐喻四水归堂、家中藏有一方宇宙。环太湖流域乡土民居中天井平面尺度小、高度大，呈高窄状，且竖向局部有挑檐。天井的布局有主次之分，但都具有集水、纳阳、通风、采光等性能需求。天井根据建筑功能、大小与围合方式的不同，天井的形态也多变，但其构成元素可归结于三个部分：一是屋面（即天井的口部），是直接接受太阳辐射的部位，因此单位面积接受太阳辐射量也最多；二是地面（天井底部），是天井空间的下垫面，常选用当地石材，坚实耐用；三是墙体（天井四壁），由外墙和建筑内部面向天井的墙体组成，外墙通常采用热惰性好的砖石等重质材料，内墙则多为木材材质，二者共同构成独特的天井空间，同时也直接影响了天井对室内热环境的调节效果（图7.1-6）。

天井引导微气候变化的原理是通过烟囱效应增加自然通风，带走空气中的多余热量，即当室外风速较小而室内外的温差较大时，上部开口处的空气温度较高，空气受热密度减小而上升，带动室内温度高、密度低的空气向上运动，这样底部就形成负压区，下部开口处在压力差的作用下会源源不断地向室内补充新鲜空气，从而形成热压通风。

5）门窗细部

环太湖流域乡土民居通常也利用天井组织门窗设计：南向墙尽量开启窗隔扇门或隔扇窗，以引导南风入室；部分槛窗下的槛墙高有透空栏杆以增加通风面积；

图 7.1-6　天井空间

资料来源：自摄

支摘窗，上面可支起下面可摘除，用以调节风量；特别是横披窗，冷空气从窗下部进入，从上部流出，形成热压通风。

就乡土民居的门窗而言，最精美的部分是其上的镂空花棱，通过攒斗、攒插、插接、雕镂等做法创造出丰富的图案肌理，多种做法组合渗透，使木构件之间紧密连接、受力均匀，同时又结合天井，起到遮阳、采光、通风三重气候调节的作用（图 7.1-7）。

图 7.1-7　隔扇门

资料来源：自摄

6）材料选择

环太湖流域的传统建筑多采用易得的木材和石材等天然建材以及取材于黏土的烧制灰砖、灰瓦等成品建材。建筑外围护结构的表面直接接受太阳辐射，而白粉墙表面可以反射更多的太阳直射光，减少墙体的吸热。厅堂建筑的外围护墙体通常采用灰砖砌筑空斗砖墙，墙厚在 30cm 以上，屋顶的围护材料为小青瓦和望砖。砖和瓦都是热惰性较好的重质材料，导热慢，致使夏季能较好地延迟室外的热量传到室内，午后不至于过热，冬季又能较好地阻止室内的热量散失，夜晚不至过冷，从而维持室内舒适的温度。

这种基于地域性气候应对考虑的因材施造的用材原则，使乡土民居呈现出强烈的自然生态意向。就地取材以及约定俗成的营建方式在确保民居建筑室内舒适的人居环境的同时，形成了具有明确地域特色的乡土民居形式，与环境和谐共生。

在实际调研过程中，有约三分之二的居民对所居住建筑的热环境持基本满意态度，居住者对建筑环境的实际感受，虽不及仪器测试及科学计算的精准，以及地方历史渊源、文化背景和居住者的生活习性、主观认识等都是评价建筑热环境时的影响因素，但是其结果仍直观反映了使用者的直接反馈，是评价微气候环境中最具话语权的依据之一。

乡土民居经历多年发展演变形成的人工生态系统，所表现出的人居环境的生态和谐性、稳定性和积极性都值得我们探究。通过合理选址，充分利用水体与建筑形态，以及朴素的营造方式和技术措施，形成一套完整的生态技术策略，解决自然通风、采光遮阳、保温隔热、防潮防水等问题，营造出满足一定生活舒适度要求的居住环境。这些策略是基于生活经验与实践检验逐渐形成，并成为约定俗成的营建标准与共识，对于长三角冬冷夏热地区如何运用低技适宜技术营建舒适的人居环境具有直接有效的借鉴价值。

2.建筑风貌的类型特征

在完成长三角地区乡村建筑风貌调研的基础上，借助建筑类型学的研究方法，选取具有代表性的典型案例，进行空间类型、建构类型、性能类型、装饰类型四个方面的梳理、归纳，探索传统营造方式的现代意义，以形成低碳乡村建筑设计策略的工作基础。继而，以性能类型为研究重点，针对环太湖流域乡土建筑的热应变、光应变、风应变、湿应变四个层面所体现的具体的适应气候的技术调控策略进行深入地探究，并在此基础上提出长三角地区乡土建筑的气候适应性建构体系。

1）空间类型

乡村，是在与自然地理的相互选择及社会经济的发展中集簇形成的自治性群体，有着从“单元”到“结构”的逻辑关联，如同生命体一样能够自我生长和演变。“单元”，是乡村聚落中的基本单位，是以“户”为基础的居住空间。单元既是物质空间的组织，亦是家庭生活的载体，其意义在于具体地阐释了人与其生活空间的本质关系。“结构”，则是单元之间的组织关系和连接方式。乡村空间与聚落形态来源于单元的完型和相互组织，隐含在乡村结构背后的规则是诸多要素的复杂叠加，例如自然条件、风水观念、宗族礼制以及社会经济。而对于结构的适度优化和调整，有助于乡村可持续人居环境的整体建构，促进乡村健康、有序发展（图7.1-8）。

图7.1-8　乡村从“单元”到“结构”的空间特征

资料来源：自绘

在建筑类型的研究体系下，阿尔多·罗西认为类型是建筑的原则，因此，“类型是普遍的形式或结构，是使种类和组团具有显著特征的性质，也是对物体的分类。”因此，太湖流域乡土民居的研究是基于对“院落空间”——这种最基本的建筑空间类型的研究。

院落空间经过历史的筛选和提炼成为一种基本的建筑空间类型，具有超越实践、空间和文化的普遍意义，是内与外在均等质量中的对立统一。“内”是建筑室内，或是建筑实体；“外”是建筑室外，是建筑之间被定义为“院”的外部空间。后者由前者围合而成，二者共同构成从单元到系统的整体。在这个整体中，内与外、实与虚、建筑与院落，质量均等，密度相当。彼此之间，空间性质各异，却相互依存，密切关联，各自以对方的存在为前提，并为彼此间的相互作用为表征，共同形成不可分割的矛盾综合体。院落空间具有可识别性和可组织性，前者指明确的空间特性，后者则指组合发展的可能性。

长三角地区乡土民居以正厅为主，包括前部的大门、轿厅、账房、书房、花厅等；家眷起居及内厅位于后部，由高墙围护；最后临河布置厨房、杂用及后门码头。前后之间避弄相连，避弄与厅堂之间既分离又联系。通过环太湖流域典型案例的深入研究，解析各自原型，最后以原型为基础将乡土民居的空间形态归纳为四种类型，分别为“三间两搭厢”“对合”两廊式“三间两搭厢”和两廊式“对合”。

（1）“三间两搭厢”

①基本模式

从以一进宅院（图7.1-9）为原型的乡土民居的空间布局特征中可以看出，“三间两搭厢”型空间组织的共同特征是正房三间（通常都是一明两暗），两侧厢房各一间，正房与厢房以及南侧院墙，即三面建筑一面墙共同围合形成一个三合式天井，即“三间两搭厢”三合型。其中，三面建筑通常为二层高，南侧的院墙则根据引风对流与纳阳采光的使用需求，通常略高于底层至二层窗下的高度。

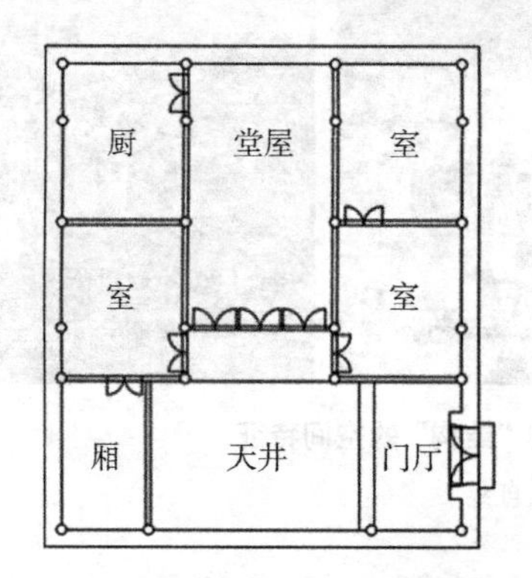

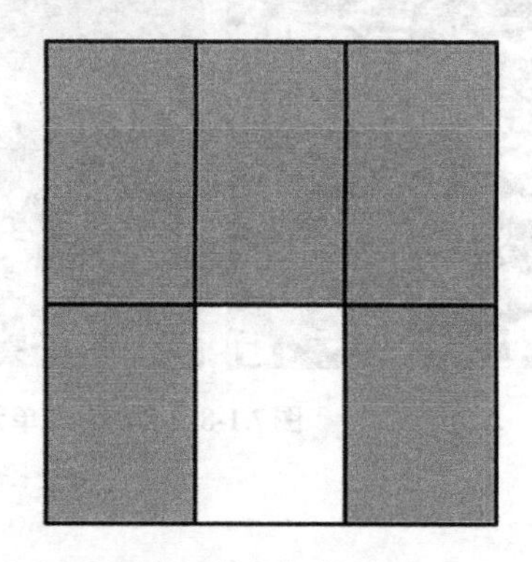

图7.1-9 “三间两搭厢”原型案（左）和基本模式（右）

资料来源：自绘

②组合模式

在“三间两搭厢”基本布局模式的基础上，长三角地区乡土民居的空间结构可纵向发展为“纵向串联组合”“纵向相背组合”两种组合方式（图7.1-10）。纵向串

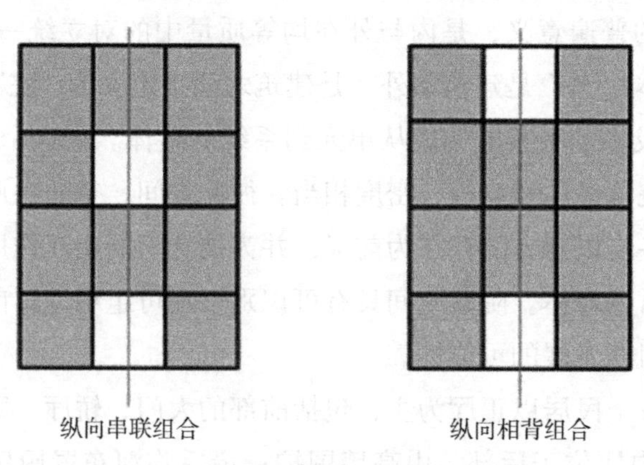

图7.1-10 “三间两搭厢”三合型的组合模式

资料来源：自绘

联组合是将基本型在纵轴线上进行“进”的组合，此种组合方式最为常见；纵向相背组合是前后两进院落在轴线上形成镜像的组合方式，多用于南北两侧均临街巷的情况，便于设置入口。

（2）“对合”

①基本模式

不同于“三间两搭厢”的是，“对合”型的乡土民居原型除了同样具有正房三间和两侧厢房之外，南侧非院墙，而是以倒座围合形成四合式天井，因而称为“对合”，基本模式如图7.1-11左所示。“对合”的正房称上房，隔天井靠街的称下房，大门多开在下房的中间开间。

②组合模式

“对合”型乡土民居在其基本模式的基础上，也可以纵向发展为“纵向串联组合”“纵向对合加三间两搭厢”二种组合模式（图7.1-11右）。“纵向串联组合”是将基本型在轴线上以“进”的方式串联组合；“纵向四合加三间两搭厢”是在基本型的基础上，第二进院落结合北侧街巷采用“三间两搭厢”模式。

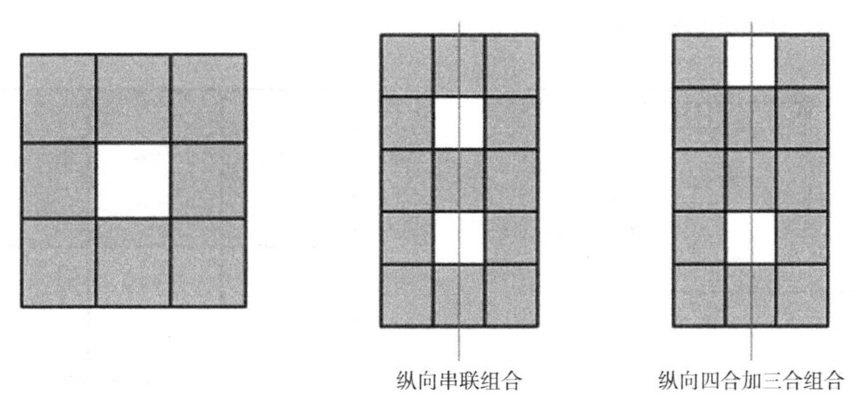

图7.1-11 “对合”原型模式（左）、“对合”组合模式（右）

资料来源：自绘

（3）两廊式“三间两搭厢”

两廊式“三间两搭厢”与“三间两搭厢”呈现出一致的空间结构关系，但二者在空间形态和具体功能上有所不同。前者的正房前两侧为厢廊，为交通活动空间；后者为厢房，为居住空间。由于两廊式“三间两搭厢”的厢廊空间较窄，使得天井的面宽相较“三间两搭厢”的天井更宽。再加上该类型在环太湖流域的民居形态中十分常见，因此将具有这种特征的空间模式作为一个独立类型加以研究（图7.1-12）。

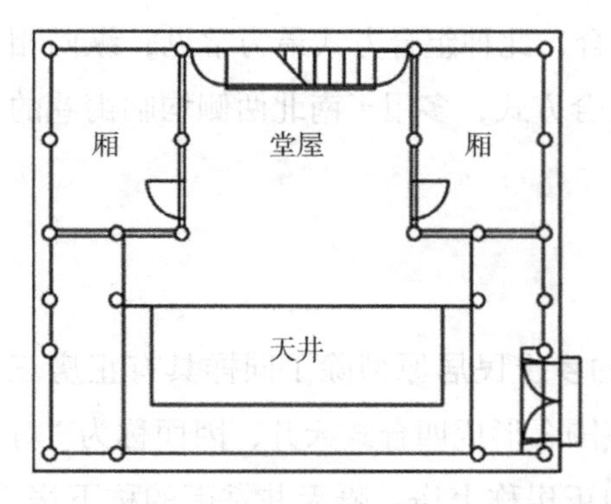

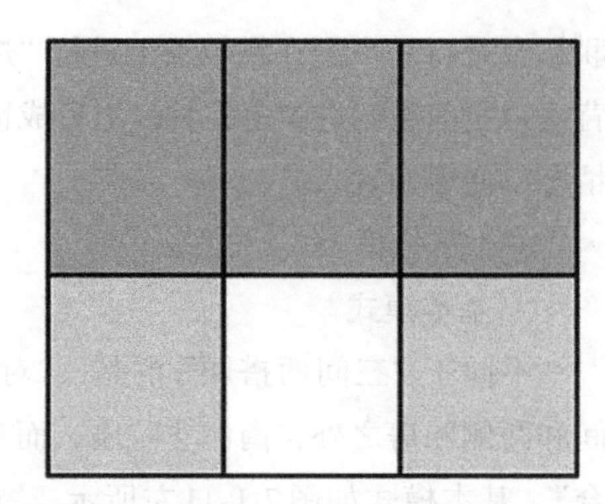

图 7.1-12　两廊式“三间两搭厢”原型案例（左）和基本模式（右）

资料来源：自绘

（4）两廊式“对合”

两廊式“对合”与“对合”的结构关系同样相同，但是两侧厢房位置设厢廊，连接上房与下房。与两廊式“三间两搭厢”相类似的是，虽然取消了两侧厢房，减少了使用空间，但是由此拓宽的天井面宽，可以给乡土民居内的生活带来更多的性能舒适性作为补偿（图 7.1-13）。

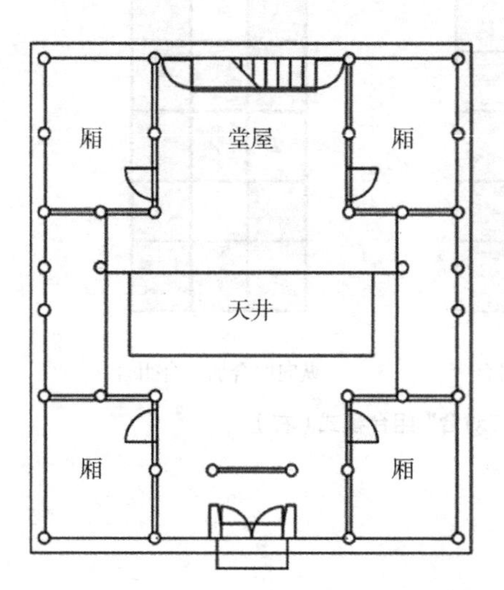

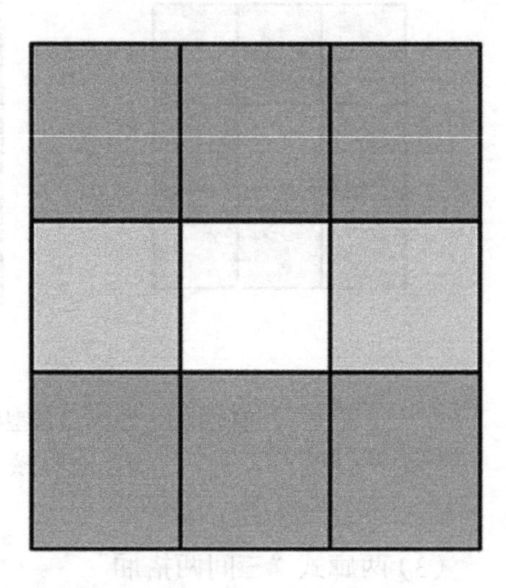

图 7.1-13　两廊式“对合”原型案例（左）和基本模式（右）

资料来源：自绘

2）建构类型

环太湖流域乡土民居是材料建构的古老样本，土、木、竹、石、瓦等乡土材料被严格区分，各取所长，体现为材料本身、建造逻辑及使用特性的一致。这种一致性也真实并且直接地反映出建筑所立足的气候、自然以及人文环境（图 7.1-14）。

图 7.1-14 基于本土材料与建造技术的乡村营建

资料来源：自绘

（1）结构

环太湖流域的乡土建筑可以作为江南厅井式民居的典型代表，基本采用穿斗式木造做法，穿斗式构架一般用料较小，柱子直接落地，柱间距较小，柱头上搁置檩条，在沿房屋进深方向的柱上空不架梁，直接用穿枋把柱子串成排架，用挑檐枋来承接屋檐出挑的重力。排架之间用斗枋做横向连接。用穿斗式构架作成山墙，因结构较为紧凑，具有较好的抗风性，穿斗式构架因用料较小，较节省木料，但柱网较密集，室内空间相对较小。

相对于穿斗式做法的普遍性，环太湖流域内也有少数较大型建筑采用抬梁式与穿斗式的混合结构（图 7.1-15），糅合抬梁式、穿斗式二者各自的优点，在祠堂等公共建筑中，或者民居厅堂等需要较大使用空间的部位采用抬梁结构形式，在厅堂风火山墙两侧，厢房等空间较小的位置，使用穿斗式构架，提高整体建筑的稳定性。

同时，两者糅合后也能够体现较强的适应性，能够依据不同的地形和不同功能空间要求采用不同的结构形式。在地势不平坦处，运用梁柱架空处理，使主体使用空间在平面上更为合理，对不规则地形所形成的建筑平面形式，使用穿斗式具有很强的优势。在结构独立性的处理上，也有明显优势，太湖流域乡土民居多为二层，上下层功能分区不一致时，直接导致楼层上下柱不能对齐，楼上柱子无直接柱支撑，可立于梁上，这类结构形式充分利用了梁柱材料的强度和柔韧性。

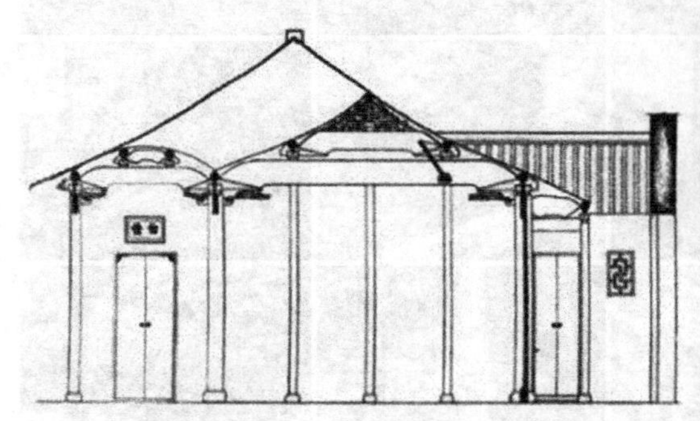

图7.1-15 （抬梁、穿斗）混合式结构

资料来源：自绘

（2）构造

①墙体构造

根据墙体所在部位不同可分为山墙、檐墙、隔墙、塞口墙、界墙。由于环太湖流域乡土民居多为硬山民居，山墙便成为民居墙体营造过程中的重点。在普通乡土民居中，硬山墙沿屋面弧形砌筑，外如人字形，墙体盖瓦，墙体与边贴的柱的关系为“咬中一寸”。而多进院落的大户乡土民居中山墙一般高出屋面，有的根据屋面提栈成阶梯状的屏风墙，又称“马头墙”，墙顶均铺设双落水瓦顶，根据建筑进深大小又可分为三山屏风墙与五山屏风墙；有的山墙曲线过屋脊，形状如观音背光的观音兜；还有一些多进院落的墙体常为硬山墙与屏风墙混合使用（图7.1-16）。

檐墙为屋檐下的墙体，出檐墙砌筑至枋底，椽头出挑墙外，墙厚大于上接的木枋，故在交接处将墙顶砌筑成出坡形，即墙肩。包檐墙顾名思义，是封住椽头，檐椽止于廊桁。隔墙为室内分割空间的墙体，基本为木板隔断，木板隔断还可以在节庆活动需扩大空间时摘除，体现太湖流域乡土民居在空间使用方面的灵活性。

院墙为建筑空间联系前后进的墙体，如在每进房屋建造完成后再砌筑于天井两侧的塞口墙。对整个建筑边缘界定的界墙，其建筑方式为砖砌，也有出现碎石或其他墙体堆砌围合。花墙也为院墙，主要由于墙体上有各式各样的漏窗而命名，这种墙不仅能分割空间起围护作用，又打破了墙体的高耸的压抑感，利于通风。常见的漏窗纹样为套钱式、球门式等几何形，如苏州西山东村萃秀堂的几何形漏窗。而无锡周新镇俞宅的花墙构造特别，非对称重复图形，是几何与自然的混合式（图7.1-17）。

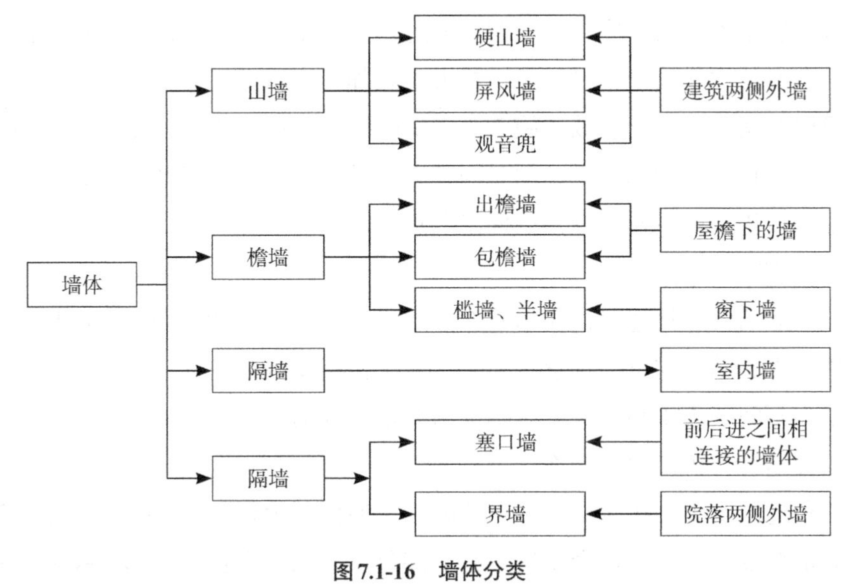

图 7.1-16 墙体分类

资料来源：自绘

图 7.1-17 漏窗纹样图案

资料来源：自绘

在围护结构材料的选择上，以砖墙抹灰为主，辅以木隔墙、竹灰墙，强调就地取材，体现地域特性。其中，空斗砖墙和实叠是砖砌成墙的最普遍方式，多数外墙以石灰粉刷，保护墙体的同时与屋面黑瓦相互映衬，形成最具长三角地区乡村特征的粉墙黛瓦的聚落图景。

②屋顶构造

屋面的营造技艺包括两方面，屋面木作营造与屋面水作营造。虽然屋面营造在营造顺序上不是统一的。屋面木作营造主要是营造木基层，属于大木作的工序。屋面水作营造主要是铺设望砖、苫背层、分楞、划线、铺瓦及筑脊。如果屋面基层为铺设望板则属于木工的工序。屋面营造的过程由多个工匠共同配合完成，由于苏南地区屋面营造的木作处于主导地位，故大木匠师为当首师傅，决定主要尺寸，如瓦楞的数目以及间距，瓦匠再放线施工。在实际的调研中发现，当地工匠偏向于采用草筋泥作为屋顶瓦材的黏结剂，同时因其本身很好的蓄热与隔热性能，在当地的民居建造中也使用草筋泥作为屋顶的保温隔热层。

3）装饰类型

乡土民居的营造技艺不仅在物质上体现了空间功能的营造高超，而且在精神层面上体现了人文精神与审美理念。同时又由于长期受到封建礼制的约束，建筑的形式和规模、开间的大小和进深都有明确的规定，因而乡土民居的装饰要素成为乡民们追求人文精神与体现地位的途径。

长三角地区乡土民居装饰类型包括雕刻、油作、漆作、彩绘、泥塑雕刻等，但根据调研情况发现，随着社会变迁，有一部分技艺已经失传，如彩绘技艺。彩绘过去主要用于祠堂或是大型民宅的脊桁，但由于原料及工具变化，以及地区内夏季多雨高温，彩绘耐久性较差同时又无法修缮，导致此技艺逐渐消亡。而雕刻相对彩绘来说其营造技艺保存较好，在乡土民居营造技艺中承担着重要角色，题材广泛自由，并承载了历史文化。

木雕、砖雕、堆塑虽然在制作技法、工艺、材料上各有特色，但题材图案纹样大体一致。木雕属于大木作中的“花作”，包括梁架上的雕刻、门窗制作等。砖雕、堆塑属于瓦作，苏南称砖雕为做细清水砖作，堆塑工艺也称为水作，是瓦作中难度最大、最复杂的一种装饰技艺，比砖雕、木雕经济。

乡土民居的装饰部位根据建筑材料不同，灰塑用于屋脊，木雕用于室内梁架、门窗，砖雕用于门楼、门罩、山墙、漏窗等（图7.1-18）。木作雕刻装饰根据装饰部位不同可分为装饰类雕刻与梁架结构雕刻。木作雕刻应用最广泛的部位为装折装饰，其中夹堂板与裙板成了装饰的重点，其上常常用浮雕雕刻各种题材，由于雕刻部位为近距离，人可以欣赏触摸，故工艺精湛，雕刻多为透雕。最为讲究的装饰雕刻为室内分隔空间的罩，采用透雕与浮雕制作出具有故事情节的精美艺术。梁架结构由于部位高，人无法触摸，雕刻无需精细，但轮廓外形清晰，俗称“一丈高，不见糙”，雕饰部位如扁作厅的梁、枋两侧都有卷草、浮云的浅浮雕之类，在山界梁上设置向外倾斜的高浮雕与透雕的山雾云，山雾云位于山脊的两侧，云板雕刻流云仙鹤团。与山雾云相邻的抱梁云，抱着正间脊桁，脊桁两侧透雕长方形木板。还有梁垫、枫拱雕镂精美。苏州西山堂里雕花楼中的东花厅，步柱悬梁不落地，其雕刻成花篮状，故又称花篮厅（图7.1-19）。

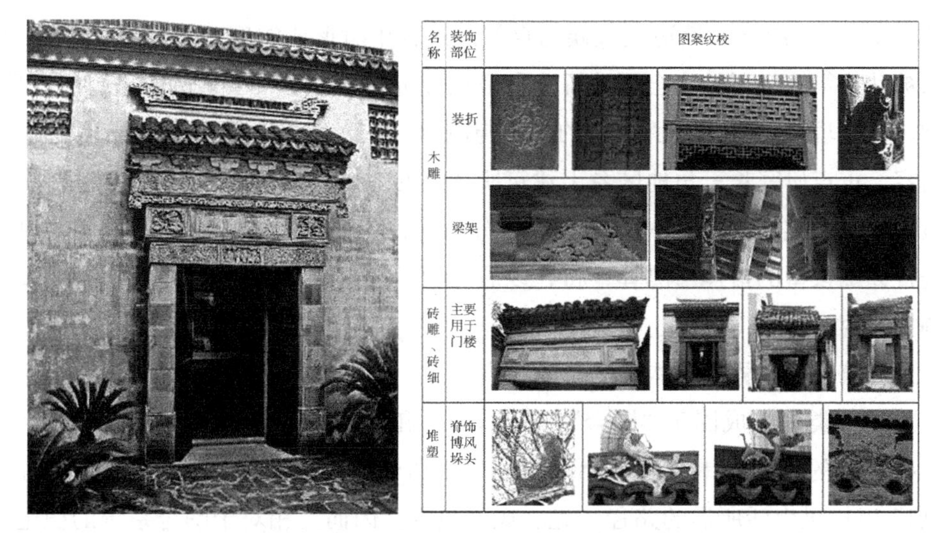

名称	装饰部位	图案纹校
木雕	装折	
	梁架	
砖雕、砖细	主要用于门楼	
堆塑	脊饰博风垛头	

图 7.1-18 砖雕门楼（左）、装饰部位与纹样对照（右）

资料来源：自绘

图 7.1-19 徐宅斗栱、枋木雕戏文（左）彩画以及月梁雕刻（右）

资料来源：自绘

长三角地区乡土民居的装饰是匠人们独具匠心的一门艺术创作品。他们多数生于斯长于斯，深受崇教尚文的吴地文化精神熏陶，故营造的装饰图案虽没有传统官式错彩镂金的绚烂之美，但具有朴实本色的平淡之美，体现出地方生活的闲情雅趣。

7.1.2 江南建筑原型的环境调控技术

江南建筑原型的环境调控技术主要包括三个方面：光环境、风环境、热环境。针对江南建筑环境调控的技术策略研究是以建筑的“开启”系统为切入点，对民居中的“开启”系统在长期适应气候与自然的过程中所形成的应变及其调节微气候环境的被动式策略进行较为全面地解读和量化分析。通过对典型案例所进行的光环境模型、风环境模型、热环境模型的搭建与测算，从光环境、风环境、热环境3个部分内容，重点研究长三角地区乡土建筑所特有的地域性气候应变模式、环境调控技术策略以及现实价值。针对湿环境进行分析与评价，但是由于有限的设备与时间，未进行详细模型的搭建与测算，将在以后的学术研究中，继续深度挖掘关于湿环境的调控内容。

1.建筑光环境界面与构造的影响

因为人类建筑成因于“围合”(enclosing)和“开启”(opening)，其目的不仅在于，在广袤的大地上围合起一小片空间以供居住，还要在闭合的气候界面上产生“开启”以提供生活所需的路径、光、风、热等。因而，相对于围合系统的稳定性，开启系统是一套自然能量的调节系统。在内外气候环境的关系中，“开启”既可以是二者之间可以交互的介质(界面意义的“开启”，下文简称界面开启)，同时也是一种具有厚度的复合空间(空间意义的“开启”，下文简称空间开启)。因而，“开启”具有多重性的意义，在漫长的发展进程中融合进了气候因素、生活形态、文化习俗等多种因素，更多体现的是一种共生的思想，在包容异质元素的同时，诠释着内部与外部、建筑与气候、人与自然的共生。

1)直接采光：界面的开启形式与面积模拟

长三角地区乡土民居内部多是以借由天井获得光照的单侧采光模式，相比较于双侧或多侧采光能够很大程度地提高光线的射入量和分配量，单侧采光由于投射室内的光照量会根据太阳的运行轨迹而改变，同时阳光射入房间的深度也会受到一定限制，像类似“房间进深为窗上槛高度的2.5倍时是获得充分的自然光照的上限”这样简化的经验性数值，也是旨在揭示出在确定建筑进深和高度时自然光设计所受的限制。

所以，在太湖流域的乡土民居中，当主要的厅堂、房间都为单侧采光时，除了可以增加横坡窗，进深也应该有所限制：$(L/W)+(L/H)\leqslant 2(1-Rb)$

其中：

L——进深，

W——开间，

H——窗户上槛高度，

Rb——室内表面的平均反射系数。

以三开间为例，房间进深控制在层高的1.5倍以内即4～6m时，光照度较好，当三开间均为长窗时室内窗地比为63.4%，当两次间为半窗时窗地比为49.3%，将窗棂的遮光系数折减后仍可以满足室内采光要求。具体研究中，提取苏州陆巷遂高堂堂楼的厅堂作为研究单元，基于两种基本的界面开启方式——长窗开启、半窗开启，以及两种进深条件——6m、8m，共四种工况加以分析。由于界面开启的大小、形式与室内光环境联系密切，通过实测民居室内地面自然光照度及室外照度，计算各测点采光系数（Daylight Factor），再进行线性插值计算可以得出四种工况下采光系数的分布情况（图7.1-20）。

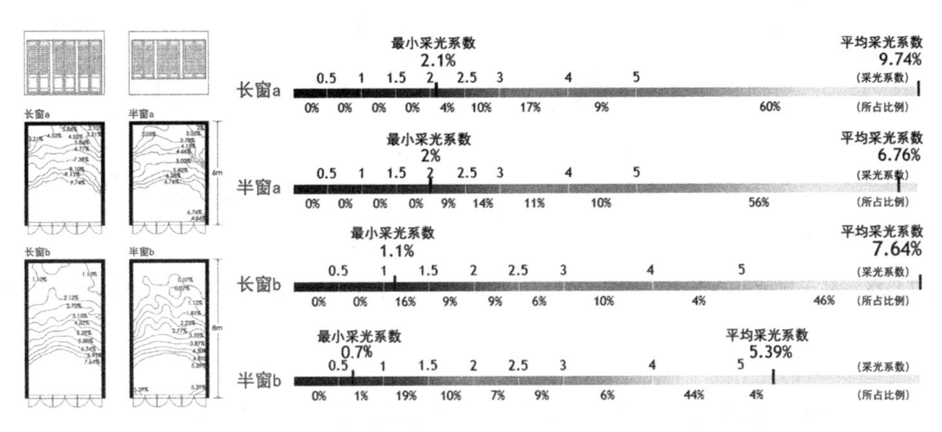

图7.1-20　单侧采光四种工况下“间”的采光系数分布情况（左）和采光系数表（右）

资料来源：自绘

分析结果显示，在进深为6m的工况下，长窗开启与半窗开启分别有60%和56%的面积在采光系数5%以上，同时长窗开启的平均采光系数可以达到9.74%，高出半窗开启1.98%；而当进深转换至8m时，室内照度明显降低，长窗开启与半窗开启分别有16%和19%的面积在采光系数1.5以下，半窗工况的最小采光系数仅为0.5%，采光系数5%以上的仅有4%的室内面积。同时，这一结果也佐证了单侧采光条件下，房间进深不宜大于6m的观点。继而，为了更清楚地理解单侧采光条件下，界面开启的大小、位置与室内光照度的关系，进行了遂高堂堂楼厅堂基于两种界面开启方式的开、合状态下的平均采光系数（Average DF）与光照均匀度（Uniformity Ratio）的分析（图7.1-21）。从模拟结果可以看出，在关闭状态下，长窗开启与半窗开启对平均采光系数和光照均匀度的影响并不明显。但在开启的状态下，南向长窗开启的平均采光系数（10.06%）要优于半窗开启（6.76%）近1/4。

虽然开启的面积对可获取的天然光量有直接影响，但并非开启越多越好，过多开启会增加室内光照的对比度。同时，大面积开启会成为得热和失热的途径，对室内热环境产生负面影响。因此，气候界面与界面开启的关系应该对应于室内的主

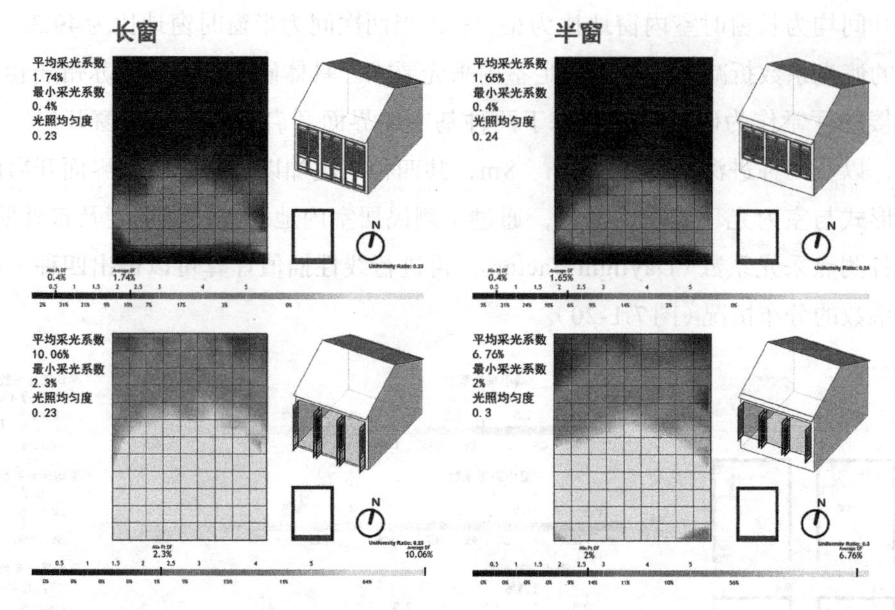

图 7.1-21 基于界面开启大小、位置、可变模式的“间”(采光单元)的采光系数与光照均匀度分析

资料来源：自绘

要活动，是基于生活场景的开启模式。开启方式(长窗开启、半窗开启)、开启状态(关闭、开敞)、开启朝向(南向、西向、东向)，这些工况要素之间组合模式的变化，都会导致室内光照的明显差异，但相对于这些尽管多变却仍是固定的组合模式，生活于其中的人们每日、每时根据即时的需求，开启、半开、闭合，开启一扇、二扇、多扇，室内的光照即时地体现出与生活关联的特殊意义，同时也将对于生活的理解写入乡土民居的光特性中。

2)间接采光：构造的光损失与光补偿比对

以空间开启的内界面(墙、地)增强环境照明效果，是长三角地区乡土建筑中常见的光照应变方式，并由此形成地区性的光照特质与审美习惯。借助于反射与漫反射原理，于任何朝向都可以创造出非直射光线进行光照补偿。乡土民居天井内的白色墙壁与色浅面光的铺地石材(图7.1-22)，可以将光线反射至南向的屋檐和腰檐底面，使其借浅色表面获得二次照明。在夏季典型日，挑檐和檐廊底可以实测到大约7000lux的光通量，借此也可以对增加室内亮度产生影响。就某种程度而言，这种反射系统也有助于减少长窗中木格窗棂带来的光损失(图7.1-23)。

间接采光是针对民居中段采光较差的走廊、房间，或者民居尽端的房间因防御需求不便在外墙开窗时，利用建筑形态布局设置平面紧凑的开启空间(如冷巷、蟹眼天井等)加强采光效果。冷巷通常位于民居的两落之间，两旁的建筑经由开向冷

图7.1-22　天井内的白色墙壁与色浅面光的铺地石材

资料来源：自摄

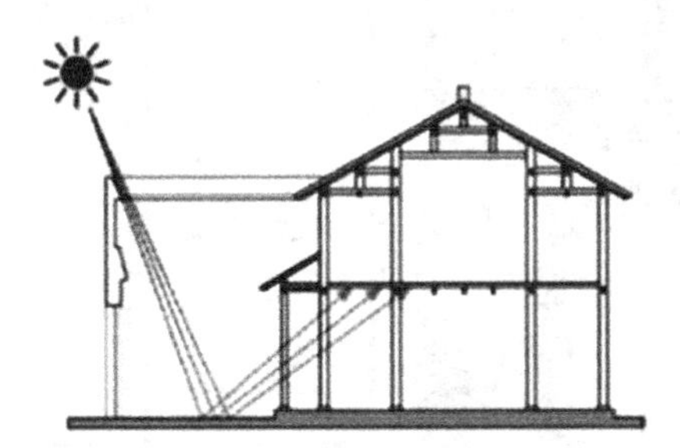
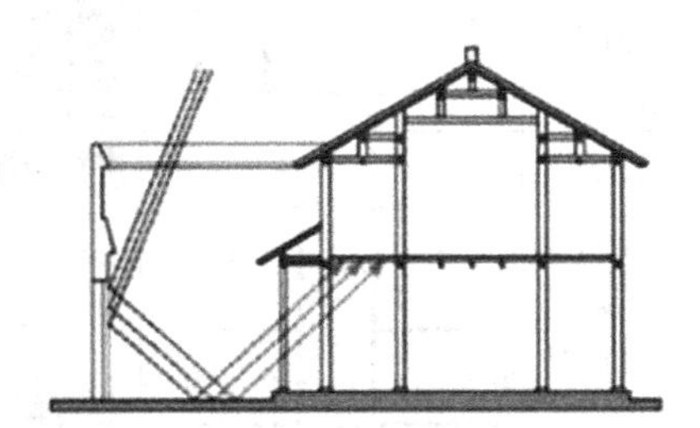

图7.1-23　以空间开启的内界面（墙、地）增强环境照明效果

资料来源：自绘

巷的窗户获得漫反射光照。蟹眼天井则是苏州地区天井中的一种特别形式，一是因为空间尺度较小（进深一般为1.2～1.8m），二是通常左右对称，高处望去，就像螃蟹的两只眼睛，因而得名。但在具体的案例中，也常以单个或者狭长的形式出现。相比较于可同时作为生活空间的一般天井，蟹眼天井在民居中的存在意义则完全是一种开启的性能策略（图7.1-24）。由于其空间尺度小直射光照很难进入，通常是通过漫反射光提升亮度，以及借助"反光板"的原理，使自然光线借由对蟹眼天井白色影壁的反射之后进入室内，进行间接采光。反射光照的光线相对柔和、稳定，当墙面亮度对比过大而产生眩光时，还可以利用开启空间内竹、芭蕉等植物的种植进行调节，方寸之间，展现出四季变换的图景。

通常，在以天井为能量汲取中心的乡土民居中，位于中落的建筑如果能够借助前后天井，则室内的光照水平会有很大程度的提升。但实际的情况却是，在长三角地区的乡土民居中，空间形态——"进"的形制完整却是在礼法层面更为重要的要

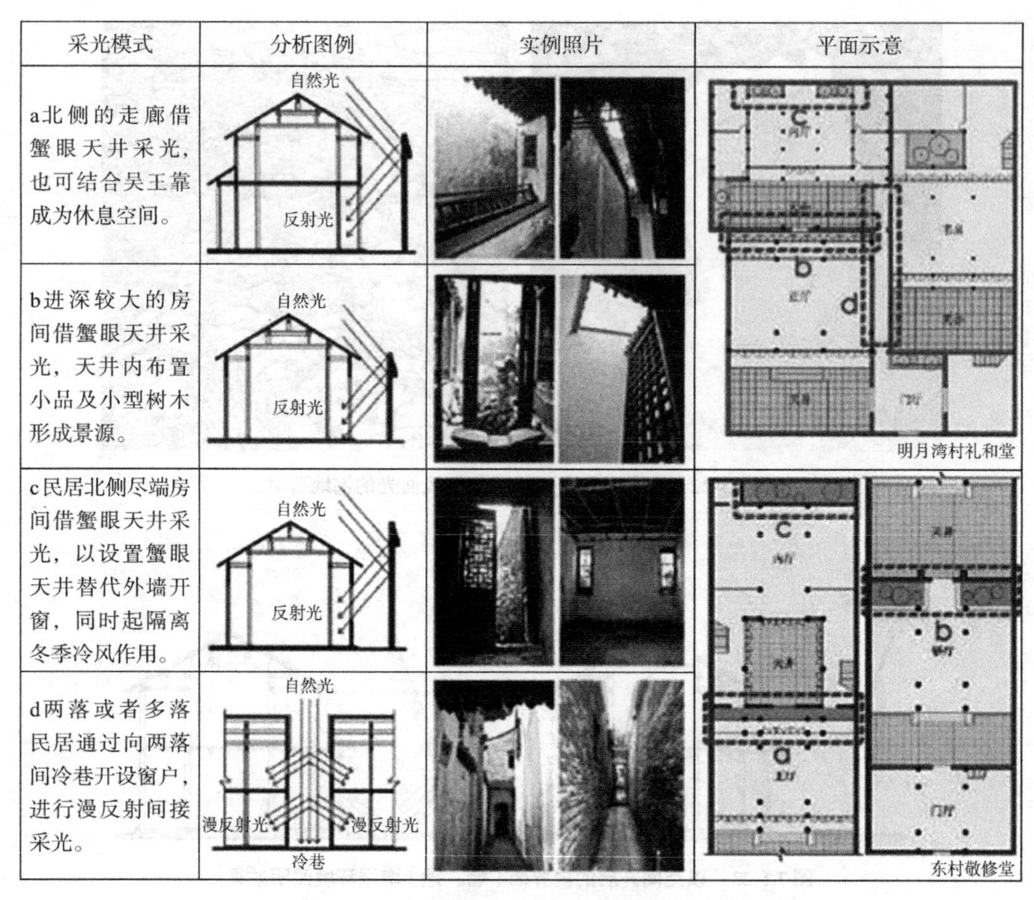

采光模式	分析图例	实例照片	平面示意
a北侧的走廊借蟹眼天井采光，也可结合吴王靠成为休息空间。	自然光 反射光		
b进深较大的房间借蟹眼天井采光，天井内布置小品及小型树木形成景源。	自然光 反射光		明月湾村礼和堂
c民居北侧尽端房间借蟹眼天井采光，以设置蟹眼天井替代外墙开窗，同时起隔离冬季冷风作用。	自然光 反射光		
d两落或者多落民居通过向两落间冷巷开设窗户，进行漫反射间接采光。	自然光 漫反射光 漫反射光 冷巷		东村敬修堂

图7.1-24　蟹眼天井、冷巷间接光照采光策略

资料来源：自绘

素，因而在一“进”建筑的北端必然是以厚重的墙体进行空间的划分与确立，进而为了弥补此举所造成的光照损差，再将建筑的北侧与墙体之间设置蟹眼天井以进行间接采光。如图7.1-25所示，通过对厅堂后侧原有的蟹眼天井进行取消的模拟比对，其整体照度低并且北侧采光尤其差，最小采光系数仅为0.4%，而由于蟹眼天井的采用，不仅最小采光系数提升至0.9%，厅堂的建筑内部在直接光照、间接光照的共同作用下采光得到了明显的改善。

3）光环境模型

通过以陆巷遂高堂为样本进行的长三角地区乡土建筑光环境模型的模拟与计算（图7.1-26、表7.1-1），从其计算结果可以看出，天井一由于开间和整座建筑同宽，平均采光系数最高为77.48%，天井二、三为“三间两搭厢”形制，建筑高度两层，因而对采光的效果也会有所减弱（分别为32.93%、34.99%）；同样，正厅的采光

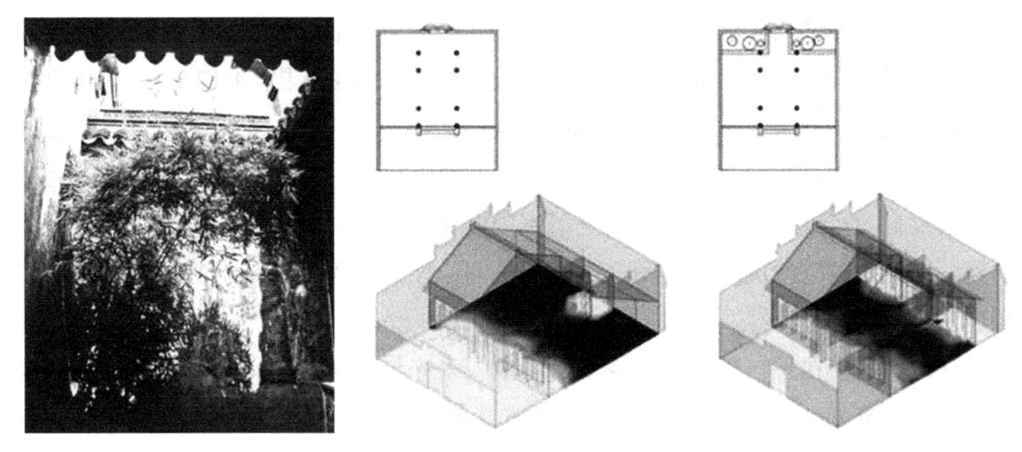

图7.1-25 有无蟹眼天井的采光模式比对

资料来源：自绘

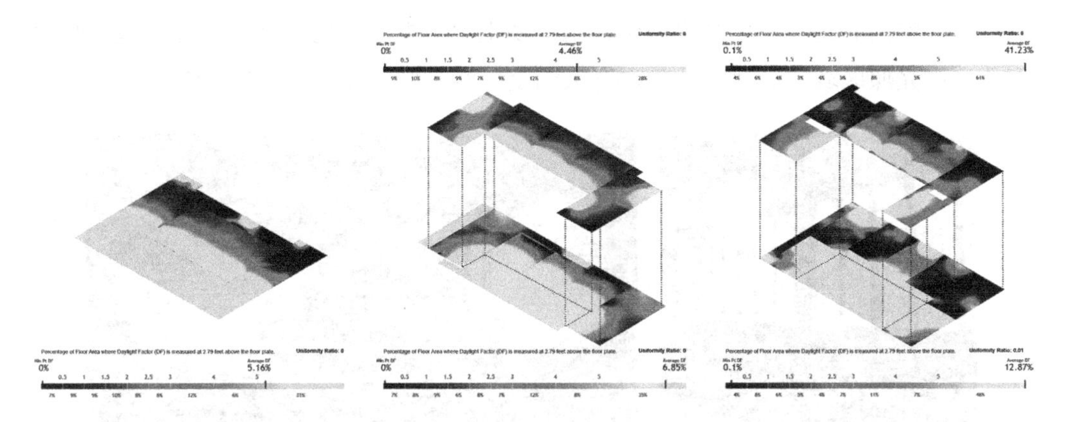

图7.1-26 遂高堂天井一+正厅全云天光环境模拟（左）、遂高堂天井二+内厅全云天光环境模拟（中）、遂高堂天井三+堂楼全云天光环境模拟（右）

资料来源：自绘

遂高堂阴天工况照度表 **表7.1-1**

采光系数 Daylight	天井一	天井二	天井三	备弄	正厅檐廊	堂楼檐廊	正厅	内厅一层	内厅二层	堂楼一层	堂楼二层
平均值 Average	77.48%	32.93%	34.99%	21.24%	28.49%	15.68%	4.75%	4.12%	9.10%	2.48%	4.34%
最低点 Minimum	39.60%	8.90%	11.20%	15.40%	14.30%	5%	0.30%	0.10%	1.80%	0.40%	0.70%
均匀度 Uniformity	0.51	0.27	0.32	0.74	0.50	0.32	0.06	0.02	0.20	0.16	0.16

资料来源：自绘

效果最好且光照的均匀度最高，内厅虽然天井采光面积最小，但由于其南向遮挡较低且进深较堂楼小了近3m，因而其采光效果高出堂楼近1倍（4.12%），堂楼位于第三进加之檐廊的影响，平均采光系数最低（2.48%）；而内厅、堂楼的二层部分的采光效果均可高出底层1倍左右。同时可以看出在长三角地区，乡土民居内的开启要素以自身尺度、位置等特征决定了室内的光照量，继而体现为室内空间的等级差异。三开间的空间次序为明间、次间、稍间，而光照程度也是由明间向次间、稍间递减。

总体而言，在长三角地区的乡土民居中，采光与遮阳的要义体现为季节性的差别。即在需要对太阳辐射进行控制的夏季，光照策略以遮阳为主；而在寒冷的冬季，则是尽可能地纳入阳光，以获得热量。同时，长三角地区的乡土民居，因传统礼制决定了其内向封闭的空间布局，室内空间主要通过面向天井的界面开启获取光照，因而室内的光照环境普遍相对较暗。乡土生活中，人们通常会选择在室内临窗作业，以光照区域和活动区域的吻合来满足生活日常的需求（图7.1-27）。

图7.1-27 差异化光照带来的光照的层次

资料来源：自摄

2.建筑风环境顺导与诱导的差异

1）顺导：界面开启尺度、方式与空气流动

（1）开启的尺度与空气流动模式

在长三角地区乡土民居面向天井的界面开启中，是以主界面迎向夏季主导风向，界面开启尺度灵活，可开可合的开启模式可以以不同比例的开启尺度来调节室内的通风效果。面向天井的界面开启要素主要有长窗、半窗以及和合窗。模拟了在有无穿越式通风两种情况下这三种开启要素的开启尺度对室内风速的影响。在单侧通风的条件下，开启的尺度对空气流动的影响程度不大，长窗相较和合窗开启面积增大了3倍，而风速只提高了0.11m/s（5%）；而在有穿越式通风且出风口面积固定的条件下，进风口最大的长窗开启通风效果最好，相较单侧通风可以将通风性能提升11%，相较开启尺度最小的和合窗则可以提升16%。因而，为了在有穿越式通风情况下争取更大的进风口面积，民居的二层也有采用长窗开启、内置栏杆的扩大通风策略（图7.1-28）。

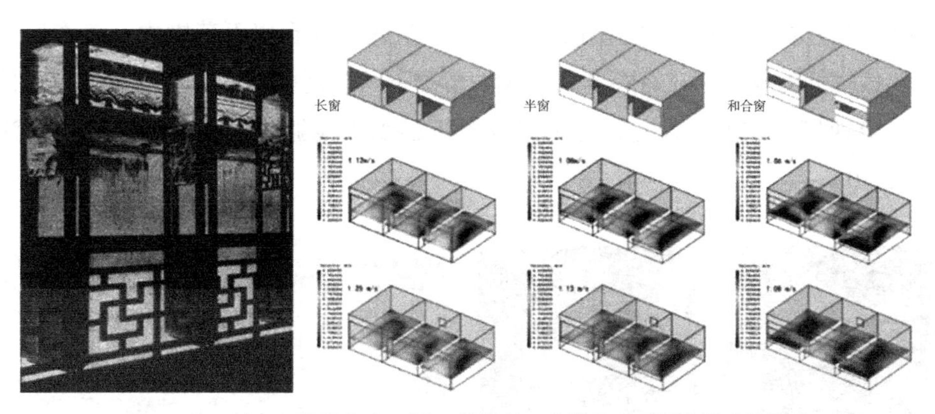

图7.1-28　长三角地区乡土民居三种界面开启的尺度对室内风速的影响

资料来源：自绘

因此，界面开启的尺度对室内空气流动的影响，很大程度上取决于房间是否能形成穿越式通风。在室内不能形成穿越式通风的单侧开启的情况下，不同开启尺度对室内空气流动的影响不大。在有穿越式通风的情况下，虽然通常认为出风口位于负压区，出风口大于进风口可以产生更好的拔风作用，但是乡土民居在受形制所限，出风口较小、进风口可作整面开启的条件下，通过图7.1-29的比对，其平均通风速率并未有太大影响，其中原因是当进风口的开启尺度越大，室内气流场就越大，处于负压区的开启面积虽然较小，却能够提高最大气流速度，产生实际的通风作用。

36	24	24	28	84
31	26	25	24	93
29	24	27	39	78
30	27	27	107	28
24	28	71	152	29

$\bar{V_i}$=44%

35	43	52	45	48
36	39	33	31	56
34	25	31	39	55
32	23	30	45	38
33	67	60	61	62

$\bar{V_i}$=42%

图7.1-29　进风口大出风口小（左）、不同进、出风口尺度与室内气流速度的分布状况（为室外风速的百分比）（右）

资料来源：自绘

(2)开启的方式与空气流动模式

①窗下槛墙的变化方式

因为开启方式所调节的气流运动都是水平向的，所以开启的位置应该对应于需要通风区域的高度而设置，同时由于气流通过室内的路径主要取决于气流进入室内时的方向，所以进风口的开启面积与垂直位置比出风口重要得多。结合上述（图7.1-29）室内空气流动模式的模拟可以看出，进风口窗台以下范围内，存在着气流速度陡然降低的现象，在有穿越式通风的情况下窗台高度以下的气流速度可降低至平均气流速度的25%。因此，通过改变窗下槛墙也能够显著改变室内的空气流动（图7.1-30）。

图7.1-30 槛墙为栏杆的地坪窗

资料来源：自绘

长三角地区乡土民居中所采用的地坪窗，不同于半窗的窗下设槛墙，其下部是栏杆，地坪窗如此构造的目的就是为了能够直接扩大进风口的面积。尤其针对内室而言，如果窗台高度在人体的休息高度以上，则室内大部分使用区域的通风效果都不理想，而将槛墙设置为栏杆，在需要通风的季节取走挡板则可以进行有效通风。

②翼墙原理

室内空间不同高度的气流分布也受进风口导风模式的控制，因而乡土民居界面的开启方式很大程度影响了气流的方向与进入方式，即隔扇的开启状态会在迎风面形成翼墙效应，引导通风（图7.1-31）。

在对翼墙效应所进行的研究中表明，通过在两扇窗户的相邻两侧设置一块出挑的垂直面板（隔扇），即可以沿外墙人为地创造出正压区和负压区，能够大大改善单侧通风房间的通风条件。也就是说，在前一扇的开启前面形成正压区，而在后一扇的开启前面形成负压区，由第一扇开启进入室内的气流可以由第二扇开启流出，相当于形成了穿越式通风（图7.1-32）。

图7.1-31　长窗的翼墙效应
资料来源：自绘

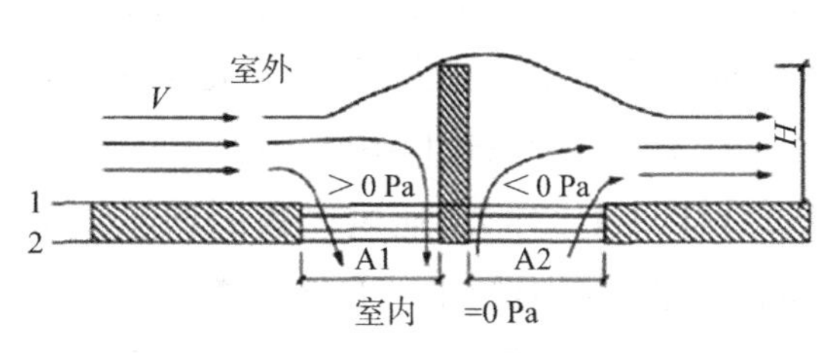

图7.1-32　翼墙通风示意
资料来源：自绘

2）诱导：纵向腔体风压、热压及综合效果

乡土民居的纵向腔体所应用的通风模式通常为风压通风、热压通风、风压和热压相结合的模式，风压大小取决于风向、风速和天井形态，热压大小则取决于温度差值和天井形态。在风压和温度差的作用下，纵向腔体产生风压通风和诱导热压通风，风压通风与风速和风压差成正比，热压通风与高度差及温度差成正比，所以腔体的形态、尺度因素都会影响两种通风的效果。

在长三角地区乡土民居由“三间两搭厢”“对合”所构成的一“进”天井模式中，有时会将底层厅堂完全敞开，以灰空间的方式在独立的“进”与“进”之间产生彼此的关联性。比如，厅堂取消隔扇与天井空间进行最大程度的关联，再通过前、后进之间门扇（砖细墙门）的引导，可以更有效地关联通风。此举虽然对采光的影响不大，但是对于改善乡土民居内的风环境十分有效（图7.1-33）。

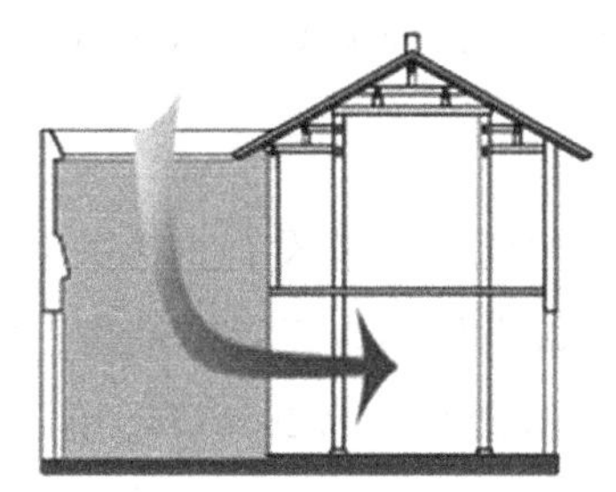

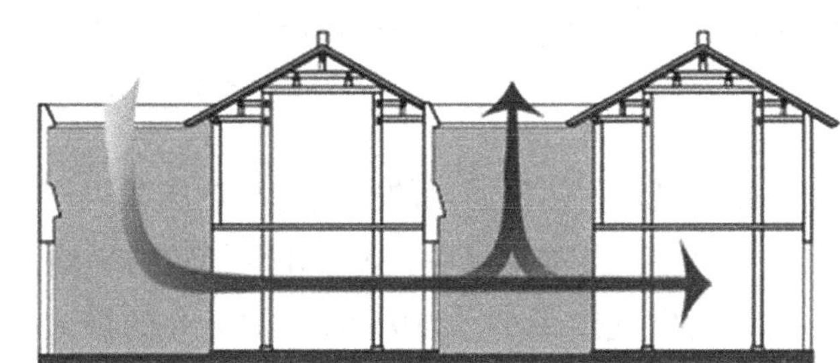

图7.1-33　天井与厅堂的通风关联模式
资料来源：自绘

然而，天井的形态、尺度变化对于自然通风的效果是更为直接有效的因素。长三角地区乡土民居的天井形态常见的有横向矩形、纵向矩形和方形三种，其中以大面宽小进深的横向矩形形态最为多见。同时在田野调查和实测的过程中发现，天井的尺度大小会对其导风效果产生较大的差别，因此在进一步的研究中抽取了尺度相似的天井案例为对象，对上述长宽比各异的三种情况（横向矩形、纵向矩形、方形）进行模拟比对，进而可以量化了解作为空间开启的纵向腔体的不同形态在对乡土民居引风、导风过程中的作用。

由图7.1-34热压通风风速的比较结果可以看出，就A、B、C三种天井形态而言，呈纵深向矩形的B天井通风效果最佳，平均风速1.94m/s；方形的C天井1.82m/s次之；横向矩形的A天井通风效果最差，为1.56m/s。这一结果却相悖于应用，实际中，因为横向天井可以获得更多的光、热而在长三角地区应用得最广。结合之前的模拟在厅堂后加一界面开启后，三种形态天井的空气龄均明显减小。

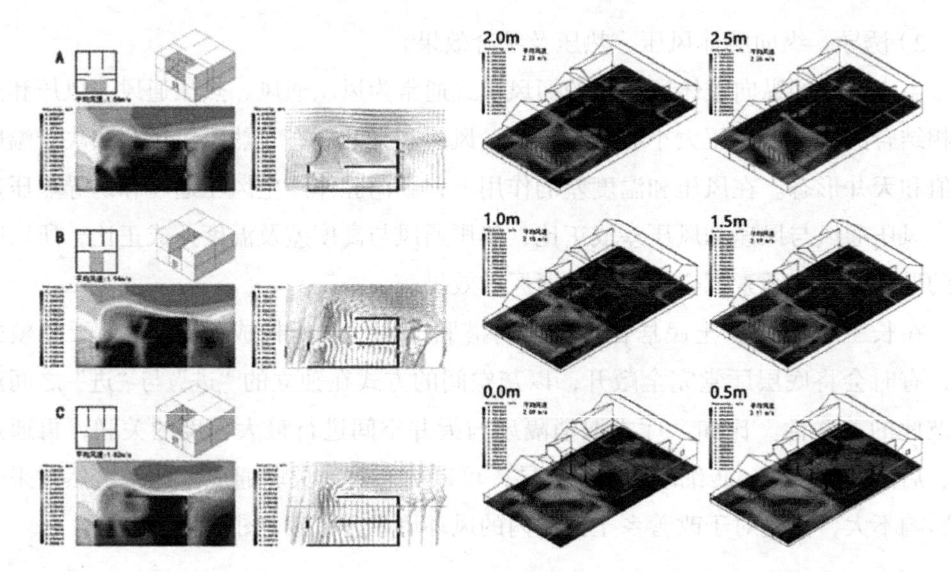

图7.1-34　三种天井形态与空气流动模式（热压通风风速）（左）、遂高堂每0.5m高度风速云图（右）

资料来源：自绘

由分析可知，热压通风的空气龄与热压通风产生的气流速度并没有直接关系。在热压通风空气龄的结果中，A天井空气龄的平均值与最大值均为三者中最高，B天井的平均空气龄最小，为93.63s，C天井的最大空气龄最小，为291.77s，但是平均空气龄较B天井高，部分原因是风从进风口快速进入后便从出风口快速流出，对室内其他空间的空气流动未能起推动作用。而B形天井所产生的风速大而空气龄小，性能最佳。

从而可以得知，纵向矩形形态的天井热压通风效果最好，平均空气龄也最小，是乡土民居风环境中的理想形态，方形形态的天井相较矩形天井则风速略低、空气龄略大，而横向矩形形态的天井在风速与空气龄的比对中均不如前两者。然而，长三角地区乡土民居天井形态的实际应用却刚好相反，因为需要将争取光照与接受太阳辐射的需求并置考虑，A天井的横向矩形形态是最为常见的形态，占比75%以上，C天井的方形位居其次，占20%左右，而通风性能最优的纵向矩形的B天井却使用得最少，只有5%左右。

3）风环境模型

通风环境在长三角地区乡土建筑的环境构建中发挥着重要的作用，乡土民居也依据地区内的通风条件，从建筑的选址、布局、空间组织、开启系统等方面做出积极地回应，同时又以季节和时段的不同分别对建筑的通风、防风、除湿予以引导，充分利用建筑的调节策略来形成自然通风以获取人体舒适。

在以遂高堂为样本的风环境模型中，通风系统是由界面开启要素的朝向、尺度、位置、方式，与空间开启要素的纵、横向腔体协同构建而成的立体通风系统，加之热压与风压两种通风模式，共同构建形成长三角地区乡土民居内的风环境。

从夏季和过渡季标准日的风速分布图（图7.1-35）可以看出，过渡季每小时的风速均大于夏季，这是因为长三角地区的夏季有近一月的梅雨季，静风天数较多。因此，过渡季应尽量引导风压通风，而夏季则应在风压通风的基础上加强诱导热压通风，以改善乡土民居内的通风环境。

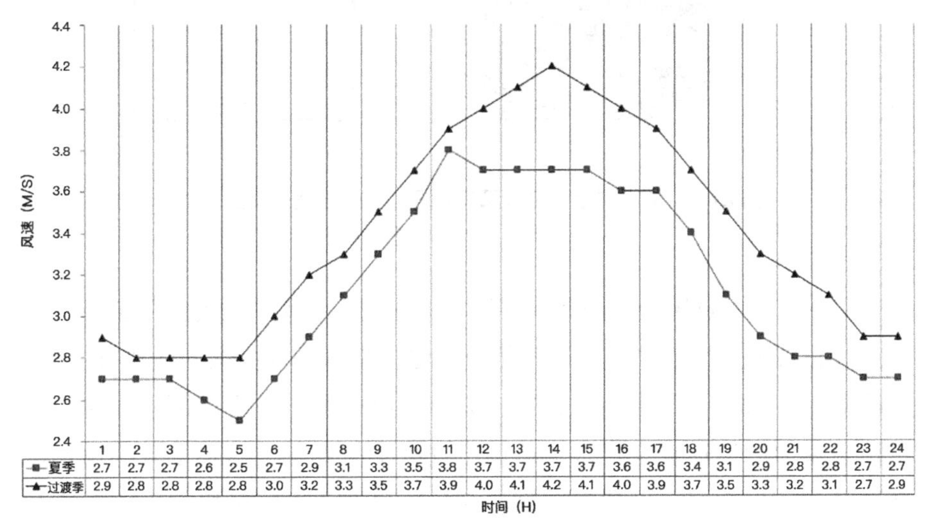

	1	2	3	4	5	6	7	8	9	10	11	12	13	14	15	16	17	18	19	20	21	22	23	24
夏季	2.7	2.7	2.7	2.6	2.5	2.7	2.9	3.1	3.3	3.5	3.8	3.7	3.7	3.7	3.7	3.6	3.6	3.4	3.1	2.9	2.8	2.8	2.7	2.7
过渡季	2.9	2.8	2.8	2.8	2.8	3.0	3.2	3.3	3.5	3.7	3.9	4.0	4.1	4.2	4.1	4.0	3.9	3.7	3.5	3.3	3.2	3.1	2.7	2.9

图7.1-35　过渡季、夏季标准日风速分布图

资料来源：自绘

在由界面开启串连而成的开启系统中，通过遂高堂的风环境模拟（图7.1-36），由风速云图可以得知遂高堂一层1.1m处的平均风速为0.91m/s，其中，正厅因为位处民居入口，遮挡少而整体空间高大，平均风速为1.12m/s，空气流动明显好于内厅（0.72m/s）和堂楼（0.79m/s）。由风速矢量图可以看出，在由界面开启串连的中线上，由于南北贯通，空气的流动性很好，同时中线上厅堂内的隔断不仅可以减缓过大风速，也可以使气流改变方向，带动内部空气流动，减少盲区，并且民居内南北连续贯通的通风作用还可以有助于天井产生湍流，增强拔风的效果。而在空气龄的分布图中，整体平均空气龄为134.38s，同样也是正厅的空气龄值较低、空气流动性较好，平均在95.61s，而由于内厅和堂楼东厢房界面开启的方向均背对于主导风向，以及堂楼的西北厢房不临外墙，没有外墙上的开启形成的穿越式通风，从而成为民居中空气龄值最高的部位。

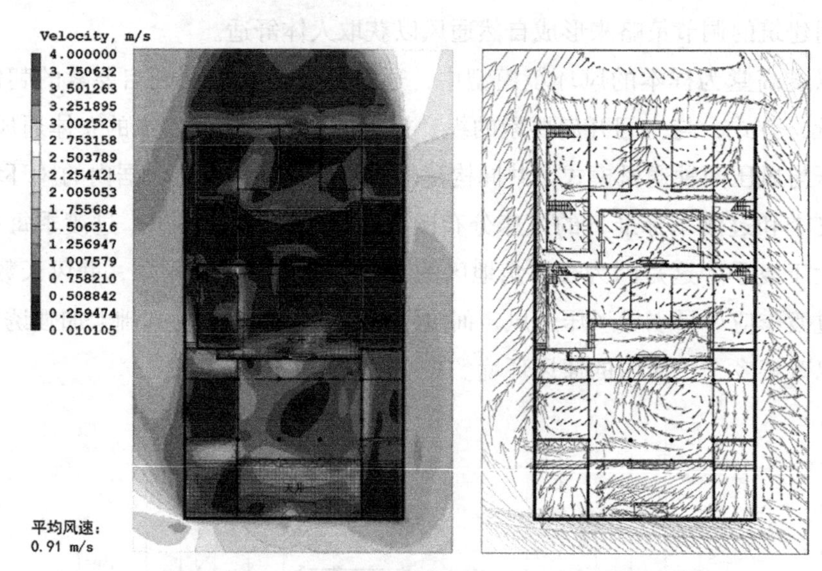

图7.1-36 苏州陆巷遂高堂风速云图（左）、风速矢量图（右）

资料来源：自绘

冬季，在风力和热压造成的室内外压差的作用下，室外的冷空气会经由一些缝隙渗入室内，被加热后溢出。为了降低冷风渗透带来的热损失，主要有两种途径，一是增强界面开启自身的密闭性，通过关闭开启即可防止冷风进入。遂高堂中仅以宣纸覆盖窗棂的通透长窗更多地适用于过渡季与夏季，而冬季时就成为防御冷风的薄弱环节，因此每一进建筑北侧的窗棂隔扇在冬季时可更替为整面的木板隔扇（图7.1-37）。二是双层长窗，即在厅堂门窗内的第二进屋檩和柱间再安装一层可拆卸的落地长窗（可南北均设或者只设于北侧），由原来的单层门窗变为双层，增强冬季室内的保温效果。这两种方式都可以在寒冷季节更好地防止冷风侵入以及减少热损失。

图7.1-37 厅堂北侧木板隔扇的开与合

资料来源：自绘

3.建筑热环境得热与散热的切换

1）温度阻尼区温湿度与形态

热环境的调控方面，在乡土民居的界面开启要素提供封闭内向的布局形制的基础上，天井、檐廊、冷巷等空间开启要素提供了一个有序、高效的温度及热舒适调节系统。其气候调节的意义在于，在其自身作为生活空间时，可向人们提供优于室外环境的小气候环境；并且，作为温度阻尼区的开启要素，对于与之相关联和交互的室内空间起到气候缓冲的作用，为室内空间的一侧界面提供波动范围小于室外环境的外部条件（图7.1-38）。具体表现为，夏季在应对室外空气温度波动时，对温度峰值的削减作用显著，主要通过遮阳实现；同时在过渡季和冬季的夜间以及室内有热源的情况下，通过有效降低室外风速，在一定程度上减缓了热量散失。

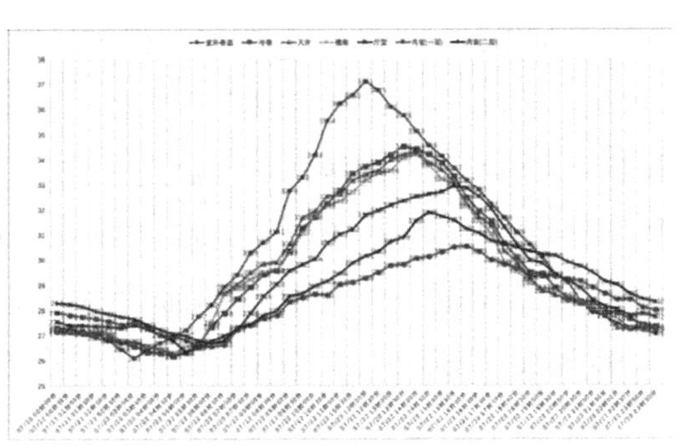

图7.1-38 温度阻尼区（左）、大暑日室内外空气温度实测曲线图（右）

资料来源：自绘

（1）对空气温、湿度的影响

在长三角地区，夏季7月平均气温最高，为27.4～28.6℃，平均气温年较差为25.2℃，常年湿度在50%～80%。2016年7月22日（大暑），当日苏州气象观测站测得室外最高温度37.11℃（正午12点），最低温度26.1℃（凌晨3点），平均温度

30.55℃。根据当日在陆巷遂高堂进行的内、外环境的物理参数实测值可得知，就空气温度（干球温度）而言，日间的日平均测试温度在室外巷道（31.65℃）、冷巷（29.67℃）、天井（29.62℃）、檐廊（29.53℃）、厅堂（29.33℃）、内室（28.55℃）之间呈递减状态，其中，日间（8:00～18:00）天井、檐廊、冷巷与室外巷空气温度的最大温差分别为2.59℃、2.8℃、2.91℃，平均温差分别为1.98℃、2.03℃、2.12℃，有效降低了作用温度，从而使得厅堂和内室与室外的最大温差为4.16℃、6.58℃，平均温差为2.32℃、3.1℃（图7.1-39）。

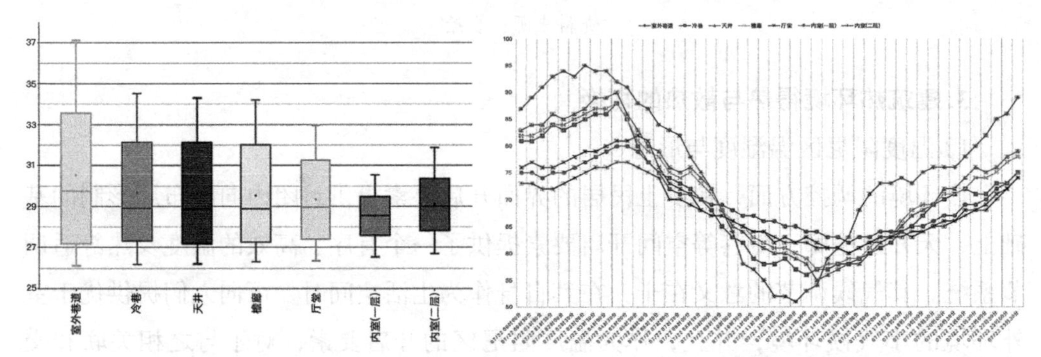

图7.1-39　大暑日室内外空气温度箱型图（左）、大暑日相对湿度实测曲线（右）
资料来源：自绘

天井、檐廊、冷巷等空间开启要素作为建筑内缓冲空间，温度的波幅介于室外和室内之间，图7.1-39中其日间最大温度值较室外巷道均有明显衰减。就三者间的横向比较而言，冷巷于11:00至次日凌晨1:30空气温度高于天井，平均温差0.24℃；2:00～10:30间因冷巷的墙、地日间蓄冷夜间蓄热，温度较天井低0.35℃。由于天井与檐廊相连接，空气温度近似，平均温差0.09℃，同时因檐廊接受辐射量少，日间6:30至18:30较天井温度低，最大辐射温度温差可达到5.3℃，但是由于气候界面蓄热体内热量释放的滞后性，夜间受建筑内部热量增加的影响，檐廊于19:00至次日凌晨5:30之间温度反较天井高0.15℃，承担了室内散热的作用。

同时，就建筑内部空间而言，厅堂、一层内室、二层内室的温度于4:30～19:30间较室外低，平均温差3.55℃，最大温差6.58℃，而20:00～4:00间室内平均温度较室外高0.83℃。由于天井、檐廊的温度阻尼作用直接作用于厅堂，致使其日间温度于6:00～19:30时间段高于一层内室、20:00～5:30时间段低于一层内室，并且因厅堂较内室受外部温度变化影响更多地在进深方向上呈现出较明显的非均匀性。

相对湿度与空气温度呈反向走势，以“日低夜高”的规律作周期变化，振幅明显。实测室外相对湿度介于51%～95%，根据大暑日的实测数据，就天井而言，温度最低为26.21℃时湿度反应为88%，而下午2点温度升至34.31℃时湿度则下降至57%。日平均相对湿度在内室（82%）、厅堂（79%）、檐廊（74%）、天井（73%）、冷巷（71%）之间表现为递减状态。此外，厅堂作为直接面向天井的可开放内部空间，其连续相对湿度均低于封闭的卧室，平均差值为2.7%，有益于改善热舒适环境。

（2）形态权重

长三角地区地理纬度适中，全年太阳高度角呈夏高冬低状态，如果天井的形态过于宽敞，则会接受过多的太阳直射辐射，并且影响其作为缓冲空间调控气候的效果。因此，在对长三角地区乡土民居内天井形态的实测数据进行梳理后，作为空间开启要素的天井通常为1～2层，面宽在6～13m，进深在3～7m，即长宽比为2左右，高宽比则分为两种情况，横向矩形天井一层高度的高宽比约为1.1，二层高度的高宽比约为2；而接近方形的天井通常为二层高，高宽比基本在1左右。较小的天井形态使其在炎热季节免于过多的太阳热力侵扰，寒冷季节又得以藏风聚气，以形成有效的温度阻尼空间。

再加以夏季实测数据进行比对时可以发现，天井形态宽松的苏州黎里14号民居内厅，与室外巷道的温差为1.89℃，而形态较小的天井，如湖州南浔张宅的小姐楼，正午时分与室外巷道的温差可达到3.15℃，因而可见较小形态权重的天井的热缓冲作用更为明显。并且，如若天井内置有水体（水缸、水池等）或者绿化，也能够更进一步地起到调节微气候的作用。

而就长三角地区“三间两搭厢”“对合”两种基本的空间组织类型而言，“三间两搭厢”（类型A）因空间形态围合紧凑，给三面围合的建筑形成相对均质的热缓冲效果，而根据太阳的运行轨迹，东厢房、厅堂、西厢房在一日内呈温度递减分布；由类型A演变的类型A1因取消了两侧厢房，天井开口宽度与建筑面宽相同，采光较好的同时得热量也较高，并且用于此类型的建筑进深较大，因而厅堂的温度较高且温度场呈不均匀分布；“对合”（类型B）常见于布局紧凑的民居中，位于中间的天井由于尺度受限可以给建筑内带来较为阴凉的热舒适感觉，反映在底层时尤为明显；而在其演变的类型B1中，厢房的取消在很大程度上改善了室内的光照水平，所以温度场的辐射得热也有所增加（图7.1-40）。

2）遮阳应变措施与屏障数据

通过前文中的气候分析可知，长三角地区以隔热为首的热环境需求在一年中占比近1/3权重，因而如何以遮阳措施形成热环境的处理策略成为乡土民居在长期应变气候时的重要内容。在区域内的乡土民居中，以空间开启要素作为室内空间的遮

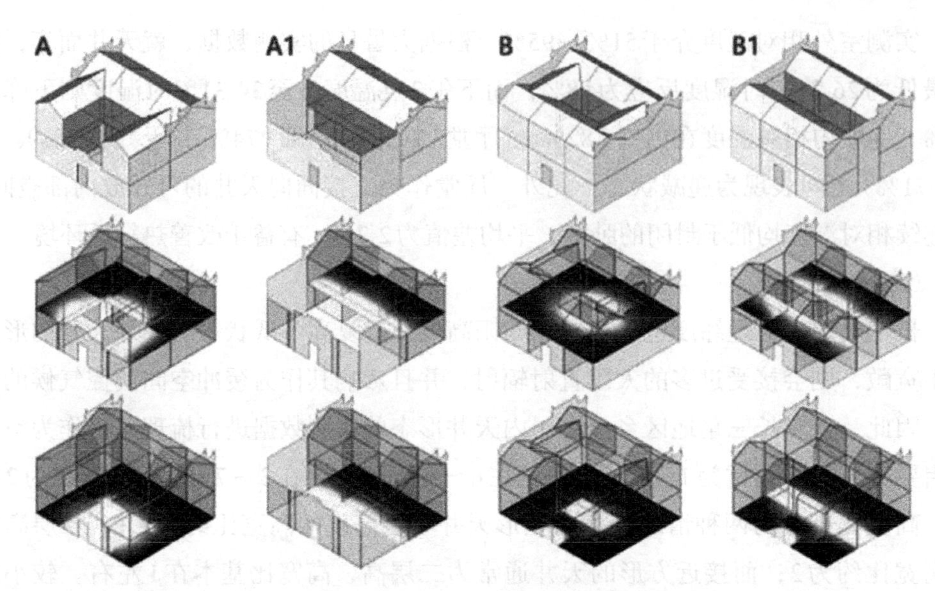

图7.1-40 长三角地区不同天井类型的温度场模拟
资料来源：自绘

阳屏障时，挑层是利用建筑二层的出挑对底层起遮阳的作用；雀宿檐是通过挑檐在外部空间中界定开启空间的遮阳范围；骑廊与檐廊在建筑底层形成较宽的具有遮阳与生活双重功能的开启空间，二者的区别是，檐廊完全置于主体建筑之外，而骑廊半外半内梯度效果更好；二层檐廊则是借助于上层建筑的后退（气候界面设于步柱间），为二层提供遮阳空间。例如，杨湾村崇本堂的二层檐廊不仅不能够进入也不具备使用功能，仅作为气候空间，提升遮阳效果。

长三角地区（苏州）夏至日正午时分太阳高度角为81°96′，根据图7.1-41，得出计算公式：

$L=B-H/\tan hs$

其中：L——阴影深度；

B——遮阳构件宽度；

H——檐底距地面高度；

hs——太阳高度角。

即$L=B-H/7.08$，根据调研中测得的乡土民居遮阳构件的高度、宽度数据，即使在出挑最小（0.9m）、高宽比最大（3.89）的最不利情况下，也可获得0.4m即45%的阴影深度。通过计算结果的比对分析可以得出适用的遮阳策略与高宽比的指导数据（图7.1-41、图7.1-42），当骑廊与檐廊的高宽比

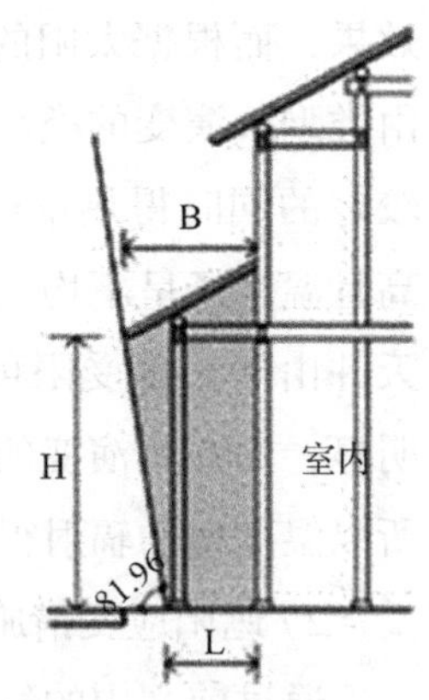

图7.1-41 苏州地区夏至日正午太阳高度角
资料来源：自绘

遮阳形式	骑廊		檐廊		挑层		雀宿檐	二层檐廊		
民居	惠和堂	崇本堂	清俭堂	邓宅	遂高堂	邓宅	徐宅	粹和堂	黄宅	崇本堂
高度	3.4m	3.7m	3.3m	3.3m	3.5m	2.5m	3.1m	2.5m	2.7m	2.1m
宽度	2.1m	2.2m	2.2m	1.9m	0.9m	1.9m	1.1m	2.1m	2.4m	1.9m
高宽比	1.62	1.68	1.5	1.74	3.89	1.93	2.82	1.19	1.13	1.11
遮阳深度	1.6m	1.7m	1.7m	1.4m	0.5m	1.6m	0.7m	1.8m	2.0m	1.6m
指导数据	H/B≤1.7 L≥0.8B		H/B≤1.7 L≥0.8B		H/B≤3.5 L≥0.5B		H/B≤3.5 L≥0.5B	H/B≤1.1 L≥0.9B	H/B≤1.1 L≥0.9B	H/B≤1.1 L≥0.9B
图例										

图7.1-42　长三角地区部分乡土民居“开启”的实测数据与夏季遮阳指导数据

资料来源：自绘

在1.7左右时即可获得80%的阴影深度，即檐柱以内均被阴影覆盖，比较适合当地气候环境，也是被广泛采用的原因。而雀宿檐与挑层的高宽比控制在3.5以内时就可获得50%左右的阴影，可保证一天中最热时段一层的墙面与开启要素免于阳光直射；二层的层高通常较一层低（檐下高度一般为3m左右），二层檐廊基本都可获得90%以上的阴影深度。

继而，以陆巷遂高堂堂楼的檐廊为例（檐廊构件高宽比1.75），通过模拟进行了有无遮阳设施的情况下对室内热环境影响的比对，由图7.1-43中可以看出，在现状有空间遮阳的条件下，室内平均温度较无空间遮阳时低0.55℃，其中对于开敞的厅堂作用最为明显，在不设檐廊时厅堂的温度直接受外部太阳辐射热的影响呈现出与天井温度较为接近的分布状态，而在设檐廊提供遮阳空间以及形成温度阻尼区的作用后，乡土民居的室内、外温度场分布体现出明显的差异。

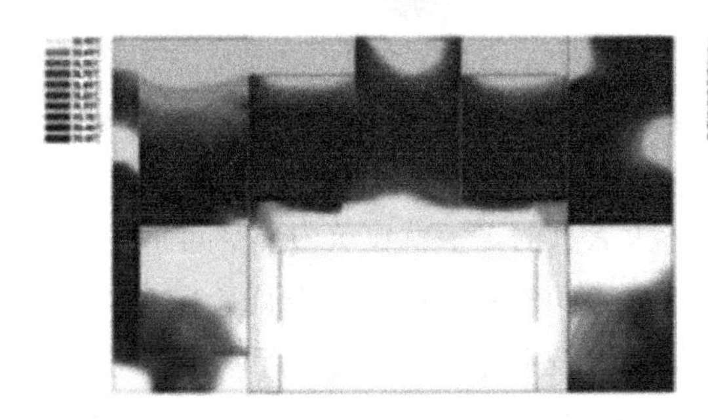

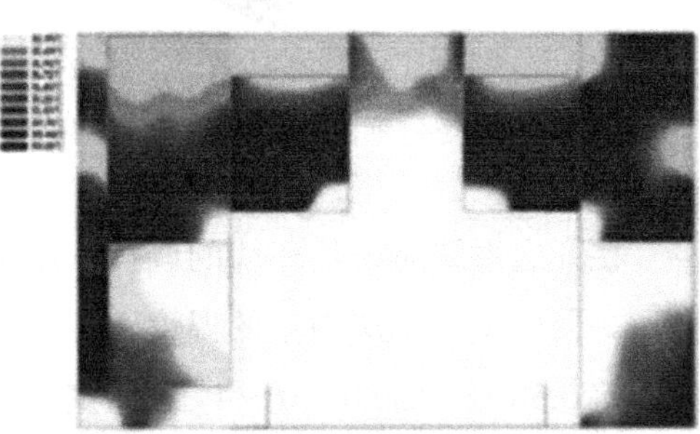

图7.1-43　遂高堂堂楼有空间遮阳（左）与无空间遮阳（右）时温度场比对

资料来源：自绘

3）热环境模型

冬季与夏季，室外气温对于室内环境而言都是不利因素。太阳辐射在此两个季节也表现为用和防，在冬季可作为民居热环境的热量来源，在夏季则是造成室内过热的原因。因此，如何在寒冷季节充分利用太阳辐射得热与炎热季节如何避免与减少太阳辐射的加热作用，是乡土民居热环境研究中的一个重要议题。

在以遂高堂为样本所建立的热环境模型（图7.1-44～图7.1-46），能够反映出长三角地区乡土民居的热舒适需求，相对于冬季可以增添衣物以及增加室内热源来进行调节的方式，夏季的防热只能依赖于建筑自身的调控策略。因而在乡土民居的调控模式中，是以夏季防止室内过热为主要需求，为此可以适当地牺牲部分的光照和通风。

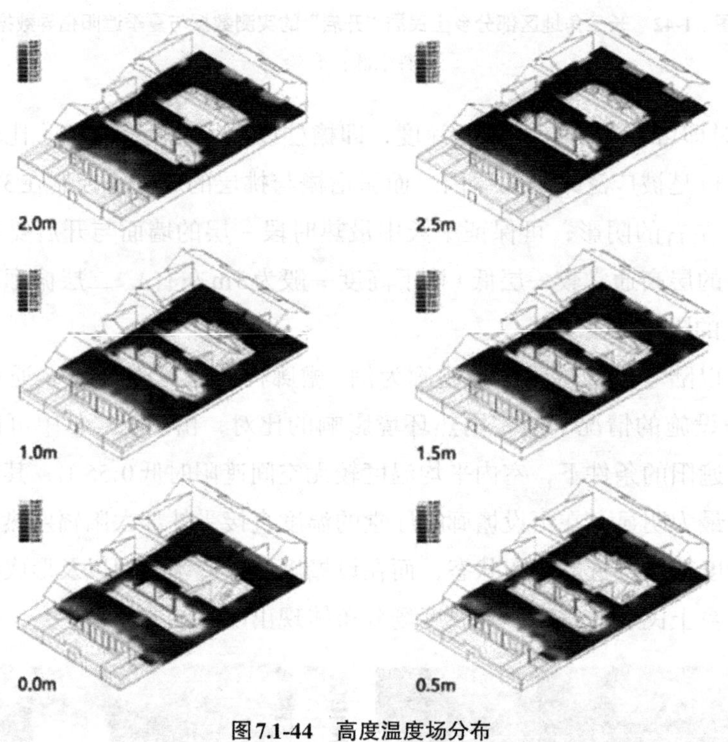

图7.1-44 高度温度场分布

在开启系统对于热环境的调控作用下，大暑日的正午就建筑内部空间而言，厅堂、一层内室、二层内室的温度于4:30～19:30间较室外低，平均温差3.55℃，最大温差6.58℃，而20:00～4:00间室内平均温度较室外高0.83℃。厅堂的日间温度于6:00～19:30时间段高于一层内室、20:00～5:30时间段低于一层内室，并且因厅堂较内室受外部温度变化影响更多地在进深方向上呈现出较明显的非均匀性。

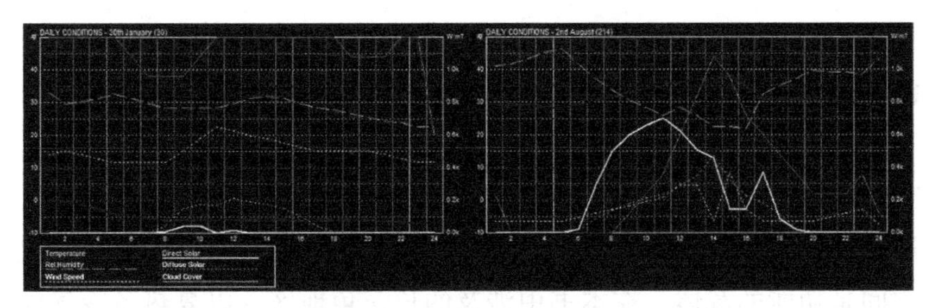

图 7.1-45　长三角地区最冷日（左）、最热日（右）气象数据分析

资料来源：自绘

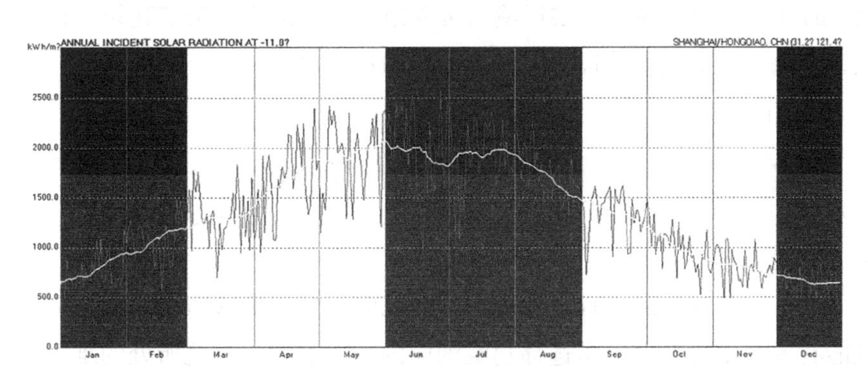

图 7.1-46　遂高堂月均辐射量

资料来源：自绘

二层室内由于受屋面直接热辐射的影响，温度明显较底层室内提高，平均温差体现为1.15℃。

通过对乡土民居建筑热过程的分析，可得出可变系统在环境调节时的关键问题：充分利用有利因素，避免不利因素。在室外环境适宜时段，及时导入；在室外条件不利甚而恶劣时，进行延后、衰减、阻隔，利用建筑自身的热反应特征，降低不利因素的影响。其中包含了对室内温度平均值和温度波幅的调节。区别于现代建筑中依赖机械手段而隔离内外环境的封闭系统，乡土建筑中可变系统的调控机制需要依靠室内外的能量交互，空气交换、控制或吸收太阳能辐射得热、被动蒸发的优化等，以达到对内部小气候与人体生物感觉的综合调控。因而，乡土民居的热环境本质是室外气候要素综合作用条件下的热物理过程，其热过程包括了对流换热、辐射换热、结构传热与相变蒸发冷却环节，建立在以上传热途径的反应规律之上，通过合理组织相对应的调节策略，对热作用进行疏导为衰减、阻隔、移峰填谷，是乡土民居中热环境调节的基础。

7.1.3 江南建筑气候适应性营造方法

1.空间适应的体型策略

建筑体形包含建筑的形体状态与空间组织状态，是建筑于现世的直观呈现，其包容的空间是功能的载体。在本书中涉及的长三角地区，以夏热冬冷气候类型为主，在“夏季防热为主，兼顾冬季保温”的指导原则下，本文提出“空间适应的体型策略”的低碳技术，在该气候环境与资源条件下，构成和调节建筑形体、空间组织方式，在保证舒适度的前提下，减少能源消耗与对环境的负面影响，以此来达到“低碳”的设计目标。

1）形体设计

（1）平面形态

①朝向

冬季有足够多的日照并且尽量避免主导风向，夏季能够防止太阳辐射过多进入室内且能有效利用自然通风是选择建筑朝向的基本准则。建筑所处的维度位置、周围地段环境及局部气候特征等都会影响建筑朝向位置的选择，想要同时满足整体朝向利于夏季防热、冬季保温是比较困难的，另外还要兼顾通风等，这些使得“最佳朝向”成为一个相对说法。在长三角地区，东西朝向民居能耗明显比南北朝向能耗高，通过分析，推荐长三角地区建筑朝向区间为南偏东15°至南偏西15°范围。

②进深

进深对于建筑能耗大小具有一定影响，合理设置进深有助于降低建筑的能耗水平。对于乡村建筑中最常使用的单层建筑、两层建筑和三层建筑，随着进深的增大，单位面积的建筑能耗逐渐降低，降低的速度有减缓的趋势，且随着建筑层数的增加，建筑能耗水平同趋势降低。一般设置建筑单空间进深8～9m，大进深造成室内阴凉。大尺度的设计与对抗夏季炎热的气候密切相关。

（2）剖面形态

①过渡空间

从建筑形体来看，坡屋顶的设计适用于夏热冬冷地区，从剖面设计角度出发，我们可以利用坡屋顶下方的空间作为空气隔热层，利用山尖空间作为储藏，即我们传统民居中常见的阁楼与夹层，若空间足够高则可住人，夹层的采用使室内的层高产生错落，为了夹层的使用方便一般都在屋顶开窗，这样加强了导风作用，同时作为隔热缓冲空间隔绝夏季炎热高温，降低室内温度，这样的做法可以说是过渡空间的剖面呈现。

②剖面“负空间”的设置

剖面负空间在建筑中的主要表现形式为中庭，除了在通风方面有其重要的优势外，在室内采光方面也有很大的作用。按照形态，我们将剖面负空间的形式分为矩形、A形和V形（图7.1-47）。

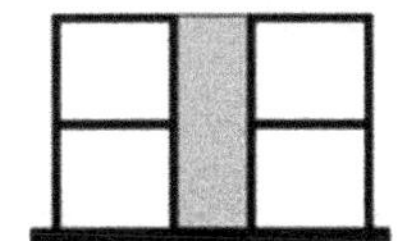
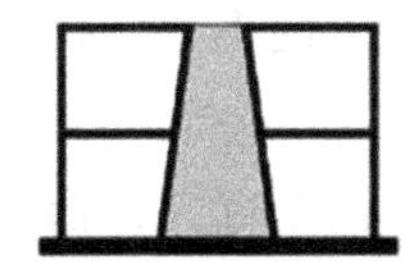
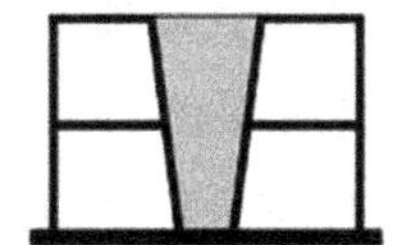

图7.1-47　负空间的形式

资料来源：自绘

炎热地区为了使中庭的烟囱效应最大化，宜采用A形中庭加强拔风效果，同时A形中庭可以避免建筑内部空间受到阳光直射；在气候寒冷的地区，可以使用V形中庭来争取更多的直接太阳辐射；在夏热冬冷的长三角地区，夏季需要防热，冬季需要供暖，单一地运用V形或者A形中庭难以满足夏冬两季不同的节能要求，所以折中优先选择矩形剖面。

③屋顶形式

屋顶是建筑的第五立面，作为围护构件它承担了抵御自然环境变化对房屋内部空间物理环境的不利影响，同时屋顶对于室内风环境、热环境和光环境的调节也可以起到积极的作用。屋顶从形式上通常分为平屋顶和坡屋顶，坡屋顶又有双坡屋顶、单坡屋顶等。本文我们列举四种屋顶的形式（图7.1-48）：

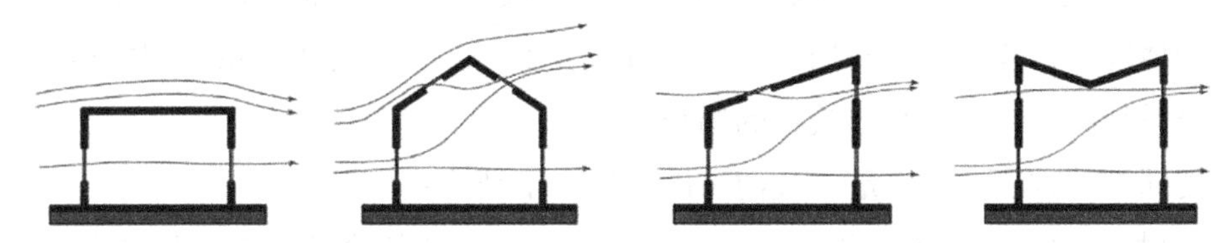

图7.1-48　平屋顶、双坡排水屋顶、单坡屋顶、双坡内聚屋顶

资料来源：自绘

平屋顶结构简单，构成的内部空间规整开敞，但是从通风的角度出发，坡屋顶更胜一筹。坡屋顶由于屋面的倾斜，可以获得相对较大的迎风面面积，从而形成较大的风压。

双坡排水屋顶若在屋面上设置通风口，则可以通过风压的作用形成屋顶的自然通风，夏季可以带走室内的热量，并且屋顶的形式尤其有利于无组织排水，适用于夏季多雨的长三角地区。

单坡屋顶拥有最大的迎风面积，可以取得最大化的自然通风。但是单坡屋顶不利于冬季防风，开口方向应该避开冬季主导风向，这样的屋顶形式更适用于华南夏热冬暖地区。

双坡内聚屋顶通常采用高窗的形式加大室内自然通风，同时给室内提供良好的采光，但内聚式屋顶不利于排水，因此不建议在长三角地区采用。

（3）体形系数

建筑体型是根据内部功能、用地条件、环境关系等来决定的。一般来说，乡村建筑多为独栋平房，体形系数偏大（大部分超过《民用建筑节能设计标准》规定的0.30），乡村住宅的体型系数需根据自身特点重新研究确定其限制范围。

体形系数$S=F/V$，其中，F为暴露于空中的建筑外表面积的总和，V表示建筑体积。而$F=F_{建筑总表面积}-F_{地面面积}$，F越小，耗能值会越小，这是选择外露面积的理论依据。该公式由此可以整理得到：

$$S=F/V=[2(a+b)h+ab]/abh=1/h+2/a+2/b$$

其中：a表示建筑长度（m）；b表示建筑宽度（m）；h表示建筑高度（m）。因此我们可以得到：当建筑体积一定时，体形系数与建筑物长、宽、高三个尺寸的大小及比例有关。

假设建筑的高度h和底层建筑面积$F_{地面面积}$分别相同，建筑底面周长为L，则建筑平面设计直接影响S：

$$S=(hL+F_{地面面积})/hF_{地面面积}=L/F_{地面面积}+1/h$$

我们发现，S与周长L呈线性关系，因此在建筑高度h和底层建筑面积$F_{地面面积}$不变的情况下，建筑平面布局不同，导致周长不同，建筑的体形系数相差很大，进行建筑设计时要尽量缩小建筑物的周长。

用同样的方法控制变量，我们可以得出以下结论：

乡村住宅宜建两层或更多层；宜选择60m为最佳长度的院落式联排住宅；控制平面形式简单，矩形与L形为供选择的主要体型；住宅宽长比为1∶1时为最佳节能平面形式，宽长比越小，体形系数越大；当层数相同时，面积越大，体形系数越小。

遵循以上规律，乡村住宅的体形系数能做到尽可能的小。

2）空间组织

（1）负空间：庭院与天井

建筑单体或者建筑空间的平面组合形成的室外、半室外空间，对建筑的光环境、热环境和风环境产生影响，我们将这样的空间类型暂时称作建筑“负空间”。可以类比夏热冬冷地区传统民居建筑中的庭院与天井，庭院与天井都是传统建筑中组织建筑单体或群体空间的有效手法，它们都适用于创造具有内向性的空间和空间交往的空间，由于这两种空间形制都对建筑物理环境产生影响，在本文中我们将之统一包含于建筑“负空间”中。

在我们的常规认知中，设置庭院或天井有利于建筑的通风与采光，为了得出更准确的结论，我们通过性能模拟软件PHOENICS对比有无负空间的建筑风环境性能。以建筑平面A以及置入负空间的类比建筑平面B进行模拟（基本数据：层高4m，层数3层，窗台高900mm，窗高1100mm，门高2100mm）（图7.1-49），以长三角地区的苏州地区气候条件为参考，设定风向为正东南风，风速3.5m/s。

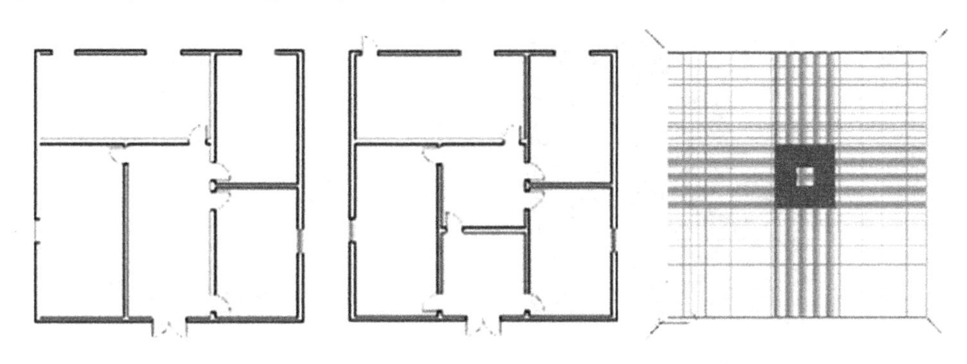

图7.1-49　简单平面A置入负空间的类比平面B的计算网格

资料来源：自绘

通过模拟，得到平面A和平面B的1.5m行人高度和4.4m中部高度的风速分布情况和气流路径情况（图7.1-50～图7.1-53）。在门窗全开的情况下，无论在行人高度还是在整体空间中部，有负空间的平面B，在负空间中风速基本达到1.8m/s，

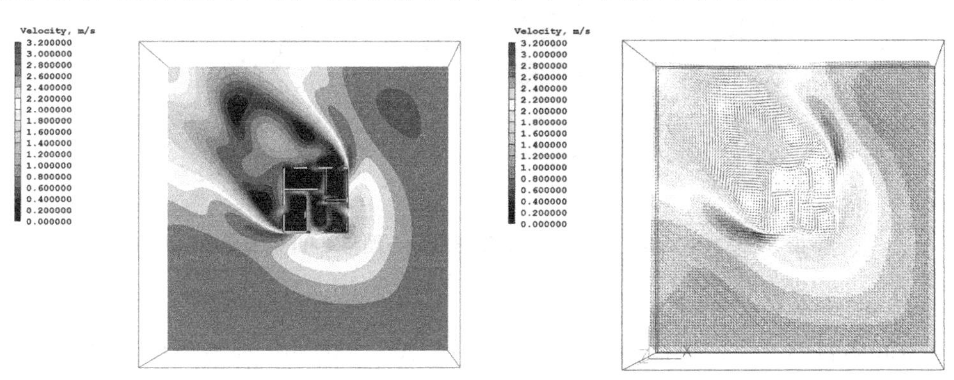

图7.1-50　平面A：1.5m行人高度速度分布图与1.5m行人高度气流路径图

资料来源：自绘

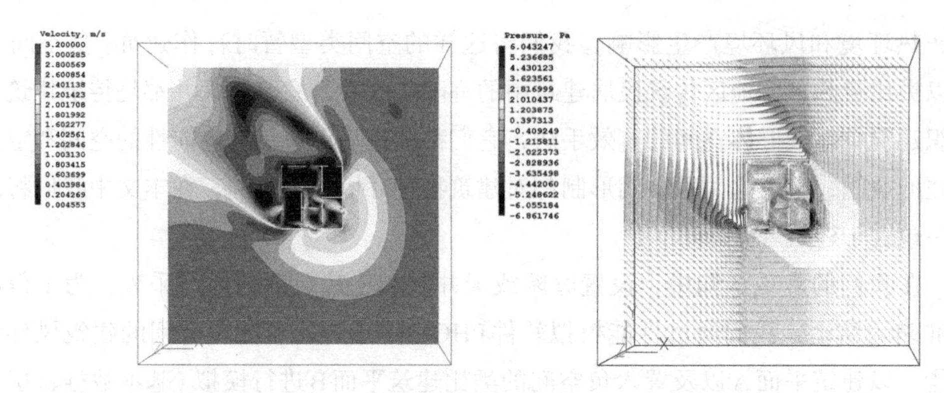

图7.1-51　平面B：1.5m行人高度速度分布图与1.5m行人高度气流路径图

资料来源：自绘

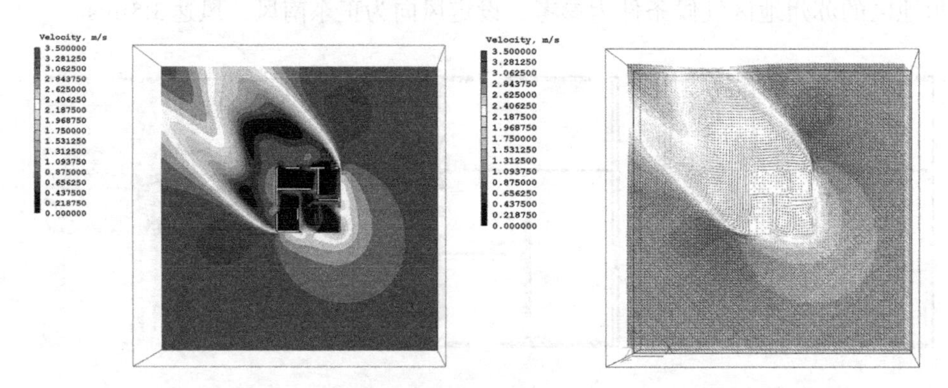

图7.1-52　平面A：4.4m中部高度速度分布图与4.4m中部高度气流路径图

资料来源：自绘

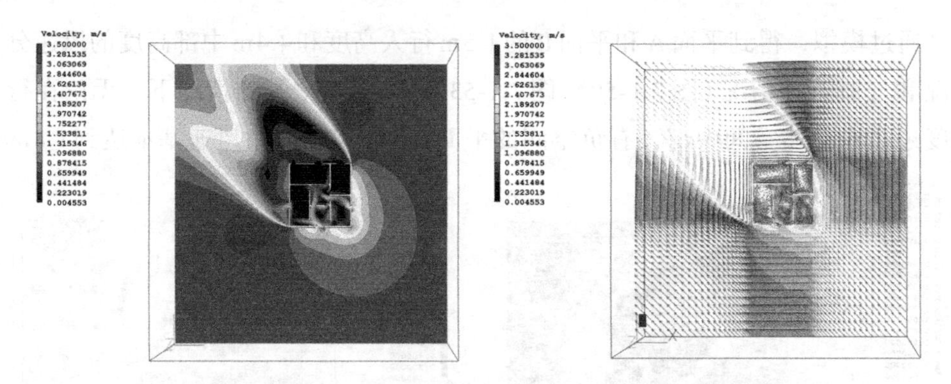

图7.1-53　平面B：4.4m中部高度速度分布图与4.4m中部高度气流路径图

资料来源：自绘

建筑空间内自然通风效果也明显优于简单平面A，室内外风环境都得到改善。以此证实了通过建筑单体或者建筑空间的多组合方式可以改善建筑内部的风环境。

随着地域的变化，为适应气候的差异，传统民居中庭院空间尺度也呈现由北往南越来越小的特点。据此，我们对适宜长三角地区的中庭空间的大小尺度展开了探讨。以下设置了5种负空间尺寸模型，置于同一简单建筑平面中，负空间面积与建筑面积之比依次为1:7、1:10、1:8、1:5、1:3；而负空间面宽与进深之比依次为7:13、7:9、1:1、1:5、1:1。在Fluent风环境模拟软件中导入苏州地区的气候环境，设置风速为3.5m/s，风向为垂直于入口方向，模拟出这五组尺寸模型的负空间内及建筑使用空间内的风环境情况，我们得到风速的平面及剖面示意图。通过示意图能够粗略地得到在长三角地区负空间面积占建筑面积最优比例的大致范围，以及最利于风环境的负空间大致长宽比范围。

截取平面风速图以及1.5m人行高度平面及剖面风速图（图7.1-54），我们可以观察到：

	A	B	C	D	E
负空间面积/建筑面积	1:7	1:10	1:8	1:5	1:3
负空间面宽/进深	7:13	7:9	1:1	13:7	1:1

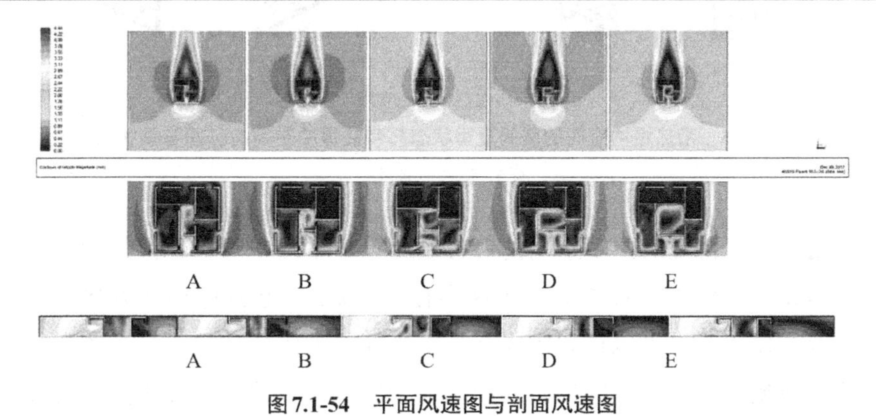

图7.1-54　平面风速图与剖面风速图

资料来源：自绘

在门窗全部开启的情况下，负空间进深越大负空间内人行高度通风越好，而进深小的室内通风会较好。

平面A和B负空间面积占建筑面积比例较小，但综合负空间内外通风情况都较B、C、D好，因此在夏热冬冷地区，负空间面积宜小不宜大，与建筑使用面积之比控制在1:7～1:10为好。

在平面A负空间内风速最高达到3m/s，但有局部0风速，平面B负空间风环境情况非常好，但平面A五个使用空间风环境均优于平面B。应综合考虑中庭内外的通风情况来选择负空间的进深，但进深大的空间整体情况优于进深小的空间，面宽与进深之比宜控制在1以下。

建筑平面需要根据使用者的需求和房屋的不同功能来具体设置。

（2）热缓冲与热包被

"热缓冲与热包被"是利用相邻空间的隔热作用，在主要使用的功能空间外围设置一个"缓冲空间"，对缓冲空间进行隔热、供暖层面的设计，来增强主要使用的功能空间的热稳定性。在空间的内向阳面设置热缓冲空间，热缓冲空间外侧墙体可以设置较大的窗墙比，为冬季供暖创造条件，考虑到夏季防热，热缓冲空间外墙的窗洞需要进行隔热设计（图7.1-55）。

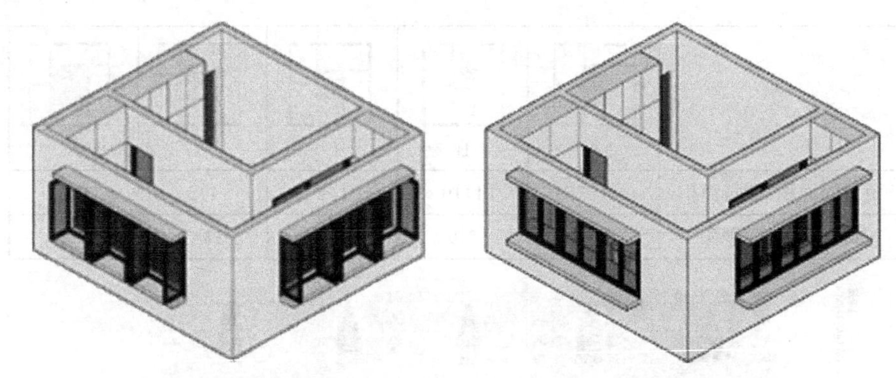

图7.1-55　带热缓冲空间的房间夏季状态与带热缓冲空间的房间冬季状态

资料来源：自绘

长三角地区乡村建筑主要空间前后可设廊等半室外空间，不仅作为室内外的过渡空间，也是一个气候缓冲空间，进深多在2m以上，起到遮挡南方强烈阳光辐射和防雨的双重作用。也可以设置阳光间，阳光间是太阳能建筑中一种依靠建筑空间被动供暖的典型技术，阳光间供暖的原理在于综合了直接获热和蓄热墙两种供暖方式的热过程，阳光间的玻璃围护起到温室作用，阳光间后的蓄热墙有结构支撑、缓冲阳光间内的温度波动、传递阳光间的热量进入室内、调控室内和阳光间之间的热量平衡的作用。还可以在建筑外层设置种植空间，利用垂直绿化进行隔热。由于植物对太阳热量的吸收，其效果通常都高于普通的建筑构件，并且考虑到冬季供暖，还能对植物选型，比如选择冬季落叶型植物。

当建筑功能布局受限，我们还可以设置类似于"热闸"的区域，以此减少房间的传热损失。比如在建筑入口处设置门斗空间，形成缓冲区，室内外空间之间犹如形成了厚厚的空气隔层，始终保持隔离的状态，保证了室内外热环境的相对独立性（图7.1-56）。

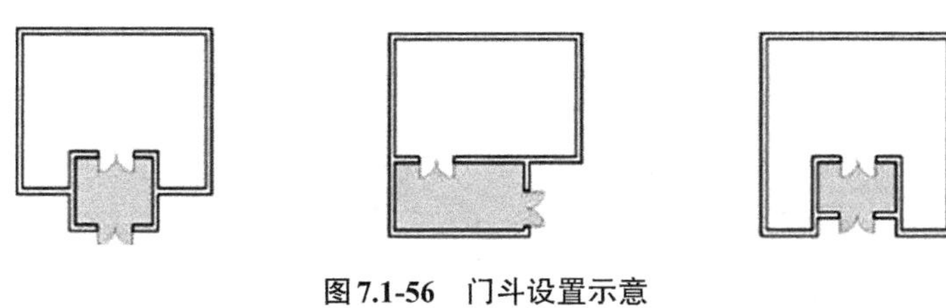

图7.1-56　门斗设置示意

资料来源：自绘

（3）群体组织：院落、备弄与冷巷

①院落

天井与院落通常根据尺度、比例、功能和空间形态来进行区分。“院落”是民居的基本单元，民居平面各种复杂多样的类型都是由基本单元组合发展而形成的。

在长三角地区的乡村建筑中，我们可以采用以上6种简单建筑单体或建筑空间组合方式（图7.1-57），也可以再进行组合形成建筑群体空间，负空间的不同营造均对建筑夏季通风有利。不同形式的负空间对建筑室内外的物理环境的影响必然有所区别，对组合方式的选用还要取决于使用者对功能的需求等多方面的因素。

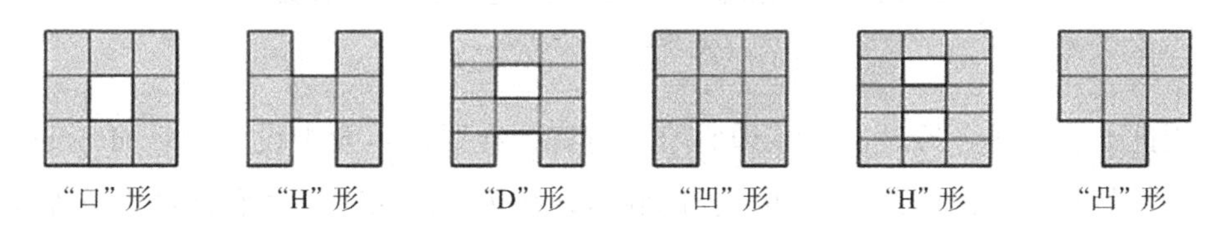

图7.1-57　建筑单体或空间平面组合方式

资料来源：自绘

②备弄与冷巷

巷道在居住单元中主要承担交通组织的功能，而在夏季，巷道设计还可以达到被动降温的效果。夏热冬冷的长三角地区，太阳辐射是夏季热量的主要来源，所以设计目标是减少太阳辐射得热。巷道的高宽比决定了地面得到的太阳辐射量，当高宽比大时，巷道高深，能够遮挡一部分太阳辐射，减少地面得热；当高宽比小时，巷道较宽，太阳直接照到地面，得热增多（图7.1-58）。

长三角地区位于北纬30°附近，北半球在夏至日太阳高度角达到最大值北纬23.5°，根据正午太阳高度角的计算公式：正午太阳高度角=90°-（当地维度-太阳直射点维度），即长三角地区夏至日正午太阳高度角=90°-（30°-23.5）=83.5°，为一年中最大的太阳高度角数值。此时，高宽比为6:1的巷道，太阳光只能部分照到地面；高宽比为8:1的巷道，太阳光已经很难直接照射到地面；高宽比在10:1到

12∶1之间的巷道，太阳光已无法照射到地面（图7.1-59）。

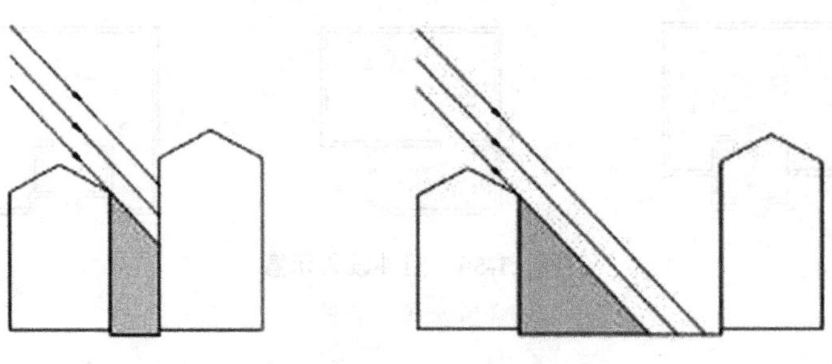

图7.1-58　街巷与太阳日照关系

资料来源：自绘

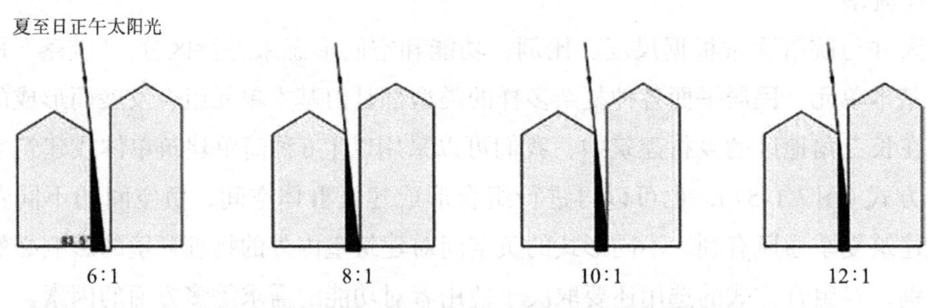

图7.1-59　长三角地区不同高宽比的巷道夏季遮阳情况

资料来源：自绘

因此，在夏热冬冷地区，巷道宜窄不宜宽，在居住单元中设置0.8～1.5m的巷道，能够使得巷道内阴凉。这样狭长的巷道，在传统民居中，我们称之为备弄或冷巷，它与前后街巷相通，巷内空气流动快、气压低，由于不受太阳的直接照射，温度低，巷道可与天井或院落相通，两者温差较大，在热压与风压同时作用下，使得巷内空气水平加速流动，从而加快了室内通风，巷道内的空气流动带走相邻建筑的热量，间接降低了相邻建筑的室内外温度。因此，巷道作为交通通道的同时也起到水平拔风的作用。

3）关键技术

（1）体形系数

在夏热冬冷地区夏季白天要防止太阳辐射，夜间希望建筑有利于自然通风、散热。因此，与寒冷地区节能建筑相比，在体形系数上没有控制那么严格，建筑形态也可以相对丰富。从低碳节能的角度出发，单位面积对应的外表面积越小，外围护结构的热损失越小，为控制体形系数在一个较低的水平，同时考虑到乡村建筑的普适性和建设成本，建筑体型应以正方形和接近正方形为宜。乡村民居多为独立住宅，建议做到两层或以上，地下面积不算作接触表面积，可以考虑部分覆土。

（2）自遮阳形体

自遮阳形体是指利用建筑形体自身对太阳光线进行遮挡，避免直射以达到降温的目的。建筑师通常通过软件模拟、计算和验证的方式减小建筑暴露在阳光直射下的面积，减少夏季热量的吸收和冬季热量的损失，进而提高能源利用效率。

我们在乡村建筑中可以采用的自遮阳形体方法有：利用屋顶挑檐使下部房间保持阴凉；将建筑分成上下两个部分，两个体量分开、错落相叠，使得下部体量可以“埋藏”在由上部体量形成的阴影里；使建筑外墙向内倾斜，避免表面受到过多的太阳辐射。

（3）热压竖井

热压竖井的原理为：当室内温度高于室外时，热空气（密度小）上升，从建筑上部风口排出，冷空气（密度大）从建筑底部吸入；当室内温度低于室外时，位置互换，气流方向也互换（图7.1-60）。

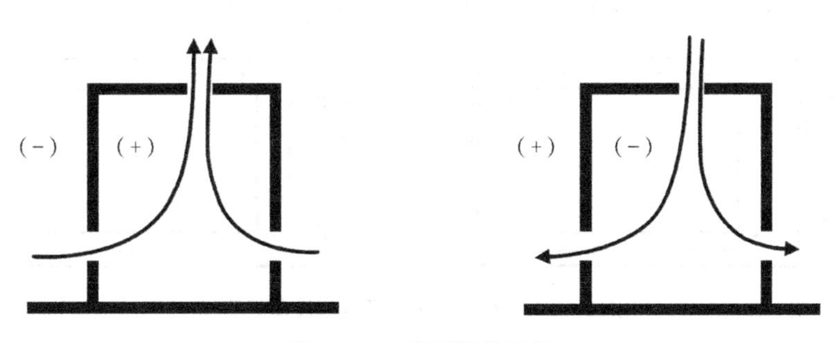

图7.1-60 热压竖井原理

资料来源：自绘

将该方式运用到乡村建筑中，具体表现形式为天井。在夏热冬冷地区，天井面积宜小不宜大，加上四面房屋的挑出屋檐，天井真正的露天部分很小。前文对体型系数的分析中得出长三角地区乡村建筑层数大于两层为好，层数的增多也为形成窄而高的天井提供了条件，由此形成了热压竖井的模型。

（4）被动热包被

对于形式较为单一的乡村住宅建筑，被动热包被无疑是增加获热空间与主体建筑邻接面积的有效手段之一。北向包被空间的获热能力低，若单独布置仅起到缓冲作用，因此，为提高北侧包被空间的温度，设置南向包被空间，形成南北双侧的梯度空间。被动热包被的原理即将南部包被空间的太阳得热通过管道（或空间）传向北部，暖空气从下图（图7.1-61）右侧接触阳光空间经由屋顶、墙体、底板循环，在使用空间和围护结构间形成空气间层。同理，这种策略也可以用于东西向。午前，东部包被空间太阳能得热将传向西部，午后则相反。因此，系统适用于东—西或南—北立面，这样也可一定程度上消除建筑物对于太阳朝向的限制。

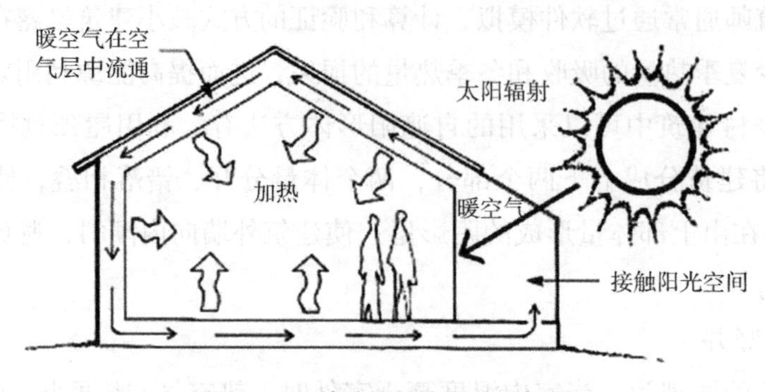

图 7.1-61 被动热包被原理示意图

资料来源：自绘

夏季可以通过关闭部分循环通道单向循环形成冷却效果（图 7.1-62）。

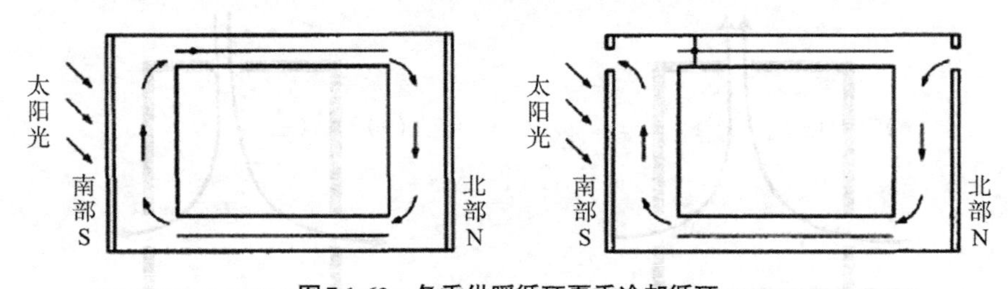

图 7.1-62 冬季供暖循环夏季冷却循环

资料来源：自绘

2.气候梯度的表皮策略

建筑表皮也可以称为建筑围护结构，是划分建筑室内外空间的界面，通常包括建筑立面和屋面，具有调节室内气候环境的作用。本书主要研究的长三角地区是以夏热冬冷气候类型为主，在“夏季防热为主，兼顾冬季保温”的指导原则下，本文提出“气候梯度的表皮策略”的低碳技术，在该气候环境与资源条件下，通过围护结构与建筑表皮调节室内外环境的物理参数，在满足舒适度的前提下，减少能源消耗与对环境的负面影响，以此达到“低碳”的设计目的。

从表皮性状的角度可以将其分为构件式表皮与空间式表皮两类，前者即传统意义上建筑与建筑外部空间直接接触的界面，而后者即承担气候调节作用且具有一定深度与使用功能的空间组成部分。

1）构件式表皮的热工技术

构件式表皮一般厚度较小，对于抵御外界气候、调节室内的风环境、热环境、光环境具有直接而明显的效果。构件式表皮作为气候界面，其调节能力在很大程度上取决于自身的热工性能，一般来说衡量与评价构件式表皮低碳设计技术的指标有：体形系数、热质、窗墙面积比、可开启面积与方式以及立体绿化。

（1）体形系数

在长三角地区乡村建筑的设计中，应将体形系数控制在0.4以内，尽量采用造型规整、形式简单的表皮形态，例如控制墙面出挑与退让的面积和位置，使其有机重叠，减少外墙面积，同时减少不必要的复杂形态，以利于减小体形系数，降低热量损失，从而降低能耗。

（2）热质（围护结构的材料、质量与尺度）

热质的作用是存储以太阳能为主的各种形式的热能，随后向室内空间释放热量，从而抵抗温度波动的惯性。建筑中的热质有两项任务：降低温度波动的峰值（衰减系数），以及将该峰值移到气温峰值之后（时滞）。一般来说，建筑的热质越多，室内气温峰值越低，出现得也越晚（图7.1-63）。

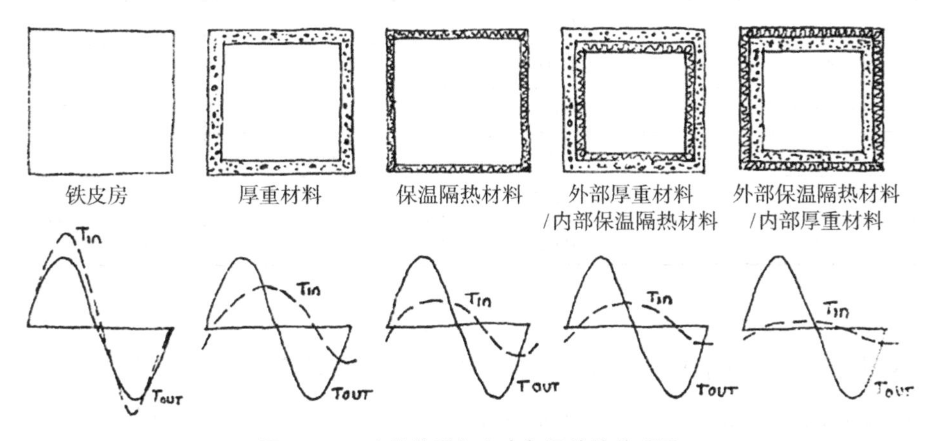

图7.1-63 建筑热质与室内气温峰值关系图

资料来源：自绘

热质的有效性取决于围护结构的材料热性质（单位体积的热容量和热传导能力）、质量与尺度。最好的材料是那些能够存储大量热量（单位体积热容量高），并且能够很容易地将热量从其表面传至内部预先存储起来，然后再传回表面以满足建筑热负荷（热传导能力强）的材料。

常用的大热质材料有水、泥土、木材、石材等天然材料，以及黏土砖、混凝土、变相材料等人工材料，同时也可以将多种热质有机结合（表7.1-2）。

例如，夏热冬冷地区经常采用的蓄水屋面便是结合水与混凝土进行复合设计，利用水的高比热容和改性混凝土的热工性能，在混凝土屋面上覆盖深200～500mm

不同材料的热容量、导热系数和蓄热性能比较表 **表7.1-2**

材料名称	热容量kJ/(m³·k)	导热系数W/(m·k)	蓄热性能W/(m³·k)
花岗岩	0.0020	0.35	0.054
混凝土	0.0018	0.25	0.043
石灰石	0.0022	0.13	0.034
大理石	0.001	0.37	0.042
静止的水	0.0039	0.09	0.036
面砖（2085kg/m³）	0.0016	0.19	0.036
普通砖（1925kg/m³）	0.0015	0.1	0.026
保温玻璃	0.0017	20.15	0.032
一般玻璃	0.0014	0.008	0.002
土坯	0.0012	0.09	0.022
轻质干土（1280kg/m³）	0.0112	0.05	0.015
湿润的土（1890kg/m³）	0.0022	0.35	0.057
黄沙	0.0112	0.05	0.015
硬木	0.0116	0.02	0.011
软质木材	0.0066	0.02	0.007
胶合板	0.0061	0.02	0.007
吸音板	0.0036	0.01	0.004
石膏板	0.0013	0.1	0.025

资料来源：自绘

的蓄水屋面，在炎热的夏季给屋顶蓄水，然后进行蒸发冷却，可以利用水体表面对阳光的反射性减少屋顶获得的太阳辐射量，同时水面本身蒸发的过程中要吸收大量的汽化热，而这些热量大部分从屋顶所吸收的太阳辐射中摄取，大大减少了经屋顶传入室内的热量，最高可减少约2/3，相应地降低了屋顶的内表面温度，从而减少了室内空调等降温设备的负荷；而到了冬季，则把屋顶表面可见的水体排空，使屋顶直接接受太阳辐射，从而提高室内温度。

在长三角地区乡村建筑的设计中，应采用上述大热质作为建筑表皮的材料，并通过增加厚度、多种热质复合设计等多种方法（表7.1-3），提高围护结构的热工性能，有效调节室内环境，降低能源消耗。

（3）窗墙面积比

窗墙面积比指某一朝向的外窗总面积与同朝向墙面总面积之比。这一指标在很大程度上影响了太阳辐射造成的建筑室内得热以及室内光环境。提高窗墙面积比，

夏热冬冷地区居住建筑保温隔热层厚度选用表 **表7.1-3**

代表性城市	外墙传热系数（$W/m^2 \cdot K$）	热惰性指标	聚苯板厚度（挤塑聚苯板厚度）（mm）				
			钢筋混凝土墙（200）	混凝土空心砌块墙（190）	灰砂砖墙（240）	黏土多孔砖	
						DM（190）	KPI（240）
上海、重庆、南京、合肥、蚌埠、杭州、宁波、南昌、九江、武汉、宜昌、长沙、衡阳、成都、遵义、桂林、韶关	$K \leqslant 1.5$	$D \geqslant 3.0$	—	—	30（25）	30（25）	30（25）
	按《用民建筑热工设计规范》（GB 50176—93）的隔热设计要求		50（40）	50（40）	—	—	—

资料来源：自绘

增加表皮透明部分的面积，可以有效利用自然采光提高室内照度，创造良好的室内光环境。并且在寒冷的冬季，通过窗口和透明幕墙进入室内的太阳辐射则可以使室内温度升高，改善室内热环境。而在炎热的夏季，太阳辐射热却增加了室内热环境的空调负荷，且正午和午后时段的阳光直射也会带来窗下局部面积照度过高以及眩光等副作用，尤其体现在建筑的西侧和南侧墙面。

由于夏热冬冷地区阳光的双重性，因此在建筑设计中必须将窗墙面积比控制在适宜的范围，南向为建筑主要受光面，窗墙面积比可适当加大，但应控制在0.45以内；北向无法接受太阳直射，而多为反射光和漫射光，对室内造成的辐射较小，需将窗墙面积比控制在0.4以内；东、西两向射入的阳光由于太阳高度角较小，对室内造成的辐射较大，需相应降低窗墙面积比，控制在0.35以内。

（4）导光与遮阳

对于室内进深稍大的建筑，阳光直射无法充满整个室内空间，并且会造成局部地区过热和眩光的不利影响，因此需要在围护结构的设计上加入有效的导光与遮阳措施。

导光板可采用固定式或活动式，原理均为根据太阳高度角的四季变化，调整进入室内的太阳辐射。在材料选择上，建议采用反光率高而重量较轻的铝合金导光板，其安装位置约在窗洞上部1/3处，出挑长度需至少大于上部洞口高度，可以获得较好的导光效果（图7.1-64）。

依据长三角地区的气候特点，该地区对遮阳形式的要求较高，一般来说可以简单地采用固定式外遮阳，根据太阳对东西南北四个方向不同的照射情况，建议南向以水平式遮阳为主，遮挡从较高太阳高度角直射进入室内的阳光；东、西两向以垂直式遮阳为主，遮挡侧向从较低太阳高度角射入室内的阳光；北向可将前两者

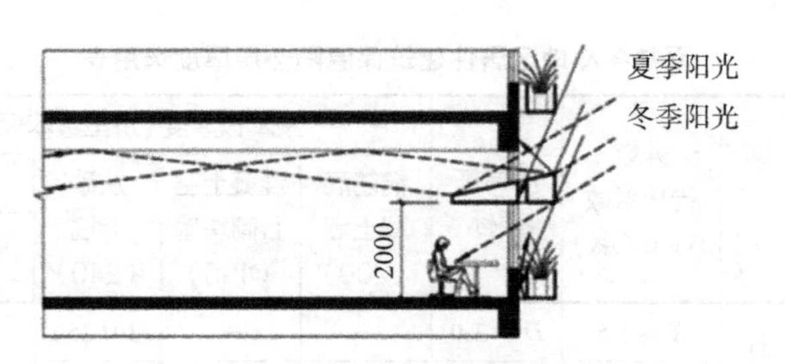

图7.1-64 导光板原理图

资料来源：自绘

加以结合，采用综合式外遮阳，遮挡北向、西北向和东北向反射进入室内的阳光。

在此基础上，同时辅以具有季节适应性和灵活性的活动式可调节遮阳。活动遮阳的方式有很多，可调节百叶系统（图7.1-65）作为一种外遮阳保温系统，完全能起到夏季阻挡太阳辐射热、冬季提高保温性能的作用，且不会遮挡视线，具有其他活动遮阳方式不可替代的优点，是适应夏热冬冷地区气候的窗设计手法。在夏天一方面遮阳阻止了大部分辐射热进入室内，使室内温度在正午可以比无遮阳方式降低50%以上，大大降低了室内制冷能耗；另一方面它使室内形成较均匀分布的温度场，更有利于满足人们对舒适度的要求。

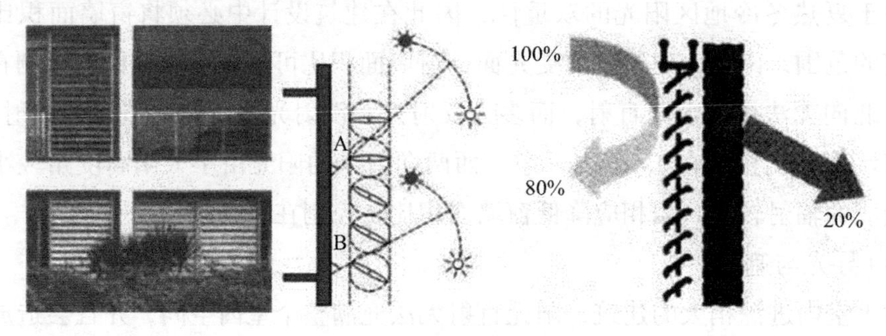

图7.1-65 可调节百叶系统图

资料来源：自绘

（5）门窗开启方式与可开启面积比

建筑围护结构可开启部分面积及开启方式，直接影响着建筑室内的风环境，通过调节室内空气流速、温度、湿度以及空气质量，影响着人们的舒适和健康程度。在表皮设计中，应尽量利用热压与风压机制，加强室内的自然通风效果，以降低能源的消耗。

长三角地区夏季炎热潮湿，建筑表皮应尽量增大可开启面积，将其提高到门窗总面积的30%以上，同时采用有效的导风方式，提高室内的换气次数，增强热对流，改善室内湿热环境；而在冬季寒冷气候下，则应相应地关闭可开启部分，并采用阻风方式，减弱室内外空气热对流，保证室内舒适的温度。

利用风压机制形成自然通风，常用的方法如穿堂风，即在建筑单体的南北或东西两侧设置位置相对、面积相近的开启面，利用建筑受风面的正风压和背风面的负风压形成风压差，使空气从室内穿过；而对相邻两侧墙或单侧墙设置开启面的情况，也可以通过优化开启方式的手法，加大两侧的风压差，促进自然通风（图7.1-66）。

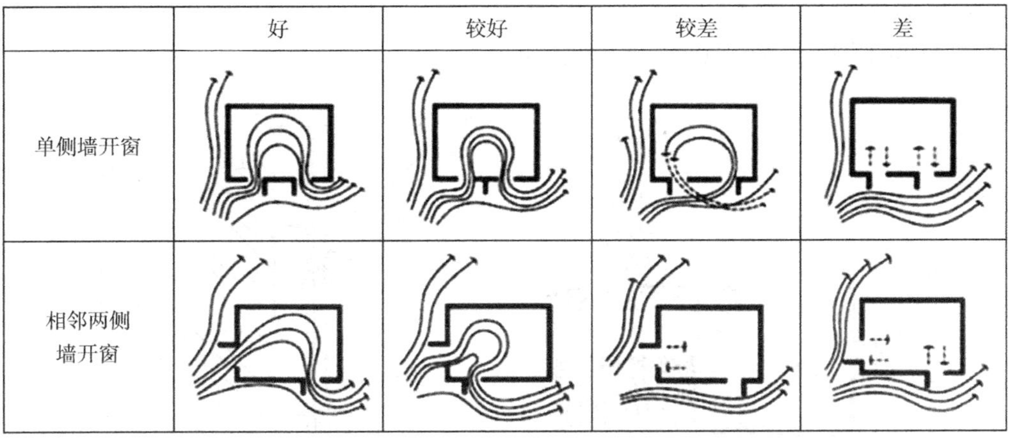

	好	较好	较差	差
单侧墙开窗				
相邻两侧墙开窗				

图7.1-66　单侧墙与相邻两侧墙开启方式通风示意图

资料来源：自绘

利用热压机制形成自然通风，常用的方法如双层表皮与双层幕墙。双层表皮利用其中的空气间层作为气候缓冲层，在白天接受太阳辐射，气温升高；在夜晚与大气环境直接热交换，气温降低，与室内形成热压。同时，在内、外表皮的上下位置设置开启扇，通过不同的开启方式，在夏季加强空气对流，及时送入低温空气，把室内热空气排出，降低室内温度；在冬季则不断向室内输送热空气，保证室内的热环境（图7.1-67）。

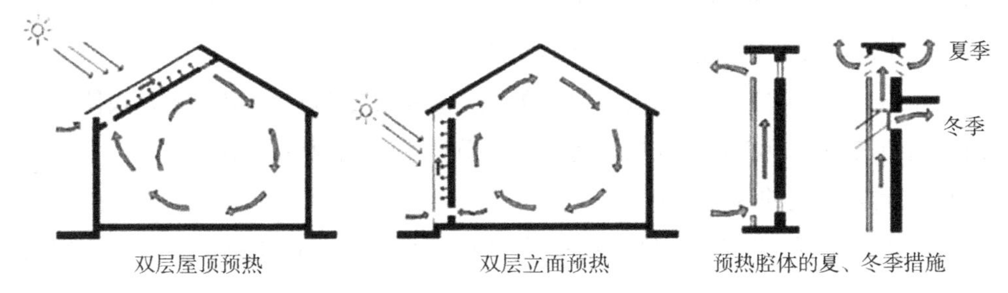

图7.1-67　热压机制下的自然通风图

资料来源：自绘

（6）立体绿化

立体绿化是指充分利用城市地面以上的各种不同立地条件，选择各类适宜植物，栽植于人工创造的环境，使绿色植物覆盖地面以上的各类建筑物、构筑物及其他空间结构表面的绿化方式。

在表皮立体绿化设计上，可分为屋顶绿化及墙面绿化两类。

种植屋面（图7.1-68）是一种较常采用的屋顶绿化方式。在屋面的防水层上覆土，或铺设锯末、蛭石等松散材料，并种植植物，可以大大增强屋面的防水、保温、隔热的作用，有效地调节室内热环境。

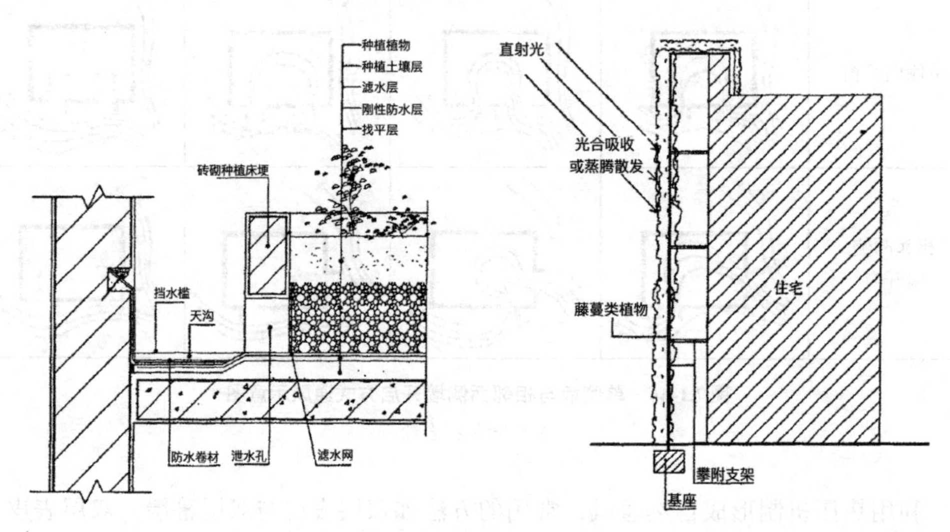

图7.1-68　种植屋面构造图

资料来源：自绘

墙面绿化（图7.1-69）可以有效利用植物生长的周期性，在南侧、西侧墙面栽种爬山虎等落叶攀缘植物，夏季枝叶茂盛，可以遮挡太阳辐射，冷却热空气，降低室内温度；冬季落叶只剩下枝条，白天可以使墙体直接接受太阳辐射。利用攀缘植物进行建筑物的垂直绿化，虽然可以防止阳光直射墙面，而且叶面蒸发与光合作用还会带走或转化一部分热量，但同时植物也使贴近墙面的空气滞留，阻碍微风把靠近墙面的热空气吹走，减弱墙体自身的散热性能，所以应采用构架方式使叶子和墙面之间留有一定距离的空气层，进一步起到隔热、通风的作用。

2）空间式表皮的调节机制

空间式表皮可以独立承担某些基本的实际使用功能，在比例、尺度与使用功能上不同于构件式表皮。同时，相比其内部具有独立功能的使用空间，空间式表皮更宜被视为一个介于内部空间与外部环境之间的整体，强调其空间界面的属性。空间

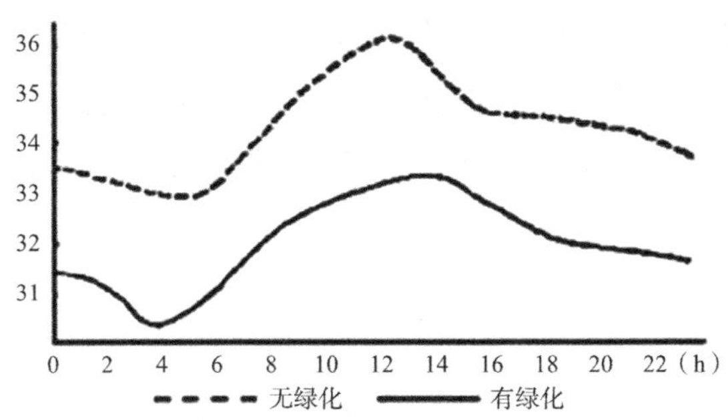

图 7.1-69 墙面绿化室内温度图（左）、墙面绿化实景图（右）

资料来源：自绘

式表皮按照其对内部空间环境的调节机制，可分为风环境机制、热环境机制、光环境机制。

（1）风环境机制

空间式表皮采用热压机制，利用内部空气为气候缓冲层，在白天接受太阳辐射，气温升高；在夜晚与大气环境直接热交换，气温降低，与外部大气和内部空间共同形成热压；并且在内、外表皮设置开启扇，通过不同的开启方式，在夏季加强室内外空气对流，排出室内热空气，降低室内温度；在冬季向内部空间输送热空气，保证热环境。同时，当空间式表皮对内部空间形成的覆盖面积较大、范围较广，它也可以利用自身的形体有效形成迎风面与背风面，利用风压机制加强自然通风（图 7.1-70）。

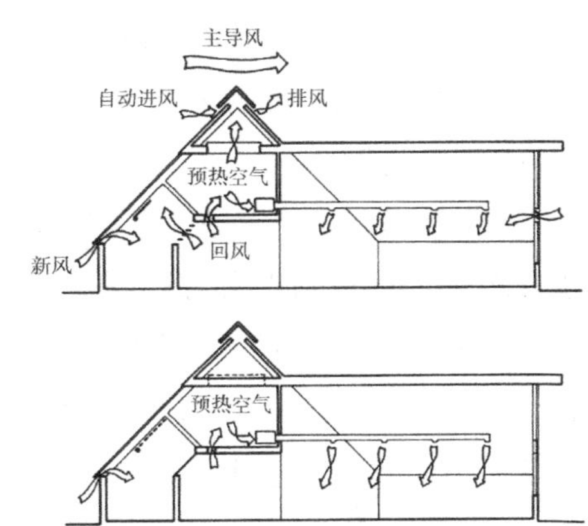

图 7.1-70 风压机制下的自然通风

资料来源：自绘

（2）热环境机制

对于可以密闭的空间式表皮，由于空气体积较大，它也可以被视为大热质，在白天储存太阳能等多种形式的热能，隔绝内部空间与大气，防止由于直接接触而导致室内温度过高；在夜晚则向内部空间释放储蓄的热能，对内部空间的降温产生时滞效应，同时也防止夜晚温度降至最低峰值，从而改善内部空间的热环境（图7.1-71）。

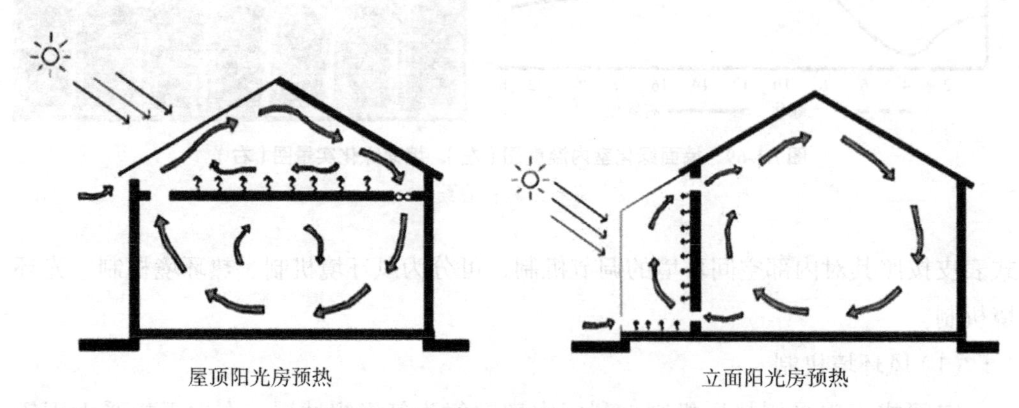

图7.1-71 屋顶与立面阳光房预热机制图

资料来源：自绘

（3）光环境机制

空间式表皮具有一定的厚度，加长了内部空间与外部环境之间的距离，减弱了内部空间的自然采光，对于内部光环境有隔绝作用，常用于主体建筑外部的柱廊等灰空间。

对于某些具有特殊功能的空间，在外部采用空间式表皮，可以有效降低阳光直射，而使经过漫反射的阳光柔和、均匀地照进内部空间。

3）梯度式表皮的低碳策略

（1）综合遮阳

在夏热冬冷地区，夏季需要防止太阳辐射，而冬季又需要增加太阳辐射，同时对于东南西北四个方向不同的太阳辐射状况，需要采用综合遮阳的方式。整体可采用常用的固定式外遮阳，在南向以水平式遮阳为主，东、西两向以垂直式遮阳为主，北向可将前两者加以结合，采用综合式外遮阳，同时辅以具有季节适应性和灵活性的活动式可调节遮阳。

（2）通风屋面

通风屋面通过在屋顶设置通风间层，上层表面遮挡阳光辐射，同时利用风压作用将间层中的热空气不断带走，降低屋顶内部的表面温度，从而减弱了内部长波辐射传热，使通过屋面板传入室内的热量大为减少，从而达到隔热降温的目的。通风屋面一般是在楼板上设置架空的水泥板，下层楼板做好保温和绝热，中间保留至少

0.6m的空气间层，在间层下部铺设一层聚苯乙烯泡沫板等绝缘材料，增加楼板的热阻，或在间层上部的水泥板贴敷铝箔以限制高温辐射（图7.1-72）。

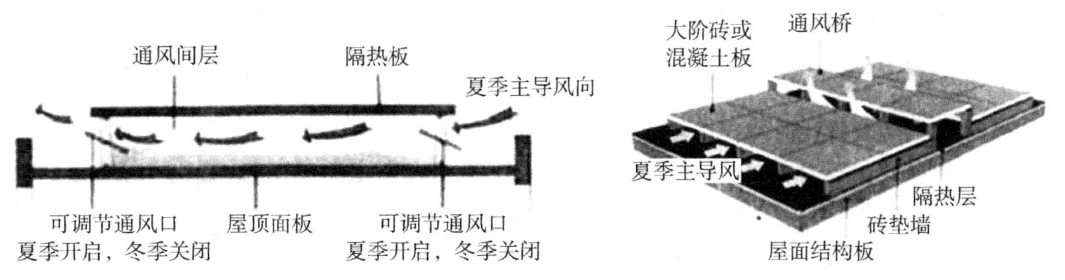

图7.1-72 通风屋面构造图

资料来源：自绘

（3）热平衡墙体

夏热冬冷地区需考虑夏季隔热、冬季保温，因此需要墙体具有良好的热工性能，加大热阻与热传导能力。一般可采用砖石、夯土等自然材料，或混凝土、复合材料的人工材料，并将其加以复合，如200mm钢筋混凝土墙内贴50mm挤塑聚苯板，增加墙体热平衡性能。

（4）热缓冲腔

建筑在主体空间外利用空间式表皮作为气候缓冲层，形成热缓冲腔，调节内部空间的风、热、光效应。在剖面上，热缓冲腔的高度与进深之比应控制在3:1～3:2，以2:1为最优，对位于北部的热缓冲腔，南向天窗的设置则尤为重要（图7.1-73）。

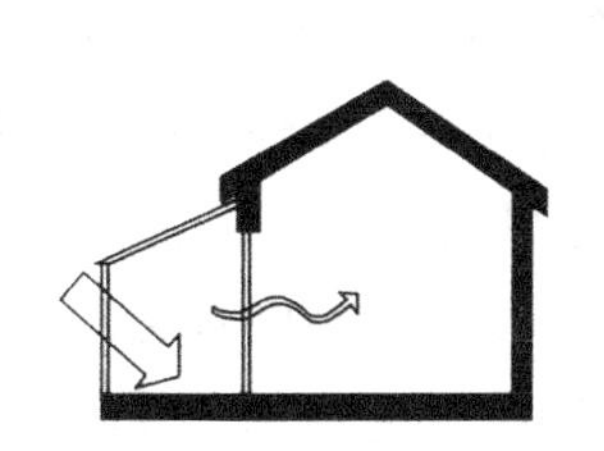

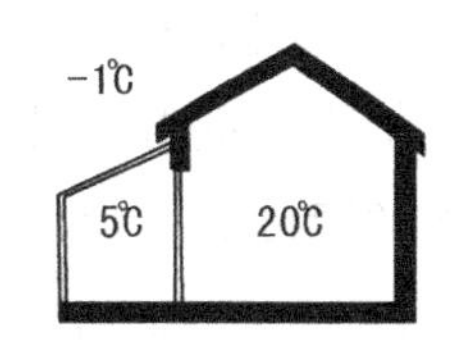

图7.1-73 热缓冲腔工作机制图

资料来源：自绘

（5）导光开启

由于太阳对建筑东西南北四个方向的辐射情况不同，其对室内光环境影响程度也有所差异。南向受到来自较高太阳高度角的阳光辐射，在采用水平式遮阳的同时，可在窗洞上部1/3安装铝合金导光板，其出挑长度应大于上部洞口高度，以增加射入室内的阳光，提高室内照度；东、西两侧受较低太阳高度角的阳光辐射，对室内热环境造成不良影响，则应尽量减小窗墙面积比，减少太阳辐射。

3.环境调节的构造策略

建筑构造以房屋组成系统分为墙面、屋面、楼地面和门窗等构造。在本书中涉及的长三角地区，以夏热冬冷气候类型为主，在“夏季防热为主，兼顾冬季保温”的指导原则下，本文提出“环境调节的构造策略”的低碳技术，在该气候环境与资源条件下，通过建筑构造与部件设计达到保温隔热、防潮、遮阳、通风、采光等目的，调节室内外环境的物理参数，满足与提高舒适度，减少能源消耗与对环境的负面影响，以此来达到“低碳”的设计目标。

1）通风构造设计与构件位置选择

（1）屋顶通风的构造设计

①架空屋面

通风屋顶是在屋顶上设置通风层，利用流动的空气带走热量（图7.1-74）。通风屋顶的工作原理有两点：一是，上层的隔板使基层的屋面免受阳光直射，起到了遮阳作用，减少了辐射得热。二是，利用夏季主导风的风压，将气流导入屋顶通风层，不断将屋顶通风层中被加热的空气带走，或是利用热压来使通风间层中的空气流动，在间层内形成热压通风，利用对流散热将屋顶吸收的热量不断带走。

②阁楼通风

利用双层屋面加强屋面的通风隔热在我国传统民居中由来已久，除了在屋面上直接设置双层结构（如双层瓦屋面），人们还通常通过室内的吊顶与坡屋顶之间的空间，形成室内外的缓冲层（即传统的阁楼通风）。通过在建筑的山墙设通风口或在屋顶开老虎窗，使空气间层的空气流动起来，热空气被排走，冷空气进来（图7.1-75）。这样循环往复，能够很好地达到降温的目的，使外界太阳辐射的热量很难直接传入室内。据测算，带通风阁楼的坡屋顶与不带通风阁楼的坡屋顶相比较，后者的温度衰减值提升了2.17倍。空气间层的隔热性能主要和其高度有关，一般高度越大，通风状况就越好，间层上部传来的热量也可以被充分地排出。在满足屋顶自然通风的要求后，通过双层屋面形状的变异，还可以创造出特别的建筑形象。

③屋面构造缝通风

传统民居屋顶的通风有两种方式，一是在坡屋顶与室内天花之间设置空气间层，二是利用民居屋面的椽条与俯仰瓦之间构造缝隙通风（图7.1-76）。

（2）门窗通风的构造设计

①门窗位置选择与导风板设计

窗户在平面上或立面上开口的位置，都会影响室内的气流路径。窗的开口应该

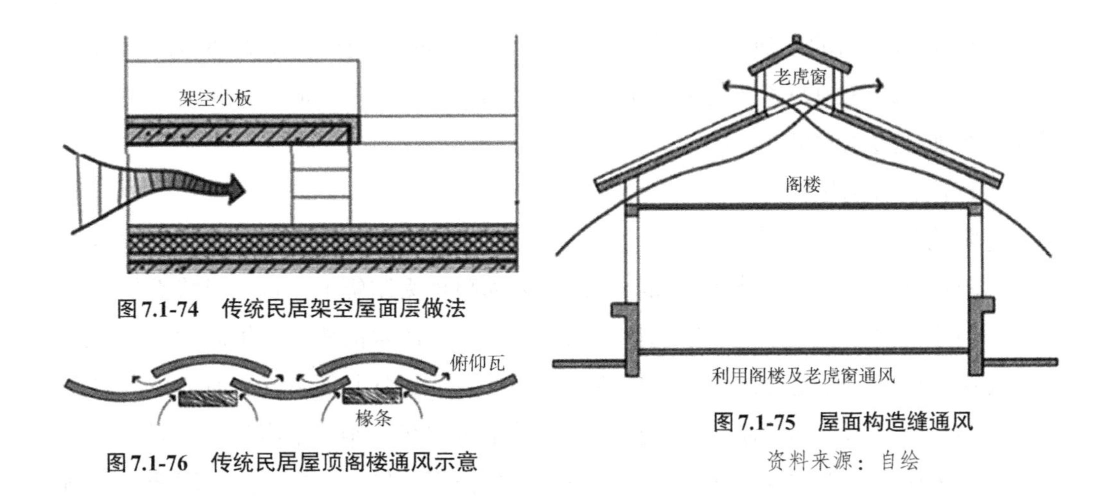

图 7.1-74　传统民居架空屋面层做法

图 7.1-75　屋面构造缝通风

资料来源：自绘

图 7.1-76　传统民居屋顶阁楼通风示意

尽量使之分别处于正负区，或使处于同一个区的进出风口的压力差增大，并尽量使气流穿过房间的中部，减少室内涡流区，以使气流以更大的风速穿越尽量多的空间（图 7.1-77）。

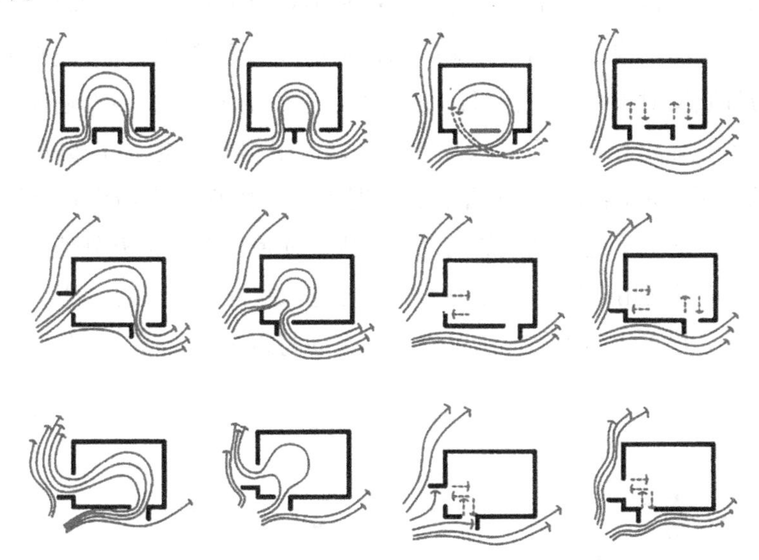

图 7.1-77　利用导风板创造通风

资料来源：自绘

具体来说，当建筑房间前后墙面具备采光通风条件时，应在其前后墙面分别设置进出风口，形成穿越房间的气流。风向与建筑垂直时，应该优先考虑进出风口都位于中间的对位方式或错位方式；而当主导风斜向吹向建筑时，与风向方向一致的错位布置效果最佳，对位方式以布置在上风向一侧为佳；当建筑房间相邻的两墙面具备采光通风条件时，应该尽量使开口拉开距离，以开口靠近对角线上为宜，才能形成穿越房间的气流，减小涡流区；当建筑房间只能单面采光通风时，应该尽量加大开口之间的距离，使风能更多进入室内。当风向斜向吹向建筑时，可以通过导风板加强通风效果。

②遮阳构件通风设计

遮阳构件除阻挡太阳辐射外，通过一定的设计也能起到建筑的通风与防雨作用。遮阳构件往往作为墙体的附加物，凸出墙面阻挡太阳辐射，这一形式类似于传统民居的建筑出檐。凸出的遮阳构件能保护墙体不受雨水的侵蚀，提高建筑围护结构的使用年限。门窗是建筑外围护构造的薄弱环节，通常其气密性相对墙体及屋面较差，结合门窗部位的遮阳，能保护门窗不受雨水侵袭，避免室内过于潮湿。

一般来说，遮阳构件对房间通风有一定阻挡作用，使室内风速有所降低。实测资料表明，在有遮阳构件的房间，室内风速约减弱22%～47%。改善遮阳构件对通风的影响，有以下两种模式。

首先可以在遮阳板面上开孔，利于建筑的通风、散热，孔的大小需要兼顾通风与阻挡太阳辐射，过大则不能阻挡强光，过小则对通风不利。通常将板面设计成百叶。百叶水平式遮阳或百叶挡板式遮阳都在满足遮阳要求下，能大量减少以实板遮阳所带来的日照反射入室之弊，而且便于热空气的散逸，并减少对通风、采光的影响，节约材料且显得轻巧。百叶页片的角度，应根据其高度及外部风向进行调整，达到最佳的通风与防晒效果。在有风的情况下，遮阳板紧靠墙设置会使进入室内的风容易向上流动，不能吹到人的活动范围内，而使遮阳板离开外墙一定距离设置（图7.1-78），可以利用进风口上方的正压，将进入房间的气流导向下，吹向人活动的高度范围内。垂直遮阳板与风向垂直时，窗面将得不到气流，若将遮阳板与壁体

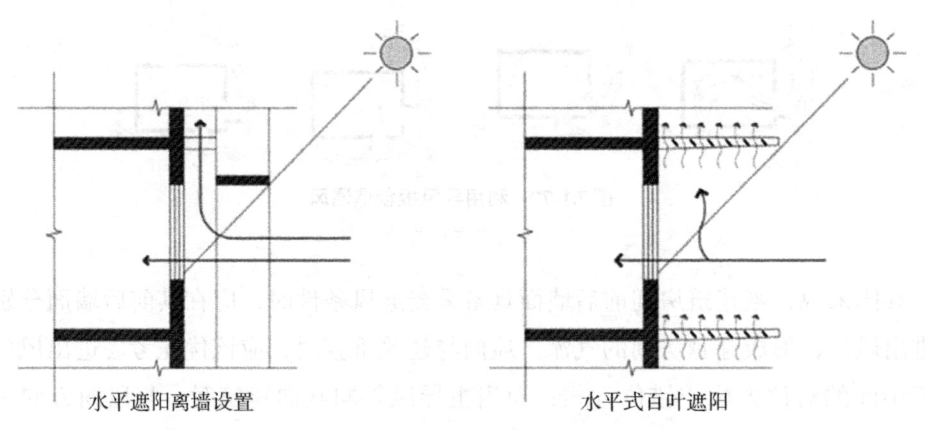

图7.1-78　遮阳的通风设置

资料来源：自绘

分离，可改善此不利的情况。水平遮阳会改变壁体的压力关系，使气流吹不到作业面，若将遮阳板与壁体分离，则可恢复原来的气流路径。

2）隔热防热墙体与屋顶材料选型

（1）隔热防热的墙体构造设计

①空斗墙构造

在实体墙内设置空气间层的空斗墙构造做法（图7.1-79）。其中的空气间层可以减小墙身整体的导热系数，增加墙体的隔热作用。但是这种空斗墙内部的空气间层如果不通风，隔热效果还是不太理想。少数民间的空斗墙是设有通风口的，这些通风口可以使墙身内部空气间层的空气流动，提高墙体的隔热效果，同时也起到装饰墙身的作用。

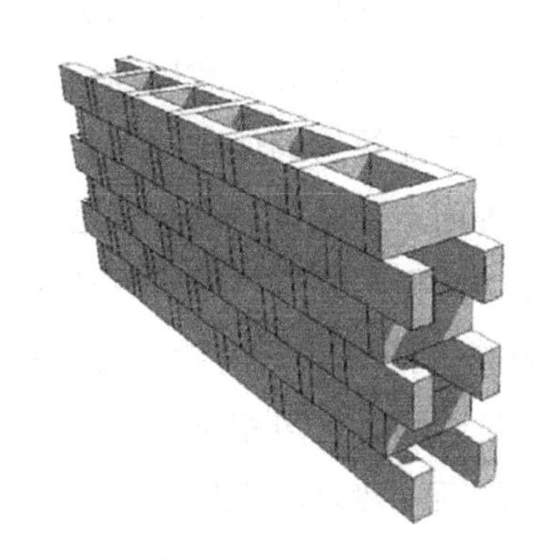

图7.1-79 民居中的空斗墙

资料来源：自绘

墙体内设置通风层的作用与通风屋面的效果一样，可以依靠对流带走墙体得到的热量。常见的通风方式有水平式和垂直式两种。水平式在墙体侧面开口，利用风压使气流在墙体内水平穿越；垂直式在墙体底部开口，利用热压通风。

②构架遮阳墙面

在墙体上设置遮阳构架，可以减少墙面受到的太阳辐射，达到减少建筑得热的目的，特别是在得热较多的西墙上设置构架遮阳，格外有利。另外，现在很多建筑出于视觉和形象上的考虑往往采用通透的玻璃外墙面，阳光可以不受阻挡地进入建筑内部，给建筑造成很大的得热压力，这时对这些墙面采用构架遮阳可以大大减少来自太阳辐射的得热量。

③绿化墙面

绿化墙面是一种比较简单易行的改善建筑墙体热工性能的方式，如果能加以巧妙地利用，必会给建筑带来耳目一新的感觉。据测定，墙面布满枝叶稠密的植物后，墙面温度能降低6～7℃，空气湿度增加10%～12%，噪声减小26%，还能净化空气、美化环境、优化乡村建筑的微气候。对于夏热冬冷地区的建筑，能够起到良好地降低室温、减少空调能耗的作用。在各个方向的墙体绿化中，西墙绿化对改善建筑室内热环境的效果最为明显。

（2）通风隔热的屋顶设计

①屋顶材料的选用

实体材料保温层保温隔热屋面一般分为平屋顶和坡屋顶两种形式。平屋顶构造形式简单，是最为常用的一种形式。为了提高屋面的保温隔热性能，设计时应遵循以下原则：

一是，尽量选用导热性小而蓄热量大的材料，以提高屋顶的绝热性能，容重过大的材料不宜选用，否则会导致屋面荷载过大。

二是，应根据建筑物的使用要求、屋面结构形式、环境气候条件、防水处理方法和施工条件等因素来选择一种经济适用的技术。

三是，屋面的保温隔热材料不宜选用吸水率较大的材料。如果选用了吸水率较高的热绝缘材料，则屋面上应设置排气孔以排除保温隔热材料层内不易排出的水分。在具体设计选材时，可根据热工计算的K值要求选用合适的材料及厚度。

实体材料屋顶一般是防水层在保温隔热层以上，如果这二者顺序颠倒，则成了倒置式屋面，即保温隔热层在防水层以上。这种做法的好处在于隔热层首先对室外热量进行阻隔，屋面所蓄有的热量始终低于传统保温隔热方式的屋面，而且向室内散发的热量也较小，隔热效果较好。倒置式屋面还有延长防水层使用年限及维修方便等优点，不过由于保温隔热层位于屋顶上层，选材时必须注意避开吸水率高的材料，而且必须在保温隔热层上做保护层，以免保温隔热层受到破坏。

②构架屋面

在湿热地区，热量的来源主要是太阳的辐射，如果能够有效地遮挡太阳辐射，那么就可以明显地减少建筑的得热。而屋顶是建筑接受太阳辐射量最大的部位，在屋顶上接受到的太阳辐射量甚至是西墙的两倍，在屋顶上设置构架，使建筑屋顶得到遮蔽，避开阳光的炙烤，能够极大地缓解建筑顶面的得热，另外还可以提供一个屋顶的活动空间。

3）门窗采光位置与遮阳方式调控

（1）采光的构造设计

长三角地区夏季太阳辐射强度大、时间长，各朝向的墙面受辐射影响不同，窗户也应该区别对待。因此，在东西向墙面上应减少开窗面积或不开窗，南向窗应加强防太阳辐射，北向窗应提高保温性能，这样可取得较好的综合节能效益。

长三角地区，良好的采光也十分必要。一般来说，采光设计的主要目的是将不刺眼的自然光引入室内作为照明之用，应该避免直射光，尽量引入间接光线；北向的光为漫射光，光线比较稳定柔和，对室内采光有着密切的影响。对长三角地区而言，利于采光的开窗形式应注意（图7.1-80），提高建筑的开窗的竖向高度，让阳光充分进入室内，可结合灵活调节的遮阳，夏季防晒冬季纳阳。在相同的开窗面积下，采用竖向窗比横向窗获取更均衡的室内照度。开窗的位置应适当避免过低，低窗提供室内深处较多的反射光。

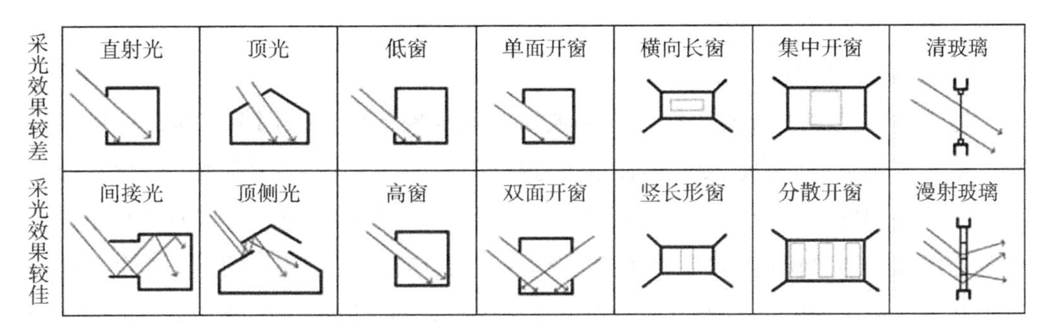

图7.1-80 窗户开口位置与采光的关系

资料来源：自绘

（2）遮阳的构造设计

就水平遮阳而言，水平遮阳时要仔细考虑不同季节、不同时间的阴影变化。一般来说，水平式遮阳能够有效地遮挡高度角较大的阳光，适合用于南向附近的窗户。夏季，由于太阳高度角很大，建筑的阴影很短，水平遮阳就足以达到很好的遮阳效果。在长三角地区，夏季遮挡炙热的阳光是十分必要的，而在冬季中则需要获取充分阳光。因而，最简单也最有效的方式就是利用冬季、夏季太阳高度角的差异来确定合适的出檐距离，使得屋檐在遮挡住夏季灼热阳光的同时又不会阻隔冬季温暖的阳光。

就垂直遮阳而言，决定垂直遮阳效果的因素是太阳方位角，由于它能够有效地遮挡高度角很低的光线，因此适合用于东西方向，但应注意垂直遮阳对风的影响。垂直遮阳能够最有效地发挥作用，建筑主立面上从上到下覆盖垂直遮阳构件，遮阳构件位于玻璃幕墙之外，不仅能够有效遮挡阳光，而且呈一定的倾斜角度，给人一种韵律感。

4）地面吸湿材料应用与架空做法

（1）利用面层材料的吸湿作用

采用有吸湿作用的面层材料，让地面吸收凝结水是简便易行的方法。传统民居中常用的木地板、三合土和灰土等类材料的地面，可迅速提高室内地表面的温度，防止泛潮。具体来说，其表面温度一般能随气温变化而变化，两者相差约0.5℃。只是当空气的相对湿度将达到饱和状态时，才有可能产生极短暂的轻微凝结现象，所以在潮霉季节一般较为干燥。主要原因是这些材料的蓄热系数较小，如大多数木材的蓄热系数只有普通混凝土的1/7～1/5，利用它蓄存的热量所起的调节作用，以减少出现周期性冷凝的可能，可迅速提高室内地表面的温度，减少地表温度与气温间的差值，从而防止泛潮。

（2）底层地面架空的做法

楼地面构造技术方面，针对底层地面结露现象，可以采用架空地面等构造措施。常见的架空地面构造做法为在素土分层夯实基础上，砌筑承重墙，并设置架空层，架空层四周预留通风口，通风口位置互相对应，以利于排气。同时，在通风口安装通风篦，通风篦通常为预制混凝土构件或铸铁件。由于地板的上下两个面同时接触空气，使表面温度易于增高，缩小了空气与表面之间的温度差。架空地面必须在外墙上设置通风洞，使地板下的空间通风流畅（图7.1-81）。

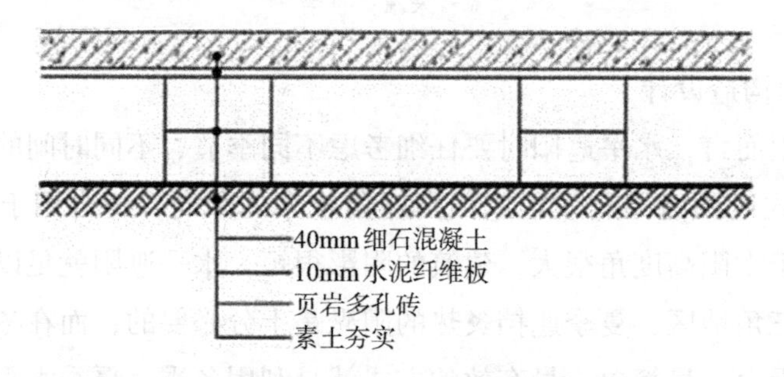

图7.1-81　架空地面构造做法和普通地面构造做法

资料来源：自绘

卧室等房间可以铺设导热系数小的木地板等材料，冬季在上面活动不易觉得寒冷，以改善楼地面的保温性能。

（3）设置防潮层

由于毛细作用，土壤中的水分会渗透到围护结构中，为防止这种现象，可在结构中设置防潮层阻止地下潮气上升，使垫层和面层材料保持干燥状态。而干燥材料的导热系数值一般是较小的，这可使地面面层的热阻值增大，有利于提高表面温度。另外，干燥面层具有较大的吸湿性。

（4）组织间歇性通风

在建筑设计中充分重视加强室内通风，消灭通风的死角，既能增加空气与地表面的换热，也能减少地面泛潮现象。此外，在底层房间设置腰门，安装可调节的活动窗户，进行间歇性通风，例如安装百叶窗、窗顶设小型通气孔及设推拉活动窗扇等，由外界温湿度的变化来决定是否开窗。这些措施可使室内空气在接近地面处保持一定的厚度，使流入室内的较高湿度浮在上面不易与温度较低一些的地表面接触，对防止地面泛潮也有一定的作用。

不同于城市住宅，乡村建筑构造技术的发展有其自身的特点。对于长三角地区新建乡村，应当结合这一地区的气候条件和村镇经济发展水平，一方面因地制宜，着眼于传统技术的继承和创新；另一方面适应集约建设的需要，合理地推广商品化、工业化的建筑材料与构造方式。在引进新技术时，应当注重经济适用、控制造价、降低技术难度。建议尽快制定、完善适于这一地区乡村建筑的规范、标准，加强政策与技术支持力度；同时应该注重提高农民的意识，切实改进乡村的围护结构构造技术水平，进一步提高乡村建筑的建造质量。

7.2 乡村“低碳控制单元”的概念与构成

“单元”在《现代汉语词典》中被定义为“整体中自成段落、系统，自为一组的单位”。在《汉典》中，“单元”的定义是“整体中自为一组或自成系统的独立单位，不可再分，也不可叠加，否则改变了事物的性质”。因此，单元具有系统性和独立性。所谓单元的“系统性”，是指在一定边界界定下的闭合环境中的对象要素是一个有机的整体。在空间设计的研究中，是指在一定边界界定下，相对闭合并具有一定空间尺度的要素集合体。它通过边界与周边空间（环境）进行着物质和能量的交换。“独立性”相对“系统性”而言，是指这些在闭合边界界定下的空间要素所形成的系统，结构完整，功能独立，不可再分。若干个单元由一定的组织结构构成上一级的系统，而单元处于这个系统的最底部，是最小的子系统。在空间设计的研究中，单元是指在一定组织结构定义下，构成空间体系（系统）的最小空间要素的集合体。这些集合体具有相似的基本特征，然而亦存在变异，在一定的结构下衍生成为多样化的系统。在不同的系统中，不同的物质和能量关系下，单元的边界、尺度及其空间的构成要素不尽相同。

7.2.1 传统聚落的单元形态及其低碳解读

1. 传统聚落（住区）中潜在的“单元”意识及其朴素的“低碳观”

传统聚落是各个地区的居民在经过长期的自然选择、积淀，有一定历史和传统风格的聚落环境系统[①]，是其存在的场域（自然环境），物质载体以及人类活动长期相互作用的结果。

中国各地的传统聚落，尽管因地理、气候、社会、文化和技术等条件的不同呈现出不同的形态，但都表现为沿一定的结构体系衍生的单元组织形态。例如以宗族为结构组织的福建客家土楼，或是以网格状城市规划体系为组织的北京四合院、山西大院等都由潜在的单元构成（图 7.2-1）。

福建客家土楼

北京四合院

图 7.2-1 传统聚落中潜在的单元

资料来源：网络

2. 长三角地区传统聚落的单元形态及其低碳解读

尽管“低碳”的概念始于国外，但在中国传统聚落的“单元”构成中也渗透着朴素的低碳观。

1）顺应地形，因地制宜——基于地理单元的衍生模式

长三角地区生态良好，地貌结构多样，其中主要以山地丘陵、水网湿地的地貌承载聚落，尤其是乡村聚落的发展，总体上表现为破碎型地貌类型。长三角地区的传统聚落因地制宜，顺应着这种破碎地形的有机生长，形成了基于地理单元之上的基本单元模式。最为典型的有适应于湿地水网地形的“水地单元”和适应于山地地形的“山地单元”。

① 吴超，谢巍. 传统聚落可持续发展问题初探[J]. 福建建筑，2001，（S1）：19-21.

这种潜在的单元可以灵活地融入破碎的地理单元与不同的建设周期中，成为契合地理单元特性以及聚落有机更新的有效表达。其在各种模式下的空间组合，衍生出地区传统聚落的空间形态。

这种从现状的土地利用条件出发，尽可能保留原有地形地貌的有机更新模式，降低了在建设中的碳排放，是一种低碳的营建模式。

■聚居与混合

“紧凑城市”与“混合功能”是低碳城市或低碳社区规划的核心思想。这种规划方式能够减少居民的出行次数，降低移动碳源的碳排放。除此之外，紧凑城市也能提高用能效率，减少固定碳源的碳排放。

在中国传统聚落中，亦蕴藏着“紧凑城市”与“混合功能”的思想。适应于闽南地区山地地形的福建客家土楼，以一栋建筑作为一个单元，是一个以“家族—家庭”为纽带的单元体系。平面布局呈“内向型”，布局紧凑，规模庞大，体现了原始的“聚居”的概念。空间布局上以中轴线为中心，书斋、祠堂、客厅和院落等作为公共空间坐落在中轴线上，是一个公共建筑空间功能与住宅建筑功能混合的居住单元体。内圈是公共的功能，外圈是住宅的功能，动静分区，在保证居住配套功能需求的同时也保证了居住功能的私密性。

在长三角地区的古村落群，如浙江温州楠溪江古村落和新叶古村落的布局也表现出沿水系和山势地形择地而居，是一种在适宜的地区相对集中的单元模式（图7.2-2）。

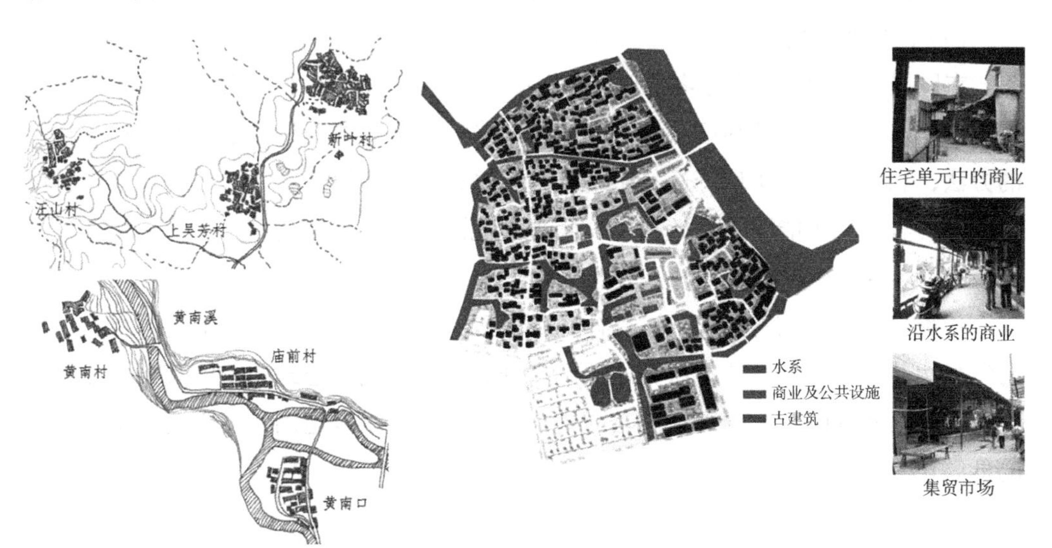

图7.2-2 传统聚落中的单元

资料来源：自绘

皖南地区的传统古村落如瞻淇、棠樾、鱼梁等，都以当地的中心道路作为中轴线，商店街、学堂、祠堂等沿中轴线展开，形成功能混合的单元模式。浙江古村落湖州获港村是典型的基于水网结构的单元模式，除了在水网包围下的居住功能之外，还有部分的商业及公共功能建筑，也是一个具有混合功能的居住单元。

2）应变建筑——朴素的建筑节能思想

中国的传统建筑或者地区建筑，尤其是传统民居起源于建筑能耗几乎为零的时期。其衍生、变化并沿用至今的过程体现了人类适应自然、使用自然与自然和谐共生的原始低碳观。这些民居的地域不同，气候条件不同，但是包含的低碳观是统一的，主要包括以下几个方面：

（1）享受自然环境的变化

传统民居的室内环境是以享受自然变化，感受四季为前提的，与现代建筑中恒温、恒湿的控制概念有很大的区别。如果现代建筑能够放大对室内环境舒适区域的控制，以享受自然界气候的变动来设计室内的环境，建筑利用自然能源的范围也会更广，从而降低建筑的能耗，实现低碳。

（2）完全的“零能”思想

传统建筑起源于没有现代的机械设备、没有空调的时期，因而其设计的基本条件是完全不依赖于空调的。现代建筑的设计也应当有这种从一开始就“放弃空调”的设计理念，以空间设计的调节作为主要手段，以现代设备作为补充。这样能够最大限度地使用自然能源，发挥建筑形态对环境的应变性。

（3）智慧地利用自然

在民居建筑中，采用了各种遮阳的手法，通风的设计，利用自然采光，利用太阳能，雨水回收，以及利用水的蒸腾作用来降温的被动式设计手法。通过这些巧妙的方法，利用自然，实现舒适的室内环境。这种被动式设计手法是传统聚落中对可再生能源和未利用能源的原始初探，实现了能源利用的低碳化。

（4）利用天然的材料

传统建筑中，无论是屋顶、墙体还是地面，都大量使用了天然的地方材料，取之于自然并最终还于自然。从其建造的一开始就考虑到了建筑销毁时其建材能够最终回到自然系统中。这种观念应当在现代低碳建筑中得以运用，而实现全生命周期的低碳化。

7.2.2 “低碳控制单元”的研究基础

在长三角地区人居环境建设的研究中也有不少学者提出了单元的概念，不同的单元，位于不同的系统之下，其边界、构成要素及特点都有所不同。

1.基本人居生态单元

基本人居生态单元是由相对明确的地理界面所限定的“自然地理单元”和“人聚单元”相互作用而构成的复杂系统（图7.2-3）。有学者从小流域、界面和地域基因三个方面对基本人居生态单元的内在规律进行了诠释[①]。

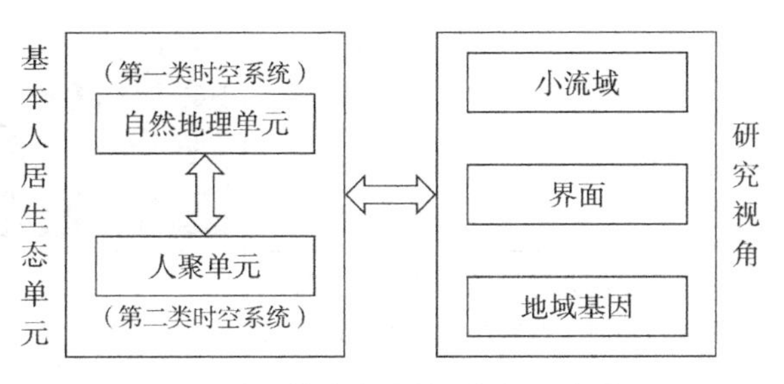

图7.2-3 基本人居单元框架示意图

资料来源：贺勇《适宜性人居环境研究——“基本人居生态单元”的概念与方法》[D].杭州：浙江大学，2004.

2.乡村人居建设基本生活单元

乡村人居建设基本生活单元是基于地理单元和乡村有机更新的营建模式，是乡村聚落的最小单位。基本单元在各种模式下的空间组合，有效地契入到破碎的地理单元之中，成为契合地理单元特性以及乡村有机更新的有效表达。

除此之外，部分乡村中除了居住功能之外还渗透着产业，如手工业、加工业和农家乐经营等。通过对基本生活单元的梳理与整合，可以形成层次性的空间场域，使多种功能和谐共生。

基本单元的规模没有明确的界定，在大量的实际调研的基础之上，研究认为乡村基本单元的户数一般在6～10户，但是有时因为地形的限制，尤其是在山地地形的村落中规模会有所变化。这些住户组成的基本单元围合出一定的公共空间，并通过这个公共空间将住宅联合成为一个整体。研究认为其规模在4～20户，过大的规模会破坏基本生活单元住户之间的邻里感与归属感，过小的规模会破坏空间的完整

① 贺勇.适宜性人居环境研究——“基本人居生态单元”的概念与方法[D].杭州：浙江大学，2004.

性，影响其独立性的特征。基本生活单元的规模、住户、形态、边界及其特性都是“人”和“地”共同作用的结果。

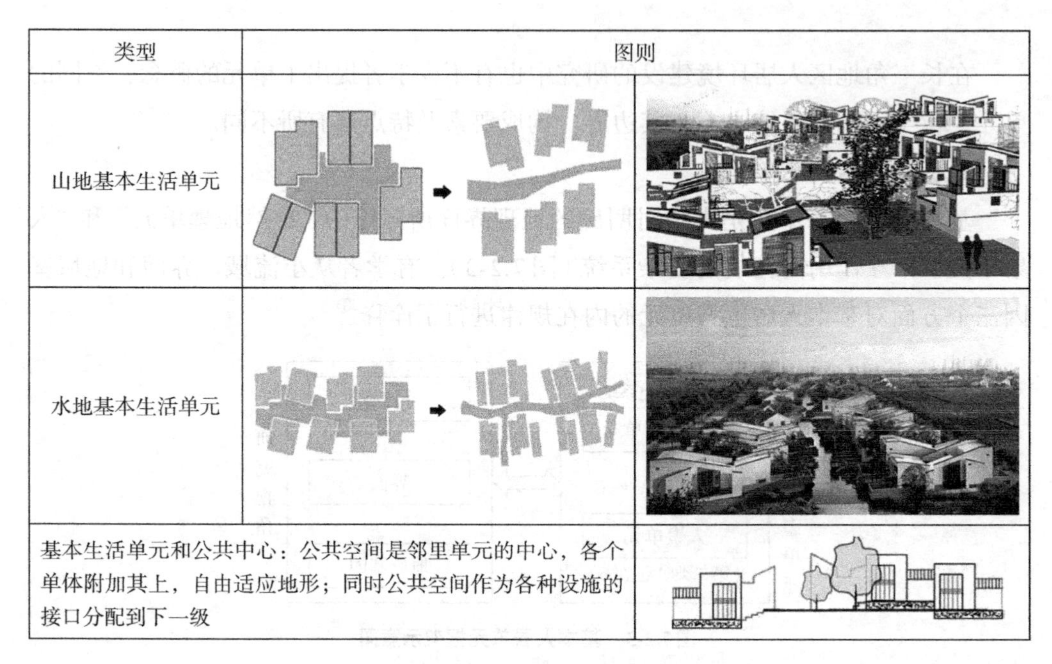

类型	图则	
山地基本生活单元		
水地基本生活单元		
基本生活单元和公共中心：公共空间是邻里单元的中心，各个单体附加其上，自由适应地形；同时公共空间作为各种设施的接口分配到下一级		

图7.2-4 “乡村基本生活单元”模式

资料来源：自绘

以乡村人居建设基本生活单元为基本出发点，其营建导则可以归纳如下：

（1）结合地形地貌，由6～10户组成一个邻里单元，数量不宜过多。

（2）每个邻里单元围合一个半公共空间。公共空间可以是一方绿地，也可以是一个由水系组成的带形空间（图7.2-4）。

（3）公共部分串联而成的公共带，按照层级与产业布局相结合。

（4）以公共空间作为基准，新建住宅自动适应场地，以求对原有场地和生态系统的最小破坏。

（5）以双拼的形式代替传统的独立住宅模式，引导村民共同营建房屋，提倡邻里互助的营建模式。

7.2.3 乡村建设中的“低碳控制单元”

基本人居生态单元及乡村基本生活单元都是“人”和“地”共同作用的结果，体现了乡村空间设计中“人地共生”的空间设计理念。与这种“人地共生”的理论相同，乡村空间碳循环模型中的影响要素也是由生产生活等要素构成的“人居单元”和气候、地理、资源等要素构成的“地理单元”所构成的，亦是“人”与“地”共同作用的结果。

在空间序列从小到大的尺度中，人对空间设计的作用影响可以概括为：居民对生产和生活的需求关系（建筑单体空间格局）、邻里之间的关系（乡村基本生活单元空间格局）、村落的公共交流活动（乡村公共空间设置）等要素。这些要素都受到居民主观意识的影响。而承载这些活动的下垫面——“地”在空间序列顺序中，包括了社会空间中的建成区域，建成区域中保留的生态斑块、道路空间、建筑场地、农民的自留地，其受限于周围的自然空间，以及其下垫面——地形等要素的影响。

本文在基本人居单元和乡村人居建设基本生活单元理论的基础上，对乡村低碳控制单元进行如下的定义：乡村低碳控制单元是以乡村空间为载体，具有明确的边界，稳定的规模，依附于“地理单元”和“人居单元”的各个碳要素相互作用，以实现低碳和可持续发展为目标的调控系统。

将空间分解成构成要素并以单元的形式进行表述就是空间构成要素的意义以及单元的定义方式。凯文·林奇认为城市的意象空间由道路（path）、边界（edge）、区域（district）、节点（node）、标志物（landmark）这五大要素决定。而在低碳空间要素的研究中，本文结合传统聚落的特点和现代低碳住区理论，将从场所（place）、界面（boundary）与通路（path）、标志物（landmark）和焦点（eye-stop）这三个方面来解读和进一步定义“乡村低碳控制单元”。

这些要素中，最为核心的要素是场所。在空间的表达中，场所由界面限定，而界面的形态、尺度、材质等确定了场所的性质。在低碳体系中，场所是各个低碳要素的载体，而界面与边界是控制单元内部各要素与周围环境之间物质和能量的交换作用与反作用。

界面的界定形成场所，场所通过通路对外界开放，而这个开放的途径即为界面的出入口。场所通过出入口影响其他空间以及体现自我空间的特性。通路和场所的关系，正如在建筑空间中走廊与房间的关系，如走廊将不同房间串联起来一样，通路将不同的场所串联起来，构成场所的结构形态。在低碳空间设计中，通路和出入口将影响移动碳源的形态以及其对内部系统和外界环境的影响。

标志物和节点与通路的联系紧密，通常分布在通路的沿线，是表征场所以及通路特点的重要因素。在低碳控制单元中，具有微气候调节功能或者能量生产功能的标志物和节点是乡村低碳控制的调节器。

1. 场所——乡村“低碳控制单元”的定义及其构成要素

1）乡村低碳控制单元的研究对象

场所是被界面所界定的具有“内部”的空间。这里的“内部”空间并不是指室内空间，而是指被界面所限定的特有的时空范围之内的面域。场所具有中心，即有向心性，因而如福建客家土楼一样，其基本的形态是圆形。然而在后来的发展中，因地理条件等因素的影响，逐渐发生形变，但是仍然具有中心性的特点。

乡村低碳空间是以乡村空间为载体，这里的“村”便是低碳控制的单元体。在新农村建设中，有许多不同的村的概念，主要有自然村、行政村、中心村和村域。

（1）自然村

自然村和其命名相同，是以自然环境为边界围合的场地。长三角地区主要有平原水网和山地丘陵两种地形。在平原水网的地理单元为下垫面的地区，自然村落的分布和水域紧密相连，以大片的农田作为边界。在山地丘陵地带，村域的边界、分布、规模等受到山地地形的限制，由山地地形围合而成。自然村，尤其是山地村落，其人口和规模受到地形的影响，浮动较大。

（2）行政村

行政村是由行政边界所界定的村域，是行政管理的单位。通常由一个或者若干个自然村和中心村所构成。

（3）中心村

中心村是构成行政村的自然村落中规模较大的核心村落。

乡村低碳控制单元是“地理单元”和“人居单元”共同作用的系统，其与“地理单元”之间有着密不可分的联系。无论是中心村还是一般的自然村，本研究将以自然边界限定的自然村定义为乡村低碳控制单元的研究对象。

2）乡村低碳控制单元的边界与规模

国外的低碳实践证明近邻住区是低碳控制单元理论研究和实践的最佳尺度。为了实现以公共交通为主导的出行方式和促进在住区内的步行，近邻住区以适宜步行的距离，即半径400m作为住区的范围，面积大约是64hm^2。日本的近邻住区以近邻公园作为中心，步行合理范围500m作为公园的影响范围。

与城市住区相比，乡村住区的形态不规整，没有明确的边界，规模大小不一，分析和量化也比较困难。浦欣城（2013）在《传统乡村聚落平面形态的量化方法研究》中以22个乡村为例，总结了包括边界、空间和建筑的乡村聚落平面量化的方法[①]。本书将在此研究的基础上，以22个村为例，解析乡村控制单元的规模、边界和形态的特点。

为了研究规模，首先要确定边界。低碳控制单元中的乡村是由自然环境界定的边界，在浦欣城的研究中将其定义为虚边界。研究中将虚边界分为100m的大边界、30m的中边界和7m的小边界。100m的大边界围合度较弱，它和中边界之间围合的空间具有较强的离散性，属于外部空间。30m的中边界围合度较强，其和小边界之间围合的空间相对于大边界的离散性来说具有较强的内聚性，属于内部空间。在此基础上，本书认为中边界是乡村聚落外部空间和内部空间的分界线，即“村”的边界。22个村的面积，边长等数值见表7.2-1。本书将中边界定义为乡村低碳控制单元的边界，其围合的场所和包含的碳要素所构成的整体为低碳控制单元。

22个聚落的尺度特征 **表7.2-1**

村名	面积（m^2）	边界周长（m）	等效半径（m）	长轴（m）	短轴（m）	建筑密度
上街村	8551	425	52	173	77	0.32
滩龙桥村	5499	651	42	279	72	0.37
郎村	10639	426	58	165	95	0.39
吴址村	13586	696	66	221	113	0.24
石家村	22425	705	85	261	155	0.23
南石桥村	22734	982	85	259	193	0.16
大里村	280500	1000	299	255	261	0.30
潜鱼村	8081	554	51	246	44	0.36
青坞村	2955	273	31	116	32	0.4
统里寺村	7865	540	50	244	59	0.36
凌家村	13642	979	66	403	78	0.21
杜甫村	40869	1149	114	280	231	0.35
施家村	26510	1172	92	289	254	0.24
东山村	32135	1755	101	365	291	0.29
下庄村	44621	1506	119	412	206	0.31
石英村	65002	1416	144	422	218	0.22
西冲村	77759	1755	157	655	238	0.17
新川村	70504	1448	150	421	301	0.29
统里村	100984	1689	179	582	294	0.39

① 浦欣城.传统乡村聚落平面形态的量化方法研究[M].南京：东南大学出版社，2013.

续表

村名	面积（m^2）	边界周长（m）	等效半径（m）	长轴（m）	短轴（m）	建筑密度
上葛村	47690	2091	123	614	299	0.52
高家堂村	69062	3792	148	1324	298	0.40
东川村	170002	3678	233	1063	433	0.34
平均值	51892	1304	111	411	192	0.31

资料来源：自绘

（1）面积、范围和形状

低碳控制单元规模量化的指标首先是面积。在本书中，将中边界围合而成的乡村面积作为低碳控制单元的面积。相比现代城市的近邻住区，乡村聚落的面积要小得多，大约为1/20。

从形状的角度，如前文所述，场所的基本形态是圆形，因此国内外的低碳社区，如近邻住区和以车站为中心的TOD社区都以离中心的距离（半径400m），或者是影响距离来（500m或步行15分钟的距离）定义其范围和街区形状。乡村住区，尤其是山地村落，其形态受到了地形的影响，呈不规则状。蒲欣城在其研究中将村落的形态分为团状、带状倾向的团状和带状三种类型。从其数值特征上可以得到，团状的聚落在形态上接近圆形，但是尺度较小，大多在近邻住区的1/4左右。等效半径的平均值也显示其尺度大约为一般近邻住区的1/4，带状住区偏离了圆形，有些村落在长边的方向上超过了近邻住区的影响距离（图7.2-5、图7.2-6）。

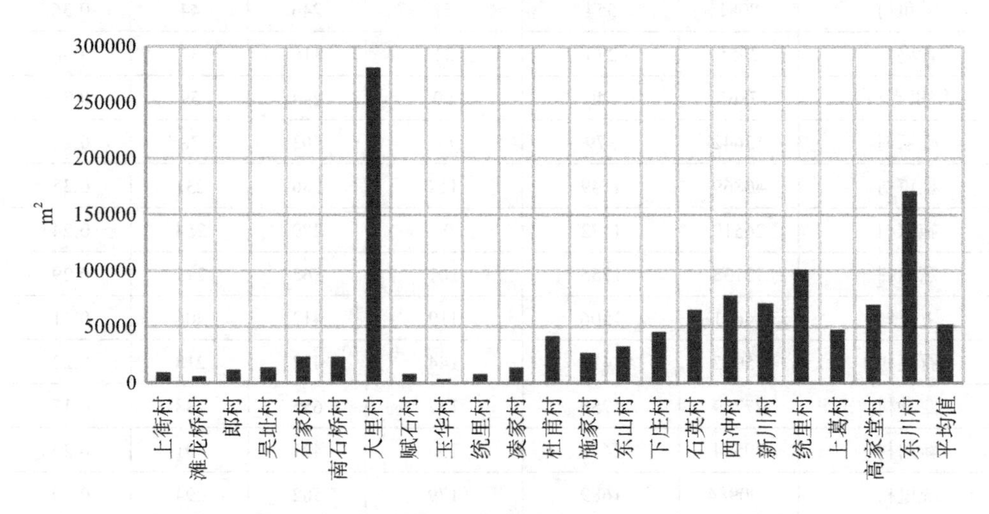

图7.2-5 22个村的面积统计

资料来源：自绘

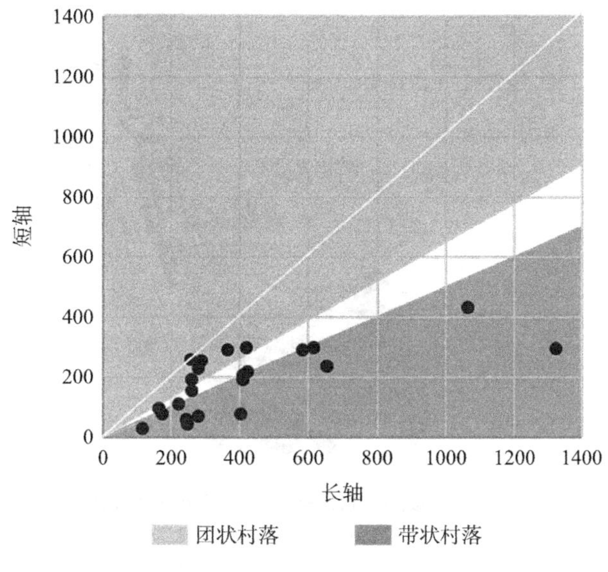

图7.2-6 22个村的形状特征

资料来源：自绘

（2）密度

密度也是度量住区规模的另一个参数，反映了低碳社区中“聚居”的程度。乡村的人口和建筑密度相比城市社区都较低，建筑大多为2～3层的独立住宅。通过对22个村落建筑密度统计分析可以得出，低碳控制单元建筑的密度在0.3左右，要远远低于城市社区的密度。

2.界面——乡村“控制单元”对环境的作用与反作用

在类细胞仿生学建筑设计方法研究中，将生物细胞的形态和建筑与城市的结构相结合，其对认识低碳控制单元的界面有如下启示：

（1）围护结构

村落的界面犹如细胞的维护机构——细胞膜，是村落的围护结构。细胞膜具有半透性并具有一定的厚度，是维护细胞内微环境稳定，并参与同外界环境进行各种物质、能量和信息交换的媒介（图7.2-7）。

（2）群体形态

在多细胞的生物里，细胞不是一个孤立的个体。细胞之间通过细胞膜相互的通信、链接、黏着以及与细胞外基质的相互作用，构成复杂的群体形态（图7.2-8）。犹如细胞的群体特征，村域是由多个村落构成的群体形态。乡村与乡村之间并非独立存在，而是通过边界、通路进行物质能量的流动和信息交换。

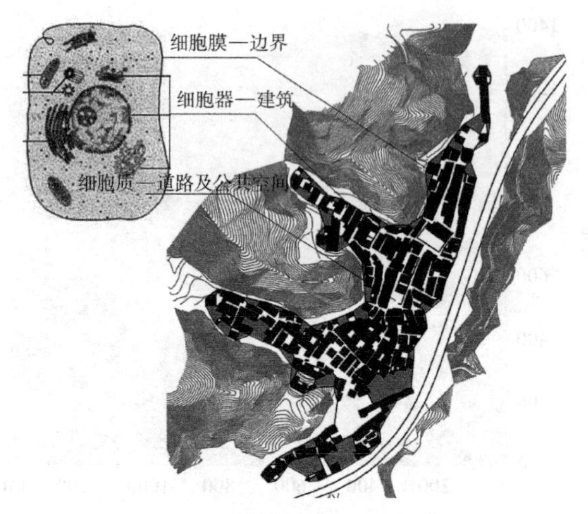

图7.2-7 细胞与村落类比——以上葛村为例

资料来源：自绘

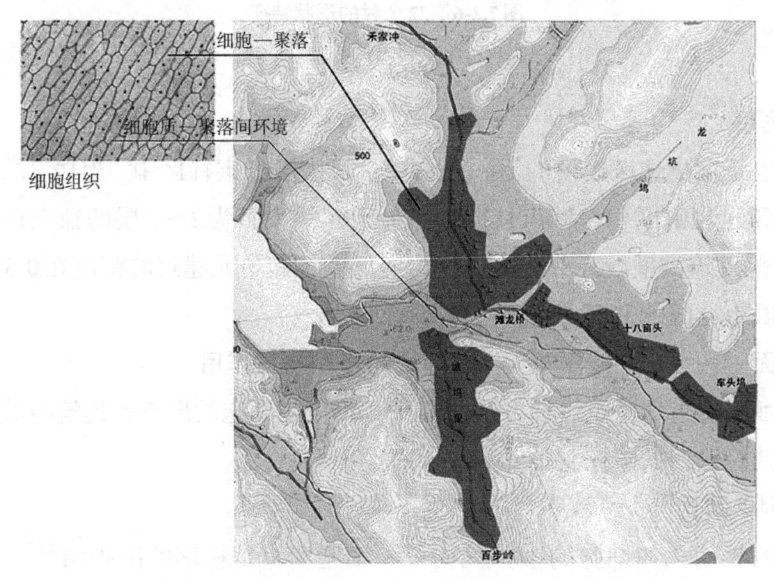

图7.2-8 细胞与村域对比（聚落群体）——以滩龙桥村域为例

资料来源：自绘

（3）物质、能量和信息交换方式

细胞与外界的物质和能量交换包括被动运输和主动运输。其中被动运输包括了自由扩散和协助扩散。细胞通讯，即信息交换是指细胞间相互识别、相互反应和相互作用的机制。在这一系统中，细胞通过识别来自其周围细胞或者环境的信号，调节细胞内各种分子功能上的变化，改变细胞内的代谢，并最终使得集体在整体上对外界环境实现最适反应（图7.2-9）。

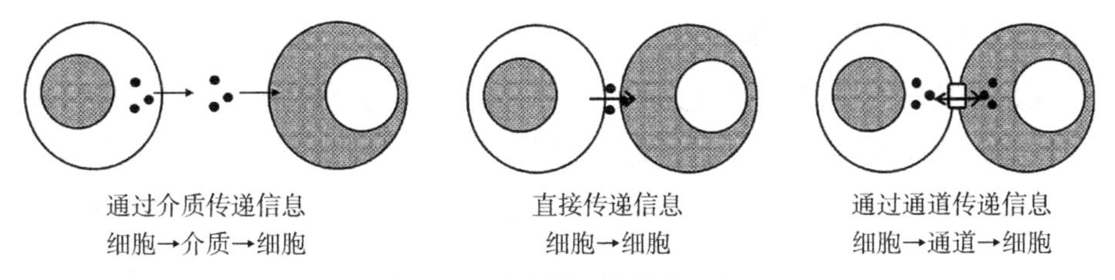

图7.2-9 细胞膜间的信息交换

资料来源：自绘

如生物学中的膜结构，低碳控制单元的界面也具有一定的厚度，是内部空间和外部环境进行物质能量交换，并随之产生碳转换的媒介。如图7.2-10所示，在村落中，界面的宽度及虚实程度都不均匀，在这样不同厚度、不同虚实的界面，控制单元也如生物细胞膜一样发生着不同类型、不同强弱的物质和能量交换。低碳控制单元并不是一个个体概念，它通过界面与其他单元之间直接相连又或者通过外部环境相互作用，是一个群体概念。另外，与生物体物质、能量和信息交换的方式一样，低碳控制单元之间以及其余外部环境之间，不仅通过界面与外部环境发生物质能量交换，也通过通路和出入口与其他的单元之间进行信息交换。通过识别碳的输入和输出情况来调节内部的碳代谢过程，以实现碳系统的最适化。

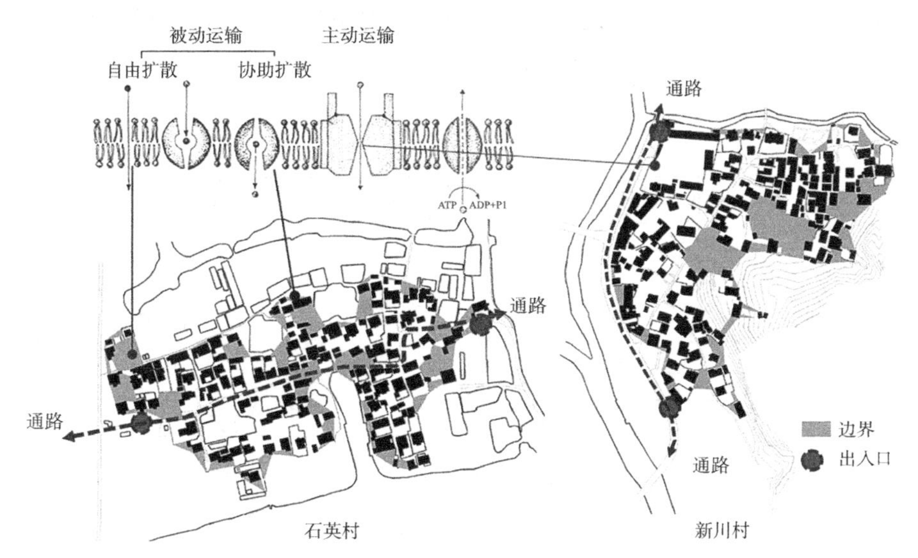

图7.2-10 村落的界面及物质和能量的交换概念图

资料来源：自绘

因而界面、通路和出入口对于低碳控制单元来说不仅是一种空间象征，也是影响碳系统的构成要素。

（4）乡村低碳控制单元的界面

蒲欣城在其研究中以边界密实度、边界离散度和边缘空间宽度三个指标来描述边界的特性。除了在平面形状中定义的边界以外，低碳控制单元中的界面还包括三维空间中的四周的界面、上界面和下垫面。低碳控制单元中的碳构成要素，通过界面与周围的环境发生能量与物质的交换，是“控制单元”对外环境作用与反作用的媒介。

①边界

在聚落的二维界面即为边界，与生物细胞膜的半透性相似，聚落的边界也不是一个封闭的结构。蒲欣城在其研究中以边界密实度来量化外边缘的闭合程度，以平均宽度来量化聚落边缘空间的大小。

从低碳规划的视角，边界的密实度和边缘宽度对村落内部的微气候调节有紧密的联系。边界的密实度较大，说明聚落的边界比较紧凑密实。过于密实的边界，会影响夏季聚落整体的通风，引起聚落内部温度升高，导致建筑能耗的增加。反之，边界的密实度过小会导致村落内部冬季低温降低，同样导致建筑能耗的高碳化。

聚落的边缘空间在乡村空间中主要是指围合在建筑之间，处于与外界自然交界处的自然生态斑块，也包括许多村民的自留地。这些空间，处于村落的边界，犹如整个村落的生态缓冲层。合理的边界密实度和边缘宽度设计可以实现适宜的聚落温热环境，减少能耗实现低碳（图7.2-11）。

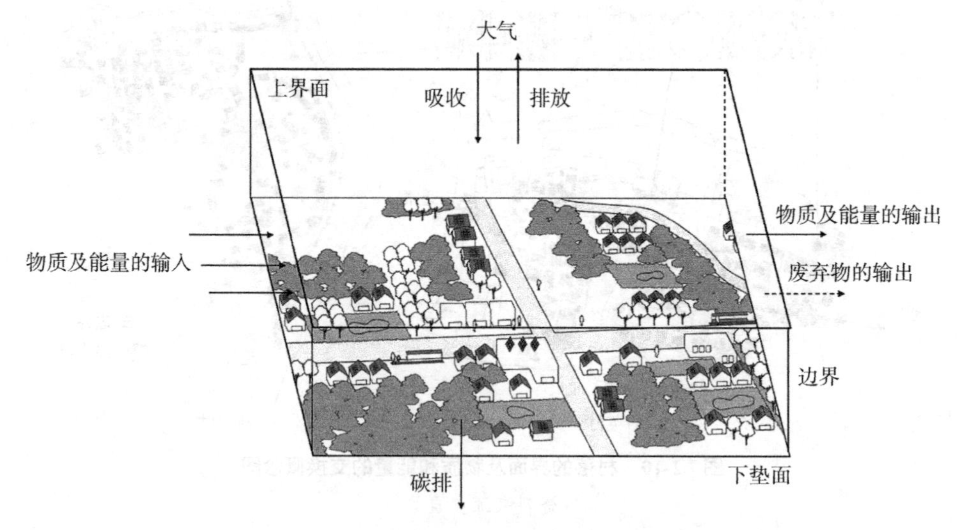

图7.2-11　聚落的界面及村落碳流通模型

资料来源：自绘

②上界面

乡村住区的上界面，是指由建筑的屋顶面构成的界面。根据已有的研究证明，建筑之间的间隙，即上界面的虚实程度会影响建筑之间的竖向通风，影响聚落的微环境，间接影响建筑能耗的变化和碳排放。

在低碳控制单元的设计中，建筑上界面的形态会直接影响可再生能源和未利用能源的利用。例如合适的屋顶角度、材质设计可以促进太阳能的主动和被动利用。

③下垫面

乡村住区的下垫面，是承载低碳控制单元各种低碳要素的地理单元，主要包括地理单元的地势地貌。如前文所述，长三角地区的地形地貌主要可以分为平原水网和山地丘陵。择地而建，有机生长，尽可能减少对土地的破坏，保留地表的生态群可以实现在建造过程中的低碳。另外，有效地利用水体和山地能够改善住区的微环境，减少建筑在使用过程中的能耗（图7.2-12）。

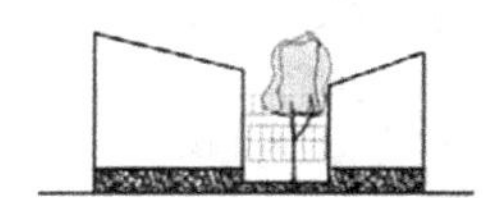

地方材质砌筑的下垫面与平原地形相结合

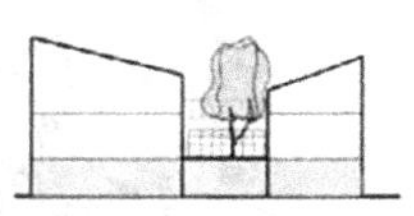

架空层等建筑功能构成的下垫面与平原地形相结合

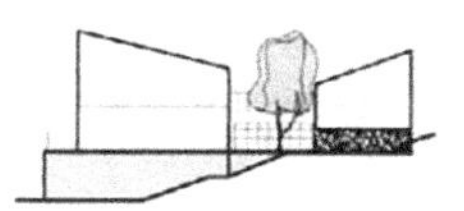

架空层等建筑功能构成的下垫面与山地地形相结合

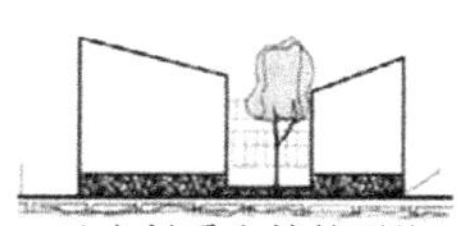

地方材质砌筑的下垫面与平原水网地形相结合

图7.2-12　村落的下垫面

资料来源：自绘

3.“低碳控制单元”的通路和出入口

界面划分了单元的内部和外部，而出入口是进出这个单元的开口部分，是连续空间的划分点。出入口以空间的连续性为前提，沿通路设置，使空间单元顺序出演，演绎出整体的空间印象。通路则是连接这些空间的纽带，是连续的、线状的，是人与物在空间之间流通的通道。不同级别和特性的空间相互串联、交叉，形成了空间的主次，并使得通路也有了主次之分，出现了主要通路和次要通路。在这种意义上，通路连接了空间，也具有像界面一样隔断空间的作用，尤其是在城市或乡村空间中的主要道路以及河川。

聚落的形态通过长宽比可以分成带状、团状以及带状倾向的团状。这三种形态，都可以归纳为邻里单元沿通路的不同组织方式（表7.2-2）。在乡村聚落中，有许多不同等级的通路和出入口，其中主要的道路为1～2条，沿地形展开。带状的村落多为山地村落，大多有一条主要的通路，两个主要的出入口。邻里单元沿主要通路串联形成整体的带状形态。团状和带状倾向性的团状则具有两条或两条以上的主要通路，且有主次之分。邻里单元沿两个方向同时展开因而形成团状。本书将聚落中通向外部的主要道路定义为村落的通路。

聚落的形状特征及通路　　表 7.2-2

类型	图式	实例
带状	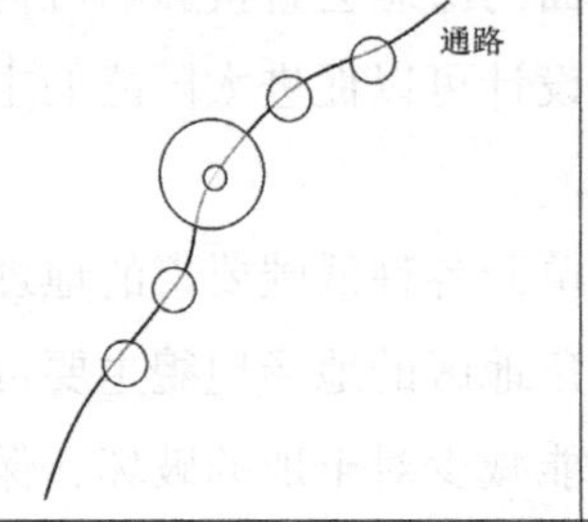 通路	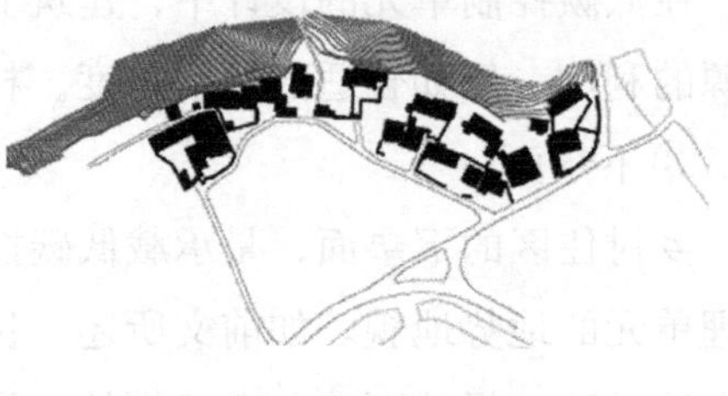 潜渔村总平面
带状倾向的团状	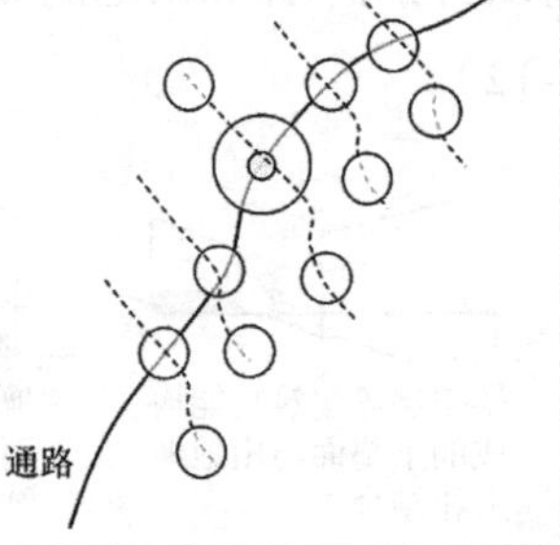 通路	 石英村总平面
团状	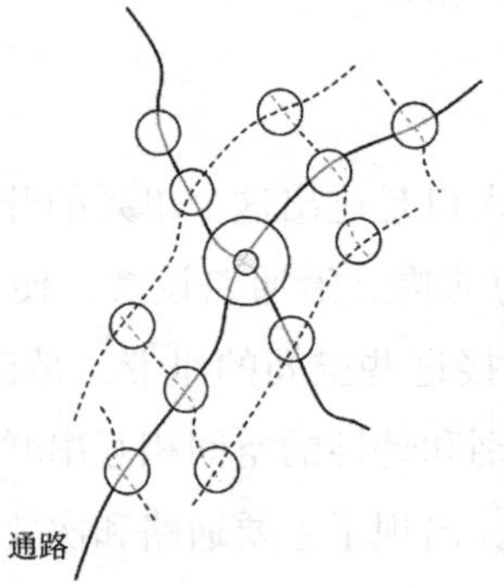 通路	 新川村总平面

○邻里单元　　——通路　　-----路网体系

资料来源：自绘

4.标志物和节点——乡村低碳控制的调节器

标志物（landmark）是地区、地域或者是某个场所的象征物。在现代城市中，高大的建筑物、纪念碑、尖塔等经常被作为标志物，并且通过这个标志物，影响城市规划的整体（图7.2-13）。

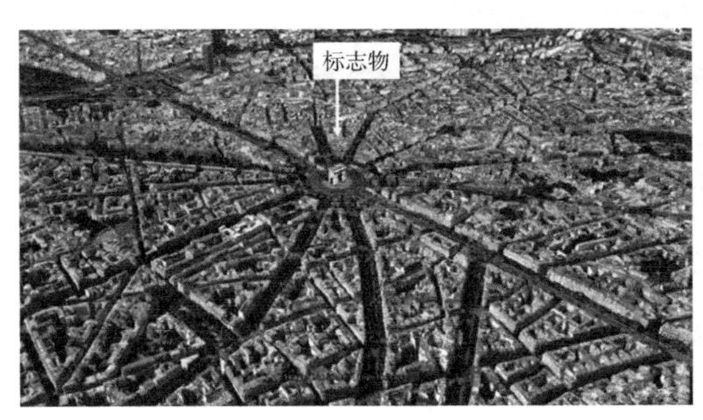

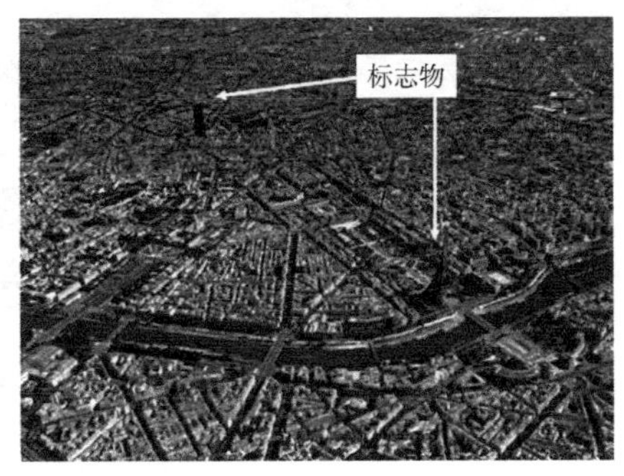

图7.2-13　以标志物为基础的欧洲城市规划

资料来源：Google Earth

标志物有很多种不同的形式，并不一定是大尺度的建筑物，一片自然绿地、一个历史建造等，与其他空间形成对比，具有特性的要素，或者对当地居民生活及空间结构产生场力的人文或自然景观亦可以作为标志物。大尺度的建筑物和历史建造属于人造的标志物，自然绿地、山川河湖等属于自然标志物，在很多城市中都将两者相结合，而形成更多不同形式的标志物，如图7.2-14所示。

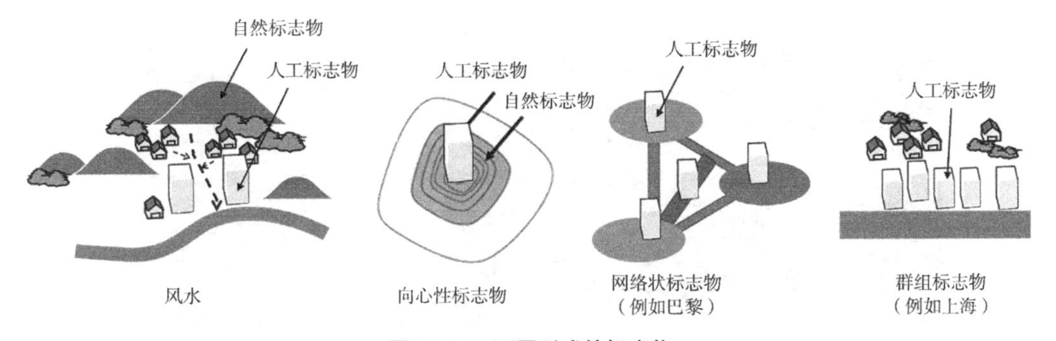

图7.2-14　不同形式的标志物

资料来源：自绘

在乡村空间设计中，标志物大多依存于地理单元、地形地貌。在乡村空间中，标志物通常有以下几种表现形式：

（1）特有的地形地貌——自然的标志物

与中国传统的风水相似，在乡村聚落中的特殊地形地貌，如山地、水系等都将成为影响乡村空间规划的重要因素，是一种标志物（图7.2-15）。例如在浙江长兴县雉城镇大斗村的规划设计中，将原有场地中的水系作为标志物，创造了宜人的滨水景观。在煤山镇新川村的规划设计中，尽可能保留了现状的山地地形，并将周围的山系作为其标志物。

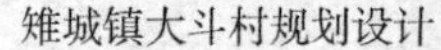
雉城镇大斗村规划设计　　煤山镇新川村规划设计

图7.2-15　以特有地形地貌为标志物

资料来源：作者研究团队

（2）公共交流空间

相比城市，乡村生活中的邻里关系更加的紧密，有许多自发形成的公共活动，如打牌、聊天等。一个小卖部、一个凉亭，或者是一个自然风光良好的开阔空间都将成为他们固定的活动场所。这个场所对于村民来说具有明显的标识性，因而也是乡村空间中的一种标志物。例如在浙江省彰吴镇里庚村，在原有小学前的空地，乡村水体的开阔地带，自发地形成了村民交流的公共空间，相比其他空间，它具有一定的标志性，是村落中的标志物（图7.2-16）。

图7.2-16　以自发形成的公共空间为标志物

资料来源：作者研究团队

（3）特殊的建筑或建筑形式

一些村子具有特殊的历史背景，文化产业或手工业，在历史的沉淀中，会形成一些特殊的建筑形式或乡村空间形式。这些也是区别于其他空间和一般民居的标志物（图7.2-17）。

无论是特殊的地形地貌，还是特有的公共空间，又或是一种特殊的建筑形式，这些村落的标志物都与绿地、水体等紧密相连，享有村落中最好的自然景观资源，碳汇面积大，位置重要，且对村落的影响力大，因而相对于其他的碳要素，它具有标识性，亦是碳循环系统中的标志物，村落的低碳调节器。

图 7.2-17　以特殊的建筑或建筑形式为标志物——张陆湾村

资料来源：作者研究团队

7.3 低碳乡村聚落与建筑空间营建的实施路径

“低碳乡村”营建体系是本研究团队在长期理论研究和大量实地调查的基础上，挖掘“原生”乡村营建体系中朴素的生态“语汇”，梳理乡村的“语境”(包括自然、社会、文化和技术等)，以乡村碳循环系统的良性循环为原则，追求对环境负荷(Environment Load)的最小化以及生活质量(Quality of life)的最优化为目的的营建活动。以空间设计策略为手法，以建筑单体、邻里单元、村落、村域构成的空间序列为载体，实现生命全周期的“低碳”可持续发展。

7.3.1 “节流”

节流是通过减少能源的消耗，包括建筑能耗、能源供给能耗以及交通出行能耗。这些都是需求端(用户端)的低碳设计策略，是自下而上的低碳。

1.低碳结构和土地利用

1)以公共交通为导向的空间结构

以公共交通为导向的发展模式以及所形成的村落空间结构是为了营造基于步行、低速交通工具(自行车)和公共交通的村落空间。这种村落空间结构，主要通过影响交通出行(移动碳源)和建筑密度分布(固定碳源)来实现低碳。

乡村相比城市，密度低，距离远，交通的碳排放主要是指村与村之间的出行所产生的碳排放，以公共交通为导向的空间结构是指几个自然村与中心村之间形成的结构，其概念如图7.3-1所示。公共交通在乡村中主要指连接村与村、村与镇之间的公交车线路。

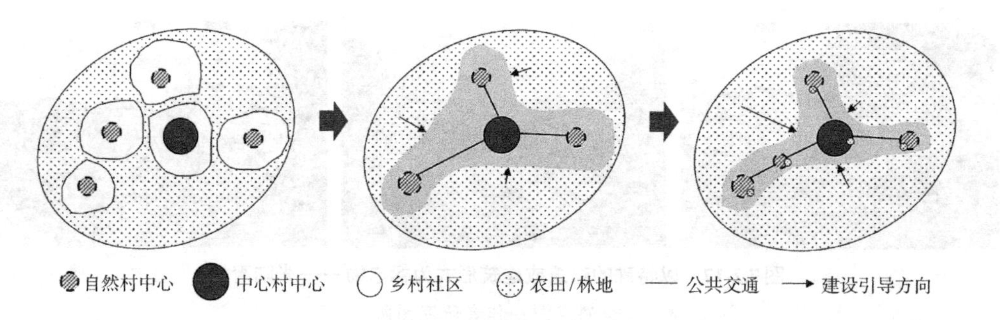

图 7.3-1　以公共交通为导向的空间结构

资料来源：作者自绘

村落的空间设计是形成以公共交通为导向的发展模式的根本所在和运行保证，具体的低碳策略包括以下几个方面：

（1）近邻居住

其核心内容是“聚居”，主要是指居住建筑向中心村，或几个特定的自然村集聚的过程。通过村落空间设计改变村落的结构、土地利用模式，系统地发展公共设施、产业和商业。

引导居住建筑在原有建成区进行建设，有机更新。

长三角地区的乡村在经历了城镇化建设之后，面临着长期滞留人口“疏化”，住宅“空废化”等问题。尤其是针对一些空置时间久的住房，有必要进行整合和重构，以实现乡村的低碳可持续发展。新农村建设的本身就是一个完善“小城镇—中心村—基层村（自然村）”三级乡村空间等级体系集约化的过程。因此，在新农村建设的过程中，总体来说是一个自然村逐渐部分地向中心村聚居的过程，也是增加土地利用的效率并促进相关配套设施的发展过程。其更新模式主要有三种：择地重建、新旧混合以及更新扩展模式。

从低碳的视角来看，应当尽可能在原有的建成区中进行建设，尽可能保留农田、林地、水地。因此，在更新模式的选择上应当遵循更新扩展模式、新旧混合模式、择地重建的优先顺位。应当以中心村为核心，结合上一级村域规划，选择主要的公共交通线路，并遵循自然村向中心村迁并的基本原则，引导住宅沿公共交通干线集聚。因此，对于中心村和自然村应有不同的低碳空间策略：

中心村：中心村是聚居的主要方向，即空间结构中的聚居核心。在既定的村域规划的基础上，根据中心村规模的变化选择更新方式。应首先选择更新扩展模式以及新旧混合模式，并引导新建建筑沿公共交通方向发展。如果中心村的规模发生剧烈的变化，或受到地形的限制，无法在原有的场地上进行扩展，只能通过新建的模式来实现。在这种情况下，新建的场地应沿公共交通布置，并尽可能保留场地原有的植被和生物。按照规模，结合其他功能的配置形成村域空间结构中的聚居核心。

自然村：自然村在集聚化的过程中，按照既定的村域规划，有保留和迁并两种。保留的自然村，应该判断建筑的新旧程度，拆除“过老”建筑，整理破碎空间，将新建筑沿公共交通系统有机更新，与中心村形成沿公共交通布置的“核心—次核心”结构。迁并的自然村，应当逐渐拆除“空废化”或老旧建筑，并向中心村或者保留的自然村置换，去村还田。

（2）形成促进步行、低速交通工具（自行车）和公共交通的村落空间

根据步行、低速交通工具的可达性要求，确定街区尺度，并合理规划公共交通站点。

在近邻住区理论中，人到公交站点的合理步行时间约为10min，按照人平均步行速度0.8m/s计算，以400～600m距离为宜。山地村落，因有一定的坡度，所以距离应适当缩短为200～300m。乡村中的公共交通是指连接各村，或者是镇与村之间的公交车，线路通常沿主要道路，即通路沿线布置。

提倡以步行和低速交通为导向的村落空间结构，与村落的尺度、形状以及其与通路之间的关系相关。乡村按照其形态分为团状、带状和带状倾向的团状。团状的村落，长轴与短轴的距离接近（表7.3-1），在一般情况下，可沿公共交通线路布置1～2个核心。带状倾向的团状以及带状的乡村，通路一般沿长轴展开。规模较大的村落，长轴较长，应当沿公共交通线路设置2～3个核心，这种情况下有一个站点为主要核心，其余的为次核心。步行带的设计应该与这些核心相结合设计，或者是在步行可达的范围内，并与公交站点形成连贯性的衔接。

新川村是典型的团状山地型村落，长轴421m，短轴301m。因此在设计中，沿着主要的道路，在步行体系入口和公共中心的节点设置两处核心（设置公交站点），以公共中心节点为主要核心。并且平行于通路形成了人车分流的硬质景观带和滨水景观体系。

东川村是典型的带状倾向的村落，长轴1063m，短轴411m。规划设计中沿通路，分别在村口、步行景观带入口、商业中心和公共建筑设置了4处核心。其中以公共建筑组团为主要核心，其余的是次核心。平行于通路的两侧分别形成了硬质景观带和滨水景观带。

以公共交通为主导的乡村空间结构形态 表7.3-1

形态	空间结构	步行体系意向
带状倾向村落 东川村	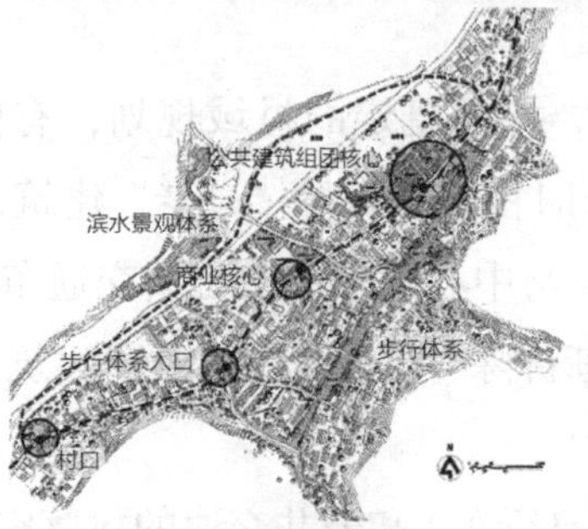 公共建筑组团核心 滨水景观体系 商业核心 步行体系入口 步行体系 村口	
团状村落 新川村	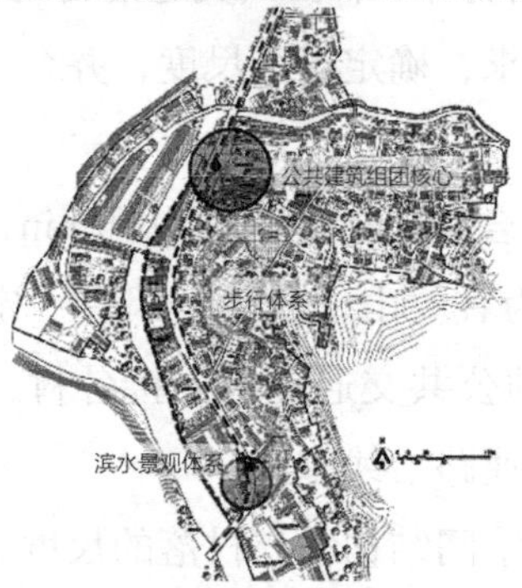 公共建筑组团核心 步行体系 滨水景观体系	

资料来源：根据作者研究团队资料绘制。

(3)提供舒适的步行、低速交通的乡村空间环境

上文以新川村和东川村的设计为例，分析了以公共交通为导向的村落结构，以及其与步行结构之间的关系。为提高步行和低速交通的乡村空间设计，除了合适的尺度与公交站点配置以外，还应当保证步行体系的舒适性、安全性，以诱导人们选择步行的交通方式。其应遵循以下的设计导则：

①乡村空间的主要车行道路的两侧及内部道路系统应设置步行系统。

②在空间节点的设计上，提供多种路线的选择（-----公交线路和步行线路），并保证其连接的顺畅。如在新川村和东川村的设计中，将公交站点与步行体系的出入口相结合的设计就是在空间节点的设计上提供多种路线选择的方式。

③步行空间的舒适化。

舒适化包括选择适当的路面材质以及绿化，保证步行空间的热舒适和风环境；结合乡村景观，创造良好的视觉效果。例如，浙江省长兴县南石桥村的规划设计分别结合了田园风光与水系设置了连续的步行空间，并在步行空间的设计中，结合路面材料、水体以及绿地，创造了舒适宜人的步行空间体系（图7.3-2）。

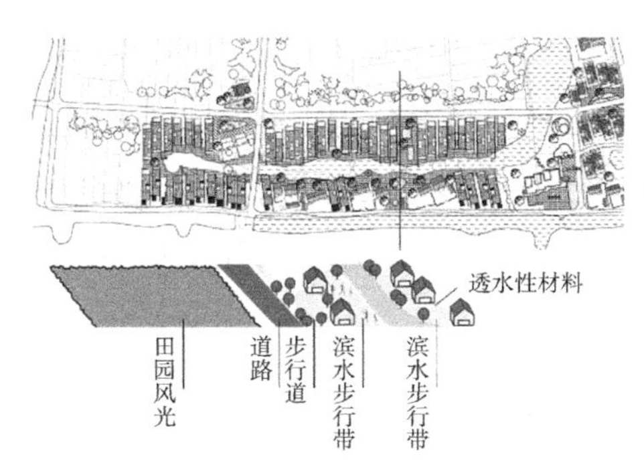

图 7.3-2　舒适的步行空间体系（南石桥村）

资料来源：根据作者研究团队资料绘制

限制私家车出行为目标的空间设计。

限制私家车，尤其是外来车辆并运用合理的停车方式，比如运用集中式停车的设计方法，以限制外来的私家车进入到村落。例如，前文所述东山村的设计中，设计者在步行体系的入口及公交站点的周围设置了集中停车场，以减少进入村落的机动车（图 7.3-3）。

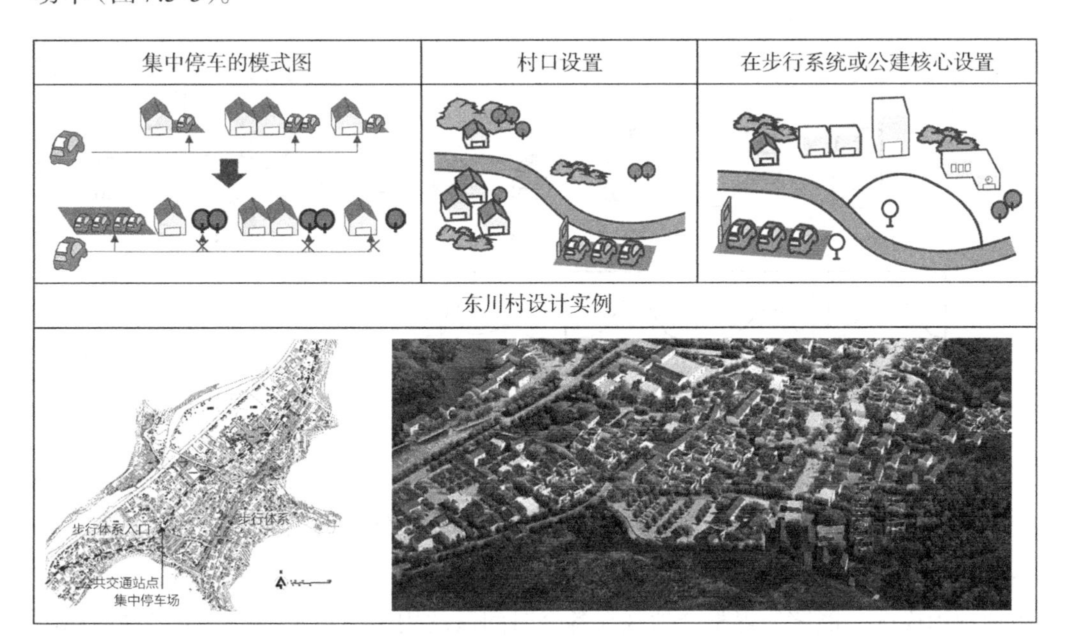

图 7.3-3　集中停车的设计

资料来源：根据作者研究团队资料绘制

2）低碳土地利用模式

（1）混合居住

在公共交通的站点引导公共设施的建设，并引导商业和产业在主要通路（公共交通）沿线发展。

低碳的土地利用模式的核心是“混居”，即土地的混合使用。混合居住是通过将商业、就业及公共设施等生活所需的功能聚集到步行的范围以内，促进人们选择步行的出行方式，减少移动碳源的碳排放（图7.3-4）。另外，不同的建筑功能有不同的能源消费模式，如图7.3-5所示。

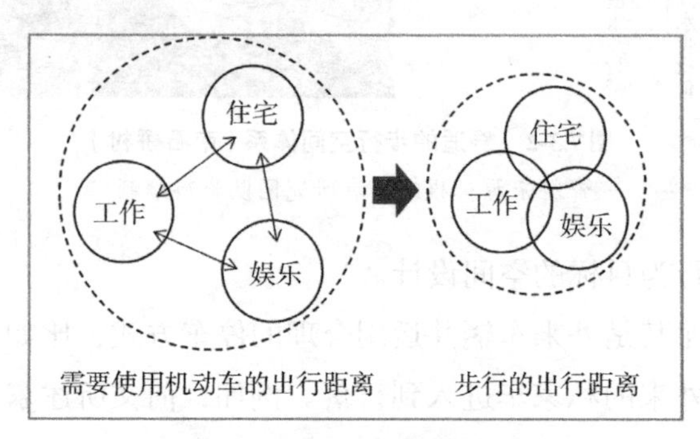

图7.3-4 混合居住与交通出行

资料来源：自绘

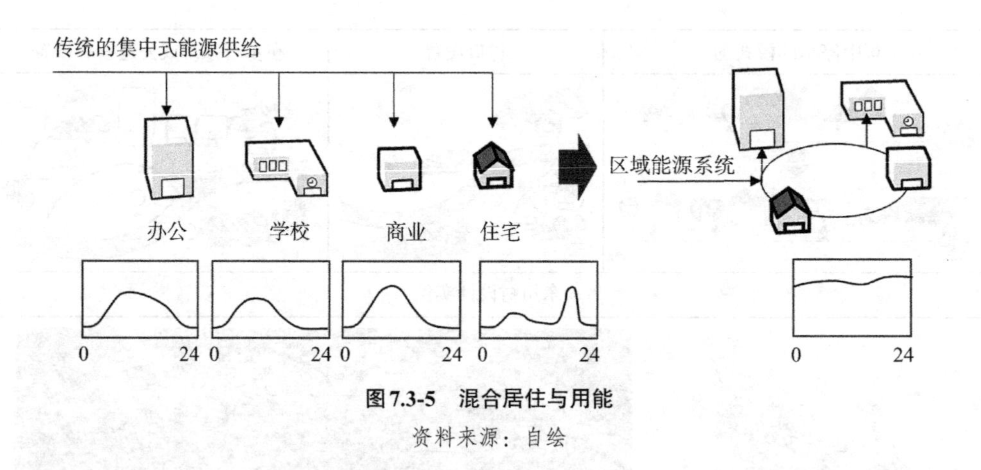

图7.3-5 混合居住与用能

资料来源：自绘

住宅建筑的用能高峰出现在晚上，商业、办公、学校的用能高峰在白天。如果这个地区采用集中供能的能源供给方式，并采用能源共享的用能模式和混合居住的土地利用模式，能够使得整个地区在各个时间段的用能实现平均化。平稳的能源消费可以提高用能效率，增加设备及其他基础设施的使用寿命，减少固定碳源的碳排放。在能耗增加的情况下，混合功能以及区域能源系统的共用还可以减少设备或能源供给的能量，使设备和基础设施的更新实现最小化。

乡村空间的公共设施种类较少，主要有卫生站、学校以及村委会（等政府设施）。这些公共设施一般都集中在中心村。对于择地重建的中心村，应引导这些公共设施在公交站点周围建设。对于采用更新扩展模式、新旧混合模式的中心村，应当结合现有道路体系和公交线路，合理设置公交站点（图 7.3-6）。

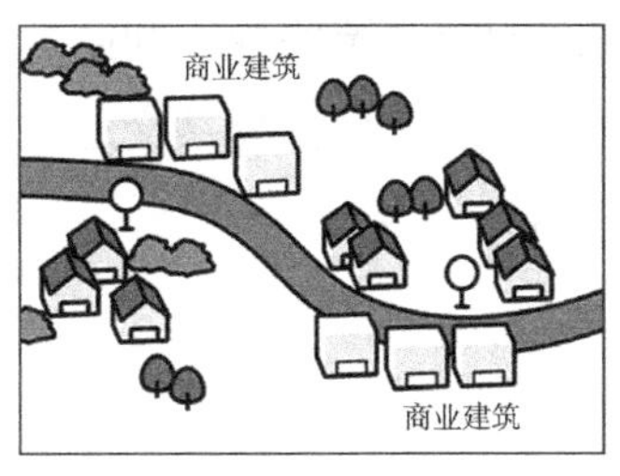

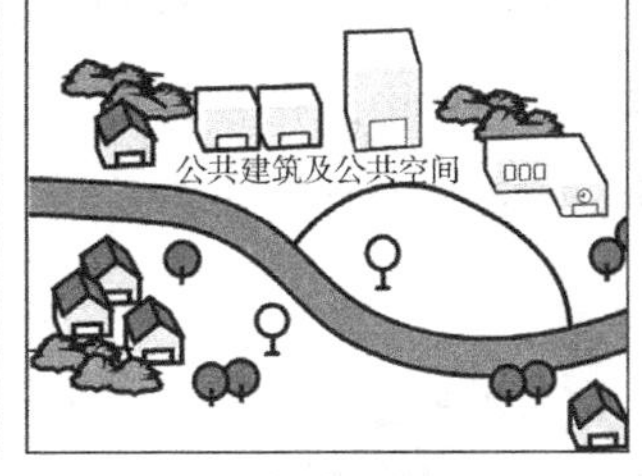

与商业节点结合　　与公共建筑节点结合　　与特色景观或产业结合

图 7.3-6　混合功能与公共交通节点的设置

资料来源：自绘

乡村空间中的商业和产业与城市社区在类型和规模上都有所区别，通常与住宅相混合，如沿街的小卖零售，又或者是相连而成的商业街。产业大多是手工业、加工业和旅游业（农家乐）。这些产业和商业散落在各个基层村与中心村中，在中心村的比重较大。商业和产业对于交通运输的依赖性大，因此应引导其沿主要的通路沿线分布以减少运输的距离，减少移动碳源的碳排放。同时，电力、煤气的主要管线一般沿主要道路的两侧分布，这些建筑功能集中在通路两侧，有利于分布式能源导入和能源共享模式的推行（图 7.3-7）。

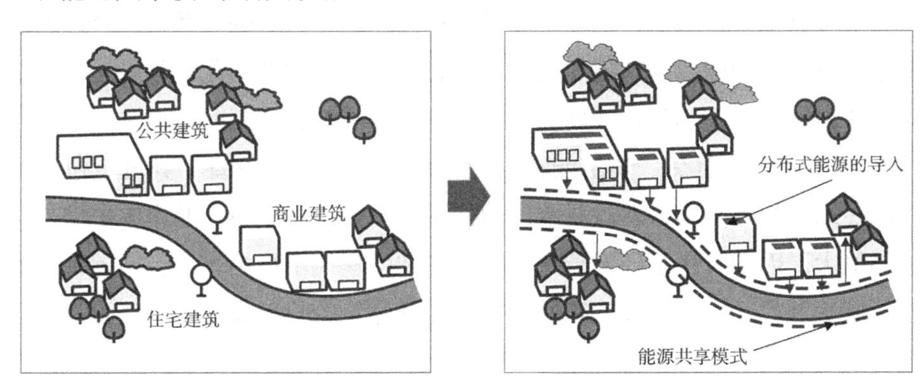

图 7.3-7　混合功能与分布式能源的导入

资料来源：自绘

（2）土地的高效利用

在规划中根据公共交通站点的设置情况，确定村落的边界，引导建筑的有效集中。

人口和建筑的增多，会占用更多的田地和林地，导致生态被破坏，碳排放量增加。与城市蔓延扩张相反，乡村的滞留人口逐渐减少，老龄化现象严重，处于紧缩的状态。在以公共交通为主导的乡村中，土地的高效利用，是指尽可能通过空间的整理，有机更新，增加村落的密度，释放更多的碳汇空间以实现低碳。

同时，对于建筑用能来说，高密度的地区，有利于高效能源系统的导入和高效运行，从而减少固定碳源的碳排放。因此，在乡村的规划中，应该根据公共交通站点的位置，确定村落的边界，引导建筑的有效集中（图7.3-8）。

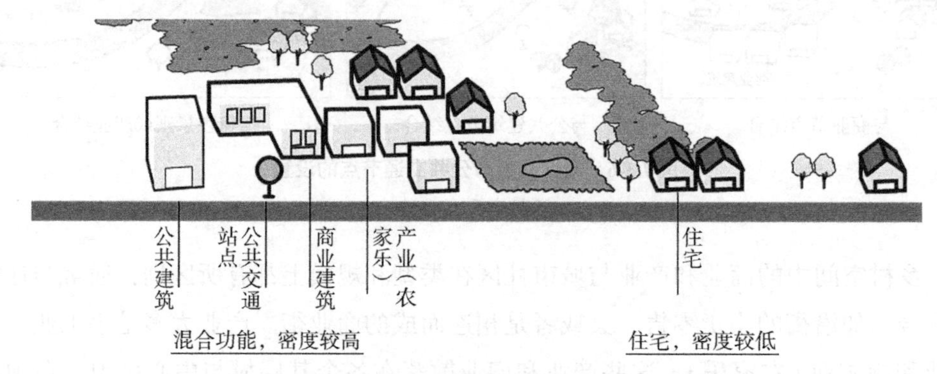

图7.3-8　建筑密度与功能分布与公共交通站点的配置

资料来源：自绘

2. 乡村建筑的低碳策略

建筑使用了大量的能源用于营建良好的居住环境，然而这些设备在运行的同时又释放大量的热量到建筑中，增加了能耗。在这样相互影响的关系中，合理的建筑设计能够创造良性的能源与环境的关系，实现建筑用能的低碳化。一般建筑的节能设计应当从控制建筑的热负荷开始，包括以下三个步骤：

①控制建筑的热负荷。建筑能耗中一半以上用于空调设备，其负荷包括设备耗热，围护结构从外界的得热以及室内的使用者和设备的散热。其中围护结构负荷占的比例最大。因此，建筑的低碳化应该首先加强建筑围护结构，包括屋顶、墙的热性能，减少外界环境波动对建筑的影响，降低建筑的热负荷，从而减少空调设备的能耗，实现固定碳源的减排。

②采用被动式设计手法。被动式设计手法是不通过特殊的机械设备，充分利用自然，调节室内环境，减少空调设备的用能，实现建筑的低碳。即通过建筑的空间设计手法实现节能减排。这种手法可以减少外界环境对内部环境影响的同时，也能减少设备本身的散热，是可持续设计的有效部分。

③采用高效的设备。例如高效的照明、家用电器以及热水供应设备，可以提高能源利用的效率。在使用者用能不变的情况下，降低一次能源的消耗，实现减排。

目前，新农村建设主要把重心放在农居建设以及村容村貌上，而对住宅的物理环境舒适度却少有考虑。随着农村经济的发展，农村建筑的供暖、空调、通风、照明等建筑能耗也在逐年增加。然而，即使在农村新建的公共建筑中也极少考虑节能减排要求，更不用说大量的既有的农村住宅。

乡村建筑以住宅建筑居多，大多属于自建建筑，建造技术落后，缺乏节能减排意识，这为建筑节能减排的推行带来巨大的阻碍。此外，乡村居民对于生活质量的追求，并自行安设制冷、取暖设备，导致住宅能耗增加。

虽然乡村建筑的总能耗呈现增加趋势，但是单位面积的建筑能耗，相比城市而言，尚处于较低水平[①]。一味地套用城市的“高技派”，必然会使得乡村建筑的低碳之路受阻。

结合乡村住宅空间特质、社会经济条件、营建技术特点等特殊性，其节能减排的步骤应当与一般的建筑有所区别。乡村建筑的节能低碳应该遵循以被动式建筑设计手法为主，以主动式设计手法为辅；依靠空间策略的调控为主，依赖设备调节为辅的基本原则。乡村建筑的低碳策略可以概括为以空间形态与构造设计控制建筑的热负荷，灵活利用热性能的空间构成以减少使用空间时的设备能耗（以牺牲一部分不适用的空间的舒适度为前提），以及高效设备（适宜技术）导入这三个步骤。其中，前两者属于被动式的手法，而后者属于主动式的手法。

1）空间形态与构造设计对建筑热负荷的控制

长三角地区属于夏热冬冷高湿地区，建筑的能耗需要考虑夏季的制冷、冬季的供暖以及除湿，相对其他地区来说能耗较高，节能策略复杂。因此，单体建筑以及建筑组合，即邻里单元的空间形态与构造设计中应该充分考虑到这些要素，创造良好的基础条件。这是减少固定碳源最基本的空间策略。它主要包括规划布局、建筑形态和围护结构的构造设计几个方面。

（1）规划布局

规划布局包括建筑的规划布局和邻里单元的规划布局两个空间尺度上的空间策略，其内容主要有选址、朝向、间距。

建筑的间距要满足这个地区的日照和通风要求。建筑朝向为正南北向时，新建建筑的正向间距应不小于两侧建筑高度的1.15倍。旧区改造项目不应小于两侧建筑的1.1倍。当建筑存在方位角时，应当按照表7.3-2的折算来进行调整[②]。

① 刘彤，王美燕，黄胜兰. 处于乡村旅游发育阶段的农村建筑能耗调查——以浙江安吉里庚村为例[J]. 浙江建筑，2016（7）：55-59.

② 中国建筑设计研究院. 村镇规划标准GB 50188—93[S]. 北京：中国建筑工业出版社，2007.

方位角与折算系数 表7.3-2

方位	0°～15°	15°～30°	30°～45°	45°～60°	＞60°
折减系数	1.0d	0.9d	0.8d	0.9d	0.95d

注：方位角是以正南为0°，偏东或偏西的方位角；d为正南向建筑之间的标准日照距离。
资料来源：根据资料作者自绘

（2）建筑设计

现在的部分新建农宅，往往为了面子，一味地加大建筑的层高、面积，成为高能耗的建筑。因此，从设计之初，在村民自建的过程中，建筑的平面、立面和剖面设计就应当考虑以下几个方面：

①基本参数的控制

建筑层高：建筑层高不宜过高，建筑层高过高，会造成冬季室内的回风，致使供暖能耗增大，合理的建筑层高应当控制在2.8～3.0m为宜。

体形系数：应控制建筑的体形系数，控制建筑外围护结构的传热损失，2层以内的建筑应控制在0.8以内，3层或3层以上的建筑应控制在0.6以内①。

窗墙比：住宅空调的能耗会随着窗墙比的增加而增加，夏热冬冷地区农宅的南向窗墙比亦小于0.4，其他面应小于0.3②；

②平面和剖面布局

在建筑设计和构造设计中，建筑的布局和朝向设计应当有利于夏季和春秋季节的自然通风，诱导气流，促进自然通风（表7.3-3）。

③围护结构的构造设计

建筑的围护结构，包括墙、屋顶、地面等是建筑室内环境与室外环境的界面。良好的围护结构的热性能是指其具有较小的传热系数（K），能够阻止室内和室外的热交换，起到保温隔热的效果，以减少设备的能耗。在一般的设计中，建筑围护结构的热性能是通过构造设计来实现的，即控制围护结构的传热系数。在《农村居住建筑节能设计标准》中也对其设计值给出了基本要求：外墙K≤1.0，外窗K≤2.8，外门K≤3.0，平屋顶K≤1.0，坡屋顶K≤1.5。

在此基础上，有研究者对安吉地区的部分农居进行实测和模拟，以分析围护结构的各种节能措施对能耗的影响效果。研究表明，在围护结构中，墙体的热性能对

① 住房和城乡建设部，国家质量监督检验检疫总局.农村居住建筑节能设计标准GB/T 50824—2013[S].北京：中国建筑工业出版社，2013.

② 徐雯.基于灰色关联分析的农宅节能潜力评价——以夏热冬冷地区为例[J].建筑节能，2016（6）：39-42.

平剖面设计的低碳化　　表 7.3-3

要素	基本图示
通风	平面设计 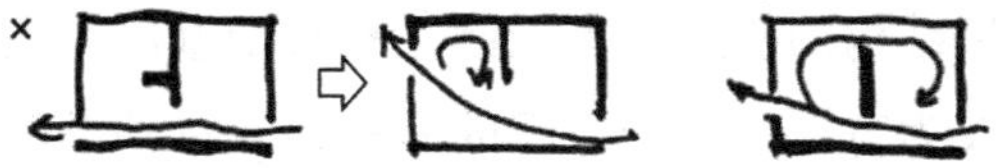 × 剖面设计 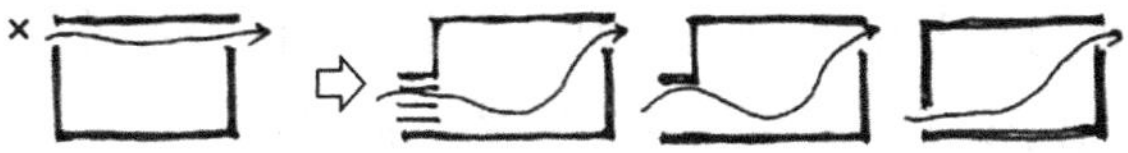 ×
采光	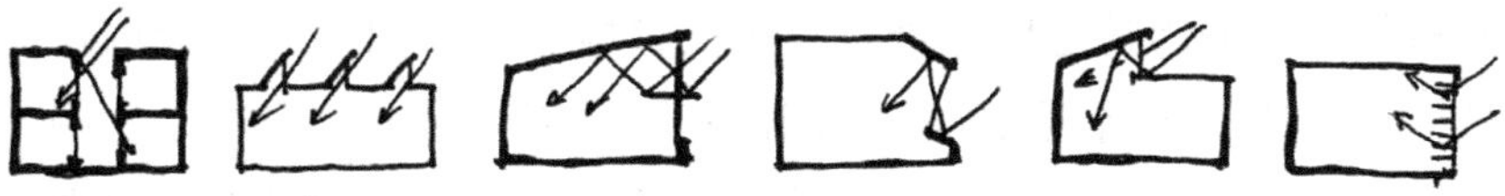
热控制	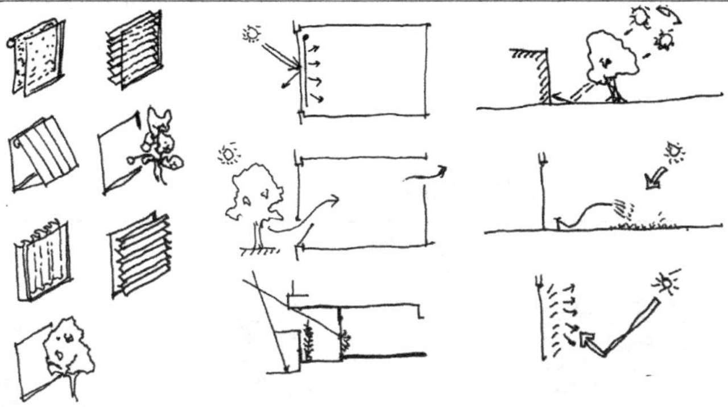

资料来源：自绘

节能的影响最大，在其他构造不变的情况下，合理的墙体构造设计能够使空调的能耗减少20%左右（相对于现有农村住宅的现状）[①]。因此，在无法顾及到所有构造细节时，乡村住宅应首先以墙体的节能设计为主。

2）利用热性能的空间构成

（1）利用缓冲空间改变结构的热性能

①缓冲空间的应用

建筑的气候缓冲空间是建筑内部空间与外环境之间的过渡空间，是指通过营造建筑实体的空间组合和建筑界面之间的夹层空间等设计手法在建筑与周围的环境之间，建立一个缓冲区域，促进建筑外部与内部的气候要素交流，满足舒适度的要求[②]。

① 王美燕. Research on energy saving and indoor thermal environmental improvement of rural residential buildings in Zhejiang，China[D]. 北九州市立大学博士论文，2016.

② 郑晓贺. 当代建筑中生态缓冲空间解析[D]. 南京：东南大学，2010.

乡村建筑的能耗，尤其是空调能耗，很大程度上取决于围护结构的热性能。乡村住宅大多属于自建住宅，缺乏设计人员的指导，缺乏细节的设计，建造技术也比较落后，往往很难对围护结构的构造进行控制。相对于城市住宅，乡村住宅建筑的占地面积大，建筑面积较为宽裕，辅助空间的面积，数量种类都较多。如果在乡村住宅的设计中巧妙地将这些辅助空间作为主要生活空间的缓冲空间，可以减少外界气候对主要生活空间的干扰，减少居住空间的空调能耗。

乡村住宅中的缓冲空间有坡屋顶内的储藏空间、封闭的阳台以及建筑底层的车库或者工具房。笔者所在的研究团队在夏季对部分农宅进行了实测，实测结果（表7.3-4）显示，在夏季正午炎热的气候条件下，缓冲空间中的温度要高于主要生活空间中的温度。换言之，缓冲空间取代了主要生活空间与自然的直接接触，起到了调节室内环境的效果，并将最终实现建筑能耗的低碳。

乡村住宅中的缓冲空间 **表7.3-4**

乡村缓冲空间的类型及设计要点

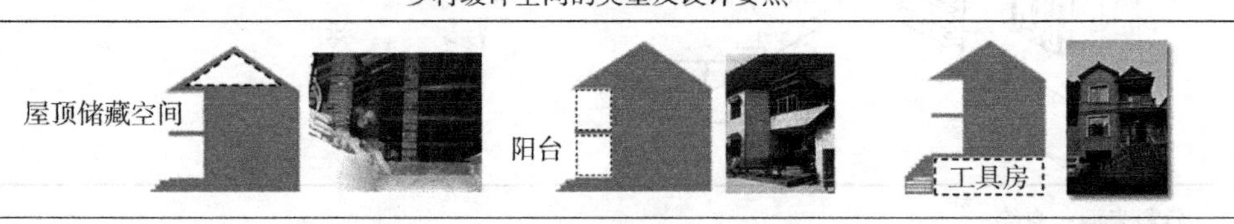

实测及其效果

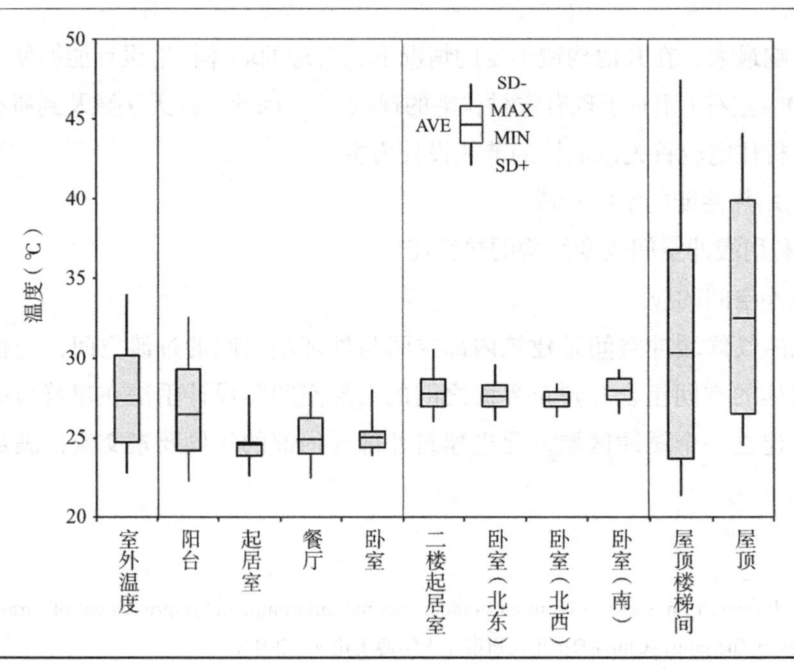

资料来源：自绘

②适应性“移居”

缓冲空间是利用辅助空间改变建筑的热性能。现代的乡村建筑，家庭的滞留人口要远远少于常住人口，因此可以通过构造不同热性能的空间，并将其良好地结合在一起，以移动的生活模式来实现节能（表7.3-5）。例如，在夏季的白天使用热容量大、太阳得热率小、封闭类的房间。在夜晚使用热容量小、开放类的空间。在冬季白天使用热容量大、太阳得热率大、封闭的房间。在冬季夜晚使用热容量大、封闭的房间。

建筑的热性能可以从建筑本身、内部要素和外部要素三个方面分成下面几种不同的空间性能（表7.3-5）：

不同热性能的空间类型　　表7.3-5

影响因素		热性能空间类型
建筑物	气密性，热容量，开口面积	热容量大的空间—热容量小的空间； 太阳得热率大的房间—得热率小的房间； 封闭类的空间—开放类的空间
内部空间	生活活动，使用时间	白天使用的空间—晚上使用的空间
外部环境	选址条件，方位和风速	阳光充足的空间—阳光少的空间； 迎风的空间—背风的空间

资料来源：自绘

另外，在特殊的热性能的空间里，有一种空间就是带玻璃的空间。一方面玻璃可以透射所有的可见光，因其具有不透射长波长红外线的特点，能吸收阳光并能产生温室效应；另一方面，它具有良好的散热性能，在没有阳光的时候，能迅速恢复到与外界温度相同。

（2）利用热性能的空间构成

空间“实”与“虚”的调控——“院·墙”

乡村住宅建筑中的实体空间，通常可以作为热容较大的空间。其热容的大小还可以通过建筑墙体的材质来调节，充分运用那个地方的材料，如厚重的石材，或者是传统材质，如夯土墙等围合而成的空间是热容量大的空间，竹子、木材等围合而成的空间是热容量小的空间。热容量大的空间和热容量小的空间都属于“实”空间。“虚空间”是指由院墙围合而成的“院子”。乡村建筑中的“院子”，包括前院、后院和中庭等。“实空间”和“虚空间”相互嵌套、并列或是上下连接，并通过可变的界面进行配合，可以实现这两种不同热性能空间的融合（图7.3-9），以空间的变化对应气候变化。

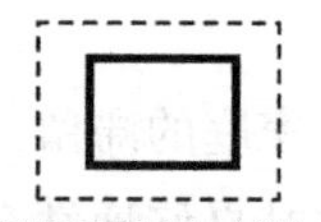

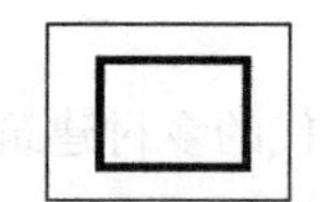

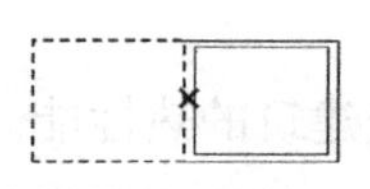

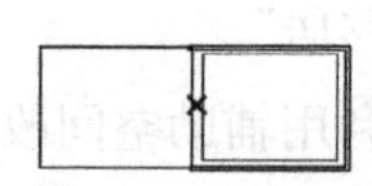

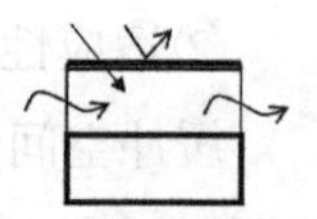

图7.3-9　不同热性能空间的组合利用

资料来源：自绘

3）高效设备的导入

随着农村生活水平的提高，家电设备大量地进入农村家庭。乡村住户中主要的设备能耗包括：炊事用具及热水能耗，建筑照明能耗和空调能耗。其中照明和空调使用电能，炊事和热水主要使用煤气和煤。在几种能耗中，照明占家庭用能的比例最大，是乡村建筑中用电的主要形式，然而只有15%左右的家庭选择节能灯，其余85%仍然使用效率低下的白炽灯，这部分的节能潜力很大①。另外，空调设备的家庭占有率约为每户1.18台②，数量不多，且在浙江地区的乡村，夏季大量依靠自然通风等手段，使用频率也不高，因此这部分能耗与城市相比并不大。但是乡村住宅的空调能效大多等级很低，因此也具有很大的节能减排潜力。

乡村建筑的能耗相比城市要小得多，并且受经济条件的限制，高价的低碳技术无法在农村推行。根据各种低碳技术的低碳成本，乡村应该选择适合于其生活和经济条件的低碳技术。应该以选择低碳的照明系统，如LED照明等低投入、高使用率的产品作为主要措施。并在空调设备、炊事设备以及热水供应设备等选择和安装时尽量选择能效高的电器。

7.3.2　“开源”

开源是通过拓宽能源的供给渠道，提高供给端能源利用效率，减少“过程碳源”以及“固定碳源”的碳排放。这些都是能源供给端的低碳设计策略，是自上而下的低碳策略。乡村中的“过程碳源”主要来自能源的供给及运输和废弃物处理两

① 周晓慧，周孝清，马俊丽. 广东省农村居住建筑能耗现状调查及节能潜力分析[J]. 建筑科学，2011（2）：43-47.

② 刘彤，王美燕，黄胜兰. 处于乡村旅游发育阶段的农村建筑能耗调查——以浙江安吉里庚村为例[J]. 浙江建筑，2016（7）：55-59.

个方面。由于乡村的废弃物数量少，因此能源的供给、运输中产生的“过程碳源”的碳排放占主导作用。乡村的低碳空间设计策略在供给端的策略是指通过作用于空间要素或者是空间布局，提高能源利用的效率，使用清洁能源，降低空间对于外部能源的需求和输出，从而实现低碳。空间设计策略将从高效的能源供给模式和开拓能源供给的渠道两个方面来阐述。

1.区域能源系统概念及适宜技术

1）区域能源系统的概念

在乡村中，家庭能源需求主要是供热和制冷两个方面构成。由于乡村的密度较低，村与村之间的距离较大，因此在能源供给过程中的能耗更大。参考低碳城市能源供给方面的研究①，低碳能源的目标是减少需求，使用低碳能源以及分散产能。其中属于供给端策略的包括使用低碳能源以及分散产能。与空间序列相对应，低碳能源供给系统也包括村域、村落以及建筑层面。村落层面的能源系统，又称为区域能源系统，是低碳能源系统在基层的实践载体②，其核心内容包括分散产能和低碳能源的利用。

分散产能，即分布式能源系统与传统的“集中式”能源系统相对应，它是一种“自下而上”的能源系统。这种能源供给方式的能源供给源在用户端，因此能源输送距离短，可以有效减少能源输送过程中的损失。另外，还能够有效地利用潜藏在场地周围的各种可再生能源、未利用能源、循环利用废弃物等，实现能源的低碳化。

虽然分布式能源系统具有低碳的优越性，但是其存在于用户端，因此单体建筑在使用分布式能源系统时会存在能源系统占地面积大，初投资高等问题。另外，单体建筑的建筑用能密度、负荷率以及各个时间段电力和热的消费比例都会影响分布式能源效率，限制了分布式能源系统在单栋建筑中的应用。由几栋建筑或者一个村落共同导入分布式能源系统，即区域能源系统概念是解决上述问题，促进分布式能源系统导入的途径。几栋建筑或者一个村落的建筑形成自己的供电和供热系统，可以使建筑的密度增大，提高能源利用效率。同时，通过利用不同建筑能耗峰值的时间差，实现系统整体电力消费的平均化以及通过利用不同建筑之间不同的热电比形成相互利用废热的能源共享模式，实现综合效率的最大化。

---

① 龙惟定，白玮，梁浩，范蕊. 低碳城市的能源系统[J]. 暖通空调，2009（8）：79-84，127.

② 宣蔚，郑炘. 低碳能源系统与城市规划一体化的理论构建[J]. 规划师，2014（11）：82-86.

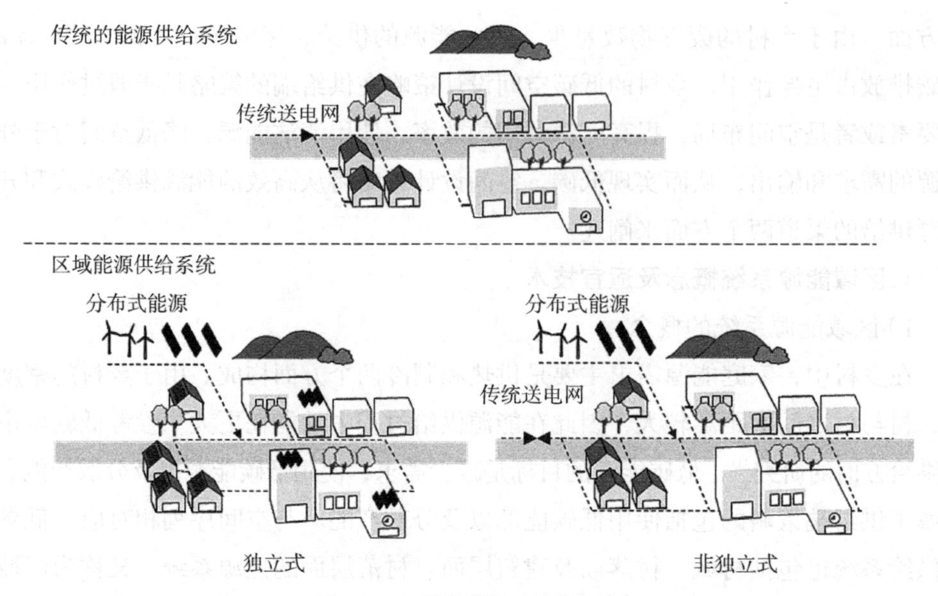

图7.3-10　区域能源系统的概念

资料来源：自绘

区域能源系统可以分成独立式和非独立式两种（图7.3-10）。独立式的区域能源系统是建立在能源自给自足的假设下，与现有的能源系统隔离，完全利用可再生能源、未利用能源等分布式能源来满足能源的需求。这样的模式造价高，可再生能源的波动性大，所以需要多种能源或者是蓄能设备来保证能源供给的稳定性，适用于现在尚未通电，距离主要村落和能源基础设施较远的独立村落。

非独立式的系统是在与现有的能源系统有能源流动的前提之下，通过现有的能源系统网络与外界相连。这种系统有些是在保留现有系统的情况下，再建立一个新的网络，有些是利用现有的网络，形成回路。可再生能源等分布式能源首先在区域能源系统的网络之内利用，当能源剩余时，亦可返回传统电力向其他地区供能。建立一个新的网络时，新的网络与原有网络形成能源供给双重网络，稳定性高，但是造价一般比较昂贵。使用原有的电力网络形成区域能源系统的方式具有很强的经济可行性，但是在与现有网络的兼容性上需要特别的技术支持并且以有效地控制能源需求为前提。对于大部分的乡村，从经济可行性方面考虑，非独立式的小型即部分的区域能源系统是一种可行的方式。

2）以邻里单元为基础的乡村区域能源系统

（1）渐进式导入分布式能源系统，减少能源传输中的损失

相比城市社区，乡村能耗消费的强度低，密度小，建筑较为分散，建造时间也不同，因此无法像城市那样在大片区域形成区域能源系统。乡村中的分布式能源系

统的导入需要在调查研究乡村能耗的基础上，根据新宅建设以及公共建筑等情况，以邻里单元为基础，采取渐进式的导入。其模式主要有两种（图 7.3-11）：

图 7.3-11　以邻里单元为基础的区域能源系统的模式

资料来源：自绘

① 在紧凑布局的乡村结构下，以公共建筑、商业建筑、产业更新等为契机，导入具有一定规模的能源系统，并与相邻的住宅邻里单元进行能源共享。

公共建筑、商业建筑以及产业建筑等，能耗较高，建筑规模较大，造价相对住宅建筑要高出许多。因此可以这些建筑的更新为契机，导入新型的区域能源设备，并对周围地区进行能源供给。以具有一定规模，高效率的能源供给设备代替周围建筑原有的陈旧的设备。这样不仅能实现新建建筑的低碳，还能带动周围建筑，实现整体低碳。

② 以住宅更新为契机，根据需求端的负荷特点，导入能源共用模式。

住宅的能耗较低，尤其是在乡村住宅建筑中，导入分布式能源系统的经济可行性不强。因此，结合住宅的更新为契机，在临近建筑甚至在邻里单元中引入能源共用的模式，比如热水共用，几家投资，共享能源。这种方式可以选用高效的热水设备，甚至是太阳能热水器，代替原有的低效率的热水设备，实现高效。

（2）促进能源的循环利用，提高综合效率

公共建筑、商业建筑和产业建筑，具有较高的能耗，因此可以在这些建筑中导入热电联产，或者其他废热利用等设备。在生产电力的同时能够回收废热，并供应建筑的热水和空调。当这些建筑能耗负荷的热电比和热电联产设备的性能相吻合时，系统能够实现比较高的能源综合利用效率。公共建筑、商业建筑一般在白天使用，且用能的峰值出现在中午，夜间的能耗几乎为零。另外，公共建筑和商业建筑对电能的需求较大，但是几乎没有热水负荷。住宅或者是以农家乐为产业的建筑则在夜间用能，且峰值出现在晚上 6 点到 9 点之间，有相对较高的热水负荷。对在以混合功能配置为基础的村落内，如果能有效利用这种公共建筑、商业建筑与住宅建筑在用能时间以及用能模式上的互补，将公共建筑、商业建筑和产业建筑与住宅进行有效地混合，可以实现能源效率利用的最佳化（图7.3-12）。据相关研究证明，在以住宅为主的村落中，在以邻里单元为基础的区域能源系统模式下，非住宅的比例在10%左右时，系统的效率能实现最佳化①。但是，中小型的热电联产设备的驱动能以管道供给的天然气为主，且对供给压力有一定的要求，因此只有在部分已经实现管道煤气供给及符合利用条件的村落中才能实现。

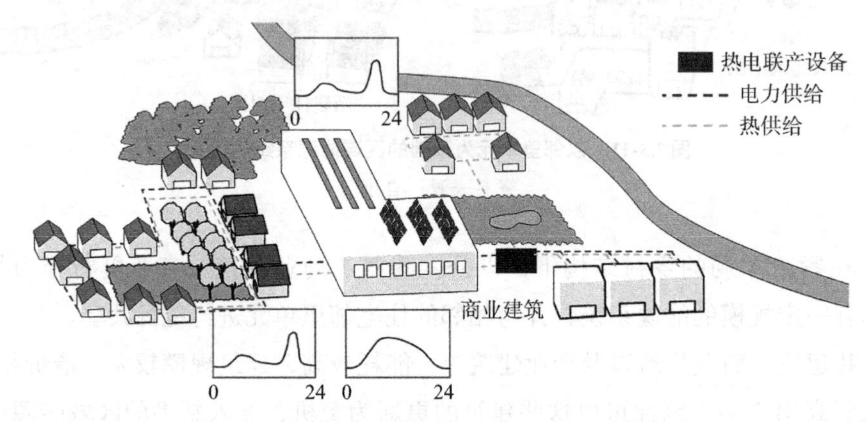

图7.3-12　混合功能模式下的区域能源系统概念

资料来源：自绘

（3）促进多种能源的利用

区域能源系统的导入是为了更好地应用各种分布式能源，以需求端能源需求来决定供给端的能源供给（图7.3-13）。可再生能源属于清洁能源，碳排放几乎为零。热电联产系统大多数使用天然气等清洁能源作为一次能，碳排放率要远远小于传统的电力。虽然可再生能源、新能源等在环境性能上具有明显的优越性，但是其发电量不稳定，投资费用高，蓄电设备的费用更高。尤其是太阳能等，受到天气和气候以及技术条件的影响，发电量很不稳定。因此，区域能源系统应该实现多种能源并用的形式，在传统电力能源的基础上，综合使用包括热电联产、可再生能源、未利用在内的多种能源。设计时应该首先评估各种能源的供电能力，配置各种能源的容量，提高其环境性的同时也注重经济性和能源供给的稳定性。在乡村中，可以采用以传统的电力作为基础，适当配合其他能源的区域式能源系统（图7.3-14）。

① Liyang Fan，Weijun Gao，Zhu Wang，INTEGRATED ASSESSMENT OF CHP SYSTEM UNDER DIFFERENT MANAGEMENT OPTIONS FOR COOPERATIVE HOUSING BLOCK IN LOW-CARBON DEMONSTRATION COMMUNITY [J]，LOWLAND TECHNOLOGY INTERNATIONAL Vol. 16, No.2，103-116，December 2014.

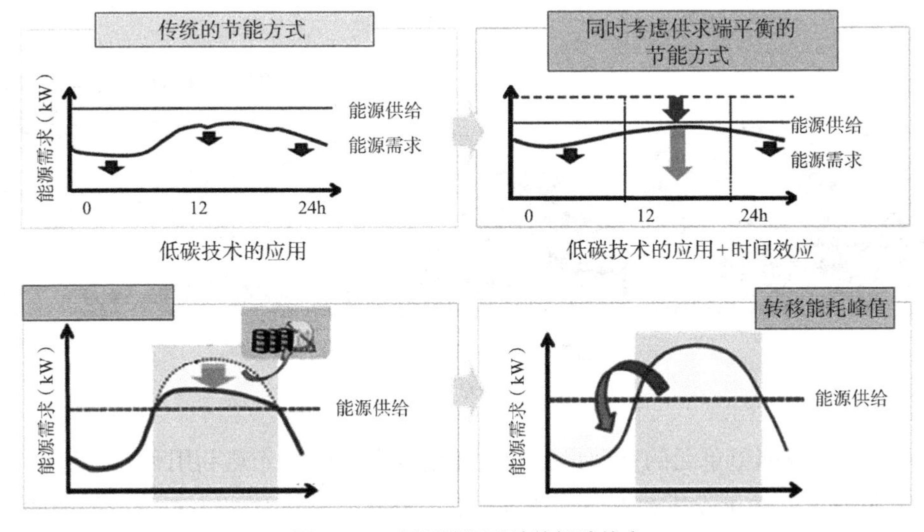

图 7.3-13 区域能源系统的低碳效应

资料来源：自绘

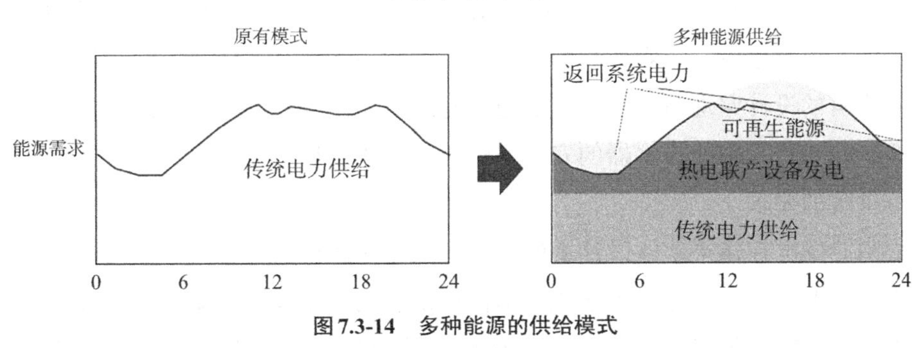

图 7.3-14 多种能源的供给模式

资料来源：自绘

2.可再生能源与未利用能源的导入

1）太阳能的利用

长三角地区，有较丰富的太阳能资源，适合于太阳能利用。太阳能在乡村住宅中的运用主要包括太阳能热水系统、太阳灶、太阳房①，其中太阳能热水器在长三角地区的乡村中应用尤为广泛。然而，这些热水器的安装缺乏与建筑设计的有效结合，破坏了整体的乡村景观（图 7.3-15）。因此，有利于太阳能利用的空间策略是指乡村建筑的建筑设计，邻里单元的组团设计以及村落的空间设计中应该有效地与太阳能利用相结合，为太阳能的获取和利用创造有利条件，形成太阳能利用技术和

① 唐泉，宣蔚. 可再生能源在新农村住宅中的技术运用[J]. 安徽农业科学，2012（5）：2862-2863，2976.

建筑设计的一体化（图7.3-16）。

图7.3-15　太阳能利用现状
资料来源：自摄

（1）建筑及邻里单元的空间设计有效地结合太阳能的光热利用和光电利用

太阳能可以转化成热和电两种能源形式。在长三角地区的乡村，太阳能的光热利用技术主要有太阳能热水器和太阳房。太阳能热水器属于主动式的太阳热利用技术，技术最成熟，产业化程度最高。太阳房则是一种被动式的太阳能热利用手法，目前已经被广泛地应用到农作物的培育中。因此，在低碳的建筑空间布局中，应当将太阳能房的设计原理与建筑的功能布局有效结合，以被动式的手法加强建筑的冬季供暖。同时将太阳能热水器的安置与建筑的形体设计有效结合，满足生活热水以及冬季供暖的要求。

太阳能发电在建筑单体设计中就是将太阳能光伏板的安置与建筑的屋顶或者立面的设计协调统一，并考虑到建筑的结构承重、线路布局以及安装维护等。

以图7.3-16中浙江安吉县的新农村住宅的设计为例，太阳采暖用的最佳角度是纬度加15°，安吉县的纬度在30°左右，因此，屋顶最佳太阳能利用角度应当为45°左右。设计中以“倒坡屋顶”的形式代替了传统的双坡屋顶，可以将太阳能热水器、太阳能光伏板隐藏在建筑的内立面，不破坏建筑的外观。另外，在建筑的南向，加上了阳光间（太阳房），以被动式的手法实现冬季的建筑供暖。

在邻里单元的空间设计中，应结合地形和用户状况，在基于邻里单元为基础的区域能源系统概念下，以公共建筑建造和住宅建筑更新为契机，运用在邻里单元内的集中式热水供应系统。通过能源共享的模式，可以进一步提高系统的整体效率，降低设备的初投资（图7.3-17）。

（2）村落空间设计与太阳能光电系统

在村落的空间设计中，应当在开阔并且阳光充足的地方建设太阳能农场，将其产的电能并入区域能源系统，对全村进行供电。但是太阳能农场的投资大，产电量大，对于经济条件有限，能耗不高的乡村，其经济可行性不大。反观城市社区，其

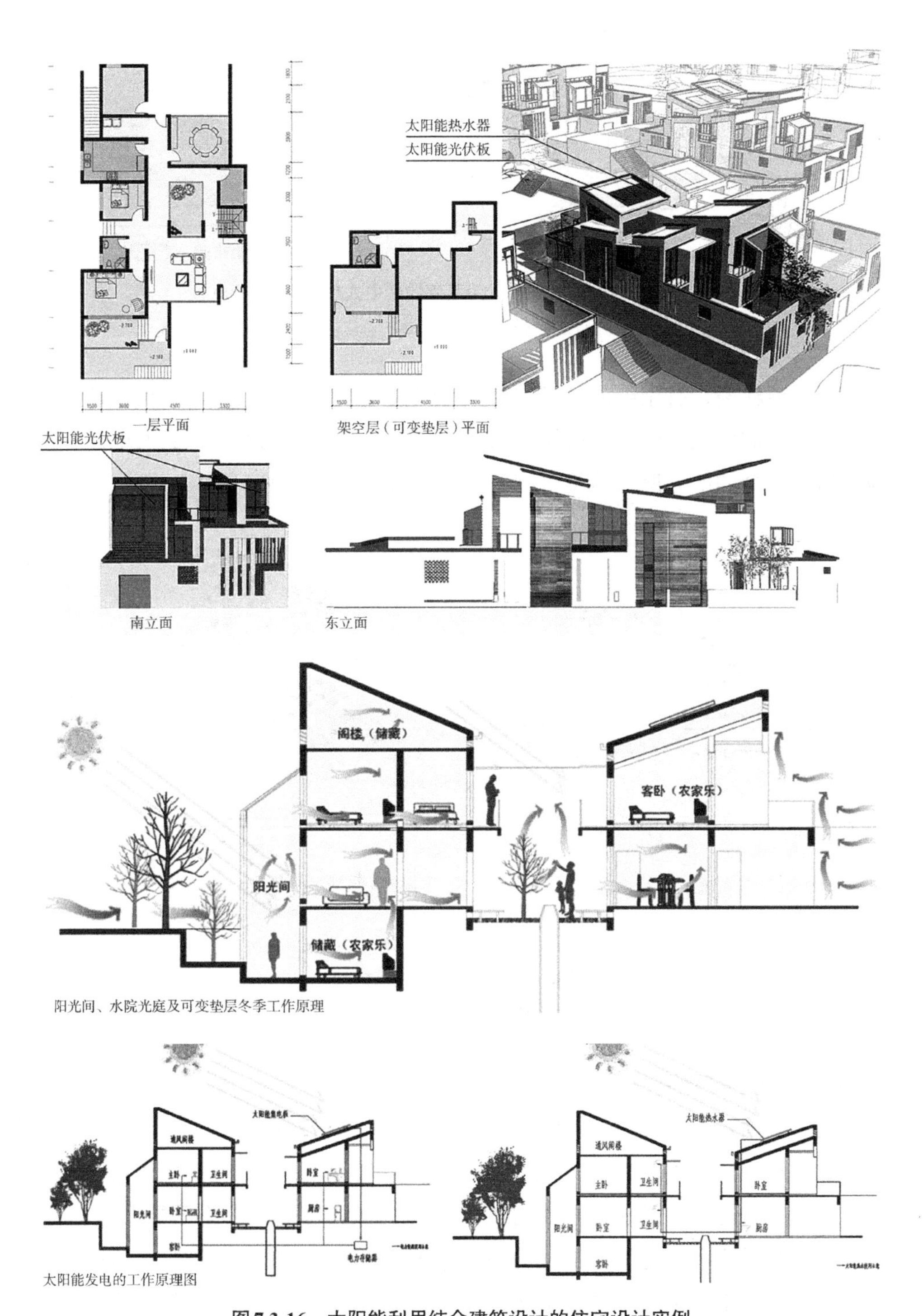

图 7.3-16　太阳能利用结合建筑设计的住宅设计实例

资料来源：自绘

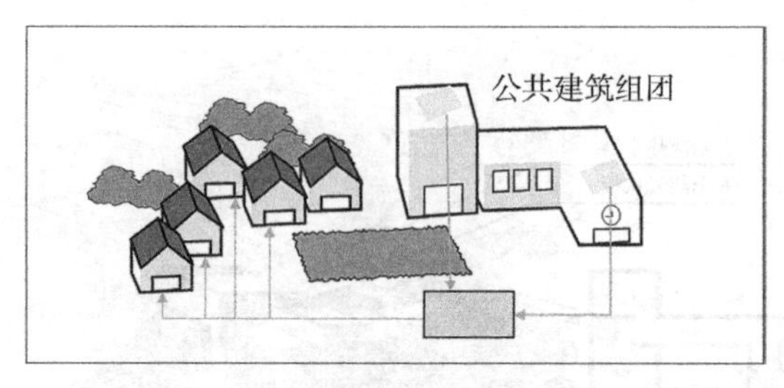

图7.3-17 邻里单元为基础的集中式热水供应

资料来源：自绘

用地紧张，能耗高，有用电的需求，却没有投资建设的场地。因此，可以建立城乡能源联合建设的模式。由城市的用户投资在乡村建设太阳能农场，其发电量一部分供应乡村，剩余的部分返回传统电网，供应城市的电力需求（图7.3-18）。

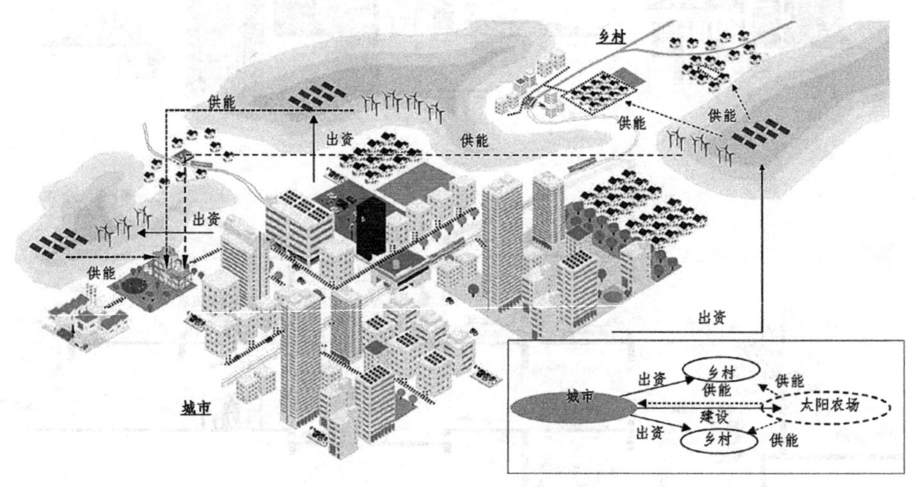

图7.3-18 城乡能源共赢机制

资料来源：自绘

2）生物质能的利用

目前，中国乡村生活中的能源中有很大一部分来自秸秆、薪柴等生物能源，大约占中国农村总能耗的1/3，占生活能源消费的1/2[①]。生物质能的应用有两种基本方式：传统的直接燃烧方式和生物能的清洁使用（如沼气和生物质能发电），其中以传统的生物质能利用为主。传统的利用方式的利用效率低，会产生大量的环境污染。因此，低碳空间策略要通过空间设计与生物能技术相结合，引导村民实现生物

① 陈艳，朱雅丽. 中国农村居民可再生能源生活消费的碳排放评估[J]. 中国人口.资源与环境，2011（9）：88-92.

能的清洁使用。

生物能的清洁使用主要有两种，一种是利用热化学反应，利用生物质能产生的热；另一种是利用生物化学技术，即利用沼气，用焚烧的方式发电并将有机固体废弃物作为土壤肥料。

在新乡村的建筑和邻里单元的设计中，可以利用建筑的庭院或者是邻里单元的公共空间，设置沼气池，实现沼气的一体化利用。据相关研究显示，一口容积为 $8m^3$ 左右的沼气池可以满足3～4口人的农户的电和热的消耗[①]。

另外，在村落范围内，尤其是中心村，也可以结合区域能源系统，建立具有一定规模的垃圾发电站。因此在空间设计上，要在邻里单元、村落、村域各级设立废弃物的分类回收点，并与区域能源系统有效地结合（图7.3-19）。

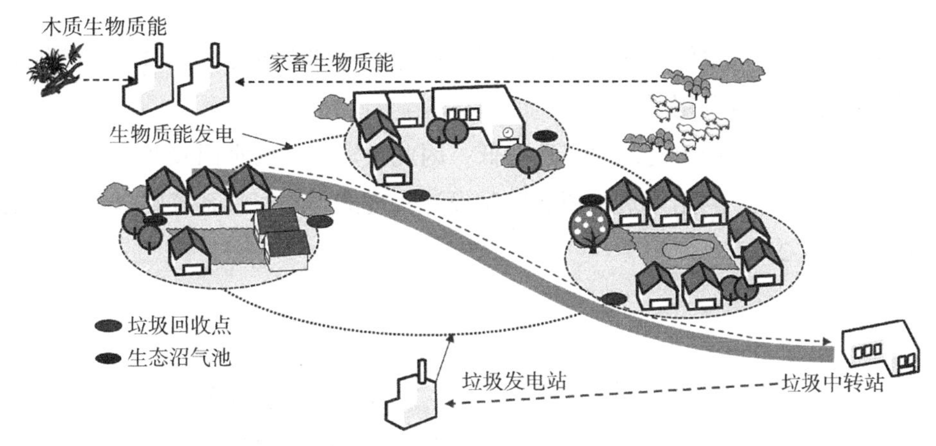

图7.3-19　不同形式的生物质能在乡村空间中的利用

资料来源：自绘

3）雨水及中水的利用

在乡村生活中，人们的生活用水量并不大，其中有很大的一部分用来冲洗卫生间或者是浇灌自己的农田或花园。这部分用水中的50%左右可以通过雨水及中水的利用来实现[②]。

水资源的循环利用可以从村落和邻里单元两个层面来实现。在村落层面上，主要是指利用与景观设计相结合的雨水利用。利用现有的河道、水塘、沼泽等增加雨

① 陈艳，朱雅丽. 中国农村居民可再生能源生活消费的碳排放评估[J]. 中国人口·资源与环境，2011（9）：88-92.

② 唐泉，宣蔚. 可再生能源在新农村住宅中的技术运用[J]. 安徽农业科学，2012（5）：2862-2863，2976.

水的蓄水量。如在里庚村的设计中，设计者将现有的河道进行整理，不仅为当地居民提供了公共交流的场所，为游客提供了四季变化的景观，同时也在雨水季节成为天然的蓄水池（图7.3-20）。

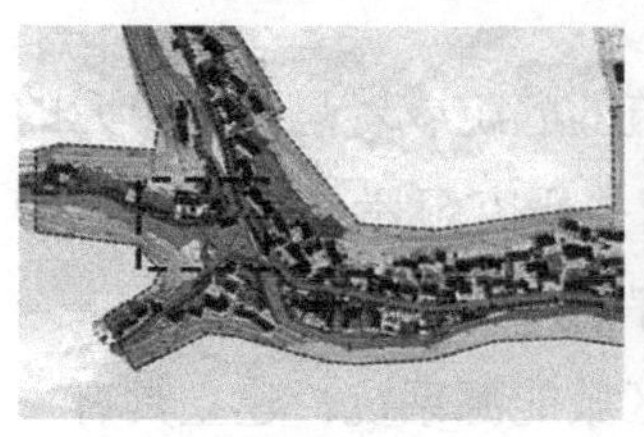
改造节点

改造前

改造后

图7.3-20 里庚村月亮湾景观改造

资料来源：自摄

邻里单元和建筑单体中的水循环利用是指通过对邻里单元和建筑单体的形态控制，导入雨水的回收利用系统。

乡村住宅建筑较城市建筑而言造价低，因此投资大的雨水回收及中水利用系统的经济可行性较低。利用建筑屋顶和庭院设计实现的雨水回收系统则具有很大的应用前景（图7.3-21）。

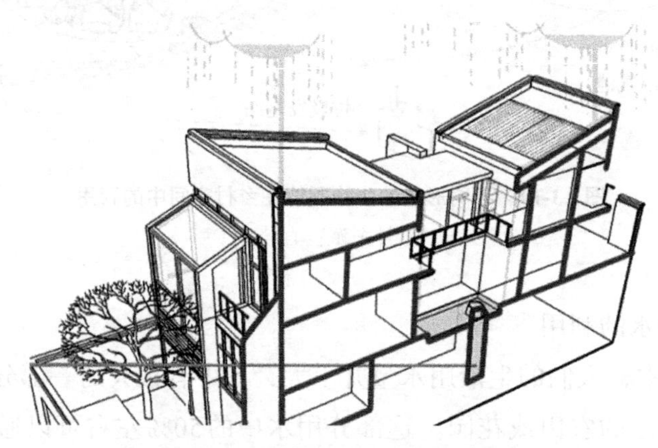

图7.3-21 建筑空间设计与雨水回收

资料来源：自绘

另外，以邻里单元的更新为契机，在邻里单元的公共空间中，结合景观设计，设置雨水收集系统。乡村的生态环境优越，雨水经过简单的过滤，甚至不加处理便可以使用。乡村生活的用水量相对于城市生活来说要小得多，在雨量丰富的季节，仅雨水收集便可自给自足。另外，洗衣、洗澡、洗碗等产生的废水，经过简单地生化处理后可以用于厕所冲洗、自留地的浇灌等（图7.3-22）。

图7.3-22　邻里单元中的雨水回收及污水处理系统

资料来源：自绘

7.3.3 “增汇”

乡村空间中的碳汇有直接碳汇和间接碳汇两种形式。乡村的生产生活在村落空间中产生的碳，将在自然或人工的环境中固定，吸收与降解，这是直接碳汇。另外，建筑的屋顶绿化，垂直绿化，邻里单元中的绿地空间，村落中的绿地以及保留的农田和水体，可以起到调节微气候环境，从而减少固定碳源地碳排。

乡村空间设计增汇的低碳策略体现在建筑及邻里单元的空间设计策略和乡村的空间设计策略这两个层面上。在建筑及邻里单元中通过空间设计的手法，保留场地中的绿地、植被、水体，并与被动式建筑设计的手法相结合调节室内和邻里单元内的微气候环境。在村落层面中，尽可能保留绿地、农田以及水系，首先从数量上保证其对碳的固定与吸收效果，同时通过整体形态关系的把握，结合当地的自然条件、地形地貌使其发挥最大效能，调节村落的气候环境，起到节能减碳的作用。另外，合理的村落绿地系统设计，能够引导人们的出行方式，以步行代替车行，起到“节运减碳”的效果。

1. 乡村生态系统的保留

利用树木遮挡太阳的直射，并利用规划形态形成风道是改善室内外气候条件最经济和普遍的方法。然而由于乡村空间周围存在着大量的林地、农田等自然植被，在乡村的营建过程中经常忽略场地内部的绿化、生态斑块、水系等。取而代之的是如城市一般的水泥马路，完全磨平了原有的地形，改变了其地质地貌的条件。建设后的新村，或是模仿城市的绿化，或是忽略绿化，在丧失了乡村的特色环境的同时，也破坏了乡村原有的生态体系，破坏了存在于这个生态体系里的物种（图7.3-23）。住宅建筑、公共空间和景观体系是新农村建设中的主要内容，下文将从这三个方面来阐述乡村的空间设计策略以及乡村生态系统的保留。

破坏原有植被及道路

忽略原有地形地貌

破坏原有水体界面的景观

图7.3-23　忽略现有生态的乡村建设

资料来源：自摄

在城市社区中，绿地系统等是最为重要的碳汇。然而相比人工的绿地系统，自然完整的生态系统，其碳汇能力要远远大于绿地。乡村存在于广域的自然环境之中，生态系统物种丰富，系统完整。因此在乡村中，增加碳汇能力的空间设计策略，首先应当是在建筑与邻里单元的选址以及场地的建设中最大限度地保留原有的生态系统。在城市中，增加碳汇提倡的是"种树"，而在乡村，增加碳汇提倡的是"种房子"，即在最大限度上保留原有生态系统。

1）住宅建筑用地中的生态保留

（1）单体建筑以及邻里单元的建筑空间组合

在建筑、邻里单元建设时，应有效地结合地形，不破坏场地的特性及水系、山地等自然环境，其选址首先应该遵循紧凑发展的模式，尽量避免建成区域的扩大，尽可能地保留原有的生态系统（图7.3-24）。

（2）对农田、林地以及水塘的保留

乡村中的碳汇系统包括农田、林地和水体，然而除了大面积农田、水系和林地以外，更多的是以小型生态斑块的形式分散在村落之中。快速的新农村建设中往往

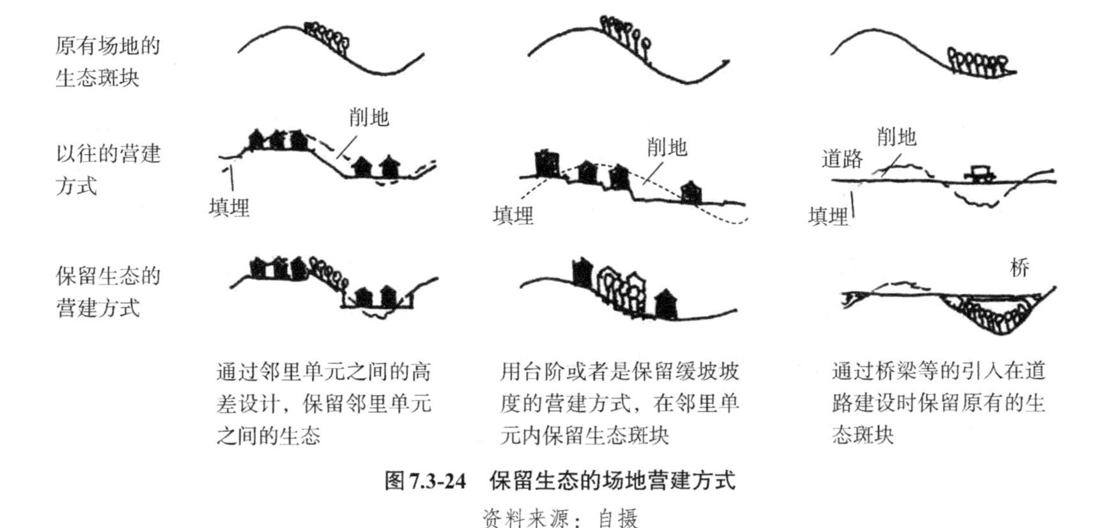

图7.3-24 保留生态的场地营建方式

资料来源：自摄

采取“填水挖山”的方式，破坏原有生态系统，大大削弱了乡村环境的碳汇能力。因此，低碳的乡村空间规划设计策略是要将这些破碎的生态斑块进行整理，形成连续的系统，促进物质与能量流动，使生态功能得到最大地发挥。

以浙江吕山乡雁陶村的规划设计为例，雁陶村水系发达，有许多小型的水塘散落在村中，并且这些水塘与其莲藕产业相结合，成为村中特有的生态体系。在规划设计中，保留了水塘以及这种特殊的生态及产业形式，将其梳理连接成为一个系统，更好地发挥其碳汇的效能（图7.3-25）。

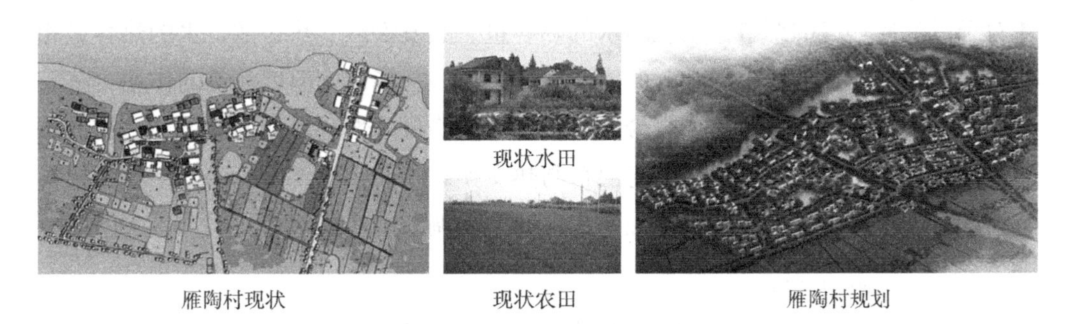

图7.3-25 吕山乡雁陶村规划设计

资料来源：作者研究团队

（3）建筑及邻里单元的布局应当充分考虑并有效利用地形地貌以创造良好的微气候环境

地形是自然风土形成的形态，对乡村的小气候有很大的影响，是一种低碳的潜在力量。日照时间、太阳辐射量、风向、风速、气温分布等都会随地形的变化而变化。

日照：传统聚落的分布受日照的影响很大，一般住宅建筑都集中在日照时间长、太阳辐射强度大的区域。夏季的太阳角度高，因此无论坡度的朝向如何，阳光的直射量都相差不大，但是在冬季，在坡度为30°的北坡面上完全没有日照，而在南坡面的坡度为60°左右时，太阳的辐射量最大①。因此，在做新的村落规划时，应对地形、日照及太阳辐射进行研究，选择合适的建筑及邻里单元场地。

风：在山地村落中，山谷风是影响微气候环境的重要因素。风总是沿着山谷而吹，但是风的方向会因为时间不同而有所差异（图7.3-26）。

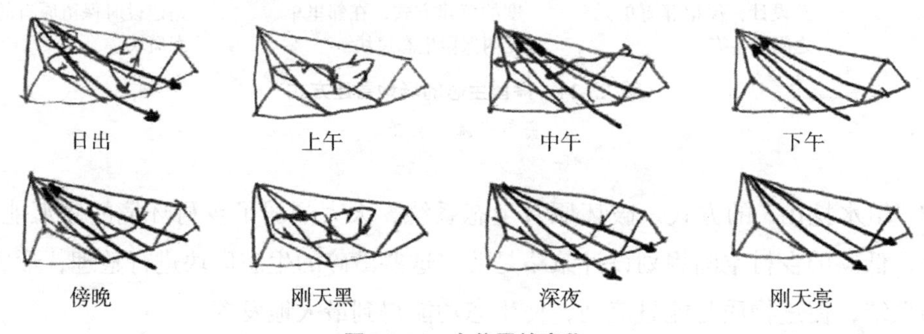

图7.3-26 山谷风的变化

资料来源：自绘

水体：在平原水乡型村落与山地型村落中都存在着不同形式、大小的水体。水体对于建筑及村落的微气候环境的调节作用，要以季节性的风作为前提条件。水体对于微气候环境的调节作用包括水的热容量、蒸发潜热、热扩散。水的热容量相比其他物质要大，因此降温和升温度比别的物体慢，能起到温度调节的作用。蒸发散热是指水体表面的蒸腾作用会带走潜热，从而降低这部分水面的温度。热扩散是通过水体表面的水与下层的水进行混合与热交换，从而实现不容易冷也不容易热的特性。再加上风环境的影响可以加强水体对气候调节的作用（图7.3-27）。

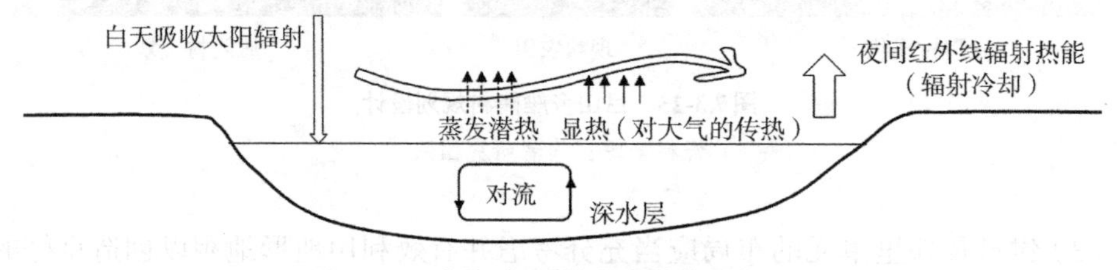

图7.3-27 水体对于微气候环境的调节作用

资料来源：自绘

① 彰国社.国外建筑设计详图图集13 被动式太阳能建筑设计[M].北京：中国建筑工业出版社，2004.

为了通过这三种效应实现水体对微气候的调节作用，应当在设计中注意风向的影响，水体的面积与深度，保证水体的流量和水质以及光的反射作用（图 7.3-28）。

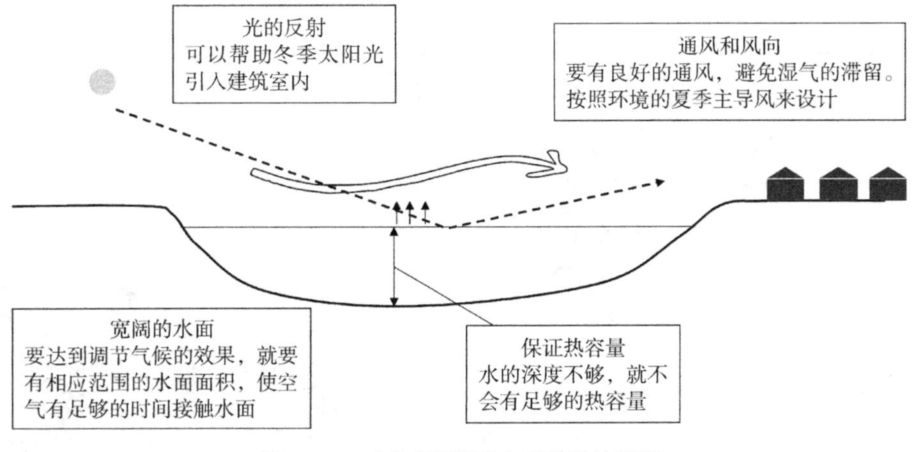

图 7.3-28　水体气候调节作用的设计要项

资料来源：自绘

2）公共空间

乡村中的公共空间包括线状、点状和面状三种空间形式。低碳空间设计策略主要通过对界面的控制来实现生态的保留。

线状空间包括道路空间和水系空间，是乡村中的生态廊道，因此保留其生态系统的自然性与完整性才能保证乡村生态系统整体机能的有效发挥。线性的空间包含三个界面，下界面以及围合两侧的侧界面。道路空间的下垫面即道路的表面，而侧界面则是由两侧建筑或者是院墙围合而成的。在现有乡村道路空间的设计中，由于机动车数量的增多，道路的下垫面以机动车行驶的标准硬化，而变成了清一色的水泥路面。另外，在建筑设计上套用城市的模式及材质，破坏了乡村原有的由建筑和院墙构成的虚实相间的界面。乡村中的水体有水塘、小溪及水渠。在新农村建设中，或是将其填埋，被建筑用地所替代，或是以硬化的河岸、水渠代替原有的界面。

点状空间是指乡村中的节点设计，包括村口、景观小品（廊、棚架、亭）、建筑和道路之间的过渡空间。节点是低碳控制单元中的低碳调节器，与线装空间相结合，成为生物物种的栖息地。面状空间在乡村中是指扩大了的点状空间，具有一定规模的公共聚集地。

无论是线状、点状还是在面状空间，在现在的许多乡村设计中都模仿城市的设计，致使界面硬化。这些硬化的界面破坏了原有的生态界面，破坏了物种的生存环境。在空间设计中，应当使用可呼吸的界面、具有地方特色的材质，使得对生态系统和原有物种的扰动最小化（表7.3-6）。

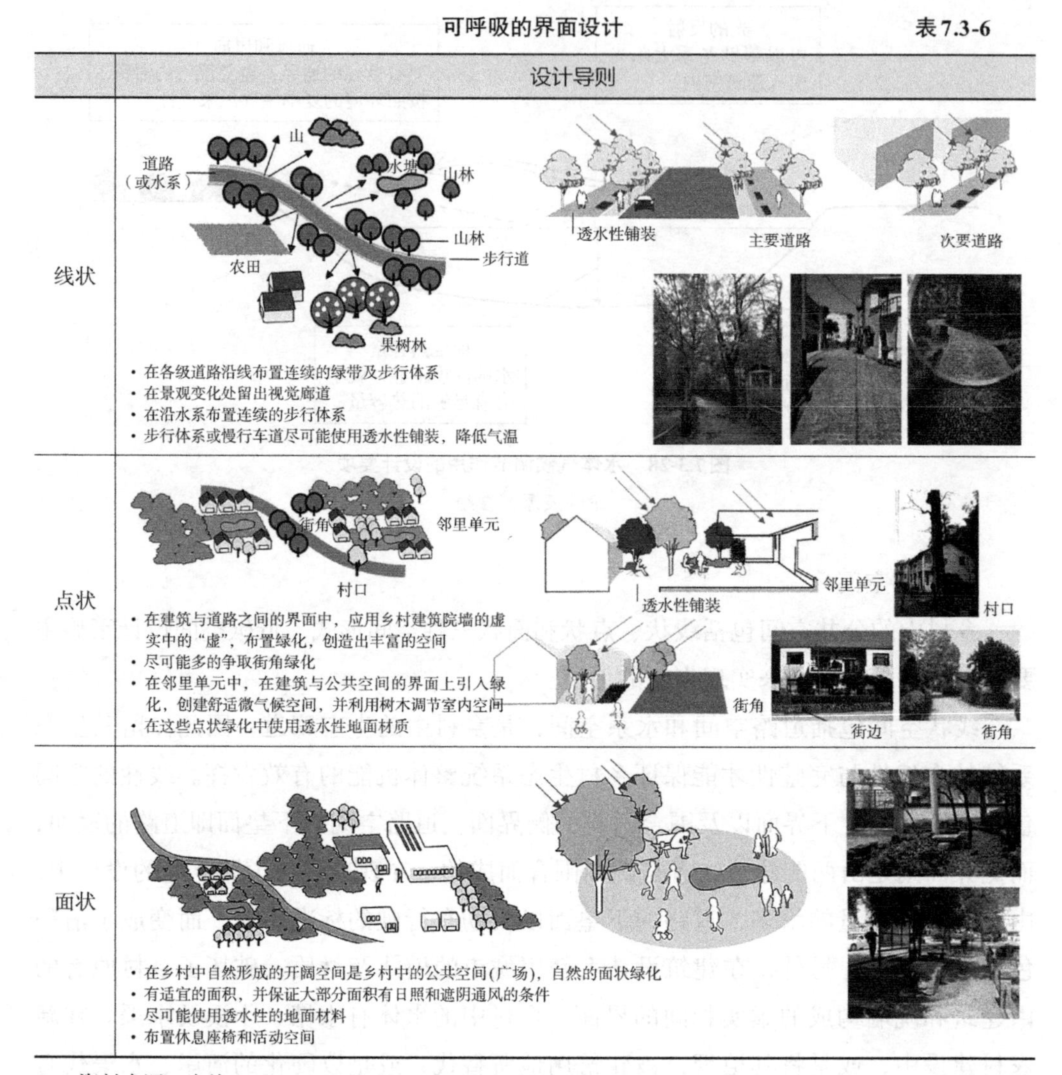

可呼吸的界面设计 **表7.3-6**

	设计导则
线状	• 在各级道路沿线布置连续的绿带及步行体系 • 在景观变化处留出视觉廊道 • 在沿水系布置连续的步行体系 • 步行体系或慢行车道尽可能使用透水性铺装，降低气温
点状	• 在建筑与道路之间的界面中，应用乡村建筑院墙的虚实中的“虚”，布置绿化，创造出丰富的空间 • 尽可能多的争取街角绿化 • 在邻里单元中，在建筑与公共空间的界面上引入绿化，创建舒适微气候空间，并利用树木调节室内空间 • 在这些点状绿化中使用透水性地面材质
面状	• 在乡村中自然形成的开阔空间是乡村中的公共空间（广场），自然的面状绿化 • 有适宜的面积，并保证大部分面积有日照和遮阴通风的条件 • 尽可能使用透水性的地面材料 • 布置休息座椅和活动空间

资料来源：自绘

2.建筑空间与邻里单元中的碳汇

乡村建成区的扩张、道路的硬化、河道的改变等土地利用方式的变化是影响乡村“碳汇”的最主要因素。混凝土建筑、水泥路面取代了原有的土地、农田、水田、水塘和小溪，这些被硬化的界面吸收并储存了太阳中的热量，使建成区域的温度升高，引起了乡村空间热环境的变化，产生了和城市一样的温室效应以及气候变暖的现象。尽管这种变化并不能立刻被人体所感知，但是其对于乡村环境，甚至是整体环境的影响却不可忽略。

乡村的建设以住宅建筑为主，因此为了缓解气候变暖和环境变化，碳汇系统的导入应当首先从住宅建筑开始，尤其是以住宅建筑更新、扩张或者重建为契机，增加环境基础设施，即“碳汇”体系的导入。通过在营建过程中导入的树木或植被调节建筑室内环境以及小气候环境的舒适度，减少建筑能耗，同时增加固碳的“直接碳汇”效果。

1）屋顶绿化及垂直绿化

在建筑单体形态设计中引入屋顶绿化和垂直绿化。

乡村的营建过程往往以有机更新的模式为主，即在原有的建成区中新建或重建建筑。这样的更新模式，会增加原有场地的建筑密度，不利于绿化空间的导入。屋顶绿化和垂直绿化可以在这种建筑较为密集的区域中，增加自然下垫面（图7.3-29）。这些绿化的界面一方面通过蒸腾作用和光合作用影响碳元素的转换，另一方面通过绿化中的蓄水介质的整体热容量对室内和室外小气候环境进行调节。

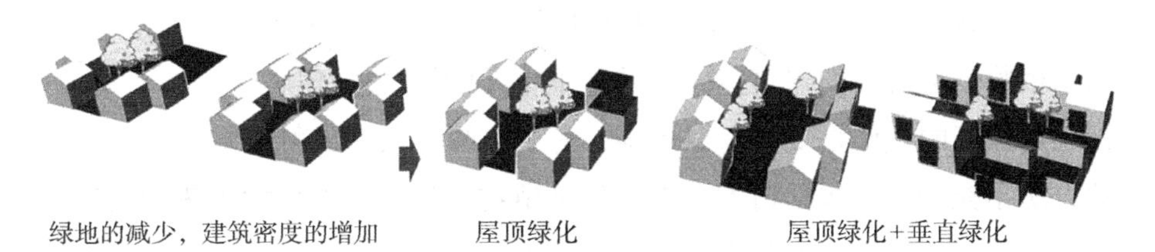

图7.3-29 屋顶绿化及垂直绿化

资料来源：自绘

如图7.3-30所示，在浙江地区的夏季气候条件下，绿化的表面温度与硬化路面的表面温度要相差10℃左右。从相关研究中可以得出[①]，屋顶绿化和地面绿化对环境的调节作用十分相似，因此可以代替地面绿化，实现“碳汇”补偿。

除了一般的屋顶绿化以外，还有轻绿化屋顶以及蓄水绿化屋顶。蓄水绿化屋顶或者是含水土层较厚的绿化屋顶，由于其热容较大，对于环境的调节作用较好，但是由于屋顶的荷载大，对于结构要求较高，造价高，施工复杂，维护也不十分方便，因此仅限于能耗较大、施工较好的公共建筑。对于普通的乡村住宅，利用普通的屋顶绿化，对由住宅建造引起的碳汇损失做一定的补偿即可。

如果在绿化屋顶施工困难，难以推广的情况下，可以结合乡村的特点，利用一

① 郑星，杨真静，刘葆华，郑晓楷，范伟，关庆庆. 红外热像法研究屋顶绿化对热环境的影响[J]. 光谱学与光谱分析，2013(6)：1491-1495.

图7.3-30　红外热像法测绿化的效果（浙江安吉县里庚村）

资料来源：自摄

些爬藤植物，采用建筑垂直绿化的形式，以垂直绿化实现碳汇的保障。另外，落叶性植物夏季遮挡辐射，冬季透射阳光的特点可以适应于冬冷夏热地区的气候。

2）植物的利用

结合乡村绿化的特点，通过空间设计的手法，有效控制植物与建筑之间的关系，利用植物创造舒适的建筑室内外及邻里单元的微气候环境。

长三角地区的气候是夏季高温多湿，为了在夏季营造出舒适的乡村环境，最为普遍的方法是充分利用包括树木在内的各种植物。建筑室外环境的热舒适度常常用体感温度来衡量，体感温度与太阳辐射、气温、湿度和风速有关。因此，树木对于微气候的调节也主要从以下几个方面来实现。

树与太阳辐射：包括植物在内的树木在其生产的过程中需要吸收太阳的辐射，是天然的太阳辐射集热器以及遮挡太阳光的有效工具。因此，在树荫下人们常常会觉得舒服。在被动式太阳能利用的设计中，常常在建筑的南向种上高大的落叶树，夏季以茂盛的树荫遮挡太阳辐射，冬季在落叶之后可以使阳光进入室内。另外，在长三角地区，东面和西面的日射也很强烈，也需要结合树木来遮挡。在乡村建筑中，可以结合竹林或者是爬山虎一类的爬藤植物来实现。此外在场地局限，没有空间种植树木的情况下，可以利用地方材料等对东西侧墙进行遮挡。例如，在安吉县示范村里庚村的小学改造设计中，设计者利用当地的竹子作为墙体的贴面材料，从图7.3-31中可以看出，竹材的表面温度比内部墙体的表面位图要高大约10℃，贴面材料的利用可以起到遮阳隔热的效果。

树与风的控制：树木还可以通过调节气流、风速和湿度来调节微气候环境的舒适度。首先，树木要起到挡风的效果，防止强风导致的细缝风的侵入，同时减少建筑的热损失。其次，树木及其他灌木与建筑之间不同的位置关系可以改变风向，

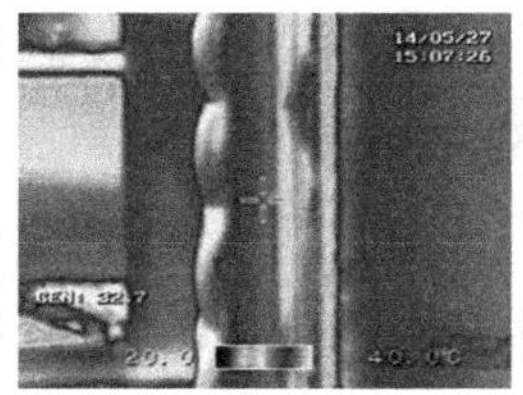

图7.3-31　竹片墙的效果

资料来源：自摄

使建筑室内和室外的通风条件得到改善，通过制造空气流动形成舒适的室内外微气候环境。树木对空气具有一定的过滤作用，可以清除空气中的悬浮物质，使穿过树木进入室内的空气变得清新（图7.3-32）。

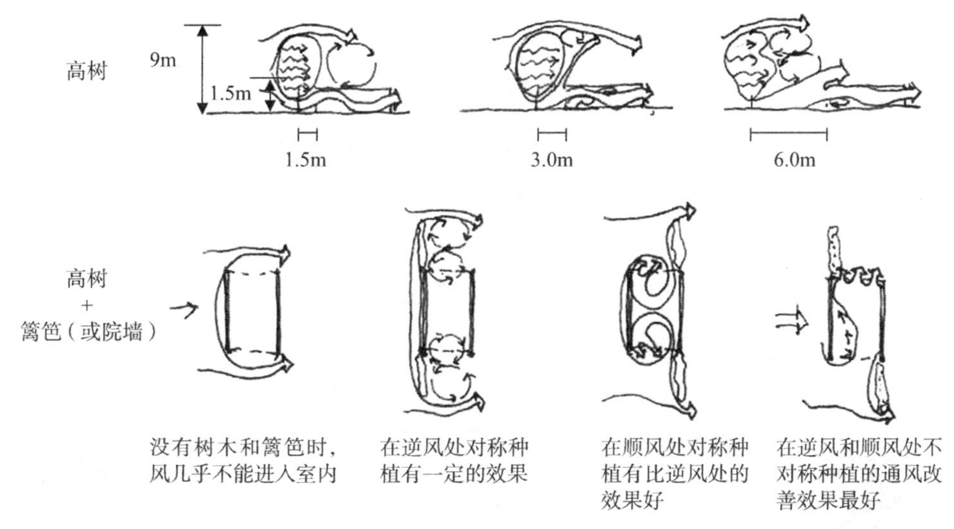

图7.3-32　植物对风的控制

资料来源：自绘

3.村落空间的“碳汇”体系

村落层面上的乡村“碳汇”体系通过“直接碳汇”和“间接碳汇”这两种途径实现低碳的效应，因此空间设计策略也可以从这两个方面来阐述：一方面，乡村的空间设计因结合场地中的原有绿地和水体，设计位于不同空间层级的“碳汇体系”，以保证“碳汇”量。另一方面，在村落整体的“碳汇”体系设计上，要从结构上减少碳排放保证乡村原有生态系统功能的完整性，并结合地形气候特点，实现对小气候的调节，降低能源的消耗从而实现低碳。另外，合理的“碳汇”体系结构，能够提供舒适的户外环境，尤其是在乡村生活中促使人们从室内走向室外，以改变人们的生活习惯来节省能源的消耗。

乡村的人口密度、建筑密度低，自然丰富，因此碳排放率要远远小于城市。与城市相比，其类型、功能和布局都具有特殊性①。

1）村落空间“碳汇体系”的构成

以多层级、多形式的绿地（及水体）体系设计保证“碳汇”量。

在城市社区中，热岛效应、大气污染等环境问题日趋严重，因此对于“碳汇”系统，主要是指城市绿地系统的面积，通常用城市绿地覆盖率来评价。其形式以各种大小的公园为主。相比较而言，乡村的“碳汇”体系更贴近于生产与生活，如自家后院的自留地，村口的一棵古树，孩子们嬉戏的一片果树林等，并不像城市的“碳汇”系统一样复杂，在兼顾“碳汇”作用的同时，更具有生活气息，是生活空间的一个部分。与特别设计的城市综合性公园、社区公园不同，乡村的“碳汇”空间应当以自然形成的空间为主，其设计策略应当结合乡村的人居单元和地理单元的特点，将乡村的“碳汇”空间贯穿到景观体系的设计中。

与公共空间相结合，贯穿于乡村景观体系中的“碳汇”体系由道路、步行空间、自然形成的广场以及开敞空间构成（图7.3-33）。

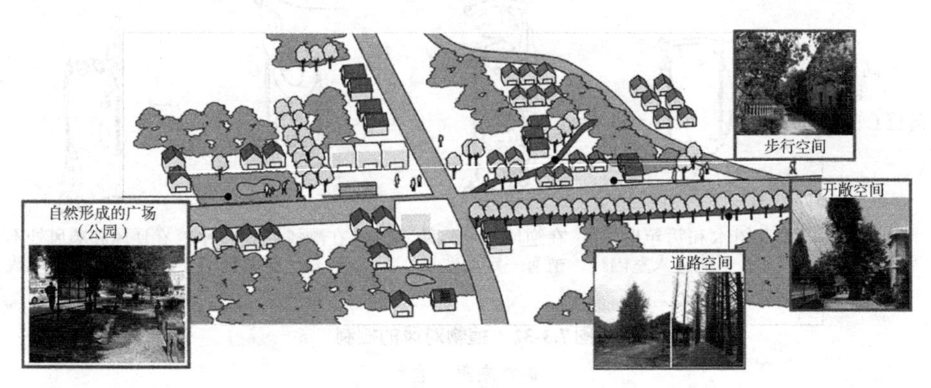

图7.3-33　乡村公共空间与景观体系

资料来源：自绘

道路体系：是指机动车通行的道路，主要有乡村公路和村道。大多数情况下，乡村公路和村道穿越乡村，村落沿道路的两侧发展。道路串联起周围的山林、农田、池塘和村庄，景色优美而富有变化，是乡村最主要的生态廊道。城市的道路绿化是连续的绿化带，而乡村的道路绿化体系，应该在充分利用现有的植被形成连续廊道的前提下，在景观元素发生变化的同时，留下视觉廊道。

步行空间：为步行空间提供良好的绿化体系，在实现碳汇的同时，也能够为

① 徐宁宁.低碳背景下小城镇规划适应性方法研究[D].天津：河北工业大学，2012.

居民和旅游者提供良好的步行环境，以步行取代车行。

自然形成的广场与开敞空间：结合商店、村口、大树等地带设置广场（自然形成），并结合小学、政府办公楼等设置开敞空间。现在许多的新农村建设中为了发展旅游，这些空间大多被硬化，尺度大且空旷。硬质的场地下垫面也会吸收太阳辐射而升温，影响小环境的舒适度，从而进一步导致能源消费的增加。这些广场与开敞空间应当结合地方特色，种植适量的树和植被，使这些景观上的节点成为碳汇体系中的低碳调节器。

道路空间和步行体系是线，广场与开敞空间是点与面。乡村的碳汇体系应当是点线面结合的体系。这个点线面相结合的设计，与乡村整体风环境设计相结合，能起到调节微气候环境的作用。另外，这些绿化系统还起到固碳、吸碳的作用，其固碳的能力应该满足乡村现有的碳排放容量。

2）乡村碳汇体系的结构

（1）碳汇体系的结构有利于生态系统的功能完整和良好的小气候环境

乡村的碳汇体系除了在面积上满足固碳和吸碳的效果外，需要在整体结构设计上保证其生态功能的完整性（图7.3-34）。

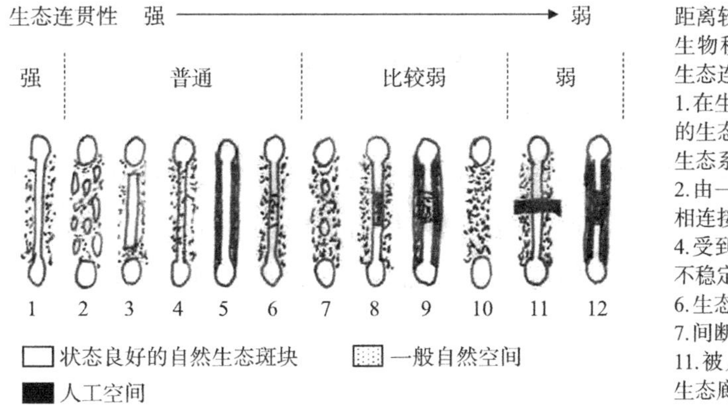

距离较远的生态斑块之间生物移动、生物链保留、生态连贯的可能性：
1.在生态斑块之间有完整的生态廊道，具有很强的生态系统连贯性；
2.由一组较小的生态斑块相连接；
4.受到一定干扰，生物量不稳定的生态廊道连接；
6.生态廊道有部分断裂；
7.间断的生态斑块连接；
11.被人工空间所隔断的生态廊道

图7.3-34　碳汇结构体系与生态功能的保留

资料来源：作者根据CASBEE–街区自绘

（2）碳汇体系调节小气候环境

合理的碳汇体系结构设计，可以调节村落的小气候环境，培养人们室外活动的习惯，减少建筑能耗。

树木能够遮挡太阳辐射，能够调节气流，有改善环境舒适度的效果。在整体设计上其结构应具有自然性、均衡性和网络性。概括地说，是结合自然地理单元的现状特点，以小而多均衡布局的形式布置，点、面（广场和开场空间）与线（道路与步行体系)结合形成网络体系。点状的空间中通过绿化、灌木、保水性的地面材料等，形成凉爽的微气候，使冷空气在这些区域内滞留，成为乡村空间中的“低温区”(cool spot)。同样，通过种植高大树木、使用透水性材料，形成绿荫步行道，可以在夏季创造出凉爽的线状的空间，这些线状空间顺应主风向布置，形成“风廊”。滞留在“低温区”内的冷空气，通过风道带到村落的整个空间中，起到调节村落小气候环境的作用(图7.3-35)。

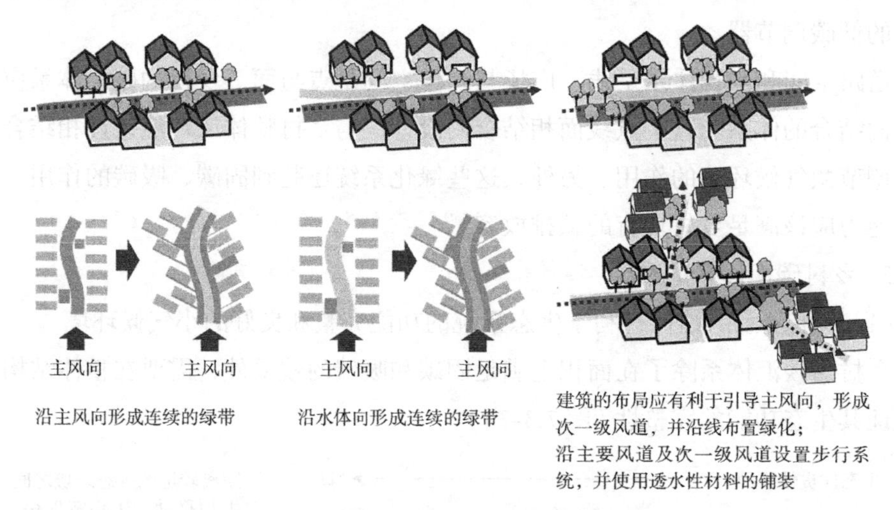

图7.3-35 绿化体系结构与小环境气候调节

资料来源：自绘

在绿色景观体系调节下形成舒适的村落小气候环境，可以改变居民的生活习惯，增加室外活动的时间，从而进一步减少建筑的能耗。相比城市社区，乡村的村民更喜欢户外活动，相互之间的交流更加频繁，因此低碳的效果会更加明显(图7.3-36)。

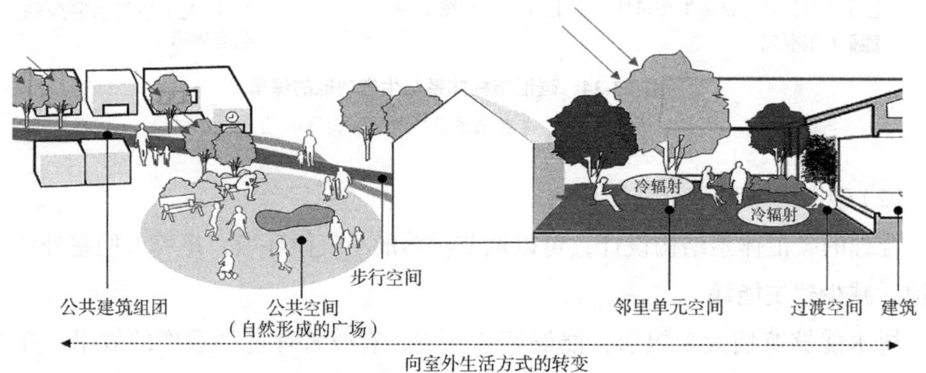

图7.3-36 绿化体系结构与室外生活方式的形成

资料来源：自绘

通过“节流”“开源”和“增汇”三个碳循环体系中的要素描述，可以建立低碳乡村的营建体系和空间设计策略。内容归纳见表7.3-7。

低碳乡村的营建体系和空间设计策略　　表7.3-7

<table>
<tr><td rowspan="13">节流</td><td rowspan="4">村落结构和土地利用</td><td rowspan="2">以公共交通为节点的空间结构</td><td>近邻居住</td></tr>
<tr><td>适合步行的村落尺度</td></tr>
<tr><td rowspan="2">低碳土地结构</td><td>混合居住</td></tr>
<tr><td>高效土地利用</td></tr>
<tr><td rowspan="6">建筑</td><td rowspan="3">建筑热负荷的控制</td><td>规划布局</td></tr>
<tr><td>建筑设计</td></tr>
<tr><td>围护结构和构造设计</td></tr>
<tr><td rowspan="2">利用热性能的空间构成</td><td>缓冲空间的应用</td></tr>
<tr><td>空间热性能的利用</td></tr>
<tr><td>高效设备的导入</td><td>适宜技术的导入及节能意识的提高</td></tr>
<tr><td rowspan="3">交通体系</td><td>步行系统</td><td>步行系统的可达性和便利性</td></tr>
<tr><td>公共交通系统</td><td>公共交通系统的完善度</td></tr>
<tr><td>低碳车辆</td><td>低碳交通工具的导入</td></tr>
<tr><td rowspan="6">开源</td><td rowspan="3">区域能源</td><td rowspan="3">区域能源系统</td><td>以邻里单元为基础的分布式能源的应用</td></tr>
<tr><td>能源的循环利用</td></tr>
<tr><td>能源的多样性</td></tr>
<tr><td rowspan="3">可再生能源和未利用能源</td><td rowspan="2">可再生能源</td><td>太阳能</td></tr>
<tr><td>生物能</td></tr>
<tr><td>未利用能源</td><td>雨水及中水利用</td></tr>
<tr><td rowspan="9">增汇</td><td rowspan="4">生态系统的保留</td><td rowspan="3">建筑用地中的生态系统</td><td>建筑单体及邻里单元的场地</td></tr>
<tr><td>农田、林地及水塘的保留</td></tr>
<tr><td>地形地貌的保留</td></tr>
<tr><td>村落空间中生态系统的保留</td><td>公共空间设计及生态系统保留</td></tr>
<tr><td rowspan="2">建筑空间与邻里单元空间中的碳汇</td><td>建筑空间中的碳汇</td><td>屋顶绿化及垂直绿化</td></tr>
<tr><td>邻里单元空间中的碳汇</td><td>邻里单元中植被的应用</td></tr>
<tr><td rowspan="3">乡村中的碳汇体系</td><td>碳汇体系的构成</td><td>多层次、多样式的碳汇系统以保证“量”</td></tr>
<tr><td rowspan="2">碳汇体系的结构</td><td>生态完整性</td></tr>
<tr><td>小气候的调节作用</td></tr>
</table>

7.4 低碳乡村建筑形态与空间模式

当下的乡村，孤立的设计已难以兼顾随着人们生活方式、经济状况与人口结构的变化而趋于多样化的建设需求。同时在整体聚落营建层面，为避免单一的住宅类型造成千篇一律的乡村风貌，应坚持“整体统一，自主营造”和“主体统一，附加差异”的设计原则。因此，本书在主体功能原型的基础上，运用拓扑学作为形态的演化媒介，通过附加的腔体空间、复合表皮、地貌特征等因素，设计出多重选择形态模式的“菜单”。

7.4.1 地貌适应

1.滨水适应设计

浙北大部分地区地势相对低平，以平原水乡为主，河网密布。因此，大量的浙北传统民居多临水而居，依河而建。以乌镇和西塘为代表的滨水聚落，民居多面街背河、附有店面，临街设店面，内部兼作起居室，后部房作厨房，住宅与水系呈现丰富的空间形态（图7.4-1）。

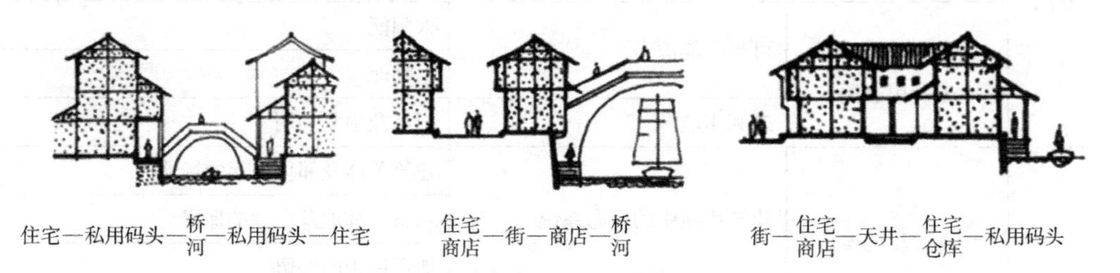

图7.4-1 滨水空间组合形态

资料来源：中国建筑历史研究院.浙江民居[M].北京：中国建筑工业出版社，2006：106.

以此为参照并受其启发，在保持主体功能原型不变的情况下，顺应地势，通过亲水平台、滨水檐廊、底层架空、滨水挑台等设计手法，灵活处理建筑与水的关系。也可就近利用水源热泵等设备，调节住宅内环境，同时应注意加强滨水住宅的自然通风，除湿防潮（图7.4-2）。

2.坡地适应方法

为应对浙西北天目山山区及局部微地形的高差，最大限度地利用土地资源，在

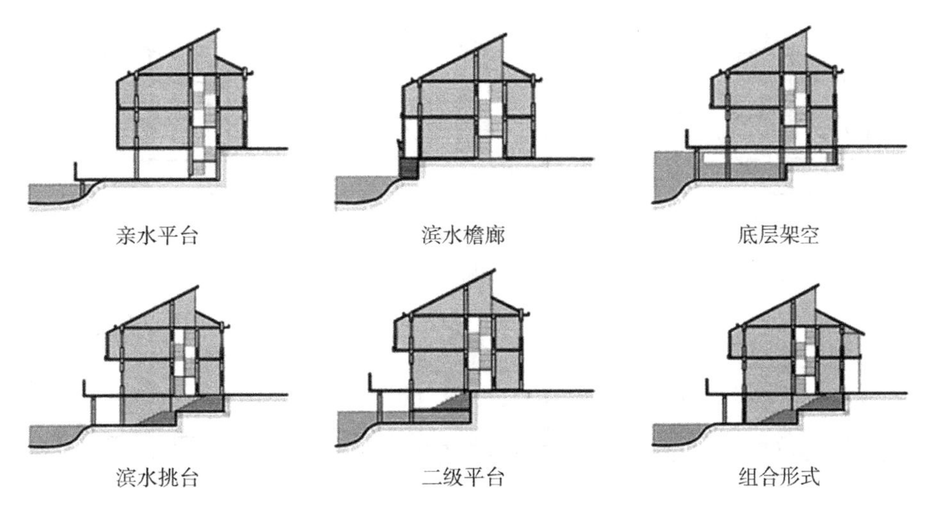

图 7.4-2　滨水各类型剖面菜单示意图

资料来源：自绘

对山丘坡度地貌的处理上，研究使用筑台、挖方、提高勒脚、跌落、悬挑、架空等设计手法，可以在保持功能原型空间形态基本不变的情况下，利用下垫面的形变来契合地形，使得建筑具有更强的适应性和灵活性（图 7.4-3）。比如，利用架空手法不仅能够充分发挥住宅辅助服务空间的功能，还能够有效应对浙北地区多雨潮湿的气候特点，起到防潮、隔气、通风以及基地找平的作用（图 7.4-4）。

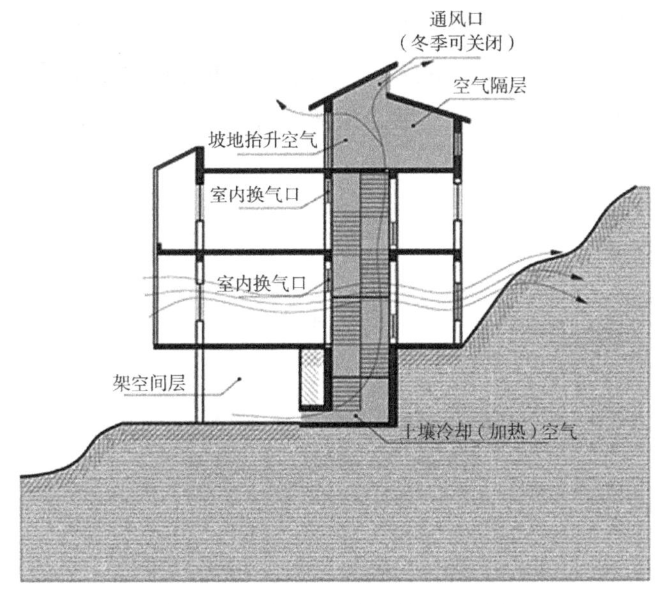

图 7.4-3　坡地架空类型剖面示意图

资料来源：自绘

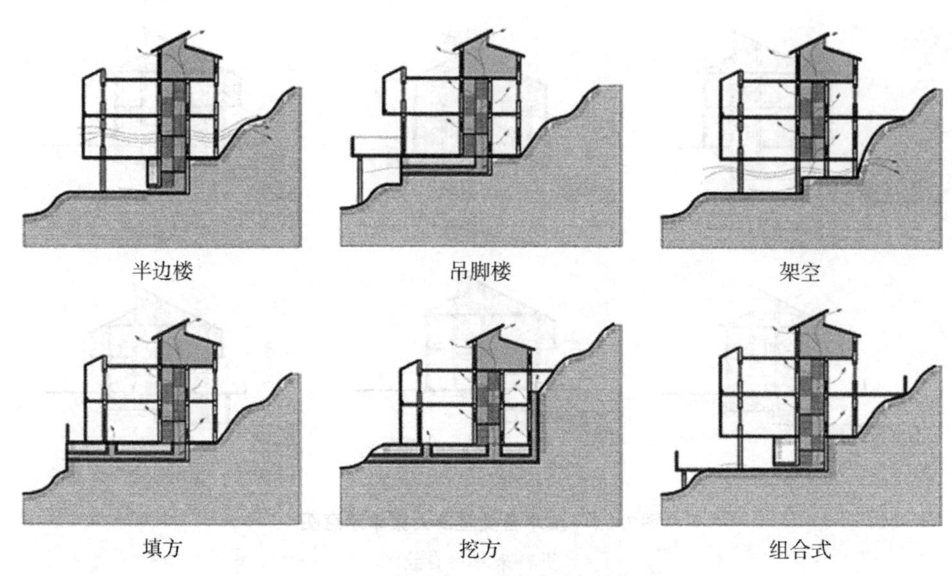

图 7.4-4　坡地各类型剖面菜单示意图

资料来源：自绘

7.4.2 腔体空间

建筑的出现，从某种程度上来说是一个对自然环境干扰破坏的消极过程，改变了地表原有的自然形态和生物群落的生存环境。因而低碳导向下的地区营建，应尽量使建筑的建造过程对周边自然环境的干扰达到最小。从这个层面上来说，建筑的地貌特征可类比于细胞结构的细胞壁，对建筑空间起到形态限定、划分切割的作用，以顺应场地的地形、水文、土壤、植被等自然因素（图 7.4-5）。

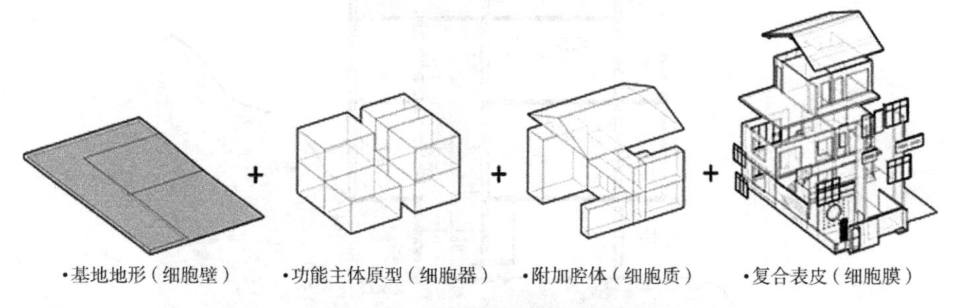

图 7.4-5　地貌特征关系示意图

资料来源：自绘

浙北包括浙江省北部的平原与丘陵地带，由杭嘉湖平原、宁绍平原及浙西北天目山及其余脉形成的山区组成。除平原外，下文将分别论述具有代表性的滨水及坡地地貌特征。

1.院落空间

院落是乡村聚落空间的灵魂。作为基本单元的构成元素和单元相互间的界定，院落组织是有机的乡村空间，为乡村住宅形式提供了一种弹性，同时也是传统建筑中最为有效的气候调节器，体现出建筑空间与环境协调的智慧。院落由于其所处位置、私密程度、朝向的不同，可以分为前院、后院以及内院，它们承载和适宜的活动亦不相同。院落的组合叠加构成了乡村住宅中丰富的空间层次，形成了公共、半公共、私密空间相互切换的序列。

1）前院

其中前院由于朝向好、光照足、方便易达，成为乡村住宅的功能型院落。其可作为户内外的等待转换空间；承载家庭主要室外活动（谷物晾晒加工、衣物盥洗晾晒等）；亦可作为家庭公共生活的扩展空间，有效弥补室内公共空间的不足。由于前院功能的多样性及灵活性，使其在高品质的乡村生活中不可或缺。

2）后院

后院则由于尺度小、私密性好，成为乡村住宅的辅助型院落。其可作为厨房功能的延伸空间，也可作为堆放杂物、养殖家禽、设置发酵池的场所。后院的设置使乡村生活更为便利的同时，也为保留乡村生活的真实场景预留了积极有效的空间场所。

3）内院

内院相对前后院来说，私密性最强，是江南传统民居普遍采用的空间形式（称为天井），不仅能够起到采光、拔风等调节室内外的微气候环境的功效；还增大了内部空间与外界接触界面，撕扯开了原型中部的断面，为住宅各功能置入直接的光线与空气，进而提高居住的品质和土地利用率。

4）组合院落

在设计中充分回归院落的空间形态，在功能原型的基础上，按照各类型庭院的空间内容和特质，灵活组合，呈现丰富多样的宅院空间形态菜单（图7.4-6、图7.4-7），积极带动符合乡村特色的建筑主体多样性的探究。

2.阳光间层

传统民居多采用坡屋顶，悬挑檐口和墙面形成的灰空间是室内外空间的有效过渡空间，起到了遮阳、避雨、模糊边界等的作用（图7.4-8）。在现代乡村宅院设计中，借助玻璃等现代建筑材料的特性，可利用这一区域设置间层，增加建筑表皮与空气的接触面，增大对进入空气施加影响的余地。亦可结合温室效应等有效积蓄太阳能，在冬季对建筑蓄能保暖，在夏季设置可调或可开启设备。

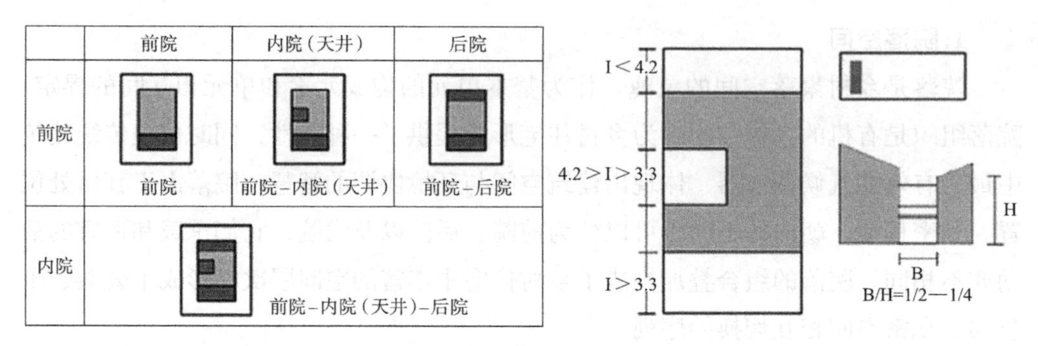

图7.4-6　组合院模式图

资料来源：自绘

图7.4-7　组合院设计菜单

资料来源：自绘

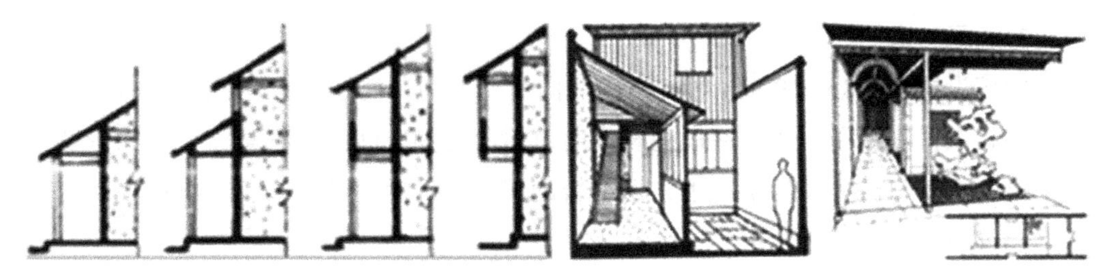

图7.4-8 传统民居沿廊示意图

资料来源：中国建筑历史研究院．浙江民居[M].北京：中国建筑工业出版社，2006：90.

在原型南侧设置1.2m×9.9m×6.6m的预留间层，将入口设立在中间，左右侧可自由选择单层阳关间、通高阳光间、柱廊等空间形式进行组合设计；结合中庭的设计，亦可在中庭界面增设可开启的阳光间、悬挑向中庭的露台等。阳光间、柱廊、可调节间层等多种模式既满足了热舒适度和使用需求，又丰富了立面设计，增加了原型拓展的多样性（图7.4-9、图7.4-10）。

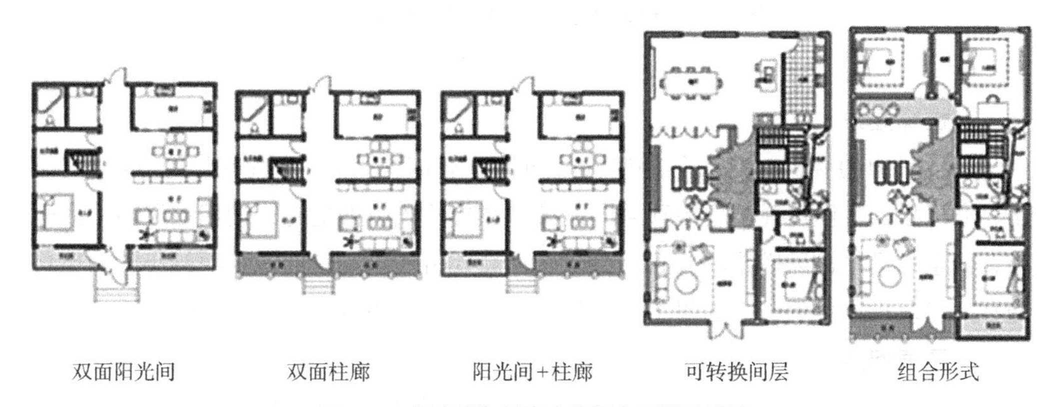

图7.4-9 阳光间与柱廊空间组合平面示意图

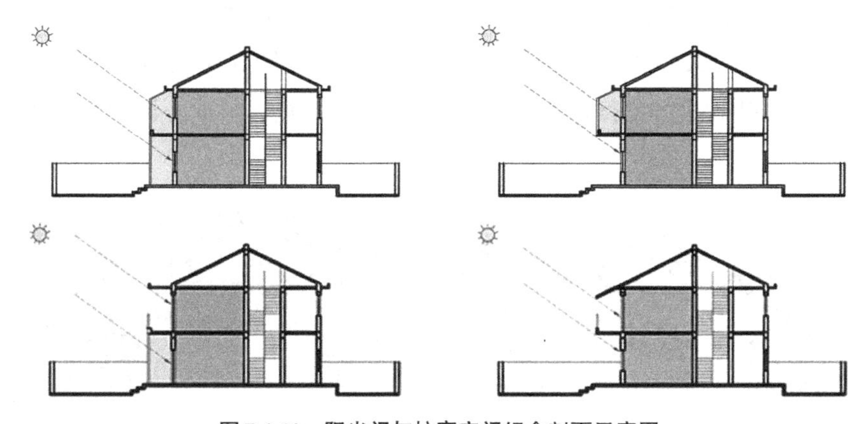

图7.4-10 阳光间与柱廊空间组合剖面示意图

资料来源：自绘

3.通风廊道

中部设置的1.8m×9.9m×3.3m南北向贯通的通风廊道，在两侧门开启时，可以达到较大值的风压通风，在风值较大时可引起周围空间的空气紊流，从而带动室内通风。在不阻碍通风的情况下，可结合起居室、厨房、餐厅设置丰富的空间变化（图7.4-11）。

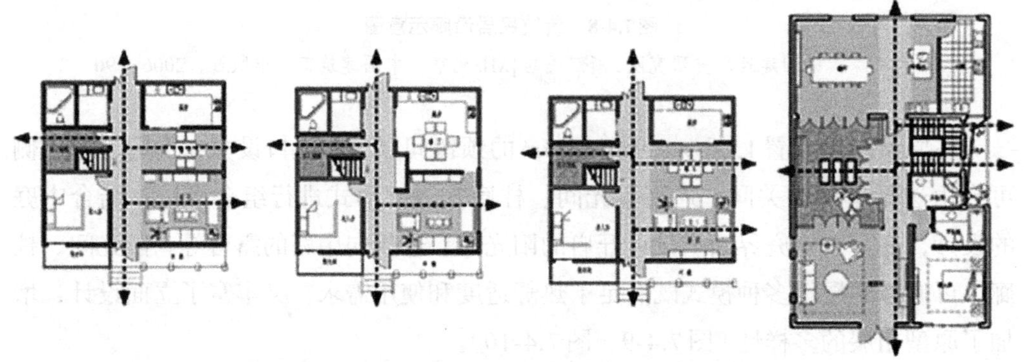

图7.4-11　通风廊道与其他功能空间组合示意图

资料来源：自绘

4.楼梯竖井

上下贯通的楼梯间是自然的竖向拔风井，底部应设置通风口引导室内空气排出，亦可根据具体情况结合屋顶共同设计。在自然风压不足时，利用在屋顶上的开窗，甚至以设立拔风塔井的方式，将空气从高处引入建筑内部，利用较小的捕风口面积即可获得更多的风，加强室内空气的排出速率，调节室温（图7.4-13）。

5.屋顶间层

屋顶是传统民居中的重要空间，具有储物、隔热、灵活纵向空间分割等作用（图7.4-12）。同时其也是建筑顶部具有承载储藏功能和气候调节作用的大型腔体：功能上可做有效的农产品储藏；形式上可结合地域传统建筑进行抽象演绎；气候上可同楼梯井共同设计，有效增强自然通风、除湿防热，形成不同类型的屋顶空间形态（图7.4-13）。

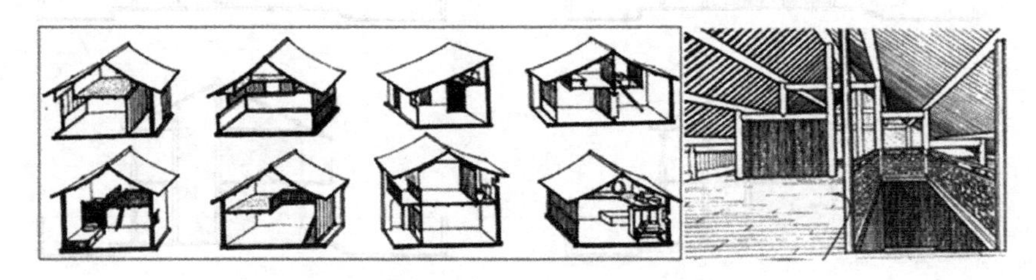

图7.4-12　屋顶空间利用方式图

资料来源：中国建筑历史研究院.浙江民居[M].北京：中国建筑工业出版社，2006：106.

图 7.4-13 屋顶及楼梯井组合示意图

资料来源：自绘

7.4.3 复合表皮

建筑表皮，即为建筑与空气交接的围护结构的各部分，诸如各墙面、屋顶、地面及门窗等。在传热耗热量所占比例的分析中，外墙占35%～40%，外窗25%～30%，外门15%～20 %，屋顶10%，地面5%，外墙所占比例最大，直接接触土壤的地面最少（图7.4-14）。

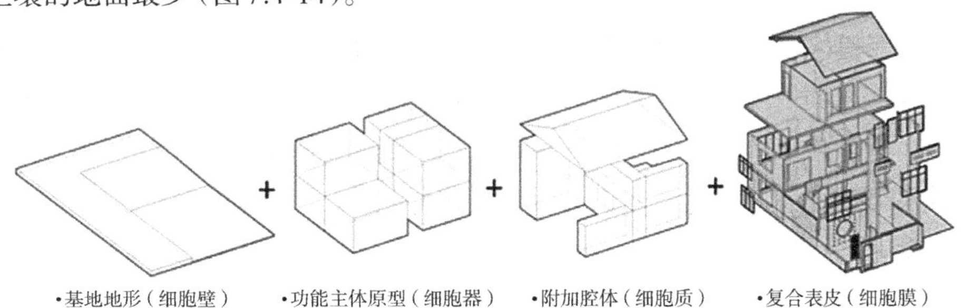

图 7.4-14 复合表皮关系示意图

资料来源：自绘

好的建筑表皮应当具有能量积蓄和能量传导的双重功能。其作用强调对外界环境的阻隔与对不利气候的防避，是可界定空间私密性、遮挡风雨、屏蔽噪声的掩体。同时由于不同季节与时段的差异，对建筑表皮的需求可能会截然相反，如冬季需保温隔热而夏季需散热通风。由于需求的多样性和变化性，决定了建筑表皮绝非单一的结构和材料所能够解决的，而应该像细胞膜由脂膜、膜蛋白与膜糖组成的多层次的结构一样，是一层建筑的复合界面，也是一个建筑室内外热量、光线、声音、气流、能量活动的过滤器与动态调节装置。

1.复合屋面

屋面是房屋的遮盖系统，是建筑物与外界进行热交换的较大的中介体。屋顶表皮采用太阳能一体化双层复合界面，自上而下由屋面结构檩条、屋面板龙骨、混凝土屋面板、300mm空气间层、工字钢梁、可调节太阳能模板组成。在屋面板上下方各设置启闭阀门，夏季，打开阀门热空气上升，空气层内气压下降，冷空气从进风口进入，在空气层中缓慢上升，加热后从屋脊处排出，带走大量热量；冬季，关闭阀门，热空气间层起到保温的作用（图7.4-15）。

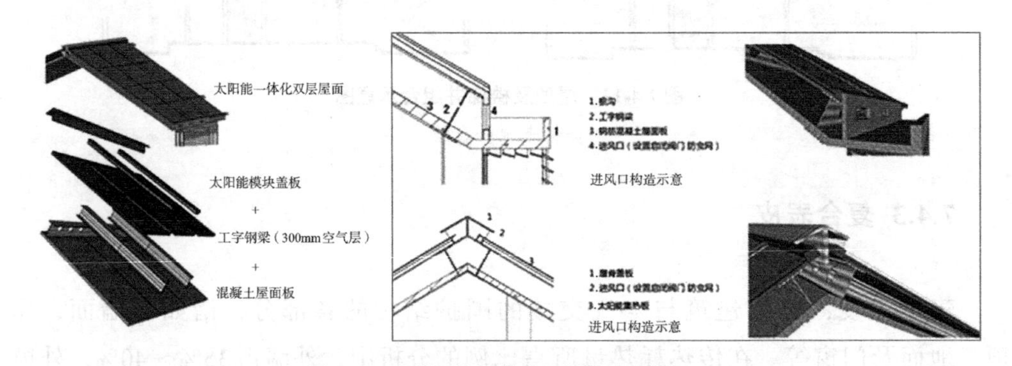

图7.4-15　太阳能一体化双层复合屋面

资料来源：参考镇江招商北固湾绿色社区中心设计竞赛资料绘制

太阳能模块盖板可结合屋面结构桁架自身优势，在型钢的上翼边缘处，根据实际建设需求和条件，选择装配工业预制完成的普通屋面、集热板屋面、薄膜电池屋面、采光顶屋面、种植屋面等不同类型屋面的一种或几种（图7.4-16）。若采用几种类型模块相互组合的方式，可同时满足保温、集热、隔热、采光等综合需求（图7.4-17）。

2.复合墙体

墙体占建筑表皮的绝大部分，也损耗了建筑传热耗热量的最大百分比，是围护结构节能保温的重要部位，应该根据不同方位墙体的特征分别予以设计研究（图7.4-18）。

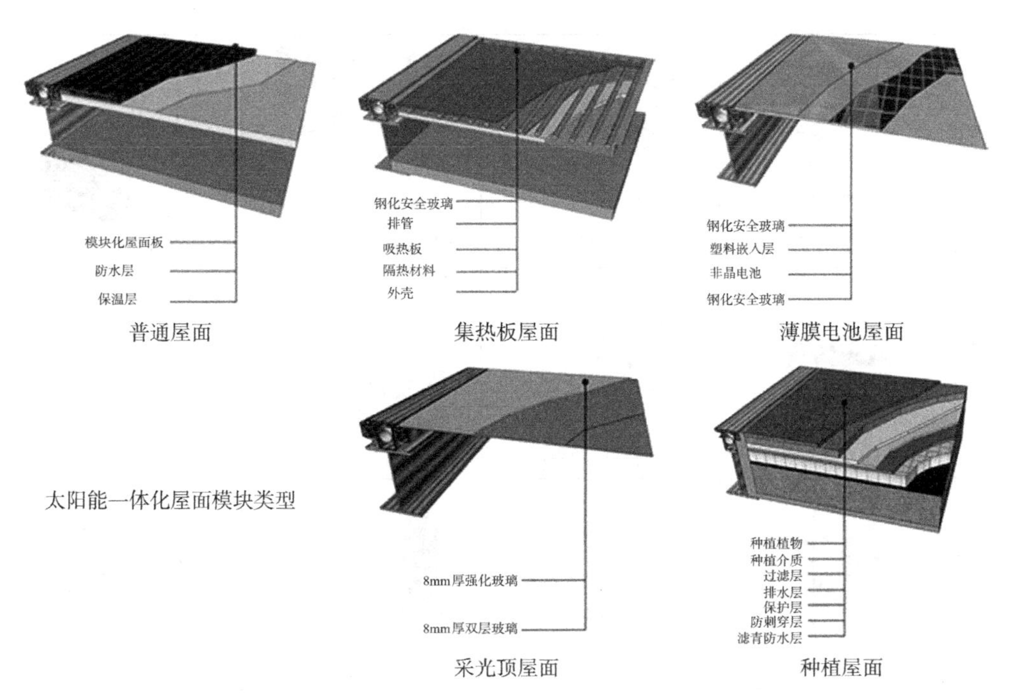

图7.4-16　太阳能一体化屋面模块类型构造图

资料来源：参考镇江招商北固湾绿色社区中心设计竞赛资料

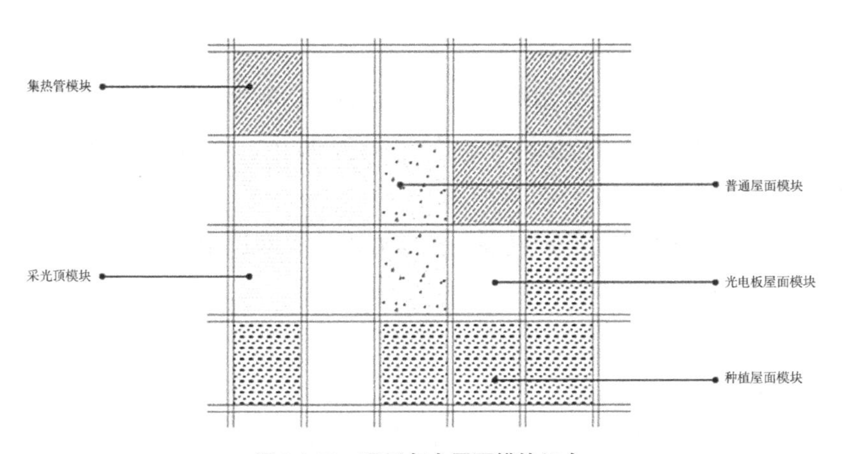

图7.4-17　顶层复合屋面模块组合

资料来源：参考镇江招商北固湾绿色社区中心设计竞赛资料绘制

1）南面墙体

南面通常是建筑最大的太阳照射面，要同时注意阳光的动态阻隔和收集蓄热。综合采用反光板、双层幕墙、水平百叶、蓄热墙体（特朗勃墙）、深挑檐等，进行一体化设计。

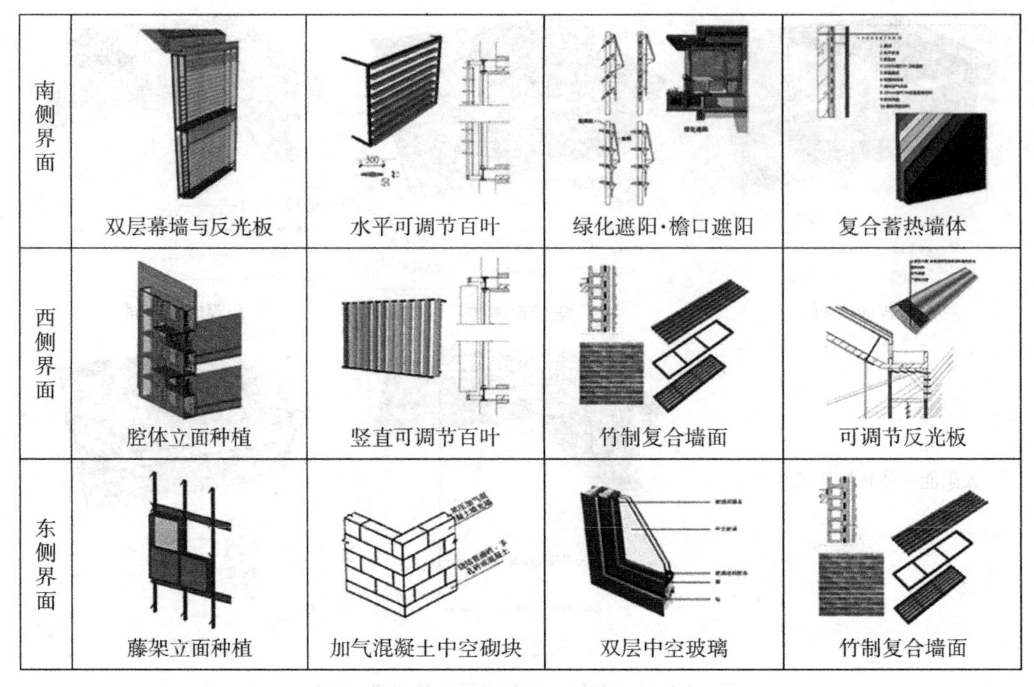

图 7.4-18　墙面复合形态菜单

资料来源：自绘

2）西面墙体

西侧在夏季易受到午后太阳热量干扰，应加强防晒措施。可采用具有双重隔热作用的腔体种植屋面、竖直遮阳百叶、竹制等复合墙体、可调节反光板等防晒措施。

3）东面墙体

东侧及北侧可采用常规的加气混凝土空心砌块、双层中空玻璃、竹制等复合墙体等，满足保温隔热需求。

3. 复合地面

1）架空楼板

架空楼板指的是楼板由上层楼板、下层楼板和空气间层组成。中心腔体空间可有效阻隔热量传导，成为引导风道，并可布置各种管道及管线（图 7.4-19）。

2）地源热泵

地源热泵的工作机制是将地下水、江河湖水甚至土壤等冷热源的能源进行采集、转化、储存、开发，用以改善建筑的室内热环境，是清洁的可再生能源技术。将其与地板结合，可有效利用水源和土壤源蓄积的热量，调节室内热环境（图 7.4-19）。

3）透水地坪

透水地坪是采用碎石、胶结料、添加剂、水泥等材料经过均匀搅拌，铺设成路面，并依照庭院、停车场、车道、走道细分为不同构造做法。其能够使雨水迅速渗入地表，有效地收集补充地下水，解决路面容易积水的问题，提高使用的安全性和舒适性（图7.4-19）。

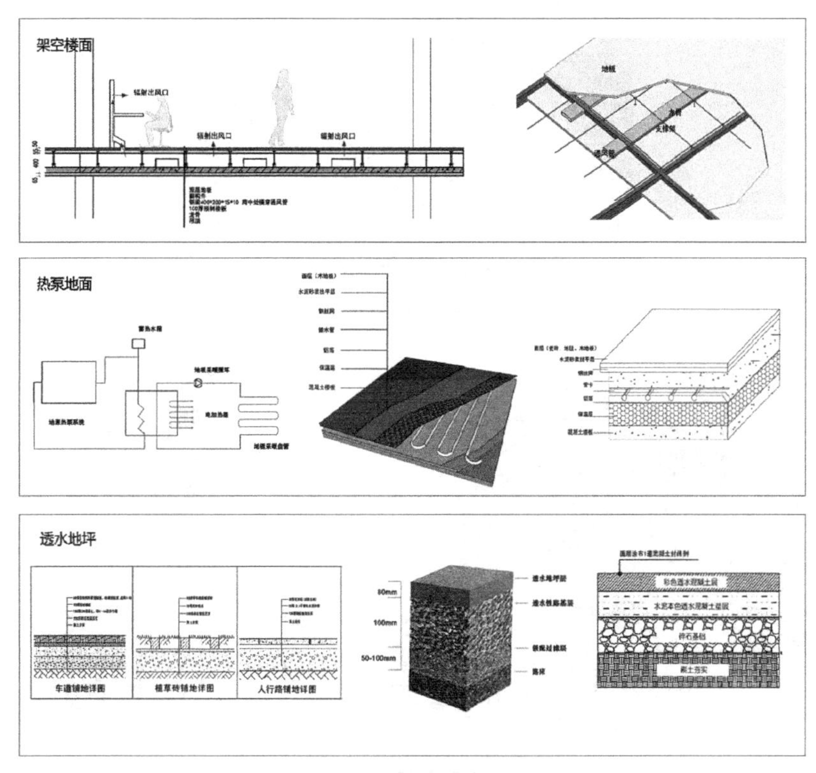

图7.4-19 复合地面菜单示意图

资料来源：自绘

以上各复合表皮的形态皆列举了普通做法，在实际操作中应该与地域工艺特色、地方材料（浙北地区如毛竹、木材、竹板、夯土、毛石等）有机结合，以普通技术工艺为主，适当注重与乡土文化的协调，有意识地保护乡土文化结构的连续性和完整性（图7.4-20～图7.4-22）。

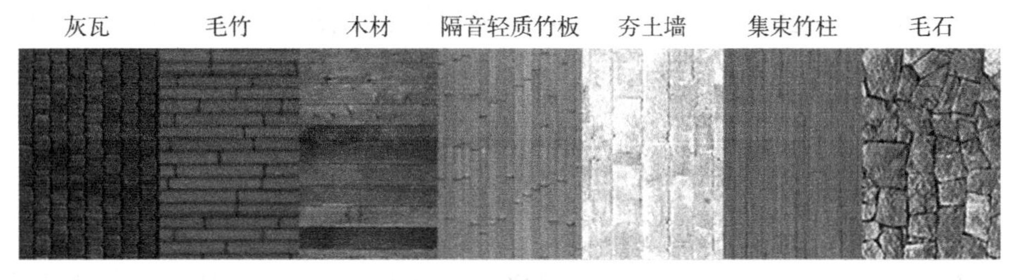

图7.4-20 浙北乡土材料

资料来源：自绘

图7.4-21　复合表皮示意图

资料来源：参考镇江招商北固湾绿色社区中心设计竞赛资料

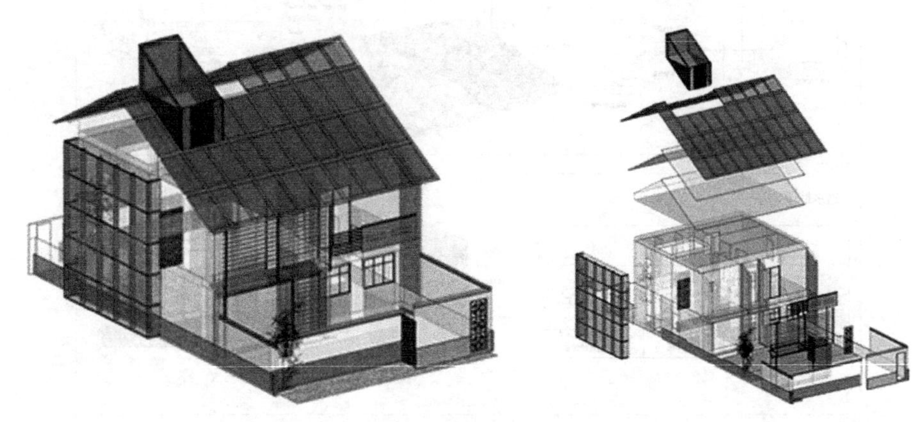

图7.4-22　庭院单元表皮解构示意图

资料来源：自绘

4.空间形态设计菜单

本书拟根据具有普遍共性的住宅主体原型，运用拓扑学作为演化媒介，通过分析庭院、阳光间、通风廊道、楼梯竖井、屋顶间层等腔体形态、复合表皮、地形条件等可变因素，预测与设计出“菜单式”的多重选择形态模式，为专业人士提供设计基础。这种可视化的设计菜单，不期成为设计人员的思维约束，而是与居住者交流的参照，并最终根据建设场地的多种现实条件完成对实际营建方案的最佳选择（图7.4-23、图7.4-24）。

诚然，菜单式的设计不能满足所有的预期。且笔者认为，在实现“大协调、小丰富”和“主体统一，附属差异”这一乡村聚落营建目标中，建造者基于个体微观局部视角、结合自我需求而进行的菜单之上的自主建造才是最源源不断的推动力。那些根据菜单，并基于材料、地方工艺、主体需求、审美意志的个性化营建，使得

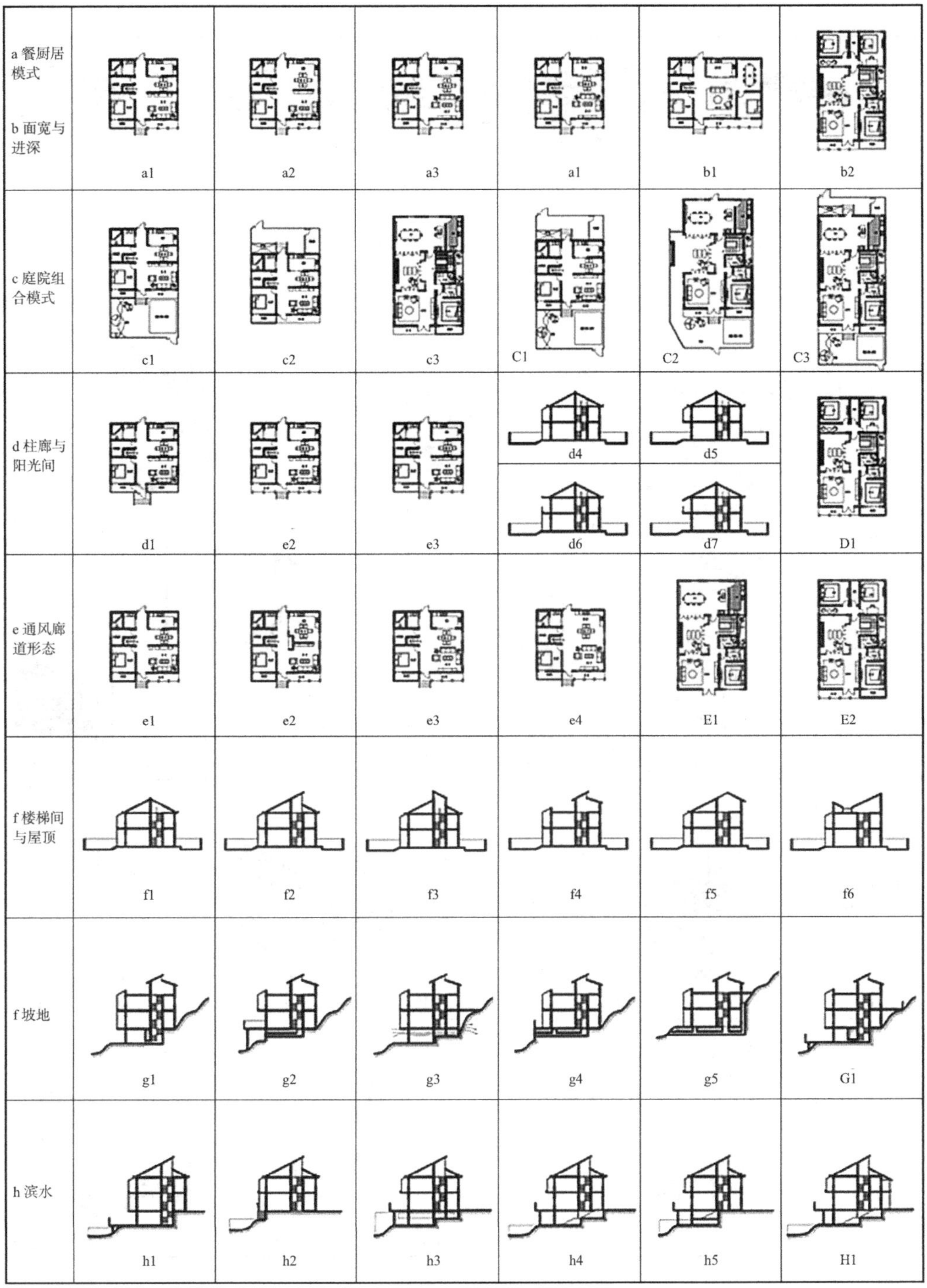

a 餐厨居模式 b 面宽与进深	a1	a2	a3	a1	b1	b2
c 庭院组合模式	c1	c2	c3	C1	C2	C3
d 柱廊与阳光间	d1	e2	e3	d4 d6	d5 d7	D1
e 通风廊道形态	e1	e2	e3	e4	E1	E2
f 楼梯间与屋顶	f1	f2	f3	f4	f5	f6
f 坡地	g1	g2	g3	g4	g5	G1
h 滨水	h1	h2	h3	h4	h5	H1

图 7.4-23 庭院空间形态设计菜单

资料来源：自绘

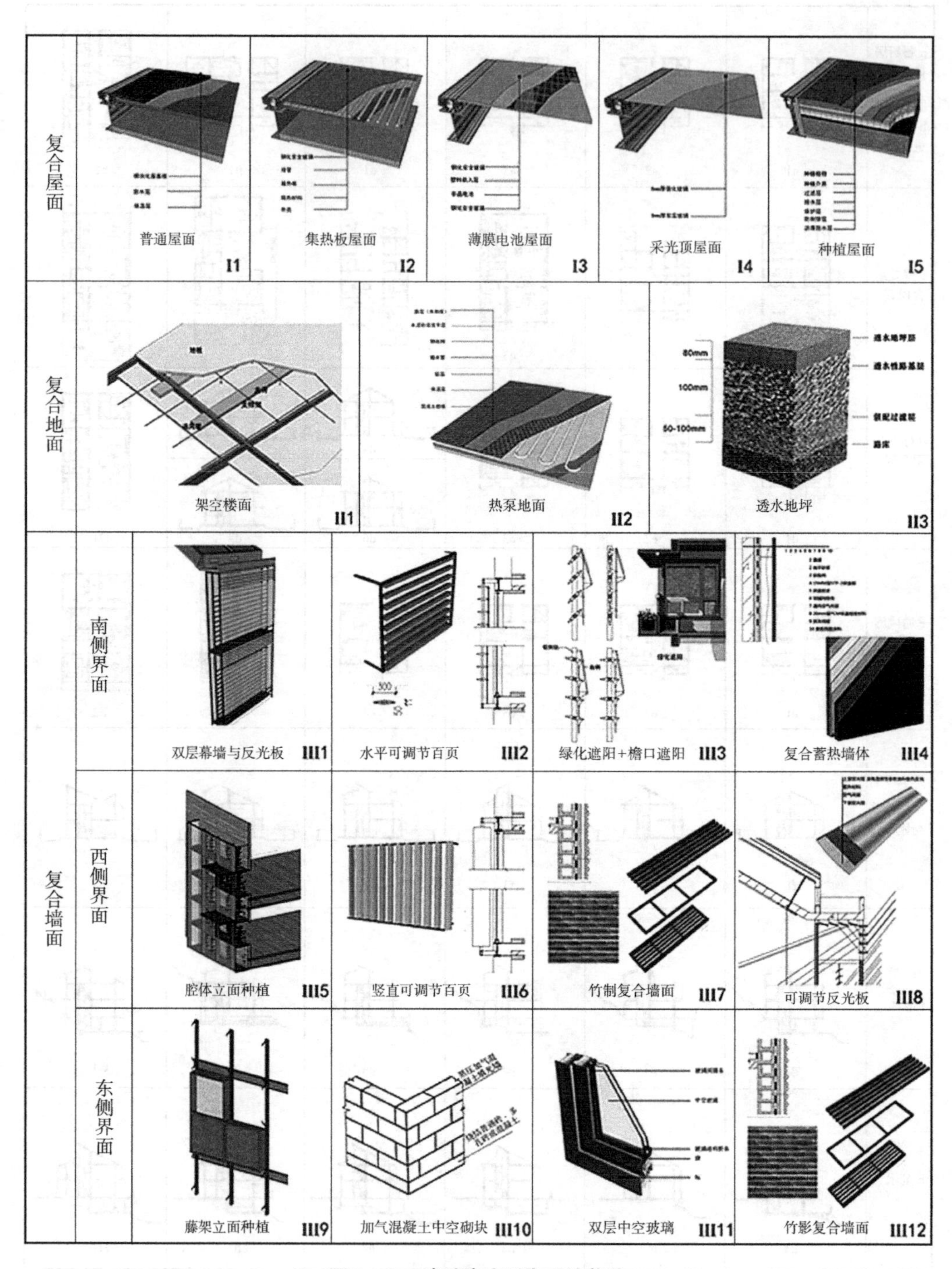

图7.4-24 庭院表皮形态设计菜单

资料来源：自绘

建筑普遍呈现随机的差异，最终因为个体形制的微差而在乡村整体风貌上呈现出某种柔韧而自然的有机与丰富。

7.5 低碳乡村聚落营建策略与建筑设计方法

本节在低碳乡村营建的概念导向下，从聚落空间与建筑设计的层面，以建筑师、规划师的视角，探讨在当下的乡村聚落里究竟该建设什么，其着力点在哪里？什么才是适宜的策略与途径？建筑师、规划师如何确定自身的定位与工作方式？这些问题虽然乍看起来与低碳乡村没有直接关系，但是在聚落层面，各种设施的合理配置、高效使用其实或许是更为重要的低碳体现，这有助于在聚落整体格局层面优化其空间设施与景观风貌，节约更多的资源与能源，也是真正体现低碳不只是技术的事情，而是需要转化为各个层面的观念认知与设计策略。研究工作主要从以下两个层面展开：整体聚落风貌和建筑单体层面。具体从问题辨识、理念建构、营建导则、策略方法、案例实践等多个方面展开。

7.5.1 乡村聚落与建筑营建中的集约与效益问题

经过改革开放40多年高速发展，浙江地区乡村的产业结构与社会形态呈现出多元的态势，特别是大范围的乡村归并、人口聚集、产业结构调整，使乡村社会发生了重大的改变。为了全面准确把握乡村当下的现状、特征与问题，课题组围绕课题研究的主要内容，选择了大量村落展开了调研。调研对象涉及杭州市周边以及丽水、金华、衢州、温州、湖州等多个市县的乡村。

调研案例对象根据其风貌特征，主要包括以下三种类型：

（1）近郊现代村落：主要选择了杭州萧山以及绕城公路沿线村落，重点分析了自建农居的特征及其演变机理。

（2）新旧风貌混杂型的村落：选择了安吉、磐安、常山、安吉、富阳等多个地区的乡村，从聚落与建筑两个方面探讨了其特征与问题。

（3）传统村落：主要以丽水地区作为研究对象，展开了大量详细调研与分析，因为丽水是浙江最为丰富的传统村落集聚地区。

另外，在调研过程中，还包括了德清县环莫干山、温岭石塘镇多个乡村，前者是作为现代乡村民宿经济发展的代表；后者则作为海岛型乡村的典型代表。通过这些大量密集的调研工作，使得课题组对于当下浙江发达地区乡村建筑风貌特色有了较为全面、深入的认识。调查中发现，基于详尽的分析，拿出一个全面而完整的规划是可能的，也是相对容易的，但是限于有限的资金以及时间，建设起来却难以整体推进。比如在过去几年时间里分头实施的“美丽乡村”“农房改造”“保护与利用”“传统村落”等多个乡村建设的项目，其提供的资金不多，建设周期也很短，在这样一种多头管理、资金有限、建设时间有限的背景之下，于是很自然地产生多头管理、反复规划、缺乏协调、重复建设、注重显示度的表面工程等诸多问题。面对这样一种复杂的现实，乡村建设该如何进行，特别是如何将不同渠道的资源整合到一起，减少资源浪费，避免实施过程中的各种布景式景观，带给乡村良性的发展，是一个迫切需要研究的课题。

在当下的乡村建设中，因为不同部门的要求以及各具体项目的指向性不同，在物质空间形态层面的建设多集中在以下三个方面：

（1）农居：乡村农居风貌的混杂与无序是一个不争的事实，引起各方的高度重视也极其自然。除了少数重点示范乡村，农居可以整体规划与建设，但是对于量大面广的农居，在有限的资金之下，政府所能做的也通常就是给墙体刷刷涂料、改改门窗，风貌在短时间内是统一了，可是好景不长，由于墙面变脏，或居民乱搭乱建，结果村子面貌相比以前可能更加混乱，而且更为糟糕的是，通过这样一个过程，很多居民养成了“等、靠、要”的思想与习惯，房子主体完工后，故意不粉刷，形成所谓的“赤膊墙”，等着政府给他们买单建设。

（2）重要节点、道路、水体等沿线景观整治：为了将相对分散的村子连点成线成片，各类景观“廊道规划与建设”也在乡村中非常流行。其重点在于廊道沿线的建筑、景观以及一些重要节点，其优点是能迅速提升廊道沿线的景观展示效果，方便检查验收，但由于与聚落本身以及村民的日常生活缺乏紧密的联系，所以这些建设通常会沦为表面工程。

（3）公共空间与公共设施：该类工程对于村庄的健康有序发展有着非常重要的作用，但往往由于投入较大、周期长，地方政府往往不愿意进行这类工作，如果再碰上因征用一定的土地需拆迁安置部分村民，工作起来则更加困难。

在低碳导向下，一方面是建筑在建造与运营过程中节约资源，另一方面则是让建成的房子与设施真正能发挥效益。所以，本课题组认为：政府买单的农居风貌整治不可为；表面工程化的景观建设不宜为；公共空间与设施的建设却应大有可为，这是政府可以做、也应该做的事情。其具体有以下两个方面的原因：

（1）政府的职责原本就是提供公共服务。公共空间与设施的逐步完善，不仅会切实提升居民的居住生活水平，也会引导乡村产业的转型以及居民生活方式的转变，促进社区精神的培育，塑造具有新地方性的建筑风貌，从而带给乡村长远、健康的发展。

（2）公共设施由于一般是政府投入，因其相对充裕的资金以及包容性，比较容易采用一些低碳的技术与策略，达到示范的目的与效果。

7.5.2 基于低碳理念的乡村聚落与建筑风貌营建策略

1.聚落整体格局层面：乡村显性、隐性公共空间梳理与公共设施引导下的乡村建设

当代乡村公共空间的建设已经越来越受到重视，因为其品质优化与体系性的完善能够极大提升村民的日常生活品质，并从产业转型、培育社区凝聚力、景观风貌上激发村庄结构性层面的整体更新。根据用地权属及其在村落演化中发挥的作用，当代村落公共空间可划分为“显性”和“隐性”两种基本类型[①]。其中，显性公共空间主要指公共权属下用于祭祀、聚会、公共服务与休闲的设施与场所，如街巷、社区中心等，由政府出资或村民集体建设。隐性公共空间主要由生产经营类和日常生活类两种类型组成，以私人权属、家庭单元为特征，具有小规模、日常性、低成本运营与管理的优势。

本研究过程中，以浙江省安吉县鄣吴村为研究对象，利用空间句法的理论与方法，分析了乡村空间演变的内在规律与特征，探讨了如何从公共空间的梳理和公共设施的建设入手，逐步从内在提升乡村的居住环境品质，带动乡村产业的转型，促进社区的凝聚力与可持续发展。

“八府九弄十二巷”及穿村小溪是鄣吴村最具特色的外部空间，毫无疑问，也是鄣吴村历史保护与发展的基础，这一空间格局必须很好地保护、延续下来。不过，当下的生活方式相比传统社会已经发生了根本性的变化，那种内向、封闭、高密度的传统空间模式无法满足当下社会生活与经济产业的要求，有必要使其变得适当开放、多元，并引入更多的设施与功能，使得外部空间转化成可以满足、激发公共生活的场所。

村民日常生活与活动的中心，是村落整体公共空间格局中最具代表性的空间。在过去30余年的发展历程中，鄣吴村村民日常生活中心经历了“南移”“西迁”“回

① 卢健松.当代村落的隐性公共空间——基于湖南的案例[J].建筑学报，2016（8）：59.

拽”等多个阶段。不同于那些曾经有过许多大户人家的富裕乡村，鄣吴村没有书院、祠堂这些公共建筑（这与太平天国时期鄣吴村受到了毁灭性的破坏有关），所以在村中老人们的记忆中，鄣吴村最热闹的地方（他们心目中的村中心）是曾经位于其几何中心，也就是现存的余氏门楼这里。后来村庄不断向南扩展，特别是随着吴昌硕故居的修复以及沿河道路的拓宽，中心南移到吴昌硕故居前的广场。之后随着昌硕文化街以及鄣吴镇的建设，鄣吴村的中心开始西迁，并且这一趋势还在逐渐加剧。中心的移动是一个复杂、也是一个十分有趣的事情。其位置的改变与该地方的可达性、设施的水平、景观的质量等都有着密切的关系。在鄣吴村的案例中，经过观察与分析，我们发现其中心的改变主要是因为新的道路以及街巷的出现，改变了原有的道路格局以及公共服务与商业设施水平。中心的偏移往往也意味着远离中心区域的衰落，村内修谱大屋、金家大屋的颓败就是明显的例子（图7.5-1、图7.5-2）。

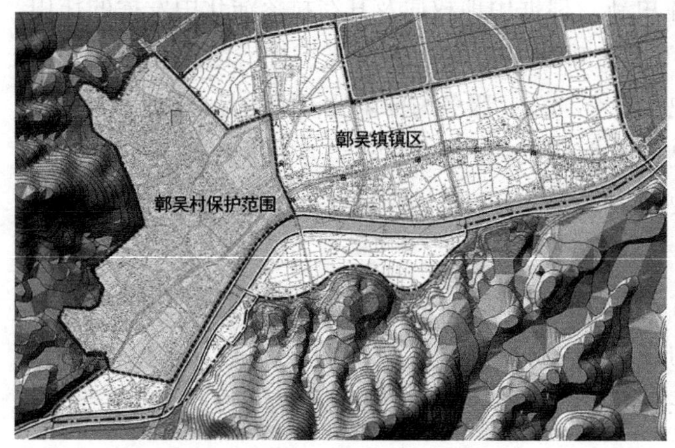

图7.5-1　鄣吴村核心区范围（即保护范围）

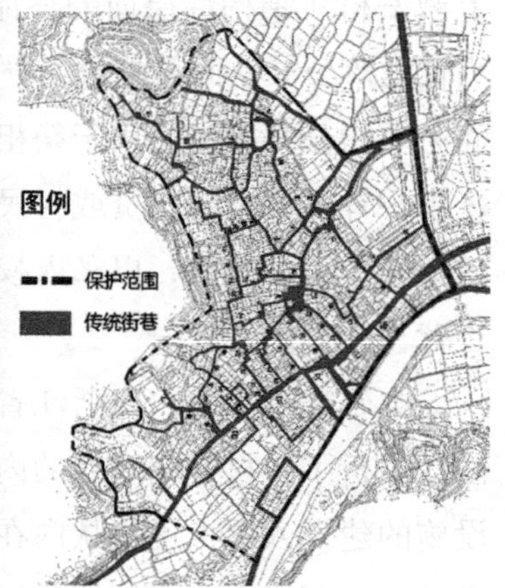

图7.5-2　鄣吴村的街巷空间

在鄣吴镇新区还未完全建成的情况下，如何将鄣吴村的中心适当往西侧回拽，使得老村和鄣吴镇中心之间能保持一个动态的平衡，是一个关系到鄣吴村能否长远健康发展的重要问题（图7.5-3～图7.5-5）。具体措施为下几个方面：

（1）可达性的提升：一方面针对村内的街巷空间进行梳理，使之在维持原来基本格局的情况下，尽可能通畅，主要街巷可以通行小型三轮农用车；另一方面借助空间句法的分析方法以及实际的调研，在部分区域增设街巷，以改善那些区域的通达性，具体详见空间句法分析。

（2）进一步保护、修复吴昌硕故居以及门前的广场空间，保持并挖掘这一省级文保单位的核心价值与魅力。

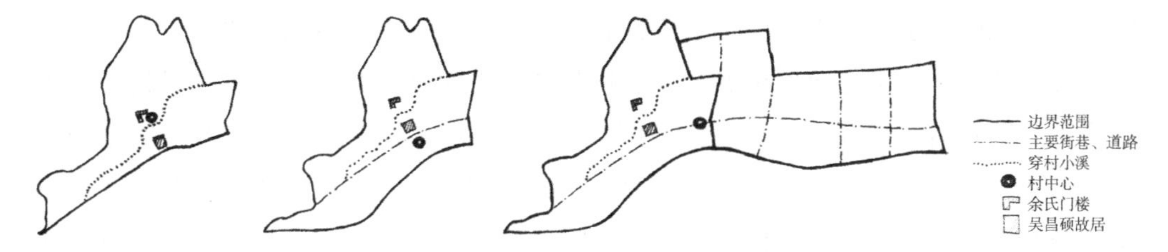

图7.5-3　鄣吴村1978年以前的中心：位于老村几何中心　**图7.5-4　鄣吴村2000年的中心：向南偏移**　**图7.5-5　鄣吴村现在的中心：向东侧的鄣吴镇中心位置迁移**

（3）在核心区增设一些重要的公共设施：将一些老房子改造或重建，置入新的功能，提升公共设施及其服务水平，吸引更多的本地人和外来人在此居住、生活、游憩，从而维持并提升乡村空间内在的活力（图7.5-6～图7.5-8）。

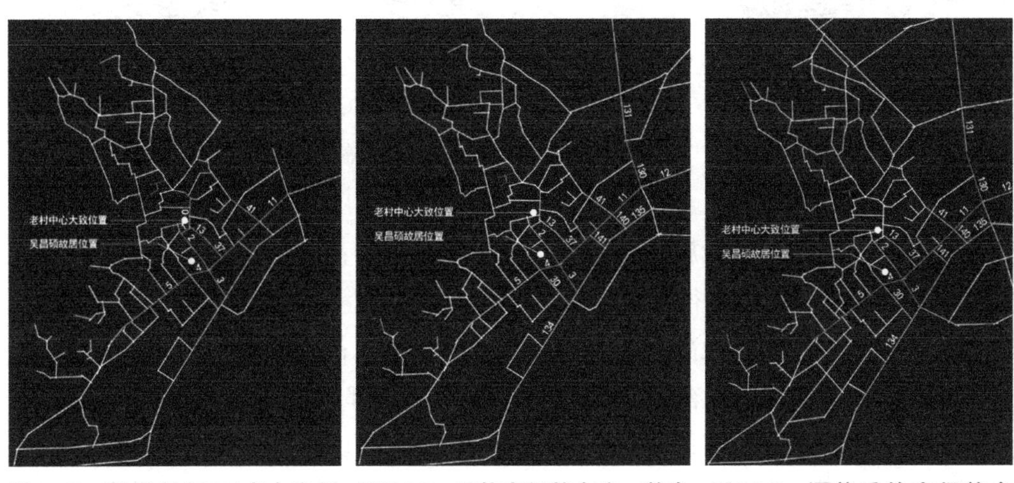

图7.5-6　鄣吴村（2000年）空间整合度：整合度最高（即颜色最暖）的区域是吴昌硕故居之前的部分　**图7.5-7　现状空间整合度：整合度最高的区域已经偏向了东侧的鄣吴镇中心位置**　**图7.5-8　调整后的空间整合度：整合度最高的区域重新回到吴昌硕故居之前**

在公共空间的分析与梳理的基础之上，基于资源整合、引导和培育未来产业的发展潜力，针对鄣吴村的发展提出了“一街、一带、一环、多片”的公共空间、公共设施的整合、布局模式：“一街”指昌硕文化街，昌硕文化街是鄣吴村内最重要的生活性交通街道，与村内多条街巷相交，同时也是该村商业、文化活动的中心，吴昌硕故居、胡氏民居、扇子博物馆、竹扇加工展销店等都分布在街道两侧。“一带”指穿过鄣吴村中心区的小溪滨水带，这一带上的水系与街巷相互交融，形成独特的滨水空间，也是展现郭吴村特色街巷空间与村民日常生活的重要场所。“一环”指以吴昌硕故居为中心向外扩展的一条环状街巷空间系统，通过它将郭吴村的各个重要景观节点有效串联在一起。“多片”则是指由“一街”“一带”“一环”所划分形成的不同片区。一环以内的区域为开放型居住组团，游客活动及各种公共文化设施主要分布在这些组团内。其他部分为内向型居住组团，旅游活动相对较少，以保证居民的正常生活不被过度打扰，从而平衡发展旅游与保证居民日常安宁生活之间的关系（图7.5-9～图7.5-11）。

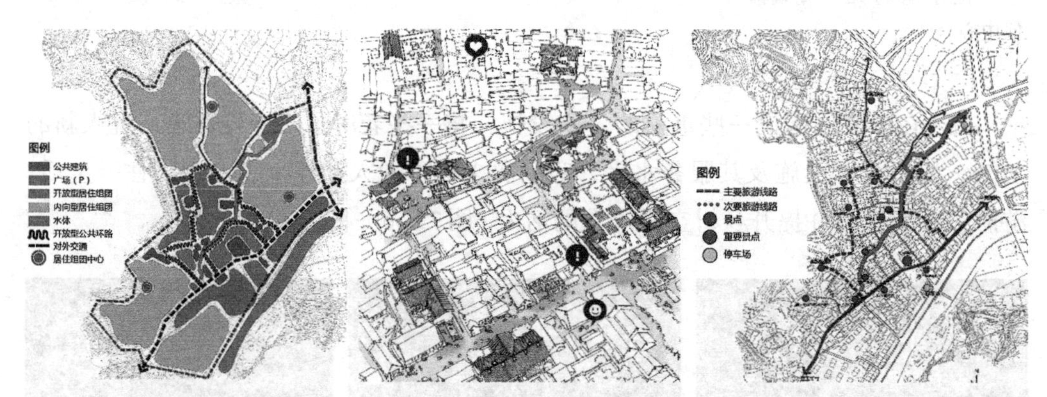

图7.5-9　郭吴村公共空间系统　图7.5-10　郭吴村公共空间营建示意　图7.5-11　郭吴村公共设施布局

郭吴村公共建筑与设施的布局特点，可以概括为：规模小、分布散、内在系统性强。规模小，可以使得建筑的投资少、布局灵活，在实际建设中很容易操作，建成后的建筑可以很好地融入原有的街巷空间与肌理；分布散，可以使得这些公共设施相对均衡地置于村落之中，如针灸般激发不同部位的活力，同时也使居民有平等的机会享用这些设施；内在系统性强，是指这些设施在功能上相互支撑，在交通上相互联系，在风格上相互呼应，在管理上相互统一，从而构成公共空间的结构骨架系统。在建筑的具体形式与风格之上，延续文脉，但创造一定差异；建造方式上尊重地方习惯与经验；在建筑的运营中则利用市场，但权属与利益归于社区。

2.农居单体层面：基于自组织特征及其演变机制的新农居设计与建设

以杭州萧山以及其他近郊区域村民自建农居为研究对象，通过大量的调研和分析，探讨了杭州地区自建农居内部空间与外在形式的特征及其演变过程，对其演变的动力和系统的演变规律进行了分析和总结。

总体上，农居形式的发展遵从着拉普普特所概括出的“模式+调整”的规律[①]。每个村民根据自身的朴素审美，在基本模式的框架内，一面抛弃隐喻着旧价值的建筑形式，一面追求象征着新价值的建筑形式。这种朴素的美学认知，它将各种不同的建筑形式和构件吸收进自建农居的系统内，再通过不断地变换和组合，创造出各地区所独有的丰富多变的农居聚落景观。而在聚落的层面，农居形态的变化又呈现出一定的自组织性，临近的农居之间通过信息共享、形态竞争、微观协调使农居形式在聚落层面呈现出一种有序的状态。[②]

在平面以及空间形态的组织过程中，农居需要充分考虑各家庭的不同需求以及未来出租部分房屋或者开办民宿的可能性，从而提高其使用效率。

在技术层面，则需要根据各地区的气候与环境特征，强化在建筑空间的组织层面，加强建筑的保温隔热与通风；同时，将遮阳、太阳能利用等各种设施与建筑一体化设计

3.建造材料层面：乡土材料的现代化、现代材料的乡土化表达

在村落里建房子，建筑风格是一个回避不了的话题，或传统，或现代，或折中，这是通常采用的三种模式。在建造的具体材料与方式上，我们认为“乡土材料的现代化、现代材料的乡土化”表达，是一条塑造当下乡村新地域特色的可行策略与方法。

乡村聚落的建设与发展，是一个自发、自主的过程，也就是说，不可能通过几套通常的民居图纸，就可以引导出具有地域特色的民居建筑及其村落。建筑师设计出来的，只能是“房子”，而非民居，因为民居本质上是长时间之下的居民的集体认同与自觉遵守的“类型”，而不仅是某种固化的符号与形式。所以在建筑形式上，不拘泥于特定的类型与风格；在建造材料上，也不过度受制于传统或现代，而更多的是从经济性、适宜性的角度选用建造的材料以及建造的方式，努力在现代与乡土之间进行对话与平衡，即“乡土材料的现代化、现代材料的乡土化”表达。对于一个乡村而言，风貌统一固然是一种美，但是具有不同时代特征的建筑融合在一起，只要它们被整合到统一空间结构系统之中，也同样具有魅力，因为这种多元与混合往往顺应了生活的要求，反映了时代精神。

在参与乡村建设的过程中，建筑师的工作方式是一种社区建筑师的状态，以引

---

① [美]阿摩斯.拉普普特.宅形与文化[M].常青等，译.北京：中国建筑工业出版社，2007.

② 朱博，贺勇，秦玲.杭州地区自建农居的形式特征及演变机制初探[J].华中建筑，2015(12)：41-44.

导而非主导的方式[①]，深入乡村聚落与社区的内部，与当地政府部门、村民、地方工匠合作讨论，不断修正、调整方案，参与实施全过程，从而促进乡村新的地域风貌的形成。

7.5.3 空间类型与形态设计

自本研究开展以来，结合不同类型的项目，展开了大量具有代表性的不同类型的乡村规划设计与建设实践，以验证理论探讨的落地途径，并反思理论层面的潜在问题与局限。具体实践项目类型以及成果主要体现在以下几个方面：

1.单体农居类——杭州绕城村农居："模式+调整"的设计与建造方式

因为村民们有着类似的经济与生活方式以及基本一致的价值观，所以其房子尽管看起来有着显著性的差异，但是仔细分析却会发现其中显示出强烈的"模式"或"类型"特点。以杭州三墩镇绕城村为例，其当下的房屋在总体布局上由主房（3层）、辅房（1层）、院子三部分构成；主体在垂直方向又分为三段，底层（或架空）、二/三层（居住）、屋顶阁楼（或平台）。室外有一部楼梯可以直达二层。主体一般都是三个开间，屋顶若是坡屋顶则通常是双坡或四坡的形式。这样一种模式已经深入人心，成为村民们普遍接受并认同的住宅形式。当这种模式被打破的时候，他们便会本能地排斥，甚至感到不安，便会想方设法加以弥补和修正，两开间的会增建成三开间，没有院子的也慢慢尽可能扩展出一个院子。如此"模型+调整"式的建造观念，往往使得设计者精心设计、代表城市精英阶层居住与审美观念的住宅方案难以被村民们普遍接受与认可。针对这一现象，在绕城村农居项目中，我们从模式的归纳、提炼入手，经过与村民的充分交流，提出了新农居的设计方案，得到了村民的接受与喜欢，目前，该项目已经部分得以实施（图7.5-12～图7.5-15）。

图7.5-12 杭州绕城村的典型住宅

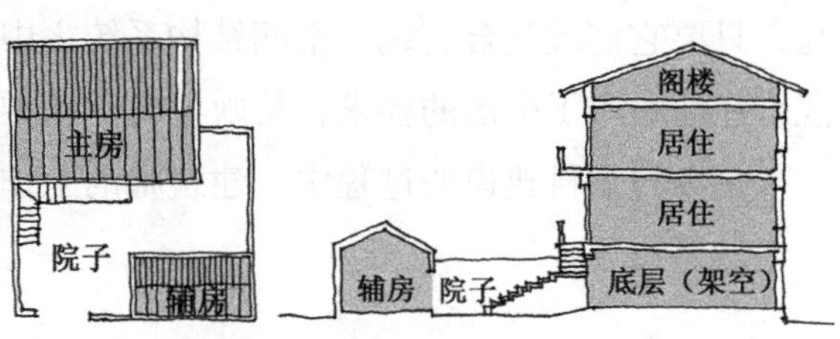

图7.5-13 杭州绕城村的住宅模式分析

① 周榕.建筑是一种陪伴——黄声远的在地与自在[J].世界建筑，2014(3)：74.

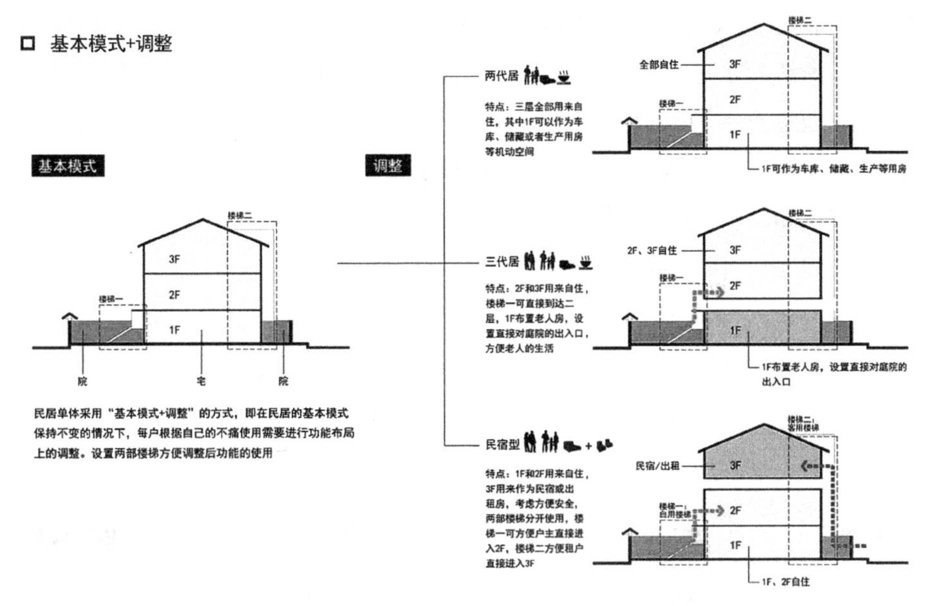

图 7.5-14　杭州绕城村新农居设计中的"模式"分析

图 7.5-15　杭州绕城村新农居设计方案

2. 聚落/公共空间类——浙江丽水徐岸村更新与改造：着重于公共空间的营建策略

乡村空间的形态看似平淡，却承载了丰富的生活场景。经过从使用者的角度对大量乡村聚落公共空间/场所的观察和分析，其形态背后隐含着丰富的营建逻辑，例如在空间上"分层多元"、在交通上"方便可达"、在设施上"协调互补"、在使用上"以日常为本"。这些逻辑引导设计回归生活与地域场所，从而赋予公共空间持久的生命活力。

由于生活方式的转变，现代单体农居很难、也没有必要一定体现传统民居的特色，但是作为乡村集体记忆的延续与表达，以及日常生活特别是公共生活的需要，公共空间层面依然是有可能、也有必要体现出传统乡土气息的。基于这样一种思想，选择了浙江丽水莲都区徐岸村作为规划与建设实践对象。该规划从公共空间的营造入手，通过不同层级的街巷空间的组织，塑造出既满足当下居民日常生活，又具有比较浓厚的乡土风情的村落。该项目目前设计方案已完成，正在实施之中。具体策略与方法如图7.5-16～图7.5-18所示。

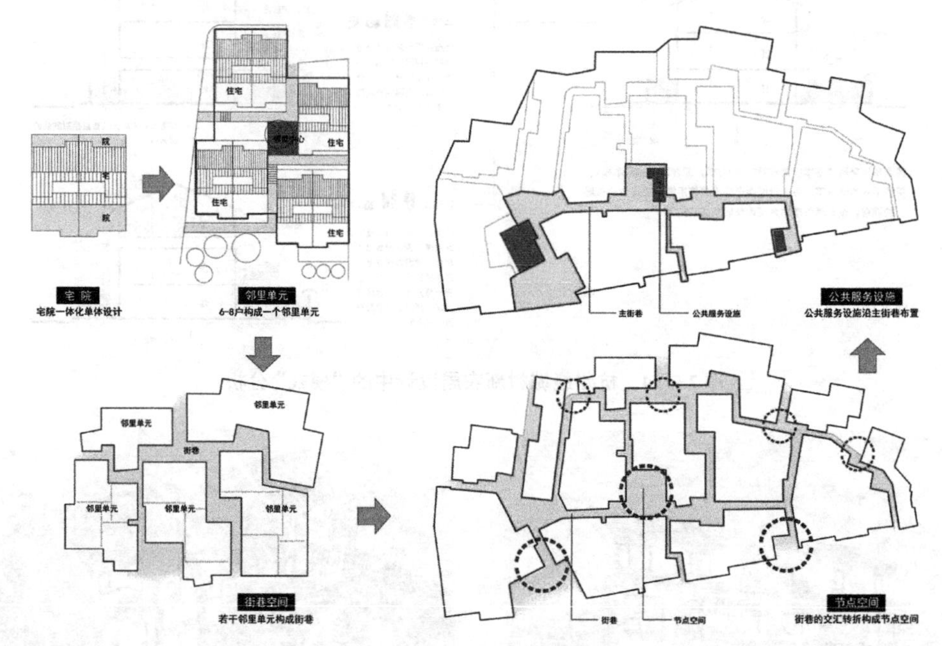

图7.5-16　徐岸村聚落公共空间营建解析

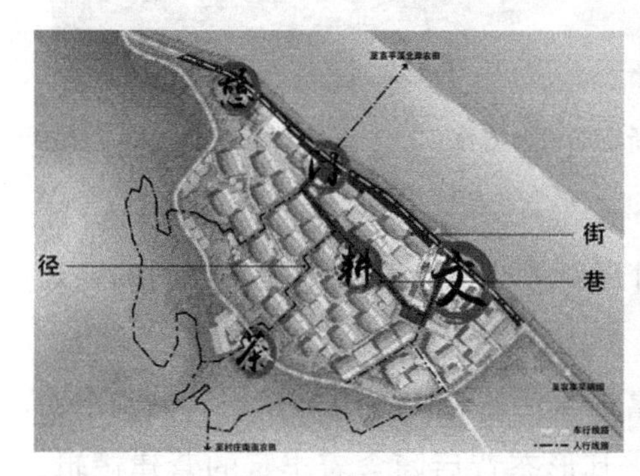

图7.5-17　徐岸村公共街巷空间系统解析

图7.5-18　徐岸村公共街巷空间效果示意

3. 聚落公共设施类——浙江郭吴村系列公共设施建设

在郭吴村的建筑实践中，我们将建造活动作为对于场地与生活方式的真实、直接、经济的应对，所以选择当下普遍、常用的材料，依托地方工匠与村民，边施工、边修改，直到找到大家都普遍接受的建造方式（我们将此称作非正式的设计建造模式）。在鄣吴村传统风貌核心区的新建筑，在形体尺度与色彩上与传统建筑相呼应，但不拘泥于传统的风格与样式，强调街巷、廊道、小广场等这类公共空间的创造，建筑形体本身退居次要（在一个高密度的乡村聚落里，也很难呈现一个完整的建筑形体），给人感觉建筑原本就存在那里，而不是经过建筑师的刻意设计。在鄣吴村传统风貌核心区外围的新建筑，其形式、材料、色彩的选择则更加自由、灵活，努力表达出当下的地方精神：工业化与手工混杂、简约、经济、高效。

以鄣吴镇作为实践基地，根据“过程建造”“经济建造”“观念建造”等乡村建造的内在规律与特点进行设计、建造①，目前已经完工的示范建筑有垃圾站、公交站、社区中心、公厕、小卖店、蔬菜采摘用房等十余项，它们很好地融入了社区之中，既提升了乡村可持续发展的能力，又探讨了如何使用当地的地方材料（竹子、夯土、片岩等）和当代工业材料（水泥矿渣空心砖、阳光板等）来塑造具有当代地域风格的建筑形体与空间。特别是垃圾处理站的建成，可以针对全村/镇的厨余垃圾展开资源化的回收与再利用处理，其过程中产生的污水结合生化与人工湿地的方式得到了充分的净化。通过这一设施，全村厨余垃圾减少了近80%。这一示范工程也为全县乃至全省的乡村发展提供了经验（图7.5-19、图7.5-20）。

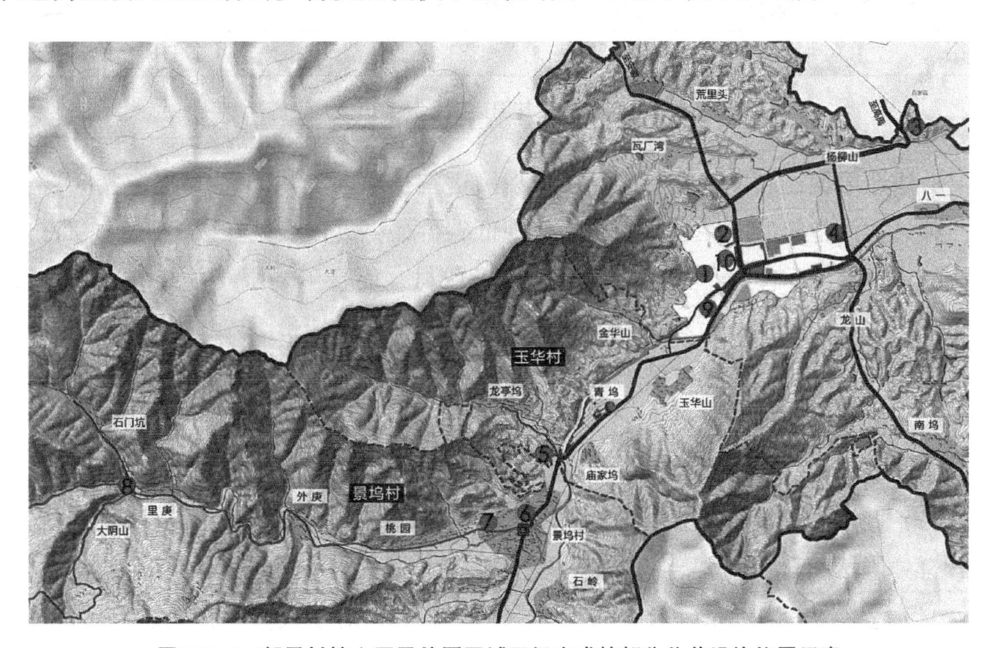

图7.5-19　鄣吴村核心区及外围区域已经完成的部分公共设施位置示意

1—书画博物馆；2—公厕；3—垃圾处理站；4—公交站；5—公厕；6—旅游接待中心；
7—社区中心；8—小卖店；9—扇子博物馆；10—海报博物馆

① 贺勇，孙炜玮.乡村建造作为一种观念与方法[J].建筑学报，2011（4）：19.

图7.5-20　郭吴村及其周边部分公共建筑与设施

4.建造层面：基于地方材料、工匠以及适宜技术

郭吴村的建筑实践在建筑的层面体现低碳特征，具体表现在以下四个方面：

（1）选择当下普遍、常用的材料：就近取材，而且不局限于传统的乡土材料，也包括当下常用的现代材料，从而节约运输成本，降低造价。

（2）依托地方工匠与村民：建造中发挥村民特别是地方工匠的能动性，在设计中留给他们一些可以自由发挥的空间，尊重地方建造的经验与习惯，从而营造出独特的乡土气息。

（3）建筑风貌在统一中强调差异性：郭吴村的新建筑，其形式、材料、色彩根据各自具体情况自由、灵活地选择，努力表达出当下的地方精神。

（4）适宜技术的大量综合集成使用：在建筑中，对于大量乡村低技术、轻技术的采用，从而有效降低建筑的能耗以及生态影响，具体包括自然采光与通风、可透水的铺地、人工湿地的污水处理等（图7.5-21）。

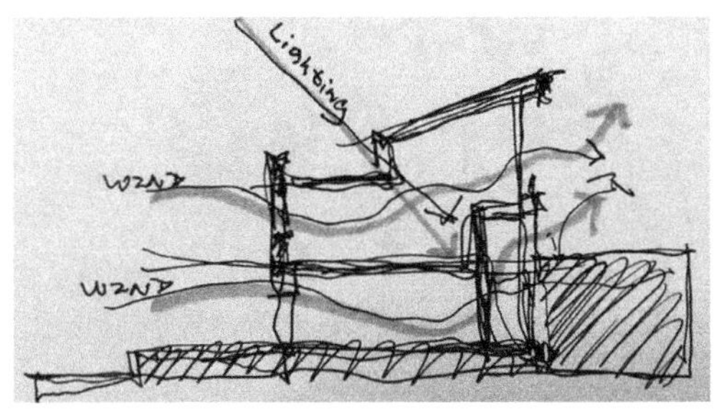

自然通风：利用场地高差与空间设计，既满足了垃圾处理流程，又实现了良好的自然通风

湿地处理污水：污水在经过设备处理之后，排放到水池中，通过湿地进一步处理，并形成景观水面

乡土材料与自然通风

可渗透地面

图7.5-21 郭吴镇垃圾处理站建设中的低碳策略

上述内容比较系统地阐述了低碳乡村建设落实在具体的聚落空间营建之上的策略与方法，其目的旨在探索适合当下乡村的建设理念与方法，从而有效推动乡村的高质量发展。在实现乡村自然生态、经济、社会等各方面均衡发展的多重目标之下，乡村建设应是源于生产、生活的真实需求，乡村营建的着力点应是提升公共服务、促进乡村凝聚力的公共设施与公共空间，乡村营建的策略也是基于地方材料、工匠以及适宜技术的综合利用，乡村风貌不是某种固定的模式，而是基于地方性的多样表达（图7.5-22，图7.5-23）。

图7.5-22 地方材料的使用：浙江玉华村公厕卵石外墙

图7.5-23 地方材料的使用：浙江上吴村蔬菜采摘用房中采用的现代夯土、块石墙面以及碎石可透水地面

8 综合实证研究：低碳乡村人居环境建设示范基地——景坞村

8.1 村庄情况介绍

8.1.1 基本概况

1.基础情况

景坞村坐落于浙江省安吉县鄣吴镇中部，面积约14km²，与镇区相距约2km，东北与玉华村相邻，东接良朋镇西亩，南临民乐村，与大河口水库相连，西北与安徽省广德县接壤（图8.1-1）。

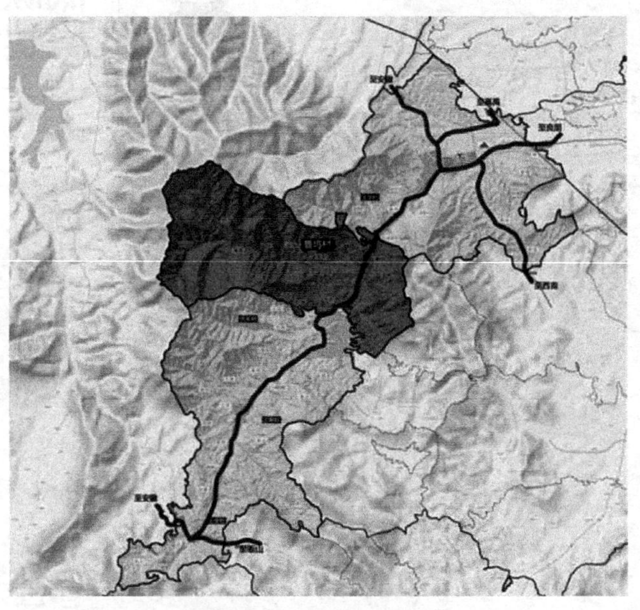

图8.1-1 景坞村区位图

景坞村现有13个自然村，辖24个村民小组，771户，人口2878人，耕地1000亩，山林16815亩。自然景观优美，保持着较完整的原生态面貌，鄣吴溪穿村而过，静美如画。景坞村中的里庚自然村可谓“柳暗花明又一村”，是休闲养生的理想之所。依据《安吉县彰吴镇城镇总体规划》，景坞村属于乡村休闲区。结合景坞村生态环境优势，以“入夏无蚊、生态景坞”为主题，村庄规划建设将积极发展乡村旅游经济，力求打造成一个集乡村度假、生态观光、文化体验于一体的充满乡愁的休闲度假型旅游示范村。

2. 气候特点

景坞村所在区域属亚热带海洋性季风气候，气候特征是：光照充足、气候温和、雨量充沛、夏热冬冷、四季分明。

3. 资源特点

全村植被以山林为主，有少量阔叶林，主产毛竹，特产为茶叶、笋干，农业方面已初步形成了特色种植产业和养殖业；工业方面竹工艺制品、织扇业有一定基础，但没有规模工业企业；服务业特别是农家乐项目开始起步，在乡村旅游方面积累了一定经验。景坞村水资源丰富，溪流流贯全村，水质良好，以周边丘陵山地为依托，休闲旅游产业发展潜力十分显著。景坞村乡村风貌资源丰富，村落格局呈条带状和斑块状分布，镶嵌在沿线的山水格局之中；农田、山林、溪水、种植园区等元素都成为乡村风貌的有机组成部分。

8.1.2 上位规划解读

在《安吉县鄣吴镇城镇总体规划（2010—2020年）》中，鄣吴镇整体以鄣吴集镇为核心，鄣吴镇为纽带，串联起农业观光区、竹林游憩区、乡村休闲区以及湖滨度假区。景坞村位于四区中的乡村休闲区，结合其独特的山地景观，通过示范村改造项目，形成集生态观光、文化体验于一体的示范村。

景坞村的整体规划采用了“一轴、一带、三区、多点”的总体布局（图8.1-2）。以进村公路为主轴，沿溪流、公路形成的乡村景观滨水带为“一带”。主轴和景观滨水带作为核心骨架，串联了景坞村、外庚村和里庚村三个村落。里庚村位于这条主轴的最西端（图8.1-3）。

8.1.3 现状调查与分析

里庚村的碳循环模式如图8.1-4所示。在其碳循环体系中，“碳源”由“固定碳源”“移动碳源”和“过程碳源”共同构成。建筑用能所引起的碳排放是主要的“固定碳源”碳排放，受社会构成、经济状况、建筑现状、生活方式以及用能模式等的影响较大。交通部分的碳排放是主要的“移动碳源”，包括村民的出行和游客的出行两个方面。建筑用能的能源输送中所产生的能耗是主要的“过程碳源”。绿地系统和水系是村落中的“碳汇”体系。

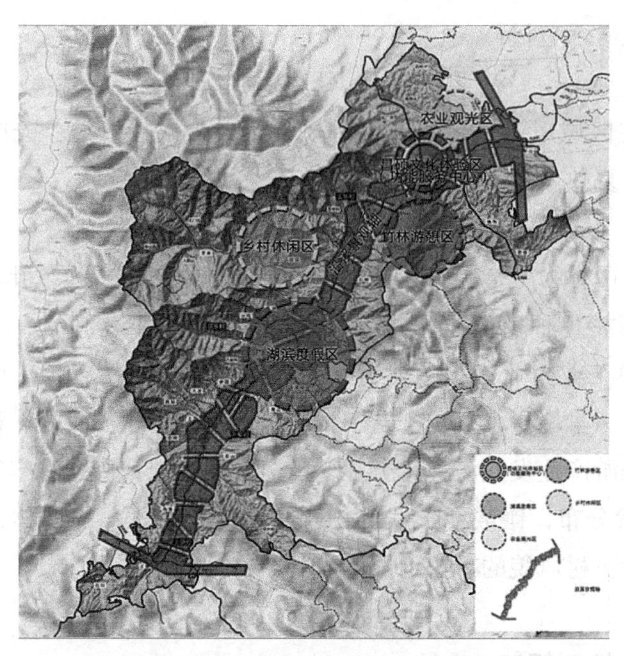

图8.1-2　安吉县鄣吴镇城镇总体规划

资料来源：作者研究团队

图8.1-3　景坞村整体规划

资料来源：作者研究团队（根据Google Earth绘制）

为了把握与建筑能耗相关的经济、社会、建筑及用能等现状，笔者所在的研究团队对用户进行了调查访问，并对部分住宅做了实测调查。研究团队一共调查了36户居民，其中有效样本为31户，占总户数的26%。调查内容概要见表8.1-1。

1.经济与社会现状

里庚村的家庭人口为1～10人不等，其中“三代同堂”的比例约为42%。许多年轻人都选择外出打工，因此村中的常住人口比例仅为47%。常住人口2人的家庭

调查问卷概要 **表 8.1-1**

项目	内容
家庭状况	家庭人数、年龄构成、性别、滞留人口比例、居住年数、收入、职业
建筑状况	建造年数、建筑状况、建筑朝向、建筑面积、宅基地面积、建筑结构、围护结构构造、造价
家用电器设备	空调设备、热水供应、设备效率
生活习惯	空调方式、睡觉时间、做饭时间、洗澡时间、日常生活、节能措施等
用能状况	电力、煤气及水的消费量，使用能源类型及价格
环境满意度	舒适度、安全性、健康性、便利性

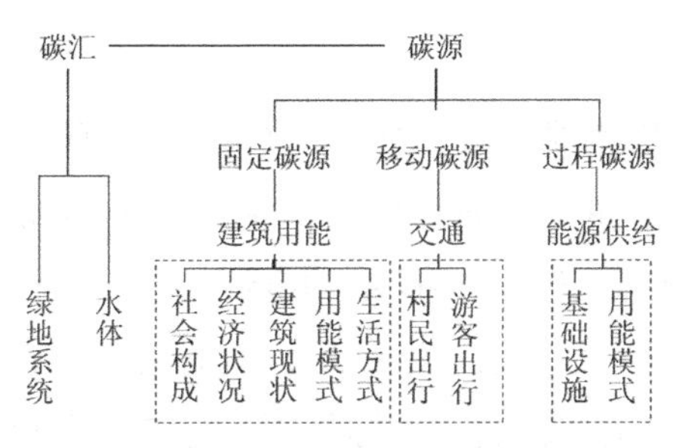

图 8.1-4 里庚村的碳循环模式

资料来源：自绘

约占总数的49%。在外出人口中35%的人口会在固定节假日回到村里，26%的人每周末回家，22%的人只在春节时回家，即每年一次。在常住人口中，大部分是50岁以上的老人，占总人口的70%左右，滞留人口的老龄化现状明显（图8.1-5）。

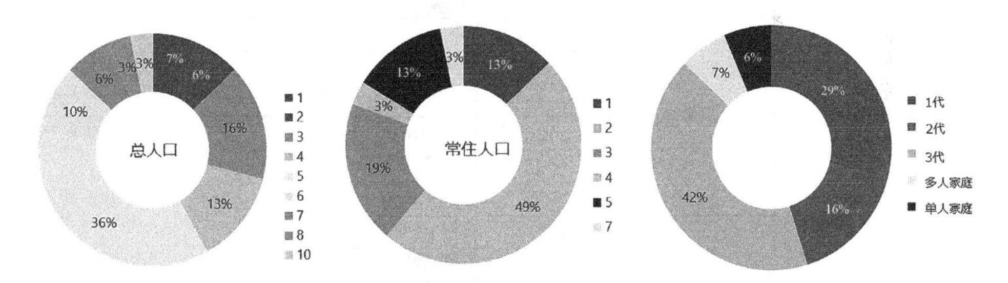

图 8.1-5 家庭构成

资料来源：自绘

里庚村村民的年收入从不满5000元到10000元以上不等，经济收入不均。问卷调查的结果显示31%的家庭年收入在36000～55000元，所占总比例最大。10万元以上的家庭占13%。相比城市，尽管长三角地区经济发达，但是乡村的经济收入仍然偏低（图8.1-6）。

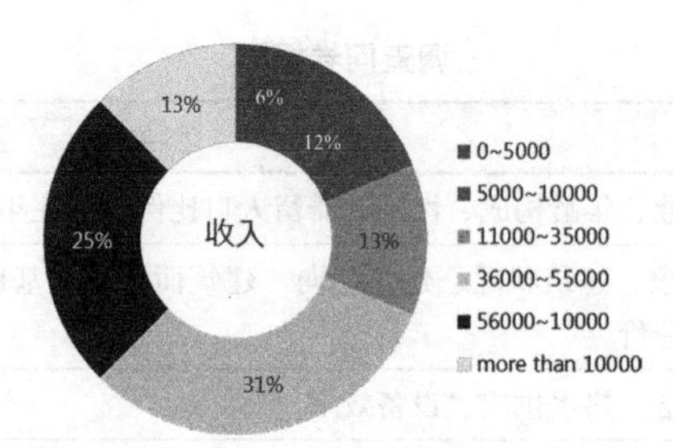

图8.1-6　经济状况

资料来源：自绘

2.乡村住宅

1）建筑面积与规模

乡村建筑的建筑面积相对较大，200～250m^{2}的建筑居多，占32.3%。与城市建筑不同，乡村建筑的附属空间面积较大，主要是杂物储藏间。附属空间中没有生产生活活动，除了有时会安装一盏简单的电灯外，一般没有电器，能耗极少。空间形式开敞，一般为建筑的最底层或屋顶层，有时与主体建筑相分离，作为单独用房。此外，由于外出人员的比例高，实际使用的建筑面积仅占60%（图8.1-7）。

建筑面积（m^2）	0～50	3.2
	51～100	9.7
	101～150	16.1
	151～200	6.5
	201～250	32.3
	251～300	9.7
	301～	19.4
建筑年数	0～5年	9.7
	6～10年	16.1
	11～15年	19.4
	16～20年	16.1
	21～25年	19.4
	25年	19.4
建筑层数	1层	12.9
	2层	77.4
	3层	9.7
建筑构造	砖混结构	80.6
	钢筋混凝土	6.5
	木结构	3.2
	砖结构	3.2
	其他	6.5

图8.1-7　建筑的基本情况

资料来源：自绘

建筑以2层为主，占77.4%。一层为客厅、餐厅、厨房、客卧等相对公共的空间，二层一般为卧室等相对私密的空间。大部分的农宅用于自住，也有一部分农民将部分空置的住房用于农家乐的经营以及竹制品的加工等。随着外出人口的增加，这部分非住宅建筑的比例也在逐渐增加。

2）建筑年代与建筑构造

里庚村的住宅建筑年代不一，5年以内的新建筑占9.7%，15年以上的建筑占54.9%。最久的住宅已经有46年。乡村住宅以砖混结构为主要结构形式，占80.6%。20世纪80年代之前的建筑外墙采用夯土结构，而目前新建的建筑以多孔砖为主（表8.1-2）。

各个时期典型的建筑　　表8.1-2

时间	20世纪80年代之前（早期）	20世纪80~90年代	2000年之后
典型建筑			

3.用能现状

1）家用电器及其使用状况

家用电器的使用状况如图8.1-8所示。夏季的制冷设备有空调和电扇，其中空调的拥有率是46%，约为总户数的50%。取暖设备除空调之外还有电取暖器。调查显示，空调设备在里庚村的使用频率并不高，因此设备比较陈旧，能效等级不高（能效标识3/5）。冬季供暖以木柴的焚烧取暖为主，占39%以上。另外，热水设备主要是电水壶和太阳能热水器。太阳能热水器的使用比例占最高，占总户数的60%（图8.1-8）。

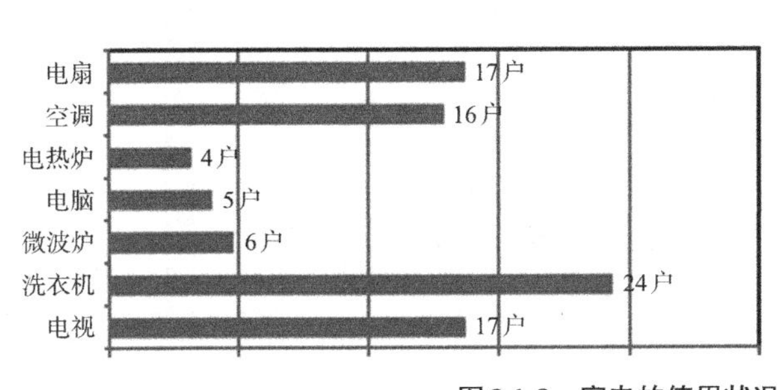

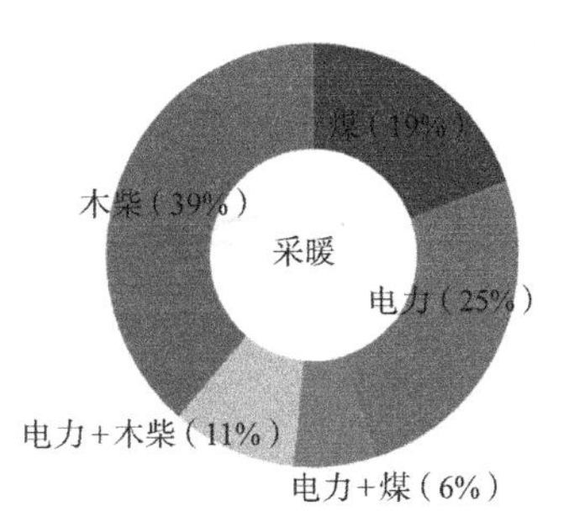

图8.1-8　家电的使用状况

资料来源：自绘

2）能耗现状

根据不同燃料的平均低位发热量进行折算，每户的能耗如图8.1-9所示。即使在同一个村子里，每户能耗之间的差距也相差10倍左右。能耗高的家庭，以电为主要的能源，使用的是现代化的电器设备。能耗较低的家庭使用木柴和木炭的比例较大，采用的是原始的焚烧方式（表8.1-3）。

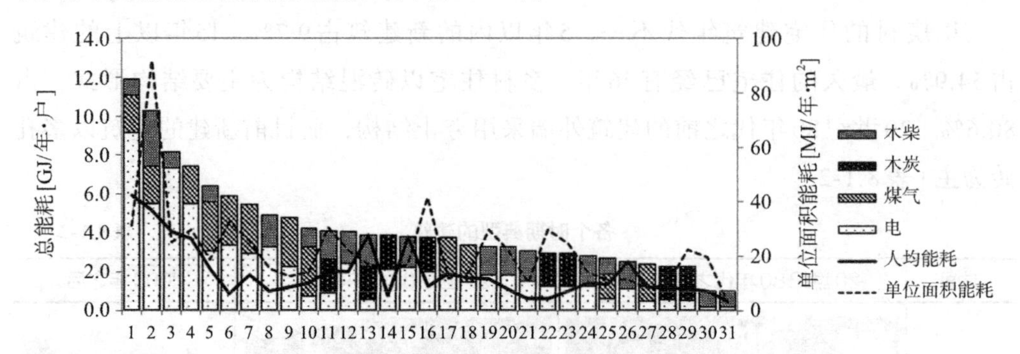

图8.1-9 现状能耗

资料来源：自绘

不同能源类型的低位发热量 **表8.1-3**

能源类型	平均低位发热量
电	3600kJ/kWh
煤气	42300kJ/kg
木柴	16726kJ/kg

资料来源：根据文献整理

3）电力消费现状

图8.1-10是对里庚村中49户居民用电量调查结果的月平均值和年平均值（从2014年7月到2015年6月）。从月平均值中可以看到，8月和3月是用电量的高峰

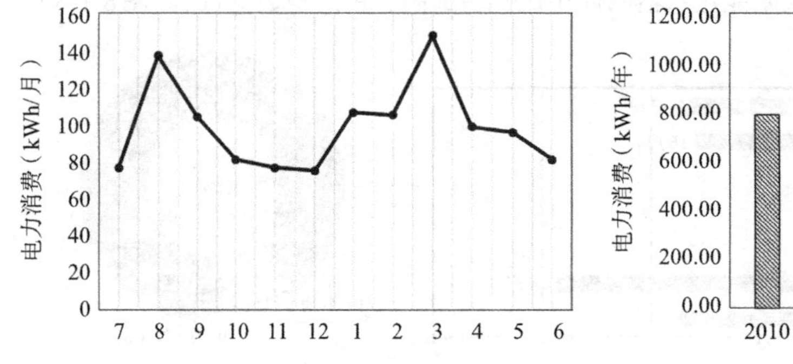

图8.1-10 电力消费现状

资料来源：自绘

期，是因为夏季制冷和冬季供暖造成的。在2010年到2014年的全年电力消费总量中，电力消费呈明显增长趋势。对各个要素的回归分析中可以得出，家族人数、收入、宅基地面积、层数、建筑面积等对建筑的能耗有较大的影响。

8.1.4 现状问题解析

在上述现状调查的基础上，对乡村的现状问题梳理如下：

1.村落内常住人口的老龄化严重，缺乏活力

在调查中显示，村中的年轻人大多进城工作，很少回家。乡村的常住人口以老年人为主，呈现明显的高龄化趋势，缺乏活力，有大量的闲置住宅。

2.住宅建筑大部分是自建建筑，建造技术落后，建造费用较低

尽管长三角地区的乡村相比较其他的乡村属于经济发达地区，但是与城市相比收入仍然偏低。另外，住宅建筑基本是自建建筑，设计、建造和施工都缺乏规范的指导。建造的技术相对落后，建筑单价较低，因此构造复杂、造价高的低碳建筑技术在乡村的导入尚有困难。

3.现状能耗以及设备的效率较低，能源形式单一

通过能耗调查显示，尽管有农家乐的经营和部分的竹制品加工业，里庚村的能耗水平与其他城市社区相比尚处于较低的状态。但是其能源形式单一，尤其是高能耗的家庭基本靠电力。并且随着家用电器保有率以及使用频率的增加，近年来能耗呈现明显的增长趋势，出现了电力供给不稳定的状况。半数以上的家庭会碰到断电的状况。

4.公共交通系统不完善，村民出行和游客进村主要依靠私家车

目前里庚村还没有公共交通系统，村民的出行和游客进村都依靠私家车。另外乡村主要道路沿线没有良好的步行系统，因此游客进出村中也大部分依靠私家车（图8.1-11）。

主要道路

次要道路

入户道路

图8.1-11 缺乏步行系统的各级道路

资料来源：自摄

5. 村落中的绿地及水系缺乏系统性设计

里庚村有良好的水系，以及散落在村中的自留地、林地的绿地空间，但是缺乏梳理及有效的系统性设计，无法使其发挥最大的“碳汇”效果（图 8.1-12）。

溪水枯竭

不连续的线状绿化

缺乏整理的点状绿化

图 8.1-12 无序的碳汇体系

资料来源：作者所在研究团队

8.1.5 低碳目标的设定

低碳乡村的建设应当以可持续发展为前提，实现居民与游客、生活与产业、乡村发展与低碳的和谐共生。其总体目标可以概括为：

1. 乡村空间的再生

在现状分析中指出，长期滞留在村内的人口数量少，闲置建筑用房多，老龄化现象严重，乡村整体缺乏活力。低碳乡村首先应当是有活力的和可持续的。主要的策略应该从增加常住老年人的活动、吸引年轻人在乡居住以及吸引游客发展地方产业这几方面考虑，具体包括：

（1）在村落空间结构上发展以公共交通为导向的空间结构设计，并在公共空间节点的设计中，考虑乡村中长期滞留的高龄人群，为他们创造便利的生活设施、丰富的生活场景和公共空间。

（2）在交通系统的设计中，建构中心村、城、镇的多级公共交通链，为进城工作提供交通条件。

（3）通过顺畅的多层级公共交通衔接体系，增加游客的数量，发展地方产业，吸引更多的年轻人在村内就业，使滞留人口年轻化。

2. 可再生能源的应用

现状乡村住宅建筑的总能耗呈明显的增长趋势，能源种类单一，主要依靠传统的电力供给。随着地方产业和旅游业的发展，村落人口和能耗都将持续增长，在这样的现状下，发展和应用可再生能源是实现能源清洁和稳定供给的必经之路。结合乡村建筑造价低和以自建为主的现状，其目标可概括如下：

（1）以现有成熟技术为基础，鼓励可再生能源的导入，并以新建建筑为契机，导入高效率的设备。

（2）鼓励以邻里单元为基础的能源共用模式，引入多种形式的可再生能源和未利用能源。

3.以被动式技术为主导的建筑节能技术的导入

乡村住宅的平均能耗不高，单位造价低，因此很多适用于城市的低碳技术都无法在农村得到推广。里庚村应当根据当地的地方材料、村民的生活习惯、气候和地理特性，采取以被动式为主，结合适宜技术导入的建筑低碳策略。

（1）有效利用辅助空间作为缓冲空间，调节主要生活空间的环境，降低建筑能耗。

（2）有效利用当地材料控制空间界面的热交换，降低建筑的能耗。

（3）在经济性的前提下，选择适宜技术，以建筑更新或设备更新为契机，逐步提高建筑设备的效率。

4.促进公共交通体系的发展，以公共交通、步行或慢行交通代替私家车

里庚村的移动碳源碳排放，即交通系统的碳排放包括当地村民的出行和游客的来访两个部分。其空间设计的目标是：

（1）通过合理的村落功能配置、公共交通线路的设计以及顺畅的各级交通之间的衔接，一方面减少村民以私家车的方式出行，另一方面鼓励游客以公共交通的方式旅游。

（2）设置步行及慢行空间体系，鼓励村民和游客以步行或慢行的出行方式在村内活动。

（3）通过合理的停车方式的设计，促使游客在村落内步行。

5.在原有地理单元上，梳理绿化及水系，调节乡村微气候环境

里庚村有良好而丰富的自然环境，来自周围山林的吸碳固碳效果明显。因此，碳汇系统修复的主要目标有：

（1）有效地集中住宅建筑，尽可能将新建建筑限制在建成区内，保证周围林地农田的碳汇作用。

（2）在对现有地理单元特性进行梳理的基础上，系统化地设计绿地和水系，使之更好地起到气候调节作用，以减少住宅建筑能耗的碳排放。

8.2 村庄现状用地碳系统测评

8.2.1 用地碳系统结构分析

用地数据来自景坞村土地利用规划、郭吴镇1:10000地形图、景坞村遥感数据(通过DigitalGlobe公司获取的MUL、PAN景坞村遥感数据)。通过对遥感数据的校正拼接,对比土地利用现状图、地形图,绘制景坞村用地分类图(图8.2-1),并统计各类用地(表8.2-1)。

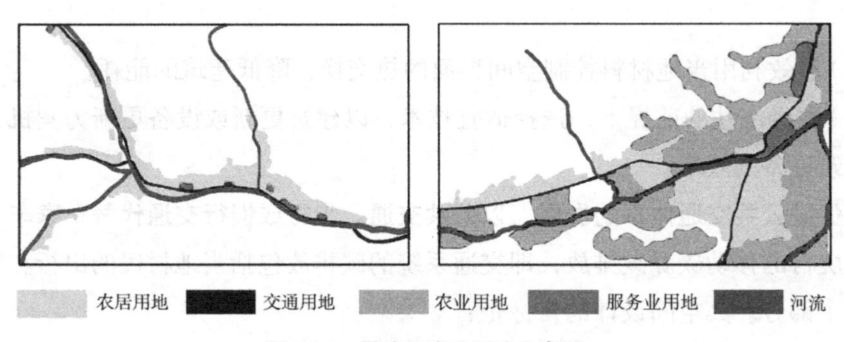

图8.2-1 景坞村建设用地分类图

资料来源:自绘

景坞村村域用地碳系统结构分析 表8.2-1

碳汇用地	林地	草地	绿地	总计		
面积(hm^2)	1203.88	0.04	0.68	1204.6		
比例	99.97%	0.01%	0.02%	100.00%		
碳源用地	农业用地	河流湿地	服务业用地	农居用地	交通用地	总计
面积(hm^2)	99.16	13.12	1.84	36.24	6.08	156.44
比例	63.38%	8.38%	1.17%	23.16%	3.88%	100.00%

资料来源:自绘

景坞村碳汇用地包括林地(含园地)、草地、绿地;碳源用地包括农业用地、服务业用地、河流湿地、农居用地和交通用地(景坞村没有规模工业,公共设施附属在农居用地中)。

碳汇用地以林地为主,达1203hm^2。竹林、果园、茶园等碳汇功能与林地合计,占99.97%;在林地、农田、建设用地、溪流之间镶嵌部分草地;另有少量碳汇用地是建设用地中的绿化、景观等绿地。

碳源用地以农业用地为主，达99hm^2，占63.38%。农田集中在村域中东部，以旱田为主，大部分农田为保护农田，表现碳源作用；服务业用地主要是休闲会所、宾馆及农家乐，服务外来游客；贯穿景坞村的郭吴溪水域是弱碳源；农居用地呈现中心集中、条带状分散格局，是日常生活碳排放的主体，占总碳源用地23.16%；交通用地是村内贯穿南北、东西的人字形道路，承载村域内交通行为产生的碳排放（图8.2-2、表8.2-1）。

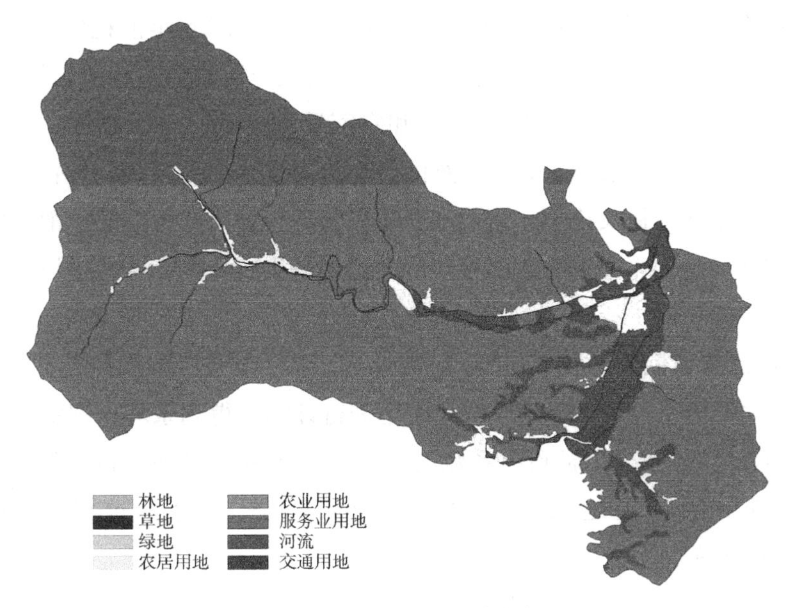

图8.2-2 景坞村村域用地分类图

资料来源：自绘

8.2.2 碳汇碳源系数确定

根据景坞村的用地类型对各类碳汇系数、碳源系数进行选择与计算（表8.2-2）。

景坞村现状碳汇、碳源系数 表8.2-2

碳汇用地	林地	草地	绿地		
碳汇系数（tC/hm^2·a）	3.20	0.67	1.47		
碳源用地	农业用地	河流湿地	服务业用地	农居用地	交通用地
碳源系数（tC/hm^2·a）	1.94	0.46	53.18	28.14	25.53

资料来源：自绘

碳汇系数参照第5章表5.1-1进行选择，景坞村林地选择天然林3.20tC/hm^2·a，草地碳汇系数选择非建成区标准0.67tC/hm^2·a，绿地碳汇系数选择乡村建成区公园乔、灌、草混合1.47tC/hm^2·a。

对于景坞村碳源系数的统计，除农业用地、河流湿地两种用地的碳源系数根据乡村实际情况从第5章表5.1-1选取之外，服务业、农居、交通三类用地的碳源系数通过乡村能源消耗调研问卷及访谈形式获得。调研问卷内容中人口类数据主要获取乡村（以自然村为单位）总人口、户数、近5年外来游客数量以及游客增长趋势。生活类数据包括以每户为单位的农居建筑面积、各类能源年消耗费用（煤炭、柴薪、液化气、电能等）、各类能源地方单价、公共设施数量以及相应的年消耗费用。服务业数据包括服务业类型、宾馆会所和农家乐数量及服务床位数、宾馆会所各类能源的年消耗费用（煤炭、电能、液化气、柴薪等）。交通数据包括乡村私家车、电动车、摩托车拥有量及比例，每户乡村居民每种交通方式每年燃油消耗费用，各类出行方式活动范围，外来游客私家车、大巴旅游出行比例，乡村过境客运的频率等数据。

通过40份有效问卷、访谈和关于产业、生活、交通等方面的能源消耗统计，并依据第5章中相关公式对碳排放量和用地进行计算，得到景坞村现状服务业碳源系数为53.18tC/hm^2·a，农居碳源系数为28.14tC/hm^2·a，交通碳源系数为25.53tC/hm^2·a。农业和河流湿地碳源系数参考第5章表5.1-1分别选择1.94tC/hm^2·a、0.46tC/hm^2·a计算。

8.2.3 碳系统测算结果与特征

1.测算结果

综合景坞村基于碳系统视角的现状用地比例和碳汇碳源系数，确定景坞村现状碳系统村域用地和主要建设用地两个范围的测评结果（表8.2-3、表8.2-4）。

景坞村村域范围现状碳系统测评结果 **表8.2-3**

碳汇用地	林地	草地	绿地	总计		
碳汇量（tC）	3852.42	1	0.03	3853.44		
碳源用地	农业用地	河流湿地	服务业用地	农居用地	交通用地	总计
碳源量（tC）	125.93	6.04	97.85	1019.79	155.22	1404.84
碳系统净值（tC）	2448.6					

资料来源：自绘

景坞村建设用地现状碳源测评结果　　表8.2-4

碳源用地	服务业用地	农居用地	交通用地	总计
碳源量（tC）	94.00	567.16	67.02	728.18

资料来源：自绘

村域范围考虑景坞村整体碳汇、碳源效果。根据测算，现状2013年碳汇总量4924.99tC，碳源总量1310.28tC，碳系统净值为3619.71tC。主要建设用地范围重点考察乡村主要建设用地的碳源结果。经测算，碳源总量为728.18tC。

2.景坞村碳系统“汇多源少”特征

景坞村碳系统特征表现在碳汇、碳源和总体特征三方面。

碳汇方面，林地为景坞村碳吸收作用的主要载体，占到总碳汇量的99.97%，这与林地较高的碳汇系数和景坞村山区型乡村地貌环境中大面积林地有关。草地和绿地碳汇作用不强，山区环境草地不多，而建设用地密集的建筑空间导致绿地空间较少。

碳源方面，景坞村呈现出以农居生活碳源为主、交通农业服务业碳源为辅的特征。农居碳源占到总量73%，碳排放主要来自村民日常居住、炊事、建筑能耗等生活行为。交通碳源比重达11%，与景坞村逐渐增加的外来客流和出行方式的转变有关，即便用得少，但高能耗的交通行为使其成为碳源不可忽视的重要元素。相比之下，虽然农田面积较大，但碳源比重不高。服务业发展成为碳源结构中的重要组成部分，目前处于起步阶段。

综合碳汇（定义为正数）、碳源（定义为负数）统计结果，景坞村碳系统净值为2448.6tC，景坞村碳系统体现出“汇多源少”特征。由于乡村碳汇作用基本通过用地量反映，未来景坞村的低碳规划方向主要为降低碳源，增强“汇多源少”的碳系统效果，实现乡村低碳化发展。

8.2.4 里庚片区能耗详细调研

以安吉县里庚村为例，对浙江山区的能源消耗情况进行了调查。首先以问卷的形式对乡村建筑、乡村家庭结构、村民活动和家用电器的使用进行了研究。然后，分析家庭能源结构和能源消费结构，并与其他研究进行比较（图8.2-3）。结果表明，在山区乡村家庭能源结构中，非商业性能源比例高于商业性能源。其中，木柴为83%，电力为12%，液化石油气为3%，太阳能为2%。在建筑能耗结构中，做饭和烧水占33%，家用电器占31%，照明占20%，供暖占12%，制冷4%（详见8.9节）。

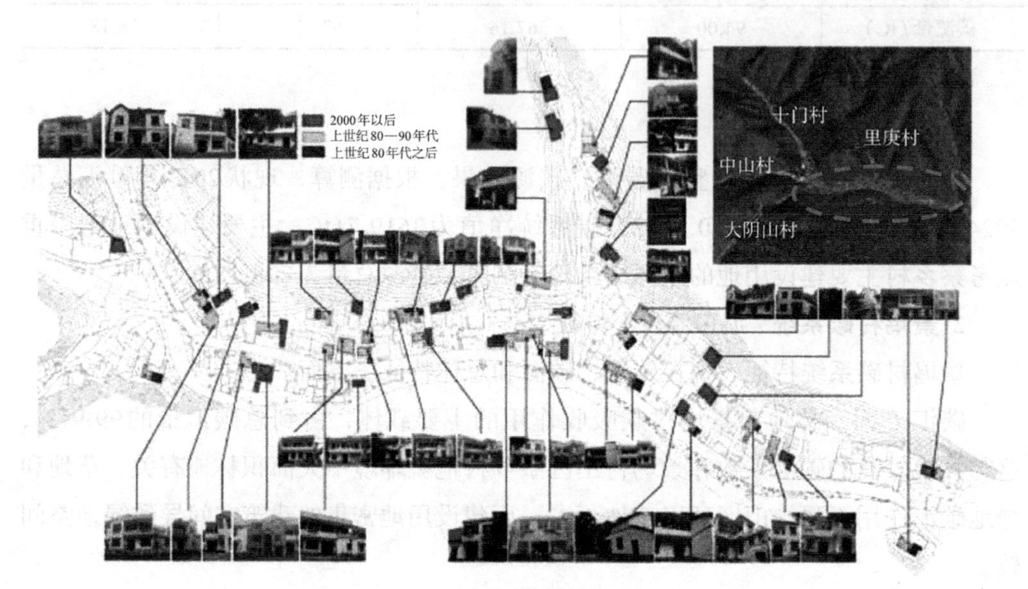

图8.2-3　里庚村平面及样本分布

资料来源：自绘

8.2.5 乡村建筑物理环境调研及测试

对村中废弃小学进行相关物理环境调研，以把握建筑能耗基本情况。

1.热成像仪（夏季）

建筑中各个热桥部位采用红外热像仪进行拍摄。在教室室内，窗户的温度接近室外温度为38.4℃，内墙面温度为31.8℃，温差达6.6℃，过梁温度略低于墙面温度；在室外檐廊下，可见二层敞廊底面温度高达42.9℃；室外次梁的温度略高于外墙面，约为33.5℃。整体保温性能一般（图8.2-4）。

2.建筑物理环境测试数据与分析

具体情况如图8.2-5～图8.2-9所示：

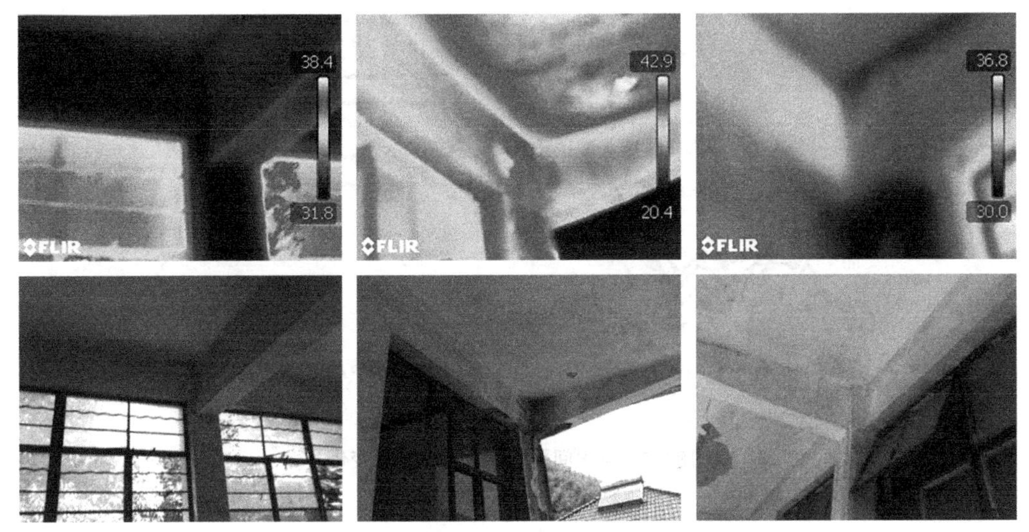

图 8.2-4　建筑各热桥部位热成像仪图

资料来源：自绘

图 8.2-5　测试房间样本分布

资料来源：自绘

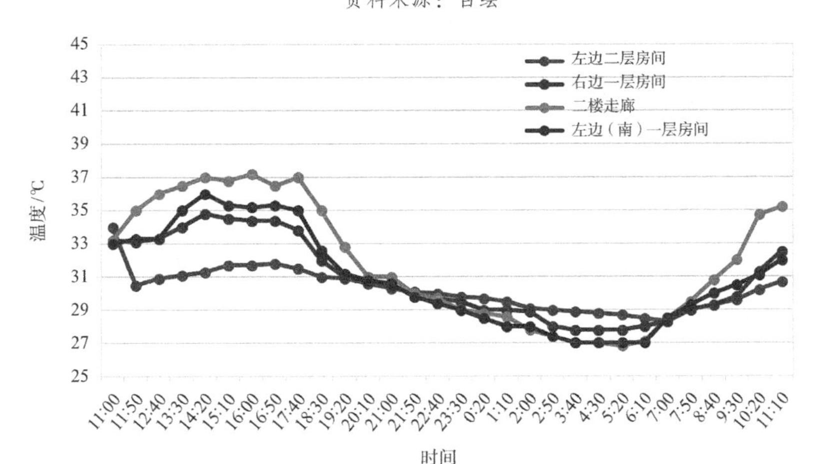

图 8.2-6　各房间夏季该时间段温度变化

资料来源：自绘

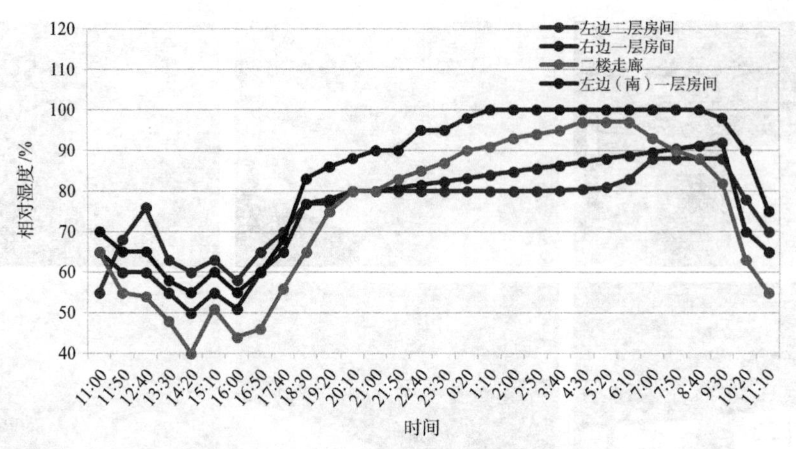

图8.2-7　各房间夏季该时间段湿度变化

资料来源：自绘

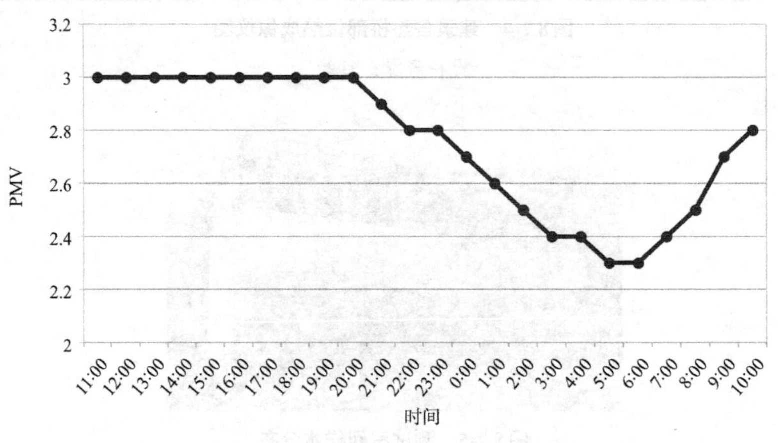

图8.2-8　右边二层房间夏季该时间段PMV值变化图

资料来源：自绘

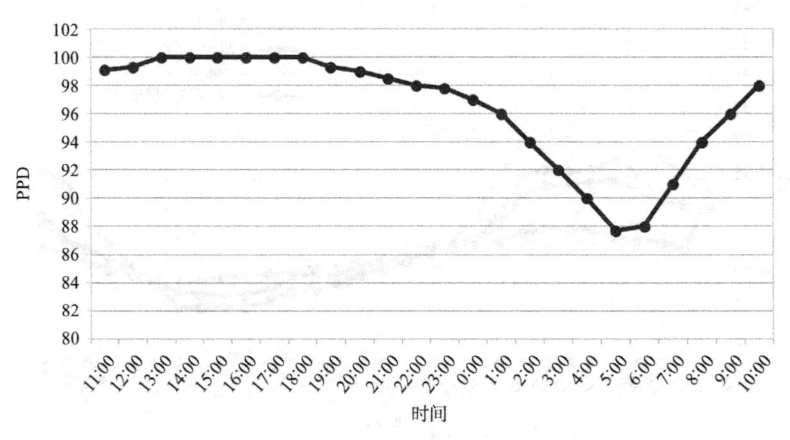

图8.2-9　右边二层房间夏季该时间段PPD值变化

资料来源：自绘

8.3 低碳目标引导用地情景规划

8.3.1 低碳目标判定与发展可变性分析

根据《安吉县鄣吴镇景坞村农房改造示范村规划设计》，景坞村未来发展目标是建设成为一个生态内涵丰富、山水景致突出，产业多元并举、经济活力丰沛，乡村风貌浓郁、村居品质宜人的观光旅游型示范村。基于景坞村发展建设目标，同时实现低碳化发展路径，需要对人口、产业、生活、交通四方面因素的可变性进行分析。根据每项要素的变化可能性，以百分比判定（图8.3-1）。

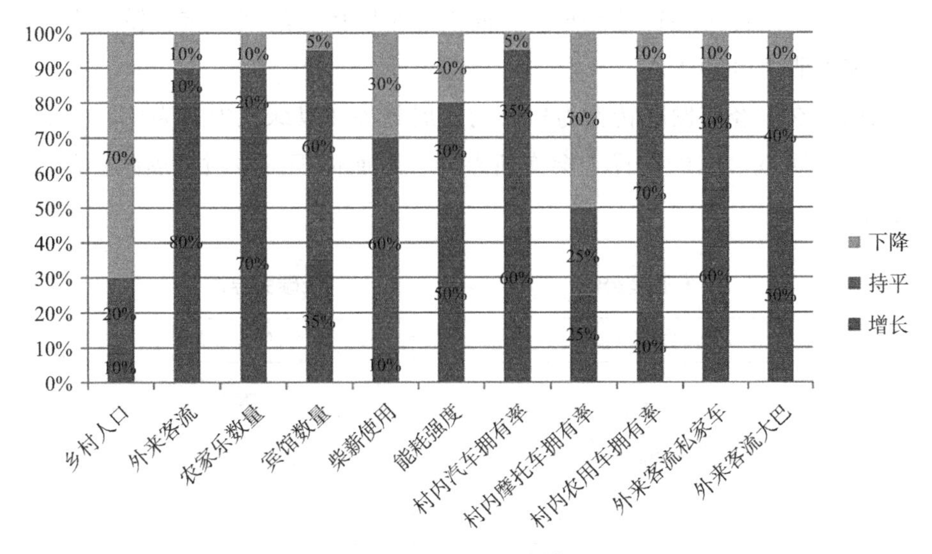

图8.3-1 景坞村发展可变性分析

资料来源：自绘

人口方面，随着城镇化趋势的推动以及景坞村产业发展资源的局限性，乡村人口逐渐向城镇转移，景坞村人口下降可能性达到70%，人口增长和不变的可能性较小；随着景坞村旅游休闲产业的开发，外来游客大幅增长的可能性较大，达到80%，而下降、不变可能性较小。

产业方面，景坞村在基于自然景观资源发展休闲服务产业后，未来产业逐渐转向以农业休闲、旅游业相融合的综合服务业为主体，按照现状服务业发展势头，比重将超过70%；同时，由于景坞村现有服务业发展基础，未来农家乐经营形式将大幅增加，上涨可能性达到70%，而宾馆因开发成本较大，未来将依然保持现有古风堂、鱼池会所2个，宾馆数量持平的可能性达到60%。

农居生活方面，景坞村充足的山林资源导致未来能源依旧以柴薪为主，柴薪使用持平的可能性达到60%，其他可能性较小；能耗强度与景坞村家庭生活水平、景坞村能源利用效率有关，随着未来乡村经济的发展，能源利用量增长的可能性较大，达到50%，能耗强度持平和下降的可能性仅有30%和20%。

交通方面，随着景坞村经济水平提高，村内私家车拥有率必然会出现增长趋势，增长可能性达到60%；摩托车在乡村也会被电瓶车所取代，下降的可能性达到50%；农用车的变化与景坞村农业发展模式和耕种技术相关，在现有产业发展趋势带动下，其使用频率不会提升，因此持平的可能性有70%。相比村内交通，随着旅游自由化程度的提升以及景坞村影响力的加大，外来客流对私家车出行比例将有所增加，上涨可能性达到60%，而大巴车所代表的团体旅行模式也会有所增加，上涨可能性达50%。

景坞村在以经济发展转型为核心的发展趋势和以绿色生态为核心的低碳引导在乡村多种可变因素的选择上会有所差异，进而体现出乡村发展路径的区别（图8.3-2）。

图8.3-2 景坞村发展趋势性和低碳引导性分析

资料来源：自绘

1.发展趋势性分析——以经济提升为主导，强调产业融合转型

在经济发展趋势引导下，景坞村人口外流，常住人口下降，外来客流不断增加。以休闲旅游业为代表的服务产业将取代现状农林业成为未来产业核心，农业现代化转型并与旅游业融合，以农家乐经营为主。日常能源以柴薪为辅，伴随增多的生活需求，液化气、电能等其他能源使用强度有所增加。汽车拥有率不断增加，交通出行以私家车为主，外来客流的交通需求呈自驾游特征。

2.低碳引导性分析——以生态低碳为核心，强调能耗绿色转型

低碳引导要重点考虑低碳乡村人居环境建设。人口方面，在城镇化引导下常住人口下降，旅游业发展引发外来客流不断增加；产业方面，农家乐经营为主导的乡村休闲旅游模式成为核心，宾馆数量保持稳定。低碳引导最重要的是日常能源消耗逐渐转向电能、液化气为代表的商品性能源，开发利用太阳能等清洁能源。交通上，通过乡村与城镇公共交通一体化建设，增加公交网络联系和频率，引导村民以公共交通、电动车为主要通行方式，并结合车辆的停放容量控制，引导以大巴为主的外来客流旅行方式。

8.3.2 低碳用地规划情景判定

根据景坞村未来的经济发展和低碳引导目标，以低碳人居环境为核心目标对景坞村的低碳发展情景进行预测分析，按照低碳目标的实现程度，从乡村低碳情景变化和用地变化两个方面分析，确定景坞村10年后的发展情况。

1.情景1——低碳极值情景

情景1是对景坞村未来发展的低碳极值分析，乡村发展完全围绕低碳目标进行，确定情景目标下的情景变化情况（表8.3-1），进而指导乡村用地规划。

景坞村低碳情景1变化分析 **表8.3-1**

情景要素变化	产业	农业采取保护性耕作方式，实现碳源向碳汇转换； 宾馆增加一处，农家乐增加到农居户数的20%； 柴薪能耗100%转为液化气，电能不变
	生活	柴薪能耗100%转化为液化气； 农居户数为原来的70%； 受人口下降影响，电能、燃气消耗为现状的80%
	交通	乡村小汽车拥有率30%，摩托车拥有率15%，农用车拥有率5%； 外来客流乘私家车比例为10%，乘大巴车比例为90%； 外来人口增长按照年均10%增长

续表

用地变化	碳源用地	服务业用地：农家乐用地达到现状农居用地的20%，宾馆用地是现状的2倍； 农居用地：减少现状的30%； 交通用地：增加不超过现状的40%； 农业用地：减少不超过现状的15%
	碳汇用地	林地：增加，主要源于农业用地转换； 草地：增加，碳源用地转换； 绿地：增加到现状农居用地的10%

资料来源：自绘

2. 情景2——低碳优化情景

情景2是对景坞村未来发展的影响碳系统要素进行低碳优化，乡村发展综合考虑低碳建设策略、现状发展趋势和低碳引导目标，对乡村现有发展模式进行适当低碳优化，确定情景变化情况（表8.3-2）。

景坞村低碳情景2变化分析　　表8.3-2

情景要素变化	产业	农业耕作种类调整，碳排放强度适当降低； 宾馆数量不变，农家乐增加到农居户数的10%； 柴薪能耗50%转为液化气，电能不变
	生活	柴薪能耗50%转化为液化气； 农居户数为原来的85%； 受人口下降影响，电能、燃气消耗为现状的85%
	交通	乡村小汽车拥有率40%，摩托车拥有率20%，农用车拥有率10%； 外来客流乘私家车比例为30%，乘大巴车比例为70%； 外来人口增长按照年均10%增长
用地变化	碳源用地	服务业用地：农家乐用地达到现状农居用地的10%，宾馆用地不变； 农居用地：减少现状的15%； 交通用地：增加不超过现状的35%； 农业用地：减少不超过现状的10%
	碳汇用地	林地：增加，主要源于农业用地转换； 草地：增加，碳源用地转换； 绿地：增加到现状农居用地的5%

资料来源：自绘

3. 情景3——低碳基准情景

情景3基于景坞村现状经济发展趋势，不考虑低碳引导目标，重点探讨乡村产业的持续发展模式，对部分影响碳系统要素进行低碳指导，确定情景变化情况（表8.3-3），指导乡村用地规划。

景坞村低碳情景3变化分析　表8.3-3

情景要素变化	产业	宾馆数量不变；农家乐增加到农居户数的5%； 柴薪能耗不转为液化气，电能不变
	生活	柴薪能耗不变； 农居户数为原来的92%； 受人口下降影响，电能、燃气消耗为现状的90%
	交通	乡村小汽车拥有率50%，摩托车拥有率15%，农用车拥有率15%； 外来客流乘私家车比例为50%，乘大巴车比例为50%； 外来人口增长按照年均10%增长
用地变化	碳源用地	服务业用地：农家乐用地达到现状农居用地的5%，宾馆用地不变； 农居用地：减少现状的8%； 交通用地：增加不超过现状的30%； 农业用地：减少不超过现状的5%
	碳汇用地	林地：增加，主要源于农业用地转换； 草地：增加，碳源用地转换； 绿地：增加到现状农居用地的3%

资料来源：自绘

8.3.3 低碳用地规划情景方案制定

低碳情景规划方案的制定基于景坞村现状用地，通过每个低碳情景目标以及情景判定中各类用地的总量调节，指导乡村用地规划编制，其用地类型基于乡村碳系统分类（图8.3-3），对村域乡村用地和主要建设用地进行重新定位与规划。

1.情景1规划方案——低碳极值情景

情景1作为景坞村低碳最优极值情景，基于碳系统的用地变化较大，不仅碳汇用地有所增加，碳源用地内部结构调整也起到重要作用（图8.3-3）。村域内山林面积有所增加，农田用地下降，侵蚀山体的农田退为山林或草地。建设用地变化集中在景坞自然村、里庚自然村（图8.3-4），将里庚自然村建设为特色休闲旅游文化村，服务业以度假、住宿为主。景坞自然村依托道路沿街布置餐饮为主的服务业，形成旅游集散点，使村域交通转换为电瓶车为主的观光方式。另外，农居用地间穿插的绿地可打破现状密集的居住空间，为村民提供休闲空间的同时也起到部分碳吸收作用。

通过乡村用地规划比例分析（表8.3-4），碳汇用地总量有所提升，主要增长在林地，草地和绿地有所增加。碳源用地整体下降，农居用地下降幅度较大，服务业用地增长，此情景通过碳源用地内部结构调整实现乡村产业发展和人居环境的低碳化转变。

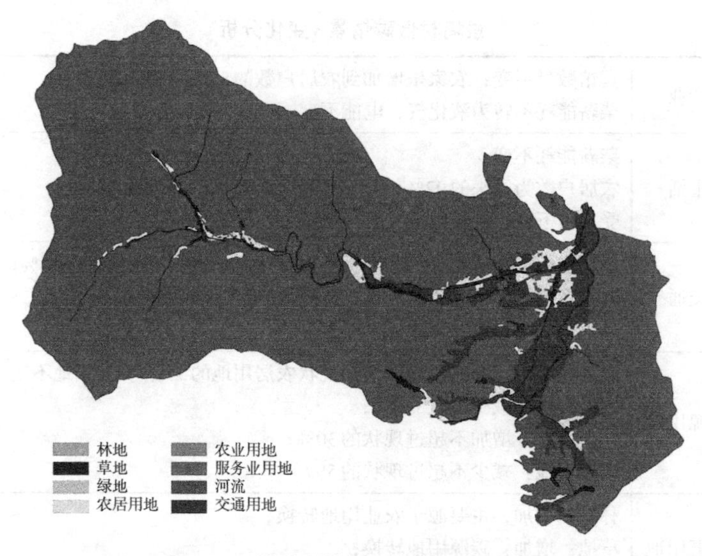

图8.3-3　景坞村情景1村域用地规划图

资料来源：自绘

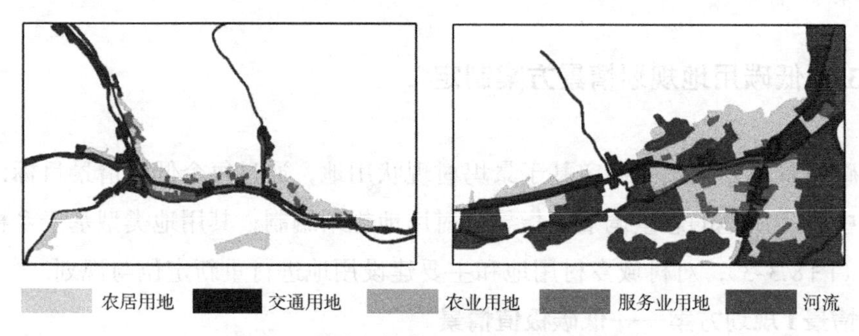

图8.3-4　景坞村情景1主要建设用地分类图

资料来源：自绘

景坞村情景1村域用地结构变化对比分析　　**表8.3-4**

用地类型	现状面积(hm²)	情景1面积(hm²)	变化量(hm²)
林地	1203.88	1223.52	19.64
草地	0.04	6.08	6.04
绿地	0.68	4.32	3.64
河流湿地	13.12	12.32	−0.80
农业用地	99.16	80.40	−18.76
服务业用地	1.84	9.28	7.44
农居用地	36.24	26.24	−10.00
交通用地	6.08	8.40	2.32

资料来源：自绘

2.情景2规划方案——低碳优化情景

情景2作为景坞村低碳优化情景，村域用地变化主要集中在碳源用地方面（图8.3-5），山林面积略有增加，农田用地略微下降，山体农田转换为山林、草地。建设用地变化同样集中在景坞、里庚自然村（图8.3-6），里庚村重点营造月亮湾景观，村内服务业用地围绕月亮湾开发，同时沿街散点布局，以休闲、度假、住宿为主；景坞自然村重在整合土地资源，围绕梵音广场设置服务业用地，维持现有机动车道路通行，提供乡村自行车、电瓶车、牲畜农车等低碳交通用地。

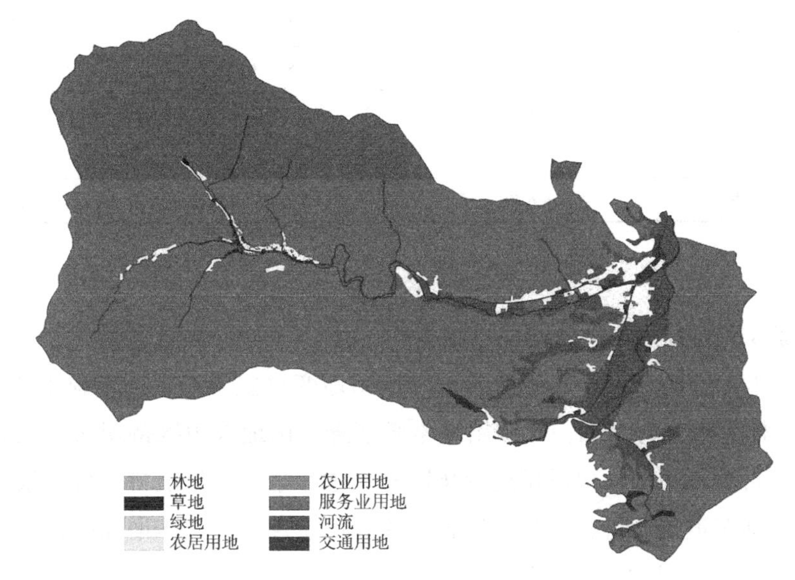

图8.3-5　景坞村情景2村域用地规划图

资料来源：自绘

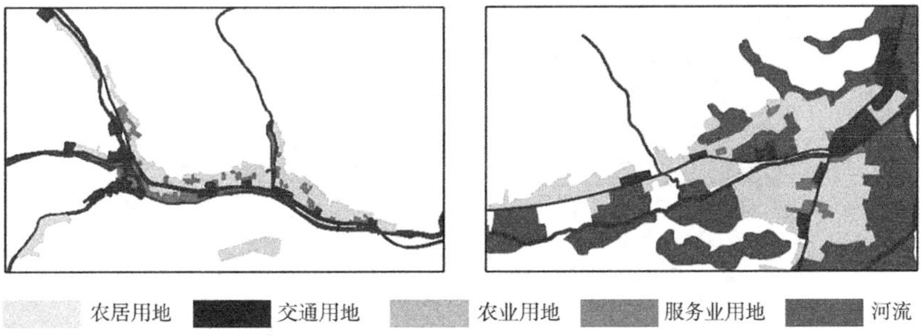

农居用地　交通用地　农业用地　服务业用地　河流

图8.3-6　景坞村情景2主要建设用地分类图

资料来源：自绘

通过乡村用地规划比例分析（表8.3-5），碳汇用地总量有所提升，主要增长在林地，草地和绿地增长较小，碳源用地整体下降，农业用地变化相对较小，农居用地下降幅度较大，服务业用地小幅增长，道路交通用地增长较大。此情景方案各类用地调整变化幅度适中，主要体现在碳汇、碳源用地的内部结构性调整上。

景坞村情景2村域用地结构变化对比分析　　表8.3-5

用地类型	现状面积（hm^2）	情景2面积（hm^2）	变化量（hm^2）
林地	1203.88	1209.28	5.40
草地	0.04	4.72	4.68
绿地	0.68	2.40	1.72
河流湿地	13.12	12.68	−0.44
农业用地	99.16	85.20	−13.96
服务业用地	1.84	4.60	2.76
农居用地	36.24	33.44	−2.80
交通用地	6.08	8.20	2.12

资料来源：自绘

3.情景3规划方案——低碳基准情景

情景3作为景坞村趋势发展情景，村域用地变化主要集中在碳源用地方面（图8.3-7）。山林面积略有增加，农田用地略微下降，山地农田维持现状，农居用地大面积向景坞自然村集中。建设用地变化同样集中在景坞、里庚自然村。景坞自然村维持现有机动车道路通行，增强村域各村落的可达性，为逐步增加的私家车交通提供用地（图8.3-8），与方案2接近。

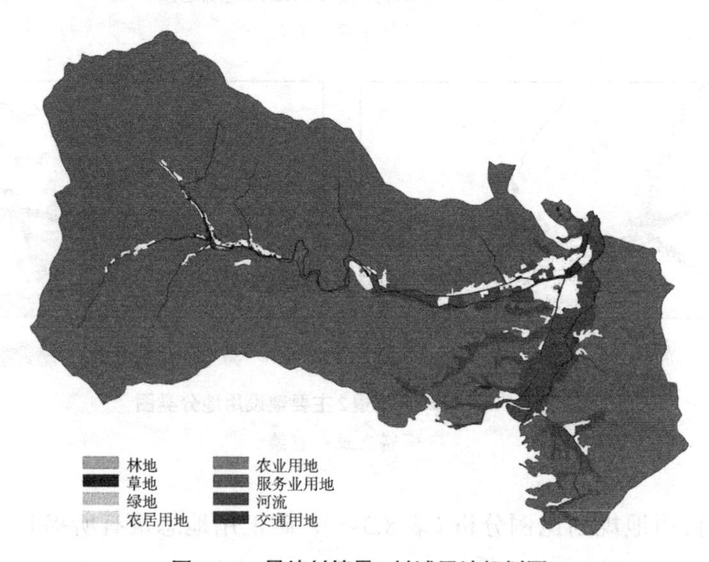

图8.3-7　景坞村情景3村域用地规划图

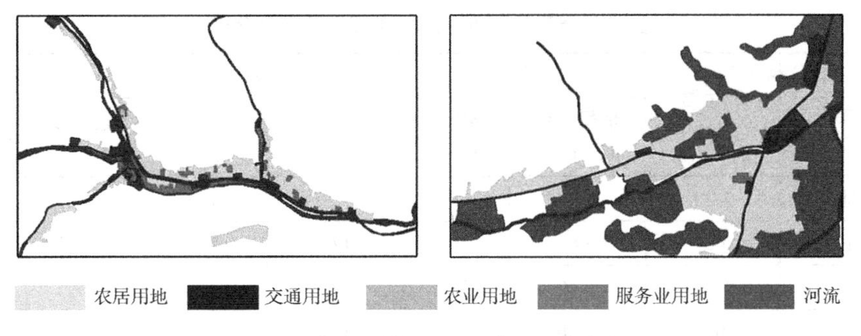

图8.3-8 景坞村情景3主要建设用地分类图

资料来源：自绘

通过乡村用地规划比例分析（表8.3-6），碳汇用地总量有所提升，主要增长在林地，草地、绿地基本无变化。碳源用地变化不大，农业用地小幅下降，农居用地下降幅度较大，服务业用地小幅增长，道路交通用地增长较大。该情景方案总体反映乡村建设用地少量扩张，内部调整是发展趋势。

景坞村情景3村域用地结构变化对比分析 **表8.3-6**

用地类型	现状面积（hm^2）	情景3面积（hm^2）	变化量（hm^2）
林地	1203.88	1206.52	2.64
草地	0.04	0.72	0.68
绿地	0.68	1.32	0.64
河流湿地	13.12	12.48	−0.64
农业用地	99.16	91.92	−7.24
服务业用地	1.84	2.64	0.80
农居用地	36.24	36.48	0.24
交通用地	6.08	8.16	2.08

资料来源：自绘

8.3.4 情景碳系统测评分析

1.景坞村情景碳源系数变化分析

不同情景规划，需要针对不同目标确定不同用地类型的碳源系数（表8.3-7）。

在低碳极值情景（情景1）中：林地、草地、绿地的碳汇系数不变，由于农业耕作模式采用保护性低肥方式，农业用地从现状碳源转为碳汇；各类碳源系数都下降。服务业碳源由柴薪转向电能、液化气为代表的商品性能源，每户农家乐碳排

景坞村情景状态下碳汇、碳源系数变化分析　　表8.3-7

用地类型	现状值（tC/hm²·a）	情景1		情景2		情景3	
		情景系数（tC/hm²·a）	变化因子	情景系数（tC/hm²·a）	变化因子	情景系数（tC/hm²·a）	变化因子
林地	3.20	3.20	1	3.20	1	3.20	1
草地	0.67	0.67	1	0.67	1	0.67	1
绿地	1.47	1.47	1	1.47	1	1.47	1
河流湿地	−0.46	−0.46	1	−0.46	1	−0.46	1
农业用地	−1.27	1.74	−1.37	−1.27	1	−1.27	1
服务业用地	−53.18	−32.44	0.61	−38.32	0.73	−45.73	0.86
农居用地	−28.14	−7.32	0.26	−14.07	0.50	−21.39	0.76
交通用地	−25.53	−18.89	0.74	−31.68	1.24	−43.66	1.71

注：表中正值表示碳汇系数，负值表示碳源系数；变化因子为情景值与现状值的比值，便于后续参数化计算应用。

资料来源：自绘

放大量减少，导致服务业碳源系数下降。伴随农户能源结构的绿色转变及人口减少，农居碳源系数减少。交通出行方面私家车增长幅度较小，外来客流转向团体旅游模式，乡村交通碳源系数下降。

在低碳优化情景（情景2）中，林地、草地、绿地、水系、农业碳汇、碳源系数均不变；服务业、农居和交通碳源系数产生较大变化。随着柴薪转变为能耗效率更高的商品性能源，50%能源偏好的转变加之服务业用地的增长，服务业碳源系数下降。尽管生活水平提高，但能源能耗率降低，农居碳源系数降低。私家车拥有率不可避免地上升使得交通碳源系数增长。

低碳基准情景（情景3）中，林地、草地、绿地、水系、农业碳汇、碳源系数均不变；交通碳源系数增长，其他碳源系数下降。其中服务业、农居碳源系数受到人口减小的影响有小幅下降。交通碳源随着村民机动车拥有比例增加，私家车旅游增长，导致交通碳源系数大幅增长。

2.景坞村情景规划方案碳系统测评

运用CE软件，分别输入低碳极值、低碳优化、低碳基准情景的用地规划图，并输入三种情景的碳源系数变化因子，定义碳汇值为正、碳源值为负，得到三个情景的测评结果（表8.3-8）。

情景1结果显示，在低碳极值情境下，景坞村碳汇以林地为主，草地、绿地有所增加；碳源方面农业由源转汇，服务业碳源增幅较大，农居降幅较大。乡村碳

景坞村村域用地情景规划碳系统测评分析　　表8.3-8

	碳汇（tC）			碳源（tC）					净值（tC）
	林地	草地	绿地	水系	农业	服务业	农居	交通	
现状	3852.42	1.00	0.03	−6.04	−125.93	−97.85	−1019.79	−155.22	2448.60
情景1	3881.98	4.07	6.35	−5.67	−139.90	−301.04	−191.98	−158.69	3374.92
情景2	3869.70	3.16	3.53	−5.83	−108.20	−178.58	−470.50	−259.59	2853.68
情景3	3860.86	0.48	1.94	−5.74	−116.74	−120.74	−780.18	−356.24	2483.66

资料来源：自绘

系统净值为3374.92tC，此情景“汇多源少”，且呈现“汇增源降”趋势，碳系统净值大幅提升，景坞村人居环境改善较大。

情景2结果显示，在低碳优化情境下，绿地碳汇增长明显；碳源方面交通碳源上升较大。根据2853.68tC的碳系统净值，呈现“汇多源少”特征及“汇增源降”趋势，碳系统净值增加。

情景3结果显示，在低碳基准情境下，碳汇变化较小，绿地碳汇有所增加；碳源结构中，交通碳源增幅比例较高，服务业碳源也有所增加。根据碳系统净值2483.66tC，呈现“汇多源少”特征及“汇增源增”趋势，低碳效果较弱。

3.景坞村建设用地测评结果分析

景坞村建设用地测评重在测评乡村建设用地对碳源用地的影响作用（表8.3-9），呈现不同情景引导下乡村建设用地调整带来的碳系统变化。

景坞村建设用地情景规划碳系统测评分析　　表8.3-9

	碳源(tC)			
	服务业	农居	交通	共计
现状	94.66	566.60	66.82	728.08
情景1	220.75	112.65	71.84	405.24
情景2	144.03	287.94	118.40	550.37
情景3	102.33	494.88	162.07	667.28

资料来源：自绘

景坞村核心建设用地三种规划情景碳源差异度较为明显。情景1高度重视低碳发展策略的引导，乡村建设用地碳源总量下降较大，服务业碳源成为主导，碳源总量仅为405.24tC，比现状下降332.84tC。情景2中，乡村在经济发展基础上加入低碳优化目标引导，服务业、交通碳源增长，碳源量总计550.37tC，比现状下降

177.71tC。情景3中，乡村主要考虑经济发展趋势，农居碳源排放继续主导，交通碳源排放量也增加，碳源总量达到667.28tC，对比现状下降60.8tC。

8.3.5 情景方案比较与研选

通过对碳汇、碳源以及碳系统净值分析，综合选择景坞村未来低碳化的用地规划方案，给出景坞村用地低碳规划实现路径。

1.景坞村碳汇比较

碳汇总量是对景坞村村域范围内碳吸收作用的综合评定。测量结果显示，三种情景碳汇量都有不同程度的增长，呈现“汇增”效果（图8.3-9）。其中情景1增长幅度最大，农业碳源变为农业碳汇，加之林地、草地、绿地碳汇增加，碳汇总量上涨4.64%；情景2增长幅度相对较小，上涨0.60%；而情景3对低碳关注程度较弱，碳汇增量仅有0.26%。综合来看，三种情景下乡村固碳量虽然都有所提升，但固碳能力难以有大幅改变。

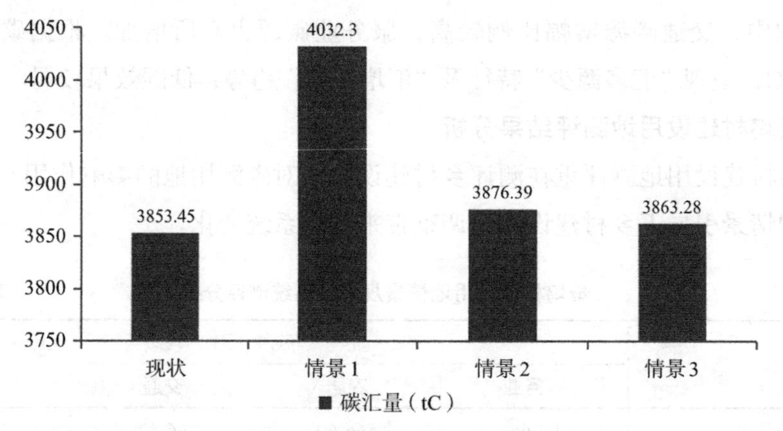

图8.3-9 景坞村碳汇总量情景对比分析

资料来源：自绘

2.景坞村碳源比较

基于景坞村域范围内所有碳源用地碳排放测算结果，碳源总量相比现状有所变化（图8.3-10）。情景1和情景2碳源总量有大幅度降低，分别下降592.23tC、226.91tC，降幅47.4%、18.2%，呈现“源降”效果。情景3碳源总量多于现状总量，增长30.03tC，涨幅2.4%，呈现“源增”效果，碳源变化幅度大，可成为低碳化建设的突破口。

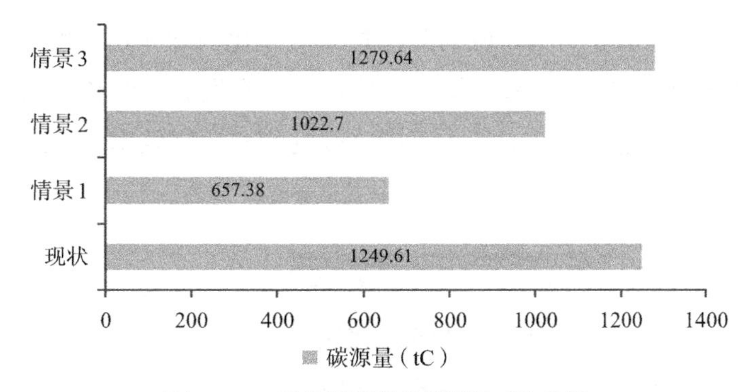

图8.3-10　景坞村碳源总量情景对比分析

资料来源：自绘

通过结构比较，分析现状及三个情景下碳源变化（图8.3-11）。低碳极值情景（情景1）和低碳优化情景（情景2）通过调整能源结构、农耕方式以及服务业的低碳化开发，最大程度降低农居碳源的产出。低碳基准情景（情景3）的产业调整和乡村建设，使得碳源总量有所增加。此外，河流湿地的碳源变化并不明显。

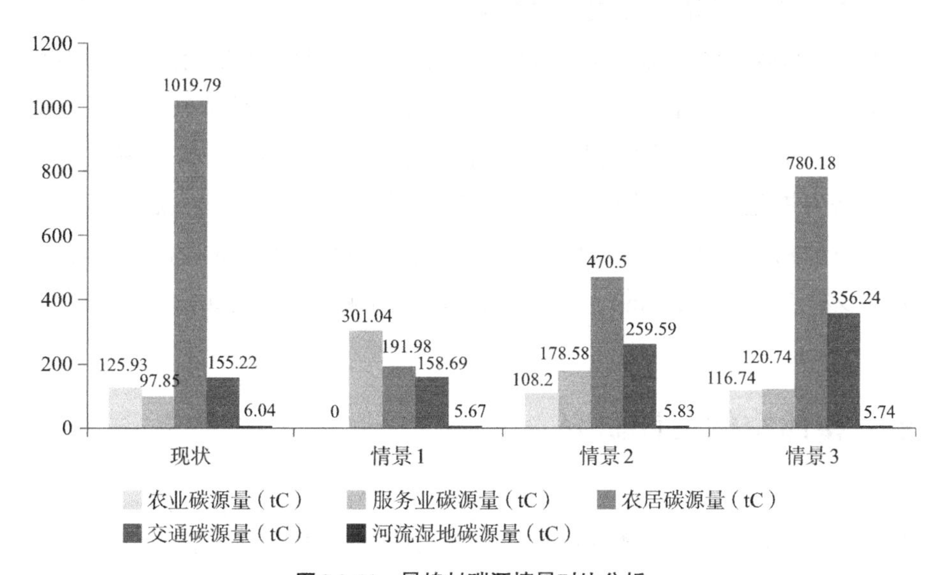

图8.3-11　景坞村碳源情景对比分析

资料来源：自绘

3.景坞村碳系统净值比较

综合比较景坞村现状与三种情景模拟的碳汇、碳源总量，分析每种情景碳系统净值的变化（图8.3-12）。情景1相比现状有较大幅度提升，碳系统净值增长926.32tC，涨幅37.8%，在此情景下景坞村“汇多源少”特征更加明显，乡村低碳化发展引导作用尤为突出；情景2虽然碳系统净值也高于现状，但增长量不高，增加135.08tC，涨幅只有5.51%，说明此情景中低碳化引导作用一般；情景3碳系统净值仅增长47.65tC，涨幅1.9%，体现景坞村在既有发展趋势和用能结构、生活方式下，碳排放的增长边际效率必然大于碳吸收的增长边际效率，导致乡村不可避免地朝着高碳化趋势演进。

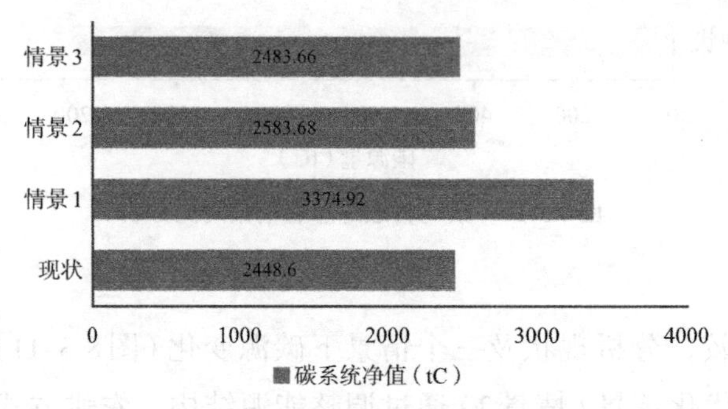

图8.3-12　景坞村碳系统净值情景对比分析

资料来源：自绘

4.景坞村用地规划最佳情景选择与特征

根据景坞村碳系统的综合比较分析，在不同情景目标的综合作用下，乡村用地规划方案体现出差异化特征，通过参数化测评方法得到每种情景下碳系统综合结果。其中，情景2（低碳优化情景）作为景坞村近期发展目标，综合考虑低碳目标和乡村经济发展趋势，情景1（低碳极值情景）作为景坞村远期发展目标，重点考虑低碳化发展路径，实现景坞村为代表的山区型乡村碳系统向"汇增源降"转型，突出此类乡村"高汇低源"的特征，成为低碳乡村规划建设的典范。

8.4 整体空间设计研究

在以上目标体系下，里庚村的整治规划设计将围绕规划布局、交通体系、低碳建筑、景观梳理几个方面展开。

8.4.1 控制单元的识别

1.场所

里庚村的中边界如图8.4-1所示，其面积为43108m^2，周长1965m，长轴708m，短轴60m左右，是典型的带状中高密度村落。

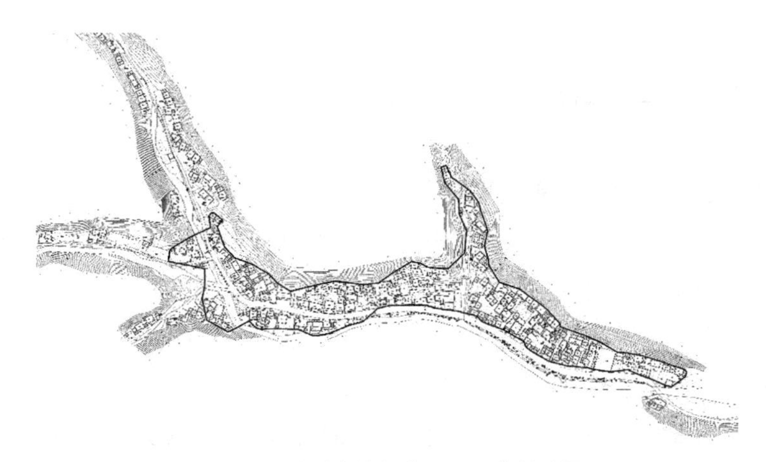

图8.4-1 研究对象的界定——里庚村边界图

资料来源：自绘

2.界面

里庚村坐落在两山之间的山谷地带（下界面），属于山地丘陵的地理单元。山体不高，坡度也不陡，因此其上界面可以接受足够的日照。由于山坡的阳面受日照影响，其坡面温度与山谷上空的空气温度存在差异，形成热力循环，产生山谷风。白天，山坡的地面温度上升得快，形成上升气流，风向沿着山坡向上。晚上，由于山坡表面的温度下降快，冷空气将下沉，风向沿山坡向下。因此，除了季节性的主导风向外，山谷风也会对村子的微气候环境产生影响，增加其通风的效果（图8.4-2）。

村庄的两侧面是天然的竹林。由于竹林能遮挡太阳的辐射，气温较低，加上山谷风的作用，能将这里的“冷气”带入整个村庄，降低整体的温度，因此里庚村会有“清悠”的夏季。

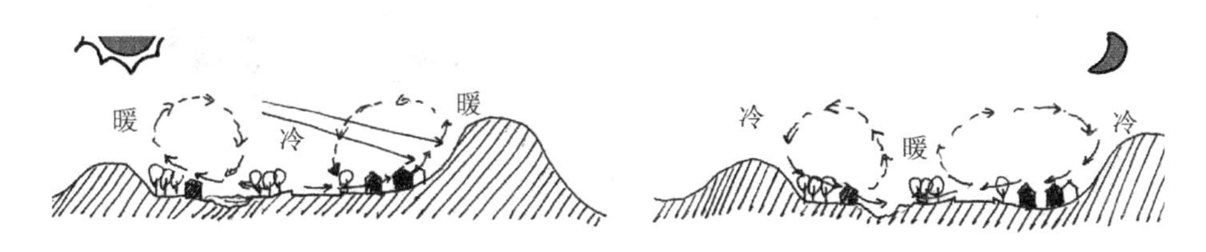

图8.4-2 山谷风的形成

资料来源：自绘

3.通路及标志物

与景坞村的规划相联系，进村公路是里庚村的主要通路，村庄沿这条主要的通路展开。沿着通路的溪流贯穿全村，水质良好，并在三岔路口，三条溪流的交汇处形成相对开阔的水面。在这个节点位置上，有原有的村办小学校舍以及临湖的便利店，尽管小学的校舍已经被弃用但仍然是村民们聚集的公共空间，是村落的标志物。

8.4.2 空间的重构与再生——“节流”

1.村落规划——控制与有机更新

里庚村尚未有可以到达的公共交通系统，但是从长远上看，建立以公共交通为主导的村落结构发展模式，引导村民和游客使用公共交通工具，减少对机动车的依赖，是乡村再生、旅游业和其他产业和谐共生的低碳发展之路。

规划采取“一带、多节点”的规划布局结构。“一带”是指布置公共交通的交通主轴。以乡村的现状交通出发，考虑中心村和镇的联系，以实现顺畅的各级公共交通系统之间的转换，以通路——进村公路作为轴线，结合沿线的溪流，形成集景观与交通为一体的“带”。这条“带”亦是带状村落的长轴（约708m），因结合现状建筑功能及居民生活，设置2～3个公交站点。与村民生活以及游客需求相关的商业（小卖部）、农家乐等应该尽量分布在公交站点的周围，形成“多节点”的结构布局（图8.4-3）。

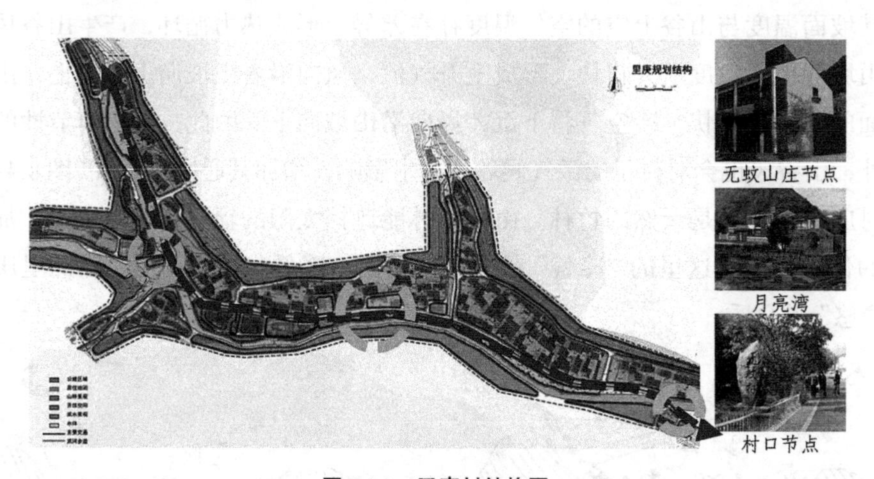

图8.4-3 里庚村结构图

资料来源：根据作者研究团队资料自绘

与这种村落结构规划相适应，改造的过程中，采取“控制导则与节点设计”相结合的方式。“控制”是指乡村的农宅应当沿通路及节点有效集中，尽可能避免建成区的扩张，以保留“山林”“水体”等自然资源。在规划中，根据不同地段的资源环境特点，承载能力以及发展潜力，将空间划分为宜建区、限建区以及禁建区，以保留区域的生态系统完整和生态环境协调，限定村庄建设以及产业发展对于自然环境的破坏以及对原有生态系统的扰动。

2.道路交通

道路规划设计呈树枝状结构，形成主要道路、次要道路以及入户道路的层级式道路网络结构。

1）提倡低碳出行方式

步行和自行车是适合于乡村生活的健康、环保的出行方式，也是来里庚村旅游的游客最能感受乡村自然风光、体验乡村生活的出行方式。规划中通过保持原有道路的宽度，限制次一级道路及入户道路的宽度，同时在主要道路和次要道路设置步行空间等措施，进一步诱导村民对步行和自行车出行的需求。其次，将布置公共设施，小卖部、农家乐等限制在人们步行和骑自行车可接纳的距离范围之内，结合乡村的景观设计，鼓励游客选择步行或自行车出行的方式（图8.4-4）。

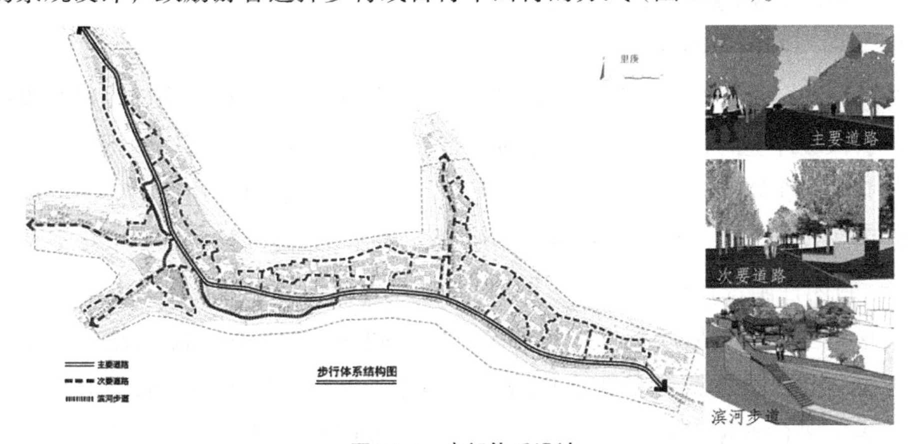

图8.4-4　步行体系设计

资料来源：根据作者研究团队资料自绘

2）倡导公共交通，限制私家车——停车场地与景观绿化相结合

随着农家乐产业的发展，游客数量的增多，依赖私家车的交通模式对能源资源的消耗以及产生的尾气、噪声污染等给村庄带来不容忽视的影响。因此，从可持续发展的观点来看，应以控制私人机动车、发展公共交通为主要的规划方向。规划设计中，结合节点设计，采取设置集中停车场的方式，并与景观绿化相结合，鼓励人们以公共交通方式出行，并促进村落内以步行或自行车方式出行（图8.4-5）。

3.低碳建筑

由于乡村建筑的造价低，施工技术上不成熟，建筑的低碳策略应当以“被动式技术为主，主动式技术为辅”的原则实现乡村住宅建筑的低碳化。对于既有建筑，在空间设计导则的引导下进行适当地改造控制。对于闲置或废弃的建筑进行再生设计，赋予其新的功能，实现可持续发展。在此基础上，结合家用电器设备的更换鼓

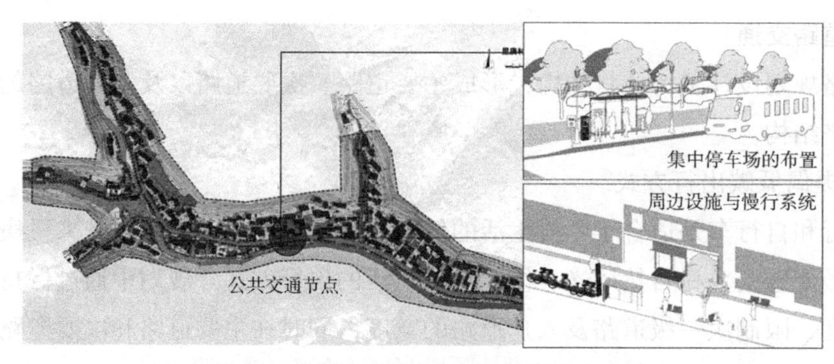

图8.4-5 与景观相结合的公共交通站点设计

资料来源：根据作者研究团队资料自绘

励村民选择高效率的设备实现节能。

1）建筑空间形态的低碳控制

在设计中，对于既有建筑，根据乡村低碳建筑营建导则和图则，以建筑改修为契机，引入缓冲空间，对建筑进行低碳改造。其主要控制策略可以包括：

（1）坡屋顶在现状农宅中被作为储藏空间，经实测证明，它有很好的保温、隔热和防雨的效果。因此，既有建筑的平屋顶，可适当改造为坡屋顶。

（2）封闭性阳台在现状建筑中十分常见。从建筑节能的角度上，它创造了一个南向的缓冲空间，可以起到保护和调节主体空间环境的作用，降低建筑能耗。因此，在既有建筑改造或者是新建建筑中，可适当保留这种缓冲空间，但是应结合室内或者室外的遮阳。在遮阳的设计上，优先采用地方材料，亦可结合绿化设计（图8.4-6）。

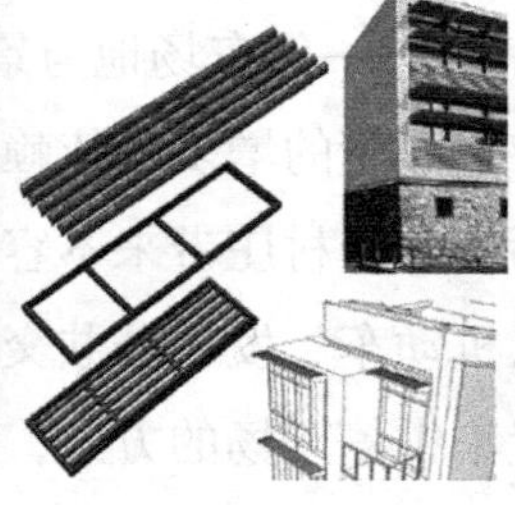

结合地方材料的遮阳构件设计　　南向缓冲空间及遮阳

图8.4-6 建筑南向立面的低碳改造

资料来源：根据作者研究团队资料整理

（3）建筑应尽可能采用高明度、低彩度的涂料、抹面或贴面砖，以减少太阳辐射的影响。建筑的东西侧立面应受日照的时间较长，建议应用当地的地方材料，或墙面绿化遮阳（图8.4-7）。

利用地方材料的侧立面设计　　利用墙面绿化

图8.4-7　建筑侧立面的低碳设计

资料来源：根据作者研究团队资料整理

2）空置建筑的低碳转型

随着年轻人进城打工，乡村长期滞留人口的减少，年龄结构的变化，以及部分功能的建筑向中心村和镇的迁并，出现了许多闲置的建筑，原里庚村村办小学的建筑就是一个例子。拆除这些建筑会产生大量的建筑垃圾，而弃之不管又是对土地资源的一种浪费。

根据景坞村规划发展乡村旅游经济的建设目标，将原有的小学建筑进行功能置换，改造为具有公共接待和居住功能为一体的综合会所。但是原有的小学属于公共建筑，层高有3.9m，如果直接作为住宅建筑使用，必将导致能耗增加。因此，设计时将对其进行低碳化设计。

（1）功能的调整置换以及被动式设计的导入

①平面的再生与院子的形成

改造中将一层平面改造成公共接待区，二层作为居住用房，并结合周围原有的场地，设置辅助功能用房，形成L形的平面。这些房间围合出具有层次性的院落，包括前院、中院、后院和侧院。这些院子能够增加房间的采光性，减少建筑照明的用电。同时也能起到通风的作用，调节室内温热环境以降低空调的能耗。

②南向缓冲空间的形成

原有的建筑中有南向的敞廊，在改造中将其改建成阳光间，形成外部环境与内部空间之间的缓冲层。夏季将大面积的玻璃窗打开，加上遮阳构件，可以防止阳光直接照射到室内。冬季关闭玻璃窗，利用温室效应，配合拔风竖井等形成的气流循环对室内加热，调节室内环境，减少空调能耗。

③拔风竖井、双层地板、屋顶空间形成的通风系统

原有的小学校舍有很多尺寸并不适合居住建筑，比如楼梯间的尺寸以及建筑的层高。因此，在改造设计中取楼梯间中间的一部分形成拔风竖井，取层高的一部分形成双层地面。由拔风竖井、双层地面以及坡屋顶构成的空腔体系与阳光间配合，

形成了自然的空调系统，降低建筑能耗（图8.4-8、图8.4-9）。

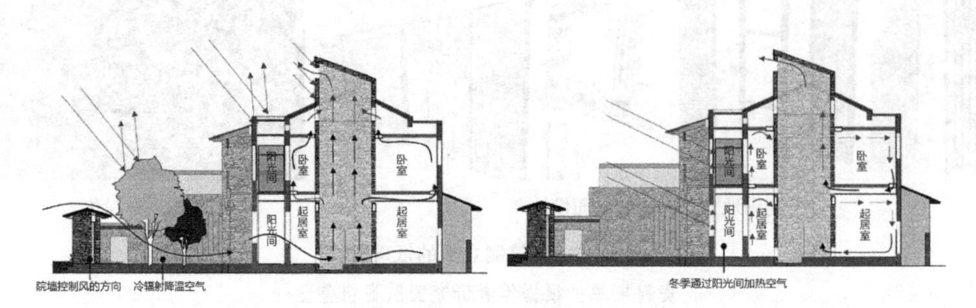

图8.4-8　自然通风系统对室内空气的调节

资料来源：自绘

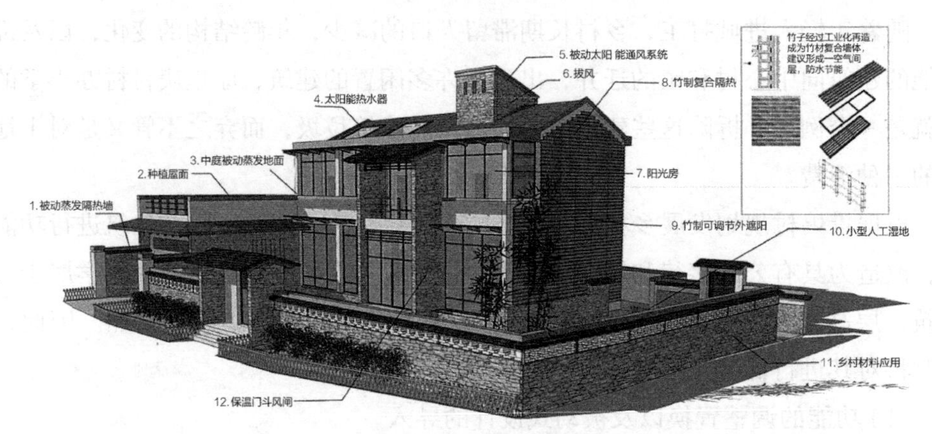

图8.4-9　建筑低碳策略

图片来源：作者研究团队

（2）地方材料的运用

①竹子的应用

安吉县以"中国大竹海"著称，竹子制造业也是里庚村的主要产业之一，因此资源丰富，加工技术成熟。就地取材，将其引入到建筑的墙体遮阳中，是一种低碳的建筑营建方式。

②毛石材料的应用

里庚村属山地村落，因此有丰富的毛石料。设计中将毛石料应用到建筑基础、墙身、拔风竖井等位置上，不仅能够增加建筑的地方特色，还能够利用毛石料热容大的物理特性，吸收热量并减弱室内温度的变动，从而减少空调的能耗。

（3）适宜技术的导入

除了被动式技术以外，改造设计中还引入了已经在乡村中得到广泛应用的成熟低碳技术与设备。主要包括太阳能热水器、雨水的回收利用以及小型"厌氧—人工湿地”生活污水处理系统。

3）部分家电的高效化

由于里庚村目前的建筑造价仍然较低，因此引入大量高价的低碳设备并不符合乡村的现状。因此在改造设计中，建议空调设备以及其他使用频繁的家用电器应尽量选择高效率的设备，例如LED灯的使用等。

8.4.3 能源与基础设施规划——“开源”

1.以邻里单元为基础的能源共享模式

乡村建筑的能耗密度低，在既有建筑中导入高效的低碳设备没有经济可行性，因而无法得到推广。然而对于公共建筑，或者是经营农家乐的建筑，其能耗相对较高，用能模式与住宅有所区别。因此，可以以这些建筑的更新为契机，并采用以邻里单元为基础的能源共享模式，以高效的设备向周围的建筑供能。这种方式不仅能够增加周围既有建筑的用能效率，同时也能通过不同功能的混合，使设备效率实现最大化。

在里庚村的整治改造规划中，空间结构中将形成以公交站点为中心，在此基础上，以新建或者建筑改造为契机，与周围的住宅建筑形成能源共享的模式（图8.4-10）。

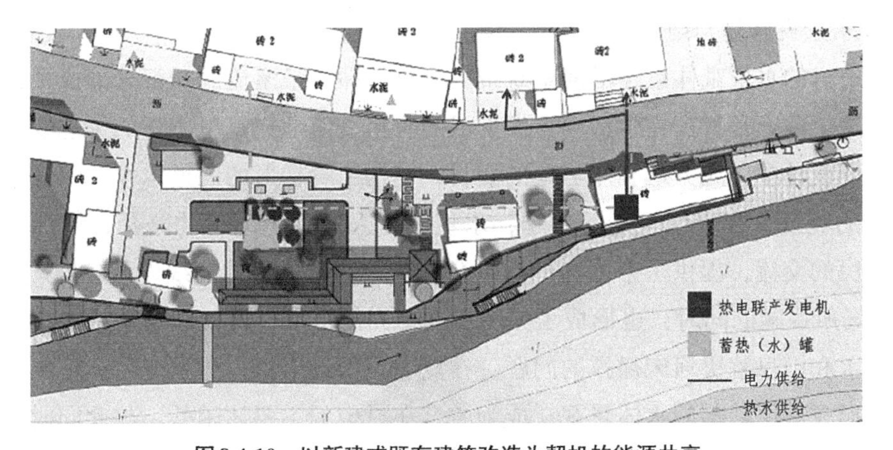

图8.4-10 以新建或既有建筑改造为契机的能源共享

资料来源：自绘

2.可再生能源的利用

在以邻里单元为基础的能源共享模式形成的小规模能源供给网络的基础上，在新建或改建的公共建筑中导入适宜的可再生能源技术，例如太阳能热水器、太阳能光伏发电等，并通过小型的网络向其他建筑进行电与热的供给（图8.4-11）。

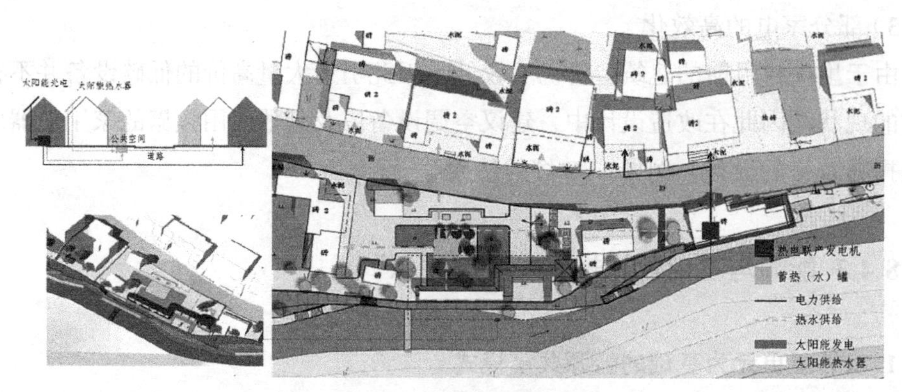

图8.4-11　太阳能的利用

资料来源：自绘

由于垃圾回收焚烧发电的设备投资非常大，无法在自然村内实现，可以通过几个自然村或者是镇等投入建设垃圾发电站，并在各级村落对垃圾进行收集与集中处理，实现清洁利用。

8.4.4 景观与节点梳理——“增汇”

1.水环境的规划

1）水景观修复与雨水利用

里庚村的水景观体系在沿河景观带的终点，即三条溪流的交汇处形成了开阔的河道。这个节点是村民在生活中自发形成的聚集交流地，是里庚村的标志物。在景观改造的设计中，充分地利用当地的石材，建构出阶梯形的三道水坝。三条水坝具有一定的宽度，在水位较低的冬季，水坝成为人们穿越河道的路径，增加了沿河两岸居民的交流，提供了亲水活动的平台。这三道流线型的曲线设计在回应“月亮湾”的场所主题的同时，也形成了三个不同标高的水池，即便在冬季枯水期，也能汇集雨水和山泉解决河床裸露的问题。在夏季，雨量丰富，山泉充足，汇集在水池中的水形成层层跌落的水体景观，成为游客在村中的主要休闲处。与此同时，由于水体的热容较大，能够起到降低周围环境的温度，调节微气候环境的作用，成为有效的低碳调节器（图8.4-12）。

2）透水性地面的应用

以建筑更新为契机，在节点景观设计中，适当地选择透水性的地面材质，减少硬质地面的面积。透水性地面可以保持土壤的湿度，与水体的作用相近，可以起到

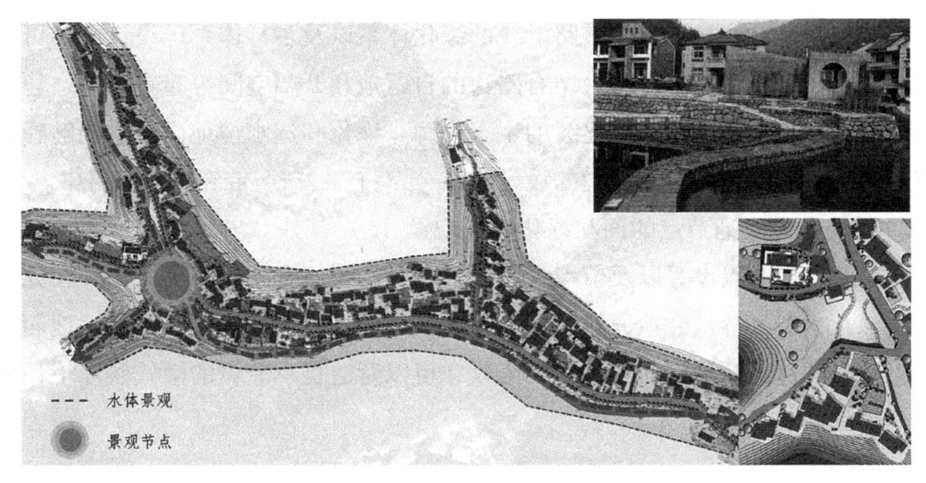

图8.4-12　水景观体系

资料来源：自绘

降低地表温度、减少地面的热反射、调节周围的微气候环境的作用，缓解由于乡村建设、路面硬质化等引起的热岛效应。在规划整治中，将透水性地面与公共空间以及绿化系统的设计有机结合。

（1）在公共空间、街角空间等地选用实心砖或者空心砖等材质的地面。在砖与砖之间留出空隙，天然的草可以在这些空隙中生长，形成一定的绿化面积。

（2）在主要街道两侧的步行道或者是入户道路的步行道设计中采用细碎石或细鹅卵石铺路，增加地面的渗水性。

（3）在公共停车场等采用嵌草铺装。

2.公共空间与“绿量”规划

乡村的景观体系与城市社区的景观体系不同，它与乡村生活密不可分，是乡村的公共空间。只有注入了乡村生活的公共空间才是有活力、可持续的空间。在规划中，根据乡村的生活场景需求，绿地系统与公共空间的设计采用点、线、面的布局模式。除了植被及绿化“直接吸碳”和固碳的“碳汇”作用外，点状空间、面状空间形成“低温区”中的冷气，在线状空间形成的“风廊道”中维持、集聚并扩散到整个乡村，在夏季起到调节微气候，并降低空调能耗的“间接碳汇”作用。

1）线状道路空间

（1）主要道路沿线的景观修复以及步行体系的完善。

（2）如庭院一般的游憩步道。

道路空间体系是乡村中主要的线状公共空间。与城市空间不同，乡村空间的道路界面虚实相间，渗透着乡村的生活，是村民、住户与来访游客交流的场所。

本次规划设计修复了主要道路沿线的绿化体系以及步行体系。设计中尽可能保留原有的景观和乡村生态特质，结合路边的自留地和开阔空间等布置绿化、建筑小品以及透水性地面材质，形成连续的生态连廊。绿化和透水性地面材质能够降低线状空间的温度，并与乡村风环境的设计相结合，将“冷气”带到整个乡村中。

2）结合公共交通节点的面状绿化和景观设计

在公共交通节点设置以及节点景观整治中，修复原有的生态环境，并在此基础上种植绿化，引入透水性地面材料等。这些节点通过树木植被以及透水性地面材料对太阳直射的遮挡及对地面热反射的吸收，可以营造夏季凉爽的微气候环境，成为乡村低碳的调节器（图8.4-13）。

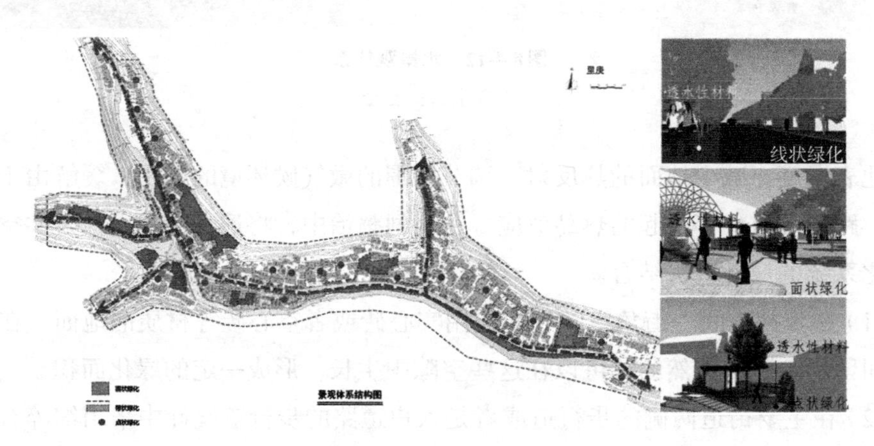

图8.4-13　乡村的绿色体系

资料来源：自绘

3）点状绿化

（1）渗透在邻里单元中的绿地。

（2）街角的“绿”空间。

在邻里单元空间的规划设计以及街角空间的设计中，根据现状乡村的特色尽可能保留村民的自留地，在创造绿色空间，调节微气候环境的同时，建立村民的公共交流空间，并成为为游客提供感受乡村邻里生活的空间。

8.4.5 空间格局与形态设计

1.规划思路

按照“立足优势，整合提升”的发展思路。坚持政府引导、农民主体，立足实际、彰显特色，低碳节能、保护环境的规划原则。制定“自然与人文同步”“民生与经济同步”“效益与品质同步”的发展策略，充分利用现有自然资源，深入挖掘历史人文资源，注重“产业—村庄”同步发展，进行新期乡村慢生活休闲旅游开发。实现建设一个生态内涵丰富、山水景致突出，产业多元并举、经济活力丰沛，乡村风貌浓郁、村居品质宜人的观光旅游型低碳示范村的目标。

2.空间布局

本次规划根据景坞村原有村落结构，充分利用现有建设资源，在现有自然人文资源中注入发展活力，变资源优势为发展优势；维护低碳发展格局，延续山水景致脉络，实现乡村风貌协调；增加服务功能，完善配套设施，体现示范村形象。

充分尊重景坞村的自然环境风貌以及规划沿线的景观脉络，维护山、水、人居的乡村景观格局。统一建筑风格和整体色调。定位新的景观区块功能，丰富沿线景观要素，对重要空间节点、片区的环境进行布局优化。

充分利用景坞村的自然人文资源优势和产业发展基础，以休闲旅游产业为核心，建立旅游服务功能片区。通过激励休闲农业、旅游业、服务业等产业联动发展，实现乡村经济活力的持久发展。

通过产业发展与村庄建设的结合，丰富沿线村庄的空间功能，增加人性化的配套服务设施，实现沿线村庄品质的全面提升。在提升村庄空间品质的同时，增设村镇服务设施，兼具产业配套、旅游休闲服务、村庄建设的要求，以改变村民生活、医疗、教育及休闲环境为工作重心，从更深层次切实提高村民生活质量，体现示范村的新形象。

最终形成规划结构为“一轴、一带、三区、多点”的总体布局（图8.4-14）：

图8.4-14 景坞村规划结构

资料来源：自绘

（1）一轴：进村公路是承载地域文化、产业活力、景观风貌的发展主轴，亦是本次示范村工程的核心骨架。

（2）一带：溪流夹山势和公路贯通全村，利用现有水系打造一条“溪流潺潺，汀步皑皑，曲径通幽”的乡村景观滨水带，吸引游客的同时更是造福村民。

（3）三区：三区分别是指景坞村中心村域、外庚村片区和里庚村片区。景坞村中心村将作为旅游服务资源丰富且文化设施齐全的核心旅游集散区。外庚村承接前后两个村域，将是一道乡村风貌浓郁，村居品质宜人的风景连接线。里庚村具备得天独厚的生态环境资源和良好的农家乐基础，通过规划建设必将打响生态景坞中这块“入夏无蚊”的金字招牌。

（4）多节点：本次规划节点沿主轴主带依次展开，整治完善景坞村村头、梵音绿化广场、知青坝、月亮湾等重要空间节点，提升景坞村整体公共空间品质。

3.空间管制与近期建设重点

在景坞示范村的建设过程中，为了更好地指导用地规划分类型、分目标、分强度建设目标的实现，本次规划根据建设的现状条件和资源优势，提出空间管制的重点与框架。首先，针对宏观空间管制的操作要求，遵循上位规划的基本控制要求，突出本次规划过程中对“山林”和“水体”控制内容的重点关注。同时，基于本次建设的特殊性，提出乡村建设的特色控制，涉及屋顶形制、建筑色彩、院落结构、墙体面积、建筑轮廓、空间围合、营建尺度七个主要方面，以期把握村镇整体和建筑单体的协调发展。

其次，针对近期建设的内容把握整治重点，采取“基本导则+节点段落设计”相结合的方式。其中基本导则针对整条廊道建设，实现区域全覆盖，进行全区域通则性整治说明。而重点研究准则针对不同的节点或区段研究深度要求，通过增加额外的控制条件，进行深入的规划、建筑、景观设计，最终以节点区段设计的方式表达规划成果。

具体控制内容和建设重点如下所述：

1）“山林”“水体”控制

本次规划中的基本控制内容按照不同地域的资源环境、承载能力和发展潜力，将空间划分为禁建区、限建区、城镇建设用地、农村居民点建设用地等区域，制定必要的空间管制措施，引导人们开发活动的范围。特别需要限定村镇建设和产业发展对自然景观环境的破坏，为沿线合理发展保留相对稳定的生态环境协调区域。

规划范围内景坞村与外庚村之间是开阔山谷，外庚村与里庚村之间是山林竹海。在示范村建设过程中应当给予高度保护，适度开发。加强山林的管理，严格控制征占用山林，禁止建设破坏天然林的项目，严禁滥伐，严禁陡坡开荒、毁林开荒及幼林地放牧；禁止在山林内进行开垦、采石、挖沙、取土、筑坟等损坏生态公益林地的行为；积极开展小流域综合治理，通过人工促进措施，逐步形成具有生物多样性、多层次结构、生长稳定、生态效益高、有地方特色的森林群落；在山林经营区内开展森林旅游等各种经营活动，不得影响生态功能、破坏生态环境。

水体沿线禁止建设会产生大量废水的污染性企业，对现状污染严重的企业实行改造或搬迁，同步推进河道清水工程，禁止未达标污水的排入；禁止在水体管理范围内建设妨碍行洪的建筑物、构筑物以及从事影响河势稳定、危害河岸堤防安全和其他妨碍河道行洪的活动；开展流域综合整治，采取河流疏浚，砌筑河岸、滨河绿化等方式改善环境，提高蓄水排水能力。

2）屋顶形制控制

针对屋顶形状和屋顶色彩的混乱现状，建议使用适合自然环境和传统建造方式相适合的坡屋顶形式。屋顶、屋脊尽可能减少装饰。使用低明度、低色彩、亚光的材质。屋顶材质宜深、宜灰，从而与墙面形成较明显的对比，并使建筑显得稳重，与绿色自然背景相和谐。

3）墙体控制

当建筑的材料趋于统一时，院墙的材料可多样选择，使每户的个性、村落的多元性和丰富性能够在这样小尺度的建筑部件中得以实现。鼓励在符合总体材料和色彩控制的原则之下，利用丰富多彩的墙体形式。围合院落的墙体追求半实半虚的状态，在墙体的材质和色彩确定以后，结合墙体应选择与之相协调的虚实搭配方式。在临道路一侧的墙体和道路之间须留有一定的空间（不小于 1.5m），并鼓励村民布置绿化，亦可村内进行统一的设计和布置。

4）院落控制

根据建设需要，部分回归自然院落，并按照其空间灵活地组合，村民根据需要进行选择。临路院落应当有足够的空间，使得住宅与道路保持一定的距离，既保证住宅的私密性和房屋居住质量，也提供较为宽敞的服务配套场地，方便特色产业功能的实现。应结合地形条件和当地的适宜技术，利用院落空间组织丰富院落景观。

5）建筑色彩控制

建议采用高明度、低彩度的涂料、抹面或贴面砖；建议采用多种围墙形式遮挡建筑物或场地空间；鼓励种植高大乔木弱化建筑色彩。

6）建筑轮廓控制

通过绿化丰富轮廓界面，用围墙、景观石材、标识牌等形式打破过于单一的体块轮廓。

7）空间围合控制

通过增加围墙、绿化，一方面丰富公共空间层次，另一方面改善单体内部空间的私密性，创造多种类型的生活场所。

8）建筑尺度控制

单体组合不宜过多。围墙高度与街道宽度保持合适的比例，围墙建议控制在1.5m以下。道路下垫面应避免单一水泥硬化，应采用区别于城市的地方性、民俗性材料和做法，注重细节的多样性。

9）近期建设重点

节点1景坞村村头改造，区段2桃源村沿线围墙整治，区段3外庚村沿线围墙整治，片区4里庚村村落改造（图8.4-15）。

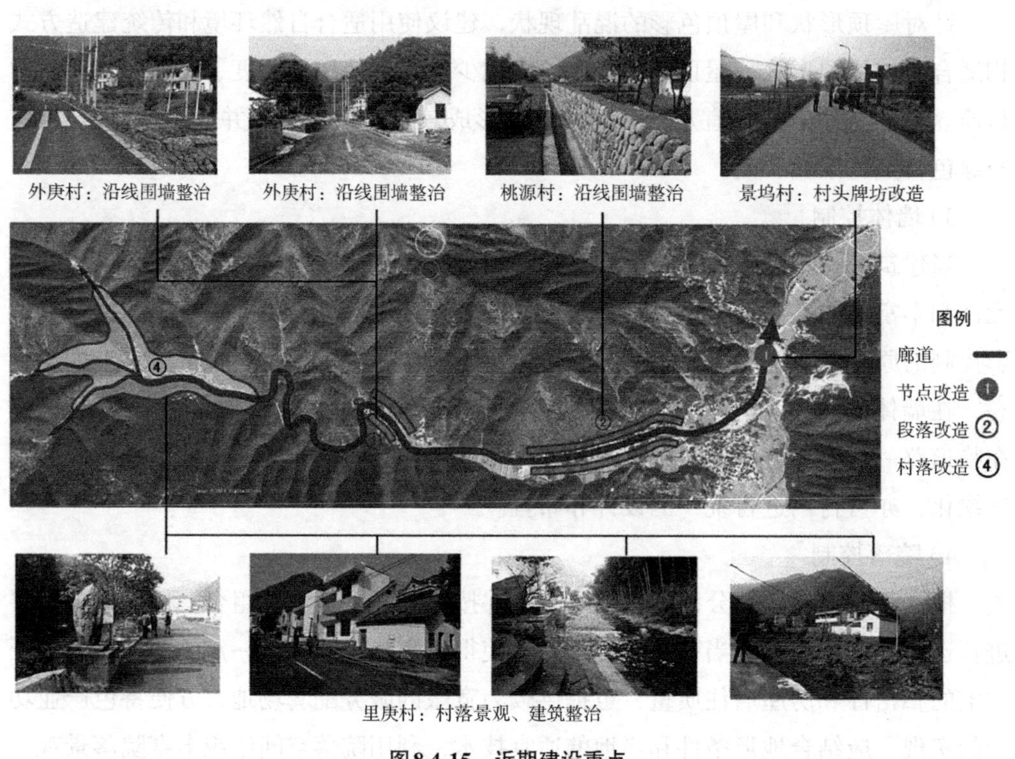

图8.4-15　近期建设重点

资料来源：自绘

4.开发利用模式及项目造价估算

1）经营管理模式

在核心产业功能区，通过吸纳社区农户参与特色休闲农业的开发。在利用当地丰富的休闲观光农业资源时，充分利用社区农户闲置的资产、富余的劳动力、丰富的农事活动，增加农户收入，丰富旅游活动，向观光者展示真实的乡村文化。同时通过引进旅游公司的管理，对农户的接待服务进行规范，避免不良竞争损害游客利益。

在开发沿线特色农业及休闲产业时，可采取国家、集体和农户个体合作，把旅游资源、特殊技术、劳动量、特色农产品产量转化为股本，收益按股份分红与按劳分红相结合，进行股份合作制经营。通过土地、技术、劳动等形式参与休闲观光农业的开发。

通常是“开拓户”首先开发休闲观光农业并获得了成功，在他们的示范带动下，农户们纷纷加入休闲文化廊道的建设队列，并向他们学习经验和技术，在短暂的磨合后，就形成了“农户+农户”的休闲农业开发模式。这种模式通常投入较少，接待量有限，但乡村文化保留真实，游客花费少，还能体验当地习俗和文化，是较受欢迎的休闲产业发展模式。但受管理水平和资金投入的影响，通常旅游的带动效应有限。

充分发挥当地较好的工农产业基础，以特色产品为依托，以休闲服务产业为主导，带动其他产业的发展，并实现生态保护的协调进行。加快农业产品的深加工，积极向工业和商贸服务业延伸，形成较为完整健全的产业链，推动整个区域的发展。

2）实施措施

树立绿色发展、生态利用沿线自然人文资源的思想，正确合理地进行开发利用资源，使沿线产业开发得以永续利用和不断增值，体现可持续发展的理论思想。

建立健全沿线村庄的规划、设计和建设的审批制度。在进行开发利用之前，进行环境影响评估，对水体、山体的维护提出相应的保护措施，并报相关职能部门批准后实施。

积极整合县、乡镇、村集体、企业和农户个体等力量，利用政府的先行引导政策和资金，积极调动市场因素参与到农房改造示范村建设过程中，拓宽融资渠道，转换经营模式，加快特色资源的开发和保护。

在社会范围内开展宣传教育，强化沿线居民的休闲旅游服务意识，提倡热情好客、文明待人、讲究礼仪风貌的新风尚，使乡村休闲旅游廊道成为农房改造示范村建设的示范平台。

3）项目造价估算（表8.4-1）

项目造价估算 表8.4-1

编号	节点或区段名称	任务	场地现状	投资估算（单位：元）	现状照片
节点1	景坞村：村头牌坊改造	牌坊改造	村头牌坊体量单薄，信息服务功能不足	景观：5万	
区段2	桃园村：沿线围墙整治	围墙整改与美化，补种绿化	大量单调的围墙，约500m	景观：10万	
区段3	外庚村：沿线围墙整治	围墙整改与美化，补种绿化	大量单调的围墙，约500m	景观：10万	
节点4	里庚村：滨水景观整治	建筑单体改建，场地整理补种绿化	滨水区多被菜地所占，可达性弱，景观面积约3000m^2	景观：60万	
节点5	里庚村：月亮湾组团建筑改建，景观整治	建筑单体重建，增加观景亭，改善景观品质	水岸环境杂乱，景观面积约2500m^2	景观：50万 新建亭子：5万	
节点6	里庚村：小学改建	建筑单体改建，功能置换，打造绿色节能示范点	建筑破旧闲置，庭院杂乱	小学改造：50万	

续表

编号	节点或区段名称	任务	场地现状	投资估算（单位：元）	现状照片
节点7	里庚村：三岔口景观整治	改善景观品质，提高路面质量，增加路牙与篱笆	水岸环境杂乱，景观面积约1500m²	景观：30万	
节点8	里庚村：无蚊山庄U形组团改造	建筑立面改造，提高农家乐整体品质	建筑立面单调，环境杂乱，景观品质不高	无蚊山庄：50万	
节点9	里庚村农房整治样板房（备注：农房改造参考样板房应当结合村民意愿）	提高整体形象，统一村庄风貌，改善住房质量	色彩单调，需整治。部分农居质量较差，需改善	农房改造20栋，每栋4万，约合80万	
村庄投资合计				350万	

资料来源：自绘

8.4.6 里庚片区空间设计

1.调研分析

设计前重点针对里庚片区的建筑质量（图8.4-16）、道路系统（图8.4-17）、服务设施及绿化（图8.4-18）进行调研分析，理清层次和结构。

2.规划布局

根据景坞村整体规划思路和布局，结合片区调研情况，提出里庚片区新的规划结构（图8.4-19）和绿化系统设计（图8.4-20），规划出新的总平面（图8.4-21）。

3.空间节点设计

1）村口改造提升

针对里庚片区村口整体环境杂乱，河道干枯、碎石堆积，缺少人行道、人车混流，景观破败的问题，对河道、河岸进行整治，整修道路、设置人行道，修整景

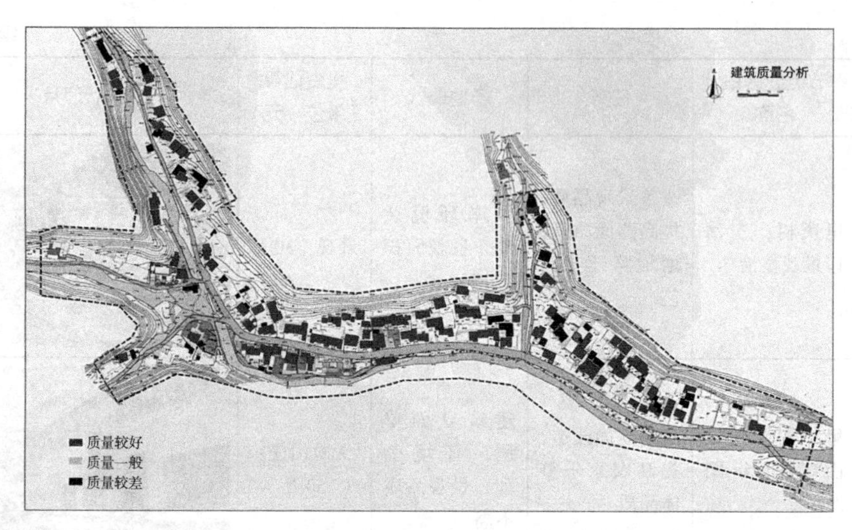

图8.4-16　建筑质量分析

资料来源：自绘

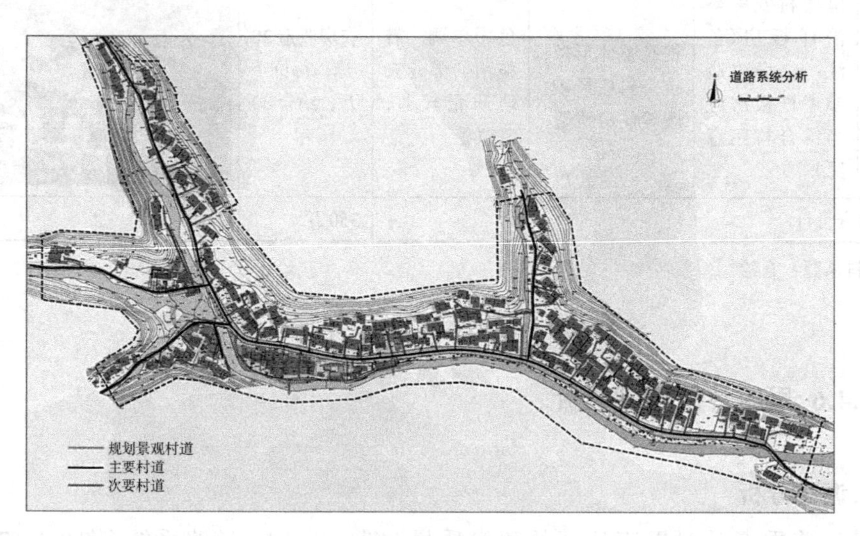

图8.4-17　道路系统分析

资料来源：自绘

观，增加丰富有层次的植物和篱笆（图8.4-22）。

2）滨水空间设计

利用河道景观，提出“滨水飘带”概念，设计滨水步道和附属公共活动空间（图8.4-23、图8.4-24）。

3）三岔口节点改造

针对三岔口节点河道干枯、碎石堆积，道路泥泞、人车混流，住宅破旧、立面

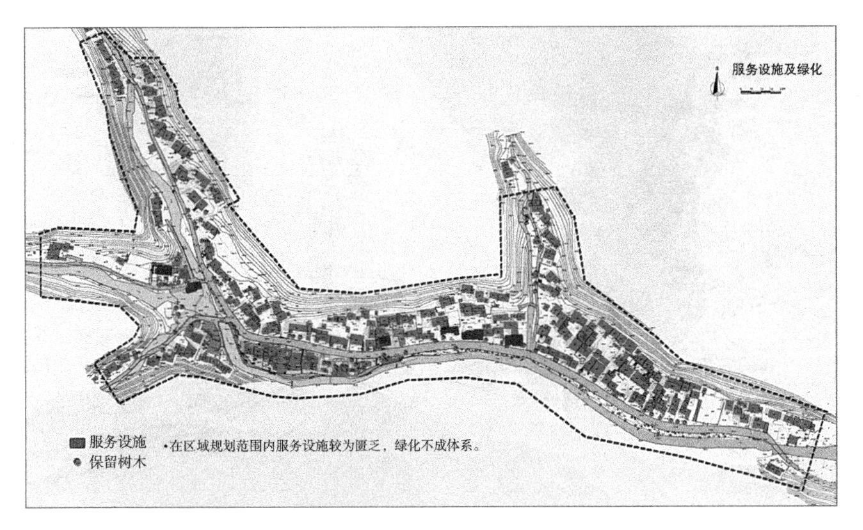

图8.4-18 服务设施及绿化分析

资料来源：自绘

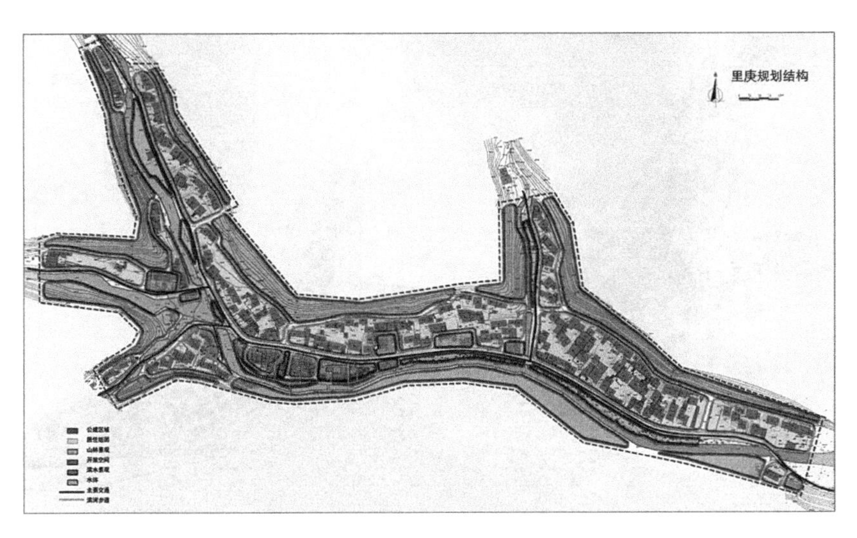

图8.4-19 里庚片区规划结构

资料来源：自绘

单调，景观破败的问题，对河道、河岸进行整治，整修道路、设置人行道，改造房屋里面，加入花架、百叶、格栅等元素，修整景观，增加丰富有层次的植物和篱笆（图8.4-25）。

4）无蚊山庄改造

针对无蚊山庄建筑简陋老旧，立面单调，铺地残破，道路未设置路牙及人行道，绿化景观未充分开发利用的问题，对建筑进行修整，立面增加竹元素、竹门

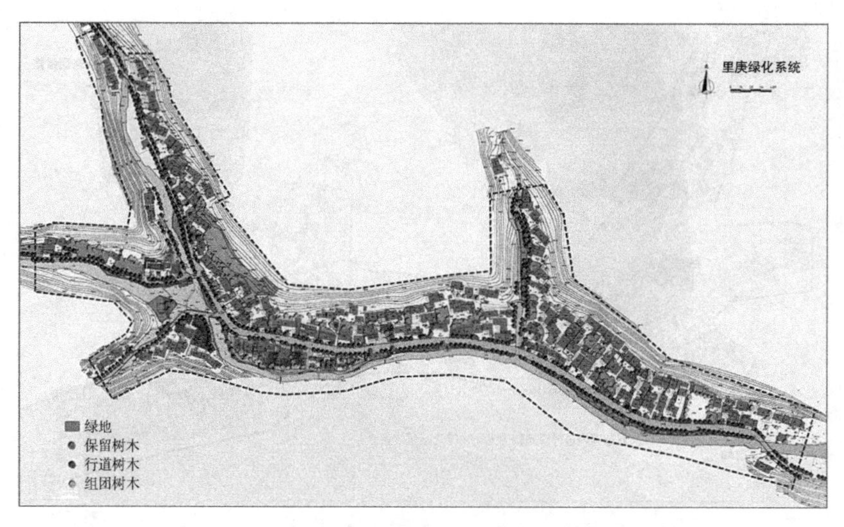

图8.4-20　里庚片区绿化系统

资料来源：自绘

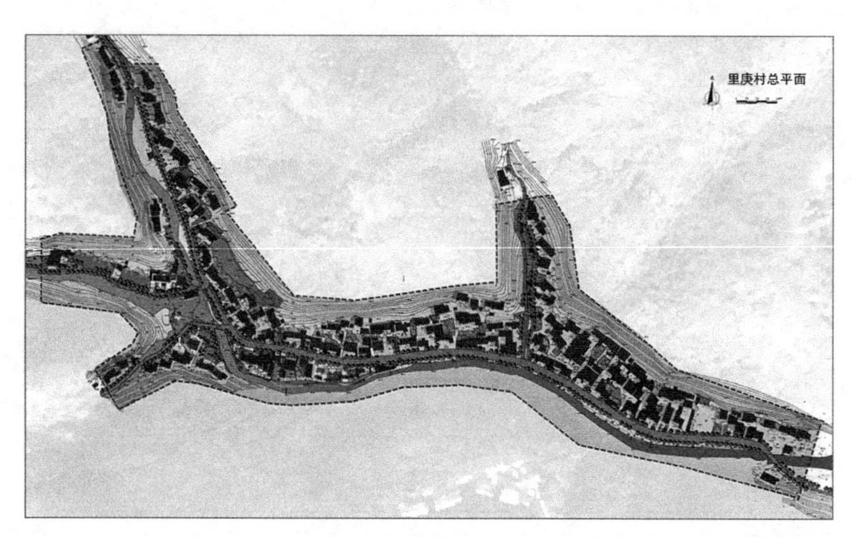

图8.4-21　里庚片区总平面

资料来源：自绘

头、挑廊、格栅等，增加后院丰富空间，增加路牙，更新停车铺砖，增加木质护栏和绿化景观（图8.4-26）。

5）望竹楼改造

针对望竹楼场地杂物堆放，立面单调，场地缺乏设计、铺地质量差，雨棚简陋的问题，打造场地整体景观，立面加入木元素、花架等，划分铺地，增加露天茶座，设计新雨棚替换现有临时性雨棚（图8.4-27）。

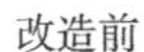

改造后

图8.4-22　村口改造前后

资料来源：自绘

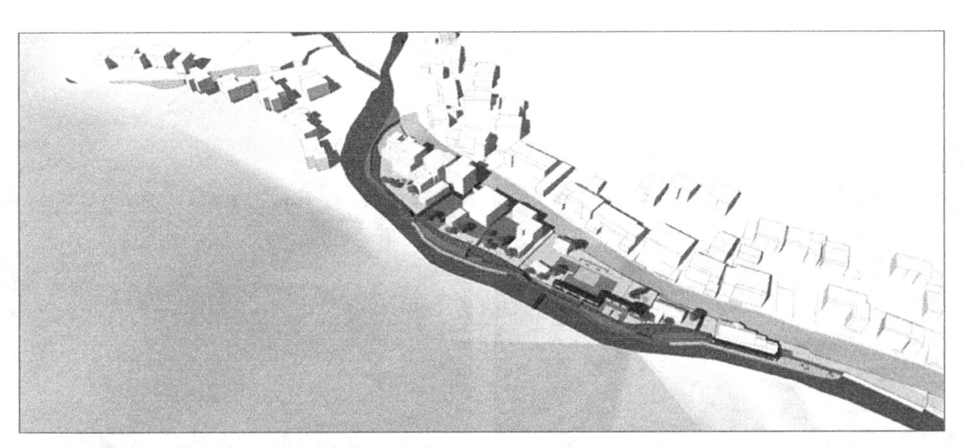

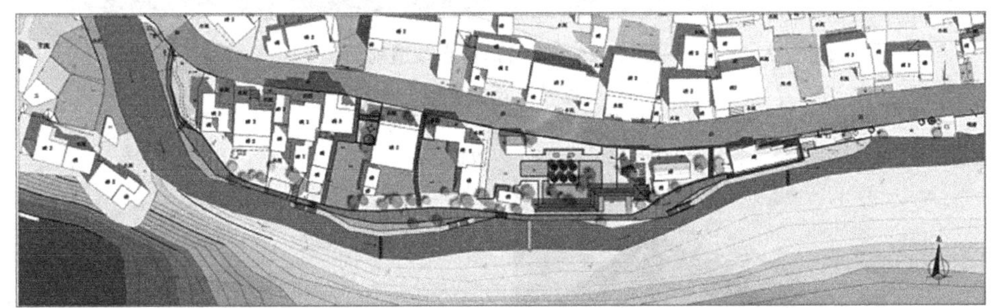

图8.4-23　滨水空间鸟瞰及总平面

资料来源：自绘

6）农房改造之一

针对该农房场地杂物堆放，立面单调，阳台体量突兀，楼梯缺失扶手的问题，打造场地整体景观，立面加入木元素、花架等，用轻质护栏替代阳台栏板，利用钢结构增设楼梯扶手（图8.4-28）。

图8.4-24 滨水空间透视

资料来源：自绘

改造前

改造后

图8.4-25 三岔口节点改造前后

资料来源：自绘

改造前

改造后

图8.4-26 无蚊山庄改造前后

资料来源：自绘

改造前

改造后

图8.4-27 望竹楼改造前后

资料来源：自绘

改造前

改造后

图8.4-28 农房之一改造前后

资料来源：自绘

7）农房改造之二

针对该农房空间体态不够丰富，立面单调，绿化缺乏生机，篱笆简陋的问题，添加柱廊丰富空间，改围墙为木质栏杆丰富立面，移植绿化，整修篱笆（图8.4-29）。

改造前

改造后

图8.4-29 农房之二改造前后

资料来源：自绘

8.4.7 “月亮湾”节点空间设计

1.景观的修复与提升

1）水景观的修复提升

设计紧扣“月亮湾”这一审美意境的场所主题，利用当地石材修筑阶梯形的三道曲线滚水坝，使水面形成不同标高的池塘，解决了冬季枯水期的河床裸露问题。滚水坝在极大增强水体景观性的同时，为沿河面的穿越提供了可行性与便捷性，并结合两岸层层退进的台阶，成为人们进行亲水活动的平台（图8.4-30～图8.4-32）。

图8.4-30　改造前现场图
资料来源：自摄

图8.4-31　改造设计图
资料来源：自绘

图8.4-32　改造后实景图
资料来源：自摄

2）植被景观的修复提升

修复原有垂直向的竹林山野景观和水平向的田园景观，在岸边及宅旁配合建筑和岸线增添种植毛竹、常绿乔木等适宜当地气候与经济的景观植被。

2.空间的梳理与完善

原月亮湾的空间节点层级较为单一，通过增设三层跌水平台，丰富岸线平台层级，加建邻水竹膜饰面混凝土构筑物而引入观景休憩空间，增设建筑外矮墙等手法，建构起丰富的空间层级。不同标高的水面，倒映着混凝土构筑物上与周围坡屋顶呼应的倾斜顶面以及正立面墙上的圆形镂空，如同水里升起的“明月”，成为名副其实的“月亮湾”(图8.4-33)。

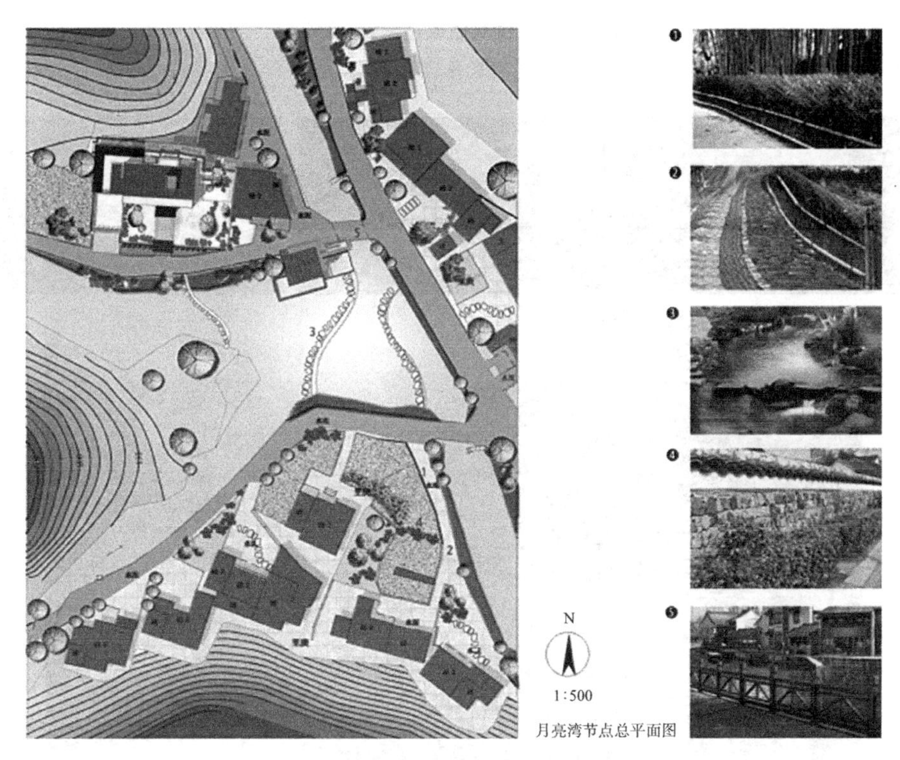

图8.4-33 月亮湾节点总平面图

资料来源：自绘

3.功能的调整与置换

根据景坞村规划发展乡村旅游经济的建设目标，结合场地的地理位置，整合建筑自身及周边的现有资源，将原小学更新改造为集公共接待和私人居住功能为一体的乡村既有建筑改造示范点，在原便利店台地上新建集观景、休憩、便利店为一体的综合服务点(图8.4-34、图8.4-35)。

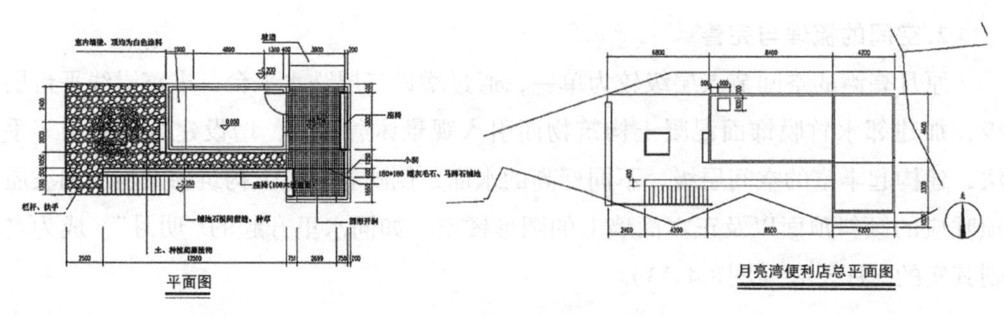

图8.4-34 便利店改造设计平面图

资料来源：自绘

图8.4-35 便利店改造后实景图

资料来源：自摄

8.5 建筑设计与营造

8.5.1 基地解读

1.基地概况

本案小学改建项目位于景坞村里庚自然村月亮湾核心组团内。建筑位于组团内部河床的北面，南面为临河道路，河对岸为竹林，周边月亮湾水景观改造后视线开阔，景观良好；东面和东北为既有农房，西面为大面积农作物，视野开阔，整体景观视线良好（图8.5-1）。

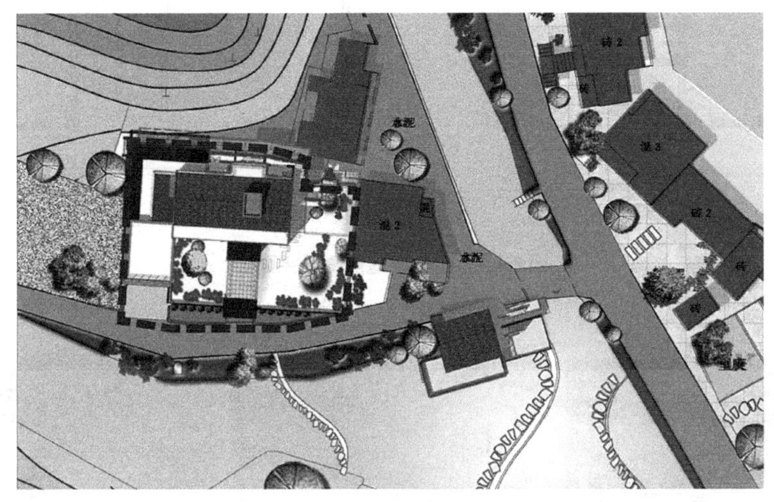

图8.5-1　改造小学区域总图

资料来源：自绘

2. 建筑测绘及低碳性能测评

建筑改造前为两层单体，砖混结构，240黏土实心砖墙，预制多孔楼板，双坡屋顶，屋顶构造简单，采用单玻璃钢窗。建筑外墙采用白色抹灰涂料，二层挑台处有白色瓷砖贴面（图8.5-2）。一层、二层各有两间房，均作为小学教室或辅助用房。建筑平面呈长方形东西向展开，主体测绘大小为14400mm × 9600mm，层高3900mm，开间柱距3600mm，单层建筑面积为96m^2，总面积为192m^2（图8.5-3）。

图8.5-2　小学改造前现场照片

资料来源：自摄

对建筑开展了物理环境测试（图8.5-4），具体结果见前文8.2.5。

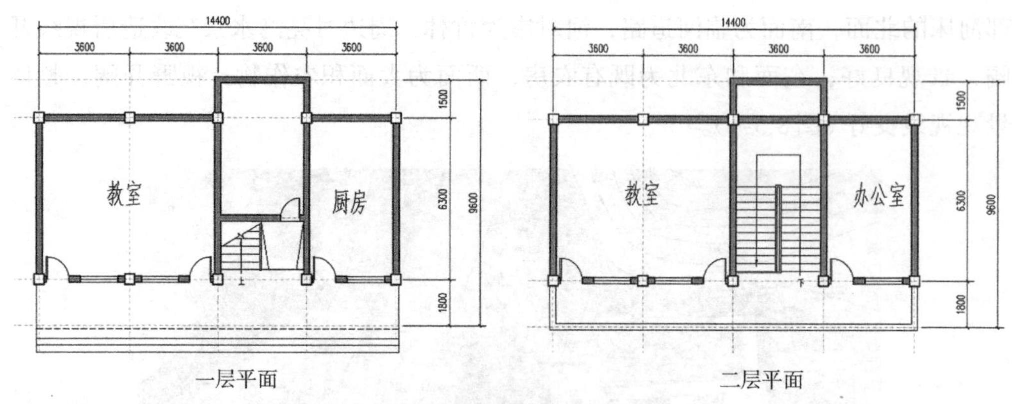

图 8.5-3 小学改造前测绘平面图

资料来源：自绘

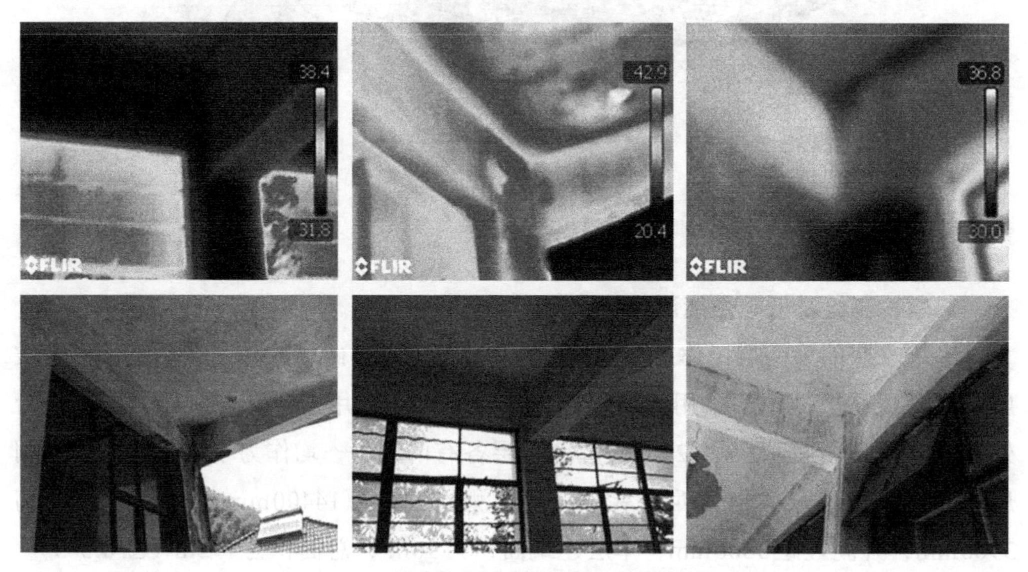

图 8.5-4 改造前建筑各热桥部位热成像仪图

资料来源：自摄

3. 建设问题

经过多次的现场调研与测绘，我们总结得出：该待改造小学场地开阔、视线良好，周边具有山、水、竹、田等优质的自然景观，自身结构体完整清晰，建筑构件破损并不十分严重，易于改造。但同时，在其改造中有以下问题待解决。

1）功能滞后寻求置换

该处建筑原是该村的中心小学，随着农村教育资源的整合，小学被合并入镇中心学校。而这座原先坐落在村最核心开阔区域的小学在完成使命后，面临着景坞村争做旅游示范村的新发展目标所带来的需求，其功能急需置换。

2）空间单一缺乏层次

本案建筑空间形态单一，且建筑单体仅占基地西北区域的小部分面积，建筑未能充分迎合地形，场地资源未能有效合理地利用，空间形态感差，缺乏延展性、层次感与围合感。

3）形式简陋脱离地域

该建筑形式为普通的砖混结构加白色抹灰，从风貌特征到材料的遴选都缺乏地域性，应在改造中有机结合富有安吉特色的文化、材料、技术等因素，突显乡土建筑的地域特色。

4）尺度失衡需要调整

由于建筑原本的功能是具有公共空间性质的小学，其在改造中还应该关注由于功能的置换带来的尺度需求的变化，如原有的3.6m宽的楼梯直接迎向入口、3.9m的层高、较宽的具有公共开敞性的敞廊等。

5）低碳性能亟待提升

由于景坞村隶属的浙北处于夏热冬冷地区，自然条件下，室内热舒适度较差。且该建筑体型系数较大，整个围护结构又不重视夏季隔热和冬季保温。经现场测算发现，其不能满足《夏热冬冷地区居住建筑节能设计标准》要求的最低水平，急需运用有效适宜的节能技术，改善室内居住的舒适度。

8.5.2 功能更新与空间改造

1.功能的调整与置换

根据景坞村规划发展乡村旅游经济的建设目标，结合原建筑的地理位置，整合建筑自身及周边的现有资源，改造旨在将其打造为集公共接待和私人居住功能为一体的乡村既有建筑改造示范点。

将原一层西侧教室改为会客接待房，东侧厨房改为居住用房；原二层房间改为三间居住用房，用于私人居住或对外接待；建筑底层长方形平面依照基地条件和采光通风需求，向西北面巧妙地拓展成“L”形平面，作为书房、厨房、餐厅、储藏、停车等辅助用房。拓展的平面自然围合出前、中、后三个庭院，易于丰富空间体验、辅助使用、增强通风、调节微气候（图8.5-5）。

2.空间的梳理与完善

1）内部空间的梳理与拓展

改造的平面除拓展成更有机的L形外，还使用透明的玻璃将扩展的长廊封闭起

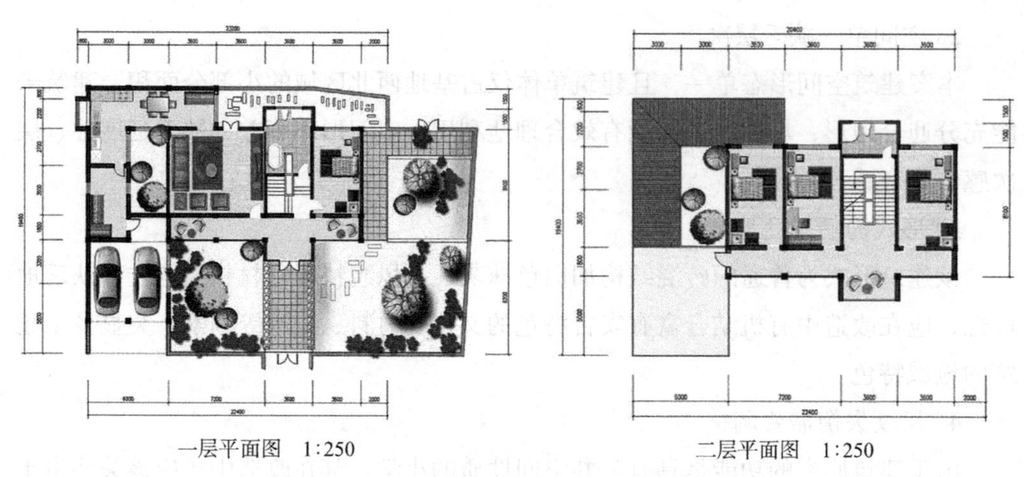

图8.5-5 改造后各层建筑平面

资料来源：自绘

来，增设竹制可调节百叶，不仅改善了其使用的私密性，还增添了“阳光房”作为保温层，形成了可有效调节温度、光照及私密性的过渡空间。经梳理及拓展的L形平面，有效延伸出内、外、灰三种空间类型以及前、中、后三个庭院类型，产生了空间的流动性，极大地丰富了空间层级和空间体验，提高了空间的品质（图8.5-5）。

2）整体形态的重塑与完善

原有的建筑形态较为单调（图8.5-6），在三个维度上都缺少延展性与地域特征。改造后，在平面维度进行拓展的同时，又增设了突出的门头、围合的院墙；竖向上则在改造中，巧妙地结合楼梯间，植入了标志性的拔风井，成为立面的主要冲突发生点，打破了水平的格局。同时，新增设的横竖建筑构件大多采用了具有当地特色的石材砌筑，在艺术风格上很好地平衡了建筑的整体美感（图8.5-7、图8.5-8）。

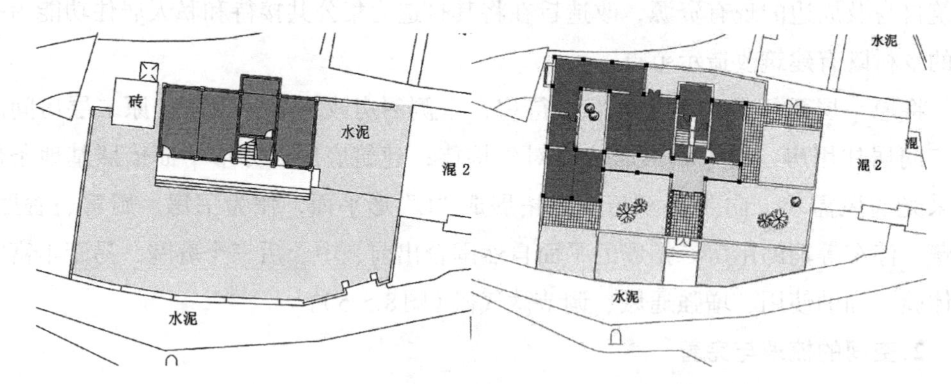

图8.5-6 改造前后建筑与场地的空间关系比较

资料来源：自绘

图8.5-7 改造后建筑设计模型图
资料来源：自绘

图8.5-8 改造后施工实景图
资料来源：自摄

8.5.3 低碳策略与技术运用

1.腔体被动式技术的运用

针对现有建筑室内热舒适度不佳的问题，设计旨在根据实际的地区条件和建筑现状进行节能生态的有机更新。摒弃技术堆砌与表现，以突出绿色导向下的被动式节能技术运用为原则，强调技术的适宜性及整体的技术集成创新。

1）楼梯间转变成拔风中庭

在本建筑中，楼梯间的开间为符合小学功能需求的3.6m，不适宜会所的尺度需求，设计将梯井的中间取900mm宽，利用当地的毛石砌筑成中空的垂直通风管井，利用烟囱效应促进室内通风。通风管井连接左右房间内侧的壁炉（图8.5-9），从建筑底层通向建筑屋顶的通风塔。夏季时，房屋顶部通风塔受到太阳辐射，温度升高；通风井下部空气依然保持较低温度。因此，通风井下部冷空气压强要高

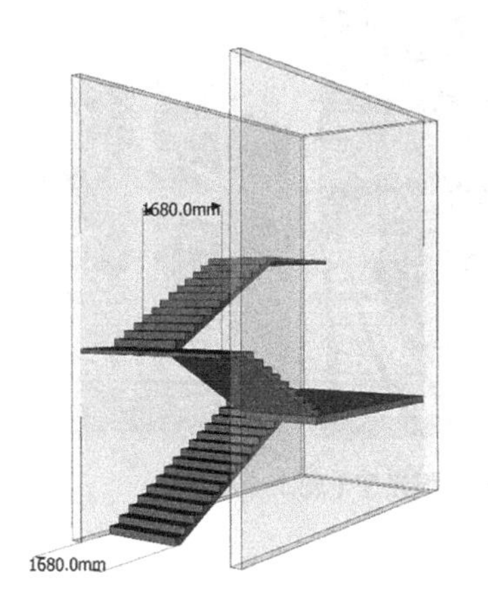

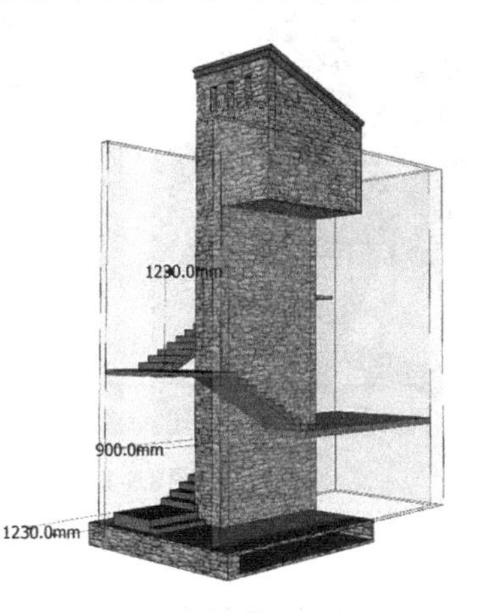

图8.5-9 楼梯间改造前后示意图
资料来源：自绘

于上部空气，空气上升，管井下部形成局部负压，位于管井两侧房间里的空气被“吸”入管井进行补充，与此同时带动了房间内空气的流动。

同时楼梯的踏步面变为1230mm，更适宜新建筑的使用需求，毛石的中心体也为梯井空间带来有趣的空间体验。设计将尺度不适宜的楼梯间，经过简单的工序，巧妙地转变成了同时具有节能和美观效益的拔风塔井（图8.5-10）。

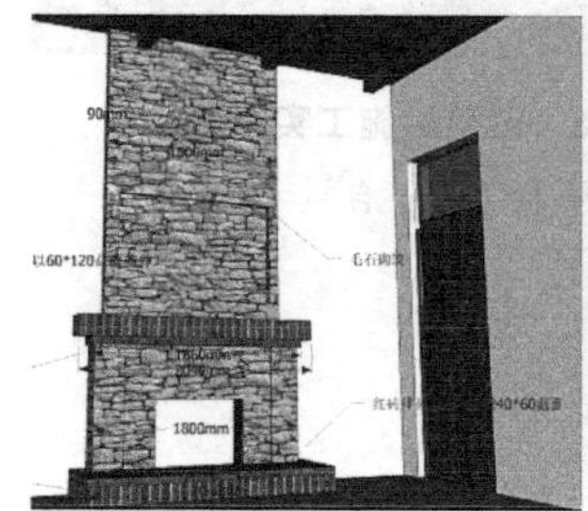

图8.5-10　室内壁炉及通风管示意图

资料来源：自摄

2）敞廊转变成阳光间

建筑入口位于建筑南面，正对楼梯间。西侧是“动”区，主要是厨房、餐厅和会客厅；东侧是“静”区，主要是卧室。随着东侧房间功能转换成卧室，建筑原有的敞廊不能适应使用需求，设计将其改造成了同时兼有保温和防风遮雨功能的阳光间。阳光间是室内外之间的空气间层，不仅可以作为一个缓冲区，减少房间的热损失，还可以结合深色的特朗勃墙，将在日间汲取的太阳热能于夜间供给内部房间，有效调节相邻的室内热环境（图8.5-11）。

图8.5-11　正在建设的阳光房（廊）

资料来源：自摄

2. 乡土材料的遴选与运用

本设计在材料的选取上，充分利用了与安吉当地自然资源、技术及经济条件相适应的乡土材料：毛石和竹子，以此在改造更新中注重技术材料与乡土文化的结合，力求保护其地域文化结构的完整性和连续性。

1）竹质材料

竹子是安吉最大的特色，也是最丰富的地方资源。且竹材具有生长快、韧性好、强度高、可塑性强等优点，是重要的速生和可再生森林资源之一。在安吉，竹子的制造工艺已经相当成熟，却很少应用在建筑中。将竹子的利用和现在工业化相结合，产生新的建筑构件：遮阳、保温、防雨，这种新型的材料不仅展现了乡村风貌，更促进了地方材料的再生。

安吉属于多雨地区，在传统建筑中，由于侧墙缺乏防雨措施，常易剥落，显得较为陈旧。同时墙体的保温与隔热性能也会因为外墙的剥落受潮而降低。本项目在东、西山墙面上加竹质复合墙体，使竹质百叶与砖墙之间形成空气层。不仅有效地提高了外围护结构的保温隔热性能，并且竹质构件可随时间变换颜色风貌，也可以定期进行更换，形成了乡土有机的建筑风貌（图8.5-12）。

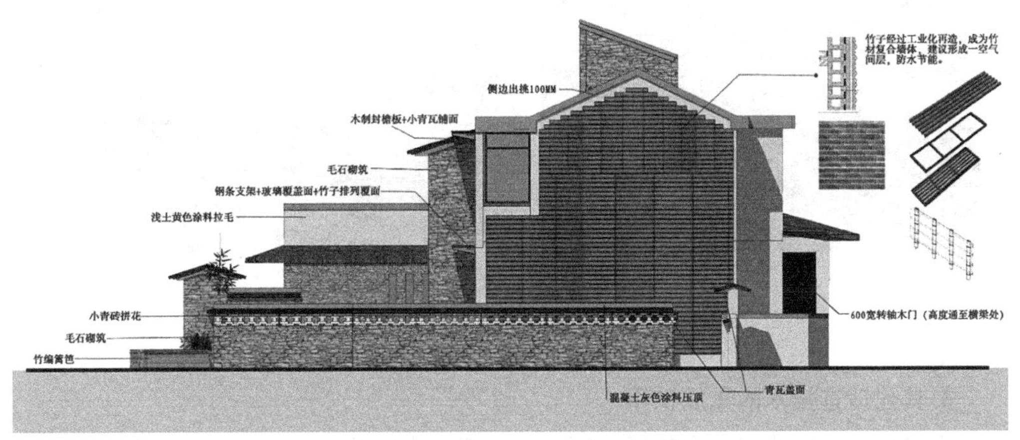

图8.5-12　竹质复合墙体使用效果图

资料来源：自绘

此外，竹子也可制成可调节百叶或者遮阳板，起到遮阳的作用。根据夏热冬冷地区气候特点，设计采用可调节的遮阳百叶，依照不同时间的需求动态调节，以此解决建筑冬夏对太阳需求不同的矛盾。夏季阻止大部分辐射热进入室内，均衡室内的温度场，降低室内的制冷能耗；冬季白天则可以利用太阳能，营造温暖的室内空间，夜间则可利用百叶与窗之间的空气间层阻止室内的热损失。

2）毛石材料

在对安吉当地的建设现状考察中，我们发现了毛石这一材料资源丰富、加工技术较为成熟，且其外观具有独特的乡土风貌。设计将其巧妙地结合在基础、墙身、门斗、拔风塔等建筑构件中，利用其有机的形态和保温隔热的特点，形成富有地域特色的建筑风貌（图8.5-13、图8.5-14）。

图8.5-13 毛石材料

资料来源：自绘

图8.5-14 毛石使用现场照片

资料来源：自摄

3.其他适宜技术的集成使用

为更加有效地改善室内热舒适度，尽可能减少能源的消耗，设计充分挖掘场地要素，结合具体的使用需求，选取适宜的被动式技术，创新集成运用（图8.5-15）。

1）太阳能热水器

本项目使用太阳能热水器，充分利用太阳能，提高水温，以满足人们在生活、生产中的热水使用。考虑到本项目改建为会所，热水使用的不稳定性与太阳能的不稳定性，用空气能辅助加热生活用水，使用回水系统，消除冷水的浪费。

2）雨水回收

庭院内布置水池或水沟，利用水的汽化蒸发降温，实现局部小气候的调节。院子的面积约为275m^2，局部设置排水明沟或储水水池。干燥季节可加湿进入室内的空气，炎热季节可降低进入室内空气的温度。

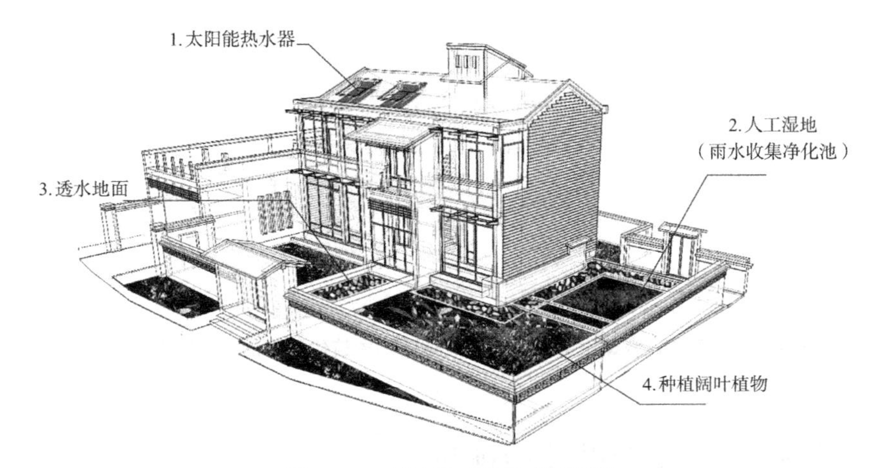

图8.5-15　适宜技术的集成使用图

资料来源：自绘

3）透水地面

庭院内道路铺设透水性很强的传统石子拼花地面，材料根据当地民居建筑的既有肌理进行选择，解决了普通路面容易积水的问题。透水地面的选用兼顾实用性与美观性。

4）种植园林

建筑的L形平面，与基地有机结合，形成了前、中、后三个不同尺度的庭院。在建筑庭院栽种绿量大的阔叶植物（如枇杷、芭蕉等），增加植物的蒸腾量，达到降低地面温度，减少地面辐射热量的作用，创造更舒适的室内环境。

8.5.4 建筑设计成果评奖

本改造项目建成后，在2015年住房和城乡建设部第一批田园建筑优秀作品的评选中，该项目作为浙江省湖州市安吉县鄣吴镇景坞村绿色农居被评选为一等优秀作品（图8.5-16、图8.5-17）。

图8.5-16　项目建设前后对比

资料来源：自摄

证书

住房城乡建设部第一批田园建筑优秀作品

授予浙江省湖州市安吉县彭吴镇景坞村绿色农居：

一等优秀作品

二〇[illegible]十一月

图8.5-17 住房和城乡建设部评选的第一批田园建筑优秀作品一等优秀作品奖状

8.6 低碳村庄规划设计后评价

8.6.1 综合低碳效果评价

低碳空间体系的营建策略不仅仅是技术性的目标，除了降低碳排放，更重要的是通过低碳实现乡村的可持续发展，创造和谐的居住环境，引导村民和游客形成低碳的生活方式。因此，对于设计方案的评价是定量与定性评价的结合，综合评价居住环境质量和低碳效果两个方面。本研究通过居住环境满意度的评价评价设计对居住质量的改善情况进行评价，通过空间设计策略的自评以及碳汇效果评价来综合评价空间设计的低碳效果。

在规划研究与实践、建筑设计及营造后，基于前文第3章中构建的低碳乡村人居环境营建评价体系对景坞村人居环境情况开展相关评价。

评价体系分为四个层次，即总目标层（A）、因子层（B）、指标层（C）和细则层（D）。总目标（A）即低碳的乡村人居环境。因子层（B）分为五项，分别是B1规划管理、B2生态环境、B3基础设施、B4经济产业、B5居住建筑。根据因子层的五个方面，参考现有规范、标准和评价体系，结合浙江省乡村的实际情况，将低碳指标进行筛选，使指标项分布和政府职能部门、规划设计方法对接，采用层级划分的方法得到14项C级评价指标，每个C级评价指标又有若干项D级评价细则，共计39项细则，每项细则的指标解释见表3.3-1，根据每项细则的得分，计算得到14项C级评价指标得分，根据C级评价指标得分情况，结合不同指标的权重，得到村落低碳发展评价的综合得分（图8.6-1）。

在B1管理方面，当地政府对低碳生态村落的建设非常重视，有一套比较完善的综合管理体系，获得“省级旅游特色村”“市级绿化示范村”“县级美丽乡村精品

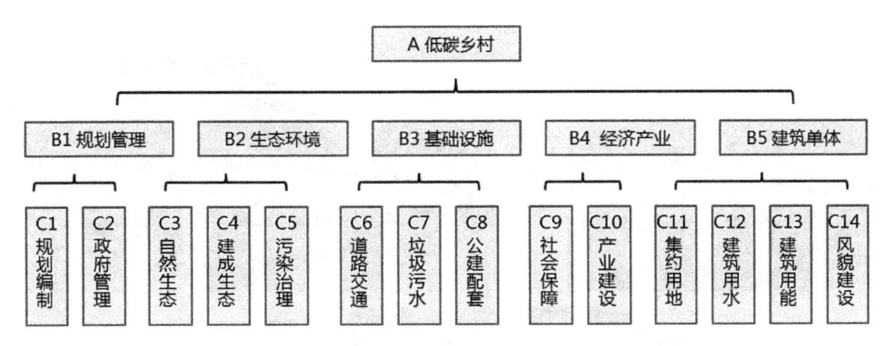

图8.6-1 "景坞村"低碳乡村人居环境营建指标体系层级框架图

资料来源：自绘

村"等荣誉（图8.6-2）；在B2生态环境方面，景坞村生物资源丰富，生态环境优越，保持着较完整的原生态面貌；在B3基础设施方面，景坞村交通较为便利，同时通过规划增加了人性化的配套服务设施；在B4经济产业方面，景坞村的山林面积有16815亩，而耕地仅有1000多亩，毛竹和茶叶是其主要的产业，2014年年底全村人均收入达到22977元，并且正在开发特色农业和休闲产业；在B5建筑单体方面，通过对屋顶形制、墙体形式、院落空间、建筑色彩、尺度、轮廓等的控制，村容村貌得到很大程度的提升。

具体分析该村的低碳生态发展状况后，各因子得分情况见表8.6-1：

景坞村指标得分结果 **表8.6-1**

评价准则	评价指标	指标得分
B1规划管理	C1规划编制	4
	C2政府管理	5
B2生态环境	C3自然生态	5
	C4建成生态	5
	C5污染治理	5
B3基础设施	C6道路交通	4.3
	C7垃圾污水处理	4.2
	C8公建配置	5
B4经济产业	C9社会保障	5
	C10产业建设	5
B5建筑单体	C11集约用地	1.7
	C12水资源利用	0
	C13能源利用	3.3
	C14风貌建设	5

图8.6-2　景坞村村貌

景坞村在C11集约用地、C12水资源利用方面得分很低，特别是集约用地方面，集中政府机关办公楼即村委办公楼面积较大，人均建筑面积为28m^2/人，超过了《国家发展计划委员会关于印发党政机关办公用房建设标准的通知》（计投资〔1999〕2250号）对县城镇及以下党政机关办公用房规定的标准上限（18m^2）。人均建设用地面积为156.4m^2，也超过了130m^{2}的标准上限。水资源利用方面，可能是因为当地水源丰富的原因，没有采用特殊的节水或雨水收集措施。

得益于当地政府对低碳生态村落建设的重视，以及项目组在该村落长期开展的低碳规划与设计实践，景坞村有比较完善的综合管理体系和空间规划方案，在C3自然生态、C4建成生态、C5污染治理、C6道路交通、C7垃圾污水处理、C8公建配套、C9社会保障、C10产业建设等指标上都获得很高的得分。景坞村自然资源现有溪流、竹海、茶园、山林等，形成一幅风景秀美的“溪流、竹海、茶园、山林”乡村自然景观画卷，自然生态表现很好；通过里庚片区和“月亮湾”节点设计，对水景观、植被景观、山野田园景观进行修复，打造了优质的建成环境；并对道路进行了修整、设置人行道、滨水步道，梳理了道路交通环境；规划重视污染治理，突出了对“山林”“水体”的生态维护；同时，整治完善景坞村村头、梵音绿化广场、知青坝、月亮湾等重要空间节点，提升景坞村整体公共空间品质；在社会范围内开展宣传教育，强化沿线居民的休闲旅游服务意识和低碳生活意识；产业建设方面，景坞村把良好的生态环境、无公害的绿色农作物和生态乡村旅游结合在了一起，形成了一个良性的生态产业链，给村民带来经济收入的同时保护了原生态的环境；风貌建设上，通过牌坊改造、围墙整治和对屋顶形制、墙体形式、院落空间、建筑色彩、尺度、轮廓等的控制，村容村貌得到很大程度的提升。

最后将各指标的得分代入因子层及总分计算公式，计算结果见表8.6-2。因子层层面，规划管理、生态环境、基础设施和经济产业的得分都高于4，而建筑单体的得分只有2.47，有比较大的提升空间。总体来看，景坞村生态低碳村镇评价总得分为84.8分。根据评价要求总分在80分以上（包括80分），且控制项符合要求，景坞村可被认为是建设优秀的浙江省生态低碳村镇。

景坞村因子层得分及总得分结果　　表8.6-2

因子层	权重	得分
B1规划管理	0.2544	4.47
B2生态环境	0.2955	5
B3基础设施	0.1631	4.37
B4经济产业	0.0799	5
B5建筑单体	0.2071	2.47
总分		84.8

8.6.2 环境满意度的调查及评价

为了了解村民对规划改造后的居住环境满意度，反馈设计的效果和现状中仍然存在的问题，笔者所在的研究团队对里庚村的30余户村民进行了问卷调查。为了提高问卷的有效回收率，采用了入户回访的方式。

调查问卷用5级评分（非常满意+2，满意+1，一般0，不满意-1，很不满意-2）的形式，分别从舒适度、安全性、健康性、便利性以及乡村整体环境满意度五个方面进行了调查。结果如图8.6-3所示。

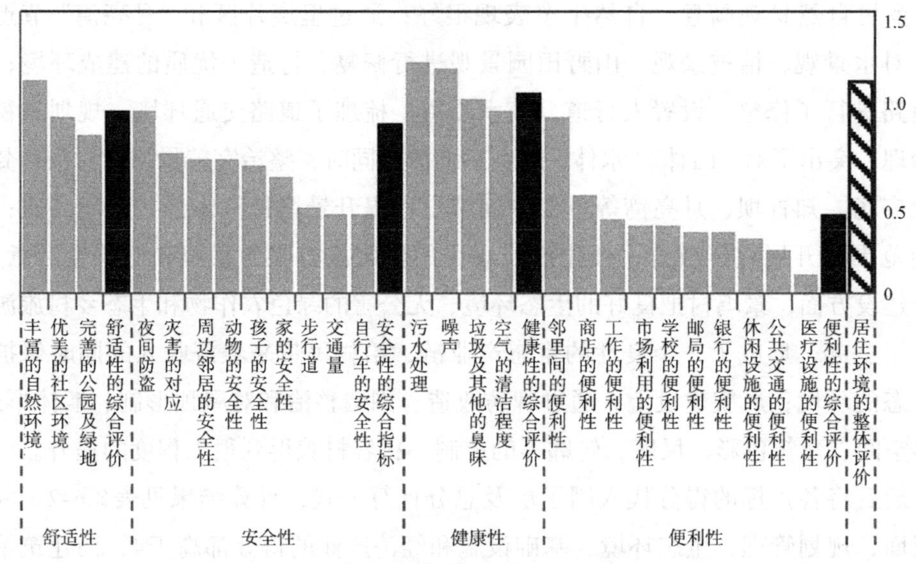

图8.6-3 环境满意度的调查问卷

资料来源：自绘

居民对于整体居住环境的满意度评分为1.3，表示其对整体的居住环境比较满意，尤其是对于健康性、安全性和舒适性，村民的满意度分别为1.2、0.7、0.8，比较满意。在健康性方面，大多数村民，尤其是村中留守的老人认为里庚村环境优美，空气清新，尤其是污水处理、雨水回收利用以及噪声控制方面做得较好，有利于健康的生活环境。

在舒适性方面，村民们认为改造设计中很好地保留了里庚村原有的自然环境、生态系统和景观体系，增加了月亮湾、滨水游步道等特色公共交流空间。这些公共空间，结合有效的绿化，气候宜人，为村民提供了舒适的生活和休闲的场所。

在安全性方面，村民们普遍认为村落的尺度适中，因此村民之间的交流机会很多，互相之间比较熟悉，在居住的安全性以及儿童的安全性方面比较满意。但是在步行安全方面，满意度较低。虽然在规划中引入了步行体系，但是由于现状道路较窄，规划尚未得到完全实现，很多路段的道路仍然存在着人车混杂的情况，安全性不高。

在四个单项的评价中，村民普遍对便利性的满意度较低，只有0.4。以邻里单元为基础的单元布局形式提高了邻里间的便利性。但是除此以外，由于规划中的公共交通体系、公交车站等都尚未得到落实，因此与商业设施、公共设施等连接性较差，村落整体的便利性还有待提高。但是与此同时，村民们也表示非常期待规划中的公共交通系统可以得到落实。这样不仅能够方便他们的出行，也可以增加游客的来访，发展地方产业。

以上的调查结果显示，以低碳为出发点的空间设计策略在追求低碳的同时兼顾了整体环境舒适度的提高。然而，交通体系、村庄结构等规划尚需要时间落实，其改善效果还有待提高。

8.6.3 低碳空间策略自评

里庚村是景坞村中的一个一般自然村，环境舒适，自然丰富，人口与建筑的密度不高，建筑能耗也相对较低。因此，其低碳目标应该以形态的控制和定性的引导为主，并加以适当的量化。本研究利用低碳乡村评价体系，进行设计的自我评价，以反映改造设计的低碳性，并验证评价体系的适用性。

其评价结果如图8.6-4所示。评价结果显示，本设计规划在节流、开源、增汇这三项上都有较高的得分，但是在政策引导方面比较欠缺，因此总体得分为三级，即基本达到低碳发展的目标。其中在乡村结构、土地利用设计以及乡村碳汇体系的设计方面均有较高的得分。

8.6.4 乡村碳汇体系整治效果及评价

乡村周围的“自然碳汇”丰富，“直接碳汇”的效果一般都能够得到保证。然而，设计者和建设者往往忽略了在村落（建成区）内“碳汇”体系的设计，导致建成区的绿化面积过少，或者是形态设计不合理而无法起到“间接碳汇”的效果。本研究中将用模拟的手法对环境基础设施的间接低碳效果做出评价，并通过模拟在现状的设计下给出优化的建议。

1.整体现状评价

本次碳汇系统的规划包括水系的整治、节点的加强、邻里单元中绿色斑块的整理、景观廊道的建立等，是基于现有碳汇体系的基础之上的。为了量化碳汇体系对

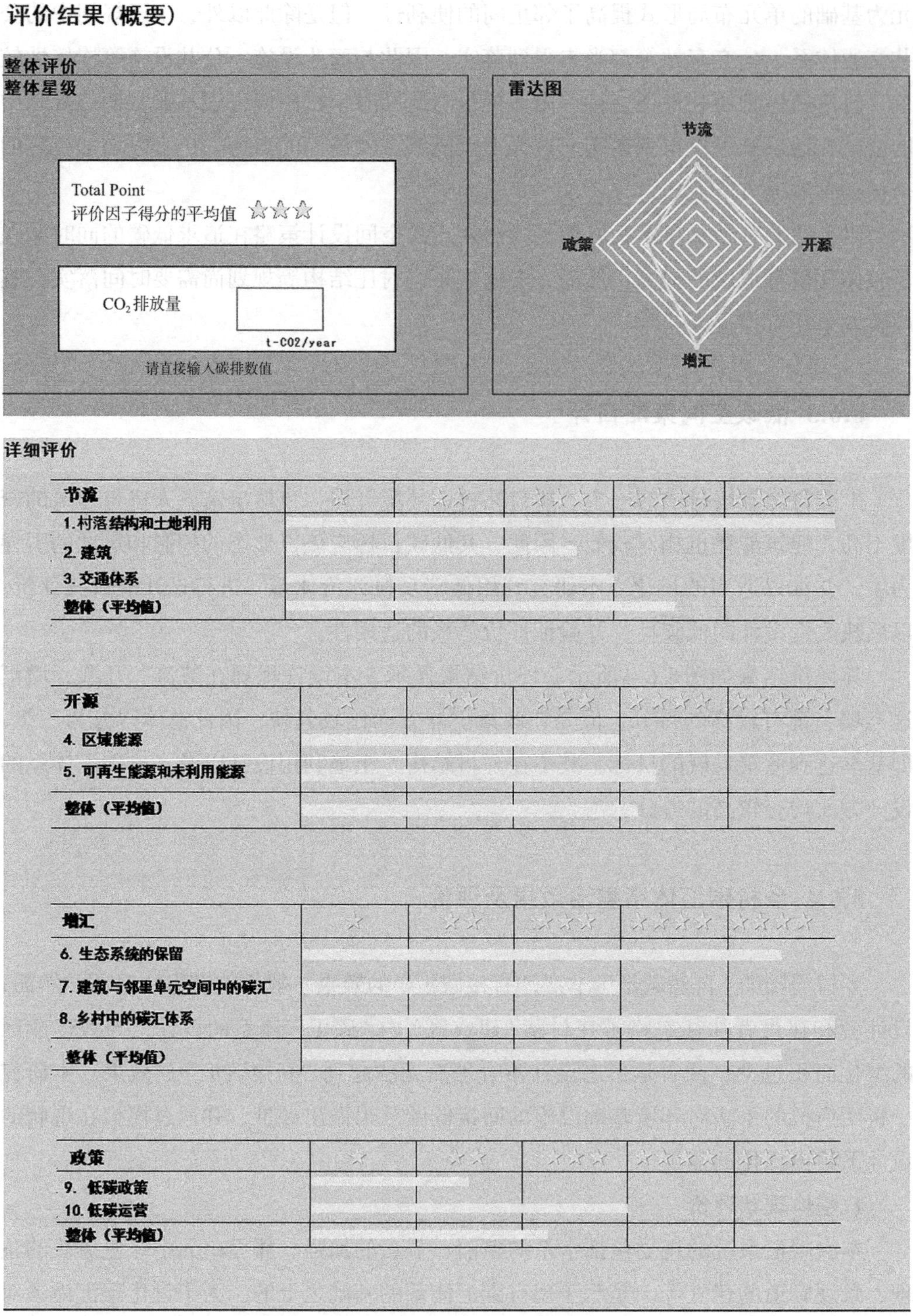

评价结果（概要）

整体评价

整体星级

Total Point
评价因子得分的平均值 ☆☆☆

CO_2排放量 t-CO2/year

请直接输入碳排数值

雷达图

节流
政策
开源
增汇

详细评价

节流	☆	☆☆	☆☆☆	☆☆☆☆	☆☆☆☆☆
1.村落结构和土地利用					
2. 建筑					
3. 交通体系					
整体（平均值）					

开源	☆	☆☆	☆☆☆	☆☆☆☆	☆☆☆☆☆
4. 区域能源					
5. 可再生能源和未利用能源					
整体（平均值）					

增汇	☆	☆☆	☆☆☆	☆☆☆☆	☆☆☆☆
6. 生态系统的保留					
7. 建筑与邻里单元空间中的碳汇					
8. 乡村中的碳汇体系					
整体（平均值）					

政策	☆	☆☆	☆☆☆	☆☆☆☆	☆☆☆☆☆
9. 低碳政策					
10. 低碳运营					
整体（平均值）					

图 8.6-4　里庚村规划设计评价结果

资料来源：自绘

乡村环境调节的效果，本研究运用了ENVI-met（城市热环境三维模拟软件）[①]对现有规划后的环境进行模拟。

模拟中运用ENVI-met进行三维建模，并输入建筑的材质、地面材质等基本信息[②]，如图8.6-5所示。模拟的空间分辨率设置为0.5～10m，计算时间的最小间隔为10秒，最小可以模拟6个小时，但是为了保证计算的可靠性，将模拟30个小时的数据并采用中间的24个小时作为一天的参考数据。浙江地区的夏季最高气温出现在7—8月，且峰值出现在7月末。参照这段时间的气象信息，选择了没有降雨且气温变化平稳的时刻作为初始气象数据值。计算采用最近的安吉气象站的气象信息，计算条件见表8.6-3。

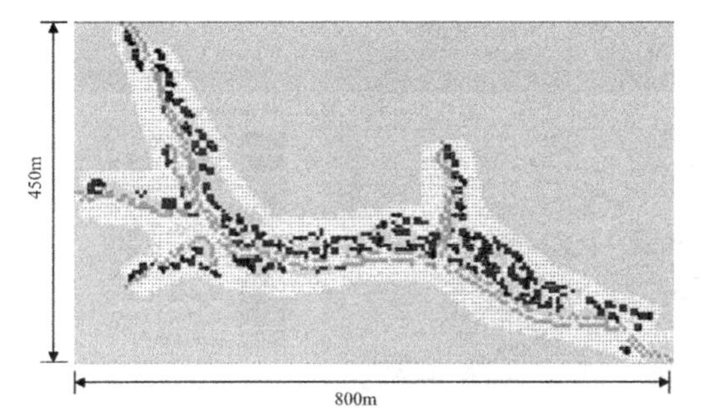

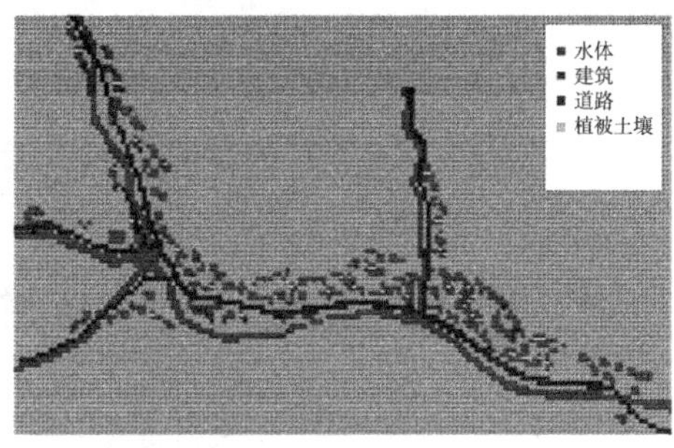

图8.6-5　模拟范围以及模拟模型的输入

资料来源：ENVI-met模型输出

模拟条件　　**表8.6-3**

输入项目	输入条件
模型输入	模拟范围：450m × 800m 模型解析度：5m × 5m × 3m（X × Y × Z）
植被	灌木高度：0.5m 树木高度：10m
建筑及室内条件	混凝土，室内空调26℃
模拟气象初始条件	风速：1.0m/s 风向：西南风 气温：33℃ 近地层湿度：59%

① M.，Bruse. The influences of local environmental design on microclimate-development of a prognostic numerical model ENVI-met for the simulation of Wind，temperature and humidity distribution in urban structures[D]. 1999，Germany：University of Bochum.

② M.，Bruse. ENVI-met. Available online：www.envimet.com（accessed on 20 May 2016）.

续表

输入项目	输入条件
模拟时长	2016年7月20日21:00开始，30个小时 （采用7月21日5:00—7月22日5:00的数据作为分析数据）
模拟计算步长	10分钟

资料来源：自绘

里庚村现状碳汇计算结果见表8.6-4，结果显示：

现状环境模拟结果 **表8.6-4**

气温分布（距地面1.5m）	
13点	Air Temperature unter 35.00 °C 35.00 bis 35.20 °C 35.20 bis 35.40 °C 35.40 bis 35.60 °C 35.60 bis 35.80 °C 35.80 bis 36.00 °C 36.00 bis 36.20 °C 36.20 bis 36.40 °C 36.40 bis 36.60 °C über 36.60 °C Min: 34.89 °C Max: 36.98 °C
23点	Air Temperature unter 30.95 °C 30.95 bis 31.10 °C 31.10 bis 31.25 °C 31.25 bis 31.40 °C 31.40 bis 31.55 °C 31.55 bis 31.70 °C 31.70 bis 31.85 °C 31.85 bis 32.00 °C 32.00 bis 32.15 °C über 32.15 °C Min: 31.12 °C Max: 32.04 °C
风速	
13点	Wind Speed unter 0.10 m/s 0.10 bis 0.20 m/s 0.20 bis 0.30 m/s 0.30 bis 0.40 m/s 0.40 bis 0.50 m/s 0.50 bis 0.60 m/s 0.60 bis 0.70 m/s 0.70 bis 0.80 m/s 0.80 bis 0.90 m/s über 0.90 m/s Min: 0.00 m/s Max: 0.95 m/s

续表

23点	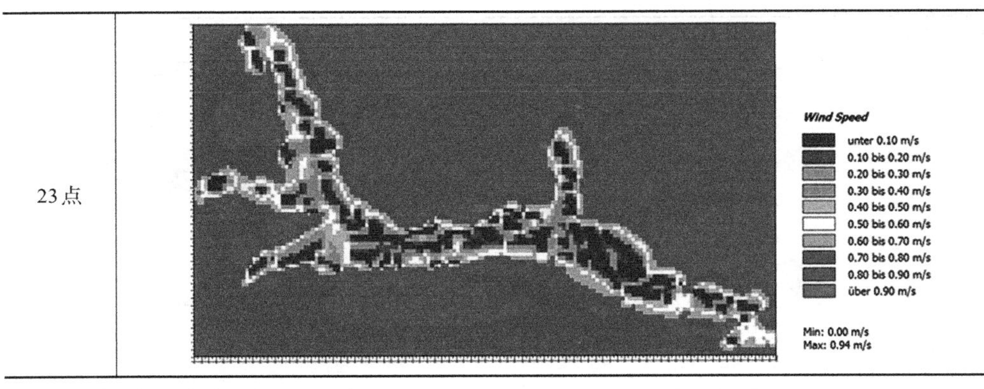

资料来源：自绘

（1）在夏季的白天，混凝土的道路会吸收大量的太阳辐射，导致道路及周边建筑的邻里单元内气温要高于其他地区；同时，高温的道路环境也会影响步行系统效果的发挥。

（2）由于现状建筑分布较集中，无论是白天还是晚上，乡村整体的风速较低，导致夜间的散热效果较差。

（3）几个公共建筑的节点，由于建筑密度较大，温度都相对较高。

通过以上分析，在整治规划中应采取以下策略：

在主要的道路两侧种植树木，形成连续的“绿带”，在人行道的部分采用透水性材料的铺装，以降低白天路面温度，改善道路以及周边建筑的热舒适度；由于整体风速较低，散热较慢，因此应尽量在邻里单元内种植树木和采用透水性铺装的地面，减少白天的热辐射引起的温度升高；结合节点的景观整治，有效地利用水体的降温效果，降低上风处的气温，使较冷的空气进入村落，并在村落中停留。

2.节点改造效果评价

为了通过精度较高的验证规划整治的效果，研究选取了滨水景观节点进行改造前和改造后的13时的模拟对比。模型输入条件见表8.6-5。

模拟结果（表8.6-6）显示：

改造后的方案由于在道路的两侧种上了高的人行道树使整体的风速减慢，所以道路空间的温度有所增加，但是温度分布均匀，且有效地防止了风将热空气带入邻里单元中，因此邻里单元中的气温约下降了1℃；另外，在道路两侧的人行道以及滨水景观道中采用了透水性铺装，降低了步行空间的气温，提高了舒适度，有助于形成以步行为主的村落环境。

模拟输入模型 **表8.6-5**

建筑及植被	
改造前	
改造后	
下垫面材质	
改造前	
改造后	

资料来源：自绘

节点模拟结果 **表8.6-6**

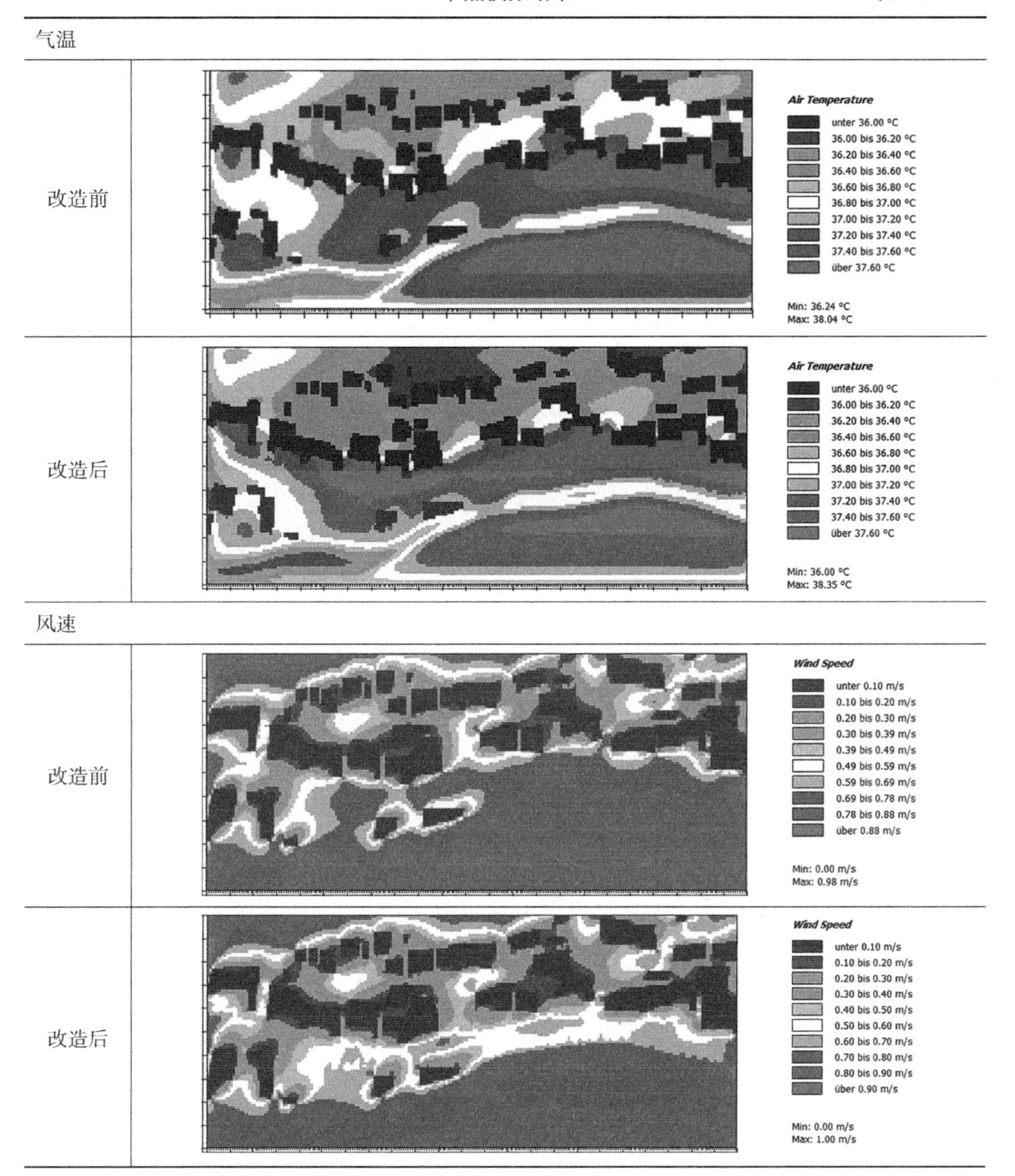

资料来源：自绘

结 语

低碳乡村的目标导向是可持续发展的概念深化，将“多维度、广视野”的可持续发展研究聚焦于“减少碳排放”这一核心议题，“可统计、可检测、可报告”，从而使得低碳乡村的研究结构和规划实践具备更好的可度量性。通过对乡村碳源结构的调整、生活方式的转变以及经济发展策略的变化，大幅度转移和降低碳源排放，更能实现低碳目标。以低碳为导向的乡村营建是一个复杂的系统工程。依托“开汇节源”的低碳核心目标，围绕乡村区域协调、乡村社区配套、乡村建筑营建三个方面分别把握各自重点。本研究主要的结论如下：

（1）低碳乡村人居环境营建体系构建与指标评价

开展乡村规划和政府管理、乡村产业发展与生态环境、绿色生态产业与乡村住居等一系列低碳乡村人居环境建设相关的基础研究，从规划管理、生态环境、基础设施、经济产业和建筑单体等方面入手，筛选出乡村生态化、低碳化的一系列影响因素与指标，分析其重要性与权重，研究其量化评价方法，从而形成系统化、数量化、条理化的营建体系，基于此形成长江三角洲地区低碳乡村人居环境营建的指标体系与评价标准，编制了《低碳乡村规划建设技术导则》，同时参考国外低碳乡村人居环境营建相关的政策、法规、制度等，开展低碳乡村人居环境营建的策略研究，为长三角地区低碳乡村人居环境的营建提供导向与指引，供相关管理部门参考。

（2）低碳乡村的构成要素与调控机制

在新陈代谢和碳循环理论的基础上，从乡村低碳要素与乡村空间设计的相关性出发，探索了各个尺度上的空间设计手法对整体碳排放的影响，梳理“固定碳源”“移动碳源”“过程碳源”和“碳汇”，建构“低碳乡村”空间设计要素的框架体系。揭示出各个尺度上，低碳空间设计与碳循环要素的影响机制，提出减少“固定碳源”“移动碳源”“过程碳源”的碳排放，增加“负碳源”，以及增加“碳汇”能力，实现对碳循环体系的各要素的调控。

(3) 低碳先导的乡村用地规划理论与方法

将宏观的社会经济环境、自然生态环境与建筑工程环境相结合，从建设用地的规模尺度、产业功能、空间形态、自然环境等维度研究在村域层面如何建立低碳用地规划设计的理论与方法。从理论上提出了乡村用地规划“碳系统”概念，阐释了碳系统构成要素、碳系统分类村庄及“开汇节源”的指导思想。从方法上解决了乡村用地碳系统系数的获取，碳系统总量测算，并提出了三维测算方法；在碳系统的测算基础上，将情景模拟运用至现存规划实践；构建了乡村用地低碳情景规划模拟模型，揭示了乡村碳系统的影响因素和作用机理，提出了选择低碳先导的用地规划方案路径，为村域层面的乡村人居环境规划提供支持。

(4) 基于碳图谱模型的乡村社区营建调控方法

通过“形态碳排–碳计量图谱–低碳评价–营建优化”的方法论，基于乡村社区空间形态“量”“率”“度”等方面与碳排放的相关性研究；以碳计量模型的建构、自组织秩序结构，对碳能量流动形式、特点进行提取和分类，再结合地学信息图谱研究，构建乡村社区空间形态、时间轨迹与碳系统各要素之间数据、图形的可视化表达关联，即碳排放的空间图谱与时间图谱，并解析其时间和空间特征；提出了低碳乡村社区营建导控，从概念、理论探讨转向实践应用，以“控制碳源、调配碳流、构建碳汇”为出发点，形成了以探究、优化、制约的机制协调和基于社区、邻里、宅院、管控的单元建构两个方面的营建策略。

(5) 低碳乡村聚落与建筑空间营建策略与方法

探讨基于低碳理念适宜的乡村聚落空间以及建筑风貌的营建策略与方法，首先，从应变空间组织特征、环境调控技术气候以及适应性营造方法等方面解析了江南建筑原型风貌与气候适宜性特征，探析了长三角地区光环境、风环境、热环境、湿环境方面与乡村聚落和建筑空间的因应关系和应对技术，同时以地貌适应、腔体空间、复合表皮的角度对低碳乡村建筑空间形态进行了诠释，形成了低碳建筑空间形态设计菜单，并针对低碳乡村建设实践中的主要问题，提出乡村聚落与建筑空间的营建策略与设计方法：以乡村公共空间与服务设施为导向，基于自组织特征及其演变机制进行新农居设计与营造，乡土材料现代化与现代材料乡土化表达的“在地设计”，普通传统风貌建筑的功能转换与地方技艺。

(6) 实证研究：低碳乡村人居环境建设示范基地

以浙江省安吉县鄣吴镇景坞村为“低碳乡村人居环境建设示范基地”，就本研究提出的长三角地区低碳乡村人居环境营建体系理论与方法中的指标评价、低碳用地规划理论、低碳社区调控方法以及聚落与建筑的低碳空间营建策略与方法进行系统化运用和实证研究。体现在村庄碳系统情况调研、低碳情景规划、建筑设计与营造以及低碳村庄指标评价等整个过程中。

低碳乡村的研究作为当下发达地区乡村人与自然和谐相处，社会和谐进步，经济持续发展的积极探索，将是实现可持续发展的重要途径。长三角地区乡村人居环境在外力制约和内力驱动的持续作用下，社会经济与生活方式、空间形态与土地利用、生态环境与资源使用都处于快速结构变动中。作为实践和推广低碳乡村营建模式的前沿阵地，长三角地区具备良好的物质条件和经济基础，容易起到样板示范作用，对我国城乡人居环境建设的可持续发展具有重要影响及借鉴意义。

附录

“乡村生态度评价体系”AHP专家调查问卷

尊敬的专家：

您好！

我们正在编制乡村生态度评价体系，需要运用AHP法归纳专家意见，希望您不吝赐教！

一、问题描述

本研究构建了一个“低碳村镇规划指标体系”作为此次的调查对象。如图1所示：

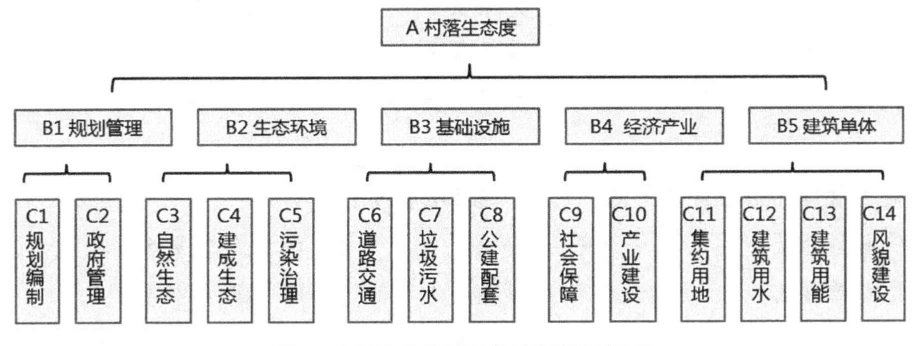

图1　乡村生态度评价体系指标层级图

二、问卷说明

此调查问卷的目的在于确定生态低碳村镇规划指标体系各影响因素之间相对权重，辅助生态低碳村镇规划指标体系的编制。

调查问卷根据层次分析法（AHP）的形式设计。这种方法是在同一个层次对影响因素重要性进行两两比较。衡量尺度划分为9个等级，分别为：极端不重要1/9、十分不重要1/7、比较不重要1/5、稍微不重要1/3、同等重要1/1、稍微重要3/1、比较重要5/1、十分重要7/1、极端重要9/1。

例如：规划管理 相对于 生态环境 如果您觉得是极端不重要就选1/9，十分不重要就选1/7，比较不重要就选1/5，稍微不重要就选1/3，同等重要就选1，稍微重要就选3，比较重要就选5，十分重要就选7，极端重要就选9。

三、问卷内容

● 第2层（准则层）要素

■ 评估生态低碳村镇的相对重要性

▲ 下列各组比较要素，对于生态低碳村镇的相对重要性如何？

规划管理相对于生态环境？[单选题][必答题]

○极端重要9　○十分重要7　○比较重要5
○稍重要3　○同等重要1　○稍微不重要1/3
○比较不重要1/5　○十分不重要1/7　○极端不重要1/9

规划管理相对于基础设施？[单选题][必答题]

○极端重要9　○十分重要7　○比较重要5
○稍重要3　○同等重要1　○稍微不重要1/3
○比较不重要1/5　○十分不重要1/7　○极端不重要1/9

规划管理相对于经济产业？[单选题][必答题]

○极端重要9　○十分重要7　○比较重要5
○稍重要3　○同等重要1　○稍微不重要1/3
○比较不重要1/5　○十分不重要1/7　○极端不重要1/9

规划管理相对于建筑单体？[单选题][必答题]

○极端重要9　○十分重要7　○比较重要5
○稍重要3　○同等重要1　○稍微不重要1/3
○比较不重要1/5　○十分不重要1/7　○极端不重要1/9

生态环境相对于基础设施？[单选题][必答题]

○极端重要9 ○十分重要7 ○比较重要5
○稍重要3 ○同等重要1 ○稍微不重要1/3
○比较不重要1/5 ○十分不重要1/7 ○极端不重要1/9

生态环境相对于经济产业？[单选题][必答题]

○极端重要9 ○十分重要7 ○比较重要5
○稍重要3 ○同等重要1 ○稍微不重要1/3
○比较不重要1/5 ○十分不重要1/7 ○极端不重要1/9

生态环境相对于建筑单体？[单选题][必答题]

○极端重要9 ○十分重要7 ○比较重要5
○稍重要3 ○同等重要1 ○稍微不重要1/3
○比较不重要1/5 ○十分不重要1/7 ○极端不重要1/9

基础设施相对于经济产业？[单选题][必答题]

○极端重要9 ○十分重要7 ○比较重要5
○稍重要3 ○同等重要1 ○稍微不重要1/3
○比较不重要1/5 ○十分不重要1/7 ○极端不重要1/9

基础设施相对于建筑单体？[单选题][必答题]

○极端重要9 ○十分重要7 ○比较重要5
○稍重要3 ○同等重要1 ○稍微不重要1/3
○比较不重要1/5 ○十分不重要1/7 ○极端不重要1/9

经济产业相对于建筑单体？[单选题][必答题]

○极端重要9 ○十分重要7 ○比较重要5
○稍重要3 ○同等重要1 ○稍微不重要1/3
○比较不重要1/5 ○十分不重要1/7 ○极端不重要1/9

● 第3层（领域层）要素

■ 评估规划管理的相对重要性

▲ 下列各组比较要素，对于规划管理的相对重要性如何？

规划编制相对于政府管理？[单选题][必答题]

○极端重要9　○十分重要7　○比较重要5
○稍重要3　○同等重要1　○稍微不重要1/3
○比较不重要1/5　○十分不重要1/7　○极端不重要1/9

■ 评估生态环境的相对重要性

▲ 下列各组比较要素，对于生态环境的相对重要性如何？

自然生态环境相对于建成生态环境？[单选题][必答题]

○极端重要9　○十分重要7　○比较重要5
○稍重要3　○同等重要1　○稍微不重要1/3
○比较不重要1/5　○十分不重要1/7　○极端不重要1/9

自然生态环境相对于污染治理？[单选题][必答题]

○极端重要9　○十分重要7　○比较重要5
○稍重要3　○同等重要1　○稍微不重要1/3
○比较不重要1/5　○十分不重要1/7　○极端不重要1/9

建成生态环境相对于污染治理？[单选题][必答题]

○极端重要9　○十分重要7　○比较重要5
○稍重要3　○同等重要1　○稍微不重要1/3
○比较不重要1/5　○十分不重要1/7　○极端不重要1/9

■ 评估基础设施的相对重要性

▲ 下列各组比较要素，对于基础设施的相对重要性如何？

道路交通相对于垃圾污水处理？[单选题][必答题]

○极端重要9　○十分重要7　○比较重要5
○稍重要3　○同等重要1　○稍微不重要1/3

◯比较不重要1/5　◯十分不重要1/7　◯极端不重要1/9

道路交通相对于公建配套？[单选题][必答题]

◯极端重要9　◯十分重要7　◯比较重要5
◯稍重要3　◯同等重要1　◯稍微不重要1/3
◯比较不重要1/5　◯十分不重要1/7　◯极端不重要1/9

垃圾污水处理相对于公建配套？[单选题][必答题]

◯极端重要9　◯十分重要7　◯比较重要5
◯稍重要3　◯同等重要1　◯稍微不重要1/3
◯比较不重要1/5　◯十分不重要1/7　◯极端不重要1/9

■ 评估经济产业的相对重要性

▲ 下列各组比较要素，对于经济产业的相对重要性如何？

社会保障相对于产业建设？[单选题][必答题]

◯极端重要9　◯十分重要7　◯比较重要5
◯稍重要3　◯同等重要1　◯稍微不重要1/3
◯比较不重要1/5　◯十分不重要1/7　◯极端不重要1/9

■ 评估建筑单体的相对重要性

▲ 下列各组比较要素，对于低碳节能的相对重要性如何？

集约用地相对于建筑用水？[单选题][必答题]

◯极端重要9　◯十分重要7　◯比较重要5
◯稍重要3　◯同等重要1　◯稍微不重要1/3
◯比较不重要1/5　◯十分不重要1/7　◯极端不重要1/9

集约用地相对于建筑用能？[单选题][必答题]

◯极端重要9　◯十分重要7　◯比较重要5
◯稍重要3　◯同等重要1　◯稍微不重要1/3
◯比较不重要1/5　◯十分不重要1/7　◯极端不重要1/9

建筑用水相对于建筑用能？[单选题][必答题]

○极端重要9	○十分重要7	○比较重要5
○稍重要3	○同等重要1	○稍微不重要1/3
○比较不重要1/5	○十分不重要1/7	○极端不重要1/9

集约用地相对于特色风貌？[单选题][必答题]

○极端重要9	○十分重要7	○比较重要5
○稍重要3	○同等重要1	○稍微不重要1/3
○比较不重要1/5	○十分不重要1/7	○极端不重要1/9

建筑用水相对于特色风貌？[单选题][必答题]

○极端重要9	○十分重要7	○比较重要5
○稍重要3	○同等重要1	○稍微不重要1/3
○比较不重要1/5	○十分不重要1/7	○极端不重要1/9

建筑用能相对于特色风貌？[单选题][必答题]

○极端重要9	○十分重要7	○比较重要5
○稍重要3	○同等重要1	○稍微不重要1/3
○比较不重要1/5	○十分不重要1/7	○极端不重要1/9

问卷结束！非常感谢您的耐心回答！

如果方便，请您留下联系方式，以便将问卷结果反馈给您，请您和我一起分享研究成果！

您的姓名：[填空题]

您的单位名称：[填空题]

您的主要研究方向：[填空题]

非常感谢您参与此次调查，请您留下对此评价体系的宝贵意见，谢谢！[填空题]
